上海市社会科学创新研究基地／吴信训工作室

复旦新闻与传播学译库·新媒体系列

吴信训 何道宽 主编

新媒体批判导论

（第二版）

New Media: A Critical Introduction

［英］马丁·李斯特（Martin Lister）
［英］乔恩·多维（Jon Dovey）
［英］赛斯·吉丁斯（Seth Giddings） 著
［英］伊恩·格兰特（Iain Grant）
［英］基兰·凯利（Kieran Kelly）
吴炜华 付晓光 译

复旦大學出版社

目 录

插图目录

下列插图均在授权之后使用。并不是每一次寻找版权拥有者并获得许可的努力都有可能成功。如任何因我们的疏略而发生的版权遗漏,我们都将在未来的版本中修正。

案例目录

二版前言

为本书的第二版出版所作的准备，给我们提供了一次机会来思考本书中的几个问题。这些问题其实早在第一版的书评、理论争辩、学生反馈、我们持续的集体与个体的研究、特别是在新媒体持续发展的历史中，早已被广泛提及。本书第一版所依据的历史，已经不可避免地成为历史的一部分。在过去数十年里，新媒体与新媒体研究领域发生了很多变化。事实上，当我们重寻最初的计划，我们是从持续扩展的、广义的文化、快速淘汰、市场炒作、尖锐的声明和学科局限等方面出发，逐一详查了这些重要的变化，并去理解这些变化的路径，以检验我们在本书第一版中所采用的研究方法，以考察我们以往所用的研究路径。我们很高兴地发现，在第一版中我们所秉持的思维方法仍然是有效的。虽然如此，这第二版仍包含了很多变化，部分章节被彻底改写，有些部分则作了精巧的修改，也增加了全新的内容。除此之外的其他部分则保留了第一版的内容。

开始重访、重新修订和试图为第一版增添内容的过程是极其令人沮丧的。不过，当工作有所进展之后，一种考古学的工作理念进入了我们视野的中心。我们能感到2003版所秉持的研究模式和“新型”技术制品与关系上的重叠和交织。当这一点变得愈加清晰之后，历史因素则被有力地嵌入了我们的修订工作之中。在第一版中所勾勒的历史，凭借后续增长的时间与变迁，现在已然变成了一部更长历史的组成部分。在第一版与第二版之间的时间段里，出现了很多争论、辩驳和竞争性的观点，新研究被推动，理论也在进化。尽管如此，我们却仍然不能充分聚焦于文化中技术研究（媒介或其他事物）之历史维度的意义之上。我们在第一版中对此已有反观性的观照，这一点现在就变得更加明确了。我们考察技术的历史维度以及它们所存在及承载文化之时，应避免在识别一种本质变化时误入迷途。特别是在20世纪转型以及在技术转型的潜力爆发之时，（尽管）发生了很多错误，但我们也很难以历史的视野去对其界定——这些时刻是乌托邦式的还是反乌托邦式的？但这些时刻是可以被认为对人类长远历史的发展具有贡献的。这些技术变革的关键时刻为人类恒长谱系添设了诸多方向，更为这些谱系所承载的可能性以及所形塑的未来作出选择，并指示意义。

本书的第一版现已经成为（新媒体）历史的一部分了，它是如何进步的？我们很高兴地知道它已被广泛阅读，并且在三个大陆的很多大学课程中被选为核心读物。本书的核心目的得到了令人鼓舞的认可，即探究技术给文化带来的最重要的问题。其次，本书被各种层次的高等教育所使用，涉及本科生、研究生等，这表明本书的观点、问题化的思路以及论证形成了一种透明性与概述性的平衡，满足了不同层次的学术需求。第三，本书并非寻常意义上的教科书，它也遭到了来自学术研究领域的批判、评述、争辩与论证(Kember 2005, Morley 2007)。这告诉我们，本书的论证命中了目标，我们对核心问题的特征化探寻不仅观照了新媒体研究，在更广的意义上，我们对那些游离于特定范围之外的技术与文化的分析也是准确的。

在写作一个“新”东西之时，不可避免地会出现一定的焦虑：新的事物因为界定的暂时性，所以它们不能一直保持在新的状态中；在为第一版作准备工作时，我们就问自己应如何以最好的方式去绕开这一不可避免的陷阱。我们对写作一本关于新媒体的书所面对的挑战是很清楚的。我们也很明了未来将采取的策略是什么。我们觉得，如果将写作之时新出现的、某些特别的媒介绑定在“新媒体”的概念上将是很荒诞的，我们的目的也不是简单将其归类，或为这一新型工具组合及其用途归类，而是关注更广的历史潮流和辨识技术与文化的核心问题。什么构成了媒介中的新？这些关键的特征是否能将“新”从“旧”之中区分出来？技术变迁在其间扮演了怎样的角色？新媒体又为我们可及的分析框架增添了哪些问题？哪一门学科将对我们有所帮助？

我们力求避免使完成的书成为一个历史事件、一种差强人意的时间性表达，因此我们向技术与文化哲学及其历史领域拓展研究视野，使之成为新媒体研究之广闻博识的语境。其后果是，对其持续性地使用和来自第二版的需求，这一视野为我们在第一版时就秉持的目标的连续性提供了一种可供检测的记录。

在第二版的改编中，我们采取了一个基本原则来指导如何决定是否纳入新的资料。这就是：我们不能仅仅依据某一种新媒体设备的外形或一种新近定名的媒介实践就将本书的某个新的章节贡献给它。这将引发疯狂与新奇驱动下“升级”的研究，这恰恰是本书在第一版中就力求避免的。这也是本末倒置的。与之相反，我们追问，新发展需要界定新概念吗？哪一种发展需要新思维，因为它们呈现了第一版未能诠释的新议题与新问题。在这里，比如说，我们判定“博客”或“写博客”是一种自2002年就迅速增长出现的形式与实践，但它基本上不需要新想法与分析的投入，我们在第一版中所涉及的以计算机为中介的传播中给出的一般性介绍，以及在对电子邮件的暂时性和交互性的专门分析是可以为其服务的。另一方面，自2003年出现的社交网络的飞速发展(Boyd 2007)或YouTube赋予之社会技术实践的意义，在当年并不是十分明显，或者说尚未进化。这些是需要我们关注的。本书在关于历史的前言中就已经提及它，它也形成了我们思考问题的一个核心轮廓；其他则包含着识别循环出现的、或许是超历史的技术文化问题。虽然我们没有列出一个详尽的或封闭的列表，某些问题还是值得引起读者的关注。这不单是因为我们认为它们是有趣的（虽然我们肯定如是认为），也正是因为它们提供了本书所思考的纲要，以及在文化的技术研究中必须解决之问题的概要。

在本书第一版规划的初期阶段，本次修订工作就已经被批评为我们是在研究一个已被很多学者与研究者研究透彻、已然了结，或者说，我们不过采取了另一种方法论而已的问题——也就是被我们提出，并特别用以描绘麦克卢汉和雷蒙德·威廉斯之间争论的问题。在同事的冷漠中，我们坚持在这两位学者所描绘出的技术与文化之问题领域的地图上探险。然而，正如我们在下文指出的，威廉斯的观点已经支配了媒介、文化和技术的社会性、文化性和历史性的主要研究，虽然向我们提出了学科结构式的结论，但其观点本身的问题，却依然保持鲜活，实际上，它仍在不断被增强。争论特别集中在关于文化之起因的作用问题上。虽然到现在为止，对这一传统议题的反应就是否认文化的起因对文化现象的研究要说是积极的，或者是相关的，而宁愿将所有人类的能动性聚焦在新近发展的各类型学术研究的领域之中——我们特别应关注一下在科学与技术研究中影响广泛的行动者网络理论(Actor Network Theory)——它通过重新思考（实际上是否认）在文化与自然事件之间的差异，影响着这一争论的再次开放。我们在文化技术的研究中，跟随着一种现实主义的红色标头去探寻这些观点。我们也因此向读者警示这一种差异，因为它会在一个更广的意义上被运用到文化研究之中，如果我们像威廉斯那样，放弃对文化与自然之间本质的分离性的坚持。这既不是教条主义的诫命，也不是文化研究预先确定的假设；相反，我们认为，这是一个开放的贡献领域，其中有相当大的机会以利于我们对文化现象贡献最新的理解。尽管如此，概念性的改变仍然包含着我们的文化及其组成元素的整体图像的改变。一般在人文科学和社会科学里，我们习惯于思考“客体”的概念以及文化研究中的核心“认同”；然而，这些概念意味着什么？它们是如何在勾勒文化整体性图谱之时被改变，或甚至被取代。

在我们今天的位置上需要去思考的第二个重要的议题是：技术并不是文化事件中某个偶然的玩家，而是一个恒久固定的角色。如果不将技术视为某种类型（小报、报纸、封蜡、活字印刷、模拟与数字电子装置以及其他种种），我们所居存的文化将不复存在。技术因而也不是文化、媒介和历史分析中无关紧要的存在，而是它们无所不在的一个元素。简言之，所有的文化都是技术性的。尽管某些人也许会在听到这个观点之后觉得很恐慌，担心文化研究或许会被工程图表所取代，这种还原论的反应并不是这里唯一的一种。尽管如此，我们也应思考在一个不断复杂的技术环境中，加入到与我们文化产品的所有玩家的对话之中——科学、工程学、人文科学和社会科学——而且不能因为恐惧和耽溺于自我学术小家的舒适而将工程学简单地排除在文化相关性之外。我们之后将提到的，比如说，伴随着技术而出现的影响（恐惧、狂喜或冷漠等）也是他们自身的真实元素，存在于这些技术所依存的文化之中。我们提出的一个观点为工程学和可供性概念所观照的情感建立了意义：技术并不是都在那里等待着被培育，也不是以某种可预见或绝对的方式被决定的；相反，它提供着文化的可能性，虽然，也不是所有的可能性都可以被运用或实现的。

本书的第一版发行于2003年，这意味着它是基于2002—2003年之间的研究和写作以及更早之前的酝酿而完成的。在那一版中，我们在了解了更长远的媒介形成历史之后，认为20世纪80年代中期是思考“新媒体”的一个有用的标志性阶段（参见引论第2

页的内容)。然而,即便如此,有些评论者也发现“新媒体”这一术语被用来描绘在80年代出现的某些事物仍然显得很尴尬。这时候,我们建议在标题的选择上,指明它是一个更为耐用的术语,而没有换用一些明显的替代术语:“数字媒介”、“交互媒介”或“以计算机为中介的传播”等(原因可参见1.1.4小节)。但对有些人而言,在第二版中保留这个标题仍然显得较为奇怪。今天,生于20世纪80年代的读者已经都对何为“新媒体”有了极为成熟的了解,这一直是他们世界的一部分,而原先用于对比的“旧”媒体现在几乎也不再以未被“新媒体”所触碰或改造的特征存在了。这也仅仅在一些古老的媒介形态,比如说这本书的生产以及它被写作或制作的方式中保存了下来,差不多也和第二人生游戏中那持续性的虚拟世界的存在一样了。当然,总有一些纯粹主义者的理想和少数文化抵抗,或它们已在其中,被无所不在的新媒体重构。仍有人在寻求超8胶片、黑胶唱片,刻苦钻研追求化学摄影,写信,画画,玩吉他。当然,他们如此行为并且有专门的经济来支撑他们(讽刺的是,我们却往往利用互联网上的资源)。然而,这一代已经存在了,他们中很多人将会成为本书的读者,他们在新媒体环境中工作、思考和游戏,如鱼得水。对他们(也就是你)而言,那黏贴在他们(你)的媒介之前的“新”的绰号,从历史的角度来看,仅仅是有意义的努力而已;对这种最为自然和习得现象的结构与意义的批判性的探寻,实则是受益于一种距离和震慑,得益于“制造怪异”。

值得注意的是,一种改变的速度和深度已得到确实的证明,我们需要为新媒体而保存这种“制造怪异”的能力。正如麦克卢汉观察的,“鱼确确实实是除了水之外啥也不知道,因为他们没有抵抗环境的能力,这使它们可以感知所存在世界的元素”。(McLuhan,引自Federman 2003)向鱼致以最大的尊重,本书的第一版和第二版都在致力带出一种广被忽略的视野。

“新媒体”是一段划时代的历史,也是一种履历的方式。在写作本书之时,谷歌搜索上包含“新媒体”术语的搜索结果是极为丰富的:“新媒体课程”有4 900万条结果,“新媒体工作”有5 200万条搜索结果,“新媒体产品”的搜索结果有5 100万条;在谷歌学术引擎里,“新媒体”作为学术研究课题有超过3 100万搜索结果。正如欧洲人在14世纪“探索”到了美洲这一“新世界”,新媒体这一术语也是真正被卡在这里了。它是一个历史的标识,坐落在历史的分水岭上。

在下文中,我们提出并探讨了一定形态的历史,有一些是线性和目的论的,或指向某个特定的结果；另一些则在这个意义上是非线性的，但也包含着某些仅出现在它们完成其使命之后的扭曲与跌宕。我们并非以推荐特殊的历史取径而就此结论，而是坚信唯有历史是复杂和回旋上升的。一个局限的、当下视点中所体现出的简单与线性往往是非常复杂的。技术历史，尤其是被“死亡机器的残尸”所纠缠，正如马克思所描述的那样(参见，例如2.1)。对这部分历史的回答，牵扯着对无边的当下状态的排序，并且要关注那些并不是直接而明显的，甚至在面前凝视着我们的现象。历史的不可回避性是需要被包容的，而我们也参与在它的检视之中。通过参与第二版的制作，我们拥有了机会，在对当下凌乱的、模糊的认识基础上，更深刻地投身到未来那不可预见的发展之中。我们并不是通过绘制问题来逃避这一种发展（总是有新问题需要被辨识），也不是以一个旁观者的身份来把握历史的整体，就像它本来应该的模样（哪怕以旁观者来观察历史是可能的，也总有一定的视点是在历史之中的），来逃避这一种发展。通过对历史和文化技术问题的关注，以及考虑到尚没有一些预先的议题出现，我们确实在努力尝试去理解周遭的环境以及它们是如何呈现出诸多奇特的形态。相对于这个项目而言，我们希望能鼓励大家贡献智慧；我们敬献此书的第二版，虽带有不可避免的局限，但满怀希望本书或能启明你对此有所作为。

参考文献

Boyd, M. Danah 'Social Network Sites: Definition, History, and Scholarship', *Journal of Computer-Mediated Communication*, http://jcmc.indiana.edu/, 2007.

Federman, M. 'Enterprise Awareness: McLuhan Thinking', McLuhan Program in Culture and Technology, University of Toronto. http://www.utoronto.ca/mcluhan/EnterpriseAwarenessMcLuhanThinking.pdf, 2003.

Kember, S. 'Doing Technoscience as (New) Media' in J. Curran and D. Morley (eds) *Media and Cultural Theory*, Routledge, 2005.

Morley, D. *Media, Modernity and Technology: The Geography of the New*, Routledge, 2007.

引　论

本书目的

本书的目的是提供给学生们一些概念性的框架，以便厘清一系列关键性的问题。这些问题是在对过去20年中新媒体的文化意义的思考中出现的。这是第一本也是最重要的一本关于这些问题、理念与争论的书作——这些批判性的问题——新媒体技术的出现使其纷纷出现。鉴于此，我们希望本书是对新媒体与技术研究一次真正的贡献。然而，世界上没有哪一本书是完全公正、客观的著述，它设立目录依序排列纷争，而不去论述某事优于其他，或判定该问题的某些方面是重要的，而其他方面却不是。读者因此也应该提前注意到，本书必要的组成部分中，就像其他内容一样，包含作者对何事重要、何事却非的判断，以及他们对某些理论立场的论述及反对其他的态度。我们并非旨在轻描淡写地总结一下新媒体和技术的状态，而是为读者呈现某些充斥在这一新兴领域内具有争议性的问题。你也将发现本书的论点有着不同的立场。无论怎样，我们对此保持公开，让你——读者——知晓本书的立场。事实上，这是唯一可以预料的，因为本书的专业性主体被带入了这一主题以承载不同的学科背景，视觉文化、媒介与文化史、媒介理论、媒介制作、哲学与科学史、政治经济学与社会学。最后，就像我们对究竟是什么区分了本书中的各种论点应该有所意识，这也是很重要的。本书作者共同的承诺是为新媒体研究提供一种综合性方法。我们每个人坚守的领域由于过于复杂以至于难以用于解决他人的问题，唯有混合或综合知识，然而这也为本书作为一个整体增加了某些复杂性，它也更准确地象征了新媒体研究的争议性场域。

研究路径

我们在下文中探讨的内容与新媒体是有所区别的。这里的媒介，如本书，很明确地区分了作者与读者。一位作者无法了解她或他那数以千计的读者，但作者却必须有某种方法去描绘他们心目中的读者的模样。如果作者忽略了这一点,那出版商则应该提醒他们,因为出版商希望销售此书;对他们来说,对读者群体的成功定位就是市场的保证。那在写作此书时,我们是如何设想本书的读者的呢?

我们假定本书最主要的读者是学生,他们对于过去15年间涌现的新媒体形式有着特别的兴趣。我们也想象他们对媒介研究或相关领域有一些基础性的知识。

读者也希望了解对作者的期待。有几点我们将在下文澄清。然而,就当前而言,我们认识到,将作者和读者相互联系的契机就是本书的主题:新媒体。那么,新媒体究竟是什么。我们认为它们已经成为传播、表现和表达的一种社会实践与方法,它们在数字、多媒体和网络计算机的使用过程中得到发展,它们也是一种机器所固有的将作品转化为其他媒介的方式:比如从书到电影,或者从电话到电视。但这一切是何时发生的?或者换句话说,这表征了一个什么样的时代的来临?当一切都改变了。计算机化或"数字化"对20世纪媒介的影响过程以多变的速度遍及了许多前沿领域。我们极难去精确定位新媒体出现的某个单独日子或决定性的时间段。即便是计算技术——如数字化的核心技术,长期以来使得新媒体技术性与概念性的可能成为现实的关键发展——也有很多的表现。我们仅能从其发展时期中把握一些可被主要关注的,如个人电脑的出现。或将20世纪80年代中期视为一个分水岭,当时个人电脑开始配置交互式图形界面;并拥有了足够的内存,可以运行早期的图像处理软件;而且,以计算机为中介的传播就在那时开始出现的。这是一个见证早期创见的理念与概念出现并成为现实可能的时刻。

反过来,这也是一段不到30年的时期,从那时起,关于这些新媒体的天性和潜力的重重猜测、预测、理论建设和论证开始以一种扑朔迷离却又气喘吁吁的步伐向前冲锋。各种各样的想法,其中有许多已经开始挑战关于媒介、文化与技术那些已解决的假设(实际上还有自然),在持续且快速旋转的技术创新旋涡里生成和拉扯。因此在20世纪80年代中期,伴随着新媒体出现,相当数量的天花乱坠的宣传报道也出现了。这一情况当然仍旧是与我们同在的,但它已经开始遭遇到一些头脑清醒的反思、经验的出现和足够的时间来恢复一些批评的姿态。新媒体已成为研究和理论的一大焦点,媒介与文化研究的新兴领域,现在拥有一个复杂的思想和写作团体。思考新媒体也已经成为一个批判与竞争的研究领域。

媒介研究如同其他领域的研究一样,都是在问题中才能蓬勃兴盛。任何新现象研究的早期,"问题是什么"这一特定的问题就是该研究领域的一个部分;问题本身也在竞争着。问题究竟是什么?哪一个问题值得我们去为之困扰?哪一种理念是真正重要的？在本书中，通过融汇各种声音和学科，我们意图为大家提供一幅最初的领域地图以及关于它的讨论。

这一研究项目是有其挑战性的。当我们开始写作本书时，我们首先意识到的是媒介技术变迁的高速度已经鲜明地特征化了20世纪末和21世纪初。变得更明显的是随着我们可能将之命名的“升级文化”的出现，计算机自身因升级的实践而变成一种流动的技术，而非一种最终实现的、稳定如一的技术。因此，我们面对的问题是如何在一个断裂的潮汐间取一张快照。技术与媒介不断的变化使得这一努力变得极为荒谬，更不用提我们将写作时那些特定、彼时仍新的媒介绑定在“新媒体”的讨论中是很可笑的。我们宁愿将自己的目标设定为去调查那些在媒介中结构出新意的更为基本性的问题，以及技术改变在其中扮演了那一部分的功能。同样，我们宁可去探究那些出现在“赛博文化”讨论的直接语境中的观点，并吸取了一些更为广泛的历史和当代的资源来帮助揭示当下的情况。因此，本书所借鉴的理论与框架，不仅仅来自媒介研究也得益于艺术与文化史学、大众文化研究、政治经济学、科学以及哲学。我们相信，这种包容性是唯一赋予新媒体秉持并产生文化的变迁意义的途径。通过采取这一种研究路径，我们尝试着将自己的脑袋浮出媒介与技术变迁的巨浪，以距离寻求幸存的方法，而没有简单地就全身心投入随浪尖涌来的浮沫之中。纵使冲浪者也会绘制一张浪潮历史的图表，试图攫取其出现时最佳的瞬间，只有愚蠢的冲浪者才会忽略它。那么，这不是一本书，其内容紧紧抓取的，至少也有软件的更新、小发明、先锋实验或营销策略。相反，我们希望区分此书的是它不仅聚焦于这些迥然不同的东西，而且关注我们可以采用什么样形式的理解去审视它们，什么样的意义可以被赋予它们。

就是基于这一方法，本书是对新媒体与技术的批判性导论。“批判”并不意味着我们采取一种“太阳下没啥新鲜事”的观点。新媒体的“全新性”在于，它是真实的，就部分而言，它是以前从未存在过的媒介。但是，对这些变化的考虑并不意味着废除所有的历史，因为它（历史）充满了全新性的类似时刻。通过采取一种批判与历史的新媒体和技术视点，我们希望这本书不会因为历史而抛弃全新性，也不会因为全新性而抛弃历史。相反，它开始于一段全新性的历史本身。

为了使这一观点更加清晰，思考一下某些所谓的批判方法往往是如何有效地否认任何本质性改变的存在，哪怕在媒介之中或文化之中它们所组成的部分。这种新媒体的批判观点时常纠结在经济利益、政治需要和文化价值连续性上，像“旧”媒介一样驱动和形塑“新”媒体。它们寻求呈现新媒体的差异中的主导性的思想占领，以这种方法，它迅速超过、并分离了我们旧的、被动的、模拟媒介的陪伴。这是一种意识形态的把戏，一个迷思。它们认为，新媒体可以在很大程度上被揭示为资本主义的无情的聪明才智的最新扭曲，通过商品诱惑与更好生活的虚假承诺褫夺我们的财富。这些都是重要的声音，但计算机和相关数字技术至少应该是文化技术名录上的候选人（包括印刷出版和书籍、摄影、电话通讯、电影与电视等），这些以一种复杂和非直接的方法在社会与文化变迁中扮演着主要的角色。然而真实的情况是，因为某些使用或内容，这些媒介中没有哪个可以被简单地庆祝为伟大和温和的人类成就，它们也不能减少资本主义的骗局。

另一方面，想一想那些坚持不加批判地认为一切都已改变的批评家，或那些认为数字技术已经带来了一个之前从未存在过的乌托邦的人。或也有一些人简单地拒绝所有批判性的意见，并坚持认为，面对巨大的技术巨变发生，旧的理论工具不过是多余的。有些改变的确是发生了，但如果所有的改变都是根本性的话，那我们是不可能用语言去描绘所发生的一切。

追溯一下之前的比喻，我们可以说，批判性的批判是如此地潜于深水中，难见海面上之波涛。而不加批判的空想主义者都是云集于波峰，更难以得见波浪也只不过是大海的一部分。反对并不能真正代表一种真诚的争议。它不是"一切照旧"，也不是想摧毁一切。在本书中，我们都站在变迁之自然属性的喧嚣和检视之影中，在我们看来，变迁是没有真正的替代品的。我们只是吸引读者的注意，让他们去关注下文所述的两个特点。

本书的历史维度

这是一本以批判思维的角度对新媒体进行介绍的书，它与摄影、电影等导论类书籍是完全不同的，因为它几乎没有什么历史可以去大书特书。正如前文提及，在论述中对技术及媒介史的缺失将会是一个严重的遗憾。新事物并非没有历史可言，只是对它们展开历史性的研究对我们来说更为困难一些。新事物在回答它们从何而来时或许会生发出一些被全然忽视的历史。更甚者，在种种环绕着新媒体展开的论述与想法中，我们是可以得见诸多历史的回音。我们需要去思考"旧"媒体技术亦曾是新媒体，并且因为这一原因而对它们所存在的彼时赋予了巨大的意义。尝试以我们所拥有的新机器与旧媒体的产品来制造一些术语应促使我们意识到，我们是经历过那样一个历史时期。并追问，究竟在哪些术语中，这种"新"被孕育而出；在哪些方面它们可与我们早拥有的术语互相比较；它们与最终的产出之间又有哪些关联？为了回应我们当代的"新"，我们仍将从其他的历史时空去学习。

本书对更为深广的文化与技术问题的强调

在本书的部分章节中，我们意识到，不可回避的一点是，新媒体正是诞生于那些赋予其实现可能的技术之中。这就意味着我们必须去提供一些思考技术与媒介之关系的落脚点等方面，这自然会引发关于文化与技术之间大量的议题、系列的争论以及一种重要的考量，如被聚焦于“赛博文化”这一术语的种种争议。重要之处在于，我们确有一定的方法去评估媒介技术所引发的变项的外延与强度，如果正像看起来的那样，我们的文化已经深深沉浸于改变技术的形式之中，一个重要的问题也于此出现了，究竟我们的新媒体与传播技术能在多大程度上决定它们所依存的这一文化。正如过去及今天很多的评论者所指出的那样，那些争论不休、未有定论的问题再度被新媒体所激发，横亘于我们眼前。

本书之组织

本书并未以分解或区别新媒体形式的方法（如互联网一章，电脑游戏一章）一章章来呈献每个章节，本书的五个主要部分是基于对新媒体的不同讨论与思考方法而成立的。由此，本书的每一部分都前置了一系列批判性的议题和争论，如需要的话，我们会辅以特殊媒介与技术形态的细节讨论。本书的每一部分都通过各种不同的问题和理论以折射关于新媒体的思考。读者会发现，新媒体的许多形态在本书的多处地方被展开讨论，极有可能在五个部分的多处章节。比如说，虚拟现实在第一章中作为新媒体的一个关键界定特征被简要地论述；在第二部分关于视觉文化变迁的探讨中，沉浸式媒介的历史被提了出来；在第五部分则是关于虚拟与现实之间的关系的哲学讨论。从某种程度上讲，本书每一部分所探讨的各种不同概念框架将反映出媒介研究的各种类型。比如说，第三部分呈现了运用政治经济学视野和广义的社会学论证的方法展开的新媒体研究，以探讨新媒体在社群组织和身份认同中所起到的功能。这一部分的内容因此也更多地关照了在线媒介和沟通网络，此处所思考的这些现象的发生远多于本书中的其他章节。

如何使用本书

如前所述，在考虑本书的读者时，我们是假设了一位拥有媒介研究或其他相关学科背景的学生，他或她希望能参与到新媒体研究的这些特别的讨论中来。然而，在本书中我们所介绍与思考的大量议题意味着读者们将遭遇到很多不熟悉的内容。为了帮助读者更好地阅读本书,我们采用了很多的方法。我们尽一切可能避免使用一些过度技巧性的学术语言;对所使用的概念,无论它们是出现在正文中还是在词汇表中,我们都会提供解释。在适当的时候,本书的论点会结合案例研究予以说明。在一些特别难以理解的观点处,我们会为读者提供一个简短的概述,足以帮助他们跟随手边的讨论前行,并将他们引导向进一步的阅读,在那里,这些观点可以得到更深入的研究。在主要的文本之外,我们也提供了一系列跟随正文的注释,以实现两个主要功用。它们为主要论点补充细节,但不去破坏其论述的流畅;它们也为正在论述的论点提供了重要的参考书目。在每章末尾,我们列出了所有的参考书目。

这是一本囊括了大量基础知识的大书。大部分读者可能要在不同时间来分期阅读完不同的章节,而不能以线性的方式一次性从头读到尾。鉴于此,我们在本书中的一些地方简要重述了某些观点,以使读者可以在他们所选择的章节中畅读,而不需要去追逐出现在书中其他位置的支持性阅读材料。另外,我们也贯穿本书设计了交叉文献,以提醒读者在此话题上有其他的资料支持,或者在哪里他们可寻找到另一种相关的观点。

本书之章节

第一部分:新媒体与新技术

本书的这一部分就新媒体的某些基本问题提出了质疑。对"新媒体"这一术语中涌现的某些现象之间的区别予以界定,以使该领域的研究更为可控。某些被认为是界定新媒体的关键特征被绘制出来、进行讨论和提供例证,我们也追问新媒体的"新"是如何被多姿多彩地理解的。在后半部分,我们探讨了新媒体被赋予历史意义的一系列方法,以及它们是如何在此过程中被赋予意义的。本章介绍了媒介技术文化研究中一个重要的概念——"技术的想象",并就20世纪早期"新媒体"被接受的方式与其目前发展中的相似性展开了讨论。最后,我们也在这一部分探索了当代关于新媒体讨论的根源,它位于媒介权力的核心位置,决定着文化与社会的自然属性。我们认识到马歇尔·麦克卢汉的著述对于许多当代新媒体思想的重要性,故而重访了这些术语。雷蒙德·威廉斯以及很多学术型的媒介研究,在这些术语里为理解新媒体而互相角逐。本章对理解新媒体的贡献在于,我们也关照了那些在传统媒体研究之外的读者,特别是那些在科学和技术研究视野中的读者。

第二部分：新媒体与视觉文化

第二章我们追问的是新型的视觉媒介与影像技术是如何带来视觉文化的当代转型。整个20世纪，视觉文化被一个接一个的技术媒介主宰着：摄影、叙事电影、广播电视和录影设备。每一种技术都被赞许为引领人类以不同方式观察世界。更广义来说，视觉那独特的自然属性逐渐被理解成为一种历史性的可变因素。这些过程是如何延伸向新媒体时代的？为了探究这一问题的答案，本章追踪了虚拟现实、沉浸式媒介和数字电影的历史。在20世纪60年代的计算机科学中发展起来的仿真技术，其历史横断面上的文化意义是归属于我们所讨论的虚拟现实的部分，当然我们也要考量与其紧密关联的西方视觉表现的传统。本章也讨论了表现与仿真的概念(1.2.6小节对此也有讨论)。摄影与电影理论的中心议题是他们所依存的现实主义和视觉变现的自然属性。由此观点跟进，本章论述了在虚拟现实中，表现已被其他的实践如仿真取代了，这些问题是在计算机动画、视觉特效和数字电影的语境中被思考的。

第三部分：网络、用户与经济学

第三章所处理的是由互联网提供的新媒体网络形态。它特别聚焦在以网络为基础的技术所支持的媒介文化形态与经济学之间的关系。其目标是希望展示出我们应该如何理解在人类的创造性、技术潜力和市场可能性之间的关系。本章的结构提供了一种理解这些相互决定关系的模型，它在一种全球化宏观经济学力量的广义理解与新自由主义的特殊案例——也即新自由主义是如何影响社交网站或在线电视制作的——之间移动。本章审视了“技术的社会形塑”的研究取向是如何通过传统的政治经济学媒介研究工具，被成功地应用在网络化媒介之中。并批判性地分析了在互联网与全球化之间的身份认同，特别关注了数字鸿沟的现实，以挑战www的“万维”称号。更具体地说，本章考察基于网络的商业行为的方法，它一直受到市场繁荣和萧条周期的影响，并以此来理解Web2.0的发展是对2000—2002年间互联网泡沫破灭之后的直接回应。我们增加了一部分新的内容来探讨网络实践和技术影响音乐产业的方式，在很多方面都列举了用户和知识产权所有者之间的矛盾，在新世纪的早年间，所有的媒介商业意识到了来自这种矛盾的挑战。我们认为“长尾”经济理论已经作为一种重要的理解网络媒介的新模型出现了，为用户以及制作者解放了新的可能性，并引发了病毒式营销、社区管理和网站广告等新型商业实践。与此背景相互交织在一起，读者会发现本章也提供了一段关于以计算机为中介的传播研究中提炼出来的主要传统的总结，它提供了一种范式以帮助我们去思考由互联网所提供的种种个人化的投资。时间、激情和创意的投资现在正被媒介商业实践所采用。这些投资现在每每被标注为“用户生产内容”，而这一章则关注了这类型媒介生产的激增过程中出现某些形式，比如YouTube。

第四部分：日常生活中的新媒体

本章宣称新媒体技术所具有的革命性影响力，往往会使得日常生活中发生深广而丰富的转型，以及这一转型所依托的结构与关系：个体自我的感知或身份认同，消费，家庭或其他居所中的社会性别与代系的动力与政治，在全球与本土之间的联系等。本章关照了日常生活中的新型大众娱乐与传播媒介，并观察了新媒体技术与网络和家庭关系及空间是如何交织的，以及如何将此现象理论化。本章探讨了新媒体在遭遇久已建立的家庭与家室的时空时，它所标识“新”可被如何理解。这一部分特别关注了游戏的描述与理论这一欠缺研究的文化现象，它已与电子游戏和手机类的新媒体一起向日常生活中的大众文化中心和儿童及承认的生活经验转移。视频游戏和手机等新媒体研究的文化现象的描述和理论化发挥，转移到日常流行文化的中心，成为儿童和成人的生活经验。我们质询了某些基本的理论立场，它们支持着日常生活中媒介文化的研究，特别是关于文化主义者所宣扬的日常生活的关系与环境形塑了新媒体技术的自然属性并实现了对新媒体技术之收编，但他们却不赞成这样的关系是反之亦成立的。本章将综合并展开一些关键而另类的方法去思考日常生活、经验、游戏、身体之方法的技术文化性，这些方法是来自新媒体研究的新兴领域，包括科学技术学、游戏研究以及赛博文化研究等。

第五部分：赛博文化：技术、自然与文化

第五部分探寻了在本书其他章节中早已被唤起的诸多问题，并探讨了任何技术研究都会面对的核心两难：一方面，如何理解在形塑历史与文化时，技术的物理形态所扮演的角色；另一方面，文化又是如何经历如是形塑的过程，尽管本书的第四章已对其基本问题有所探讨。在本章中我们所思考的争论早已存在很久，是技术与文化之间那一种极为紧密的关系，而并非被习惯性认知的那样。为了彰显这一观点，我们考察了技术史的三个时期，它们可以那一时期的基本技术而命名：机械、蒸气与人机交互论。我们深度讨论并结构出每一种技术对于因其而形成的那一时期文化的影响，并检讨了种种技术文化关系所诞生的科学、哲学与历史的语境。基于当代数字文化的智能动力重要性的考虑，我们也特别关注了在理解与建造自动机或自动机器等所付出的努力那漫长的历史，以去例证其关系。最后，在检视了本书中所呈现的材料与争论之后，本章提出结论，我们需要从现实主义必然性的角度理解文化中的技术，并集中关注了因果性的概念。

第一章　新媒体与新技术

1.1　新媒体：我们知道它们是什么吗？

本书致力于回答"'新媒体'新在何处？"这一问题，并借此提供该问题所引发的思考方法以及寻求答案的途径。首先要提出的两个问题是：其一，究竟什么是媒体？当你将"新"前置于媒体——这一词义游移的术语（在本书中的诸多章节中，我们还会对此大谈特谈）之时，先搞清楚我们究竟在谈论什么，也不失为明智之举。其次，在我们对"新媒体"展开审视与探讨之前，就其字面意义理解，究竟有哪些是可以被我们收归于"新媒体"这一目录之下的？

1.1.1　媒介研究

六十多年以来，媒体——媒介的复数词，多被用作一个单数合成术语，如"媒体之中"的这种表述即表明了这一特点(Williams 1976: 169)。当我们在研究媒体之时，脑中也惯常浮现出"传媒"这一概念，专业化的独立机构与组织，以及印刷媒体、新闻、摄影、广告、电影、广播与电视、出版等工作场所。这一术语每每也指涉这些机构所生产的文化与物质产品（以报纸、简装书籍、电影、磁带、光碟为物化形式，承载着新闻、公路电影、肥皂剧等独特的题材与类型[Thompson 1971: 23-24]）。在系统的研究中（不论是将传媒机构本身作为其市场研究的一部分或通过媒体学者去探究其社会和文化意义的批判），我们的关注并不局限于由这些机构所生成的某些媒介生产的观点。我们还调查了更为广博的资讯与媒介表现（内容）的分配，接收、受众的消费，以及它们被国家或市场规约与控制的过程。

我们中的某些人仍然热衷于在影院的黑暗中欣赏一部90分钟的电影，或与家庭成员聚在一起，以一种极为线性的方式，整晚观看早已规划好播出的电视节目。当然，这一趋势也还会继续下去，但也有很多人并不如此消费他们的"媒介"。在诸多新习惯、新常规或新选择之中还是存在着旧的、残余的成分。因此有时候，我们也许就是这样，在上述种种框架中去继续思考媒体。但我们是在一个变化的语境中对其进行考量的，而这一语境，至少改变了上述描述中所包括的某些假设的类别。

例如，在一个跨媒介性的年代里，我们发现内容与知识产权的跨媒介迁移已经促使所有的媒介生产者都意识到了这一点并展开了与他人的合作，我们看见的是电视的碎片化、边界的模糊化（比如“公民记者”崛起）。我们见证了观众向使用者、消费者，向制作者转型的这一趋势；我们观看的屏幕已变得小巧、便携、存储海量、沉浸式体验。有论证指出，我们现在所拥有的媒体经济网罗了许多微小的、少数的以及利基市场①以取代那个陈旧的“大众受众/大众阅听人”（参见长尾3.13）。“观众”这一术语是否还是与20世纪时的含义完全一致？媒介类型与媒介生产技能是否还如以往那般区分明显？“生产有效点”还像过去那样直接依托于一些正式的媒介组织（大型专业公司）吗？国家还能像以前那样控制和规约媒体的输出吗？摄影影像（镜头呈现的）是否仍然迥别于（经常是相反的）数码和计算机合成影像？②

然而，我们现在应该注意的是（这一主题会在本书中循环再现），即便是这些旧媒介形式、生产、发布以及消费的变化所生发出的简要说明，也远较“旧”与“新”所暗示的那种含蓄的区分要复杂得多。这是因为，这些变化中的多数是早有先例，有其自身的历史。也存在少数一部分观众与媒体挣脱了便捷式调节、混合类型与互涉文本等桎梏。从这个角度来看，我们实则已回归到最初的那个问题“新媒体究竟新在何处？”什么在继续，什么在激烈地变化着？什么是真正的新，什么又仅仅表面如是？

尽管上述对媒介研究的简要描述的假设需要面对当下的种种挑战，但它的重要性在于，将媒介理解为一种完整的社会型组织，而并不局限于它们的技术。我们仍然不能对“新媒体”就这样指手画脚，哪怕已过去了将近30年的时间，“新媒体”依然是持续暗示着某些难以确定和难以知晓的领域。一方面，我们至少是面对着一种激进、进行式的、技术经验和创业开发的背景；另一方面，我们也在遭遇新技术可能性与成熟的媒介形式之间的交互情境。

即便如此，这一单向度的术语应用起来却是毫无问题。为什么呢？在这里我们提供三个答案：首先新媒体被认为是跨时代的，无论考量其缘由或效能，它们都是一次更为庞大的，甚至是全球的历史性变化；其次，一个强大的乌托邦和积极意识形态被注入到了它所承负的概念——“新”之中；再者，它是一个有用的、具有包容性的术语，从而避免了将“新媒体”分解简化为一个技术性或更为专门性（以

① 利基市场，意指高度专门化的需求市场。——译者注

② 对这部分内容的扩展论述，请参见3.16，3.22，3.23。

及争议性的）术语。

1.1.2　变革的强度

新媒体这一术语产生伊始，就把握住了20世纪80年代晚期以来出现的那一种迅速变迁的时代感，媒介与传播的世界由此亦彰显出与之前的世界极大的差异性，而这些差异性并不仅限于其领域的单一部分或元素——尽管不同的媒介产生变化的时间轨迹之间有所差别。这在印刷、摄影乃至电视以及无线通讯的变化中均可见一斑。当然，这些媒介早已置身于技术、制度与文化变迁与发展之中，从未停止。然而，即使是在这样一个持续变迁的状态之中，媒介变化的本质也保证了其所经历的将是一个与此前经验全然不同的分野。这种变革的经验当然不会仅限于这一时期的媒体。其他种种更广泛的社会和文化变革，20世纪60年代以降，就在不同程度上被发现和描述。以下是与新媒体相关的社会、经济和文化变革中所出现的种种更为广泛的暗示：

- ***现代性向后现代性的转型：***自20世纪60年代起，这一具有争议的却广受采纳的意图，就试图将社会与经济的深层结构变化与相关联的文化变革特征化出来，在其美学和经济的观念中，新媒体通常被看作是这种变化的关键指标(Harvey 1989)。
- ***全球化强化的过程：***在贸易、公司组织、风俗和文化、身份认知和信仰等方面，民族国家与边境正在消融，新媒体被视为这一过程的促成因素(Featherstone 1990)。
- ***在西方，工业制造时代被后工业信息时代所取代：***从就业、技术、投资、利润及物质产品生产向服务和信息科技产业的转型，新媒体每每被认为是这一过程的缩影(Castells 2000)。
- ***既定且核心的地缘政治秩序的去中心化：***西方殖民中心权力与操纵机制弱化的过程，是在新型传播媒介的分散、跨界和网络化发展中被推动的。

新媒体是在追赶它们的足迹，并被视为这种种变革之中的一部分（与其互为因果），而那种“新时代”和“新纪元”的感觉恰是尾随着其痕迹而出现的。从这个意义上说，“新媒体”的兴起正如某些划时代的现象，过去是，现在仍然是被视为一个更为广大的社会、科技和文化的变革景观中的一个组成，简言之，它就是一种新的科技文化的组成部分。

1.1.3　“新颖性”的思想内涵

有一种强烈的感觉是，新媒体的“新颖性”承载着一种进行了“新等同于更好”的思想力量,更带来了一种迷人的和令人激动的意义集群。“新颖性”意味着“前沿”、“先锋”,是那些思想有远见的人们(无论他们是制作者、消费者或媒介学者)。这些“新颖性”的内涵是从一种社会进步的现代主义信仰中,借技术的推动而产生出来的。如此长存的(它们根植于19世纪或更早的时间,存在于整个20世纪)信仰已然被清晰地铭刻在我们所赋予的新媒体之中。新媒体,正如它们之前所为,与主张及希望相互依存。它们将提供更高的生产力和更多的教育机会(4.3.2)①继而开拓崭新的创意与交流的视野(1.3, 1.5)②。以“新颖性”来呼唤一种发展的范围,哪怕这一发展可能不那么“新”,甚至难以称之为“新”,这种呼唤也是一次强大的思想运动,一则关于西方社会进步的叙述的组成部分(1.5)③。

这一叙述不仅得到了那些生产着备受争议的媒体硬件与软件的企业与公司的认同,也为所有的媒介评论者、记者、艺术家、学者、专家、管理人员、教育工作者和文化活动家所认可。即使思想上保持中立,这一“最新之物”所引发的纯真激情也是非常罕见的。国家与企业对新媒体及ICTs的欢呼和持续不断的推广,是与全球化进程中生产和销售的新自由主义形式相互关联的,而这一形式已然成为过去20年的重要特征。

1.1.4 非技术及其包容性

“新媒体”因其有效的包容性,已然作为一个术语而广为流通。它以损失其普泛性及意识形态的弦外之音为代价,绕开了自身的一些“替代”术语的局限;它规避了纯粹技术性的拘谨定义,如“数字”或“电子媒体”;它也避开了对单一的、界定不明且有争议的性质的强调,如“交互媒体”④;它更是挣脱了机器装置以及实践上的定义的局限,如“以计算机为中介的传播”。

因此,当众人提及“新媒体”这一术语之时,自然是想象纷呈。有人想到互联网,也有人会联想到数字电视,影像化身体的新方法,虚拟环境、电脑游戏或博客;所有人在使用这一术语的时候都在指涉一系列现象。在此过程中,他们在脑中浮现出种种确定了的媒体状态,并且均借用了那一光彩熠熠的“新”的内涵。这是一个广泛引起文化回声的术语,而非一个狭隘的技师或专家编出的程序。然而,从某种程度而言,在这一术语的单向度的使用中,还存在着一种强大的思想冲击。这一术语也彰显了某些宏大的技术、思想以及实验性的改变。而这些改变事实上也在支撑着一系列不同现象的发生。尽管这

① 4.3.2 寓教于乐,寓教于乐,寓教于乐。
② 1.3 改变与延续;1.5 谁对旧媒体不满?
③ 1.5 谁对旧媒体不满?
④ 可参见案例 1.3 交互性新在何处?

一术语仍是非常普泛性而且抽象的。

就这一点，我们可能需要问一问自己，这一术语可否轻易地界定某些足以支撑起所有新媒体的基础性变革——较之那些我们迄今所探讨的动力或情境，它们可以更为明确有形或更具科学性。这也是为什么对某些人来说，“数字媒体”更为恰当，因为它对数字二进位代码形式下所生成的信息注册、存储及发布给予了关注，并赋予其特殊的意义（及其暗示）。甚至在本书中，尽管数字媒体已然精确有如规范化的描述，但它也还是预先假设了模拟与数字之间的决然的断裂，而这恰是我们在现实中遍寻却并不存在的。许多数字新媒体仍是“旧”模拟媒体的改造及拓展版（参见 1.2.1）。

1.1.5　新媒体之差异性

正如我们上文所论，采纳“新媒体”之“抽象”意义的原因是非常重要的。在本书的其他章节中，我们将有理由再度去探询它们（参见 1.3, 1.4, 1.5），恰如我们超前思考关于“新”以及“媒体”的历史与意识形态维度。而超越这一术语的抽象与普适性也是非常重要的。人们需要以多元化的感觉去重新获取或使用这一术语。我们需要去了解新媒体的多样化和多元化。如果这么去做的话，在这一变化的普泛意义的表面下，我们需要探讨的是一系列完全不同的变化。我们也需要了解，这种种仍被质疑的变化正是在旧与新之间变动的比值（参见 1.3）。

以下所述正是试图清晰化这一概念所迈出的第一步。我们列出了一个概要，将这一全球化的术语“新媒体”分解为一些更易于控制的元素。带着我们早已设问于“新”之前的种种疑问，我们以“新媒体”来指代以下种种：

- ***文本经验：***与文本模式、娱乐、愉悦以及媒体消费的新类型（电脑游戏、拟像、电影特效）。
- ***再现世界的新方式：***诸多难被清晰界定的媒体提供了新型的再现可能与经验（沉浸式虚拟环境，屏幕式的交互多媒体）。
- ***主体（使用者与消费者）之间的新关系与媒体技术：***日常生活中影像与传播媒介的使用及接受的改变，以及媒体技术投资意义的改变（参见 3.1–3.10 以及 4.3）。
- ***具体化、身份认同与共同体之间关系的新体验：***（本土及全球这两个层面上）有关时间、空间、场所的个人与社会经验的流变，而这种种经验中也暗示着我们自我经验及关照所生存世界的方式。
- ***生理性身体与技术性媒体的新概念：***（参见 5.1 以及 5.4）在人类自身与人造产品、自然与技术、身体与（媒体）技术性修复术、真实与虚拟之间差异化接受的挑战。

● ***组织与生产之间的新模式:*** 媒体文化、产业、经济、接入、拥有、控制以及管理出现了更为广泛的调整与整合(参见3.5-3.22)。

如果我们着手调查上述因素之一,我们也会迅速发现自己正在遭遇一个技术性媒介生产的飞速发展阵列(用户生产内容),甚至会遭遇上述领域的某一段历史,从而成为自身研究的场所。这些将包括:

● ***以电脑为中介的传播:*** 如电子邮件、聊天室、以网络虚拟角色为基础的交流论坛、语音影像传输、互联网、博客、社交网络、移动通讯,等等。

● ***发布与消费的新方法:*** 媒体文本因交互性及超文本模式而被特征化,如互联网、CD、DVD、播客以及电脑游戏的种种平台。

● ***虚拟"现实":*** 仿真环境以及沉浸式表现空间。

● ***以往成熟媒介的全然变形及断裂***(如摄影、动画、电视、新闻与电影)。

1.2 新媒体特征:某些概念的界定

在1.1中,我们提及"新媒体"这一联合术语表征了媒介产品、发布和使用上的广泛变化——关于技术、文本、常规及文化的变化等。虽然如此,我们仍然意识到,自从20世纪80年代以来(伴随着时代流转的变迁),大量的概念脱颖而出,被集结为一个整体,用来定义新媒体领域的主要特征。我们在此关注这些概念,并将它们视为新媒体话语中的某些主要术语。它们分别是:数字、交互、超文本、虚拟、网络化,以及模拟。

在深入探究之前,我们应该注意的是,某些重要的方法论的观点在界定某一媒介的特征或技术之时出现了。我们在此称之的"特征"(数字、交互、超文本等)可被轻易地借用,以表达那些尚有争议的技术或媒介的"本质"。比如,当数字化发生后,媒介将不再意味着一种可能性的来源,被使用、被指导及被利用;相反,它却转化为一种有累加意味的总体性概念,全然涵盖了这些仍受质疑的媒介。有一种危险是最终我们以此总结:因为这一技术就是"这样的"(电子的、由电路和脉冲组成,可将色彩、声音、质量、容积转化为二进制数字符码),而它必然会导致"那样"的(网络化、迅捷而非物质产品)产生,而却使这一界定的趋势遭受到本质主义的指责(参见5.4.6)。

关于数字性的问题,"Factum-Arte"的艺术家和技师们以他们的创作,为我们提供了一个指导性的案例。"Factum-Arte"的艺术家和技师们一向致力于使用数字技术去再造古代艺术制品,比如雕塑、纪念碑、浮雕、绘画等(http://www.factum-arte.com/

eng/default.asp)。他们所创作的并不是原件的虚拟呈现、展示在屏幕之上的视觉复制品，而是在电脑和数字技术的驱动和指引下，借由强大的3D扫描仪、打印机和钻头所完成的物质传真。如上所示，"数字"制造出沉重的物质客体，而非网络化、转瞬即逝的非物质作品(参见图1.1及1.2)。这一案例显得比较罕见，因为它是将数字技术直接与大型的物质化的人工制品相链接，而非在屏幕上展现出闪动的(虚拟)图像，虽然如此，它也向我们再度提出了警告，提醒我们小心此前所意识到的"因为这样所以那样"的(数字)本质主义。

【图1.1】埃及亚述纳西拔二世加冕殿入口的狮身人面像(全像)之一，现存于大英博物馆。前景是亚述纳西拔二世的头像。这两个图像被NUB 3D三重白光扫描系统，以400微米的解析度进行记录和分解。Factum Arte提供图片①。

另一方面，当传统的媒介研究小心翼翼地如此从事时(参见1.6–1.65, 4.3.4，以及5.1–5.1.10)，在5.4.6的章节中，我们也论证了对某一技术在本体和物质方面的构造也是非常值得关注的(数字技术与那种重型工业型制造技术并无太多差别)，而不能仅关注在它的文化意义与社会应用方面。这是因为，一种技术的物质性及其构造会在真正意义上激发和限制这一技术的使用与操作。从较为基本的角度来看，某些技术是精微小物，而某些却是庞然沉重。关于媒介技术，比较一下IPOD和20世纪80年代的大功率手提式大型收录机(参见图1.3)，或20世纪40年代的收音唱机(参见图1.4)，除却它们所依附的生活方式和文化意义方面的影响，再思考一下它们的外形是如何全然地影响使用方式、使用地点和使用人群。

这些技术的物质属性是真实的，它们改变了自身所在的环境与生态、自然与社会。它们极大地强化了自身所被使用的目的的维度，也强力地推动了其他的改变。因此，真正地、本体地认识一种技术究竟是什么——是至关重要的，哪怕是认识到某种媒介技术部分的、有条件的定义的某些方面。但这并不意味着我们要将技术约束在其本体特性之中，因为这么做，我们会在技术性客体的认知中沦为本

① Bruno Latour, "另类数字性"，参见：http://www.bruno-latour.fr/presse/presse_art/GB-05%20DOMUS%2005-04.html。

【图1.2】埃及亚述纳西拔二世加冕殿入口的狮身人面像的脚部，现存于大英博物馆。这两个图像被NUB 3D 三重白光扫描系统，以400微米的解析度记录和分解。在电脑屏幕上是一个由扫描数据组成的影像，它们会直接与扫描仪中呈现的数据进行比对以保证精准。Factum Arte提供图片。

【图1.3】20世纪80年代的大型收录机。Stone/Getty Images提供图片。

【图1.4】20世纪40年代的收音唱机，英国，1940年。二战中出现的歌手薇拉·林恩(Vera Lynn)正将一张唱片放在唱机之上。Popperfoto/Getty Images提供图片。

质主义者，成为技术本质主义。

让我们最后再检视一次“传统”媒体：电视(或广播)。我们很容易将电视视为一种中心化的媒介(特别是相比于数字网络媒介时)——它是由中心向大众传播资讯。虽然并不是因为电视技术必然会导致中心化(恰如Factum-Arte的数字化并不必然导致虚拟化)，但电视传播技术确实会助力并迅速地促进中心化的产生①。当然，关于广播电视媒介的另类用途，如“Ham”或CB电台，如在世界上很多地区都出现的电视本地化的行动，或像艺术家纳姆·琼恩·派克(Nam June Paik)在他的视频装置作品中将电视机作为雕塑性的发光体元素。

无论如何，电视的出现、发展，并在一个中心位置上被主导性地使用，这正说明了电视是在一种社会结构中产生，并按中心化的方式组织完成，它需要从权力的中心向边缘(观众与听众)传播。认识这一单一性的媒介技术可能会产生多元性的用途，如某些成为主导性的，而另一些则因种种原因而成为文化性的、社会性的、经济性的或政治性的，乃至技术性的边缘——这对我们理解媒介是什么是一条极为重要的途径(1.6)。

因此，本章的研究路径是要确定新媒体的“特征”。这并不意味着我们需要走向本质主义的阵营，而是要严肃对待物理组织和技术运转，以及它们被发展的方向。“数字化”影响力和潜力是真实确切的情况，但另一方面，“数字化”并不意味着它是一个完整描述或是一个形容某某事物的全面、充分的概念。

> 在假设或坚持我们已然辨识出某物的本质和认识到我们眼前某一种媒介技术的本质的局限和机会之间是有区别的。在这里，我们可以借用设计理论中的一个有用的术语——“可供性”(affordance)。该术语特指某一事物被感知的及其实际的属性，主要是那些决定该事物可被如何适当使用的属性……一张椅子可以提供(也是为了提供)支撑，因此，它可供“坐下”。一张椅子同时也是可被运输的。而玻璃是可被视线穿透的，同时也是可被打碎的。
>
> (Norman 2002: 9)

可供性将我们的注意力引向某一事物的自然属性，邀请我们去执行相关的种种行为。这正是我们当下讨论新媒体之特征界定时所应秉承的宗旨。

1.2.1　数字化

我们需要先想一想，为什么新媒体首先会被描绘为数字新媒体。“数字”在这一语境中究竟意味着什么？为解决这一问题，我们将不得不对照模拟媒体的漫长历史来界定数字媒体。这随即也带来了第二个问题。对于生产商、受众和新媒体

① (技术或其他的)决定论是一个非常复杂的问题，我们会在1.6.6与5.2小节中再作探讨。

理论家而言，从模拟到数字的转变意味着什么？

在数字媒体的生产过程中，所有的输入数据都会被转换成数字。通讯及表现型媒介中的数据通常会采取某些特别的形式予以呈现，比如光、声或表现的空间等——而它们实则早已被编码为一种“文化形式”（确切地说是模拟的文化形式），比如书面文字的形式、图形、图表、照片以及动态影像的纪录等。这些文化形式之后被再加工，以数字形式存储，并利用在线资源、数字磁盘或存储驱动器等输出、解码，再经过屏幕显示器接收，最后才会经由电信网络被迅速传输往各地，或被输出作为“硬拷贝”而保存起来。与模拟型媒介标识性反差之处就在这里，模拟型媒介只能将输入的数据转化为另一种物理对象。模拟媒介指的就是输入数据（如从某一有质感的表面上反射的光、某人歌唱的声音、某人手写体的笔迹等）以及被编码的媒介产品（乙烯光盘上的凹槽、磁带上的磁性粒子的分布）是在一种模拟的关系上互相关联和支撑的。

模拟

模拟指的是一组物理性质可以被存储在另一个模拟的物理形式之中的这种过程。后者则受制于技术与文化编码，并允许其原有特性——比如说它的本来形式——为读者重组。它们在“比如为了超越模拟、能看到看电影的现实”等活动中大展拳脚。看到现实中他们在看电影，通过类比，看到“现实”地使用他们的技能。

Analogos是一个希腊术语，描述比例相等、数学比例、可传递的相似性等意义，并因语言的扩展而指涉部件之间类似的安排、相似的比例或模式，可供读者通过一系列的抄本而访问。每一个抄本都涉及一个新客体的创造，而每一个新的客体都经由了物理和化学规则的确定。

案例研究1.1：模拟与数字类型

考虑一下这本书如果通过那些分散的、可移动的金属活字，以模拟印刷的过程生产出来的景象会是怎样。自15世纪中期古登堡发明印刷术以来，到20世纪80年代数字印刷方法被有效地推广，书的制作方式已然经历了500年。手写笔记或打字机上的记录会被一位排字工人通过设置页面的引线式设计而完成转录。这种类型的转录是把文字在第二层假象上做出一种墨水的物理印记。这本书即是证据。校对后的这些转录的内容会被打印机生成第二种版式，紧接着它们就会被制作成一张感光板以便用于印刷，在笔记与打印页之间，仍存在着某些模拟性步骤——至少你必须经过这些模拟步骤，才能阅读原始文件。另一方面，我们在文字处理软件中直接写下的每一个字都会迅速呈现为一个数值，它是对我们触摸电脑键盘的某一个键的电子反馈，而不是因打字机经锤击之后，因其重量和形状而在纸上形成的直接的机械式印记（参见 Hayles 1999: 26, 31）。排版、设计和校对都可以在数字领域中轻松解决，而不需要求助于操作艰苦的体力劳动了。

模拟媒介、大生产和广播

19世纪与20世纪早期的主要媒介（印刷物、照片、胶片和报纸）不仅是模拟过程的产物，更是大生产技术的产物。正因如此，这些传统媒介都是采用工业大生产的方式生产出来的物理性人工制造物，借由拷贝和商品化的形式销往世界。

随着广播媒介的发展，以往这些通过物理产品的分配和流通而营销的媒介开始式微。在广播媒介中，这些物理模拟性质的图像和声音被进一步地模拟。不同长度和强度的波形被编码为传输信号的可变电压。在媒介直播时代，如录影机发明之前的电视以及广播等，就存在着一个直接将事件与场景转化为电视模拟信号的过程。

电子式的转换和（广播）传输媒介，像电影，也是一种物理模拟，这意味着数字媒介技术并不能表征我们已与传统模拟媒介的决绝，仍需被视为一种早已存在的技术原则的持续与延伸。这也就是从物理制造物的(模拟)向信号的一种转变[①]。然而，上述延伸的广度和特征是如此重要，以至于我们还可尽情体验，不仅是一种持续，也是一种决断。我们需要检视为什么它会是这样的。

数字媒介

在数字媒介处理输入数据、光波和声波的物理性质过程中，它们并不是被转换为另一种物体，而是被转写为数字。这也就是说，它们会转化为抽象的符号，而不是一些类似的对象和物理表面。因此，媒介过程进入了数学的象征王国，而不是物理或化学领域。一旦用数字编码，数字媒介生产中的输入数据可以立即通过软件中包含的算法，进行加减乘除来完成数学计算的过程。

“数字”指的是从物理数据到二进制信息的转换，这是一种习惯上的误解。事实上，数字仅仅意味着数值重新分配的现象。数值可以是十进制 (0—9) 系统中的任何一位，系统中的每个组件都必须认识到“10”的价值或 (0—9) 的状态。不过，

① 更为详细的关于电子模拟以及各种数字进程中的事件与情况的讨论，可参见 T. Binkley, ‘Reconfiguring culture’ in P. Hayward and T. Wollen, *Future Visions: new technologies of the screen*, London: BFI (1993)。

如果这些数值被转换为二进制数值(0和1),每个组件就只能识别两种状态,开或关,有电或断电,零或一。因此,所有的输入值转换为二进制数,因为它可以使得计算机中脉冲识别组件的设计与应用更容易也更便宜。

这一将所有数据都转化为巨大的"开/关"脉冲流的原则是有自身历史的。一些评论家将其追溯到17世纪晚期的哲学家莱布尼茨(Leibniz),经由19世纪的数学家和发明家查尔斯·巴贝奇(Charles Babbage),最后在20世纪30年代的后期,阿兰·图灵(Alan Turing)影响深远地将其公式化(Mayer 1999: 4-21)。二进制数字性的原则是远见与寻求种种差异性原因的结果。然而,在第二次世界大战期间,电子工程并没有得到快速的发展,它唯能作为一个数学原理-观念而存在。一旦小型化和数据压缩的双工程目标与数据编码的原则结合起来,形成了海量数据的数字形式,它们才可以被存储和处理。

在20世纪的最后几十年里,数字化的数据编码从科学实验室、军事和企业机构(在大型机年代里)走出来,纷纷被应用到通讯和娱乐媒介。当专业软件、可及性机器和内存密集型硬件成为可能之时,首先是文本,其后是声音、图形图像逐渐被编码了。这一过程迅速蔓延到整个模拟领域,为模拟媒介文本转换为数字比特流打开了方便之门[①]。数字化的原理和实践是重要的,因为它可以让我们了解媒介文本生产中的复杂操作是如何从物理、化学和工程学的物质领域中被释放出来,并转移到象征性的计算机领域。这种转移的根本性后果是:

- 媒介文本是"去物质化的",在这个意义上,它们已与其物理形式,如影印、书、胶卷等完全分离(不过可参见"数字过程与物质世界"以了解为什么这并不意味着数字媒介是"非物质化的")。
- 数据可被压缩在极小的空间中。
- 它可以被高速接入及非线性访问。
- 它比模拟方式的操作更为容易。

这一数据存储的量化转移的规模、访问和操作一直在经历着生产、形式、接收和媒介使用方面质的变化。

稳定与变迁

模拟媒介倾向于稳定,而数字媒介却呈现出一种持续变迁的状态。模拟媒介以一种稳定的物理性客体存在于世,它们的产品形态依赖从一种物理状态到另一种物

① 参见W. J. Mitchell, *The Reconfigured Eye*, Cambridge, Mass: MIT Press (1992), 第1—7, 18—19页,以及英文原文第231页的脚注(中文译文中的位置应在《网络、用户与经济学》结论位置)。

理状态的转录。数字媒介也许是以模拟形态的复制品存在着，但一副数字形态的图像或文本内容是能以一种可变的二进制字符串的形式存储在计算机内存中。

编辑最本质的创造过程主要是与电影和影像制作相关联的，但从某种形式来看，它也是大部分媒介制作过程的一部分。摄影师编辑相片胶卷，音乐制作编辑"磁带"，当然还有各种书面文本的编辑。我们可以使用编辑的流程去进一步思考"数字性"对于媒介的意义。

改变或编辑模拟媒介上的部分内容将涉及对整个物理客体的处理。比如，想象一下，我们试图通过模拟程序的方法来改变胶片上的红色图层。这将包括完成对负片的重新冲印，改变胶片与洗印液之间的化学关系，也就意味着需要完全重印。如果原图和并不十分充足的复制图被数字化之后存储起来，每一帧每一像素都有其数据地址，这就便于我们将之前镜头甚至是那些需要变更的帧分离出来，再向这些地址发出指令，加强或淡化红色层级就可以了。影片作为一个近似于长期变动的数字文档存在，直到最后拷贝发行，才会回归到电影展映的模拟世界之中（当电影借助点播式数字电视和电影院的服务器播出，而非由电影放映机放映，这一切也正在改变）。

文本的任何一个部分都可以被赋予其独有的数据地址，以便于它可以接受交互输入和借由软件完成的改写。这种永久处于变动的状态是进一步可控的——如果正在被讨论的文本从未以硬拷贝的形态存在，如果它仅仅被存储在计算机的内存中，经互联网和网页可被访问的话。这种永久处于变动状态的文本从作者和物理的限制中被解放了出来，任何网络的使用者可以与其交互，将它们改写为新的文本，改变它们的流通与发行，编辑它们并发送它们等。皮埃尔·列维(Pierre Lévy)很好地总结了数字性的这一种基本状态：

> 作者与读者、表演者与观众、创作者与诠释者之间早已确立的差别变得模糊起来，并让位给一种读写连续体，它从技术与网络的设计者延伸向最后的接受者，每一位都在其中对他者的行动有所贡献——个体特征的消亡。
>
> (Lévy 1997: 366)

数字程序与物质世界

数字化为大数据的输入、高速的数据访问与高效率的数据改写创造了条件。然而我们却并不希望去论证这表征了对物质世界如同数字修辞一般的全然超越。物理科学在微型硅芯片的能力上已经达到了极限，尽管当前在纳米电路① 上的研

① 对于纳米芯片发展的新闻，可浏览：http://www.science daily.com/releases/2006/07/060708082927.htm。

究已向我们承诺了，芯片的尺寸仍然可以被缩小很多倍。

尽管在计算机与服务器之间的无线链接以及与无线网络的链接正日益普遍，但仍有许多网络链接依然持续性地依赖有线接口和电话线，这些都必须实实在在通过地线的连接。在一种更为日常性的水平上，所有以计算机为基础的媒介制作者不得不在内存与压缩之间不断地寻找妥协，但这也确实证明了媒介程序化的核心一直是持续性的物理世界的界面。对世界范围内的消费者来说，富有与贫穷的区别是商品消费差异的基础，这在数字媒介的服务与技术应用中也同样适用。数字原则也不能逃避物理学的需求量或稀缺性的经济规则。

案例研究1.2：电子邮件[①]：数字信件的诘难

研究声称，世界上大约有12亿的电子邮件使用者，这一数字还在不断上升（参见http://www.radicati.com/）。对于这些归属于世界上1/6的人口中的人来说，电子邮件现在已经是一种日常性的媒介。它是日常生活常态的一部分，几乎不能引起我们意识层面的关注。然而，电子邮件(electronic mail)却是伴随着或属于从最早的本地网，如20世纪70年代的ARPANET中发展的互联网的大发展。在这层意义上，电子邮件不过和人们写下便条或信件送与他人是完全相似的，是在更为快速递送的便利下出现的写便签和信息的方法。不过，当网络化个人电脑的拥有量增加之后，电子邮件的应用程序，无论是需要购买的或免费下载的，都得到了更为广泛的应用。更多的人用电子邮件取代了写信。放眼望去，越来越多的人使用电子邮件（邮政服务也不是不重要的，它们仍然在世界范围内存在着），但电子邮件仍然是一个有用的个案，帮助我们思考数字性的重要意义。

传统的信件有着特殊而宝贵的特点，是一部重要的历史（并且，对一些人来说，它依然如此）。事实上，我们在下文将要探讨的某些电子邮件传播的特征，帮助我们对“信件”做了一次重新评估。信件需要物理性的制作，它必须被写下或打字完成，塞进信封，粘贴封口，投递在专门的邮筒中。它归属于邮政署那庞大的企业系统，其中，每一间房屋都有一个物理化的数据地址。

除此之外，信件的物理性质作为一种文学和文化的形式也拥有着一段重要的历史。直到工业化之后，通过书写实现的跨距离人际传播才依托于邮递员手传手完成了文本的物理性传送。公共或私人新闻都需要时经多日或数周从一个村庄、帝国传向另一处。这种传输速度对信息的状态也有影响，在

① 关于电子邮件的简史，可参阅：http://www.livinginternet.com/e/ei.htm。

前工业化社会中，来信是一件充满意义的“事件”。

工业化的商业需求和帝国主义的军事命令都要求人际通讯上更快的速度和更高的准确性，这也导致了电报、电话和现代邮政服务的发展。与此相反，我们可能需要根据数字性的原则来特征化电子邮件（比如，速度、数量和灵活性）。电子邮件的过程虽然不是瞬间的，但与一封信的物理化运输相比是极快的。事实上，迄今为止，电子邮件或可作为每每被提及的典型的“时空压缩”的后现代传播环境一个最好的案例。

此外，由于电子邮件以数字而非模拟形式存在，它是可承载多种变化和使用的。它与手写信笺不同，是可以在写信过程中被多次编辑，而收信者也可对信件原文再次编辑，插入意见和回复。电子邮件可发给个人或群体，因此电子邮件可在一个私人-公共的规模上写给任何数量的邮件订阅者。写一封电邮给你的工作同仁将需要一种与你写给广大的朋友和家人圈完全不同的写作模式。一对一的电邮的语调与群体邮件也是有别的——在写信时，我们不断协调私人与公共之间不同的位置。

电子邮件因附件传送的可行而增强了一种灵活性。这可以是任何形式，从文字档案、照片、电影与音乐文件。无论什么只要是可被数字化，它就可以附件形式被发送。在这里，我们看到电子邮件例证了之前离散媒介形式的融合。

这些特征导致了经由个人电脑完成的沟通信息处理数量的激增。一个增进了交往行为的网络，一种组织生产力可见的提升，以及一种具有争议性的社会与家庭交往通信量的增长（其中，我们也必须谨记的是全球可进行在线访问的国家仍是少数）。在行政和管理的层面上，电子邮件意味着一种基于纸张的备忘录形式的强化；然而，在通信量上的增长也带来了数据存储和管理的新问题；机构的工作者所接收到的庞大电邮群制造出了“信息过载”。“无邮件日”已经成为一种企业生命的特点，管理者应该理解，不断地检查来信实在是注意力集中的敌人（参见 Wakefield 2007）。

这些变化也使某些领域发生了质变。比如，邮件发展出一系列正式的代码和地址常规模式（英国学校里的全国性通识课程将其列为核心课题），而数字文本通信的新形式却发展出一整套非正式的通信模式。

> 人类的思想倾向于经验理念、妙语，全球视角、跨学科论文、不羁且往往是情绪化的反应。信息高速公路(I Way)［互联网］的思想却是模块化的、非线性的、延展性和合作的。相较于与书面写作，许多人更倾向于互

联网上的写作，因为它是可对话的、坦诚的、可沟通的，而非精确的和过度书写（凯文·凯利，编辑，《卫报》网络版《连线》杂志，1994年6月22日）。

然而，瞬时可用的回复键鼓励我们去做的回应并不总是那么正面的——因此，基于互联网的激烈实践——辩论、敌视和侮辱性的交流会在相互指责的螺旋中飞速上升。这正是因为缺失面对面交流导致沟通会变得很危险。精心雕琢的、以外交辞令书写备忘录的形式让位给集体式的书写，电子邮件的辩论往往是很激烈的。

以这种历史为记，我们可以了解对电子邮件这一平庸案例的思考是如何提出一系列批判性的中心问题：

1. 当电子邮件文本可被多次修改和转发之时，对著作权(authorship)的控制又位于何处？

2. 我们应该给予电子信件以怎样的权威性？为什么我们仍然坚持以纸质文书作为合约和法律之用？

3. 非面对面的、匿名的、及时的、交互式人际交往系统的逐步增长带来了哪些可能的结果？

在回答这些问题的尝试中，我们可能得去求助于各种不同的分析语境。首先是对文化历史与信件自身形式的全面理解。其次是对离散媒介形式在数字化过程中实现的融合。第三，是通过已经存在的文化分析去尝试评估这些改变——在此个案中，也就是著作权与阅读。最后上述提及的问题必须援引计算机为中介的传播研究来回答，在该研究中，面对面传播的消失是核心议题。

1.2.2 交互性

自20世纪90年代早期，交互性就已成为一个久经辩论的术语，并被不断地再定义。大多数评论家都赞同这是一个需要更深入界定的概念，如果有某些分析被其吸纳的话（可参见Downes and McMillan 2000; Jensen 1999; Schultz 2000; Huhtamo 2000; Aarseth 1997; Manovich 2001: 49-61等论述）。之后也出现了几种对其尝试界定的论述，我们在下文中将对它们进行讨论，也可参见个案研究1.3①。这一概念还带有强烈的意识形态色彩：如阿尔赛斯(Aarseth 1997: 48)观察道，“宣称某一系统

① 案例研究1.3: 交互性新在何处?

是具有交互功能的，是在赞同它身具一种神奇的魔力。”

在意识形态的层面上，交互性是新媒体特征的一个关键“附加值”。传统媒体提供被动消费而新媒体则提供交互性。一般来说，该词代表一种更为强大的、媒介文本的用户参与意识、一种与知识来源更为独立的关系、个体化的媒介使用以及更多的用户选择。这种关于“交互性”价值的想法已经清楚地勾勒出新自由主义的流行性话语（参见3.7），它将用户首先视为一位消费者。新自由主义的社会的目的就是将各种经验商品化，并为消费者提供更多也更为精细的选择。人类貌似可以在市场所提供的无穷无尽的可能性中完成具有个体化的生活方式的选择①。

这一意识形态的语境是契合我们思考路径中关于数字媒介的交互观念。它被视为一种关乎媒介文本最大化消费选择的方法。

然而，在这一部分中，我们主要关注的还是“交互性”这一术语在工具层面的意义。在此语境中，交互指涉的是用户（新媒体受众中的个体成员）直接干预和改变他们所访问的图像和文本的能力。因此，新媒体的受众成为“用户”而不是视觉文化、电影和电视的观众，或文学作品的读者。在交互式多媒体文本中，有一种意识是，用户的积极干预是必需的，通过观看、阅读与行动以产生意义。

这种干预实际上包含了其他的参与模式，如交互理念之下所产生的“游戏”、“试验”和“查询”。罗西・艾如克・奎尔斯通(Rosanne Allucquere Stone)寻找工具性定义和意识形态意义之间隐藏的联系，他暗示，交互理念所能提供的最广阔的可能性是“最适合商业发展形式的电子实例化——用户移动光标到适当位置，点击鼠标，使某事发生”(Stone 1995: 8)。但我们可以更进一步，打破这种交互性的范例②。

超文本导航

在这里，用户必须使用计算机设备和软件，在数据库中作出阅读选择（我们使用“数据库”这一术语，是用其一般性的意义，而非特别的技术含义——数据库可以是任何储存信息、文本、图像和声音的存储器）。原则上，该数据库可以是整个

① 3.4 政治经济学

② 对于交互性界定的问题所展开的讨论，可参见Jens F. Jensen's ‘Interactivity — tracking a new concept in media and communication studies’, in Paul Mayer (ed.) *Computer Media and Communication*, Oxford: Oxford University Press, (1999), 该书提供了一个理论路径的全面回顾。也可参见E. Downes and S. McMillan, ‘Defining Interactivity’, *New Media and Society* 2.2(2000): 157-179, 该文以质性民族志的方法诠释了实践中的理论界定及应用难题；亦可参见Lisbet Klastrup (2003) *Paradigms of interaction conceptions and misconceptions of the field today* (http://www.dichtungdigital.com/2003/issue/4/klastrup/),以了解针对该术语狡猾难定的一个争议性研究。

万维网，也可以是某一特定的学习计划，或一档冒险游戏，或是你个人电脑上的硬盘驱动器。这种交互作用的最终结果将是用户从导航过程中获得的所有文本碎片中，为自己构建一个个性化的文本。数据库越大，每位用户所经历的、独一无二的文本构建机会也就越大(1.2.3)。

沉浸式导航

彼德·卢内非德(Peter Lunenfeld 1993)有效地区分了交互作用的两种范式。他将其称为“抽取式的”和“沉浸式的”。超文本导航（如上）是“抽取”①。然而，当我们从寻求数据和信息的访问走向空间的导航性呈现或拟像的三维世界时，我们则进入了“沉浸式”交互。在某种意义上，这两种不同交互作用所依赖的是完全相同的技术事实——极为庞大的、可满足用户体验要求的数据库。在一个层面上，一个或多或少由现实性生成的三维空间，就像游戏世界中的“光环3(Halo 3)”或“侠盗飞车IV(Grand Theft Auto IV)”就是一个大数据库，类似微软的Encarta百科全书。我们可以说，沉浸式媒介环境的导航类似于超文本导航，但具有某些额外的特质(1.2.5②,2.1–2.6③)。

当沉浸式环境中的交互发生时，用户的目标和媒介文本所呈现出的特质是不同的。通过单一屏幕所呈现的三维世界到三维空间与虚拟现实技术的拟像都是沉浸式交互可发生的范围。尽管你也可能在此类型文本中邂逅点击式超文本导航，但沉浸式交互会包括查询和直观呈现屏幕空间导航的潜力。在这里，交互作用的目的很可能与“抽取式”范例是不同的。不是一个基于文本的经验，旨在发现和连接的信息，沉浸式用户的目的将包括空间探索的视觉和感官愉悦，而不仅仅是以搜寻与链接少量信息为目的的、基于文本的体验。

注册的交互性

注册的交互性是指新媒体文本提供其用户“写回”文本的机会；也就是说，通过注册自己的个人信息来添加文本。该类型交互的基础是注册的简单活动（即发送联络信息的细节到某个网站，回答网上交易中提出的问题，或输入自己的信用卡号码）。然而，它也延展向用户输入文本的每一个机会。最早的互联网论坛和新闻组就是很好的例子——它们并不是面对面沟通的交互，也不是清晰地建立在用户评论的连续输入行为之上的。“输入”或“写回”已然成为文本的一部分，并向数据库的其他用户开放。

---

① 参见1.2.3 超文本性。

② 参见1.2.5 虚拟。

③ 参见2.1–2.6 虚拟现实怎么了；虚拟和视觉文化；数字虚拟；沉浸：一段历史；透视、相机、软件；虚拟影像/虚拟的影像。

交互传播

正如我们在电子邮件的案例分析中所见(案例分析 1.2[①]),以计算机为中介的传播(CMC)为人与人、组织内部、个人与组织之间的联系提供了前所未有的机遇。

许多这样的连接将会是注册的交互模式(上文提及)。个人可在此模式中增加、改变或同步来自他人的文本。然而,从人际传播的视角来思考电子邮件和聊天网站,我们就应考虑在参与者之间互换性互惠的程度,在一个交换参与人之间的相互作用发挥程度的想法。

因此,从传播学研究的角度来审视的话,交互性的程度可基于CMC中的各种传播行为的进一步细分。传播行为可根据它们与面对面交谈的相似性或差异性进行分类,因为面对面交谈每每被认为是所有“媒介化”的传播行为必须模仿的、传播情境的典型。在此基础上,公告板或在线论坛上出现的问答的形态,比如说,将被视为比聊天网站中自由流动的对话更具有交互性。这反映出交互性的整体思想也是借助人与人的连接而得以实现。

交互与文本诠释的问题

文本如何被读者诠释这一传统的问题在交互性中变得更为多元。诠释的问题是指任何文本的意义都不是安全编码,读者也不会以相同的方式解码。

这种认识是基于文本的意义将根据观众的天性与接受环境的变化而变化。我们与自己所相遇的模拟(或线性)文本,如书籍和电影,保持着一种高度积极的诠释关系。在交互性中,这一问题并不会消失,反而会成倍递增。这是因为一则交互文本或一个导航型数据库的制作者并不会确切地知道他们的读者将会邂逅多少种版本的文本。批判这一现象也引发了如何评价甚至如何概念化“文本”的关键问题,因为一则文本不会被相同的方式阅读过两次。对生产商而言,这也提出了控制和著作权的基本问题。他们如何为读者制作一则文本,并了解它们有很多可能的途径予以实现?[②]

什么是交互文本?

意义是如何在读者和文本之间产生的——这一思维的建立方式是假设文本的稳定与诠释的流动。在交互性的情况下,这种传统的文本稳定性也变得流动起来。因此,作为批判者,我们发现,必须要再度概念性地厘清我们是如何诠释交互

---

① 案例研究 1.2 电子邮件:数字信件的诘难。

② Lev Manovich ‘What New Media is Not’, *The Language of New Media*, Cambridge, Mass.: MIT Press (2001), pp. 49–61 以及 Espen Aarseth, ‘We All Want to Change the World: the ideology of innovation in digital media’, *Digital Media Revisited* (eds. T. Rasmussen, G. Liestol and A. Morrison), Cambridge, Mass.: MIT Press (2002)。两位作者均认为我们往往与各种形式的文化有着一种“交互”关系,因为我们与这些文本之间都存在着个体性的诠释关系;故而,“交互性”是一个完全冗余的术语。

式文本的状态。从理论的观点看来，运用传统的符号学工具在此进行文本分析已经是捉襟见肘了。

阿尔赛斯(Aarseth)在开创性的赛博文本研究中观察到：(这种)(新型的交互数字媒介)是由“动态”的元素，源自传统的符号学模型中的事实以及学科术语组成的，从极为静态的物体开发而来，它们在当下那些未被改变性质的形式中，是毫无用处的(Aarseth 1997: 26)。许多种类型的交互性现在大多建议，需要考虑将用户也视为机械的电子装置回路、文本与身体的一部分，而不再是传统的文本/用户的关系：

> 赛博文本……是合理的文本性的一种广度（或视角），它可被视为是一种机器的类型，各种的文学传播系统，其间，机械部件的功能性差异扮演了一个决定美学过程的关键角色。赛博文本将焦点从作者/传者，文本/信息，读者/受众这三面转移向文本机器中各部分（参与者）之间的控制关系的交流。
>
> (Aarseth 1997: 22)

对身体角色在此情境中的理解近来也较为频繁，但大多追随玛丽·劳拉·瑞安(Marie-Laure Ryan 2001)的研究，即“存在”意义的现象学分析，借由这一种存在感，用户得以感知身体与虚拟世界的连接(2001: 14)。这些研究取向特别适合针对那些提供动觉而非感知的交互性愉悦，例如电脑游戏所提供的沉浸式交互。正如德沃(Dovey)和肯尼迪(Kennedy)(2006: 106)所认为的那样，去形体化的观众/参观者/读者的想法是在“文本”与“读者”之间以特殊的方式概念化关系的一种虚构的主体。这种虚构是建立在笛卡尔哲学的知觉模型之上的，意识被视为独立于并分离于形体而存在。

数字文本性①所赋予的交互行为的人机关系学特质已经使得一些评论者(Aarseth 2001, Eskelinen 2001,Moulthrop 2004)更愿意使用“构型”②这一术语，而非“交互”。这个术语承载着源自技术设计的研究中出现的行动者网络理论(Actor Network Theory)的双重力量(Woolgar 1991)以及这一理论更为口语化意义的方式，来呼唤独特的“构型”。

在可供性的试验中，沃格(Woolgar)将“构型”定义为设计师尝试“界定、赋能并限制”用户，通过物体的设计，将“界定和划分”用户可能的行为。在这个意义上，技术“构型”了我们，我们提供了特定的行为模式。“交互”意味着双向沟通，

---

① textuality，国内习惯将之译为语篇性、语篇属性；也有译为文本性，如张英进《中国电影盗版的语境：阴谋、民主还是游戏》，香港中文大学《二十一世纪》2008年6月号第107期。本书沿用文本性的译法。——译者注

② configure, configurative, configuration这三个词在新媒体研究中含义比较复杂，特指一种数字化的结构性构造，在本书中此处，我们将之翻译为“构型”。其他处，无特指含义时，我们一般译为“结构”。——译者注

“型”则暗示一个双向互构的过程，通过这一过程，用户和软件均能动态地参与一个反馈回路的连续性重塑。摩斯普(Moulthrop)认为理解电脑游戏将有助于解释，为什么我们越来越要求媒介环境与我们之间建立一种构型关系：

> 游戏——特别是电脑游戏，因其完型的特点而充满了诱惑力，它们提供了机会使玩家可以在连续循环的干预、观察和反应中操作复杂的系统。这种活动引发的兴趣日渐增多，随之而来的是更多的人交换电子邮件，浏览万维网，在新闻组上发帖子，建立博客，流连于聊天和即时通讯，通过P2P网络交换媒介文件。在各种各样的游戏中，都存在着一定程度上的完型实践，操纵着那些以不可预知的、突发方式发展形成的动态系统。
>
> (Moulthrop 2004: 64)

他的观点类似于新法兰克福学派关于“交互”的理论(参见案例1.3)：“构型”是一种必不可少的活动方式，使我们的理解不止于软件系统，更延伸向政治与文化的系统：

> 如果我们将构型设想为一种参与式的方法，不仅仅是一种即时游戏元素，更是游戏的社会和物质现状——推而广之，其他规则系统的现状，如工作系统和公民系统——对游戏与诠释之间差异性的坚持，可能就变得非常重要，唯有如此，才可以帮助我们更好地抵抗全身心的沉溺。
>
> (2004: 66)

制作者的难题

如果新媒体产品带来了关于文本性的新问题，它们也需要制作者与用户之间种种不同的关系才能催生。你如何设计一个可以提供导航选择的界面，但在同时又可提供一种连贯的经验？这些问题当然也会在文本与文本之间变化。

例如，一个内嵌有诸多其他网页链接的网站会给用户提供很多机会，以便他们可采取不同的途径。读者/用户很可能会在浏览你的网站的中途，就点击向另一个网站。另一方面，在下载完毕的交互式学习包中，或是在一个包含有限的数据库的独立存储驱动器(如CD/DVD)的运行中，用户可以极为轻易地在生产商所能预结构的导航路径中被引导。这意味着交互文本的制作者已逐渐明白，他们需要与自己的受众有协同合作与共同创意的关系(参见3.22–3.23)。数字媒介文本(如网站、游戏、社交网络等)，是一种支持用户的各种活动、出现在软件周边的*环境*。套用沃格的术语，制作者也必须完型其用户，对各种行为所期望的环境承受能力有一定的意识，同时也要理解他们虽不能完全预测但也可控制用户在其间的作为。

对制作者来说,这些丰富的交互形式也因此带来了一些后续意义:

● 他们寻找方法,将用户生成的内容合并在企业项目里,如报纸"众包"① 故事的方法,为传统媒体的制作者与观众之间的合作创造了可能性(参见3.21)。

● 他们还将生产者重新定义为"体验的设计师"而不仅限于作者。作者制作读者可诠释的文本。交互媒介设计师是日渐体验型的设计师,创造出开放的媒介空间以使用户在其中寻找到自己的路径(模拟人生或第二人生)。

● 在媒介化世界里,受众对交互体验的预期创造出了跨媒介产品出现的条件:比如,跨平台间被重新设计的电视节目,具有聊天、论坛功能的网站,附有额外材料的DVD套盒以及电脑游戏等。

1.2.3 超文本性

在交互性与超文本性的导航、查询与完型方面之间存在清晰的联系。而且,如同交互性一般,超文本性具有意识形态色彩,是另一个已被用于标记从模拟媒介脱胎的新媒体之新颖性的关键术语。除了参考在计算机辅助下生成的各种数据间的非顺序性链接之外,在20世纪90年代早期,对文学的超文本探究,如对小说及非线性虚构故事形式的探究成为一门引人注目的艺术潮流。这些文学超文本当时也吸引了诸多批评家和理论家的重视。今天看来,它们更像是在一个过渡的时刻,因文学研究与新媒体的潜力的交汇而被生产出来的作品。然而,超文本和超文本性保持了计算历史上一个重要的组成部分,特别是它们处理计算机操作系统的关系、软件和数据库,对人类思维的运作、认知过程和学习等想法的方法。

历史

"超文本"一词的前缀"超(Hyper)"源于希腊语中指代"之上的、超越的或之外的"词汇。因此,超文本是用来描述可以提供链接网络的文本,这一链接网络由其他的"外部文本、上层文本以及超越自身"的文本组成。超文本,既是一种实践,也是一种研究对象,具有双重的历史。

一段历史将这一术语与文学艺术和表现理论联系了起来。有意思的是,长期以来,当某些特定的文学作品(或图像)借鉴或引用他人内容的时候,我们将之称为互文性。这意味着任何文本只有处于一种互为关联的网络之中才可被理解,而此种互为关联的意义网络都是在文本之上的、超越文本的或在文本之外的。在另一个层面

① crowdsourcing: 众包。这一概念是由美国杂志的记者杰夫·豪(Jeff-Howe)在2006年6月提出的。他给出的定义为一个公司或机构把过去由员工执行的工作任务,以自由自愿的形式外包给非特定的(而且通常是大型的)大众网络的做法。——译者注

上，脚注、索引、术语表和参考书目——换句话说，也就是一本书的导航设置——在传统意义上，它们是超文本的先祖，在直接文本之外，继续引导读者去往必需的语境信息。

另一段历史则发源于计算机语言的发展。在这里，任何口头的、视觉的或听觉的数据都会将自己链接向其他可被视为超文本的数据。在这层意义上，“超文本”这一明确的术语往往会与超媒体的修辞学与理念混淆在一起（其暗含的意思就是：各种类型的超媒体都是与各种“之上的、之外的或超越”的另类型媒体相互链接在一个融合型的网络之中）。

界定超文本

我们可以将某一超文本定义为一件由诸多独立分散的单元组合而成作品，每一部分包含一系列通往其他单元的路径。这件作品是一种链接网络，在其间，用户通过使用界面设计中所包含的导航设置进行探索。在此网络中，每一个独立的节点都有一些出口、入口或链接。

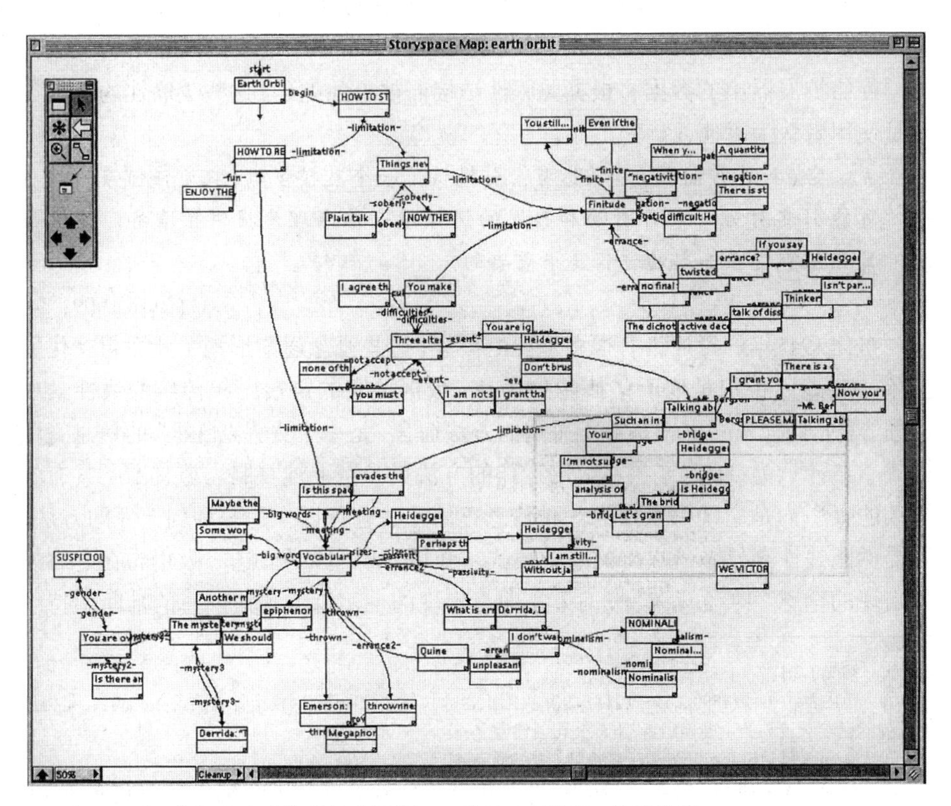

【图1.5】早期超文本建筑设计的图解——故事空间地图：地球轨道，www.eastgate.com。

正如我们所见(1.2.1[①]),在一个数字化编码文本中的任何部分都可以轻易地被读者等距访问。而在模拟系统中,如传统的录影,如果你想在某个10分钟的影带里寻找到某一特别帧,你必须前后倒带查阅每一个中间帧。当这一信息被数字形式存储之后,访问或多或少不过是瞬间即达的事情。同样,许多在此种技术支持下的干预措施和操作设备均能创建出交互的特点(1.2.2)。

超文本与思维模式

范内瓦·布什(Vannevar Bush[②]) 1945年所著之文《正如我们所想》每每被认为对超文本理念形成具有如生命本源一般的贡献。信息过载、专业人士不得不访问和接驳数量庞大的知识储存,即使在20世纪40年代后期,也是一道难题,布什受此启发,建议科学和技术可应用于这样的知识管理,以制造出存储和检索的新方法。他概念中的机器,名叫"扩展存储器(Memex[③])"。数据可存储,关联在其中,而不是由图书馆目录中的字母与数字系统检索。布什评论道:

> 人类大脑是协调运转的。在思维协调性的暗示中,当某一事物被大脑理解之后,它会迅速地与脑细胞那错综复杂的网络关联,并向下传递。
>
> (Bush 1999：33[④])

存储扩展器中的数据将根据关联性链接而被单独编码,这些关联性的链接往往是使用者认为对他或她的工作有意义的链接。

> 它(扩展存储器)为联想型索引提供了一个直接步骤,它为任何条目都有可能引起对另一条目自动和自发的选择这一基本理念提供了准备。两个条目相互绑定在一起的过程是很重要的。
>
> (Bush 1999：34)

布什1945年的论述带有很多重要的概念,这些概念逐渐形塑了此后超文化的技术与实践。特别是他所坚持的立场是:数据关联的链接比起传统的线性索引排列方法,如杜威图书馆系统所采用的方法而言,是一个更为"自然"的信息管理模式。布什认为,关联链接将大脑运作的方法更为精准地复制。超文本所具有的持续的吸引力是它既可以作为一种信息存储方法也可以作为一种创造性的方法,以提供比线性存储系统更好的意识模式。我们可以观察到,这一吸引力在之后发展出现的全球"神经网络"——下文即将出现的尼尔森的想法——的推断中持续

---

① 参见1.2.1数字化。

② 范内瓦·布什(1890.3.11—1974.6.28),美国工程师和科学管理者,因模拟计算的工作而闻名,是发展原子弹的曼哈顿计划的主要组织者,雷神公司创建者之一。——译者注

③ Memex是MEMory Extender的缩写。——译者注

④ As We May Think, 发表于1945年《大西洋月刊》,后被收录于P. Mayer, *Computer Media and Communication: a reader*, Oxford: Oxford University Press, 1999。——译者注

影响。这些想法也以不同的形式在皮埃尔·列维(Pierre Lévy)全球"聚合性智能"的呼声中,以及在日常性的如"维基百科"的网站使用中不断出现,在很多方面,这种经营型的吸引力向我们表明知识是可以通过相互结合而非线性排列制造出来的。而且,这样的知识是可以被集体创造的①。

非顺序书写的超文本

第二次世界大战后出现的微缩平片技术不能将布什的远见创造出来。唯有20年后,随着数字计算愈加普及,他的理念才被著名的泰德·尼尔森(Ted Nelson)再次重提。尼尔森1982年的论文《大脑的新家园》讨论了基于超文本线的知识大规模重组。

> 这一简单的设置——称为跳链接能力——直接为学术研究、教学、小说、诗歌等链接各种新型文本形式。这种链接设置给予我们远不止零打碎敲的碎片附件。它允许完全的非顺序写作。书写因为页面的连续顺序排列,而只能是顺序性的。对此的替代方案是什么?为什么是超文本——因为它是非顺序写入的。
>
> (Nelson 1982, 转引自 Mayer 1999: 121)

然而,尼尔森并没有在非顺序书写这一想法上停滞不前。早于浏览器软件让互联网导航成为一个非专业行为的十年之前,他还预见了一种极为接近于现代互联网网站形式的媒介。在这一媒介中,文件视窗与链接彼此开放,每一次引用都可以被瞬间跟踪。即便是极为微小的注解和评论也可随处被查阅。他设想,

> 一个超世界——文字与图形出版的新领域,即刻成为可行。一个所有人可存储所有——链接、另类的幻梦以及回溯纪录的巨型图书馆,将忠实地提供你所希望出版的各种可能。
>
> (Nelson 1982, 转引自 Mayer 1999: 124)

因战后信息管理过载的挑战,一种网络路径与关联的思维模型和一个非线性书写的概念,扩展成为一个由多种媒介组成的、可自由访问的"巨型图书馆",最终将我们引向超媒体概念的出现。尼尔森对超文本潜力的洞见,拓展了基于可及性和关联链接管理基础上的、人类知识解放的结构性完型。

超媒体性

近来超文本极为具体地被应用于信息管理的原则之中,并被扩展成为各种非线性的网络范式。在这里,这一术语也开始与超媒体性的理念重叠。对超文本理念意识形态化的研究投入也逐渐影响了"超媒体"这一术语的使用,并被用来描

---

① 参见Pierre Lévy, *Collective Intelligence: Mankind's Emerging World in Cyberspace*, Cambridge: Perseus (1997)以及D. Tapscott and A. Williams, Wikinomics*:* How Mass Collaboration Changes Everything, London: Penguin Books (2006),《维基经济学》一书诠释了商业实践是如何借鉴、吸收这种乌托邦式的愿望为己用。

述对所有媒介形式进行管理的超文本方法。到90年代末,超媒体性已然成为新媒体理论中一个重要的术语:

> 超媒体的逻辑承诺了一种多行为的表现,并使其可见。当前的超媒体提供了一个异质空间并直接促成了一个统一的视觉空间,在其间,表现并不被认为是一个世界的视窗,而是被视窗的自己——该视窗也同时向其他表现或媒介开放。超媒体性的逻辑多元化了媒介符号,并试图以此方法重现人类经验的丰富感觉。
>
> (Bolter and Grusin 1999: 33-34)

生产“人类经验的丰富感觉”正是对麦克卢汉所认为的媒介应该是人之延伸这一观点的一种宣称(1.6.2①)。恰如我们所见,这一宣称是在超文本理念最根本的构想中被表达出来的——范内瓦·布什和泰德·尼尔森关于认识的假想在这里已然成为一种规则,以某种方式规约了超媒体作为人类意识的终极强化的表征。

从图书馆到谷歌——超文本的批判性诘问

许多关于超文本应用的争论与交互性之必然性后果的讨论重叠在了一起。然而,从超文本的实践中所产生的相关议题的争论已经成为学科的理论文献了,交互性的问题也往往会参照人机界面的研究与传播学研究。

很显然,关于交互性和超文本的思考均关注了文本本身的状态和性质。当我们用来自文学或媒介研究的传统思维来思考文本,或据说是以完全全新的方式处理文本之时会发生什么?如果说,现有的知识结构是建立在书的基础之上的话,那一旦书被计算机内存和超文本链接取代之后,又会发生什么?

自中世纪起,人类知识与文化就被书写、记载,并且以某种方式制作成书的形式。(可参见Ong 2002; Chartier 1994)。文字印刷为知识的管理和生产确立起一种完整的分类法和分级系统(如,内容、索引、文献系统、图书馆系统、引用方式等)。知识书写的装置是依靠顺序性读写来规定的这一看法也早有论证。当我们书写时,我们依线性序列排列素材,在其间,文字以一种被认可的修辞学术语逐字关联,如争论、虚实与观察等,同样,读者大致上也会跟随这种由作者建立起来的序列。而今广起争论的是“超文本提供了非顺序读写潜能”,必然遭遇的文本已经不再具有单向度的规则。

文本的每个“节点”都带有可变数量的链接,把读者带到不同的后继节点,依此类推。这样,读者就被提供了一个“非线性”的,或更精确地说是“多线性”的经验。(以下的链接就是一个线性的过程;不过在任何既定文本中给出的链接可变数量也可制造出大量的可能性途径。)

就我们所知,自从所有既存的知识系统都是基于单线性原则建立起来以后,到今天,

① 参见1.6.2 映像马歇尔·麦克卢汉。

知识以多线性而非单线性构建的这一论断就成为对知识的组织和管理的颠覆性威胁。

因此，文本本身的特定状态就已经被挑战了。你握在手中的书被溶解为一个关联性的网络——在其中，书本身的众多交错关联的链接有助于形成许多不同的阅读途径；书本身也逐渐向其他文本渗透。书中的文献和引文立即可用，其他相关讨论或相反的观点可直接比对。总之，书的完整性与以书本为基础建立起来的知识系统的完整性被网络知识系统取代了。形成图书馆系统（杜威分类法、索引、基于纸张的目录）的知识存储的上层建筑被搜索引擎及相关的元数据、标签和用户生成的知识分类系统的设计所取代。

超文本的学术成就[①]

我们可以明确定位出第一波超文本研究的学术成就中两条轨迹，去尝试性地理解这些发展的重要意义。

首先是以往在文学史上处于边缘位置作品的回归，这些作品寻求对线性文本的挑战——往往是实验性地构建为“原型超文本”。比如像《易经》、斯特恩的《崔斯特瑞姆尚迪》、乔伊斯的《尤利西斯》、博尔赫斯、卡尔维诺和罗伯特·库弗的小说，还有像雷蒙德·格诺和马克·萨波塔以书的实体形态进行的文学试验，这些作品都被援引为是对超文本形态的理解与创作，它们也往往作为一种对传统文学挑战的极限点而存在着。对于学习其他媒介的学生，我们可能开始就会增加维尔托夫和爱森斯坦的蒙太奇电影，在黑泽明的《罗生门》中的视点实验和《土拨鼠日》中的时间表现来佐证(Aarseth 1997: 41–54, Murray 1997: 27–64)。同样，对于波特(Bolter)和格鲁辛(Grusin)来说，达达主义组合影像、超现实主义以及他们对产生于当代视觉文化中的屏幕拼贴作品的应和或许都可以被看作是“超媒体”化的。这里是另一个重要的节点，文化史被新媒体形态的发展再度改写(1.4)。

1.2.4　网络化

20世纪70年代晚期直至80年代，资本主义经济因其集中生产系统的僵化而经历着经常性的危机。这些危机也是在大众消费市场中因同质化商品的大规模生

---

① 这一研究中出现的主要文献和辩论至今仍在拓展，它已成为欧洲批判理论与美国赛博文化研究之间最为重要的结合点之一。本节简要介绍了该研究中出现的一些关键问题。进一步学习，可参见，Jay David Bolter, *Writing Space: The Computer, Hypertext and the History of Writing*, New York: Erlbaum (1991); George Landow and Paul Delaney (eds.), *Hypermedia and Literary Studies*, Cambridge, Mass.: MIT Press (1991); George Landow, *Hypertext: The Convergence of Contemporary Literary Theory and Technology*, Baltimore and London: Johns Hopkins University Press (1992)（特别是第1—34页的内容）; George Landow (ed.), *Hyper/Text/Theory*, Baltimore and London: Johns Hopkins University Press (1994); Mark Poster, *The Mode of Information*, Cambridge: Polity Press (1990), pp.99–128。

产而产生的盈利危机。马克思主义文化地缘学者戴维·哈维追踪这些形态,并详细分析了“现代”和“后现代”的生产模式转变之后,将其归因为集中式的“福特主义”经济体制的僵化。在1989年的论著中,他指出,

> 关于当下最有意思之处是资本主义正在劳动力市场、劳动过程和消费市场上通过分散的、地缘的流动和灵活反应而变得更为严密组织,而这一切都是与体制的、产品以及技术创新的过盛同时发生着。
>
> (Harvey 1989: 159)

这些改变在媒介生产组织中同样发生着。1985年,弗朗索瓦·萨巴赫(Françoise Sabbah)在观察当时新兴的“新媒体”去中心化生产、产品差异化和消费与受众市场细分的趋势时,分析如下:

> 新媒体确定了一种碎片化、差异化的受众,虽然其数字庞大,但在信息接收的同时性和一致性上,他们已不再是大众接收。新媒体不再是大众媒介……将有限数量的消息发送给一群同质化的受众。由于消息和来源的多重性,受众本身变得更具有选择性。目标受众倾向于选择自己所需之信息,因此也更深化了受众的碎片化发展。
>
> (Sabbah 1985: 219; 转引自 Castells 1996: 339)

现在,在21世纪的第一个十年,这些已经成为我们网络化和分散化媒介空间的关键特征①。在过去约25年的发展中,去中心化的网络发展已经改变了媒介和传播过程。事实上,一些评论家认为,人类近来已进入一个新的阶段,这些特点也变得更明显。此时,不仅是市场和各类的大众化媒体受众,包括越来越多的行业专家和碎片化的、角色模糊的制作者和消费者,以及新媒体产业都在学习如何理解自己的角色,如何为使用者的内容生产提供方式与机会。与此同时,一个全新的传媒经济已广被认识,它已不再瞄准单一受众庞大的市场,而是寻求无数的少数群体的兴趣所在和市场导向,而这些都是网络可以提供支持的(参见3.13,长尾)。

万维网、企业内部网、虚拟学习环境、多人实时在线游戏、永恒世界联机游戏、社交网站、博客网、各种网上论坛、温和的电子邮件分发列表,都是各种规模的、复杂性的、有选择地相互链接的网络巨巢的一部分,它们最终都将链接在一个巨大

---

① 如需进一步了解超文本在超越了后结构主义范式之后的发展与取向,可特别参阅Aarseth (1997), Michael Joyce, *Of Two Minds: hypertext pedagogy and poetics*, Ann Arbor: University of Michigan Press (1995); Stuart Moulthrop, ‘Toward a rhetoric of informating texts in hypertext’, *Proceedings of the Association for Computing Machinery,* New York (1992), 171–179; M. Rieser and A. Zapp (eds.) *New Screen Media: cinema/art/narrative*, London: British Film Institute, 2002; M.L. Ryan, *Possible Worlds, Artificial Intelligence, and Narrative Theory,* Bloomington and Indianapolis: Indiana University Press, (1991); P. Harrigan and N. Wardrip-Fruin (eds.) *First Person, New Media as Story, Performance and Game*, Cambridge, Mass.: MIT Press,(2003)。

而密实的、(几乎)是全球网络(互联网本身)之中,只要没有防火墙的限制、密码、访问权限、可用宽带和个人设备可有效接驳,这个网络就可任由个人在其中漫游。这是一个不再需要固定的台式机工作站与地面电话线或电缆连接,而是可以用笔记本电脑、PDA、GPS设备和手机无线登陆的网络。

在网络化的发展中,也伴随出现了一些复杂的、不可预见的矛盾以及社会、政治、经济和文化的问题。本书的第三章将对这些问题进行更充分的讨论。就目前而言,我们的任务就是去了解最近的这段历史中,媒介的中心化是如何实现被分散和网络化转型的。

消费活动

从目前的状况来看,我们可以发现,自20世纪80年代以来,我们对媒介文本的消费行为已经转变,从数量有限的标准化文本的消费,仅能从几个专门和固定的位置的访问,转变为可经由多种渠道访问、数量惊人且高度分化的媒介文本消费。媒体受众也随着被提供的媒介文本的数量激增而分裂和分化。例如,从一个有限数量的广播电视站的时代——仅有一些不能进行定时移位的录像机或DVD,计算机仅能进行非常有限的通信设备使用,根本没有移动电话——到现在,我们发现自己正面临着一个前所未有的被媒介文本渗透到日常生活中的时代。"全国性"的报纸以地域性的特别版本被制作,它们可以被交互访问、在线归档,我们可以收到具体内容的"提示"。网络与地面电视台已经加入了独立卫星频道和有线频道。除了实时广播之外,我们还有"点播"、时移、下载和交互电视。家庭里联网的个人电脑提供着丰富的一系列通讯和媒介消费的可能。移动电话和便携式电脑已经向我们揭示了一个未来,在那里,至少在"发达"国家人们的生活里,再也没有所谓的无媒介地域的存在。当所有的媒介在多种无线平台和设备上成为现实之后,工程师们则在构想"无所不在"的媒介环境将是怎样的①。

以这种方式转型的"大众媒体"原是在20世纪上半叶工业世界的传播需求中滋生的产品,因此它们也具有一定的特点。它们是中心制式的,内容是在高度资本化的工业场所生产的,如报纸的印刷厂或好莱坞的电影制片厂。广播电视媒介、新闻和电影的发行是与制作紧密绑定的,电影制片厂拥有电影院线,报纸拥有配送货车车队,英国广播公司(BBC)和其他全国型广播公司拥有自己的发射台和天线塔。消费的特征是同一性:世界各地的电影观众都能看到同样的电影,所有的读者阅读着某家全国型报纸的内容,我们听着相同电台的节目,在被排定好的时间里做着完全一样的事情。20世纪大众媒介的特征是内容、发行和制作的标准

① 可参见 http://interactive.usc. edu/research/mobile/。

化。而这些中心制和标准化的趋势，反过来又在专业化的沟通和创作过程、消费者和生产者极为明确的区分，以及相对容易对知识产权的保护等方面，折射和创造出媒介系统的控制和调节的可能性①。

传输中心

一个区分中心制和分散化媒介发行系统差异的有效方法是去想一想在广播电视传送与计算机媒介网络之间的差异。

传统广播电视传送系统的技术核心是无线电波；它要求资本、土地、建筑和天线塔等高投入来配套其传输装置。但电视广播频道的无线电波传输却是对同轴电缆传输系统的补充，这使得整个20世纪都在忙于进行大规模投资，以建立一个穿越大陆和海洋的全球性电缆系统网。这种传输技术的核心有一个中心理念，即“一对多”传输：在一个点上信号输入进行传送是依赖有多点消费的存在。随后，无线电波的传送才可在一种中心制的模式下(基于社会与技术理性)生效。

网络节点

与此相反，计算机服务是新媒体分散系统的核心技术。一个服务器与传输天线是完全相反的，是一种多输入/输出装置，能够接收大量的数据输入，也可向个人电脑提供同量的下载。服务器是一种网络设备。它有多个输入和输出连接，它是作为一种网络节点而非一个传输中心而存在。

处理广播和电视信号的无线电波传送需要昂贵的资本投资，这是大多数企业或个人所望尘莫及的。然而，计算机服务器的价格则相对较为便宜，对各种中型或大型企业来说是可以企及的普通型投资。对服务器空间的访问通常也是国内的网上申购服务的一部分。

然而，这种中心制与网络化媒介之间的简单对立揭示出一些问题。最有趣的是，它指出了为什么在“旧”和“新”的媒介之间没有出现激进的彻底决裂。这是因为如果没有现有媒介——从电话网络、无线电波到卫星通讯——的技术为支撑，网络媒介的分布是不可能存在的。虽然“旧”媒介分布发行系统变得不可见，但它们是不会消失的，因为在考古学意义上，它们是新媒体不可或缺的基础设施②。

① 对于广播电视网的发展历史，可参见 Brian Winston, *Media, Technology and Society: a History: from the Telegraph to the Internet*, London and New York: Routledge (1998), pp.243–275。

② 一个特别却很少引起关注也较为怪异的案例是，19世纪90年代伦敦家庭中使用的液压电力装置，这是一个地下管道系统旨在向每个订购该项服务的家庭提供液压(水力)发电服务。管道设计为与水管连接，发电机则安装在每个订购家庭的门廊处。直到20世纪70年代，该系统都是长期停业的“伦敦液压动力公司”的产权，1992年，水星电讯将其购买下来，将最初的管道设计改为向这些相同的房舍提供有线互联网服务之用(Gershuny 1992)。

新媒体网络已经能够在“旧”的核心周围重新配置自身，以方便新型分配方式的形成，这种分配发行方式不一定是中心制和直接型的，而是倾向于采取一种激进的、高度的、受众分化和区别对待的方式。全球的很多用户可在不同时间里访问基于网络发行的多种媒介。越来越多的消费者和用户能够定制专属自己的媒介，以设计个性化的菜单来满足自己特殊和具体的需求。

这种市场分割和碎片化的形态不应该与通俗意义上的媒介民主化混为一谈。正如斯特莫斯(Steemers)、罗宾斯(Robins)和卡斯特(Castells)所论及的那样，伴随着可能性的媒介选择的多元状态的出现，将会是媒介公司之间并购活动的加剧：“我们并没有生活在一个地球村，只不过是暂居在一个由全球定制和本地分配的小屋之中”(Castells 1996: 341)(参见3.4–3.10)。

制作

我们与各类型媒介文本交互时不断提升的灵活性与随意性也同样存在于媒介制作领域。在这里，我们已经看到，制作技术与流程的发展已经在挑战旧的、中心制式的产业组织和大众媒介生产行业。这些改变在专业视听产业是可见的，在我们的日常家庭生活领域也是可见的。

今天，媒介产业正面临着一个事实，即基于计算机的传播与现有的广播电视技术的结合已经创造出了一个全新而流动的媒介制作领域。在不同媒介生产流程间的传统界限与界定已经被打碎和重新建构①。20世纪媒介制作的专业技艺，以一种“计算机素养”、信息技术技能，尤其是软件可用性的基线扩容的方式，更普遍地分散到全体人类，共同推进了“用户生成内容”型的制作(参见3.21)。

在这个时期，媒介内容制作的范围已经扩大——制作也更为彻底地分散到整个经济之中，我们经常将之称为“知识经济”或“信息社会”。这种制作的分散过程也可以从日常的工作和家庭生活的视角观察到。我们需要思考一下媒介制作流程与20世纪公民接近性。

在20世纪70年代的英国，就像19世纪的印刷与图片制作可能是唯一的媒介制作流程，也仅能在商业、文化与政治活动中使用，或作为日常生活中公民讨论的话题。广播电视与出版系统(出版社)大都也离普通民众的生活非常遥远。然而，在20世纪末，印刷制作就因家用软件包中数字桌面出版、编辑与设计技术的可及而变得较为容易。通过数字相机、后期制作软件、文件压缩和网络发布实现的图像制作也改变了家庭影像的制作流程(Rubinstein and Sluis 2008)。电视制作也变得

---

① 也可参阅Jeanette Steemers, ‘Broadcasting is dead, long live digital choice’, *Convergence* 3.1 (1997)和J. Cornford and K. Robins, ‘New media’, in J. Stokes and A. Reading (eds.) *The Media in Britain*, London: Macmillan (1999)。

与观众如此地亲近，特别是大部分的民众可以拍摄数字影片，通过互联网进行发布，比如说YouTube(参见3.23)。这种自我生产的媒介影像可能有所局限，尽管崭新的惯例和形式也在不断涌现，曾经主流的媒介也正在试图对其作出反应，但是，正像卡斯特所评论的，这种方式修正了陈旧的影像“单向流动”的方式，并且“使日常生活与屏幕相互整合”(1996: 338)。

媒介制作与日常生活的整合并不局限于国内领域。随着工作越来越多地转向服务，而不是制作经济，各类非媒介工作者发现自己被召唤去熟悉各种媒介的生产流程，从网页设计、演示文稿到使用种种以计算机为媒介的通讯软件。在家庭和工作中，媒介制作流程已与日常生活的节奏更为紧密地相互接近。我们当然不希望过分地强调这一接近的程度，以回应网络先锋们的号召：消费和制作之间的区别已然彻底崩溃；非常肯定的是，今天与大众传播时代里的任何一段时间相比，精英媒介制作和日常生活之间的距离都要小得多。

消费融汇于制作之中

跨越媒介的范畴，我们可以发现“准专业”技术市场的发展；也就是说，这是一个既不专业，也非业余的消费者市场，而是两者兼具——技术使用户成为消费者，也成为制作者。这一点在两种意义上都是真实的。2 000英镑的数码摄像机的购买者显然是一个(摄影机的)消费者，他可能将之用以录制家庭影像，这是传统领域中一个爱好此道的消费者。然而，他们也可将之用来录制具有广播质量的真人秀素材，或制作一部反资本主义的行为主义短片进行全球发布，或拍摄一些色情影像在内部渠道分享发布。在什么是可被接受的公众发行和什么是仅能作为家庭展示的制作之间的严格的技术分野直到20世纪90年代才被打破。职业和业余分类上的崩溃，最终的问题都归结为成本。面对现今的手机到六位数天价的可以无限连续拍摄的高清摄像机，以前用作品质量和成本定义的专业和业余之间的严格技术区别已被彻底击溃。

这些发展的冲击已经在音乐产业中极为清晰地呈现出来。数字技术使得音乐制作的传播和扩散更为容易，并根本性地改变了流行音乐的市场性质。模拟音乐制作、管弦乐录音室、20英尺的录音台和2英寸的录音带等装置，现在都可以被聚合成一个采样键盘、一两副效果器和一台计算机。卧室工作室显然是20世纪90年代的“制造出来”的神话，但它也不是没有物质基础作为支撑的。在全球音乐形式中处于金字塔顶的舞蹈音乐广受欢迎，部分原因是数字技术使得大量的音乐制作人更易接触到音乐制作，历史上任何一段时间都难以与今天匹敌。在很多方面，个人电脑本身是媒介“准专业”技术的一个终极代表。它既是发布和消费技术，也是生产技术。我们用它来阅听他人的媒介产品，同时也制作自己的媒介产品，从编辑录像带、翻录CD合辑、混编音乐到发布网站，这种消费和制作之间的重叠产生出一种全新的媒介展现的网络区域，它既不是"专业化"的主流也不是非业余的爱好之作。詹金斯(Jenkins)认为：

> 很显然，新媒体技术已经深刻地改变了媒介制作者和消费者之间的关系。这两种文化干扰者(culture jammers)[①]与粉丝都因他们对网站的有效使用而获得了很高的知名度，他们在网上建设自己的社群、学术交流、文化发布、推进媒介行动等。媒介产业中的某些部门已经接纳了这些积极的受众，作为自身营销能力的扩充，并且寻求来自粉丝群更大量的反馈，再将观众生成内容纳入他们的设计过程。其他的一些部门则力求在新兴文化知识前保持克制或沉默。新技术已经打破了媒介消费和媒介制作之间那一道陈旧的壁垒。对此反对和秉持保留态度的陈腐修辞假设了一个世界，在其中，消费者并无多少直接的力量可以塑造媒介的内容，并且那里存在着进入市场前的巨大障碍。然而全新的数字环境则将他们的权力放大了，他们可以存储、引用、赏玩并循环转发媒介产品。
>
> (Jenkins 2002: 参见3.21)

在媒介行业之中，用以控制质量和产业保护的工艺基础和学徒制度或多或少已经被完全打破了，因此，如何能够更合格地成为一名媒介的制作者的问题，其实已经成为你如何为自己创作出一份纪录和个人文件夹，而不再需要跟随之前确立好的制作流程。这场危机在媒介教育中也同样有所体现。在这里，有些人认为我们亟需一种全新的职业教育观，旨在培养出具有网络、知识生产和创造性产权技术的大学生。也有人认为，根据上文所述的新发展，媒介研究应被视为一个新型的人文学科的核心，在其中，媒介的解读与制作应成为各类型专业就业考量的核心技能。然而，另一些人则认为"媒介研究2.0"将打破聚焦于"旧"的广播电视模式之上传统媒介研究，并将包容YouTube的一代的全新技能与创造力(Gauntlett 2007, Merrin 2008)。

总而言之，新媒体相比大众媒介是网络化的——在消费层面上的网络化，于此，我们见证了一种倍增的、细分的以及由此产生的媒介使用的个体化形态。在制作层面上，它也是分散的，我们可以观察到媒介文本之制作场所的激增，以及一种更为庞大的于经济内部发生的整体性的扩散传播，而非同以往的个案性现象。最后，新媒体可以被看作是网络化而非大众化的媒介，是因为消费者在新媒体中

---

① culture jamming，文化干扰是出现于20世纪80年代的反商业社会运动中的词汇，特别用以描绘破坏或颠覆媒介文化和主流文化机构的策略性行为。——译者注

可以更为容易地拓展他们的媒介参与，从主动解释到实际参与。

1.2.5 虚拟

虚拟世界、空间、客体、环境、现实、自我和身份认同，关于新媒体的话语比比皆是。事实上是，新媒体技术的很多应用都制造出了虚拟性。虽然“虚拟”这一术语（尤其是“虚拟现实”）每每被轻易而频繁使用，但以我们对新型数字媒介的经验而言，这是一个困难和复杂的术语。在本节中，我们将这一术语作为新媒体的一个特征进行了初步意义梳理。更为全面的讨论及其历史请参见本书的第二部分(2.1–2.6)。就新型的数字媒介而言，我们是能够识别出一些虚拟使用的方式。

首先，在整个20世纪90年代，“虚拟现实”的时尚标识并不是一张有如现实的图像，而是关于个人体验的经历和生成体验的设备。这是一张实验者戴着头盔，通过蹲伏和扭曲的身体以感知计算机生成的“世界”的图片，他们的身体虽然在现实空间中移动，而虚拟现实却在配置有立体液晶屏幕的头盔中被增强，监控设备随时掌控着他们的视线方向，有线手套或制服向他们提供触觉和定位反馈。

从20世纪80年代初开始，虚拟现实的电影化呈现的强大力量同样也造就了一系列的影片，在这些影片中，动作和叙事发生在仿真的计算机生成的世界之中(*Tron*: 1982, *Videodrame*: 1983, *Lawnmower Man*: 1992, *The Matrix*: 1999, *eXistenZ*: 1999)[①]。

“虚拟现实”装置的佩戴者所体验到的是由计算机图形和数字游戏所建构起来的沉浸式环境，用户可以与之有一定程度的交互。在这些电影想象的情境中，人类主体居住在一个虚拟世界里，这个世界是被误解为或是已被取代了的一个真实的物理世界。

其次，在虚拟现实沉浸式奇观的旁边，是这一术语的另一种有影响力的使用，意指参与者在线交流时所感受到的身处的空间。对这一空间较著名的描绘是“当你与之通话，你便身临其境”(Rucker *et al.* 1993: 78)。或更准确地说，是一个在你通话之时就能出现的空间，不管你恰好坐在何处，也不论其他人在哪里，而是身处其中的某处(Mirzoeff 1999: 91)。

除了这些用途之外，“虚拟”常常被视为后现代文化与技术先进社会的一个特点，这些社会中的日常生活经验的很多方面都被技术性地仿真了。这是一个关于

---

① 参见http://www.cyberpunk review.com/virtualreality-movies/网页上有系列关于虚拟现实的影片。

媒介文化状态、后现代认同、艺术、娱乐、消费和视觉文化的争论①。这也是一个世界，以供我们参观虚拟商店和银行，举行虚拟会议，体验虚拟性爱，以及由游戏玩家、技术人员、飞行员、外科医生等探索或浏览的基于屏幕的三维世界②。

这个术语越来越被倒溯地使用着。我们注意到，不仅是电话的使用，而且电影电视的观看体验、书籍和文本的阅读，或照片和绘画的观看经验也被倒溯性地描述为虚拟现实(Morse 1998; Heim 1993: 110; Laurel in Coyle 1993: 150; Mirzoeff 1999: 92–99)。这一术语的倒溯性使用可以从两个方面来理解。或者是新现象出现之后投射了一道新的光线，照亮了以往的那些旧现象的例证(Chesher 1997: 91)；抑或是在其寻找中发现了"虚拟"经验原来也拥有漫长的历史(Mirzoeff 1999: 91; Shields 2003)。

但正如谢尔兹(Shields)所指出的(2003: 46)，"虚拟"的含义在数字时代已经改变了。曾经，虚拟在日常使用中意味着一种"近似于"或"仿佛如同现实"的状态，而今，它却指向着或成为"仿真"的代名词(参见1.2.6)。在这层意义上，虚拟指的是一种现实的替代，或是比"现实更真"，而非一种"现实的不完整形态"(46)。尽管某些古老的"虚拟"的含义仍在现代的使用中发现自己的回音。其中之一就是在人类学的意义上，虚拟与阈限之间的关联，阈限是处于不同状态之间的一个边缘或阈值，如嘉年华会或传统社会的成年礼仪式。这些仪式通常是被标志为一个时间段，在此时间段里，常态的社会秩序因人类主体即将从一个阶段或位置去往另一个阶段或位置而出现了暂停。最近关于虚拟空间的研究兴趣是将之视为身份认同表演的空间，在此空间里，不同角色可被持续性地以过去的阈值区域予以表现(Shields 2003: 12)③。

数字虚拟(虚拟作为仿真，也作为一种现实的替代)的崛起也引起了哲学对虚拟的关注。在这里，特别是运用哲学家德勒兹(Gilles Deleuze)的想法，我们急切地去见证虚拟并不是现实的对立面，而其本身就是现实的一种，它也许是对所谓"实际上的"真实的适当反驳。真实而不是相反，但本身就是一种现实和正确地反对什么是"实际上是"真正的。这是一个重要的观点，因为在一个充盈着如此多虚拟的世界里，我们得以保留下来，是因为有断言声称，这与生活在一个非真实和非

---

① 参见3.17–3.20；以及5.4赛博文化理论。

② 如需了解互联网是一个空间这一理念的挑战，或互联网应该被视为一个空间的观点，可参见Chesher 1997: 91。

③ 通过生化人仿真实现的远程行为体验可精确被描述为网真(telepresence)。虽然网真常常被归类于某一种虚拟现实。对两者之间区别的进一步讨论，可参见Ken Goldberg, 'Virtual reality in the age of telepresence', *Convergence* 4.1(1998)。

物质的幻想世界里并无差别,而是完全相同的①。在网络化、技术密集的社会里,我们越来越多地在现实与虚拟现实之间徜徉;在这样的社会中,我们无缝地处理着种种不同模式的现实(参见3.20)。

我们上述的两种虚拟现实有一个共同的特质,即由技术性沉浸和计算机生成图像制作的虚拟现实以及由在线通讯产生的虚拟现实的想象空间。它们使得在新媒体技术与我们的经验之间以及形体化的空间意向(也就是所拥有或所感知的身体存在的状态)与身份认同(参见4.4)之间的关系更加令人费解。这两种类型的虚拟现实的通用概念都被纳入"赛博空间"之中。现在值得商榷的是,新技术广泛而深入地与日常生活和工作的整合,意味着"网络空间"的概念(作为"真正的"物理空间的他者空间)正在失去它的力量和实用性。然而,这两种虚拟现实的交融——沉浸式虚拟现实的充实感和在线交流的连接性的承诺——已然成为新媒体想象(参见1.5.2)的一个重要主题,因为在此情境中,完全的感官沉浸将会同极致的身体远程操控互相融合②。

位于其间的术语,恰是期许这两种虚拟现实交融的基础:"人类身体在赛博空间里的高清晰仿真"(参见Stone 1994: 85)。在电影、电视、电脑游戏的虚拟演员或合成角色(计算机仿真演员)出现之后,我们每每可以观察到对这一说法的冒险性例证。虽然,人类及其环境仿真的制造、传输和更新必须依赖于计算能力和电讯宽带,但现实是,使其实现交互的程序仍在不断地接受技术的挑战。相反的是,我们发现身体被数字化的不同方式予以表现。比如说,在通俗文化中,我们发现越来越多的人体混合式的表演,真正的演员创造出的表演,通过各种动作捕捉的技术转写为表演的数据,之后再生成计算机图形。在多人实时在线游戏中,我们看到用户的身体通过游戏化身得以表现,这些游戏化身恰恰表达了它们的使用者紧张而激烈的游戏主题。如果我们要了解这些数字化身,视它们为完全沉浸式的三维化身技术的部分实现,那有趣的问题也就出现了。这种发展的驱动力在哪里?而且,究竟是什么样的目标或目的才可能吸引此类型技术发展必需的金融投资?当思考发展、他们的需求和目的时,我们必须要考虑到技术的想象(technological imaginary)(1.5.2③)是如何强势地塑造了关于各种新媒体的思想。我们也想起在此过程中科幻小说中所扮演的角色,它们为我们提供了关于赛博空间和虚拟的理念

---

① 1.4"什么样的历史"这一部分内容,讨论了媒介史在当下的关注下被概述性重写的方式。

② "虚拟之物"在哲学和神学中有着漫长的历史,被认为是一种更为普通的(神学和哲学)特性和存在模式,今天也引起了虚拟现实相关研究的某些兴趣,它正被重获关注。参见5.4.2,以及Pierre Lévy, *Becoming Virtual: Reality in the Digital Age*, New York: Perseus(1998);也可参见R. Shields, *The Virtual*, London and New York: Routledge (2003)。

③ 参见1.5.2 技术的想象力。

与影像。20世纪90年代中期，斯通(1994: 84)写道，当第一次"虚拟现实"[1]的环境在网络实现的时候，它们实际上是对威廉·吉普森(William Gibson)在《神经漫游者》(*Neuromancer*)中所描写的那一著名的赛博空间的实现：这是一种双方协商的幻觉。持久性在线世界的当下案例，如《第二人生》《魔兽世界》等则标识了这一愿景和设计当前的状况。

1.2.6　仿真

上一节内容中，我们读到"虚拟"概念的使用在数字文化中与"仿真"有着密切的关系。在新媒体研究中，仿真是一个广义而宽泛的概念，但也几乎未被定义。它往往被简单替换为更成熟的概念，如"模仿"或"表现"。然而当这一概念受到越来越多的重视时，我们发现它对建设文化技术理论，如虚拟现实(2.1–2.6)和电影(2.7)等产生戏剧化的效应。此刻较为重要的是，我们应该如何确立仿真的概念，以及我们在之后应如何清晰地使用它[2]。

很显然，即使是新媒体研究对这一术语在当下的使用也是不甚严谨的。它往往较为普遍地兼具幻觉、虚假、人造等内涵。仿真因而也会被比喻为某件原创物或真实物的单薄而空洞的拷贝。颠覆这些假设是很重要的。仿真一定是人工的、合成和制造的，但它不是"虚假的"或"幻想的"。编造、合成和人为制作的过程是真实的，都会产生新的客体。一个电子游戏的世界并不一定仅是对原有空间或现有生物的模仿，但它是存在的。既然并不是所有的仿真都是模拟仿制，因此我们也更容易理解仿真是一种事物，而非事物的表现。仿真的内容当然可以(也经常如此)来自所"表现"的事物。这也是翁贝托·艾科对迪士尼乐园所做的分析最为核心的观点。例如：迪士尼乐园版的理想美国所制造的是完全虚假的、具有欺骗性的，它们虽然看起来像真实的房舍，但却是完全不同的物体(在此情况下，想一想超市或礼品店)(Eco 1986: 43)。但是注意在仿真的表现内容及其建筑或机械运作之间的差距应该不会使我们对后者有所怀疑或忽略它们的存在。不管我们是否受到其内容的欺骗与否，仿真都是存在的。因此，关于仿真，值得引起我们注意的问题并不是在"模拟仿制"与"真实"内容之间的差异，而应该是仿真的物

---

① 也可参见2.1虚拟现实怎么了。

② 威廉·吉普森在《神经漫游者》一书中(1986: 52)，将赛博空间描绘为"在每个国家每天都有数十亿的合法操作者所体验的一种双方协商的幻觉。它是由来自每一个人类系统、每一处计算机银行的抽象数据的图像表现。它有不可想象的复杂性。光栅排列在无空格想象、集群和数据星座里，仿佛不断后退的城市灯光"。这一描绘已经成为科幻小说中想象赛博空间的标准，将之视为一种建筑(笛卡尔)空间，在其中，"你所见的男人也许触碰起来却像女人，反之亦然——或者，也会像其他任何物体。传言称，你可像商品恋物癖者一样去租用全副声音与触感配置的身体外表和多重人格"(Stone 1994: 85)。

质与真实的存在状态作为完全相似的真实世界的附属品部分，在艺术与媒介史上被如此极致表现的问题。换句话说，仿真早在模仿或表现其他事物之前，它就已经是真实的了。就目前的形式来看新媒体研究，不仅就仿真——事实上是有别于表现和模仿的理解上未能达成共识，而且关于仿真究竟是什么，以及它是如何根本性地有别于表现与模仿的理解上也是一片混沌，这也导致许多学者放弃追究这一概念的任何特征，并承认：

> 仿真与模仿之间的区别是一个难以清晰辨认的难题。然而，它却是至关重要的，处于虚拟现实研究的核心位置。
>
> (Woolley 1992: 44)

如果这个概念如伍利所论及的那样是至关重要的，那么寻求其明确的意义也就变得更为重要了①。我们需要以新媒体分析的视角来检验该术语使用的方法。以下三种较为宽泛的分析路径，我们将之称为后现代主义拟像、计算机仿真以及仿真游戏。

后现代主义拟像

在这里，这一术语主要是从让·鲍德里亚(Jean Baudrillard)对仿真和超真实概念的识别中产生出来的(Baudrillard 1997)。鲍德里亚认为，拟像(simulacra)是一种不能与一个既定系统之外的其他符号的真实元素进行交换的符号，它只能与其自身内部的符号进行交换。最重要的是，这些符号与符号的交换假定了“真实”客体的功能性与有效性，这也是为什么鲍德里亚将之称为超现实的符号制度。在这些条件下，现实被超现实所取代，符号所有的现实本真都消解在一个仿真的网络中。过去的数十年里后现代主义者的争论认为：拟像正在取代表现的这一过程，对未来的人文政治和文化能动性提出了若干基本的问题。鲍德里亚自己其实并不是后现代主义理论的跟随者：后现代是第一个真正意义上的普世的概念性通道，就像牛仔裤或可口可乐……它是一个全球性的口头秽乱(Baudrillard 1996a: 70)。这与那些使用鲍德里亚的理论作为后现代主义思潮的例证观点形成了鲜明的对比。比如道格拉斯·凯尔纳(Douglas Kellner)认为，鲍德里亚只是无奈地讲述了真实消亡的故事，却并没有考虑该故事的政治责任。其他人认为他是一个出类拔萃的媒介悲观主义者，因为他指出了为符号全然覆盖的真实是等同于其自身的完全消亡。还有一些人则庆祝鲍德里亚在面对价值全然崩溃之时，成为一位优雅的“那又怎样”的学者。然而，所有人都忽略了他的仿真理论的中心点：它是具有功能和并产生作用的——是可操作的——因此它

① 仿真已被明确地认为是虚拟现实的功能性特征之一，我们将在下文2.1-2.6部分展开讨论。

是超真实的，而不是超虚构的。对鲍德里亚来说，这种操作性的理由总不外乎是技术：“也许只有技术才能汇集这些零散的真实的碎片。”(Baudrillard 1996b: 4) 他又补充道：“也许，通过技术，这个世界与我们嬉戏。客体通过给予我们幻觉的权力而引诱我们。”(1996b: 5)

鲍德里亚在早年(1967)曾对麦克卢汉的《理解媒介》有过积极的评价，并明确指出超真实主义的基础是技术，它就像是一个复杂社会的演员，通过它，我们才能保持对幻觉的掌控。我们来援引一个较为典型的鲍德里亚式的争议性案例，发达民主国家的选举制度并不能赋权选民，只不过在控制论的意义上决定了民主的实践：投票给X政党而非Y政党，超越政治体制来巩固统治的二进制式的编码系统。这是在建立一种民主的仿真，但不是在假民主背后的确存在着复杂的政治问题这一意义上建立起来的，而是在真实且有效的政治现实新状况的意义上建立起来的，并选择成为唯一可被关注的现实，因为它是可被精确量化的。因此，仿真或变脸式的民主换位，无外乎是一种“过度膨胀”的选择，这也是唯一的政治现实。对鲍德里亚而言，正是基于这一原因，拟像构成了控制论统治的超真实。《完美的犯罪》是鲍德里亚某一部作品的标题，所暗示的并不是现实本身的崩解，而是超越使其运作的技术而存在的一种虚幻现实的崩解(Baudrillard 1996 b)。其影响不是现实的迷失，而是巩固了没有替代物的现实。

当代文化转型的评论者们抓住拟像的概念，并指出从“表现”向拟像的转变是文化客体组织的主导模式以及它们与世界之间的指涉性关系。根据学者们这般言论，“表现”可被构成为一种文化行为，一种人为的协商意义，尽管并不成功或不完全，它们也指向了一个超越表现的“真实世界”。“拟像”，他们坚信，取代了社会与文化能动性与真实之间的协商关系，将之替换为仅能在文化内部运作的关系及其协商工作。

> 拟像的理论是一种关于我们的影像、我们的传播和我们的媒介如何替换现实的角色的理论，也是一部关于现实如何消解的历史。
>
> (Cubitt 2001: 1)

这种批评方法借鉴了过去数十年在发达国家发展起来的深厚的文化、经济和政治转型的理论。此类方法发展中一个决定性的时刻是居伊·德波(Guy Debord)的《景观社会》(1967)的出版。该书认为，社会空间与大众传媒的饱和状态已经生成了一个由景观定义而非由真实关系定义的社会。尽管在这种大趋势中有各种不同的方法和立场，但他们一般都有一种共识的假设，即战后出现的消费主导型经济已经催生了一种由大众媒介和商品化所支配和殖民的文化。这种商品化、媒介化的文化带来了一种深刻的焦虑，其忧心于民众如何了解这个世界，又如何在此世界中行为。电视屏幕、计算机网络、主题公园和购物中心的全面性增多，日常生活中因奇观景象而充盈的饱和感，以及这一切被彻底媒介化、过程化的结果是使得我们似乎彻底失去了与“现实世界”的任何连接，而被候补进了拟像世界里：一个超真实的世界，在其中，人为制造的一切都被体验为真实。表现，也即现实世界与通俗媒介和艺术影像及其叙事参照物之间的联系（虽然是被媒介化的）已然枯萎。拟像将之取代，并以奇观的虚构取代了现实，尽管我们必须抵抗来自它的诱惑。概述之，这一观点实则持续了鲍德里亚论述中的基础论点。

因此，鲍德里亚具有争议性且常常被曲解的仿真与拟像的观点被证明对战后的通俗与视觉文化理论与分析是非常有影响力的。拟像秩序的优势性是超过表现秩序的优势性的，这一点已被假定为质询未来人类政治与文化能动性的至关重要的问题。当文化与批判理论面对现代文化所制造的商品化的和人工的种种事物之时，已经辨识出战后发达国家文化中仿真与拟像的特征——它声称，那就是一种文化，由大众媒介的屏幕不断加剧的去真实化、商品化的诱惑与掩饰以及（最近）数字文化视觉化趋势所形成的文化。例如，詹明信(Fredric Jameson)描述了作为一个整体的当代世界中，文化和日常生活的所有区域都被纳入消费资本主义及其奇观媒介商品化的范围：

> 从历史的角度来看……它配合着一整代新生消费者的新鲜口味，它笼罩着一个自我陶醉的映像世界（世界已经转化为其自身的一种映像）……要指称这些景物，我们可以借助柏拉图提及的一个概念。据柏拉图所说，所谓的“摹仿体”乃是指一件与原作样貌完全相同的仿制品，而其特点与此物件并未曾仿照任何原制品仿效而成的。也就是说，仿制品是先于原制品而存在。而顺理成章地，以摹仿体为“生命”的文化便介入我们的社会，因为这里广泛地流通着统摄一切的交易价值，把人类社会对于传统实用价值的回忆彻底扫除。因为，今天的社会，已经出现居伊德波以惊人的笔触所描绘的状况：“形象已经成为商品物化之终极形式。”
>
> (Jameson 1991: 18)

同样，对于丘比特(Cubitt)来说，现实正在逐渐消逝，我们周遭世界的物质性正在变得不稳定。“消费的客体是不真实的：它们是意义、外表、风格与时尚、并非必需和精加工的各种物件。”(Cubitt 2001: 5)

对这些理论家而言，最为利害攸关的是政治能动性和不断进步的知识已经在这种诱惑性的消费主义启示中完全迷失。在真实和媒介化、人工制造与自然之间的关系已经内爆。技术的复杂、引诱/沉浸以及电子游戏的商业化天性也是极为清晰地在后现代主义状况下被视为其特征鲜明的症候(Darley 2000)。同样很显然的是,这些对鲍德里亚的一般性批判和专注于仿真的批判充其量不过是片面的,更糟糕的是其误导性。鉴于此,我们将这一系列的理论视为后现代主义是完全合适的,就如有观点认为鲍德里亚的拟像并不是后现代主义的一样。后现代主义的研究路径并未提炼出拟像概念的某些特性,它只是对此进行一般性的概括,以便于其发展成为一个完整的文化理论(在本书的1.5.3部分,技术性视觉文化的无所不在性将会被深入探讨,以特别关照在2.1–2.6部分中提及的“视觉”理论)。

计算机仿真

对仿真概念的第二种使用则反映出更为独特的一种关注,也就是将仿真视为计算机媒介一种独特的形式(Woolley 1992, Lister *et al.* 2003, Frasca 2003, Prensky 2001)。正如一种混乱的摹仿,表现与拟态以及仿真出现在后现代主义的使用中,对计算机仿真的批判倾向于采取一种更为细致的态度,来审视仿真中有时(但并不总是)被呈现的拟态元素。在这种情况下,其根本性的区别在于仿真并不是来自现实世界那分散性的、幻觉性的消遣(就像艾科的迪士尼乐园一样),而是一个世界的模型(或部分世界的模型)。这一语境呈现出一种相较后现代主义而言更为专门且具有差异性的仿真概念的使用。对某些人来说(像作家、工程师、社会学家、军事指挥家等),多年来,计算机仿真所塑造出的那复杂而又具有动力的系统在其他媒介中是不可能实现的。

马克·普伦斯基(Marc Prensky)在其书作中推崇将计算机游戏用作教育及培训,并提出了仿真的三个定义:

- 所有人工合成的或仿制的创造;
- 一种接近真实的人造世界的创造;
- 一种数学或算法模型,所包含的初始条件是,随着时间的展开,在此模型中预测和可视化是可被允许的(Prensky 2001: 211)。

上述定义中第一和第二项使我们想起仿真与摹仿相互混淆的某些方面。仿制的仿真(定义1)暗示它是悄悄混进来的、未被注意的、将会取代“真实的物体”。“人造”的定义则相反,表明它已经是被制造完成了。正如说任何被制造出来的产品,由于它们是被制造出来的,故而它们是对其所依据的现实的一种仿制,这是错误的(汽车仿制了什么呢?),因此,说所有的仿真是对现实的仿制也是错误的。简言之,如果物件的生产为现实增添了一些额外的元素,那么物件的制造也肯定制造出了仿真。

定义2重复了这个错误:一个人造的世界并不一定是近似于真实的。举个例子来说,外太空生物学家的工作——需要生物学家去研究其他星球上生命的可能性形态。一位外太空生物学家,比如说,他可能模拟出比我们重力更大的世界;这将意味着,如果生命在这样的世界上进化,必然会发展出不同的生命形态,生物也许倾向于水平进化而非垂直进化,腿也许被其他身体形态取代,等等。这样的世界毫无疑问是仿真的,但它与我们的世界却并无任何相似性。用一种大家更为熟知的方式来解释,我们在电子游戏里所遭遇世界以及操纵角色行动的规则、碰撞之后的影响与后果等。特别是关于"虚拟重力"的问题(一般来说,它们普遍弱于我们所熟悉的各种陆地上所感知的重力),向我们展现了仿真对现实所作的贡献的延伸,而不是它们如何相似于我们自身所处的现实世界。在5.3小节中,我们将阅读自动机史学家和理论学者在自动机与拟像之间所作的极为特别的区分——概述之,并不是所有的自动机都能形成拟像,因此它们也并不一定近似人类的外形。这些例子虽然都是相对独立的,但也应该能使我们警惕所谓仿真与摹拟之间的对等性。

对目前手头上的任务而言,在一个更为普泛的新媒体研究语境中,识别与分析计算机仿真的概念与研究路径——即普伦斯基在第三个定义中提及的,仿真是物质(以及数学)技术和媒介,就变得非常有用了。

这一定义唤起了,比如说,仿真的世俗层面(见下文)和鲍德里亚所言之仿真是现实生产这一层意义的反映,既非是现实的仿制山寨,也非超越这些概念极尽逼近真实的一个世界。这种观点很显然对仿真在各种不同语境中的使用都是有帮助的,比如说,经济学家可以借此来预测市场波动,地理学家用来分析人口变化。而且这与后现代主义对该词的使用是完全不同的,它既有适用性,又不需要泯灭其特征。普伦斯基援引威尔·赖特(Will Wright)(模拟城市、模拟人生以及很多其他仿真游戏的主创)的话来论证仿真模型是完全不同于巴沙木模型(轻木模型,可用于航模制作——译者注)。仿真不是物理性的结构,而是一种时间性的建模过程,它会经历衰败、生长和人口的变化。该模型,我们以更为通晓的术语来解释,它确实是先于它所生产的现实而存在的(亦可参见下文2.6小节)。

仿真游戏[1]

近年来,游戏研究通过分析、规范和描述的方法来特征化计算机仿真软件。仿真在这里特指游戏,尤其是计算机游戏和电子游戏的特性和操作,是程序性的

① 在计算机游戏文化中,"仿真游戏"这一术语指的是一种动态系统建模的特别类型(像模拟城市中的城市和模拟人生中的房舍等)它所提供的主要动力是作为游戏结构和玩家经验而存在的。

算法媒介。仿真作为一种媒介形式(基于动态的时空和复杂关系的建模)和系统(例如,模拟城市中的城市和经济发展)与仿真作为基于其他久已确立的媒介(文学、电影、电视等)的叙事或表现这两个概念已经被区分开了。

> 与传统媒介迥然有异的是,电子游戏并不仅仅基于表现,更基于一种另类的符号学结构,如仿真。即便是仿真与叙事确有某些相似点——角色、情节设置、事件等——它们的机械构成却是本质上有别的。更重要的是,它们还提供了独具特点的修辞的可能性。
>
> (Frasca 2003: 222)

贡萨洛·弗拉斯卡的仿真是复杂系统建模的媒介客体。它们并不局限于计算机媒介(前数字时代的机器和玩具亦可仿真),但它们却以计算的程序化可供性(affordance)① 独具一格。对计算机和电子游戏仿真特征的强调已经被证明富有成效,特别是在建立电子游戏特征的使命中,它作为一种混搭的文化形式,强调其继承自计算机科学和桌面棋盘游戏,也即其家族另一方的祖先——尤其是(文学、电影、电视等)媒介的祖先——的外形、结构、操作等特征。

对计算机仿真所作的辨识正是电子游戏所欲提醒我们的:这是一个以算法组合完成的动态的、实时经验的干预,通过参数和变量的游戏,可以建立任何环境或过程的模型(而不仅仅是摹仿现有之种种)。

因此,电子游戏中的仿真可以作如下分析:

1. 产制现实(productive of reality)——毁灭战士、古墓丽影、侠盗猎车手等游戏都是在这一种层面上予以表现的——隧道、城市街道、人物造型、怪物和车辆——大多是普适的流行媒介文化的一部分,但游戏体验里,玩家与环境的交互却是大相径庭的。游戏中的这些地图并不是世界上任何领土的地图,只不过是关联某个数据库和计算机仿真算法的多个界面。

2. 这种"现实"继而也是由数学建构和确立的。普伦斯基指出,"模拟人生"为一种文化形式增加了有趣的界面,这种文化形式是扎根在科学和数学之中,传统上它们仅被表征为屏幕上的数字。

> 像"模拟城市"这一类的游戏吸收了各种动态系统建模的方法——包括线性方程组(如电子表格)、微分方程(基于系统的动态仿真,如斯特拉)和细胞自动机——某些客体的行为是来自自身的属性和规则,源于这些规则是如

① affordance是James J. Gibson在《视知觉生态论》(*The Ecological Approach To Visual Perception*)一书中特别提出的概念。Gibson 是20世纪最重要的认知心理学家之一,他的生态学式视知觉论和直接知觉为认知心理学开辟了新的领地,affordance 是其直接知觉论的核心内容。该词有翻译为"预设用途"或"示能性"("功能可见性")或"可供性"。本书采取"可供性"的译法。——译者注

何与其近邻交互而非来自方程式的整体控制。

(Prensky 2001: 210–211)

注意：这里，普伦斯基在大众电子游戏的游戏性仿真和计算机科学的人造生命之间建立了一层联系。人造生命和细胞自动机的内容请见5.3.5小节。

3. 我们已经发现，外太空生物学家和某些电子游戏很明显地表明仿真并不需要借助模拟或表现既存的现象和系统也可行使功能。俄罗斯方块、扫雷和大金刚的拟态元素充其量是残留至今的，但这些游戏也是拥有自己的空间和时间维度，与虚拟的力量与效果具有动态关系，是一种动态仿真世界。它们仅仅仿真自己。

4. 认为电子游戏是仿真的观点也使我们重新审视关于赛博空间的玩家经验的论断，它认为玩家经验不仅是对于游戏世界的探索，也使其进入或将其带入符号学与人机关系学的循环之中：①

虚拟世界最明显的特点是该系统让参与观察者扮演着一个主动的角色，他或她可以借此来测试系统，探索程序中的规则和结构性特点。

(Espen Aarseth 2001: 229)

本节提要

表面上看，上述三种立场有着不同的关注客体：对游戏研究来说，计算机仿真的兴趣并不是后现代主义的仿真。游戏研究更为谦和地热衷于从媒介形式的叙事与表现上建立游戏与仿真的差异，并不去宣扬仿真是当代文化一种全局性的模型。将电子游戏分析为一种计算机仿真是把它理解为一种日常生活的实例，而不是将它看作一个包罗万象的超真实。而且，后现代主义仿真的屏幕隐喻，对承载计算机仿真的动态和程序特点的意义不大。在此类研究中，计算机仿真不仅可被视为人造现实的视觉表现（比如超真实的屏幕显示），并且，它也被视为动力系统和经济的一代，往往与（且始终于电子游戏之中的）建模及程序的交互参与式写入的假设互相关联。

然而，上文所述的三大仿真概念是相互重叠的。后现代主义仿真，尽管形成于计算机媒介出现之前，发展到当下的支配地位，并且预言了——粗略而言——今日广泛应用于互联网上的电子媒介和消费文化，虚拟现实以及其他形式的新媒体。电子媒体和消费者的文化虽然是之前制定的，但现在被广泛应用到互联网、虚拟现实等新媒体形式。对计算机仿真性质的讨论也经常涉及计算机仿真与现实世界之间的（或所欠缺的）关系的考量。两者均在“仿真”（在其间所体验的现实并不对应任何实际存在之物）和“表现”（或者“拟态”，即对影像或图片之外的某些

① 关于电子游戏中的人机关系的特点，可参见4.5.6和5.4.4小节。

真实之物的精确摹仿和表现）进行区分——尽管它们常常面对极为不同的内涵与意义。

综上所述，在这些仿真的研究路径中存在一种倾向，即有一个关键点被遗漏了。仿真是真实的，它们是存在着的，并且在它们所增强的真实世界中被体验着。在现实世界中，为人们扩增经验。正如大金刚和外星生物所教育我们的那样，并不是所有的仿真都是摹仿而成的，这使我们对仿真的理解也变得更为容易，仿真是事物自我存在之道，而非仅是他者（更真实）之物的表现。

1.2.7　小结

我们在上文中所探讨的种种特点可以被看成是特征矩阵中的一个部分，这一部分正是我们所论证的究竟什么使新媒体与众不同。并不是这里提及的所有特点都会在新媒体的各种案例中有所呈现——但它们将会以不同组合在不同程度上有所呈现。这些特点也并非技术的全功能——它们与各种经济与社会决定包涵的文化组织、工作机构与休闲组织鳞片状地重叠在一起。我们说新媒体是网络化的，比如，不仅是表明在服务技术与宽带传输之间的差异，也是在讨论媒介市场的去规则化。我们探讨虚拟的概念，不仅需要涉及头盔式显示器系统，也必须要思考一下自我经验与自我认同受到虚拟空间所影响的方式。数字性、交互性、超文本性、虚拟性，网络媒介与仿真是提供给我们进入这一张批判性图谱之前的开始。这一关于新媒体"特征"的讨论仅仅为我们奠定了一个基础，以使我们能开始从本质上解答新媒体所引发的种种问题。

1.3　改变与延续

从这章节到第一部分的结尾(1.3–1.6.6),我们将改变策略。迄今我们所作的思考是，如起初所承诺的，我们认为的"新媒体"是什么，并竭力给出一些特征明确的定义。我们现在所提出的问题是：对新媒体之"新颖性"的思考中包含着什么？热情的媒介技术的学生可能会质疑，为什么这是一个必要的问题？为什么我们不能尝试去单纯地描述、分析我们周遭那令人激动的媒介创新的世界？因为这种写作方式会受到之前我们在引论部分所提到的永久性"升级文化(upgrade culture)"的支配——这本书会刚一出版就立即过时，因为它根本无法提供这一领域决定性的购买力。现今有许多网站为读者提供最新发展的跟进，这种设计的主要目的是为了方便读者消费。而我们的目的是为了促进批判性的思维。为了做到这一点，我们需要获得超越平庸新奇的乐趣，去揭示"新的事物"是如何被构建的。在此,我们的目的是使思想的清晰成为可能,虽然它每每被闪亮耀眼的新奇所伤。我们希望重点呈现我们所知晓的某些知识,如媒介的历史、新颖性的历史,以及我们对媒介和技术变革之反馈的历史。但又不止于此。以下是一张关于第一部分的最后一些章节中即将出现的和为何要出现的内容所列的清单及概观。

● “新颖性”或什么是“将要成为新的”并不如我们所想象的那样简单,我们可以通过多种方式去构想它。1.3–1.3.2小节将对此展开讨论。

● 新媒体的“到来”已为我们提供了一部历史,或多部历史,而它们每每也试图诠释新媒体的“新颖性”。某些历史是广为人知的“目的论”,而另一些则认为“谱系才是更好的研究路径”。从本质上讲,为了考虑“新”的本质,我们必须参与“历史”的理论(或者史学)之中。这将在1.4和1.4.1小节中进行例证。

● 通常情况下,每种“新媒体”(或任何媒体,例如“电影”)被某些人认为均有一个明确的本质。他们认为,要了解这一本质,并将其变成自己的特点,需要打破过去的旧习惯和思维方式。这也往往与一种“发展”感关联。每种媒介都比那些正在进行中的要更好(提供了更强的现实主义、更富有想象力的眼界以及更有效的沟通等)。我们在1.4.2小节中将以一种“现代主义的进步观念”来检验这些观点。

● 新媒体远非线性过程的最新阶段。新媒体中有许多追溯了一些较早甚至古老的实践和情况。它们出现以重复或振兴那些已被遗忘或已经成为残留的历史实践。这是一种新媒体的“考古学”。这一问题将在1.4.3–1.4.4小节中被处理。

● 新媒体被经常拿来与“旧媒体”对比(通常是有利的)。这好似在新媒体中有对旧媒体的含蓄的批判。旧媒体顿时缺陷毕露。这个问题将在1.5–1.5.1小节被提出,并进一步引导我们去思考。

● 媒介的话语建构和技术性的想象。我们在此通过大量的案例探讨媒体技术被赋予意义的种种方式,因为它们有望实现希望、满足欲望、解决社会问题等;见1.5.2, 1.5.3, 1.5.4, 1.5.5小节和案例研究1.4–1.7。

● 由此,随着新媒体和新技术的出现,我们将面临一个关键的问题和一个变得更迫切的代表性争论:媒体技术有权力改造文化吗?或者,它们只是反映社会或一种文化价值取向和需求的愚蠢的工具或零件。简言之,“媒介”是被决定还是可决定(他者的)的?随着我们的媒体和通讯技术变得越来越复杂、强大和普遍,甚至(如果有异议地)智能和自组织也如是发展的话,这就成为一个更为重要的问题和论争了。通过两位主要的媒介理论学者早年信息丰富的争论(Raymond Williams and Marshall McLuhan),我们将在1.6–1.6.6中详细揭示这个问题,进而为思考关于文化、技术和自然的理论(特别是那些来自科学和技术学的理论)作好准备,以避免这种令人烦恼的理论两分法。

1.3.1　引言

媒介理论家和其他评论家往往会在新媒体的新颖性程度上出现两极分化。虽然不同阵营很少出现互相辩论的情况,但问题存在于那些见证媒介革命和那些在铺天盖地的声称我们一切“照旧”的人群之间。从某种程度上,这种观点是取决于专业性框架和话语(1.5.3)究竟是哪一方的论点的支持者。它们是由什么前提发展而来的？它们要问什么问题？它们运用的是什么方法？它们为调查和思考带来怎样的想法？

在本节中,我们简单地了解了,尽管新媒体是“革命性的”这一观点已被广泛接受——也就是它们是深刻的或彻底的新类群——但现有的大量新媒体文献中,也有观点认为,理解新媒体应试图立足于历史的角度。通读本书时,你将在详细的案例分析和论证中多次读到我们秉持此观点的原因。在本节中,我们来看一看新媒体研究中具有历史重要性的一些案例。

1.3.2　测量“新颖性”

需要提出的最明显的问题是:“如果我们没有仔细将其与已经存在或者很久以前存在的东西作比较,我们如何知道哪些东西是新的或在什么样的方式下它是新的?”我们无法准确且详细地了解多新或多大的变化,它们并没有给我们一个历史思考的维度。我们需要从之前“事物已经改变”的陈述中建立一种历史维度。即使如布瑞恩·温斯顿(Brian Winston)所说,“革命”的概念是蕴涵着历史性的,一个人如何能知道“情况发生了变化——发生了逆转——而不知道其之前的状态或位置?”(Winston 1998: 2)。在另一种语境中,凯文·罗宾斯(Kevin Robins 1996: 152)评价道,“无论数字技术‘新’在何处,在‘影像革命’的想象含义中总有一些旧的东西。”革新的出现,相对而言是历史性的;革新之理念本身,就是一部分历史。可能有人认为,这些问题都是多余,只不过转移了我们对主要事物的注意力。确实如此,众多新媒体爱好者(稍微有点傲慢,我们可能暗示)保护着他们的信念:新的就是新的。他们对即将出现之物的兴趣远远超过对这些新事物是如何形成的了解。

但是,如果需要,这一基本问题可以至少帮助我们排查出三种可能性的疏忽:

1. 有些东西可能是新的,从这个意义上讲,它看上去或感觉不熟悉,或者因为它正在积极地呈现出新的一面,但仔细观察,可能会发现这种新奇只是表面现象。

从新版本或新配置这个意义上来讲,这些东西可能是新的,但实际上,已经不存在全新类别或种类的东西。另外,我们如何获知一种媒介是新的,而不是由两种或更多媒介混合而成的,或者是一件旧有的东西在新的环境下,通过某些方式转变而来的?

2. 相反,因为新媒体的新奇性① 在日常使用或消费中变得熟悉起来(见4.2和4.3),我们可能会失去好奇心和警惕,不再追问它们究竟是什么做的,以及它们是如何被用来潜移默化地、戏剧性地改变我们的世界。

3. 最后一种可能,简而言之,基于慎密的检视与反思,我们最初预估的新奇性可能并不像它们看上去的那样。我们发现,虽然有某些类型或一定程度的新奇性存在,但它们都不是我们所认为的那种最初的形态。关于追寻新媒体流行语"交互性"意义的历史就是一个很理想的案例,它为我们讲述了这一备受称赞的新媒体特征是如何一次次经过批判性的资格审查与修订。

综合的观点是,在新媒体的批判性研究中,"批判"指的是不要想当然。很少有关于研究客体的假设是通过要求和试图回答相关问题来解释的。批判性研究路径的一种重要方式是——询问它的历史是什么,换言之,它是如何成为今天的自己的。

最后,在用历史学方法进行新媒体的理性回顾中,我们需要回忆一下变化的维度、发展和创新是如何广泛而多样的,以使它们最终都被归入"新媒体"这一术语中。如果未能将这一术语及其类别尝试分解为更易管理的部分,我们就要冒着在讨论中出现某种程度的抽象和流于一般化的风险,它们将永远无法带领我们更深刻地去理解种种改变(见1.1)。一个更好的方法是在整个新媒体领域,寻找出旧与新的不同比例。实现这一目标的方法之一恰恰是历史学的。这是对新媒体领域的程度进行调研,以了解哪些特别的发展是真正的发展或根本性的新发展,或者不如更好地将之理解为是哪些既存媒介中一个简单的变化因子。

新时代里的旧媒体?

例如,"数字电视"可被认为并不是一个新的媒介,而被理解为电视媒介内容提供方式的一种变化,而这种变化已有50年甚至更久的历史。这就是麦凯(Mackay)和奥沙利文(O'Sullivan)所形容的"新时代"的"旧"媒介状况,以将其区别于"新媒体"(1999: 4–5)。另一方面,沉浸式虚拟现实或者大型多人在线游戏乍一看是一种彻底且深刻的新型媒介。尽管如此,这仍然留给我们定义何者为新的

① 案例研究1.3:交互性新在何处?

问题。

在接受"新/旧"作为区分各类新媒体的标准时，我们必须马上认识到，这些术语在某种程度上是功能互换的。例如一些生成和传送数字化电视的结果已经对编程、使用和消费模式有很深远的影响。我们认为，电视制作与信号传输的某些数字化成就已经深刻地影响了节目制作以及使用模式，甚至消费模式，因此，电视媒介的重要变化已经发生了（案例研究1.7）。同样，当代电视图像尺寸的增加、高清晰度、节目点播和交互式的选择等，已然效果卓著地改变了媒介自身。如果不是不可能，我们也想尽可能鼓吹这是一种全新的媒介，但看起来这似乎是不可能。另一方面，沉浸式虚拟现实技术或在线、交互式多媒体提供给我们明显是前所未有的经验，而这种经验，就其所呈现的及所依托的，既有技术的历史也有文化的前身(1.2, 1.3)。然而，在这种情况下，无论我们多么想说，当跟踪和界定了虚拟现实的诸多实践与意识形态的前身之后，我们认为它已被充分定义，而实际情况却并非如此。

"再度媒介化(remediation)"的理念

第三种可能性是由杰·波特和理查德·格鲁辛(Bolter and Grusin 1999)提出，他们继承了麦克卢汉的洞察力，实际上将新媒体绑定在旧媒体之上，将其视为所有媒介均具有的一种结构性状态。他们建议并认为，新媒体之"新"是数字技术——他们用这一术语——"再造旧媒体"的方式，于是这些旧媒体"重新塑造自己，以应对新媒体的挑战"(p.15)。在我们看来，这一提法有一个不容置疑的事实，就是新媒体不是凭空产生的，作为媒体，如果它们不与旧媒体所秉持的过程、目的与意义的悠久历史相接触和谈判的话，它们就没有资源可借鉴。然而，话虽如此，许多关于变革的性质和程度的问题依然存在。

案例研究 1.3: 交互性新在何处?

20世纪90年代以来，"交互性"成为新媒体世界中一个重要的流行语。交互性的承诺和特性已经在许多方面得以设想。

信息的创新管理

交互性的概念可以追溯到20世纪40年代早期关于电脑的想象，如万尼瓦尔·布什(Vannevar Bush 1945)、艾伦·凯(Alan Kay 1977)和阿黛尔·戈德堡(Adele Goldberg 1977)(引自梅耶[Mayer]1999年之研究)。他们对交互式计算机数据库的愿景解放和扩展了人类的智能。这样的概念在第二次世界大战后的几年内被提出，是对现代世界中信息负荷的潜在威胁的反应。促进现有的平面媒体、视觉媒体及其包含信息的集合的可检索的数据库被看作是个人访问、组织和思考信息的一种新的方式。

作为消费者技术性选择的交互性

在1.2小节的概念讨论中,我们看到交互性的概念是如何通过与当代关于消费者选择的想法结合,成为个人计算机营销的核心理念。基于此观点,交互意味着我们不再是批量化产品所产生的同质领域中的、欠缺智能或身体之差异的被动消费者。交互性推动计算机质量提升,进而为我们提供积极的选择和个性化的商品,无论是知识、新闻、娱乐、银行、购物及其他服务。

作者之死

在20世纪90年代,计算机理论家希望将交互性理解为一种将传统的作者身份交给"读者"或消费者掌握的方式(Landow 1992)。此处,这个想法是,交互式媒介是对一种理论的技术实现,它首先在文学中有所建树,"后结构主义"即为其一。有观点认为,我们已经见证了"作者之死",在文字背后的、中心的、固定的、上帝般的发声的作者已经消亡(见Landow 1992的例子)。交互性意味着新媒体的用户将能够在潜在知识的未知海洋中寻找自己的道路,了解自身的物质身体,每个用户每次在探索的旅途上通过数据矩阵踏上新的道路。

有关交互性主要特性的另一观点是,这是一种媒介生产和接收之间传统关系的重大转变。这种观点是存在于电脑给予读者/用户在文本中"写回"的权力之中的。无论是以文字、图像或声音形式呈现的信息,只要是在软件程序中被接收的,它就允许接收者去改变——删除、添加或重新配置——无论他们接收到什么。它并没有使很多思考者陷入迷失,这种实践虽然是由电子数字技术授权而实现,但也类似于中世纪时给手稿和图书增加注解和批注的做法,以使它们成为重写的评阅本。表面上,附注和批注是产生于文本之上的依序的重写行为。而事实上,它却仅能产生极为有限的意义。基于互联网的操作与中世纪特权僧侣阶级对神圣文本极为严苛的使用之间毕竟存在着天壤之别。

近来,在交互性那近乎神奇的力量前,种种夸张的论断以及种种基于实践的批判性反思均出笼之后,有一些更为关键性的评价出现了。正如艺术家萨拉·罗伯茨(Sarah Roberts)所说的:

> [交互性]随之而来的错觉是一种……艺术家正在与观众交流选择权力的民主,而实际上是艺术家早已计划了所会发生的每一种可

能……这当然要比你[用户]毫无选择来得复杂得多，但它是被全部计划好了的。

(Penny 1995: 64)

这些交互性的概念很少描述特定的技术、文本或体验特点，同时，更多的论断或主张仍基于有灵感的奇思异想、富有想象力的营销策略以及学术理论中那些关于新的、真实的或人类之赋权想象的可能性的种种复杂比喻。然而，无论这些想法有什么优势，是有远见的或是投机取巧的，如果我们想要超越广泛而特征化的交互性概念的话，我们就需要进入它们所经历的大量学科方法的质询之中去进一步了解。

人机交互：干预和控制

关于交互性的技术理念已在人机交互(HCI)的学科内非常有效地初步形成了。这是一个科学和工业领域，通过研究和尝试以提升计算机和用户之间的界面。

计算机使用的“交互模式”最早是在大型计算机的年代里被假设成型的。当时，大量的数据被输入这种大型计算机等待处理。最初，数据一旦被输入后，余下的工作就交付机器来做处理（批处理）。然而在机器逐渐复杂化之后，在对话框或菜单运行的过程中介入对程序的干预就成为可能。这也就是电脑操作中所谓的“交互”模式(Jensen 1999: 168)。在处理过程中的干预和观察现实干预的结果，从本质上讲是一种控制功能。这是从操作者到机器的一种单向的通信命令。这也是与上文提及的超文本那大众化的自由感觉完全不同的交互观点(Huhtamo 2000)。

作为控制的交互观念在HCI的学科中继续发展，代表人物有科学家利克莱德和恩格尔巴特(Licklider and Taylor 1999，原始文献发表于1968年；Engelbart 1999，原始文献发表于 1963年)。如果他们所设想的操作员和机器之间的共生关系即将发生的话，那么这种交互性模式必须扩展，以使身处于可理解专业编程语言的那些小团体之外的人群也能可及。为此，在20世纪70年代初，施乐·帕洛·阿尔托研究中心(Xerox Palo Alto Research Center)的研究人员开发了GUI——图形用户界面，它将能在同时开发出的个人电脑标准化模式中运行：键盘、处理器、屏幕、鼠标。但在这一个原本可以使施乐公司扬名历史的时刻里，他们却没能取得显著的突破。后来，苹果公司使用GUI建立起20世纪80年代初的个人计算机领域：第一代的苹果Lisa，之后于1984年成立著名的苹果Mac。这些GUI系统之后在微软系统中被广泛模仿。

传播学研究和“面对面”范例

然而，这种将交互性看作控制的想法，就像界面操作，与将交互性看作相互沟通过程的观点不同，无论是用户和机器/数据库之间的相互沟通还是用户与用户之间的相互沟通。在此，我们遇到了来自社会学和传播学研究对此术语的一种解释。这种传统已经试图描述和分析与面对面人际传播的交互性相关的交互性及计算机。在这项研究中，交互性被界定为一个核心的人类行为、文化和社区的基础。对传播学者而言，交互在不同程度上是作为传播特性存在的。因此，一问一答的传播模式比开放性的对话回答在互动上要弱一些（见Shutz 2000; Jensen 1999的例子）。同样，在1.2小节中所描绘的交互性模式，可以在交互最强和交互最弱的分类阈值中被归类，从最具交互性的CMC到最弱交互性的导航选择。

不同的评论者（例如，Stone 1995: 10; Aarseth 1997: 49）引用安迪·李普曼(Andy Lippman)对交互性的定义，该定义作为一种“理想的”交互，产生于20世纪80年代麻省理工学院。在李普曼看来，交互性是“两个参与者相互且同时进行的活动，通常是朝向某些目标而共同工作，但这也不是一定的”。这种状态需要通过一些条件来实现：

相互可中断性

> 有限的展望（没有合作者可以在交互中预见交互的未来形态）；
> 没有默认值（没有预编程的路线去遵循）；
> 对一个无限大的数据库的印象（从参与者的角度来看）。
>
> （Stone 1995: 10–11）

这听起来像一个很好的关于对话的描述，但对使用点击界面与电脑的“交互”的行为而言却是一个贫乏至极的描述。

人工智能研究

在我们看来，在传播理论应用和以技术为中介的传播话语之间存在一些现实问题。如果这些问题得不到解决的话，就会引发对电脑产生不可实现的期望。这种期望在我们以电脑为基础的交互体验与所期望之物之间构建了一道鸿沟。通常，它可以被来自另一种方法论领域的预测填充——如人工智能(AI)。其观点往往会作如下铺陈，理想的人机交互将尽可能地类似于人类面对面的交流。但是，电脑显然不能做到这一点，因为在很长的一段时间里，它们（仍然）无法做到像人类一样。未来主义的情境（科学和科幻小说中）指出这一难题将会随着愈来愈廉价的芯片和普适计算的到来得到解决（见普适计算[ubiquitous computing]和普适媒介）。同时，我们必须设法应付去往“真实的”(即对话的)交互之路上的种种情况。在此结构中,交互性始终在失败地等待着来自下一次技术视界里的大发展来拯救自己。

媒介研究

理解交互性不仅运用了HCI、传播学研究和人工智能研究,而且经常围绕媒介受众的性质和它们对当下媒介研究中的意义解释引发争论。有影响力的那部分思想总在教导我们:观众是“积极的”,它们也对媒介文本做出了多重且可变的解释性行为:

> 思考文本的意思必须兼顾其所在的特定环境以及所遇到的话语。这种相遇可能重构了文本和它所遇之话语的意思。
>
> (Morley 1980: 18)

受众的阅读行为有时也被称为“交互的”行为。在计算机媒介出现之前,有人认为,作为读者,我们已经与(传统的模拟)文本有了“交互的”关系;他们进而认为,我们不仅与文本有着复杂的解释性关系,而且与文本保持着活跃的物质关系。长久以来,我们在书上写下标注,在录像机中停止和倒带,将音乐从CD翻录到磁带上,剪贴实实在在的图片与文字,将它们排列到新的位置。在这种类型的阅读中,交互性可被再次理解为一种早已建立的文本理论的技术性矫正和我们所持有之物的实践延伸。所以,举例来说,尽管我们并没有分享完全相似的网站浏览经验,但我们可以通过关于网站的谈话和讨论构建一个“文本”的版本;同样有人认为,我们没有共享肥皂剧观看的经历。事实上,在数周内,我们几乎可以肯定,不会有其他家庭成员或朋友看到同样的“文本”,但我们可以通过对节目的反应和谈论构造出一个共同的“文本”。文本及其所制造出的意义仅仅存在于我们不同解释和回应的空间之中。

换句话说,基于文学研究和媒介研究的交互性视角认为,从原则上讲,什么都没有改变。我们只是为文本间更复杂的关系提供了更多的机会,但这些关系在本质上是相同的(Aarseth 1997: 2)。但是,我们现在认为,交互和诠释之间的区别比以前更为重要。这是因为今天的我们在面对媒介化的过程中所遇到的问题因为新媒体的出现而更为多元。传统媒体的多重诠释行为并非与数字和技术形式的交互性无关,而实际上是更为繁复。文本对读者可供选择性越大,可能诠释的反应就越强。对文本的必要性干预,尤其是对交互文本形式的多重干预,需要对诠释行为有着更敏锐的理解。

草根民主的交流

除却我们所讨论的这四种理解交互性的特定方式的方法论,另存有一种更具有弥散性且更为强势的交互话语，它是如此地普适以至于我们每每认为它的存在是理所当然的。在此类的使用中，“交互性”自动地等同于比被动更好、比某些隐含的相互作用价值之中的“主动”也更好。交互性价值的弥漫性意义也有社会和文化上的历史，这可以追溯到20世纪60年代末和70年代初。在这段历史中，民主化发起挑战，并由持续性的对话要求而建立起动力系统，传播作为支持社会进步的一种方式得到横向的而非纵向及等级制式的增强。这种在单向信息流的意识形态攻击下所生成的横向或交互式社会交流，是许多这一时期激进的替代修辞。在20世纪70年代和80年代，一个以“交互”为名的社区艺术和媒介集团活跃于伦敦，从其分析中，我们能看到这一时期的特点。

> 一个多元化的都市社会（及众多人口依赖于机器）的问题是非常复杂的。答案，如果有，就存在于叙述、告知、倾听的能力之中——总之有创造力的人的能力之中。
>
> (Berman 1973: 17)

“说”与“听”的能力是一种进步力量，是面对面地对话和社会交互重铸的技能。这种社会对话的增值过程在20世纪70年代初仍是“悬而未决”的。它使我们了解了对主流媒体激烈的批判，不仅根植于这一时期另类的社区媒体实践的勃兴，而且根植于计算机网络的早期理念。正如一个位于旧金山湾区的社区计算机构“资源一号”(Resource One)所指出的，

> 可及信息的数量和内容由中心制的机构设置——报刊、电视、广播、新闻服务、智囊团、政府机构、学校和大学——它们被一些掌控其他经济领域的共同利益团体所控制。通过保持自上而下的信息流，它们使我们彼此隔离。计算机技术迄今一直是被……主要是被政府及其代表所使用，以存储和快速检索关于大众的大量信息……这种模式说服了我们，信息流的控制为何如此关键。
>
> (Resource One Newsletter, 2 April 1974, p. 8)

对“民主的媒体”的支持蔚然成风来自法兰克福学派思想的鼓动，因其对大众媒介之作用的批判，尤其批判了在消费和名人效应的愉悦中被引诱的、温顺的大众的生产(1.5.4①)。此处的“交互”媒介被建构成被动性媒介某一种潜在性的改善，好像它们以一种更开放和民主的方式运作，并为社会和政策交流提供了机会，也更接近了公共领域的理想状态。

① 参见1.5.4法兰克福学派对新媒体普及之批判的回归。

我们现在可以看到交互性的理念，作为新媒体一个基本的“新”特点，对我们而言，好像是一种具有富饶历史的自动资产。然而，正如我们看到的，这是一个承载了许多不同、矛盾和历史的术语。可能有人会辩驳，正是交互性缺乏相应的定义才使得它在我们对“新”的理念探索中寻找到适合自身的位置。

1.4　什么样的历史？

> 《我爱露西》《达拉斯》、FORTRAN语言①、传真、计算机网络、通信卫星和移动电话。由这些电子媒介引发的心理的转变，迄今已整装待发，以迎接更宏伟之物的来临。
>
> (Rheingold 1991: 387)

在1.3中，我们提出了许多根本且必须质疑的问题，因为新媒体批判研究的进步并不是扎根在我们所应对之物的种种假设之上的。我们之所以强烈建议对这些问题提出质询，是因为它们会带领我们走向对“旧媒体”之可及历史的兴趣之途。而另一个新媒体研究的学生需要对历史格外关注的原因是：新媒体自其开始，就可能有一部分历史是被误导的。

从一开始，新媒体的重要性以及它们所具有的特点就经常被视为历史性展开长期研究之可能性的组成部分。诚如上文所引，这意味着历史只可能是我们所处之时代一种媒介技术和产品的准备。换言之，历史的想象在我们尝试努力寻获新媒体技术方法的那一刻起就开始发挥作用了。而这种历史的视角往往又深刻而自相矛盾地烙印着老式观念的痕迹，认为历史是一个循序渐进的过程。但这种观念会迅速变得流行颇具影响力。夸张地讲，紧接出现的是大量的早期“新媒体研究”对历史批判的关注，以提炼出理解媒介变迁的另类方式。

本节相关

虽然本书并非要深入研究历史的种种理论，但大量的历史问题如今附着在新媒体研究之中，与之不可分离。因此，由历史所引发的案例及批判性的观点都是我们必须了解的。在本节中，首先需要考虑的是，我们对新媒体目的论之观点知道些什么(**1.4.1**)。这一术语的含义将在下文的实例讨论中变得更加清晰，但广义而言，它指的是一种将新媒体视为历史进程之制高点的观点。在本节中，我们通

---

① FORTRAN语言，也被译为福传，是英文“FORmula TRANslator”的缩写，即“公式翻译器”，它是世界上最早出现的计算机高级程序设计语言，广泛应用于科学和工程计算领域。FORTRAN语言以其特有的功能在数值、科学和工程计算领域发挥着重要作用。——译者注

过新媒体历史研究的一个案例尝试去彰显我们的理解：新媒体所包含之历史中，并不存在所谓的单一的、线性的历史叙述。相反，我们每每邂逅的是诸多盘根错节的历史。而它们又不可能形成支流，并逐渐而有规律地汇成主流。我们将很难去想象，更不用说去证明，所有的发展、语境、能动性与力量都包含在这些历史中，并多少有着共同的目标与意图。在本节中，我们也概括了一些新媒体理论学者的研究路径，他们反对将新媒体简单地理解为渐进的历史发展中的乌托邦终点，而是寻求另一种方法来思考新旧媒体间的差异与复杂的联系。行文中，我们也将考察米歇尔·福柯(Michel Foucault)那颇具影响力的历史的"谱系学(genealogical)"理论是如何在新媒体研究中占有一席之地的(1.4.1)。

最后，我们将考察一种衍生于现代主义美学的观点，该观点认为，真正新媒体是在于发现自身独一无二的特质，以将自己自由地从过去的媒介形态和旧媒介形态中解放出来(1.4.2)。在质疑这一观点的同时，我们援引了若干案例，以说明新媒体并非是全然与过去断裂，而是对过去的一种回应(1.4.3)。

1.4.1　新媒体目的论

从岩画到移动电话

在"虚拟现实"曾经流行和颇具影响力的历史中，霍华德·莱茵戈德(Howard Rheingold)带领我们来到约3万年前旧石器时代晚期的拉斯科岩画前。"原始的但有效的赛博空间可能对我们最初构建电脑化的世界是有帮助的。"(Rheingold 1991: 379)他屏住呼吸，带领读者走向一条通往沉浸式虚拟环境的旅途。在途中，我们观赏了古希腊酒神戏剧(Dionysian drama)的起源，经历了"居住在北美洲最古老的"霍皮族、纳瓦霍和普韦布洛部落的成年礼，感受着像《我爱露西》和《达拉斯》这种电视肥皂剧所带来的虚拟世界，最后来到交互计算的先锋——硅谷、主要的美国大学和日本企业。在莱茵戈德纵横开阖的历史规划中，岩画中似乎深埋着传真机、计算机网络、通信卫星和移动电话的火种(Rheingold 1991: 387)！

像莱茵戈德一般，以奥林匹克式横扫一切的方式来理解新媒体的出现是极少的。但是，正如我们将要看到的，其他的理论学者和评论家却往往拘囿一角，将新媒体理解为所有的人类媒介发展的制高点或现阶段的景况。如是所见的话，新媒体必然会被置于时间顺序之列表的尾端，这份列表自口口相传开始，写作、印刷、素描和绘画，然后延展向19世纪和20世纪的影像和传播媒介，摄影、电影、电视、录像和信号、电报、电话和无线电。在这样的历史模式中，通常有一个基本的假设或暗示——这种假设可能会，也可能不会被公开论述——新媒体代表一种发展阶段，而在其他早期的媒介形态中，它的潜力早已被彰显出来。还有一个例子将有助于我们了解这种观点是如何被构建的以及它们带来了什么样的问题。

从摄影到远程信息处理：目的论中提炼出的观念

彼得·威贝尔(Peter Weibel)是艺术及科技学者，Ars Electronica前董事，现担任ZKM德国卡尔斯鲁厄媒体艺术中心董事一职。他提出了一个历时160年影像制作与传播技术发展的8级历史模型，第一阶段是摄影术的发明(1996: 338–339)。

威贝尔认为，1839年摄影术的发明意味着图像制作第一次从对双手的依赖中解放了出来(第一阶段)。而后，图像在电子扫描和电报技术的帮助下，从其所固着的空间位置中得以解脱(第二阶段)。在这些发展中，威贝尔看到了"新的视觉世界和远程信息处理文化的诞生"(1996: 338)。

随后，在第三至第五阶段中，"电影紧随其后"，将影像的空间属性转变为时间属性。电子随之被发现、阴极射线管和磁记录技术的发明，引发了电影、录音和电视相互组合的可能性——录像于是诞生。在这个阶段，"电子影像生成和传送的基本条件已经建立了"(1996: 338)。

第六阶段，晶体管、集成电路和硅芯片出现。随着机械化图像生产的历史可能性最终汇流到了多媒体和交互计算机中，所有之前的一切发展均发生了革命性的变革。新型的交互机器和媒介技术的全然融合，再加上随后参与其间的电信网络，这些"无关联的迹象"交织在一起如浪潮一般在全球空间传播，进而引发了更为深远的解放(第七阶段)。一个新时代(第二阶段已有所显露)已降临：后工业文明的远程信息处理。

因此，第七阶段，威贝尔倒数第二个阶段，是交互式远程信息处理的文化阶段，我们或多或少已在21世纪第一个十年结束时有所窥见。最后的第八阶段是关于未来的提示，这个阶段"是至今仍被流放在科幻小说之中的"一个阶段，但"已经渐进成为现实"(1996: 339)。他所理解的是传感技术的先进领域，在其中，人类的大脑可以与"数字领域"直接连接(同上)。

威贝尔清晰地看到历史的进步，"在过去的150年里，图像的媒介化和机械化，从相机到计算机已经发生了巨大的进步"(1996: 338)。这是一种引领当下、持续未来的方向，随着时间推移而在媒介的发展变化中显露出来的。

当回顾威贝尔的八个阶段时，我们发现，这一种"进步"日渐增强着图像与视觉符号的去物质化，将它们从承载的物质材料中分离出来。我们可窥见这一动态发展的终极至高阶段：神经工程学将开创大脑与世界相连的直接界面——一个没有任何媒介、物质或非物质存在的世界。我们幸逢媒介的终结，正如他在标题中所描绘的一样，世界即界面。

但在这里，究竟讲述了什么样的历史？

● 威贝尔所划分的每个阶段都意指图像媒介生成和传播的现实技术发展。这些技术和发明确实发生在过去,现在也都存在着。

● 他从事实中跳出,简要评估了这些发展对于人类传播行为和视觉文化的意义。在这些评估中,我们可以隐约窥见其他媒介学者的见解。

● 总体而言,威贝尔依时间顺序整理了发现,明确了一些具有时间连续性上的阶段,每一个新阶段是产生于前一阶段的衰退期。

● 摄影是最根本的起源。影像技术的诞生于整个过程展开的创始时刻。

● 他为故事的展开设置了逻辑和情节——过程性以及顺序化叙事。这是一个自动化、逐渐生产的故事、一个符号(和图像)与其被承载的物理介质日渐分离的故事。

这个故事不是毫无意义的。但重要的是,要看到这个故事实际上呈现了一次论证,这是关于事实及其思考方式的整合与组织。事实是什么? ——摄影、通讯被发明。这是难以争辩的。而思考事实之意义的方式是什么? ——摄影和通讯的融合,这意味着现实(真实的、物质的、物质上有形的空间)的消失。我们也希望至少可以就一则戏剧化的宣言展开辩论。

通过有选择地赋予每个事实以特殊的含义(他仍可发现很多其他的意义),威贝尔制造出了一个案例。虽然它比莱茵戈德的虚拟现实历史的案例更为聚焦,但是两者在历史叙事上所采用的论证形式是基本相似的。在威贝尔的"历史"中,他强调并且引导我们去思考某些非常重要的因素。好的、有洞察力的和注重研究的故事向来都是如此的。

然而,与此同时,如果我们把它视为一则可信的历史观点,而对其所产生的影响毫无进一步质疑的话,威贝尔的观点里就会出现很严重的问题。因为他并没有告诉我们,这些表面上发展着的事件为什么会发生,以及它们是如何发生的。是什么驱使媒介完成了这一次长征,从机器辅助生成的物质图像(摄影)发展成"人造和自然世界"的仿真,甚至成为未来的"大脑自身"之拟像? 他在这一个无缝进化的模型中发现了什么? 交互式"远程信息文明"的花朵是如何在摄影的种子中一直酝酿至今的?

莱茵戈德和威贝尔的这种历史叙事采取了目的论的论证方式,认为过去就是现在的一种准备。现在则被理解为在过去有所预示的、一种过去的制高点。这些论点试图解释事物是如何与其结局相关(我们感觉它们想要表达的结论或目的、目标和意图),而不是与其成因关联。关于目的论的历史解释已经有很多版本,比如说,从那些将世界看作上帝设计之物的解释,到各种宏大设计、宇宙力量、世界灵魂发现之世俗版本,到辩证地解释事物的当下状态,是可追溯向漫长历史中因对立与矛盾互为作用而引发的那一场不可避免的革命。就算不是如此的目的决定论，其他相关的历史诠释版本也会认为历史是一段解决问题的过程。通常，一场伟大天才的接力赛，在不同情况下都是需要每个人接过前人遗留下来的问题，以预示这一使命在时光的世纪中以某种方式传播而继续，直至最终答案的寻获。

19世纪时，寻找历史（目的之）逻辑的努力是极为活跃的，尤其在西欧和北美。当时，占主导的乐观主义和工业发展和科学信仰，激发了一种历史观的出现，即认为历史（随着人类社会的发展、演变和成熟）即将画上句点。

莱茵戈德和威贝尔所讲述的新媒体之崛起的故事，虽然发生在不同的时间维度里，但都承上启下地采用着这一种古老如山峦的历史视角。尽管其中也存在种种似是而非的论述，即新媒体是被一种相当天真、不加批判的（我们原试图以过时来描述的）历史快速地呈现在我们面前。

虽然我们已经强调历史知识与研究对理解新媒体之当代场域的重要性，但在我们看来，历史研究是很难包容这种种目的论的观点，因为这些观点极易在自我的大清扫中被误导。它也很难认同这些观点将新媒体置于一个过于简单的位置，当成是一段历史发展之漫长过程的终点。

新媒体目的论的局限

我们现在要看一下新媒体历史中的第三波也是最近的建树。保罗·梅耶(Paul Mayer)在其历史性的概述中明确了引领计算机媒介和传播发展的“开创性的理念和技术进步”。他从计算机器的发展到作为“媒介”的、“可为日常生活的表达、交流、交互扩展新的可能性的”计算机研究中，梳理出了一些关键的、来自逻辑抽象系统的概念(Mayer 1999: 321)。

当梅耶通盘勾勒了历史性的这一“关键的概念性见解”之时，我们可以发现，其他种种与计算本身的概念与技术发展之截然不同的历史，是如何与他所追溯的这一段历史水乳无间地交融在一起的，这是我们当下所讨论的重点。在梅耶所书之种种不同的历史点上，有一扇门被打开了，我们得以窥见其他因素的存在。这些因素对计算机媒介的发展并没有直接贡献，但是它们标识了由于某些原因发生积极活动的其他领域，可能已经在新媒体历史中发挥了部分必要性作用。如以下两个例子。

在梅耶所描绘的历史第一章中，他回顾了20世纪40年代大型计算机制造概念和实践的飞跃。他用17世纪晚期哲学家莱布尼茨(Leibniz)的实验为引子，开启了他的历史，通过概念与数字的匹配编制出一种逻辑推理方式，并努力设计出一个“通用的逻辑机器”(Mayer 1999: 4)。他指出了一系列诞生于17世纪60年代至20世纪40年代这300年间的哲学的、数学的、机械的、电子的成就。历史驱使我们走进万尼瓦尔·布什和特德·尼尔森(1.2.3)在20世纪中期所投身的超媒体理念及实践性的实验。这段历史是一段凝聚着创想——用仅有的资源展开思考与想象可能性的能力——的技术发展史。

很显然,特别是早期成就中的大部分,并未指向我们所理解的电脑媒介化发展的这一方向。电脑这种运用并不在18和19世纪的思维框架中:更不是一个可能性或可想象的研究议题。正如梅耶所指出的,莱布尼茨在他所处的时代(17世纪末和18世纪初)是有智慧和哲学野心的,他是一位"在理性时代具有先进的综合哲学体系的思想家",立志于发明普遍有效性的逻辑科学体系的思想(Mayer 1999: 4)。我们关于人际传播的现代理念以及计算机视觉化呈现之可能性都不在19世纪工业革命时期的这些哲人的思考范畴内。彼时,计算根植于"导航、工程、天文、物理"中对计算需求的兴趣,因为这些活动所产生了计算需求远远超过人类的能力计算。后者是一种对需求的有趣逆转,万尼瓦尔·布什预见了大约100年后的20世纪50年代,机器与系统是如何增强并赋能于人类,应付超负荷的数据和信息(1.2.3)。

当跟随梅耶历史性描述中那些计算史的关键人物和思想前进时,我们可以看到,现代计算机的媒介化概念是如何因其他原因而得到发生发展的。这一概念的发展涉及了18世纪哲学家的实验,19世纪的工业化、贸易和殖民化,20世纪早期的复杂社会控制与政府数据管理的需求。如梅耶指出,仅仅在20世纪30年代,除了图灵对"通用机"的概念(指自动处理任何符号,而不仅仅是数字处理一种通用计算机器),"概念、技术和政策的正确组合将聚合成一种今天可识别的机械结构,如同现代意义上的计算机一般"(1999: 9)。简而言之,当梅耶追溯计算史中"关键概念"间编年史一般的联结时,我们将知晓:

1. 作为媒介的计算机:是一种前提条件,尚未被构想或预见。

2. 甚至,在之前被认为是理念与实践依序呈现的计算概念史,也只是意味着它是其他之历史影响下的发展。

综上所述,我们认为,计算机媒介发展的一个主要因素是来自技术和实践所产生的某种终极影响——那些数字计算是另一种——即对社会和个人传播实践以及听觉、文本和视觉的表现形式所产生的影响。总之,因数字计算的影响力而导致我们对这一种技术与概念发展的低估(甚至如我们所见,这些技术和概念的发展并不稳定和持续,恰如哲学之发展让位给工业、商业及随后的资讯发展),而它们最终变形为种种影像及传播媒介。显而易见,它们的发展完全是意料之外的。在数字计算发展的18世纪和20世纪中叶,新型的影像及传播媒介并没有被思想家、研究人员、技术人员及其所生存之社会预见其来临(Mayer 1999)。

如果第一个例子展现的是目的论之诠释是如何掩盖和歪曲计算机媒介的历史偶然性①,那么第二个例子使我们回归到如今被称为新媒体的这一种更宏伟的历史复杂性。梅耶的重点在于计算机作为媒介,它是一种象征性操纵、网络化之机器,我们只有通过它与别人沟通、游戏、检阅数据库以及生产文本。回到对新媒体现象所作的最初的分解(1.1),我们必须提醒自己,新媒体并不能代表一切。计算机中介传播是梅耶特别感兴趣的。这也不过是媒介图景的组成元素之一而已,还有其他置身于旧媒介形式之中以及旧媒介形式之间的融合、混搭、变形与替代等等。诸如印刷、电讯、摄影、电影、电视和广播等媒介,自有其(某些个案的)漫长历史。在20世纪的最后几十年中,这些旧媒介的历史成为计算机媒介发展中至关重要作用的因素,仿佛19世纪时航海家和天文学家对有效计算的需求一般。

这一要点在梅耶所描绘的计算机概念发展的历史终点呈现了出来。他以艾伦·凯(Alan Kay)和阿黛尔·戈德堡(Adele Goldberg)1977年所设想的早期个人电脑的原型机Dynabook为例,指出"Dynabook"被其设计者设想为"一种元媒介或一种最广泛的具有模拟和扩展其他媒介表达形式的力量与能力的技术"(Mayer 1999: 20)。凯和戈德堡在《作为一种媒介之电脑,亦是所有其他之媒介》中更直接地提出了这一观点。在20世纪70年代后期,凯和戈德堡对Dynabook是"元媒介"的观点仅能限于文字、绘画、绘图,动画和音乐。而之后,随着内存提升和软件发展,电脑"可为之"的"其他之媒介"形式将包括摄影、电影、视频和电视。

表面看来,凯和戈德堡所论的作为一种"媒介"的计算机能够模拟其他媒介的观点似乎很简单。他们和梅耶也认为,这似乎是没有问题的。正如梅耶提出,作为计算机媒介之原型的Dynabook最伟大之处在于,它是一次鼓舞人心的"莱布尼茨符号表现论的实现"(1999: 21),关键就在与它将所有符号和语言——文本的、视觉的、听觉的——压缩为二进制的能力(1.2.1)。它在其中大展拳脚,更是拓展了媒介表达之其他形式的功能和力量(1999: 20)。虽然,许多原本孤立的媒介之间所发生的融合和交互交织出了一幅极为复杂的图景,但我们也必须提醒自己,由计算机进行承载和模拟的"旧"媒介之范畴,已经转化在自己的历史的更迭中。在某些情况下,某些平行发展的媒介比计算机所承载与模拟的"旧媒介"还要古旧很多。

计算机所模拟和扩展的媒介,在某些方面也塑造了概念和技术以及文化和经济的历史。在梅耶的这段历史扩展版中,我们应该为传统媒介形式对Dynabook

① historical contingency,历史偶然性,是后马克思主义的重要范畴和概念,以谋取"多元霸权"。

概念本身所起到的贡献留出思考的空间。因为，如果我们要了解新媒体的复杂形式，单单认为计算机可能是“媒介表达的其他形式”是不够的，同样，要求把这些其他媒介形式塑造成凯和戈德堡设想的“元媒介”也是不够的。计算机通用的符号操纵能力，其本身并不能确定计算机媒介的形式和美学。因为计算机（作为一种媒介）合纵连横所形成的（或元媒介）媒介并不是中性的：它们就是社会化和符号化的实践。我们力求明晰，比如，其他历史的产出是怎样——绘画的常规、动画的风格、现实主义摄影的信念、文本和视频的叙事形式、排版和图形设计的语言等——被带入这个新的元媒介。这些实际上也是锻炼新媒体的从业者和理论家的特别论题，也是本书多处予以展开讨论的重点。

福柯和新媒体的谱系

广受读者关注的新媒体理论家马克·波斯特(Mark Poster)认为：

> 新的问题需要一个历史性质疑的、暂时性的空间框架，其中的风险在于，我们将新问题认为是旧问题的高潮、终极目的或满足，好像乌托邦或反乌托邦的发生。概念上的问题促使旧与新之间产生历史分化，而不会初始化一种宏大叙事。福柯取代了尼采，对谱系的建议提供最令人满意的解决方案。
>
> (Poster 1999: 12)

波斯特以此总结了我们一直讨论的问题：如何想象新旧媒体之间因时间性、顺序性及空间性而产生的关系（彼此间是怎样的共存关系，存在于哪里？）而不需假设新媒体因或好或坏的原因而使旧媒体进入终结。如果没有上文提到的广泛的、通用化的模式，我们如何区分两者？福柯对谱系的界定便是波斯特的回答。

杰·波特(Jay Bolter)和理查德·格鲁辛(Richard Grusin)在其新媒体专著《再度媒介化》中明确承认了他们借用福柯的方法：

> 再度媒介化的两个逻辑有悠久的历史，因为它们相互定义了谱系，这至少可以追溯到文艺复兴和透视法的发明。注1：我们的谱系概念承袭自福柯，因为我们也正在寻找历史的联盟或共振，而不是起源。福柯……谱系的特征是“对血统的分析”，这“准许根据某个特征或概念的独特面貌发现事件的繁衍，通过这些事件，也多亏这些事件，并且以这些事件为背景，特征或概念才得以形成”。①
>
> (Bolter and Grusin 1999: 21)

一种想法或实践——对波特和格鲁辛而言就是再度媒介化的理念与实践（一种媒介吸收并转变另一种媒介的方式）——是如何影响我们的（血统）？有哪些多元因素在此形塑过程中担纲演出了呢？

---

① 参见1.2.3超文本性；以及1.4.1新媒体目的论。

波斯特力求避免将历史构想为一段既有“高潮”又有终点的过程。波特和格鲁辛与福柯一样,对事物的起源不感兴趣,对事情由何处开始或者在何处结束没有兴趣。他们感兴趣的是“联系”(事物之间的附着与联系)和“共振”(事物之间的共振)。他们想知道关于“通过”和“反对”的东西,而不是图像的线性序列和事件链,以思考网络、集群、边界、领土以及历史进程图像中那些重叠的空间。

新媒体理论研究者试图运用这一影响深广的历史谱系学理论来梳理媒体间的差异和复杂的关系,恰如哲学历史学家米歇尔·福柯对大量的文化历史案例的考察与检验。历史方法为我们提供一种思考新媒体与过去关系的可能性,而避免了我们之前遇到的一些问题。在这一过程中,新媒体的理论研究者正沿摄影、电影与视觉文化的历史学家的脚步前行,如约翰·塔格(John Tagg,1998),乔纳森·克拉里(Jonathan Crary,1993)和杰弗里·贝钦(Geoffrey Batchen,1997),他们所

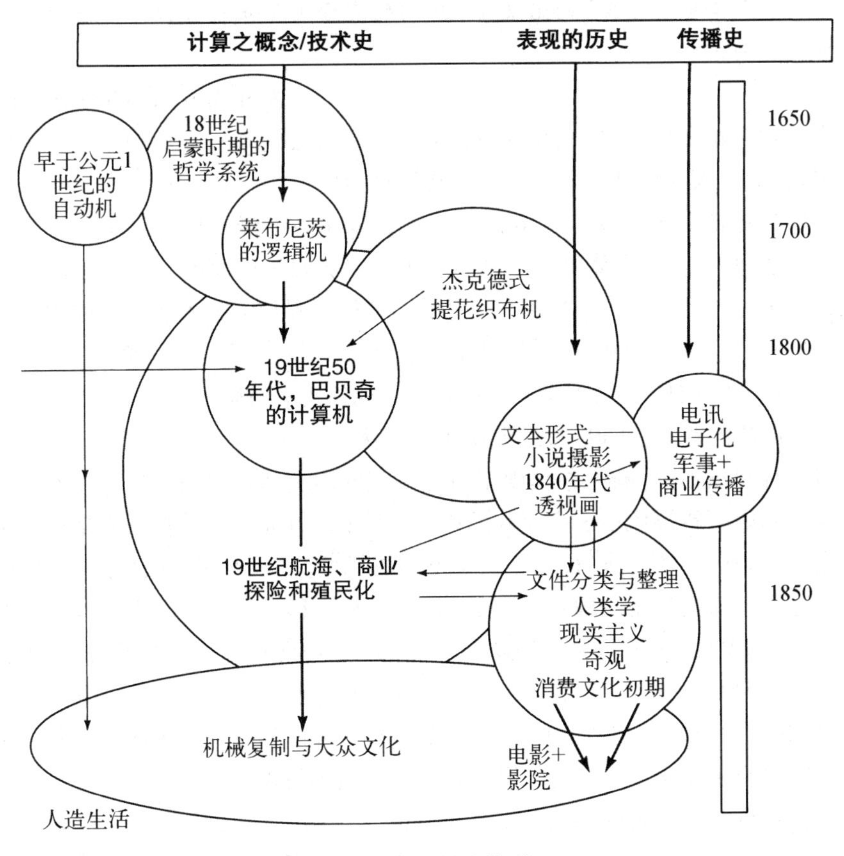

【图1.6】新媒体出现时通过或对抗的复杂历史的简单模型。

采用的正是被称为“福柯式的视角”的方法。

1.4.2 新媒体与进程的现代主义观念

> 只有当计算机艺术家摆脱计算机科学之束缚，完成了从艺术向机器的转换之时，新媒体那全然的美学潜能才将实现……当前对仿真的种种设想的实现……要求耗资1 000万美元的、世界上最强大的Cray-1超级计算机来支持……20世纪90年代初期，Cray-1的制造商认为，仅有其3/4的能力的计算机将能以2万元左右的价格出售，这一价位甚至低于今天市面上的便携式摄录和编辑系统……最终，因自主个体的对此机器的可及，计算机仿真那全然的美学潜能才将得以显现，而未来的电影语言……将从感性帝国主义的暴政中被拯救出来，放置于艺术家和业余爱好者的手中。
>
> (Youngblood 1999: 48)

> 在“渐进之过程”的名义下，我们的官方文化正在努力迫使新媒体从事旧媒体的工作。
>
> (McLuhan and Fiore 1967a: 81)

为了构想新媒体历史正确的谱系，我们不仅需要思考科技历史学所独具的目的论视角，更要深入探究美学之现代主义经验的理论。

新媒体评论者金·杨·布拉德(Gene Young Blood)经常提及一个未来的时间点，到那时，他们对新媒体的承诺都将实现。对新媒体的思考是一种充满了延迟性未来的感觉。我们一再鼓励他们，要耐心等待所利用的技术在未来的进一步发展。虽然有时这种鼓励是采用了“当我们拥有了计算能力”(如此这般)的简单讨论形式。技术的(低)发展的当下形态是对可能性的一种限制，也解释了潜力和现实表现之间的差距(见2.1小节虚拟现实的案例)。

与这种观点相关，有一些体现了特定类型的历史性转变的理论。技术的不发达反而被归因于新媒体难以实现其承诺的失败；而且罪魁祸首被认为是根深蒂固的文化阻力。这些理论认为，在新媒体发展的早期，它们必然要根据过去的、既有的实践与理念而被使用与理解，而恰恰是这些意识形态与文化因素限制了新媒体的潜力(另请参阅1.6)；而中心前提是每一种媒介均具有自身之本质属性，也就是独特的、处于界定之中、留与时间去探索、等待被清晰揭示的特质。一旦这些特质被彰显和确定，它们就完成了自己的媒介转型。这种观点为那些技术不发达之归因的简单化论述填补了一些关于媒介和文化性质的思考。

这种观点有其漫长的历史。从先锋作家金·杨·布拉德“扩展”电影的案例中即可窥见，本节的开端即是引用他的论述。金·杨·布拉德在1984年，写下了一篇关于数字录影和数字电影诞生之可能性的文献(Druckery 1999)。他对20世纪90年代充满期待，他预见到价格相宜的电脑将在那时出现，而他写作之时，仅仅有一部价值1 000万美元的Cray-1的超级计算机。随后，他在(我们所概括的)现代主义争论的清晰纲目中又补充到，一旦它从“知觉的帝国主义暴政”中被解脱出来，“全然的美学潜能的计算机仿真时代就将显现”(Druckery 1999: 48)。这里所说的帝国主义的暴政，我们可以认为，就是那些科学家、艺术家和制作人将他们对视觉和认知的旧习惯强加给了新媒体的一种意识形态(见2.3)。

较近的例子是史蒂夫·霍兹曼(Steve Holzmann 1997: 15)的观点。他认为，大多数对新媒体的现有使用没有“开发数字世界独特的特点”；因为它们仍未打破“现有范式”或历史形态和习惯。他期待着新媒体超越满足旧有目的的阶段出现，那时数字媒体的“独特气质”将被用来“定义全新的表达语言”。

波特和格鲁辛(1999: 49-50)认为，霍兹曼(以及在此之前的杨·布拉德)代表了现代主义的观点。他们认为，新媒体之所以为新，最重要的就是与过去彻底决裂。

这样的想法主要来源于现代主义艺术研究中一篇影响深远的文章，即1961年艺术评论家和理论家克莱门特·格林伯格(Clement Greenberg)的《现代主义绘画》一文。虽然新的数字媒介通常被归类为后现代主义时期的产物，现代主义的文化表现也往往被认为处于即将被取代的位置，但格林伯格此文中所秉持的观点对新媒体的思考来说，呈现出一种较强且持续的吸引力。很显然，在新媒体被认知为是一种拥有开放视野并呼唤实验的前沿文化与20世纪早期绘画、摄影、雕塑、电影和录像领域的前卫艺术运动之间有一个连接点。

我们与这些现代主义者的思想邂逅，并聆听着关于新媒体需要打破旧的习惯和态度、历史的重力场和旧有的思维模式与实践的种种学说。这类学说出现在关于新媒体本质特征的讨论中，也出现在“数字性”对抗“摄影”、“电影”或“电视”的比较研究中(1.2)。

格林伯格并不认为现代艺术媒介应该或可能以一种简单的方式与过去决裂，但他却认为现代艺术媒介应该予以明确并提炼出自身的特质，而不用试图去纠结于那些原本不适合自己的东西。这一提炼的过程包括，抛弃媒介所秉承的一种旧有的、服务于过去的历史功能。他尤其对绘画备感兴趣，因而在研究中，他致力于寻求绘画在机械复制时代的明确意义——在一个摄影和电影是相对“新”媒体的时代。他认为绘画应该摆脱旧有的诠释或叙事功能，而集中在对颜色和表层之规范模式的探寻中。摄影更适合诠释性的作品，亦能帮助我们理解什么是不适合绘画表现的东西。故而绘画才可以表现其真正的本质。

在这篇20世纪中期的文章中，格林伯格也提出了对资本主义关于文化体验的间离效应的批判。他认同其他批评者的观点，即艺术经验之提升的传统正在消失，艺术被降至、被“娱乐”和流行的粗劣作品取代。他认为艺术可以避免对自身过高的要求，应基于其自身命运“所呈现的、所提供的、并认为对自我权利有价值的经验；而不是奔忙于其他行为之中试图获取一些什么”(Greenberg 1961, 转引自Harrison and Wood 1992: 755)。他呼吁，每一种艺术都可以如此决定，“通过本身特有的操作来实现自身独特的和排他的影响力”(同上)。并以这些方式展示和明确自己的“独特性、不可消减性”(同上)。艺术家的任务就是为自己所投身之艺术媒介寻找根本的精髓所在，在借用其他媒介的同时为其剥离种种外来因素的影响。这一使命现在则落在了新媒体艺术家和具有远见的实验艺术制作人身上。

然而，一种新媒体在一开始所必然采用的方式、传统手法和既定的媒介“语言”是众所周知的。早期的画意派摄影师努力模仿绘画的美学特质，并将之视为一种评判标准，以对抗摄影作为一种媒介的特质。在杨·布拉德看来，这一流派可以成为“感知帝国主义”的案例，他们在摄影作为新媒体出现之时，阻碍了这一媒介对激进的表现可能性的探索。同样，众所周知，早期电影采用的是剧院和杂耍表演的传统手法，电视则在戏剧、杂耍、报纸的格式以及电影中寻找自己的形态。

波特和格鲁辛关于“再度媒介化”的理论(1999)从福柯主义的历史角度展开了对“舒适的现代主义修辞”中关于真正的媒介本质的辩驳，并与我们曾经探讨的“过去一刀两断”。他们跟随麦克卢汉的洞见前行，“某一媒介的内容将始终是另一种媒介”(1999: 45)。他们提出，媒介的历史是一个复杂的过程，在此过程中，所有的媒介，包括新媒体，都以旧媒体为依靠，并与它们维持着一种恒定的辩证关系(1999: 50)。相较其他而言，数字媒体只不过是以一种更直接、更“透明的”、也更为广泛的形式表现着旧媒体。同时，一些更为古老的媒介也正在通过吸收、再利用和集成数字技术而重塑自己。雷蒙德·威廉斯也持这样的观点，文后我们还将对他的媒介变迁理论进行探讨(1.6.3)。威廉斯认为，媒介技术的本质中没有什么是一成不变的，技术是对社会使用负责的。它不可避免会造成“特殊的效果以自己独享”的“本质”。他在电视发展理论的论述中指出，约20年前，“新的节目正在为电视量身打造，这一媒介的创造性使用有了重要的提升，包括……(出现了)某些原创性的作品”(Williams 1974: 30)。新媒体的创造性和原创性并未因为电视与旧媒体的长久且相互的影响而受到阻碍。

我们在此需要对现代主义与前卫者所提出的新媒体应以一种激进的新颖性

来界定自己的这一要求提出诸多质疑。媒介可以通过割裂或决然打破过去之进程得到发展吗？媒介可以超越其历史背景，传递一种“全新的语言”吗？事实上，媒体具有那些不可简化且独具特色的本质吗（这些与鼓励或限制我们运用它们而呈现出的显著特征是不太一样的）？这些看起来是新型数字媒介所面临的重要问题，在很大程度上却是依托在旧媒体的混搭、融合和转型之中。

1.4.3 中世纪的回归及其他媒介的考古学

本节着眼于新媒体研究的另一历史性路径，不过这里我们遭遇到的见解是在对现有媒介史的重新认识之后而产生的。重新认识意味着以一种去目的论的历史观或是暗示着一种对不可回避之“进步”的信仰的基础。不同于以往的例子，我们在此所转向的历史思维，既没有将新媒体看作是对最近之过去的实现，也没有假设在未来新媒体将不可避免地超越旧媒体。相反，新媒体的某些使用和审美形式（在某些情况下较为极端地）被认为是对相对遥远的历史时期所残留的或受抑制的智慧与表现性实践的回忆。在反驳图像文化之变迁的“连续的叙事”时，凯文·罗宾斯(Kevin Robins)指出：

> 值得注意的是，最有趣的关于图像的讨论有很多并不关注数字化的未来，而事实上最近的热点是那些古老的、被遗忘的媒介（全景、暗箱、立体镜）：从后摄影的优势看来，对这些突然重获新含义的古老媒介的重新评估，对于了解数字文化的意义是至关重要的。
>
> (Robins 1996: 165)

嬉戏：电影和游戏

对“古老的”媒介重拾兴趣的一个主要案例可以追溯到大约1900—1920年间的早期电影年代，以及当时以史前形态出现的机械奇观，比如说全景影像。它来源于计算机游戏的结构、美学和愉悦性，故而也被看作是早期媒介之特征的复兴。有人认为，这种“吸引力电影”早已被20世纪30年代到50年代经典好莱坞的叙事电影的主导形式超越和压制了。而今，21世纪初，当媒介制作与媒介消费的乐趣发生改变之时，例如计算机游戏和游戏与“大片式”特殊效果相互交叉的形态，表明了一种原本表现于早期电影中的可能性的再度出现。支撑这些可能性的理念与研究在后面章节将深入讨论（见2.7）。本节至关重要的内容就是关注新媒体已经带领理论家找到历史中显著的相似性，但这些相似性却并未被包含在技术进步的方法论中，而是以一种迷失、抑制或边缘化方法论得以重现。

修辞学和空间化内存

本杰明·伍利(Benjamin Woolley)曾提及尼古拉斯·尼葛洛庞帝(Nicholas

Negropontey)一个“空间数据管理”的概念,例如在计算机媒介的隐喻型桌面上所模拟的三维工作环境,在古代文字出现之前,口述文化中所使用的记忆策略是相仿的。他认为,计算机屏幕的图标和空间令人回想起古典和中世纪欧洲“助记码”传统。助记码是利用想象空间或“记忆宫殿”(空间布局、建筑、物品或上述种种的绘画性呈现)的艺术,以辅助对长故事和复杂讨论的记忆(Woolley 1992: 138–149)。同样,专注于计算机游戏研究的尼克安尼·穆迪(Nickianne Moody 1995)则试图寻访角色扮演游戏、交互计算机游戏和中世纪的寓言叙事的形式和美学之间的联系。

寓教于乐和18世纪的启蒙运动

芭芭拉·玛丽亚·斯塔福德(Barbara Maria Stafford)观察到,随着交互式计算机图形和教育软件日益广泛的应用,我们回到一种“口头视觉文化”,重回18世纪初欧洲教育和科学实验的中心(1994: xxv)。斯塔福德认为,在之后的18世纪,以至整个19世纪,书面文本和大众文学成为唯一值得尊敬和信赖的知识和教育的媒介。实践性的以及调查、试验、示范和学习的视觉模式是充满诱惑的、不可靠的、使世人蒙羞的。如今,随着电脑动画和建模、虚拟现实,甚至电子邮件(作为讨论的形式)的出现,斯塔福德看到“新的视野和富有远见的艺术科学”,一种与18世纪初出现的“艺术和技术、游戏和实验、图像和语音之间的界限”相似的视觉教育形式出现了(同上)。不过,她也指出,为了我们的文化可借助这种“电子化巨变”(同上)引导自身,我们需要“以退为进”,以“挖掘一个已然过眼云烟的物质世界,它曾经占据着传播网络中心的物质世界,但如今正稳步被挤向边缘”(同上: 3)。

斯塔福德不仅在两个时期之间作了一次正式的比较,即口头传播时代与视觉传播时代,以及它们所实际支配的文学和文字;她还认为,对图像、实际的实验,对物体与设备的使用彰显了启蒙教育的早期特点,它是伴随中产阶层的休闲和消费文化的早期形式而诞生的(1994: xxi)。斯塔福德也表明,20世纪晚期和21世纪早期对“弱智化”和“寓教于乐”的担忧仿佛是一种回音,唤起了18世纪时在骗术和庸医术中区分真正的知识和科学的形式的回忆。总体来说,她认为,18世纪教育和科学实验的图形材料是“如今以家庭——地点为基础的软件和交互技术的鼻祖”(同上: xxiii)。

在这些情况下,历史并不仅仅被视为是一种线性发展或非线性的过程,现在也不仅仅被理解为是最近之历史的超常规发展,而是历史长河中的循环往复。事实上,这种观点协调了后现代主义历史观,此观点认为一个逐步发展的连续过程的历史(当然,社会和文化的历史)已经中断了。相反,过去已成为一个蕴藏着巨大的风格和可能性的蓄水池,对重建和复兴而言是永久有效的。粗略地扫一眼当代建筑,室内设计和时尚也显示着文化再循环的过程。

我们也可以通过文化所包含的主导性、残存的以及新兴的组成,来了解编年体的过去和现在的关系(Williams 1977: 121–127)。从这些概念出发,威廉斯认为,曾经占主导地位的文化元素有可能成为一种文化残存,但未必会消失。相对于文化关注重点而言,它们变得不重要了,被边缘化了,但仍然是可用的资源,可用来挑战和抵制在其他时间占主导地位的文化习俗和价值观。我们可能会注意到,在这一点上,网络小说和幻想是如何一再修饰它在中世纪图像的憧憬。未来是基于对过去的想象,如穆迪所说的那样:

> 许多幻想小说共享着一种明确的类中世纪的文学。极为符合翁贝托·艾柯(Umberto Eco)对“新中世纪”的分类……在艾柯看来,“高科技”化的个人电脑被用于以中世纪的分音符号来进入黑暗和迷宫游戏之中,是完全合乎逻辑的,
>
> (Moody 1995: 61)

对罗宾斯而言,因新媒体的当下反思而出现的,这一种历史兴趣的重新点燃,意义即在于它们允许我们以非目的论的方式思考过去,思索一下在现代文化那凌驾一切、常常是排外的或盲目的技术理性中所抑制和否认究竟是什么(1996: 161)。我们案例中所列举的此类型新媒体历史先例的发现,在他看来,或许是了解新媒体并不是技术进步那狭小的巅峰的这一种认识。相反,它们证明了一种更为复杂也更丰富的文化实践的共存,新媒体的多元化可能性得到了全新的释放。

1.4.4 似曾相识的感觉

被乌托邦以及反乌托邦这些术语所加身的新媒体,使得多位媒介史学家有一种似曾相识、曾经经历的感觉。特别是那极为著名的乌托邦评断被使用在早前的新媒体技术,如摄影和电影之中,以去理解前50年或更早时期内广为传播的科技主义(Dovey 1995: 111)。因此,这个时期的历史问题,不是新的图像和传播媒介的物质先行者,而是社会反响和上文论及的“媒介革命”。后面将有更深入的讨论(1.5)。

两种历史性的质询是与此相关的。首先是存在于媒介历史中的现有载体,如文字(Ong 2002)、印刷机(Eisenstein 1979)、书籍(Chartier 1994)、摄影(Tagg 1998)、电影和电视(Williams 1974)。

这些存在已久的历史研究议题为我们提供了详细的实证知识,即我们泛指的早期“媒介革命”。长远看来,这些议题呈现出一种持续性的努力,去把握各种确定的新媒体模式以及令人惊讶的由新媒体所形成的特殊的社会、文化和经济的成

果介绍。我们对“书本知识”或“摄影的诞生”的理解是不可能直接而全然地转向对计算机的文化影响的研究，因为每一种新媒体所发生的广泛社会背景是不同的(1.5)。这些研究为我们提供不可或缺的方法和框架，指导我们研究新技术如何成为媒介并随之产生的结果。

其次，一个更近期的发展是关于我们想象所投射的新技术的历史民族志研究，是我们回应新技术在我们生活中出现的方式，以及日常使用中成员对文化重新利用以及颠覆的方法（不管其投资者和开发者如何理解它们的用途）。这一点也将在(1.5)中进行更充分地讨论，届时我们会涉及“技术的想象(technological imaginary)”这一概念(1.5.2)。

1.4.5 小结

吊诡的是，恰恰是我们对新媒体“新”的感觉赋予了历史的重要性——这样看来，恰是这种当下的、瞬息万变的、奔向未来的特征，呼唤着我们回到过去。这种分析的角度多少挑战了新媒体是“后现代”媒介的这一观点，即媒介由此产生，然后促进了一系列社会文化的发展，并认为这些发展标志着意义深远的历史突破，以及与“现代”工业时代及其18世纪启蒙时期之先行者的决裂。我们已经认识到，试图将当下及近期（后现代）从“现代”时期中简单分离出来的这种想法，可能会使我们对新媒体的检视更为模糊。我们已经讨论了通过“再度媒介化”以展现连续性的媒介传统之历史，以及通过重新审视和检查受抑制或被忽视的历史时刻以理解当代的发展。我们对（新）媒体历史的回顾是基于对特征区分的需求，以帮助我们分清当代媒介的新颖之处以及它们与其他媒介的共同点之间的差异，使我们了解它们能做什么与在意识形态化的接受视野中新媒体有什么区别。为了能够忽视兰登·温纳(Langdon Winner 1989)所宣称的“资讯迷思”① 这一观点，我们认为，对于媒介学生而言，历史从未如此重要过。

1.5 谁不满意旧媒体?

> 我们生活在历史长河中一个非常奇怪的时间段，我们是一种很不成熟的、非交互式的广播媒介的被动接受者。头号使命就是封杀电视。
>
> (Jaron Lanier, 转引自 Boddy 1994: 116)

---

① mythinformation，是美国现代著名的政治理论家和技术哲学家登·温纳在《自主的技术》中提出的重要概念，有被译为“资讯迷思”、“资讯时代科技神话主义”、“神话的信息”等，本书译为“资讯迷思”。——译者注

> 摄影师将我们从一直以来的束缚中释放……记录现实……但唯有从纯粹的现实记录中解脱出来,我们的创造力才将得到自由发挥。
>
> (Laye, 转引自 Robins 1991: 56)

1.5.1 问题

本节标题所指的问题是为了引出一个关键议题——什么样的新的传播媒介才能解决问题呢?当然,我们可以说没有。“新”媒体简单地从自身出发被称为“新”——貌似与任何限制、缺陷或“旧”媒介相关的问题都无关。但是,上述两个引文,一个关于电视,另一个涉及摄影,可以代表许多强烈暗示着新媒体确是与“限制、缺陷及旧媒介相关”的观点和意见。

在思考这一问题时,我们实则在思索建立新媒体之可能性条件的论述框架。反过来,这使得我们得以窥见一些之前“新”媒体被认定的方式,以了解我们当代情境中对其新奇性的种种论述形态。

在种种关于多媒体和虚拟现实即将出现,以及新媒体如何迅速形塑它们的传闻和早期文献中,它们在欢呼声中被认为是被克制或至少也是一种承诺,以克制那些早已建立的、具有文化性主导力量的模拟媒介所产生负面的限制甚至阻力。正如上文关于电视和摄影的论述中所暗示的那样,对新媒体的接受曾经是、当然现在仍是需要克服旧事物的局限性。

在此基础上,询问一下前数字时代的媒介是否糟糕透顶貌似也很合理,大量的批评和不满也促成我们在压力下寻求一种更好的解决方法。或者,我们可能会问,关于新媒体优越性的想法仅仅是回顾性的预测,还是对所变化之媒介进行事后合理化诠释的结论;仅仅是希望我们相信,当下所拥有的远比过去要好。

这些问题都将还原到对新媒体的看法和经验是如何形成的这一共识中。为了更好地解释,本节将探讨在新媒体的发展和接受过程中形成的两种思路:第一,“技术的想象力”的社会心理运作;第二,20世纪早期的关于大众广播媒介及其所产生之社会效果的传统媒介批评。传统带来了研究兴趣,并将帮助我们重拾这些案例,以完成对新媒体的评价与理解。

1.5.2 技术的想象力

“技术的想象力”扎根于精神分析理论,最初被运用于电影批判(De Lauretis *et al.* 1980),现在则拓展到新媒体技术的研究之中。它已从文化和技术的一般性研究中迁移出来。在某些论述中,它被社会学的语言改写为一种技术相关的“流行的”或“集体的”想象力(Flichy 1999),其原本仅属于(精神分析理论中)个体分析的趋势逐渐也在社会团体和群体的分析中呈现出来。尽管仍有一些精神分析理论的影响对该词的使用有所保留,以观察它的有效性。源于法语的形容词性的“想象的(imaginaire)”一词现在成为一个名词,一个表示经验之根本规则的名字,与“真正的(real)”和“象征的(symbolic)”——这两个词共同出现在——雅克·拉康的精神分析理论中。拉康之后,想象的(imaginaire)或英文的“imaginary”不再意指日常生活中一种诗意的精神现象或幻想行为(Ragland-Sullivan 1992: 173–76)。而是进入了精神分析理论,指代着一种图像、表现、理念与直觉之实现的领域,在其中人类碎片化与不完整的自我,渴望着实现自我的整体性和完整性。这是一种“他者”的图像——另一种自我、种族、性别,或他者的意义和存在状态。技术则在此时嵌入“他者”的角色之中。当技术的想象这一概念被运用于技术,特别是媒介技术的分析之时,我们注意到,对社会现实的不满(经常是性别化的)以及对更美好之社会的期许被投射于技术之上,因为它们有能力承载这种潜在的完整性。

这似乎是一个很抽象的概念。本节中的案例研究也向我们说明了,新媒体会以不同方式成为人类生存和社会生活之理念表达的催化剂或媒介。我们也可以通过提醒自己去关照随着新媒体降临而出现的一些典型回应,并且考虑因新媒体的每一波浪潮所引发的乐观和焦虑感的轮回。

由于新媒体的社会可用性,我们有必要将其放置在那些已经受到重视和理解的文化旧媒介的形式和方法中进行思考。唯有如此,在形式的迷失中出现的焦虑感表达才会被取代。这方面的著名案例包括19世纪40年代摄影对绘画的影响,以及20世纪70年代电视及录影对电影的影响所带来的纯粹的恐惧。直到最近,不断有言论表达了数字成像技术对摄影所产生影响的不满(Ritchen 1990),包括图像软件对绘画和设计的影响的不满,因为它们已从传统工艺暗房和绘图板的空间搬到了电脑屏幕上。从传播媒介角度来看,这种失落感通常是社会的表达,而非美学和工艺的。例如,在19世纪晚期,人们担心电话会侵犯家庭隐私,或破坏重要的社会阶层稳定性,引起下层社会(不恰当地)与上层对话,而这在传统的面对面交流中是不被允许的(Marvin 1988)(见案例研究1.5)。自20世纪90年代早期,随着电子邮件的大规模普及之时,也产生了一种忧虑,传统的写信和送信中所固有的反思与时间性被破坏,导致了臭名昭著的电子邮件的“炽盛”和过度的交流(也见案例研究 1.2)。

反过来看,当一种新媒体被文化接纳的期间,它也毫不逊色于现有的媒介。在与旧形式的对比中,会出现对新媒体欢欣的拥护以及对其潜能(至少部分潜能)的狂热。当试图说服我们投资这种技术时,广告商们往往将旧媒体作为对立于“新媒体”的“他者”,以定义“新”即是好的、社会的和美学的进步。这种比较更多是来自对新媒体文化的希望，也包含着对旧有之物的既有的感情抒发(Robins 1996)。

与电视出现在交互媒介上的趋势相仿，传统的化学摄影技术也在最近对数字成像技术的褒奖中扮演了一个角色(Lister 1995; Robins 1995)。在数字技术出现和应用前，电视广受批评，被看作是一个“坏事物”，并归因为电视在交互媒介面前败退的一个重要原因(Boddy 1994; 见案例研究 1.5)。因为电视与被动、拘囿的观众形象密切相关，受制于它的传播“效果”，观众被看作是呆滞的“沙发土豆”，而交互媒体的“用户”相较“观众(viewer)”而言，它指代着一个与媒介有着更为积极关系的名字——却仿佛施展魔法一般出现在一个画面中，人们坐在一个符合人体工程学设计的高科技转椅中，通过屏幕界面导航“操作”并作出积极、警惕和熟练的选择。艺术家、小说家和技术专家用我们所创造出的虚拟世界的畅想和生活的远大前景诱惑我们，不再甘于成为匿名和被动的流行电视的“大众”观众。作为一种广播媒体，电视被视为中心制式的(授权读取或无可竞争的)向广大观众传输消息的代理。它也很容易与一对一、双向的、去中心化的互联网传播以及窄播与互动电视的新可能形成对比。非线性的、热链接的超文本与书的传统形式之间也存在相似的对比。在这种新的对比关系中，书变成为“大书”(如本书一样)，是一个固定的、教条式的文本，发出权威性的指令。

因此，接受和评估新媒体的条件包括：(1) 了解一下旧媒体的文化投入的情况，这可能需要考虑究竟哪些价值得以包含及考虑；以及(2) 理解具体的媒介客体(书籍、电视机、计算机等)和产品(小说、肥皂剧、游戏等)，最初所彰显的好的或坏的文化内涵(见案例研究 1.5,1.6[①])。为了完成上述工作，我们首先要考虑的是，在我们所讨论、所书写的关于媒介的这些方式中，技术的想象力是如何被明确地彰显出来的。

1.5.3　新媒体的叙述建构

> 认识到世界上并不存在坐等理论发现的研究客体是很必要的：理论需要在其演变过程中构建自己的客体。当“水”在液压系统中时，它并不是化学的理论客体——这一观察并没有否认化学家和工程师的相似性，好比饮料和淋浴所源于的是同样的物质。
>
> (Burgin 1982: 9)

维克多·布尔金(Victor Burgin)提出这一例子，以提醒我们关注客体的共同本

---

① 参见案例研究 1.5 新媒体是讨论旧问题的竞技场。

质——“水”——因其特定概念中的研究与使用而呈现出理解的差异。后结构主义理论的重要观点之一是语言难以描述一个预先既定的现实（词语是与事物相匹配的），但是，现实唯有借由语言才能把握（我们拥有的词语或概念将以它们的方式，带领我们感知和想象世界）。在这个意义上，语言可以被看作像显微镜、望远镜和相机一样是操作性的——它们生成某种特定的世界图像，构建观察和理解的形式。语言（对话、理论、争论、描述）那复杂的系统逐渐成为或进化为特定社会运行方案（表达情感、写法律合同、分析社会行为）的一部分，于是便被称为话语。话语如人们所运用的词语和概念一样，也开始构建自己的客体。从这个意义上讲，我们现在致力于新媒体的叙述的建设，正是因为它（结构并提供资源以）滋养了技术的想象力。

在1.3和1.4节中，我们考察了媒介史对新媒体的当代反馈之形成所起到的某些影响。在新媒体的许多说法和预测中，媒介史学家们共同表达了一种似曾相识的——以前“看到这个”或“曾经也在这里”——的感觉(Gunning 1991)。这不仅仅是历史重演的问题。而是说，每一类型的新媒体的出现和发展均会以相似的方式重现于技术、社会经济之中，并不断前进；这一相似的反馈模式在该文化成员对此媒介的接收、使用和消费过程中也表现得很明显。事实上，有一些显著的相似性，由于过于简单而无人问津。可是，对这些相似性的考察只会将我们送往“一如往常”的结论之中，而这个结论是我们已然因为其保守和不足而拒绝接受的(1.1和1.3)。更重要的是，这是错误的。因为，即使新媒体技术出现和发展中呈现出一种复发的模式，我们也必须认识到，它们是发生于不同的历史与社会语境之中。而且，受到质询的媒介也拥有不同的能力与特征。

例如，19世纪末电影技术的出现和电影模式的探询，与20世纪末的多媒体和虚拟现实的诞生往往被认为是具有相似性的。但是，电影和电影技术进入了一个手绘图像和早期静态摄影影像的世界（彼时仍属一种困难的工艺），这是一个以拍摄地为基础、机械化地生产剧场奇观，以当时看来绝对新颖，以今天的标准衡量却极为原始的“运动”和特效完成的工作。广播不存在，甚至电话也还是一种新颖的装备。而且，更广泛的因素会显示出大工业生产、消费文化和普通教育发展的状态。新媒体的涌现已经使世界变得非常不同；百年以来，日益普及和成熟的技术视觉文化正是依赖于此(Darley 1991)。

这一世界中，无论是静止和运动的图像，还是印刷品上的和电视屏幕上的图像如今都具有一种多层次的厚重感和互文性，以致何者为真的感觉已经变得不确定，并在其视觉表现的厚厚沉淀物愈加模糊。在此语境下出现的新媒体技术进入了一个非常复杂的动态影像文化之中，涉及发展的类型、符号化的惯例、高度成熟的观众和“博学的”愉悦、“阅读”影像的方式等；主要的工业和娱乐经济与19世纪末非常不同，即使它们有一些来自19世纪末的前身。

那么究竟是什么推动了上文所提及的似曾相识之感的出现？也许，它并不关心技术或媒介自身实实在在的历史重复——而不过是我们在思考、讨论、写作新影像和传播技术之时每每重复出现的一种根深蒂固的思维方式。简而言之，也就是新媒体的叙述建构。无论新媒体技术在其复杂的决定因素（电话、广播、电视等）所结构出的特殊历史语境中，采取一条怎样的实际且详细的路径，我们也都会发现当代的反馈（期刊上的专业人士、记者、学者和其他评论员）是如此惊人地相似(Marvin 1988; Spiegel 1992; Boddy 1994)。

对这些问题的关注——旧事物被取代之后的经验的损失，对旧媒介之局限性的一种自发的评判以及媒介与技术的变迁是如何在讨论与写作中呈现出一种重复感——将为我们进一步展开“技术的想象力”的案例讨论作好准备。

案例研究 1.4: 技术的想象力和“新媒体规则”

引自：Kevin Robins, ‘A touch of the unknown’, in K. Robins(1996) *Into the Image*, Routledge, London and New York.

> 进入网络空间可以使我们最接近地回到蛮荒的美国西部……原野难以持续很久——你最好在它消失之前好好地享受。
>
> (Taylor and Saarinen 1994: 10)

广义上的“技术的想象力”是指新技术占据并侵入文化，或者已经适应了文化需求所投射出的广泛的社会和心理欲望和恐惧。凯文·罗宾斯(Kevin Robins)以精神分析学家威尔弗雷德·比昂(Wilfred Bion)和其他哲学家、政治理论家的观点来讨论这种情况。他在新媒体和赛博文化，特别是虚拟现实和新的影像、视觉技术的大量研究中重访这一主题(Robins 1996)。在这些文章中，他试图说明，我们所被要求去理解新媒体的主导方式是如何在逃避社会现实陷入困境的乌托邦、理性主义和超越的冲动下，经由一种排他性动力而形成的，所有的这些都深深扎根于西方资本主义社会之中：

> 而今，新的图像、信息文化、人类文化和生存问题经由技术解决之后重建的信心密切相关。新技术使乌托邦的愿景在现代技术理性主义中复活。进步人士和乌托邦精神借助普通的、自发的和正在发生之事联结在一起；文化使得“网络革命”内部存在着无限的可能性。的确，这便是主导性的技术的想象力，我们几乎不可能以其他任何方式来讨论这种全新的技术文化。
>
> (Robins 1996: 13)

罗宾斯认为，在20世纪末和21世纪初的超修辞的背后，科技文化是一种古老的人类意向的投射，以限制和管控因混乱和无序而带来的永存的威胁。

> 我在此考虑的是，技术有怎样的心理震慑力……的能力，为我们提供一定的安全，对抗可怕的世界和我们内心的恐惧。它们为我们提供把自己从世界以及自身所引发的恐惧之中分离并远去的方法。
>
> (Robins 1996: 12)

对罗宾斯而言，关于"新媒体规则"技术的想象力不过是一个类似"我们以技术形式所完成之心灵投资"的近例。他认为，现代(19世纪和20世纪早期)"社会的想象力"是扩张主义和乌托邦的，它引导我们探索新的疆界，以发现疆界之外更美好的世界。但由于真正的地域和疆界的逐渐消失，新媒体所承诺的赛博空间和虚拟生活之地成为新的乌托邦，我们只需跨越新技术边境即可到达(1996: 16)。如今，对计算机中介传播、线上社区和赛博空间中等待着的全新的虚拟自我等的价值评估，确是可以被理解为是一种诞生于当代的技术想象力之中的"独特的社会愿景"。(1996: 24)

罗宾斯认为，对更好的、问题较少的（赛博）空间的渴望是产生于人类对混乱、未知和无意义的深层恐惧之中的。这让人联想到麦克卢汉，罗宾斯将受到"完全视觉化审视"的现代世界看作是一个可远程规训、控制和全景监视和操纵的世界。这一直并将继续"受到一系列新技术方式的发展而被大规模实现"(1996: 20)。与技术赋权的控制欲望共存，技术的想象力使得我们幻想着从现在生活的世界迁移到"一个替代的环境之中，这一环境充满了洗净现实世界之不良习惯"的喜悦。完成这次迁移是需要我们进入"图像"的。目前，这一幻想已经通过IMAX屏幕实现了，仅次于我们对沉浸式虚拟现实的迷恋；以前它是通过爱丽丝漫游奇境、全景影像和早期电影的形式呈现的(1996: 22)（见2.7①）。

案例研究 1.5: 新媒体作为讨论旧问题的竞技场

引自：Carolyn Marvin (1988) *When Old Technologies Were New: Thinking About Electric Communication in the Nineteenth Century*, Oxford University Press, New York and Oxford.

① 参见2.7数字电影。

> 19世纪后期对电力以及其他传播方式的探讨始于特定文化与阶层中，那一种何种特定人群应采取何种传播形式的假说。这些假说告知我们，19世纪观察家们对新媒体之为何所秉持的信念……
>
> (Marvin 1988: 6)

如果罗宾斯对当代"新媒体规则"技术的想象力的理解强调其乌托邦式的特征，那么卡罗琳·马文(Carolyn Marvin)则在早期电子传播技术的研究中，发现了技术的想象力是"协调重要问题推动社会生活的竞技场"。她认为，在其更明显的功能性意义(新媒体提供更高的速度、容量和更好的性能)之下，是"社会意义可以自我阐述"一个广阔领域(Marvin 1988: 4)。她描绘了多样的、令人惊讶和激烈的经验，以去理解新技术是如何延续现有的社会和文化习俗。在电话发展的早年，它从管弦音乐会转播走进了权贵的家庭，前者是单独的音乐家团体的非正式合作，通过电话线才得以聚集在一起；而电视操控者们则以他们独到的优势在小群体里传播八卦和私人信息。问题也随之产生了，这个社会中，究竟有谁可以有权力来定义技术的使用，谁应该使用技术，达到什么目的，它们对于社会生活固定模式的影响是什么，什么是需要保护的，而谁又应该获得更多的权益。

对卡罗琳·马文来说，"新媒体的引入代表了一个特殊的历史时刻的到来，那时，为社会交换提供的稳定流通的旧媒体的固定模式被重新审视、质疑和捍卫"(Marvin 1988: 4)。虽然正统的对于新传播技术的学习，如电话，包括研究新机器或设备或许会有助于引入并构建新的社会关系。马文认为新媒体"提供了新平台以助于旧事物的相互邂逅"。新媒体的出现成为一种偶然才出现的剧目，即社会中现有的群体和阶层试图吸收新的技术，应用到他们所熟悉的世界、礼仪和习惯之中。一方面，一个社会运用新技术来满足旧有和现有的社会功能；与此同时，对技术的担忧也在其中被折射出来，尤其是关于自身的稳定性和业已存在的紧张的社会局势是否会因为新技术的出现而更显动荡。

马文向读者展示了技术的想象力在新的传播技术成为稳定的形式之前是如何运作的。围绕新媒体技术所形成的新的"专家"和专业人士族群，心怀特定的愿景和想象(如尼葛洛庞帝的案例，或案例研究1.7所提及的法国高清电视研究者们)，但他们仅仅是更广阔的社会中寻求实验并想象新媒体之可能性的一小撮人，旨在"降低、简化(新媒体)那世界性多元文化的扩展，使我们更熟悉，更少被威胁"(1988: 5)。

案例研究 1.6: 技术的想象力和新媒体的文化接受

电视及"坏"事物的社会性别化

引自: William Boddy (1994) 'Archaeologies of electronic vision and the gendered spectator', *Screen* 35.2 (Summer): 105–122。

> 探讨技术的历史不可局限在技术上……技术可以揭示社会的梦幻世界,正如它实用主义的实现。
>
> (Gunning, 转引自 Boddy 1994: 105)

威廉·博迪(William Boddy)运用马文的方法,去检视20世纪早期技术的想象力是如何形塑我们对广播和电视的认知,如今它也以此方法告知了我们新型的数字媒体的价值。

收音机和后来的电视都是设计好之后"装满"内容的媒介技术(Williams 1974: 25)。随着出于军事和交易目的的"一对一"秘密信息传输能力的开启,作为一种爱好或者爱好者的活动,收音机开始在"阁楼"发展属于自己的公民社会。20世纪20年代,各种复杂的无线电接收机,是由男人和男孩自己从零件和套件中组装完成的。男性狂热者通过耳机"寻找"无线电波,将自己与家庭中其他的成员隔离开来。"无线电爱好者……将电台设想为一种积极的运动……参与者在其中获得了掌控感——以及男性气质的提升——通过调整刻度盘和'矫正'遥远的信号。"(Spiegel 1992: 27)这种社会性别化的活动,几乎完全使所有男士都参与其间。在此期间,收音机也被喻为具有一种潜在的社会福利。它可以使国家团结一致,可以在不存在社区的地方或在受种族矛盾威胁的地方建立一种(虚拟的)社区(与互联网有较大的相似之处)。

20世纪20年代中期,美国和欧洲的有声广播发生了改变,受到"用户友好"型产品的投资飙升的影响,家庭耐用消费品市场日益增长——盒式相机、洗衣机、煤气灶、真空吸尘器等纷纷进入市场。广播人和硬件制造商在收音机的流行认知方面出现了一种较为明确的尝试。收音机要从男士们在阁楼上用各种混乱的电线、阀门和酸性电池所组装成的玩具中解放出来,成为一件适合放在客厅中、配置扬声器的家具,可以播放,被心烦意乱的家庭主妇当作背景中的气氛音乐收听。它不仅是家具和壁纸,还必须是装饰品(Boddy 1994: 114)。1923年的贸易杂志也因此向新设备的零售商建议,"不要介绍电路。别说任何与电有关的话题……你必须说服大家……收音机是家庭中必不可少的配置"(Boddy 1994: 112)。

男性无线电爱好者对此的反应是可以预见的(也预示着黑客们对20世纪90

年代中期出现的那幅商业性的、动画横栏广告“信息渴望得到自由”的反应)。业余无线电爱好者在与技术斗智斗勇的同时，不免悲叹这一趣味无穷之乐趣的迷失以及惊心动魄的“征服时空”的商业模式的出现(Boddy 1994: 113)。

“心烦意乱的主妇”从此被作为广播的理想受众，收音机被认为是“被动聆听”、“纯粹的”享受。一种商业化的、琐碎的节目领域被建立起来，旨在瞄准那些“既非大都会的、也不是世故的、没有多少想象的一般女性听众”(Boddy 1994: 114)。收音机将制造家庭生活的隔离，导致家庭生活停滞的担忧逐渐出现了。在其英雄化的“阁楼时期”之后，收音机被判断为一种安抚性的、被阉割的和女性化的活动。

案例研究 1.7: 技术的想象和新媒体的形塑

引自：Patrice Flichy (1999) ‘The construction of new digital media’, *New Media and Society* 1.1: 33–39.

> 传播技术，尤其是网络技术，通常是集体影像大量生产之根源……其中，创新早在其出现之前，就已受到了媒介的追捧。
>
> (Flichy 1999: 33)

帕特里斯·弗利希(Patrice Flichy)认为，技术的想象力在新媒体独特的创新中发挥了重要的作用。这是一种与实际的科技发展、规划、生活方式和模式相互影响的因素，技术被巧妙设计以融入这些领域。这一种来源于意识形态和欲望的元素在文化中不断循环，它不是冷静的计算，也不需要去作媒介使用之可信度的预估(Flichy 1999: 34)。弗利希将近来对数字电视之未来的讨论作为他的研究案例(也见Winston 1996)。在20世纪90年代，关于数字化如何运用于电视，使其与竞争对手发起一搏有以下三种观点：

- 高清电视(高清数字电视)
- 个人化的交互电视(推送媒介技术)
- 多频道电缆和卫星电视

高清电视，包括运用数字技术使电视拥有高清晰度的图像，这是最早来自欧洲的概念。弗利希将其追溯到一种法国的习惯式思维，即认为电视是可以“电影图像化”的。也就是说，不是从图像流上来思考电视，而是致力于“屏幕上”之框型图像的质量。

第二个概念是尼古拉斯·尼葛洛庞帝所提出的，这位来自麻省理工的“数码大师”将未来的电视预想为一个“巨大的虚拟视频库”,为其交互用户提供个性化的内容。电视概念摆脱了线性的、中心制式的节目制作和编排,而强调“用户选择”,从此与交互的数字技术“本质”密切相关(1.2)。

第三个选项,提升数字宽带,增加电视频道的数量,完成技术和经济上的驱动。在这个意义上,它依赖的是早前的电缆和卫星电视的合作与投资。这一选项在许多方面“提供更多相似之处”,如今已经成为数字电视早期运营商们实际采取的方向。

关于电视“可能”实现的哪个愿景或其所实现的程度并不是问题。重点在于,这些愿景是受技术的想象力所扎根的文化价值推动的,而非基于技术之必须出现的;技术可能提供任何一个或上述所有的可能。

现有的电视媒体中如何利用数字技术的争论和现实中的竞争是基于这三种技术的想象力:通过提供精致和优美的电影图像将电视提升至等同电影地位的欲望;电视应该从根本上转变,以与数字文化的新原则保持一致的信念;最后则是利益驱动的野心运用技术提供了更多的相似之物,同时创造出更多电视利基市场①。

上述案例证明了,决定我们所获之媒介的过程既不是纯粹的经济,也不是纯粹的技术,而是发展过程中所有决定的规则。是在一个话语框架下,由技术的想象力强势地塑造形成的。这样一个框架存在的证据可以追溯至整个现代时期里无数技术与商品出现的历史。

1.5.4 新媒体普及化过程中法兰克福学派批判的回归

现在我们更为宽泛地看一看案例研究1.3中所提到的关于交互性之寓言式的“民主”潜力。我们希望能指出大众媒体的传统批评是如何发现自己再次被利用,成为塑造新媒体是什么或可能是什么的另一个话语框架。

这种媒介批评的传统表达了20世纪早期和中叶广播媒介的使用以及文化、政治影响的强烈不满。20世纪大众媒介效果批判,通常不认为其自身具有解决问题的技术方案。它们不能建议出新的、别样的媒介技术以解决它们熟悉的与媒介相关的社会和文化问题。在一定程度上,无论是通过政治革命还是保守的抵御那些充满威胁性的价值观念,它们也设想着自身处境的改变,并看到了社会行动中的希望。在另一种传统中,对现有媒介那富有想象力和民主化的使用被

① 电视利基市场,意指高度专门化的电视需求市场。——译者注

认为是解决问题的答案。尽管如此，在新媒体的狂热者执掌下，大众媒介的批判已经变成了一组反对新媒体被追捧的术语。这些媒介批判的立场与理论频繁上演，在众多媒介研究和理论领域发挥其影响力。正因如此，它们完全不需要在本书中详细处理，因为到处都充溢着此类描述(Strinati 1995; Stevenson 1995; Lury 1992)。

“文化工业”，大众参与和批判距离的终结

从20世纪20年代到今天，大众媒介(尤其是大众出版、广播和电视媒体)一直是知识分子、艺术家、教育家、女权主义者和左翼活动家持续批判的对象。这一有争议的批判认为大众文化在本质上是失能的、同质化的、强制性的，与其所处之语境是相关的。斯特里纳蒂(Strinati)总结出如下的观点：

> 大众文化的观众是一种特定的概念，即他们是消费批量生产的文化产品的大众或公众。观众被设想为一种大众型的被动消费者……在大众消费的虚假乐趣之前纷纷拜倒……在这一图像中大众是不思索、不反省、放弃一切有意义的希望，购置大众文化和大众消费。因为大众社会和大众文化的出现，它再也没有智力和道德资源去做其他的事情。它难以用另一种方法进行思考。
>
> (Strinati 1995: 12)

对“大众”及其文化概念评估沉浸在知识分子对文学时代之文化价值的讨论中。在艾伦·米克(Alan Meek) 的笔下，知识分子和艺术家在20世纪早中期的主要关系被描述成：

> 现代西方的知识分子作为一种公共空间的形象，其技术媒介是打印机，其体制由国家界定。知识分子所信奉的民主参与和读写能力的理念已经被电子媒体设备的出现、“大众文化”或娱乐产业暗中破坏了。
>
> (Meek 2000: 88)

大众社会批判最担心的四件事是：

- 真正的、有生机的民间文化的贬值和取代；
- 艺术和文学类的高雅文化的侵蚀；
- 批判社会价值观之文化传统能力的流失(如经典的“公共空间”)；
- 极权政治或市场力量灌输下和操纵下的“大众”。

与这些担忧出现的语境相关联的是大众的崛起和城市社会的产生。19世纪至20世纪早期，西欧和美国的工业化和城市化已经开始弱化或摧毁组织型的紧密联系的农村社会。在家族、村落和大教堂中被培养形成的认同感、社区成员关系和口头及面对面的传播，已被新工业城市和办公地点的原子化的、个体性集群取代。同时，文化本身的生产也开始受工业化和市场进程的牵制。好莱坞电影制作

演变，流行低俗小说，流行音乐成为特别的批判客体。它们被看作平庸的、公式化的、最低品位之标准的文化产品生产线上的模型。收音机和电视也被认为是一种自上而下的强制的中心制。无论是其传播内容的琐碎化方式，还是其政治灌输的手段，都被视为是对文化和社会生活中民主和大众知情参与的威胁。鉴于大众电子媒介的迅速成长，知识分子恐慌的是人们如何参与政府的民主体系，使所有的公民都能积极地介入通过票选出的代表作出社会决定？

随着民间智慧和道德的侵蚀，文化与传播的琐碎化、商业化和集中化，公民如何了解问题，并以其教育能力独立思考，形成对社会、政治议题的看法呢？重要议题的参与要求公民有能力和精力讨论问题的原委，探询事情秩序的本质，能够设想出更好的状态去指引行为。在法兰克福学派理论家眼中，这样的理想最终受到了大众媒介和大众文化的威胁而不复存在。

此外，这种发展是在双邪恶的语境下出现的。首先是法西斯主义和极权主义的双重现实中，大众媒介的力量沦落为极权主义的马前卒。其次是，市场力量的暴政在资本主义社会公众中生成的虚假需求和欲望，活跃的市民也由此转变为一种“纯粹的”消费者。

这种“大众社会理论”及相关大众媒体的批判一直以来备受争议，在近年后现代媒介理论的观照下（例如，案例研究1.3中讨论的观众与大众媒体的交互），尤其受到媒介社会学、民族志研究的挑战和考验。尽管此种大众媒介的批判以一种更为微妙的存在感，提供了较为复杂的社会意义之观点，它如今已明了，21世纪新传播媒介的某些主要辩护者事实上正在欢呼他们所拥有的潜力，足以将社会还原到一种大众媒介所造成的损害可被逆转的状态之前。在某些言论中，甚至出现了积极回望前大众文化的黄金时代中实现真正的交换和社群的想法。我们需要特别注意以下几点：

1. 社区和公共辩论之空间的复苏。互联网在此公式中被理解为它可提供活跃的反公共空间。此外，在线共享空间预言化赋予了“赛博社会”感，以反抗现代生活的疏离。

2. 信息和通信不再受到中央权威的控制和审查。

3. 大众媒介“第四权”功能之可见，“公民记者”的崛起，他们通过“博客”、在线出版、照相手机的摄影等活动中自由流通新闻和信息。

4. 虚拟社区和社交网站中，探索创造性身份和关系的新形式。

在线交流在此被认为是有生产力的，而不是“被动的”懒散的客体，是身份建设和交换的主动过程。这些观点在某种程度上回应了知识分子和批评家所质疑的传统的大众媒介的问题。

布莱希特式的前卫和流失的机遇

对大众媒介那广受影响的悲观主义的“回答”可以在另一传统中寻找到答案。此传统中所出现的广播、电影、电视（和大众出版）的解放力量是扎根在它们对工业社会的工人在创意产业、自我教育和政治表达中所作的承诺。这种观点的一个主要代表是社会主义剧作家贝托尔特·布莱希特(Bertolt Brecht)。布莱希特痛斥20世纪30年代的广播，因为他看到广播的潜力也就局限于“美化公共生活”以及“将舒适带回家，使家庭生活更易忍受”之中。然而，他指出这不是男性的爱好，如博迪(Boddy)在上文中（案例研究1.5)指出，而是一种交换和网络化的激进实践。1932年，他所谈论的广播是“庞大的网络”的观点很有意思：

> 广播是片面性的，虽然它应该是双向的。这是纯粹用于发布、共享的装置。因此，有一个积极的建议是：改变这种设备，使其不仅能发布，也能沟通。广播将可能成为公共生活中最好的通讯设备，一个庞大的管状网络。换言之，如果它知道如何接收，如何提交，如何让听众发言如同使其聆听，如何将观众带入一种关系，而不是将之孤立在外。
>
> (Brecht 1936，转引自 Hanhardt 1986: 53)

布莱希特的文化政策出现于20世纪30年代到80年代的戏剧、摄影、电视与录影制作激进运动之后。在最终或最近的重现中，它们传达着关于新媒体使用的政治化的理念。有人认为新媒体可在官方控制之外成为本质上的双向传播的渠道。移动电话和数字视频的交融，反资本主义的示威者如今能够从他们的行动网络直播附近的现场信息，以打击行动和传输中活动的新闻人。

最后，有必要提一下法兰克福学派成员瓦尔特·本雅明(Walter Benjamin)极具影响力的想法。在一些论述中，他对同侪们的文化悲观主义论调持有异议。在《机械复制时代的艺术作品》和《作为制作人的作者》两文中，他认为摄影、电影和现代报纸，作为可大量复制的媒介，具有一种变革的潜力。本雅明的论点是植根于这些媒介的某些鲜明特色之中的，他所提炼出的内涵意义在对如今新（数字）媒介潜力的积极评估中仍有回响。不过，本雅明也发现，无论这种潜力将来是否能实现，最终都是一个政治问题，而不是技术问题。

1.5.5　小结

第五部分试图阐明新媒体相关的研究是怎么进行的，研究问题是什么或可能是什么，我们希望它是什么等相关讨论，这些论题在媒介研究和批判理论中早已确立了自己的位置。虽然上文之论述在很大程度上是建构在一种开放的、令人惊奇的、全新的可能性框架之中,但事实上,它们是在重访那些早已被践踏过的事物。因此,否定新媒体历史是意识形态的把戏这一观点,要求我们要回归新媒体之根本价值的追寻,但它却无法帮助我们理解身边正在发生的事情。

1.6 新媒体:待定或已然确定?

在本书第一章的前半部分,我们了解到历史、术语和话语塑造了我们对新媒体的思维方式。在后半部分的内容中,我们将检验两个明显矛盾的理论范式,或两种截然不同的媒介研究方法,两者均对本章中的内容有所支撑。

这些研究范式的核心是对于媒介和技术动力之决定文化和社会这一理解上的差异。两者立场截然不同。一个早已存在的问题是媒介技术是否有能力改变文化,而该问题随着新媒体的发展再度引起广泛关注。我们在本书的第五章会对该问题予以回应。在本节中,我们也将围绕这一问题进行讨论,展开研究,并认真回顾两位重要、但存在明显差异的媒介理论家马歇尔·麦克卢汉(Marshall McLuhan)和雷蒙德·威廉斯(Raymond Williams)的文献。他们对这一问题的看法和争论,透过不同的途径回应着今天在信奉新媒体是一场革命以及认为新媒体也"无啥新意"的两群人之间的讨论**(1.1)**。

虽然两位作者或多或少在个人电脑出现并即将"淘汰"对科技、文化和媒介的关系所作的种种分析时停止了写作,但他们的著述已然在当代思想中产生共鸣。这恰恰是麦克卢汉充满兴趣去识别并"调查"他所预见的由媒介技术的转变而引发的宏大的文化转型。威廉斯也论及"新媒体",并对它们的产生条件和随后的应用与控制表现出兴趣。麦克卢汉全身心地去识别他理解中的新技术所形成(在历史上和目前的)的主要文化效果。而威廉斯则试图表明,并没有一项特别的技术能确保带来既定的文化或社会结果(Williams 1983: 130)。麦克卢汉的观点处于"新媒体改变一切"这一论断的核心。而如麦克卢汉所言,媒介决定意识的话,很显然,我们确是生活在一个发生着深远变化的时期。但另一方面,虽然"无啥新意"阵营对威廉斯的观点略作了删减,但也对他深表感激。他们认为,媒介只有在现有的社会进程和结构中才能发挥其效用,因此,新媒体需要复制现有的应用模式,维持现有的基本权利关系。

1.6.1 麦克卢汉和威廉斯的地位

在媒介研究和文化研究的主流中,任一媒介所拥有的技术因素都足以担纲出演。媒介可以简化为一种技术,或者技术因素不过是媒介发展中的一小部分等观点应该成为研究之核心的论调，每每都受到强烈的反对。上述观点基于雷蒙德·威廉斯所撰写的一些具有开创意义的论述(1974: 9–31; 1977: 158–164; 1983: 128–153)，其中有一些是批判性地回应了加拿大文学和媒介理论家马歇尔·麦克卢汉的"有效观察"理论(Hall 1975: 81)。威廉斯反驳麦克卢汉的观点后来成为媒介研究反驳所有的技术决定论的试金石。

在此，我们认识到当下围绕新媒体之意义所产生的话语冲突的主要根源之一，麦克卢汉的思想已经经历了一次复兴——在当代评论家对新媒体探索的流行话语和学院派话语中得到了名副其实的重生或被重新发现。麦克卢汉的信徒坚持认为，我们需要以非线性（麦克卢汉的术语是"马赛克"）的方式思考新媒体，并以此方式远离知识产权协议和线性印刷文化的程序和习惯，这已经成为反对学院派媒介分析学者的一个口号。新麦克卢汉的赛博理论家将媒介研究置于这个基础性的、认识层面上进行编织，但他们根本没有认识到，其观点（事实上，麦克卢汉声称我们不能再拥有的）和方法论已经无望解决问题。任何一个对麦克卢汉派的观点持异议的早期批判，都很可能就会被视为是一种"坚守陈旧的逻辑、（线性的）ABCD想法、愚蠢的因果关系，在电子时代及其预言中已经丢弃的过时方法"的产物(Duffy 1969: 31)。

威廉斯和麦克卢汉在20世纪60年代和70年代均开展了影响深远的研究工作。威廉斯是英国媒介和文化研究的创始人之一。他所留下的丰富财产，简言之，主要体现在关于文化生产与社会的历史及社会学系统的论述中，并为主流化的媒介研究提供主要的研究模式。在他对媒介理论所做的那些极为认真和富有洞察力提纲的指示和引导下，我们能发现无数极为详尽的媒介案例不过是文化生产的一种方式的呈现。他的工作是如此深入地融入媒介研究的学科之中，虽然他很少被明确引用，但他已经变成一个无形的存在。无论本书如何将新媒体论证为由人类机构、技术、创意与目的所管控和引导的客体，我们的观点也是建立在威廉斯的基础之上的。

另一方面，麦克卢汉是个发人深省并具有争议性的人物，在20世纪60年代，他几乎风靡一时，但也因为他那站不住脚的言论被抹黑，被威廉斯以及其他人像拍打恼人苍蝇一般地批评（见Miller 1971）。然而，就像威廉斯所预料的那样(1974: 128)，麦克卢汉已经吸引了很多极具影响力的追随者。他的许多想法被一大批对新媒体感兴趣的理论家所采纳而得到发展：比如鲍德里亚、维瑞利奥、波斯特、克罗克、德高夫等。麦克卢汉及其追随者的论述吸引了那些认为新媒体将带来彻底文化变革的，或是那些对新媒体之潜力尤为感兴趣的人们的关注。他反对电子的反文化性，但对企业商务来说，他又是一个宣传的资源——他的格言有"地球村”和“媒介即讯息”,数字商品的跨国贸易中“功能是全球公认的顺口溜”等(Genosko 1998)。杂志《连线》将他奉为“守护神”(《连线》,1996年1月)①。

威廉斯的见解是嵌入在一个宏大系统的理论之中的,对一门学科框架的形成具有主要的贡献。而麦克卢汉省略的、无系统的、矛盾的和幽默的见解,却点燃了多元的新媒体理论之想法、鲜明的立场和不同的方法论策略。我们可以说威廉斯的想法被建构为媒介研究,而在此学科之中,麦克卢汉及其追随者却在边缘发展着自己的想法,虽是碎片化的,但却具有挑战性,并能保证他们的见解能不断地或有时被勉强地引用。甚至某些谨慎的媒介学者如今也开始逐渐地接受了麦克卢汉。他被看作是理论上不精致不统一的思考者,却每每能引发他人的思考(Silverstone 1999: 21)。如果他是错误的,那就至关重要。他见解中的某些点往往是当代研究的出发点。

麦克卢汉的主要论著出现在20世纪60年代,大约在个人电脑作为传播和媒介制作技术之前的20年。麦克卢汉所思考的从500年历史的印刷文化到“电子”媒介之转型,主要指的是广播和电视。他对电脑的所有知识仅局限于他那个年代中的大型机,以及这些大型机形成的“电子环境”大概念,但他尖锐地指出,在这些机器上所使用的分时系统,预示了一种社会可用性的早期迹象。20世纪90年代,麦克卢汉的思想被运用于新媒体发展,就变得更为有说服力和非凡的先见之明。我们很容易想象某一位学生在写作中,如果没有注意麦克卢汉的时期,很容易认为他是20世纪90年代赛博文化的作者、当代的鲍德里亚或是威廉·吉普森。这可能归功于他的想法早已浸润于20世纪最后20年中这些后现代文化的文本,像鲍德里亚、维瑞利奥、德高夫、克罗克、凯利和托夫勒等,但对其思想之独创性却毫无破坏、挑战和刻意的歪曲。

威廉斯和麦克卢汉立场之间的争论以及威廉斯明显的胜利给媒介研究留下了一个传奇。它是对那些“好意的”文化或媒介理论家试图唤醒麦克卢汉技术决定论的幽灵的回报。它也有阻止文化和媒介研究去处理技术的影响力,因为这些研究会含蓄地论证技术光凭自身是无法产生变革。有观点认为,无论我们周遭的技术如何飞速变迁,也有理性和操纵利益会驱动技术向特定的方向发展,而我们所需要做的主要是引导我们的注意力。这是对文化变迁中之技术角色的拒绝,我

---

① 威廉斯和麦克卢汉之间在学术上存在着巨大的差距,但也有例外。在回顾麦克卢汉1962年的著作《古登堡星系》(*Gutenberg Galaxy*)一书时,威廉斯写下了他对该书一些先入为主的成见(Stearn 1968: 188)。他将评论此书当作了“完全不可或缺的工作”。在第一次阅读它,并不断重读之后,这份工作就一直萦绕在脑海;他对麦克卢汉高喊印刷媒介是社会变革中的一起单一且偶然的成因深感不安(Stearn 1968: 190)。然而,到1974年时,他对麦克卢汉重要性的评价已经发生了明显的变化。他理解了麦克卢汉对社会整体图像——它的“重新部落化”、电子时代、地球村等的论断,是如何从他的“非历史的和反社会的”好像“滑稽的”媒介研究中推测出(Stearn 1968: 128)。

们是否应该去直面这种现象，我们的观点正不可避免地面对着明显荒谬性的倾轧："什么？你是在暗示机器可以自行为之，以它们的方式让事情发生？——难道是一架太空穿梭机，比超级大国的意识形态的斗争更值得收藏？"

然而，认为威廉斯之后的文化和媒介理论家所秉持的人文主义框架无法充分地分析技术，也是有其很好的原因的。是什么原因引发技术变革可能并不像文化主义对政治或理论天真的指责如此直接。因此，在本节中，我们仍需回顾威廉斯和麦克卢汉对媒介和技术所作的论述，以检验在技术的描绘中人文主义缺陷——这也是威廉斯极具影响力的见解，我们需要再度探询，他对麦克卢汉那粗糙的技术决定论的否决是不是正确的。最后，我们仍要探讨一下那些重要却每每被媒介技术的当代研究所排除、非人文主义的论述。后者将在第五部分进行深入阐述。

人文主义

人文主义代表着西方思想中一种长期和循环的趋势。它起源于15、16世纪意大利文艺复兴时期，当时的学者（布鲁诺、伊拉斯谟、瓦拉、皮科·德拉·米兰多拉）致力于恢复在中世纪基督世界的黑暗年代里遗失的古典知识和自然科学。他们关注于人类理性思维而非基督教神学解释世界的能力，"相信个体的人是所有价值的基础来源，有能力运用其自身的理性才智去理解——甚至控制——自然世界"《牛津哲学手册》。这个推动力在此后的几个世纪中被不断地加强，并得以优化。值得注意的是，17世纪时笛卡尔学派对人类主体的认知是"我思，故我在。我有意图、目的、目标，因此，我是自己行为的唯一来源和自由管控者"(Sarup 1988: 84)。"马克思主义人文主义"是较为特别的，在某种意义上，它认为，自我意识、思维和具有行动力的个体将建立一个理性的社会主义社会。我们在此希望强调的是，人文主义者的理论仅仅倾向于对人类个体之能动性（权力和责任）的认知，他们认为主体之能动性是大过对社会形式及人类所创造的技术，甚而，借由理性科学，主体之能动性将拥有控制和塑造自然的能力。

1.6.2　映像马歇尔·麦克卢汉

麦克卢汉**的许多**重要概念均诞生于救赎叙事。无可置疑的是，麦克卢汉吸引新媒体和赛博狂热分子的地方，正是他所认为的"电子文化"的到来是对400年来印刷文化的碎片化效应的拯救与复原。麦克卢汉的确为新千年的技术想象力提供了一系列的思想资源。

以下我们将勾勒出麦克卢汉对四种文化的宏伟架构。这些宏伟架构是由当时的媒介形态决定的，因为它们促成了一些重要观点所产生的环境。观点远远比类历史的、极度笼统的描述更为重要和有用。因此我们也集中于三个关键的观点的分析。第一,目前十分流行的“再度媒介化”,源于麦克卢汉之观点,“每一种媒介的内容,都是另一种媒介”(1968: 15–16)。第二,媒介和技术是人类身体及其感官的扩展。第三,他著名的(或臭名昭著的)观点“媒介即信息”。这一部分内容是1.6.4深入讨论的基础。这三个“论题”可在麦克卢汉关于延伸的、环境以及反内容论述之中发现。

救赎叙事

媒介是身体的技术延伸是麦克卢汉构想的四种媒介文化的基础,这一概念是在口头表达到书写传播、由刻写到印刷、从印刷到电子媒介的转化中梳理形成的。这四种文化是:(1) 口述传播的原始文化;(2) 语音字母、手写卷与口头传播共存的读写文化;(3) 大生产、机械印刷的时代(古登堡星系);(4)“电子媒介”的文化:广播、电视和电脑。

“原始的”口述/听觉文化

在文字出现前的“原始”文化中,听觉远比其在读写文化中所占的地位要更为主导。随着语音字母的发明(话语的可视化编码),眼睛和耳朵的使用比例处于更平衡的状态。文字出现前的人们生活在一个完全由听觉主导的环境中,口述和听觉传播占据了核心位置。说话和聆听是“耳朵人”(ear-man)的主要交流形式(同时,毫无疑问,他们要对树枝断裂的声音保持警觉!)。麦克卢汉对这种文化不感兴趣。对他而言,这不是“高尚的野蛮”的表达(Duffy 1969: 26)。

> 原始人生活在一架暴虐的宇宙机器之中,其暴虐性远远超过了重文字的西方人所发明的一切。耳朵世界的拥抱性和包容性远远胜过眼睛世界的拥抱性和包容性。耳朵是极为机敏的。眼睛却是冷峻和超然的。耳朵把人推向普遍惊恐的心态。相反,由于眼睛借助文字和机械时间而实现了延伸,所以它留下了一些沟壑和安全岛,使人免受无孔不入的声音压力和回响。
>
> (McLuhan 1968: 168)

读写文化

麦克卢汉声称自己对判断不感兴趣,而仅仅对识别不同社会的结构充满热情(1968: 94)。但是,如上文所述,对麦克卢汉而言的第二种文化——读写文化,是文字发明前之口述文化的进步。在此,通过字母和书写,眼睛得到了延伸,并且在其发展的后期阶段,时钟出现了,“视觉化的、均匀分布的时间成为可能”(1968: 159)。听觉和视觉之间的平衡维持,将“人类”从对“原始”生存状态惶恐中释放了出来。在读写文化时代,麦克卢汉在中世纪手抄文化中看到了口述传统与书写并存的情况:手稿是单独生产的,用手添写注释,文字被大声地读给“听众”,好似在一个持续的对话中,作者和读者难以分离;通过印刷大量复制出版的文本统一形式，是没有这样一种超越听觉和口述却又受到限制的视觉优势和权力。写作以特殊的方式增强这种文化，并没有完全将其成员从人类原始的、参与的、听觉-触觉的宇宙中隔离出去(Theal 1995: 81)。

印刷文化

对麦克卢汉而言，印刷文化是真正的罪魁祸首——古登堡星系及其"印刷人"带来了一种在读写文化中原本已避免的感知疏离。在此，我们将遇到今天无比熟悉的故事，即书写通过印刷出版被大量复制，视点影像的发展、新兴的观察和测量的科学方法，以及线性的因果链的寻找是如何一起控制现代的理性主义印刷文化。在此过程中，印刷文化的成员失去了与世界之触觉和听觉的关系，当视觉成为主导的同时，其丰富的感官生活从此变得碎片化和贫瘠。用麦克卢汉的话讲，这种文化正"走向一个处处需要注意力之经验的视觉领域"(1962: 17)；而它又受到了视觉催眠(主要通过其排版和印刷的延伸)，并且"所有感官在触觉上和谐的相互影响"都已消亡。固定的视点、计算好的分散的距离一起构建着与这一世界相关的人类主体。随着这一"仅仅关心一种感官，抽象、重复的机械原理的出现"，意味着人类"一次仅能叙述一件事、一次唯有一种感觉、一次精神或肉体上的反应"(1962: 18)。如果文字出现之前的原始文化被耳朵所专制，那么，古登堡文化则被眼睛所催眠。

电子文化

第四种文化，电子文化，是"复乐园"(Duffy 1969)。在电报、电视和电脑的发明中发展出的文化，它承诺将缩短机械印刷的周期以及恢复听觉空间之口述文化的状态。我们回归感官的享受，去往一种具有同时性、不可分割性、感知充分的文化。触感的或触觉将再次发挥作用，麦克卢汉努力试图证明，电视是一种触觉媒介①。

麦克卢汉的术语中，电子时代以一种全新的原始主义被描绘为类似部落参与形成的"地球村"，以与新时代媒介文化一定的线索相互共鸣。麦克卢汉那席卷众生的"异地共时"(all-at-onceness)或共时性，以及电子媒介那想象中的链接和统一的特点，很容易在众多术语中被识别出来(的确，在某些情况下，会被)用于描绘新媒体——连接性、融合、网络社会、连线文化和交互。

再度媒介化(同见1.1.4和1.3②)

这是第一个最不具争议的概念，得到了麦克卢汉和威廉斯的共识，即所有新媒体都会"再度媒介化"之前媒介的内容。这一概念被麦克卢汉在20世纪60年代提出，现在已经拓展为一个关键理念，并在最近一本新媒体著述中的书中被广泛

---

① 麦克卢汉关于电视的观点，在极短的时间内，甚至还在其形成期，就被英国文化和媒介研究奉为圭臬(Hall 1975)。

② 参见1.1.4非技术及其包容性；以及1.3 改变与延续。

运用。在《再度媒介化:理解新媒体》(1999)中,杰·大卫·波特(Jay David Bolter)和理查德·格鲁辛(Richard Grusin)在设计自己的新媒体研究方法时,简要回顾了麦克卢汉和威廉斯之间的冲突①。他们将媒介定义为"再度媒介化之物"。换言之,一种新媒体"挪用其他媒介的技术、形式和社会意义,试图以现实之名赋予其新形式,与其竞争"(同上:65)。新媒体的发明者、用户、经济支持者将其呈现为一种相较旧媒介而言更现实、更真实的方式展现世界的媒介,在此过程中,何者为现实,何者为真实,被重新定义(同上)。这种观点或多或少应感激麦克卢汉,他提出了"每一种媒介的内容,都是另一种媒介"(1968: 15-16)。

波特和格鲁辛饶有兴趣地讲述着,威廉斯和麦克卢汉实则是直接肩负了我们试图超越对新媒体争论之两极化的尝试。他们赞同威廉斯的观点,即认为麦克卢汉是技术决定论者的批判,因为其执意地认为媒介技术直接作用于社会和文化的变迁。但是,他们认为有可能抛开麦克卢汉的"决定论",以领悟"他对各种媒介之再度媒介化能力的分析"。波特和格鲁辛鼓励我们在麦克卢汉"关于媒介和人造物的复杂书信中"发现其价值所在(1999: 76),并督促我们去认识麦克卢汉关于媒介是"人类感觉中枢的延伸"的主张,已经在媒介与赛博文化、技术文化的思考中深深影响并预示着20世纪晚期生化人(cyborg)的概念的出现。正因如此,新麦克卢汉的追随者才试图厘清控制论文化中人类能动性和技术之间关系的问题。

感觉中枢的延伸

麦克卢汉使我们注意到了媒介的技术维度。他拒绝承认任何媒介和技术之间的区别,来实现对其技术维度的论证。对他而言,这完全不成问题。他运用电灯和车轮(1968:52)作为例证媒介是"我们自己的任何延伸"(1968: 15)的主要例子,并不是一时的心血来潮——电灯与车轮,分别是一个系统和加工品,我们通常会把它们认为是技术,而非媒介。基本上,这是常识性的观点,即"工具"(简单技术的名称)是身体的延伸:锤子是手臂的延伸,或者螺丝刀是手部和腕部的延伸。

在《媒介即信息》一书中(McLuhan and Fiore 1967a),麦克卢汉把这一观点收归门下。我们再次遇到车轮是"脚的延伸",而书是"眼睛的延伸",衣服是"皮肤的延伸",电子电路是"中枢神经系统的延伸"。在其他地方,他也谈到了钱(1968: 142)或者火药(同上:21)作为一种媒介。在每个案例中,人造物都被视为是身体、肢体或神经系统之延伸的一部分。并如麦克卢汉所言,这些就是"媒介"。

麦克卢汉用这种方式合并技术和媒介,因为他认为两者只不过是一类事物的不同部分而已,它们均可延伸人类的感官:视觉的、听觉的、触觉的、嗅觉的。例如

① 参见威廉斯(1974)关于广播中的音乐厅和客厅游戏的论述。

车轮，尤其受自动化能源驱动之后，根本上改变了旅行和速度的经验，身体与其物理环境、时间和空间的关系。当慢慢行走时身体向多种感觉的环境开放的景象，或者通过高铁封闭的和带框的窗户瞥见连续飞速变化的景象之间的视觉差异意味着一种感知经验的改变，并继而产生文化的意义（可参见 Schivelbusch 1977）。将媒介概念拓展为各种技术，帮助麦克卢汉形成了自己核心的观点："媒介即信息"。在理解媒介时，他宣称，为什么我们选择火车旅行，或者我们将坐火车去哪都是无关紧要的。这些都是一些不相关的次要问题，只能分散我们对火车之现实文化之意义的关注。它真正的重要性（媒介信息本身）在于它改变我们对世界认知的方式。

麦克卢汉还断言（他不曾"论述"）处于身体感官（感觉中枢）的整体范围内我们身体的某种延伸，将改变身体感知部分之间的自然关系，并影响"整体的精神、社会的复合体"(1968: 11)。简而言之，他声称我们身体延伸的这种技术会影响我们的思想和社会。在《古登堡星系》(1962: 24) 中，他说道，"当任何一种感官或身体的或心理功能被技术形式外化时，感官比例改变了。"他更详细地表达了技术延伸的观点。所以，对麦克卢汉而言，媒介的意义（被视为身体的延伸）不仅是肢体或解剖系统身体上的延伸（好比锤子是"工具"感官）；它同样改变了人类感官（视觉的、听觉的、触觉的、嗅觉的）之间的比例，并且影响了我们的"心理功能"（包括思想、观点、情绪、经验等）。

媒介因而改变了人类身体及其感官与环境之间的关系。媒介也逐渐地改变了人类感官与世界的关系。任何一种媒介的特性均以不同的方式改变了这种关系。在这些宏大且无可争议的前提下，麦克卢汉编织着他的学说——其中有一些观点，远比其他内容更容易被人接受。不难看出，这种前提或观点是如何在新媒体技术与新兴的新媒体形态出现的某一刻而变得很重要。

媒介即信息

正如我们上文所见，在被广泛谴责为一种无法忍受的夸夸其谈中，麦克卢汉从媒介是人类的延伸这一观点中总结出"理解媒介"与内容毫无干系。事实上，他坚信对媒介的理解会被对媒介内容的过度关注以及媒介生产者的特殊意图所阻挡。他认为"传统上对所有媒介的回应，就是它们是如何被使用的"，如同理解"技术白痴一个令人麻木的案例"。因为媒介的"'内容'就像是盗贼用多汁的肉转移了看门狗的注意"(1968: 26)。

麦克卢汉与媒介生产者或消费者的意图与问题是老死不相往来的。在《理解媒介》(1968: 62) 中一段很少被引用的论述中，他澄清道，"这是特殊的偏向，操作媒介的雇员们关注的是媒介内容。"雇主"更关心的是媒介本身"，他们知道媒介的力量"与'内容'没有多大关系"。他暗示，雇主那先入为主的所谓"公众想要什么”的规则不过是一种浅薄的伪装，以掩饰他们对媒介内容的毫无兴趣以及他们对媒介权力的强烈感觉。

因此，他提出了精心打造又充满挑衅意味的口号“媒介即信息”。这也是对他将电灯视为“媒介”的回报，它成为一则“没有信息的媒介”(1968: 15)的专案。麦克卢汉声称，无论是电灯所承载（明显的和无关的）信息（照明标志的词语和含义）还是其被使用（照明棒球比赛或手术室）的方法，对于它自身来说，都是作为一种媒介的重要意义。另外，比如电力本身，无论它们是什么，其真实的信息是它延伸和加速“人际交往和行动”形式的方法(1968: 16)。对麦克卢汉而言，关于电灯的重要性在于，它结束白天和黑夜、室内和室外那严格区分的方式，它们是如何改变（再度媒介化）现有技术的意义，以及技术周围所存在的各种人类团体的构建：汽车旅行和体育赛事可以在晚上进行，工厂可以不眠不休地有效运作，楼宇不再需要窗户(1968: 62)。麦克卢汉认为，“任何媒介或技术的真正‘信息’都是将规模或节奏或模式的变化引入人类事务”(1968: 16)。为了进一步阐明其观点，他再次从技术转移到传播媒介的批评上，他写道：

> 电光的讯息正像是工业中电能的讯息，它全然是固有的、弥散的、非集中化的。电光和电能及其用途是分离开来的，但是它们却消除了人际组合时的时间差异与空间差异，正如广播、电报、电话和电视一样，它们消除时空差异的功能是完全一致的，它们使人深深卷入了自己所从事的活动中。
>
> (McLuhan 1968: 17)

而且，正如电灯之于汽车的影响，麦克卢汉声称任一媒介的内容都要经由另一种媒介的挑选、重制（媒介即信息）。

麦克卢汉对理解媒介无关内容的绝对坚持被视为是他的一种策略。他以此使读者更为关注：

1. 媒介技术的力量构建了社会安排和关系。

2. 媒介技术具有一种中介性的美学性能。它们中介了我们之间以及我们与世界的关系（例如，电子广播是作为一对一口头交流或点对点电报交流对立面出现的）。美学上讲，因为它们以不同的方式宣扬我们的感官，多向同时的声音对抗排他的、注意集中的视“线”，固定的、分段的线性印刷语言，高分辨率的电影或低分辨率的电视，等等①。

今天的我们应该是在一个更好的位置，观察麦克卢汉为我们提供了什么，帮

① 麦克卢汉认为这些中介因素是媒介技术本身的品质，而非他们使用方式的结果，这一观点受到威廉斯和许多媒介研究者的批判。

助我们努力“理解新媒体”，以及为什么他的论述在新媒体技术的语境中重新变得重要起来：

● 麦克卢汉强调技术的物质性，它所具有的力量建构或重构了人类开展活动的方法，以及广泛的技术系统所形成的人类生活和行动环境的方式。传统观念认为，技术唯有被赋予文化内涵之后才意味着什么，在此之前，它什么都不是；即我们用技术做什么比技术能为我们做什么更加重要，而社会和文化的变革即从此而来。然而，麦克卢汉则在促使我们重新考虑这一传统观念，认识到技术也具有一种能动性与效能，而不能被贬抑为技术的社会使用。

● 在他的概念中，媒介被定义为身体和感官的延伸，即身体一旦关闭之后，感官的“外显化”。他期待着20世纪末和21世纪初网络化的、融合的、控制论的媒介技术。他也将其与早期更为环境化的技术相区分。用他的话来说，“随着电子技术的来临，人类的延伸，或者身外的设置，是中枢神经系统本身的一种生存模型”(1968: 53)。这与感官之延伸有着本质上的不同。那时，“我们延伸的感觉、工具和技术”是一种“封闭系统，无法相互影响或整合意识”。但是“如今，在电子时代，我们技术工具中所共存的即时性，已经创造出人类历史上新危机”(1962: 5)。麦克卢汉影响甚广的夸张风格便是最后陈述的有力证据。但是，网络化传播系统的革新以及当前对全面的、功能性的全球神经网络的预期，早在麦克卢汉20世纪60年代对广播文化的观察中就有所预示了。

● 麦克卢汉的思想已经被视为解释和理解众多预测之情况的起点。其中，控制论（人机互动论）系统已经对我们的生活产生了持续增强的决定性影响。在人类历史的这一时刻，人与机器“联结”变得越来越频繁和亲密，我们的主体性受到侵入日常生活中的技术的挑战。麦克卢汉敦促我们重新思考人类与机器相处时其能动性的中心性，以避免持片面的观点。

1.6.3 威廉斯和技术的社会形塑

我们注意到，本节开始部分所提及的那些媒介研究大体上都是忽视或排斥麦克卢汉，而赞成雷蒙德·威廉斯对此类问题的分析。因此在这部分内容中，我们将勾勒出他们之间对文化、社会相关联之技术问题的主要的差异性路径。

人类能动性V.S.技术决定性

威廉斯对麦克卢汉“人类延伸”的概念是了如指掌的，他写道，“一项技术，当其实现时，可以被看作人类的财产以及人类能力的延伸”(1974: 129)。麦克卢汉对一项技术为什么能实现鲜有兴趣，而对威廉斯来说，这却是一个重要的问题。“所有技术业已得到发展，才有助于改善已知的人类实践，提升预见性的和令人期望的实践。”（同上）因此，对威廉斯来说，技术包括麦克卢汉所抛弃的内容。首先，它们无法与“实践”的问题分离（即关于如何使用它们以及内容的问题）。其次，它们引发了人类意愿和能动性。这种意愿是在社会团体中产生的，以满足他们的欲望或与历史和文化相关的兴趣。

麦克卢汉认为，新技术从根本上改变了广义的“人类”生理和心理功能。威廉斯则认为，新技术所采用的是现有的方法，而这些方法早已被特定的社会群体认为是重要和必要的。麦克卢汉关于新技术为何产生的观点是从心理和生理角度出发的。人类对所处环境中压力的反应，是通过麻木化身处压力下的这部分身体来实现的，并随之产生出一种媒介或技术（如今被经常称为假体），以使身体机能“紧张的感觉”得以延伸并具象化。而威廉斯对新技术发展的论证是社会学导向的，源于对文化既存的技术资源的发展和重新配置，以追求社会化构想的目标。

麦克卢汉坚持媒介的重要性不在于对其的特殊使用，而是媒介结构化的方式改变了人类事务的“速度和规模”。对威廉斯而言，是特定社会群体的力量在决定目标性技术发展的“速度和规模”时发挥着重要的作用——甚至，是否有特定的技术发展也无关紧要(Winston 1998)。威廉斯强调并呼吁要检视下述因素：(1) 技术被开发的原因。(2) 形塑技术的复杂社会、文化、经济因素。(3) 技术因某种目的而流动的方法（而非达到技术本身的目的）。这是媒介研究的主流方向。

多元之可能性和技术之使用

在大多数情况下，麦克卢汉仅仅看到从技术中产生的一个广泛而结构性的影响，而威廉斯却承认多元的结果或可能性。因为他关注的是目的，他认为，无论开发技术的初衷可能是什么，其他社会群体是否有别样的利益或需要，他们都需要适应、调整或者修改特定技术的使用方法。麦克卢汉认为，媒介技术的社会化采用有着明确的结果，但威廉斯却对此持怀疑态度。这是一个社会群体之间竞争和挣扎的问题。对威廉斯来说，需求之间的路径、意图、发展和最终的使用或“效果”并不是那么简单；技术的使用和效果是无法被接收者和开发者预测到的（麦克卢汉亦同意这一观点）。总的来说，威廉斯批判麦克卢汉的前提是，一种特定的技术并不能保障或导致其使用模式，更不用说之后的社会影响了。以他的方式观察媒介，威廉斯得到与麦克卢汉完全相反的结论：文化像什么，并非直接由其媒介性质所推断的。

技术的概念

依循着19世纪人类学关于“人”是工具使用者的这一基本概念，麦克卢汉宽泛地定义技术，未经深入谈论就将媒介引入了这个定义。威廉斯却反其道而行，首先，他对一种完全实现的技术中不同阶段和元素进行了区分。这一过程的结果是屈从于既存的社会力量、需求和权力关系的。

与“技术之社会形塑”学派的理念一致(Mackenzie and Wajcman 1999),威廉斯并不满足于仅仅将技术理解为人工制品。事实上,“技术”这个术语与人工制品完全无关,它是由两个希腊词根*techne*(指艺术、工艺和技能)和*logos*(指文字或知识)形成的组合词(Mackenzie and Wajcman 1999: 26)。简而言之,技术从原始意义上讲,更像是“关于技术实践的知识”,与工具、机械等知识的产品完全无关。因此,对威廉斯而言,知识和掌握的技能对于使用工具和机械是必需的,它们已成为一个完整的技术概念中必要的组成部分。麦克卢汉对此观点在很大程度上是沉默的,他的注意力全部集中在技术“引发”不同的感官体验以及知识命令程序。

案例研究1.8:媒介技术的社会属性

麦克卢汉认为技术对社会之发展极为重要的论述,被威廉斯援引(Williams 1981: 108)。他更是区别了种种技术之不同:

- 某一种技术所依托的**技术性发明和技艺**,如字母,就是一种适当的工具或标记机器,可在某些便于标记的表面留下印记;
- **实质性的技术**,如写作,是一种分配技术(分配语言),需要某种手段或形式——如莎草书卷、便携的手稿、大批量生产的印刷书籍、信件或电子邮件等各类电子文本;
- **在社会应用中的技术**。这包括:(a)专门的写作实践,最初仅限于“官方”的少数,随后通过教育得以开放,并为社会中大多数人所掌握。每一次这种情况发生时,总是建立在某种需求(商人、产业工人的需求等)的基础上;(b)再者,技术性生产的语言(阅读)分配的社会部分,也仅仅是延伸和回应所感知大的社会需求(信息的高效分布、参与民主进程、用“文学”消费能力构成个人市场等)。

威廉斯指出,在其写作的1981年,人类社会已经经历了数千年的写作和500余年印刷术的大量复制,但世界上也仅有40%的人能够阅读及书写。威廉斯认为,我们仍然缺少对某项技术的严谨的技术和规范的关注,以及对其关键内容的全面把握。写作不过是基础性的技术和形式,它作为社会中的技术是有效的,但我们同样需要增加阅读的能力,并通过出版商组建读者和市场。简单地说,唯有在读者存在的条件下,写作才能被理解为一种传播技术。阅读能力,控制、获得、安排阅读学习是写作技术可分配的功能。威廉斯认为,从这一意义上讲,完整地描述一种技术,包括它的发展和应用,既是社会的,也是技术的,不单纯是“社会”尾随技术得以形塑并产生“效果”的问题。这显然是一个可以拓展至新媒体的研究论题——即今天的“数字鸿沟”不断恶化而引起的政策性辩论。技术可以变革之“效果”的范围，或多或少与其他业已存在的财富和权力的模式是相关的。

媒介的概念

当麦克卢汉毫无质疑地使用“媒介”这一术语，并高兴地将之视为一种技术时，威廉斯发现这个术语是有问题的，并且与其他理论家(Maynard 1997) 讨论了“媒介”和“技术”的合并所引发的不安。对威廉斯来说，这往往暗示了媒介是技术的特殊使用，对技术的利用是为了一种交流或表达的意图或目的。

案例研究 1.9：技术何时成为媒介？

在此，我们可以考察一下摄影术的案例。显然，有一种摄影技术是依靠光学和机械系统，使光线直接投射在化学胶片表面并形成一种标识，以标记该胶片表面光线的结构。然而，这不是一种媒介。硅芯片制造的技术过程取决于目前电脑的基础，所使用的就是这种照相技术，用于记录芯片上的微小电路。这是一个技术的过程——工作中的技术。然而，摄影技术的另一种使用是为了拍照——拍摄世界中的人或事。这可能是工作的技术。但是，如果说到这些图片或图像向我们提供信息、表达想法和意见，或以某种方式邀请我们发挥关于事物内容和形式的想象力，那我们可以说摄影是一种媒介。或者，更准确地说，摄影的技术正在被用作交流、表达、表现或想象力投射的媒介。沿着这条思路向前，媒介有时就是我们所利用的技术。显然，我们所需要做的是形成一种秩序，技术可借此提供帮助或支持，但它不一定产生技术本身。技术的意向并不与技术本身同义。技术通过许多复杂的社会变革和过渡成为一种媒介。在威廉斯的论证中，媒介是深刻的文化的产物，而不是一种技术的既定结果。

威廉斯对“媒介”这一术语所承载的理论内涵表示了担忧。首先，他质疑并事实上消除了该术语每每在社会过程被误导的具象化问题。其次，他发现，该术语同样也可用于识别实践或生产过程中物质所起到的作用，比如艺术过程中，绘画、油墨或相机的特殊属性会在艺术产品之属性的塑造中承担一定的作用(1977: 159)[①]。

① 参见5.1.8双重界定的问题；以及1.6.2映像麦克卢汉。

作为社会过程之物化的媒介

当麦克卢汉认定媒介是一种物化时，他就已经走进了威廉斯理论火线的中心位置。威廉斯采用那些源自17世纪的关于视觉本质的论述去诠释媒介的概念，虽然他认为这将极为困难，但这些论述在当代思想中依然存在："就观看而言，三个条件不可或缺：对象、（视觉）感官和媒介"（1977: 158）。

他认为，问题在于上述包含着固有二元性的公式。"媒介"被赋予了一种自主客体的状态（或者媒介化的过程被赋予过程的状态，而此状态与媒介之事物是分离的），它处于两者之间，并连接两个完全不同的实体：（媒介的）对象，接收媒介化过程的成果（眼睛）。以语言为例，威廉斯指出，当媒介这一概念被使用之后，"文字被认为是一种客体、事物，在他们已经拥有'媒介'中的工作之前，人们[原文]运用文字进行特定形式的编排以表达或传播信息，这些都远远早于他们所拥有的'媒介'工作之前"（1977: 159）。

威廉斯反对麦克卢汉的观点——对他而言，媒介的过程就是其本身现实的构成；它有助于我们造就现实。传播和交互就是人类的行为。"媒介"不是预先给定的一种形式化的特征，其效果是可以被读解的——而是一种由其自身构成经验或现实的过程。所以，对威廉斯来说，"媒介就是信息"这一观点误读并物化了在人类之能动性及其利益之间发生的本质性的社会过程，仿佛技术化客体是在人类能动性之外的某种存在。作为一种结构思想的理论概念，它必然会给我们留下一系列的二元术语：自我与世界、主体与客体、语言与现实、意识形态与真理、意识和无意识、经济基础和文化上层建筑等（见5.1.8更多关于二元术语问题的讨论）。

作为物质的媒介

避免此问题的方法之一是缩小媒介的定义。这是威廉斯解决这一问题的另一个方向。他认识到"媒介"也可以被理解为"一种特殊艺术家所使用的特殊材料"，"已将'媒介'明明白白地解读为一种专业技能和实践的条件"（Williams 1977: 159）。威廉斯写道，这里的问题是，即便我们回归现实，媒介给人的实际感觉也仿佛延伸向一种整体的实践，他形象地将之定义为"在社会特定的必然条件下，对一种物质的有效作用以达到特定的目的"（1977: 160）。威廉斯想强调的是，媒介是一种广阔的实践的一个部分，一种可以借以工作的物质，一种目标手段，以实现人类在决定性的社会语境下对目标的追求。

1.6.4 圣人麦克卢汉的荣光

引言

在1.6.2小节的内容之后，我们将讨论此后衍生的三种核心思想：

1. 延伸理论：技术是“人类的延伸”(1964)；

2. 环境理论：新媒体不是人与自然的桥梁：它们就是自然(1969: 14)；

3. 反内容的论点：社会的形塑在更大程度上取决于人们传播所使用媒介的性质，而不是传播的内容。

1.6.1小节中，我们提到，如果说威廉斯观点是以文化和媒介研究的深层结构去理解技术问题的话，那么麦克卢汉的观点则是在新媒体出现之时，毫不掩饰地褫夺了所有人对技术问题的注意力。值得一提的是，虽然威廉斯和麦克卢汉的论战主要集中在电视这种旧的媒介，但它却蔓延到整个当代文化对科技的大讨论的框架之中，特别是赛博文化。

例如，1967年《理解媒介：论人的延伸》发表以来，麦克卢汉的观点已经成为让·鲍德里亚著述中经常性的参考文献。让·鲍德里亚一个最有名的观点是“媒介意义的内爆”(Baudrillard 1997)，恰是对麦克卢汉反内容观点的进一步分析。同样，对鲍德里亚的批评（如Kellner 1989; Gane 1991; Genosko 1998)也一直关注着他对麦克卢汉观点的认同和批判：如果鲍德里亚否定了麦克卢汉乐观的新部落式的未来，那他对“媒介即信息”的观念性发展就会比麦克卢汉更为超前。此外，如伊什特万(Istvan-Ronay)（转引自McCaffery,1992: 162B)所强调的，正是鲍德里亚在媒介分析中对系统而非内容的关注，使他成为赛博朋克哲学家和赛博批判的践行者。

同样，在阿瑟·克罗克(Arthur Kroker)对技术和后现代性的分析中，麦克卢汉的延伸理论是位于中心位置的，麦克卢汉在《逆风》中的声明(1969: 42)“电子技术的兴起，使得技术环境成为人类中枢神经系统的延伸”是其重要引文(Kroker 1992: 64)。而后，延伸理论在人与机器融合的生化人研究中(Haraway 1991: 150)不断重现。例如下文中将看到的，技术的最长寿理论正是延伸理论的一种。诸如此类的例子无法详尽。实际上，有些理论家只是部分地引用麦克卢汉观点，而其他学者(De Kerckhove 1997; Genosko 1998; Levinson 1999)大多坚持麦克卢汉是赛博文化理论家。我们关注的不是威廉斯或者麦克卢汉两个人谁提出了更为精确或者准确的理论，而是希望呈现给大家，这场关于旧媒介的论战将为新媒体和电子文化研究指明方向和坐标。如1.1小节中所描述的那样，关于新媒体的论战由来已久①。

我们将逐一检视麦克卢汉的三个观点。

---

① 参见1.6.1麦克卢汉和威廉斯的地位。

延伸理论

普遍认为"媒介是人的延伸"是麦克卢汉创造的新概念①,他以此表达(当时的)新媒体所带来的人类能力之功能性的差异。不过,这并不是一个新理念。实际上,我们可以就此追溯到公元前500年亚里士多德的年代。在这一理念回溯的悠久历史中,我们可以很明显地看到这一理念是如何扎根于人类身体之自然属性的探究中。这一理念有四个版本:亚里士多德、马克思、恩斯特·卡普(Ernst Kapp)和亨利·柏格森(Henri Bergson)。

亚里士多德

在两部实践哲学的著作《欧德谟伦理学》(*Eudemian Ethics*)和《政治学》(*Politics*)中,亚里士多德阐述了工具是灵魂和身体的延伸的观点。在《欧德谟伦理学》中,他写道,

> 身体是灵魂的天然工具,奴隶是他的主人的一个部分,一个可以拆卸的工具,一种无生命的奴隶工具。
>
> (Eudemian Ethics, book VII, 1241b; in Barnes 1994: 1968)

在《政治学》一书中,他又再度重复这一观点:

> 如今,工具是有很多种的,有些没有生命,有些有生命;一个船舵,导航仪(kybernetes)是没有生命的;一位瞭望员则是一个有生命的工具;对艺术(*techne*)而言,佣仆则是一种工具②。
>
> (*Politics* book I, 1253b; in Everson 1996: 15)

我们可以在这些段落中看到隐约的关于控制论(见5.3)的某些预想,即使它们与生化研究毫无干系:可拆卸的工具、无生命的奴隶、有生命和无生命的工具。核心的思想就是工具延伸了劳作之身体的功能。

马克思

这一理念在马克思那里被更深入地扭转了方向。他认为技术是人类自我扩展的方式,而亚里士多德却认为工具是无生命的佣仆,佣仆是有生命的工具。在《政治经济学批判大纲》中,尽管马克思也将此理论根植于人类身体的分析,却同时关注了技术世界和自然领域的差距:

> 自然并不创造机器、机车、铁路、电报、走锭细纱机等。这些都是人类工业产品;天然的物质被转化为人类的器官之后将战胜自然。他们是人类大脑

---

① 唐纳德·麦肯齐(Donald MacKenzie)和朱迪·瓦克曼(Judy Wajcman)合著的知名之作《技术的社会形塑》(*The Social Shaping of Technology*, [1985]1999),尽管并没有直接且明显地引用威廉斯,却以威廉斯式的挑战发起了关于技术决定论的质疑。

② 参见1.1 新媒体:我们知道它们是什么吗? 以及 5.3 生物技术:自动机的历史。

> 利用人类的双手创造出来的器官。
>
> (Marx[1857]1993: 706)

人类工业的技术延伸虽然是自然的一部分,但却创造了非自然的器官,这些器官反过来又使人类的大脑得到延伸,使其完成对自然的掌控。然而,作为一个政治经济学家,马克思也注意到所获利益的代价,他们因此也改变了劳动个体和工作方式之间的关系。马克思写道:当使用手动工具时,劳动个体保持有独立工作的能力。而另一方面,当较大的机器和机械系统的问题出现之时(例如,在工厂中出现;Marx[1857]1993: 702),

> 工人的活动……各方面都被机器的运行所决定和调节,而非反之……科学迫使机器根据指令自动运行如机器人般的技术,也通过机器在工人的身上显示一种异形的力量,正如机器的力量本身。
>
> (Marx[1857]1993: 693)

通过延伸自然的身体,身体也被它自身的延伸所改变。对于亚里士多德而言,谁控制机器是不言自明的,而在马克思这里,该问题却变得极为复杂。马克思认为正是这种社会性结构的力量形成了工业资本主义的劳动工人。

卡普

在马克思《政治经济学批判大纲》发表不到20年,恩斯特·卡普完成了《技术哲学纲要》(*Outlines of a Philosophy of Technology*)(1877)一书,首次提出了技术哲学一词。卡普预见性地写道,环球电报将转化时间(减少)和空间(操控)的形式,并认为电报是人类神经系统的延伸,就如同铁路延伸了人类的循环系统一样。所以,和亚里士多德和马克思一样,他认为技术是"器官投影"的一种形式。

> 既然控制因素在于增加器官的效用和力量,那么一个工具的合适的形式只能从那个器官中衍生出来。因此大量智能的创造从手、手臂和牙齿中得到灵感。弯曲的手指变成了吊钩,镂空的手变成了碗;从剑、矛、桨、铲、耙、犁、铁锹等工具中,我们可以观察到手臂、手、手指的各种各样不同的姿势。
>
> (Kapp 1877: 44-45;转引自 Mitcham 1994: 23-24)

从上文这段话中可以看出,卡普呼应了19世纪时著名的生物学原理,更关注对工具形式衍生于人类器官的阐述,但并没有在归化技术性人造物之产品之外总结出其他的发现。

柏格森

20世纪之交，在亨利·柏格森[1]的《创造进化论》([1911]1920)中出现了同样的想法。这位哲学家指出，技术"适应了制造它的那个生物的本性"，就像马克思所阐明的那样，为制造者"添加了……更丰富的器官组织，成为一种被制造出来的器官，成为天然有机体的延伸"([1911]1920: 148)。柏格森的([1911]1920: 148)和马克思的观点一致，即延伸就是延伸本身，这一点在下面的阐述中将更加明确：

> 假如说我们的器官是自然的工具，那么我们所使用的工具就是人为的器官。工人的工具是他手臂的延长，因而人类的器具设备就是身体的延长。大自然在赋予我们智慧——其本质就是制造工具——也就给我们提供了某种扩展的可能性。以煤或石油为动力的机器……实际上赋予我们的有机体以如此巨大的扩展，使它增加了如此巨大的能量；而这种扩展和能量与有机体自身的力量和体积相比是如此悬殊不成比例，这一点在当初构造我们这一物种时却是没有任何预见的。
>
> ([1932]1935: 267-268)

在这里，延伸不断地周而复始：基于人类身体的延伸不断延伸自身，而这种方式又会改变人类的身体。如马克思和柏格森所说的，自然赋予身体创造工具以延续自身的能力，而这个能力的增长规模如此之大，以至于它必须超过自然的主宰实行自身的计划。[2]

延伸论点的基础变得清晰：它植根于人类身体的自然性质。在我们所检视的这些延伸理论的所有案例中，技术根植于自然的能力或者是人类身体的某种形式。在一些学者看来，特别是马克思和柏格森，技术还会回馈人类的身体，并改变它，从而改变它所处的环境。接下来，我们来看麦克卢汉第二个核心观点：环境理论。

环境理论

> 新媒体不是人与自然的桥梁：它们就是自然的。
>
> (McLuhan 1969: 14)

马克思和柏格森明确表示，应考察手工工具、大型机器和机械系统三者之间的差异，而亚里士多德和卡普对此是不加区分的：所有的技术都简单地延伸了身体。然而，马克思和柏格森关注了技术延伸之规模的问题，或者说是社会

---

① 柏格森不是技术狂热分子。相反，他敏锐地批判了"电影摄影术"中技术决定论的思路([1911]1920: 187)，后成为对技术和电影效果的批判性分析的代表之一。

② 参见5.2.4决定论。

学家雅克·埃吕尔(Jacques Ellul)所称的技术的自我增强(the self augmentation of technology)([1954]1964: 85ff.)。此观点牵涉到以下两个条件:

第一,量变(一个社会使用的技术总量)超过一定的阈值,会引起社会结构和功能质的变化;

第二,在该阈值点,技术转变为自发的形式,并决定其自身以及它所形塑之社会的命运。

在这里,我们发现了一种与威廉斯所苛责的麦克卢汉理论完全不同的技术决定论。我们将在5.2.4小节讨论技术决定论时重新回顾这个观点。埃吕尔所描绘的质变唤起了柏格森所论述的特定技术规模——以帮助其脱离手工工具的范畴——与技术的环境影响力之间的关系。就如我们拿着一把锤子,但却在一个印刷出版车间里工作。在这个意义上,技术显然是在改变社会,不仅在于它所影响的环境规模,更在于人类与机器之间工作关系的改变。

当麦克卢汉考虑技术的环境时,他想说的却是一些与显而易见的、物理性的大工厂不一样的东西。不过这也意味着,麦克卢汉并不认为工具和机械系统之间存在质的区别。他言及的技术环境虽是物理性的,但在潜意识中又难以察觉。在撰写电子媒介的文章中,麦克卢汉创造了"隐秘的环境"(the hidden environment)(1969: 20–21)这一概念来描述它们存在之影响:

> 各种媒介对于普通的直觉不施加影响。他们仅仅只是服务于人类的目的,就好像椅子……媒介的影响是几乎不可察觉的新环境,就好像水对于鱼一样,在大多数情况下处于潜意识层面。
>
> (McLuhan 1969: 22)

换言之,麦克卢汉关于媒介影响的观点并不是小报类型的:兰博用机关枪扫射着一个越共的村庄,被报道成一个敏感而又愤懑不平的小兵在郊外横冲直撞乱砍乱杀。相反,媒介的影响巧妙地改变了一切,以至于所有人类在这样一个技术饱和、犹如自然世界的环境中行动而毫不知觉。

我们可以在保罗·范霍文的《机械战警》(*Robocop*)(1984)发现对麦克卢汉这一观点的极佳读解。墨菲(彼得·韦勒饰演)被底特律警察射杀,奄奄一息的身体被送往医院,接受各种神经机械的移植:钛外壳的胳膊和腿,以使四肢能承担更大的压力;肌肉的力量被伺服马达增强,植入芯片内存,等等。最后植入的是视网,观众可以看到这一视网被铆钉固定到脸上。当被矫正到位之前,视网是可见的,而一旦校准,视网就完全消失不见。机械战警完全吸收了这一视觉滤波器装置,它是不可见的,但他实际上又是透过它来观察世界。

正如卡普试图将工具和技术的形式归化,麦克卢汉则提出了对媒介影响的归化：如果想要了解技术改变对文化影响的规模，我们必须深入挖掘媒介内容之外的东西，进而研究媒介本身的技术效果。这给我们带来了麦克卢汉众多荣光中的第三个理论：远在信息之上的媒介。不过在我们继续前行之前，请注意一下马克思、柏格森和埃吕尔所描述的技术环境和麦克卢汉观点之间的差别。麦克卢汉的描述如下：首先是对人之双手的挣脱，螺旋式地超出人类控制的过程；其次是类似视网屏幕被植入机械战警的过程——唯有当其植入之时，你才能注意到它，而它一旦成为潜意识经验的滤波器之后，你就再也见不到它了。

反内容论点："媒介即按摩"

这一短句是麦克卢汉常常被错引，却是其巨著的真实标题(1967)。"按摩"一词关联着媒介的触觉和感官效果。该书的开篇是一幅由图像和文字组合而成的超文本拼贴，他写道，在更大程度上，社会的形塑取决于人们传播所使用之媒介的自然属性，而不是传播的内容①。

麦克卢汉指出，重要的并不是媒介的内容本身。相比广播和电视本身所带来的感官冲击，无论媒介叙事中呈现的是叙述性、代表性的策略，又或是意识形态的故弄玄虚，很明显，它们都是不重要的。他在接受记者采访时坦言，其1964年巨著中"按摩"概念是被创造于：

> 技术对整个人类环境的塑造、扭曲、加工的过程……一段暴力的过程，像所有新技术一样，常常充满了叛逆性和革命性。
>
> (McLuhan, in Stearn 1968: 331)

相对于"暴力的按摩"，我们也要注意那些迷惑观众、读者或听众的媒介的内容或文本，正是它们带来了一种全然掌控感。虽然麦克卢汉鄙视以此行事的学者，因为"内容分析使他们偏离现实"(Stearn 1968: 329)。从这个观点看来，媒介的效果在观众间挑起的暴力远不如施加在它们身上的暴力多。人类的感觉中枢仅受那些能够不断扩展自身的特有媒介的冲击。

综合以上三种理论，我们将看到有一套完全相同的思考模式出现了：媒介物理性地延伸了身体；每一种新媒介技术出现时，人类感觉以及感觉的环境都将经历一场"革命"(Stearn 1968: 331)。麦克卢汉的分析是基于身体、感官、技术环境的基础之上的。将这三者统一正是我们称之为物理主义的重点——恰恰是文化和媒介研究中的人文主义一直悬而未决的！我们将在第五部分继续讨论新媒体和赛博文化研究中的物理主义。

---

① 麦克卢汉的批判性总是会被忽略。他没有像阿多诺和霍克海默(1996)那样去论述流行媒介在形式上是重复的，是一种文化的罪恶，而实质上，他关注的是流行媒介的影响对人类的感知环境所形成的一种暴力的异化。

在5.2.2小节中,我们将继续讨论麦克卢汉和威廉斯的问题,以便在物理主义的语境中,彻底地检视技术决定论观点所引发的原因。既然所有的决定论都依赖于因果性概念而成立(说X由Y决定,也就是在论证X引起了Y),何况由于多种因果性存在,我们也未能建立起威廉斯将技术决定论归因于麦克卢汉的因果性之图解,也未能确认麦克卢汉所建构的究竟是一种什么样的因果性。

1.6.5 “人的延伸”之程度

麦克卢汉和威廉斯的论战起源于以下这个问题,即究竟是机器的使用者在控制着他们所使用的机器,还是机器在某种程度上控制着使用者。在前者的情况下,人类自由的能动性或多或少地掌控着历史的所有进程,因此,在此进程中发生的任何事件都可追溯到对该事物持有特定想法的团体或个人的行为。我们如何使用技术是我们唯一需要对技术提出的问题,但这一问题却使技术本身及其使用上产生了一条鸿沟:就好像技术很简单是不存在的,直到它被使用。因而,我们也倾向于追问技术服务于什么目的,而不是这个技术究竟是什么。在控制技术的群体看来,技术被用于特殊的目的(炸弹杀人,电视复制意识形态之现状)是一个意外。故而,研究技术的使用,重点不是探究技术,而是要分析和争论决定其使用的意识形态控制。从这个角度来看,每一种技术都是一种工具。

尽管此观点对于个体技术有效(尤其是孤立的传播技术——细想一下取代军事阿帕系统[ARPANET system]的互联网),但对我们考察技术环境化的程度时并不是很有效。换言之,在工具到机器的转变中,工作规模上的量变是可以被实现的,但结果是人类与机器的关系也发生了本质上的质变。当技术转身成为环境之后,它已不再会被简化为服务人类目的的工具,它再也不能从形成物质基础的网络中被隔离出来,拘囿于一隅。这是麦克卢汉的出发点。此外,“媒介即按摩”彰显了技术影响的物理基础:它较少以传统媒介研究的意识去关注某些特定或者孤立的媒介(电视、广播、电影等),而更关心我们对所栖身的、技术有如媒介的这一环境的感觉。因此,新媒体不是人类和自然的桥梁:它们就是自然(McLuhan 1969: 14)。相应的,我们需要更多关注媒介的物理效果而不是媒介的内容(是“按摩”[Massage],而不是消息[message])。同威廉斯一样,麦克卢汉也是从基于工具的技术开始,提出技术是人类能力和感觉的延伸这一著名的见解,技术的影响主要是身体的。技术因此也成为改变人类身体之物理承载力的一种物理媒介。被传统媒介研究所毁谤为技术决定论的见解,仅仅是麦克卢汉对一种技术饱和文明与文化的物理组成及其影响的重视罢了。

回到1.6.4小节开篇的观点:技术是人类能力、感官、劳动力等的延伸,这一观点的漫长历史向我们讲述了人类是如何构想他们的技术。然而，如果我们仅仅只是兜了一个圈回到起点，显然是不够的，我们需要重新审视过程中的新发现。我们看到，当技术本身变得越来越复杂时，关于技术的定义也呈现出越加复杂的问题。技术复杂化是一个很值得我们去不断重述的问题：

1. 物质上：生物和技术之间的关系（人类和机器之间）引发了一些问题。我们与技术的交互是否已遍及各个层面，以至于产生生物和技术的混合体，混淆了自然和人造之间的区别，或它们是否导致了大范围的行动者网络以抵抗生物或技术基础的萎缩？

2. 因果性上：如果生物变得越来越离不开技术（例如人类基因组计划），那么技术所产生的影响中究竟存在着什么样的因果关系？如果在技术决定论的层面上，又是如何起作用的？技术已经还是即将拥有或获得其能动性？如果是这样的话，又是哪种形式的能动性？

3. 我们发现，以这种方式构想技术，会形成一种人文主义的批判，它想象能动性是可以被分离、独立于他/她/它的物理性、因果性的环境之外。因此如果我们不这么想象能动性的话，在哪一层面上技术可简约为人的延伸，在哪一点上它又可以实现自我延伸。

4. 由此，我们也认识到，研究文化中的技术问题需要一些开放性的问题，比如什么是文化，文化是不是威廉斯所坚持的那样，能够从它的物理环境或其间的力量中分离出来。

如果对问题4的回答是否定的，我们将看到技术的问题是如何引发关于文化的物理基础的问题[①]。这一问题也是向科学开放的，严格意义上来说，是形而上的争论。科学体系中一个形而上而又影响极大的争论是因果性。我们已经发现了，某些形式的决定论（诸如威廉斯谴责麦克卢汉对决定论的坚持）假定了一种线性的因果关系（麦克卢汉竭力反驳，等等）。对于威廉斯来说，如果他所提的文化科学是独立于物理科学之外的，那么用此种方式来讨论技术对文化的影响是必要的。另一此类问题关注的是现实主义和唯名主义。一般来说，唯名论者认为“技术”这个普通的术语，空空如也，不过是对实际存在的全部技术性人造物的一个集合名称。它之所以被认为是唯名论，正因为对它而言，“技术”这个词汇只是某些特定个体的统称而已。当唯名主义谈论技术本身（或当他们发现别人在谈论该

① 例如，克隆、异种器官移植、不断进步的技术性生育疗法、基因工程、人造器官，广义基因组学，特别是人类基因组学：生物科学或生物技术似乎正在产生这种混合物，但可能会走得更远。例如，控制论学者凯文·沃里克(Kevin Warwick)，近来进行了一项为期一年的实验，将一块微型芯片移植进了自己身体的皮下组织。如此的技术究竟是延伸还是改变了生物之身体呢？

问题)时,他们会觉得这无异于在谈论虚无的东西。故而有一些唯名论者认为,此类术语应该被废黜,仅留下具有数值或语法意义的部分;其他的唯名论者则承认限于人类知识的未可知性,该术语无法与现实世界对应;既然它在语言层面上被媒介化了,那么它所对应的应该也仅仅是某一结构上的人造物。相反,现实主义者却认为,"技术"这样的术语如此具有特点,未必需要实体化到所有甚至某些个别或实际的人造物中。很多东西都是技术的:包括机械、蒸汽、电气或数字计算机,也包括雅克·埃吕尔所称为社会结构或软技术(soft technologies)等事物(Ellul [1954] 1964)。此外,现实主义者可能将一些没有实体化但以某种形式或功能存在的东西包含在技术的概念中(一个很好的例子是巴贝奇的差分引擎,1991年才完全建成,在此时间点之前,这样的技术真的存在吗?)。然而,关键的差别在于,现实主义者不需要把语言看作对事物的简单命名,或作为一块屏幕以框住或遮掩诸如材料、事物、力量等东西:即物理。

我们考察历史,特别是技术的历史时,这两方面的问题显然会成为引人关注的焦点。在讨论选自1.4和1.5小节① 的这些议题前,我们必须指出,延伸观点对技术有着另一方面的影响:那就是,在技术变得不是如此庞然巨物、更为环境化的同时,确定性的影响则会变得相对更有前景。这是麦克卢汉遗弃却被为利奥塔(Lyotard)明确捡拾起来的东西。这一立场被称为"软决定论"(soft determinism)(由不确定性的原因所引起的确定性后果,见5.2.4节)。该观点承认,向一个农耕文明引入新的工具,向一个工业文明引入新的动力,和向一个数字文明引入新的程序,这三者在影响上是有差别的。上述思考将会引发另一观点的出现,即技术决定论并不是历史恒定的(如果硬决定论者无处不在的话,真会引起争论),却是历史性地对应于特定文化结构下技术的复杂程度。此外,它还提出了什么被延伸的问题:是如亚里士多德、麦克卢汉和马克思所言及的人类的感觉中枢、肌肉、身体;还是如埃吕尔和利奥塔所争辩的技术本身?如果是后者,是否存在能够豁免于技术效应的自然或者文化?或者像拉图尔(Latour)所诉求的,我们是不是需要为行动者网络重建一个新的章程,既不减少人类也不减少机械,而只是生物社会-技术模式?

那么,当认真地思考技术的物理效应时,结果又会是什么呢?首先,正如我们将在第五章② 中看见的,它使得我们不再将物理隔离于文化过程之外,或将事物从它的意义中独立出来。其次,我们将发现,在试图回答"什么是技术决定论"时,

① 参见1.4 什么样的历史以及1.5 谁不满意旧媒体?
② 参见第五章:赛博文化:技术、自然与文化。

我们被引诱着提出问题，这些问题必定带领着我们从文化空间走向技术，最后到达自然。

1.6.6　旧论战新焦点：科学与技术研究

科学家对社会学家咆哮，社会学家又怒斥反驳，全然忘了问题仍需讨论。

(Hacking 1999: vii)

从1.6小节讨论的问题中产生的一个关键议题是自然和人文科学之间的关系。广义上，我们可以将此议题表述如下：如果威廉斯的解释是正确的，那么相比自然科学，文化科学将焦点放在了不同实体所组成的统一体；反之，如果麦克卢汉所关注的是技术实体的文化分析模型，那么任何将“自然”和“文化”科学作孤立的学科分野都是不可行的。20世纪80年代以来，这一科学劳动的学科特点因科学和技术研究(Science and Technology Studies,STS)的出现重新成为被关注的焦点。这个简单的事实证明了，麦克卢汉和威廉斯论战中最至关重要的相关性，将会映射到这个较新的研究领域的合适位置。

随威廉斯“文化科学”模型而产生的媒介研究之问题在于它消除了文化和自然现象之间的所有关系。恰恰因为STS的出现，才引起对这一问题的重新关注，这是对文化与自然现象之间的绝缘之假设的一次纠正。

然而，并不是STS的所有实践者都站进了麦克卢汉的阵营；恰恰相反，比如历史学家史蒂文·夏平(Steven Shapin)，一位STS论战中的著名参与者，则宣布“我认为科学理所应当是一种基于历史的社会性活动”(Shapin 1996: 7)。虽然夏平可能是想当然地如此认为，但他从未明确声明这是一种必要性的事实。事实的声明对STS的构成才是重要的。相应地，将STS表征为一个自然和文化关系仍悬而未决的领域，将也是有帮助的，也就是说STS本身就是一个存在着争议的领域。简要地了解这些问题是如何引起讨论的，或许可以为我们提供一个有用的关于STS从概念到其新近形式的大致框架。

一般认为STS始于20世纪70年代《自由科学杂志》(Haraway 1989: 7)以及“爱丁堡学派”的工作(Barnes, Bloor and Henry 1996)，紧随其后的则是80年代被称为“科学知识社会学”的“巴斯学派”(Collins and Pinch 1993)。

虽然这两个学派可能被广义地定性为亲威廉斯的学派，倾向其所提出的特别的文化科学，探讨（仍是一般而言）的是社会建构论(5.1.9-5.1.10)，但STS的这两个创建学派是抗拒将文化从自然科学中分离出来的，并认为，至少要在文化分析中考虑后者。重要的是，这两个学派都将科学实践对应在历史和社会的位置之中，不过，他们都不主张将建构论拓展至科学结论。相反，他们试图证明，虽说社会领域中存在着对物理性质的重视，尽管该事实使分析科学实践体系的社会学模式成为可行，但并不意味着自然现象仅仅是文化产物。

这些学派的方法论中具有启发意义的例子来自巴恩斯(Barnes)《知识的利益和增长》(1977)以及柯林斯(Collins)和平奇(Pinch)的《意义框架：非常科学的社会建构》(1977)。这些作品追随科学哲学家拉卡托斯(Imre Lakatos)(1970)的洞见前行，提出了社会限制（教学和研究机构、政治、资金等）在建立科学研究计划的过程中起着决定性的作用。这意味着，既然对于自然的研究总是在社会压力的主持之下才得以进行，那就没有纯粹的自然研究。然而，面对质疑，科学家们提出科学实践和研究内外有别，以将科学的核心从社会的“外围”中分离出来。此观点在大卫·布鲁尔(David Bloor)提出“知识社会学的强纲领”(Strong Programme in the Sociology of Knowledge)之后闻名于世。其目的旨在展示科学之核心在社会学以及科学层面的复杂框架，并指出科学知识构建的意义。但是，正如海克宁(Hacking 1999: 68)所论，承认科学研究纲领构建的社会学维度，与“怀疑真理……或怀疑自然科学领域广被认可的命题”是完全不同的，即使在不可简约的社会语境中，科学所研究的仍是实实在在的自然。

尽管科学与技术研究着重于技术和其他物质现象的运作和能动性，这使得它与一般的人文和社会科学（社会建构主义学者，见下文）所提供的技术同人类之关联的表达是不一样的，但它对北美文化研究的影响是极为显著的（主要通过堂娜·哈拉[Donna Haraway]的努力）。尤其是安妮·贝尔莎莫(Anne Balsamo 1998)、珍妮弗·斯莱克(Jennifer Slack)和J·麦格雷戈·怀茨(Macgregor Wise 2002)三人也为STS之于北美文化研究中的发展贡献了力量。但STS仍未在大不列颠的文化研究中注册其名——更不用提关于电脑的论述，对通俗媒介和媒介技术的诠释更近乎零。不过，它的的确确是为流行的新媒体和科技文化中关系和能动性的理论建立提供了大量丰富的理论资源。

这些科学知识社会学家首创的研究方法至今仍然非常活跃，正如考古学家、STS贡献者玛西娅-安妮·多布雷什(Marcia-Anne Dobres)在其著作《技术和社会能动性》(*Technology and Social Agency*)中开门见山地表述：“这是一本关于技术的书，因此它首先也最终是一本关于人类的书。”(Dobres 2000: 1)正因为多布雷什的先行者们并没有将社会构建的科学研究纲领延伸到一个社会化建构的自然世界之中，所以多布雷什才认为，在分析一个技术富足的环境时——即使该环境要求所有智能体(agent)都必须是人类——但考虑的优先权并不需要符合人类活动和意图。智能体的制造与再制造是包含在“创造和改造物质世界”之中(2000: 3)。同样，虽然多布雷什确定她的论著主要是关注人类和人类之间的文化维度的交互，但是“恰如所有考古学家都知晓”，这种文化主义的视点必须经由文化的物质维度才能得以来扩散。因此，多布雷什在书中“特别强调技术的社会性*和*物质性的相互交织与错综复杂”(2000: 7)；她建议，也就是文化必须通过其物理（自然和科技的）语境才能被了解。显然，正是这种对物理与社会现实两者关注度的组合，才使我们得以区分这些方法。

近来，很多STS著名的理论贡献都依循布鲁诺·拉图尔(Bruno Latour 1993)的领导，聚焦于这种组合究竟是如何产生的问题。虽然拉图尔对STS的初次贡献源于他与一位建构主义学者沃格(Woolgar, 沃格热衷于铭写符号[inscriptions]在科学中的功能）的合作(Latour and Woolgar 1979)，在随后的工作中，他追求被他称为“更加现实主义的现实主义”(a more realistic realism)(1999: 15)，并发展出了著名的行动者网络理论(Actor-Network Theory, ANT)。ANT有两个主要的前提：社会的行动者不一定是人类；构成行动者的不是其他东西而是网络，可以是人类也可以是非人类的。主要因为人文和社会科学想当然地认为社会的智能体“agent”只能是人类，以至于拉图尔在第一篇论文中就攻击这一领域中的很多人是“奸诈叛逆的”(1999: 18)。对于这样的科学而言，要成为一名社会的行动者，就要有说服一切的能力，因此也要有选择的能力。从根本上而言，能动性(agency)停留在自由意志的概念之中，也就是不受外在物理原因限制的意志。既然技术性的人造物不能拥有这样的意志，他们就不可能是智能体(agents)。但拉图尔的观点恰恰与此相反，他认为，社会网络、人类行动的环境早已是技术的、物理的和文化的了。打开《我们从未现代过》(*We Have Never Been Modern*)，从某张日报的版面中挑选的一则内容清单立即映入眼帘：罢工、战争和饥荒、交通系统、HIV病毒、哈勃太空望远镜所拍摄的照片、政治演说、体育、艺术等。实际上，现实是由人类和种种非人类之事物组成的网络，并不是被分割的、无视其背景的代理人或非代理人的实体。因此，拉图尔的工作也从威廉斯文化科学的构建焦点转移到了麦克卢汉阵营中那社会化决定的相反的极端。

虽然ANT认为现实是由自然和文化组成的，而非其中之一的成就，但正如萨达尔(Sardar 2000: 41)所述，受限于某些“在外”之客观现实的影响，ANT可以说并没有回答“建构之比率……”的问题。因此，“科学争战”仍然在肆虐，不断两极化自然科学和人文科学，以至于如海克宁(1999: vii)悲伤地注释，“你几乎忘了还有问题需要讨论”：几乎，但并非完全。STS已经成为自然和人文以及社会科学重要的交流和活跃的关键性论坛，有能力从科学、历史和文化的角度将一些重要的现象组合起来，如干细胞研究和可视人计划（比尔基奥林[Biagioli]1999年的论著是一本宏伟的展示现代科学研究多样性和活力的选集）。

正是因为STS将文化的注意力重新调整到曾被它遗忘的物理维度，并进而揭示了麦克卢汉和威廉斯论战的时代重要性，与其仅仅将之归结为一种历史好奇心的使然，不如将这场论战视为文化和媒介研究未来的核心。恰恰因为威廉斯的文化科学关键性地展示了文化和媒介研究的固定形式，STS才能凸显之“盲点”(5.1.1)以及这些技术研究方法内在的假设。STS不仅为上文提及的这些研究路径提供了重要的修正，还为物质和科技现象的文化研究作出了至关重要的贡献。

在STS简短历史的光芒之下，仍然存在一些问题。自然与文化之间明确的关系问题仍然被拷问着。根据行动者理论(ANT)，如果社会网络是由技术、物质、政治、有意识的和散漫的元素组合而成，那么这些网络本身究竟是因为自然还是因为文化而存在？某些元素是否就比另外一些元素重要？即使我们假设网络优先于这些元素（也就是说没有网络组成这些元素，它们也不复存在），我们仍然不知道在没有文化的情况下这些网络是否可以说是存在的。因此，尽管ANT提供了被很多人认可的“现实主义”和对现实发人深省的描述，但拉图尔“更加现实主义的现实主义”的问题仍未得到令人满意的回答，即关于现实本身的思考。

参考文献

Aarseth, Espen *Cybertext – Experiments in Ergodic Literature*, Baltimore, Md.: Johns Hopkins University Press, 1997.

Aarseth, Espen 'Computer Game Studies Year One', in *Game Studies: The International Journal of Computer Game Research*, vol. 1, no.1 (2001). Available online at http://gamestudies.org/0101/editorial.html

Aarseth, Espen 'We All Want to Change the World: the ideology of innovation in digital media', in *Digital Media Revisited*, (eds) T. Rasmussen, G. Liestol and A. Morrison, Cambridge, Mass.: MIT Press, 2002.

Adorno, Theodor and Horkheimer, Max *Dialectic of Enlightenment*, trans. John Cumming, London: Verso, 1996.

Balsamo, Anne 'Introduction', *Cultural Studies* 12, London: Routledge, 1998.

Barnes, Barry *Interests and the Growth of Knowledge*, London: Routledge, 1977.

Barnes, Barry, David Bloor and John Henry *Scientific Knowledge: A Sociological Analysis*, Chicago: University of Chicago Press, 1996.

Barnes, Jonathan *The Complete Works of Aristotle*, vol 2, Princeton, NJ: Princeton University Press, 1994.

Batchen, G. *Burning with Desire: The Conception of Photography*, Cambridge, Mass. and London: MIT Press, 1997.

Baudrillard, Jean *Cool Memories II*, trans. Chris Turner, Cambridge: Polity, 1996a.

Baudrillard, Jean *The Perfect Crime*, trans. Chris Turner, London: Verso, 1996b.

Baudrillard, Jean *Simulacra and Simulations*, trans. Sheila Faria Glaser, Ann Arbor: University of Michigan Press, 1997.

Benjamin, Walter 'The work of art in the age of mechanical reproduction', in *Illuminations*, ed. H. Arendt, Glasgow: Fontana, 1977.

Benjamin, Walter 'The Author as Producer', in *Thinking Photography*, ed. V. Burgin, London and Basingstoke: Macmillan, 1983.

Bergson, Henri *Creative Evolution*, trans. Arthur Mitchell, London: Macmillan, [1911] 1920.

Bergson, Henri *The Two Sources of Morality and Religion*, trans. R. Ashley Andra and Cloudesley Brereton, London: Macmillan, [1932] 1935.

Berman, Ed *The Fun Art Bus – An InterAction Project*, London: Methuen, 1973.
Biagioli, Mario *The Science Studies Reader*, New York: Routledge, 1999.
Binkley, T. 'Reconfiguring culture' in P. Hayward and T. Wollen, *Future Visions: new technologies of the screen*, London: BFI, 1993.
Bloor, David *Knowledge and Social Imagery*, Chicago: University of Chicago Press, 1991.
Boddy, William 'Archaeologies of electronic vision and the gendered spectator', *Screen* 35.2 (1994): 105–122.
Bolter, Jay David *Writing Space: the computer, hypertext and the history of writing*, New York: Lawrence Erlbaum Associates, 1991.
Bolter, J. and Grusin, R. *Remediation: understanding new media*, Cambridge, Mass. and London: MIT Press, 1999.
Brecht, Bertolt 'The radio as an apparatus of communication', in *Video Culture*, ed. J. Hanhardt, New York: Visual Studies Workshop, 1986.
Burgin, Victor *Thinking Photography*, London: Macmillan Press, 1982.
Bush, Vannevar 'As we may think' [*Atlantic Monthly*, 1945], in P. Mayer, *Computer Media and Communication: a reader*, Oxford: Oxford University Press, 1999.
Castells, M. *The Rise of the Network Society*, Oxford: Blackwell, [1996] 2000.
Chartier, R. *The Order of Books*, Cambridge: Polity Press, 1994.
Chesher, C. 'The ontology of digital domains', in D. Holmes (ed.) *Virtual Politics*, London, Thousand Oaks (Calif.), New Delhi: Sage, 1997.
Collins, Harry M. and Pinch, Trevor J. *Frames of Meaning: the Social Construction of Extraordinary Science*, London: Routledge, 1982.
Collins, Harry and Pinch, Trevor J. *The Golem: What Everyone Should Really Know about Science*, Cambridge: Cambridge University Press, 1993.
Cornford, J. and Robins, K. 'New media', in *The Media in Britain*, eds J. Stokes and A. Reading, London: Macmillan, 1999.
Coyle, Rebecca 'The genesis of virtual reality', in *Future Visions: new technologies of the screen*, eds Philip Hayward and Tana Woollen, London: BFI, 1993.
Crary, Jonathan *Techniques of the Observer: on vision and modernity in the nineteenth century*, Cambridge, Mass. and London: MIT Press, 1993.
Cubitt, Sean *Simulation and Social Theory*, London: Sage, 2001.
Darley, A. 'Big screen, little screen: the archeology of technology', *Digital Dialogues. Ten* 8 2.2 (1991): 78–87.
Darley, Andrew *Visual Digital Culture: surface play and spectacle in new media genres*, London and New York: Routledge, 2000.
Debord, Guy *The Society of the Spectacle*, Detroit: Red and Black, 1967.
De Kerckhove, Derrick *The Skin of Culture*, Toronto: Somerville House, 1997.
De Lauretis, T., Woodward, K. and Huyssen, A. *The Technological Imagination: theories and fictions*, Madison, Wis.: Coda Press, 1980.
Dobres, Marcia-Anne *Technology and Social Agency*, Oxford: Blackwell, 2000.
Dovey, J. ed. *Fractal Dreams*, London: Lawrence and Wishart, 1995.
Dovey, J. and Kennedy, H. W. *Game Cultures*, Maidenhead: McGraw-Hill, 2006.
Downes, E. J. and McMillan, S. J. 'Defining Interactivity: A Qualitative Identification of Key Dimensions', *New Media and Society* 2.2 (2000): 157–179.
Druckrey, T. ed. *Ars Electronica Facing the Future*, Cambridge, Mass. and London: MIT Press, 1999.
Duffy, Dennis *Marshall McLuhan*, Toronto: McClelland and Stuart Ltd, 1969.
Eastgate Systems. http://www.eastgate.com Hypertext Fiction.
Eco, Umberto *Travels in Hyperreality*, London: Pan, 1986.
Eisenstein, E. *The Printing Press as an Agent of Change*, Cambridge: Cambridge University Press, 1979.
Ellul, Jacques *The Technological Society*, New York: Vintage, [1954] 1964.
Engelbart, Douglas 'A conceptual framework for the augmentation of man's intellect', in *Computer Media and Communication*, ed. Paul Mayer, Oxford: Oxford University Press, 1999.
Enzenberger, Hans Magnus 'Constituents of a theory of mass media', in *Dreamers of the Absolute*, London: Radius, 1988.
Eskelinen, M. *The Gaming Situation* in *Game Studies: The International Journal of Computer Game Research*, vol.

1, no.1, (2001). Available online at http://gamestudies.org/0101/eskelinen/
Everson, Stephen ed. *Aristotle, The Politics and The Constitution of Athens*, Cambridge: Cambridge University Press, 1996.
Featherstone, M. ed. *Global Culture*, London, Thousand Oaks, New Delhi: Sage, 1990.
Featherstone, M. and Burrows, R. *Cyberspace, Cyberbodies, Cyberpunk: Cultures of Technological Embodiment*, London, Thousand Oaks, New Delhi: Sage, 1995.
Flichy, P. 'The construction of new digital media', *New Media and Society* 1.1 (1999): 33–38.
Foucault, Michel *The Archaeology of Knowledge*, London: Tavistock, 1972.
Frasca, Gonzalo 'Simulation Versus Narrative: An Introduction to Ludology', in *The Video Game Theory Reader*, eds Mark J. P. Wolf and Bernard Perron, London: Routledge, 2003, pp. 221–235.
Gane, Mike *Baudrillard: critical and fatal theory*, London: Routledge, 1991.
Gauntlett, David *Media Studies 2.0* (2007) http://www.theory.org.uk/mediastudies2-print.htm
Genosko, Gary *McLuhan and Baudrillard: the masters of implosion*, London: Routledge, 1998.
Gershuny, J. 'Postscript: Revolutionary technologies and technological revolutions', in *Consuming Technologies: Media and Information in Domestic Spaces*, eds R. Silverstone and E. Hirsch, London and New York: Routledge, 1992.
Gibson, W. *Neuromancer*, London: Grafton, 1986.
Giddings, Seth 'Dionysiac machines: videogames and the triumph of the simulacra', *Convergence*, 12(4) (2007): 419–443
Goldberg, K. 'Virtual reality in the age of telepresence', *Convergence* 4.1 (1998): 33–37.
Greenberg, Clement 'Modernist painting' in *Modern Art and Modernism: a critical anthology*, eds Francis Frascina and Charles Harrisson, London: Harper & Row, [1961] 1982.
Gunning, Tom 'Heard over the phone: the lonely villa and the De Lorde tradition of the terrors of technology', *Screen* 32.2 (1991): 184–196.
Hacking, Ian *The Social Construction of What?* Cambridge, Mass: Harvard University Press, 1999.
Hall, S. 'Television as a Medium and its Relation to Culture', Occasional Paper No. 34, Birmingham: The Centre for Contemporary Cultural Studies, 1975.
Hanhardt, J. G. *Video Culture*, Rochester, N.Y.: Visual Studies Workshop Press, 1986.
Haraway, Donna J. *Primate Visions. Gender, Race and Nature in the World of Modern Science*, London: Verso, 1989.
Haraway, Donna *Simians, Cyborgs and Women: the reinvention of nature*, London: Free Association, 1991.
Harrigan, P. and Wardrip-Fruin, N. eds *First Person, New Media as Story, Performance and Game*, Cambridge, Mass.: MIT Press, 2003.
Harrison, C. and Wood, P. *Art in Theory: 1900–1990*, Oxford and Cambridge, Mass.: Blackwell, 1992.
Harvey, D. *The Condition of Postmodernity*, Oxford: Blackwell, 1989.
Hayles, N. Katherine 'Virtual bodies and flickering signifiers', in *How We Became Post-Human*, ed. N. Katherine Hayles, Chicago and London: University of Chicago Press, 1999.
Heim, Michael 'The erotic ontology of cyberspace', in *Cyberspace: the first steps*, ed. Michael Benedikt, Cambridge, Mass.: MIT Press, 1991.
Heim, Michael *The Metaphysics of Virtual Reality*, New York and Oxford: Oxford University Press, 1993.
Holzmann, Steve *Digital Mosaics: the aesthetics of cyberspace*, New York: Simon and Schuster, 1997.
Huhtamo, Erkki 'From cybernation to interaction: a contribution to an archeology of interactivity', in *The Digital Dialectic*, ed. P. Lunenfeld, Cambridge, Mass.: MIT Press, 2000.
Jameson, Fredric *Postmodernism, or the cultural logic of late capitalism*, London: Verso, 1991.
Jenkins, H. *Interactive Audiences? The 'Collective Intelligence' Of Media Fans* (2002) http://web.mit.edu/cms/People/henry3/collective%20intelligence.html
Jensen, Jens F. 'Interactivity – tracking a new concept in media and communication studies', in *Computer Media and Communication*, ed. Paul Mayer, Oxford: Oxford University Press, 1999.
Joyce, Michael *Of Two Minds: hypertext pedagogy and poetics*, Ann Arbor: University of Michigan, 1995.
Kapp, Ernst *Grundlinien einer Philosophie des Technik. Zur Entstehungsgeshichte der Kultur ans neuen Gesichtspunkten* [Outlines of a Philosophy of Technology: new perspectives on the evolution of culture], Braunschweig: Westermann, 1877.

Kay, Alan and Goldberg, Adele 'Personal dynamic media', *Computer*, 10 March 1977.
Kay, Alan and Goldberg, Adele 'A new home for the mind', in *Computer Media and Communication*, ed. P. Mayer, Oxford: Oxford University Press, 1999.
Kellner, Douglas *Jean Baudrillard: from Marxism to postmodernism and beyond*, Cambridge: Polity Press, 1989.
Klastrup Lisbet *Paradigms of interaction conceptions and misconceptions of the field today* (2003) (http://www.dichtung-digital.com/2003/issue/4/klastrup/)
Kroker, Arthur *The Possessed Individual*, New York: Macmillan, 1992.
Lakatos, Imre *Criticism and the Growth of Knowledge*, Cambridge: Cambridge University Press, 1970.
Landow, George *Hypertext: the convergence of contemporary literary theory and technology*, Baltimore, Md.: John Hopkins University Press, 1992.
Landow, George ed. *Hyper/Text/Theory*, Baltimore, Md.: Johns Hopkins University Press, 1994.
Landow, George and Delaney, Paul eds *Hypermedia and Literary Studies*, Cambridge, Mass.: MIT Press, 1991.
Latour, Bruno *We Have Never Been Modern*, trans. Catherine Porter, Hemel Hempstead: Harvester Wheatsheaf, 1993.
Latour, Bruno *Pandora's Hope: Essays on the Reality of Science Studies*, Cambridge, Mass.: Harvard University Press, 1999.
Latour, Bruno and Woolgar, Steven *Laboratory Life. The Social Construction of Scientific Facts*, London: Sage, 1979.
Latour, B. 'Alternative digitality' at: http://www.bruno-latour.fr/presse/presse_art/GB-05%20DOMUS%2005-04.html
Levinson, Paul, *Digital McLuhan*, London: Routledge, 1999.
Lévy, Pierre 'The aesthetics of cyberspace', in *Electronic Culture*, ed. T. Druckrey, New York: Aperture, 1997.
Lévy, Pierre *Collective Intelligence: Mankind's Emerging World in Cyberspace*, Cambridge: Perseus, 1997.
Lévy, Pierre *Becoming Virtual: Reality in the Digital Age*, New York: Perseus, 1998.
Licklider, J. C. R. 'Man computer symbiosis' in *Computer Media and Communication*, ed. Paul Mayer, Oxford: Oxford University Press, 1999.
Licklider, J. C. R. and Taylor, R. W. 'The computer as communication device', in *Computer Media and Communication*, ed. Paul Mayer, Oxford: Oxford University Press, 1999.
Lister, M. 'Introductory essay', in *The Photographic Image in Digital Culture*, London and New York: Routledge, 1995.
Lister, M., Dovey, J., Giddings, S., Grant, I. and Kelly, K. *New Media: A Critical Introduction*, (1st edn), London and New York: Routledge, 2003.
Lunenfeld, Peter 'Digital dialectics: a hybrid theory of computer media', *Afterimage* 21.4 (1993).
Lury, Celia 'Popular culture and the mass media', in *Social and Cultural Forms of Modernity*, eds Bocock and Thompson, Cambridge: Polity Press and the Open University, 1992.
Mackay, H. and O'Sullivan, T. eds *The Media Reader: continuity and transformation*, London, Thousand Oaks (Calif.), New Delhi: Sage, 1999.
MacKenzie, Donald and Wajcman, Judy *The Social Shaping of Technology*, Buckingham and Philadelphia: Open University Press, 1999.
Manovich, Lev *The Language of New Media*, Cambridge, Mass.: MIT Press, 2001.
Marvin, C. *When Old Technologies Were New*, New York and Oxford: Oxford University Press, 1988.
Marx, Karl *Grundrisse*, trans. Martin Nicolaus, Harmondsworth: Penguin, [1857] 1993.
Mayer, Paul *Computer Media and Communication: a reader*, Oxford: Oxford University Press, 1999.
Maynard, Patrick *The Engine of Visualisation*, Ithaca, N.Y.: Cornell University Press, 1997.
McCaffrey, Larry ed. *Storming the Reality Studio: a casebook of cyberpunk and postmodernism*, Durham, N.C.: Duke University Press, 1992.
McLuhan, Marshall *The Gutenberg Galaxy: the making of typographic man*, Toronto: University of Toronto Press, 1962.
McLuhan, Marshall *Understanding Media: the extensions of man*, Toronto: McGraw Hill, 1964.
McLuhan, Marshall *Understanding Media*, London: Sphere, 1968.
McLuhan, Marshall *Counterblast*, London: Rapp and Whiting, 1969.
McLuhan, M. and Carpenter, E. 'Acoustic space', in *Explorations in Communications*, eds M. McLuhan and E. Carpenter, Boston: Beacon Press, 1965.
McLuhan, Marshall and Fiore, Quentin *The Medium is the Massage: an inventory of effects*, New York, London, Toronto: Bantam Books, 1967a.
McLuhan, Marshall and Fiore, Quentin *War and Peace in the Global Village*, New York, London, Toronto: Bantam

Books, 1967b.
Meek, Allen 'Exile and the electronic frontier', *New Media and Society* 2.1 (2000): 85–104.
Merrin, W. *Media Studies 2.0 My Thoughts* (2008) http://mediastudies2point0.blogspot.com/
Miller, J. *McLuhan*, London: Fontana, 1971.
Mitcham, Carl *Thinking Through Technology*, Chicago: University of Chicago Press, 1994.
Mitchell, W. J. *The Reconfigured Eye*, Cambridge, Mass.: MIT Press, 1992.
Mirzoeff, N. *An Introduction to Visual Culture*, London and New York: Routledge, 1999.
Moody, Nickianne 'Interacting with the divine comedy', in *Fractal Dreams: new media in social context*, ed. Jon Dovey, London: Lawrence and Wishart, 1995.
Morley, David *The Nationwide Audience*, London: British Film Institute, 1980.
Morse, Margaret *Virtualities: television, media art, and cyberculture*, Bloomington: Indiana University Press, 1998.
Moulthrop, Stuart 'Toward a rhetoric of informating texts in hypertext', *Proceedings of the Association for Computing Machinery*, New York, 1992.
Moulthrop, Stuart 'From Work to Play: Molecular Culture in the Time of Deadly Games', in *First Person: New Media as Story, Performance and Game*, eds P. Harrigan and N. Wardrip-Fruin, Cambridge, Mass. and London: MIT Press, 2004.
Murray, Janet *Hamlet on the Holodeck – The Future of Narrative in Cyberspace*, Cambridge, Mass. and London: MIT Press, 1997.
Nelson, Ted 'A new home for the mind' [1982], in *Computer Mediated Communications*, ed. P. Mayer, Oxford: Oxford University Press, 1999.
Norman, Donald A. *The Design of Everyday Things*, New York: Basic Books, 2002.
Ong, W. *Orality and Literacy*, London and New York: Routledge, 2002.
Penny, Simon 'The Darwin machine: artifical life and interactive art', *New Formations*, TechnoScience 29.64 (1966): 59–68.
Penny, Simon *Critical Issues in Electronic Media*, New York: SUNY Press, 1995.
Poster, Mark *The Mode of Information*, Cambridge: Polity Press, 1990.
Poster, Mark 'Underdetermination', *New Media and Society* 1.1 (1999): 12–17.
Prensky, Marc *Digital Games Based Learning*, New York: McGraw-Hill, 2001.
Ragland-Sullivan, Ellie 'The imaginary', in *Feminism and Psychoanalysis: a critical dictionary*, ed. E. Wright, Oxford: Basil Blackwell, 1992.
Rheingold, Howard *Virtual Worlds*, London: Secker and Warburg, 1991.
Rieser, M. and Zapp, A. eds *Interactivity and Narrative*, London: British Film Institute, 2001.
Rieser, M. and Zapp, A. eds *New Screen Media: Cinema/Art/Narrative*, London: British Film Institute, 2002.
Ritchen, Fred *In Our Own Image: the coming revolution in photography*, New York: Aperture, 1990.
Robins, K. 'Into the image', in *PhotoVideo: photography in the age of the computer*, ed. P. Wombell, London: River Orams Press, 1991.
Robins, K. 'Will images move us still?', in *The Photographic Image in Digital Culture*, ed. M. Lister, London and New York: Routledge, 1995.
Robins, Kevin *Into the Image: Culture and Politics in the Field Of Vision*, London and New York: Routledge, 1996.
Rubinstein, D. and Sluis, K. 'A Life More Photographic', in *Photographies*, Vol. 1, Issue 1, March 2008, pp. 9–28.
Rucker, R., Sirius, R. V. and Queen, M. eds *Mondo 2000: A User's Guide to the New Edge*, London: Thames and Hudson, 1993.
Ryan, M.-L. *Possible Worlds, Artificial Intelligence, and Narrative Theory,* Bloomington and Indianapolis: Indiana University Press, 1991.
Ryan, M.-L. *Narrative as Virtual Reality: Immersion and Interactivity in Literature and Electronic Media*, Baltimore, Md.: Johns Hopkins University Press, 2001.
Sabbah, Françoise 'The new media', in *High Technology Space and Society*, ed. Manuel Castells, Beverly Hills, Calif.: Sage, 1985.
Sardar, Ziauddinn *Thomas Kuhn and the Science Wars*, London: Icon, 2000.
Sarup, M. *Post-structuralism and Postmodernism*, Hemel Hempstead: Harvester Wheatsheaf, 1988.
Schivelbusch, Wolfgang *The Railway Journey: the industrialisation of time and space in the 19th century*, Berkeley

and Los Angeles: University of California Press, 1977.
Schultz, Tanjev 'Mass media and the concept of interactivity: an exploratory study of online forums and reader email', *Media, Culture and Society* 22.2 (2000): 205–221.
Shapin, S. *The Scientific Revolution*, Chicago: University of Chicago Press, 1996.
Shields, R. *The Virtual*, London and New York: Routledge, 2003
Silverstone, Roger *Why Study the Media*, London, Thousand Oaks (Calif.) and New Delhi: Sage, 1999.
Slack, Jennifer Daryl and Wise, J. Macgregor 'Cultural studies and technology', in *The Handbook of New Media*, eds Leah Lievrouw and Sonia Livingstone, London: Sage, 2002, pp. 485–501.
Spiegel, Lynn *Make Room for TV: television and the family ideal in postwar America*, Chicago: University of Chicago Press, 1992.
Stafford, Barbara Maria *Artful Science: enlightenment entertainment and the eclipse of visual education*, Cambridge, Mass. and London: MIT Press, 1994.
Stearn, G. E. *McLuhan: hot and cool*, Toronto: Signet Books, 1968.
Steemers J, 'Broadcasting is dead, long live digital choice', *Convergence* 3.1 (1997).
Stevenson, Nick *Understanding Media Cultures: social theory and mass communication*, London: Sage, 1995.
Stone, Roseanne Allucquere 'Will the real body please stand up', in *Cyberspace: First steps*, ed. Michael Benedikt, Cambridge, Mass. and London: MIT Press, 1994.
Stone, Rosanne Allucquere *The War of Desire and Technology at the Close of the Mechanical Age*, Cambridge, Mass.: MIT Press, 1995.
Strinati, Dominic 'Mass culture and popular culture and The Frankfurt School and the culture industry', in *An Introduction to Theories of Popular Culture*, London and New York: Routledge, 1995.
Tagg, J. *The Burden of Representation*, London: Macmillan, 1998.
Taylor, M. C. and Saarinen, E. *Imagologies: media philosophy*, London and New York: Routledge, 1994.
Theal, Donald *The Medium is the RearView Mirror*, Montreal and London: McGill-Queens University Press, 1995.
Thompson, J. B. *The Media and Modernity: a social theory of the media*, Cambridge: Polity Press, 1971.
Wakefield, J. *Turn off e-mail and do some work* (2007) http://news.bbc.co.uk/1/hi/technology/7049275.stm
Weibel, Peter 'The world as interface', in *Electronic Culture*, ed. Timothy Druckrey, New York: Aperture, 1996.
Williams, Raymond *The Long Revolution*, London: Penguin, 1961.
Williams, R. *Television, Technology and Cultural Form*, London: Fontana, 1974.
Williams, R. *Keywords: a vocabulary of culture and society*, Glasgow: Fontana, 1976.
Williams, R. *Marxism and Literature*, Oxford: Oxford University Press, 1977.
Williams, R. *Culture*, London: HarperCollins, 1981.
Williams, R. *Towards 2000*, Harmondsworth: Penguin, 1983.
Williams, R. 'Means of production', in *Culture*, London: Fontana, 1986.
Winner, Langdon *Computers in the human context: information technology, productivity, and people*, Cambridge Mass.: MIT Press, 1989.
Winston, Brian 'The case of HDTV: light, camera, action: Hollywood and Technology', in *Technologies of Seeing: photography, cinematography and television*, London: BFI, 1996.
Winston, B. *Media, Technology and Society: a history from the telegraph to the internet*, London and New York: Routledge, 1998.
Woolley, B. *Virtual Worlds: A Journey in Hype and Hyperreality*, Oxford and Cambridge, Mass.: Blackwell, 1992.
Woolgar, S. 'Configuring the User: The Case of Usability Trials' in *A Sociology of Monsters. Essays on Power, Technology and Domination*, ed. J. Law, London: Routledge, 1991.
Youngblood, Gene 'A medium matures: video and the cinematic enterprise' in *Ars Electronica Facing the Future*, ed. T. Druckrey, Cambridge, Mass. and London: MIT Press, 1999.

第二章　新媒体与视觉文化

2.1　虚拟现实(VR)怎么了？

威廉·吉普森在他1984年的小说《神经漫游者》(*Neuromancer*)中杜撰了“网络空间”这个词语，并为沉浸式的虚拟世界提供了开创性的愿景。大约23年后，在他2007年的最新小说《幽灵山村》(*Spook Country*)中，女主人公霍利斯(由一名前卫的摇滚乐队前成员变成了数字艺术记者)采访了一个在洛杉矶从事GPS和电脑仿真的艺术家：

> “这是什么，阿尔贝托？我们在这要看什么？”当他们到了角落，霍利斯问道。他跪下，打开箱子。里面垫着泡沫块。他从中拿出一些东西，霍利斯起初误以为那是焊接工的防护面具。“戴上它”，他递给霍利斯。那是一个带帽檐的软垫头带。“虚拟现实？”她已经好多年没听到这个词语被大声说出来，她想到了，便脱口而出。“这个软件落伍了，”阿尔贝托说道，“但至少我能承担得起它。”
>
> (Gibson 2007: 7)

在吉普森最新的小说中，“虚拟现实(VR)”已经变成了回忆。曾经最为先进

The Daily Telegraph
WEEKEND
DAWN OF ANOTHER WORLD

【图2.1】《每日电讯报》头条:《另一个世界的黎明》

【图2.2】任天堂Wii游戏机(图片由法新社/盖蒂图片社提供)

的未来装置被认为是笨拙的焊接工的面具,只有像艺术家阿尔贝托才会在意,即便软件本身有些瑕疵。

2007年,网络文化领域的先锋杂志*Mondo 2000*的前任主编西瑞斯(R. U. Sirius) 在他的博客"十只禅宗猴子" (10zenmonkies)上写下了一篇博文,回忆当年被虚拟现实(VR)唤起的兴趣和激动。带着些许的难以置信,他回忆道,在20世纪90年代早期出现的数字文化中,与他人在三维世界互动交流的可能性被视为网络创新的焦点。他写道:

> 三维世界是通过头盔显示器进入的。这种理念就是将网络用户身临其境置于电脑创造的世界中,在那里,他可以在一个异次元空间的现实中走来走去,观察、聆听在其中发生的事情,同时拥有身处另一个世界的感受。眼睛是进入这些异世界的主要器官,尽管触觉、动作和声音也发挥作用。

接着,他观察到在《第二人生》(*second life*)中广受欢迎的虚拟世界对于未来的预测过于"畏首畏尾" (http://www.10zenmonkeys.com/2007/03/09/whatever-happened-tovirtual-reality/)。

2001—2002年,该书发行第一版,人们对于虚拟现实的兴趣还颇为浓厚,我们概述了虚拟现实的历史,讨论了与之相关的争辩(Lister *et al.* 2003: 107-124)。那时,我们能够提出一些问题,例如虚拟现实的未来生命力(viability)、虚拟现实作为"媒介"载体,并指出一些需要进一步思考的相关因素。我们认为,需要进一步深入分析以便了解虚拟现实技术发展中的及其所使用的社会环境(见下框:"虚拟现实是一种新媒介吗?")。

在虚拟现实中,我们有一个"新媒体"的案例(或者至少是个候选案例)。这个例子曾像互联网一样吸引人,但又不像互联网和万维网,似乎没有实现传递的效果(尽管很多被传递的东西让人失望)。然而,纵观20世纪90年代,没有什么能像"虚拟现实"那样调动技术人员、记者、艺术家、电影导演或者学者们的心灵与想象。我们要如何解释这种兴趣的减退,亦或虚拟现实在新媒体短暂历史中的"起落"呢?

站在我们今天的立场看,我们可以重新审视我们在2001—2002年作的分析。20世纪80年代到90年代,民粹主义的鼓吹、广泛的实验、频繁的会议和艺术家项目,各种对虚拟现实的探索是如此狂热,而今却已然衰落。除了我们在最初的分析(《虚拟现实是一种新媒介吗?》)中给出的原因外,显然,对虚拟现实的狂热是这一时期愉快的技术乌托邦期望的一部分,同时,将电脑的反文化和新自由主义的硅谷企业家精神融为一体——2000年互联网泡沫时,这一阶段戛然而止(见**3.10**)。

在这个情境下,虚拟现实又回到它出现的地方——军事工业生产基地的实验室，研究和开发稳步发展。例如，美国宇航局艾姆斯氏研究中心(Ames Research Centre)的高端显示和空间知觉实验室的首席研究员斯蒂芬·埃利斯(Stephen Ellis)解释道，“20世纪80年代的技术不够成熟”。他认为，早期大量的研究和活动是不成熟的，因为想象力远远超出了硬件和软件的可及性，而且人们对于人类感官会如何应对身体沉浸虚拟空间了解得非常之少。如今，随着电脑提速，配件设施更加轻便，可以开展对知觉生物学和心理学的更深入研究，虚拟现实的研究将被更新，可以开展更为严肃的研究(http://science.nasa.gov/headlines/y2004/21jun_vr.htm)。

研究不仅在美国宇航局进行着，而且在美国国防部高级研究计划局虚拟现实国家研究中心、美国空军科学研究办公室和其他军事/工业研究中心也进行着(Grau 2003: 22)。

虚拟现实是一种新媒介吗？

当“沉浸式虚拟现实”已经被视为一种“媒介”，我们需要谨慎。将虚拟现实看作是一种主要技术(或技术集合)[①]可能更准确，即因各种推测的原因带来的发展和投资阶段。

然而，这一技术是否称得上是视觉的“媒介”，在更为广泛接受的社会意义上还是有争议的。重要的是，媒介是一系列社会的、制度的和美学的(以及技术的)安排以便承载和传递信息、观点、文字和图片。沉浸式虚拟现实并非牢牢地立足于分配、展示或使用的制度体系，由于这个原因，我们很难将其定义为完全社会意义上的媒介。媒介的意义多于承载它的技术，媒介还是一种实践。它是一种基于原材料(无论是文字、图片材料还是数字化模拟媒体)的技术工作，运用惯例、结构和符号系统制造意义、传达想法、构建经验。在这个意义上，我们必须跳出虚拟现实是不是一个媒介来思考问题。或者，换言之，虚拟现实将像收音机、电影或电视一样成为社会传播和表现的方式[②]。我们已经简要讨论了斯通(Stone)的观点，即沉浸式或仿真的虚拟现实在未来将与其他网络形式融合，成为一种新的、引人注目的媒介(1.2.2)。这里想强调的是，无论是有远见的推理还是纯粹的技术潜力本身都不足以保证媒介事实上将成为技术的产物。

① 将虚拟现实作为单一技术是不可信的。希利斯(Hillis 1996: 70)问道，有什么东西可以将虚拟现实与电视、电话区分开吗？它是因拼凑、想象、延伸而来的。

② 然而，这并不意味着媒介已被定义为一种中性的概念。无论我们是否接受马歇尔·麦克卢汉(Marshall McLuhan)的“媒介即信息”的观点，媒介从来都不能和它所承载的信息或内容分离，它构成、塑造、接收或驳回意义。

媒介即技术的社会发展

在此，带着对传播媒介的兴趣，我们直接进入布莱恩·温斯顿(Brian Winston)1999年编著的《媒介、技术和社会：从电报到互联网的历史》，书中记录了大量历史细节。在他的研究基础上，温斯顿构建并检验了潜在的传播技术或“媒介”传递的阶段。简而言之，它们包括：

1. 首先，社会整体的科学能力达到一定的基础，进而某种技术才是可行的。这是技术可能性的先决条件。

2. 其次，是“构思过程”，这时，通过现有科技能力将想法和概念转变为技术实施——通常不是靠一个有灵感的个体，而是靠一群人，他们可能散在各地但相互支持。这可能推动原型建构，但是，这仅仅是有潜力的示范，虽然有社会群体愿意投资并将其付诸实现，但它还没有被广为接受并视为有用的技术。

3. 再次，技术发明阶段。发明，从这点上看，显然不是一个原始设想、一个前所未有的灵感或者偶然喊了声“有了”。在这个阶段，技术已然存在，不再只是个想法，通过了原型阶段，社会大众普遍认为它是必需的且有用的。

这些阶段之间并非顺利过渡。温斯顿的研究表明无法保证技术成功地通过每个阶段，直至社会认可、实现与应用。除非有明显的社会目的或需求，否则原型无法变为发明。而且，甚至会被“压制”。技术发展的历史上充满了这样的案例，虽然原型存在，但是缺乏社会需求或商业利益。也有案例表明，技术被发明了两次，比如电报。第二次“发明”的成功是因为认识到当时社会对其有需求。第一次的发明虽然可能，但又多余，即“过于超前”(Winston 1999: 5)。

虚拟现实的发展是一个复杂的且不稳定的光谱①。自20世纪50年代起，一些高校设立“蓝天”研究(blue sky)，与军事-工业领域对飞机模拟器和训练器的研究、相关的经济和文化活动紧密相连。后来，20世纪80年代后期，虚拟现实开始承担类似于媒介产业，高度聚焦文化价值的责任。关于互联网的虚拟空间，我们必须谨记它是“由社区汇合设计，这些社区似乎各不相同——如全球各地的冷战防御部门、反文化的电脑、编程工程师社区、高校科研机构，互联网的基本结构设计是用来抵御核进攻”(Hulsbus 1997)。沉浸式虚拟现实的历史可以追溯到大约1989年的计算机绘图专业组会议，基本的实验可上溯到伊万·萨瑟兰在20世纪60年代的实验(Coyle 1993: 152; Woolley 1992: 41)。

① 参见1.3改变与延续。

虚拟现实的社会可行性

用温斯顿的观点看，我们大概可以说，现在，沉浸式虚拟现实的混合技术似乎正在原型的再创和原创之间反复摇摆。虚拟现实偶然进入生活（通常不会多于1到2个小时），通常出现在著名的艺术、媒介节日和商业展示会上。这些事件或展览都是独特且短暂的。制造“最先进的”虚拟空间和环境是技术密集型的，因此，在军事–工业领域外，这种实施受限于转瞬即逝的机遇，在现实的时空中通常为那些想要参与的人提供昂贵的交通、维护费用。具有讽刺意味的是，如果观察者或使用者想要进入“虚拟”现实，他们不得不在一个现实世界中占据明确的（并且昂贵的）机构或职位。

案例研究2.1：虚拟现实、艺术和技术

1994年在加拿大班芙艺术中心(Banff Centre for Arts)举办的“艺术和虚拟环境项目”负责人道格拉斯·麦克劳德(Douglas MacLeod)说道，一群艺术家和技术专家花费了两年集中且具有开创性的时间，才完成一系列的虚拟现实项目。考虑项目的实际规模，麦克劳德写道，“这就好像在两年内边发掘歌剧的想法，边上演9场不同的歌剧”。基于这样巨大的努力也仅仅为“这个媒介会是怎样”提供了建议，他担心这些工作不会再出现：“一些项目想要重新上马简直太复杂。而在其他案例中，艺术家和程序员分块工作，运用具体的知识来进一步组合和安装是个特定的工作。”(Moser and MacLeod 1996: xii; 也参见Morse 1998: 200)

从空间和地理分布上看，虚拟现实很有可能比摄影和批量复制前的手绘图更珍贵。在虚拟现实方面受欢迎的一个作品(Rheingold 1991)体验起来像个人在高校科研机构、主要跨国娱乐和通信公司的研发部门间的环球旅游，如北卡罗来纳大学、京都关西科学城、马萨诸塞州美国宇航局、麻省理工学院、日本筑波、美国海军陆战队在火奴鲁鲁的研究设施、发明家在圣塔莫妮卡的房子、在加利福尼亚硅谷的公司、在法国格勒诺布尔的计算机科学实验室(Rheingold 1991: 18–19)。这些地方几乎不是公开或半公开新媒体消费的场所。

极少人可以参观这些昂贵的设备、排他的机构，所以虚拟现实实验作为一种媒介在社会意义上是怎样的？虚拟现实最普遍的形式是游戏室中的“射击游戏”的简装版。当虚拟现实的类型可能具有社会、文化重要意义时，它仅仅与我们即将见到的虚拟现实倡导者的承诺相符合。除了商业游戏厅、主题公园、高校或企业研究部门外,我们中的大部分人很难接触到沉浸式虚拟现实。

我们将这种情形与个人电脑的普遍性比较,可以说,个人电脑是用于"娱乐、人际交往、自我表达以及获取各种信息",因此,"电脑正在被作为媒介使用"(Mayer 1999: xiii)。这种使用已经形成了清晰的类型、制度框架(服务提供方、用户群、软件使用培训)以及消费模式(浏览、潜水、打游戏、参与在线社区、网络和新闻组)。很难总结沉浸式虚拟现实的共通点。虚拟现实作为原技术的重要性肯定是体现在其他方面。在此,我们将讨论,解决制作和接收图片的历史实践以及视觉的、相关听觉的和触觉体验的技术条件存在隐藏的挑战。然而,因同样的理由,沉浸式虚拟现实不是一个普遍可及的经验,因此对这类观点的依据需小心求证。

2.2 虚拟和视觉文化

笨重的"头盔组件"可能已经衰落了,但是任天堂公司(Nintendo)之后推出的Wii游戏机(图2.2)的发明使得玩家们在家中完全可以适应虚拟的网球场或棒球场的即时和协同感,像运动员一样旋转、冲刺。所有这些例子可能不如(在R.U.西瑞斯看来是"束手束脚"的)"头盔显示器"所承诺的沉浸和仿真感或洞穴环境的虚拟现实来得那么真实①。

虽然如此,它们为我们提供了视觉体验(有时是触觉体验),构成了"虚拟的"描述。在过去20年左右,影响如何被制作方式、我们获取和使用它们的方式以及我们与它们的关系,都发生了一些引人注目的变化。当我们戴着老式耳机和复古的数据库手套时,当我们不能沉浸于虚拟世界时,并不意味着虚拟(作为体验的一种特性或模式)没有成为视觉文化的重要特征之一。

尽管虚拟现实在倒退,但它仍然很重要,因为虚拟(如在虚拟"世界""空间""环境")充斥着当代媒介和视觉文化。我们需要思考视频游戏使人身临其境的质量,运用一个机动的第一人称或选取一个网络替身,两者均能让我们投射并进入游戏世界。

IMAX电影丰富了我们的视野;电视台的特效和仿真新闻工作室有它们广深

① 见赫姆(Heim, 1994: 65–77)之论述。他讨论了头盔式显示器类型的虚拟现实与洞穴类虚拟现实之间深刻的区别。所谓洞穴类虚拟现实指的是身体不受头盔与耳机的束缚,可以在"环绕屏幕"投影范围内移动。

【图2.3】索尼游戏机Playstation 3:“虚拟网球”电子游戏(电脑产生图像,带有“摄影”背光和景深)

的空间和光鲜的表面(被真实的新闻广播员占据)(**见图2.4和2.5**);在录制的节目中,总在展现城市商场或中心的符号或影像,它们既在那里,又消失了(或有意消失),没有实体建筑支撑(**见图2.6**);另外,无处不在的摄像头网络监控着公共空间、在线影像库、虚拟美术馆等网络。

将虚拟现实视为一种客体去思考

蓬勃发展的虚拟现实依然保留了一个可供更多社会分配的虚拟形式的范式。它是一个发散性客体例子——一个需要进一步思考的客体(Crary 1993: 25-66)。借由它,我们拥有了一系列的经验,并对现实的本质、洞察力、形体化、表现与拟像提出问题。在18世

【图2.4】2006年英国独立电视台的虚拟新闻直播间

【图2.5】2005年英国独立电视台报道选举的虚拟摄影棚

【图2.6】克里斯·克兹(Chris Kitze),纽约,出自2008年《电子图像》。PowerHouse文化娱乐股份有限公司。

纪,“暗箱”就是这样一个客体,亦或像19世纪中叶的电影放映机(Metz 1975)。

如今,我们主要将暗箱看作是一种工具性技术、摄影机和数码相机的前身,被画家和制图员当作一种辅助工具,用来提取符合透视法的图像。然而,克拉里(Crary)认为,我们之所以会如此倾向于用这些术语来看待暗箱,是因为艺术史学家这样做。他认为,纵观18世纪,暗箱的主要应用并不是工具性的,也没有用于制作影像。更频繁的是,它通常被人们(特别是哲学家和自然科学家)所拥有,用于模拟哲学映像、思考视觉感知和知识的本质。它提供了一种模型,提出了一些问题:如与外部世界的关系、眼睛和大脑之间关系(Crary 1993: 29)。这是一个实用模型,汇集交谈和论述的要点,更普遍地适用于理解感知过程和我们对视觉世界的体验。两者似乎有类似的功能,相隔约两个半世纪,它们推动了人们对视觉、具体化和经验本质的深入推想。虚拟现实弥散的状态也受它在其他媒介(电影、电视、小说、漫画)中表征的影响,我们可能称其为“矩阵因子”,而不是常见的一手经验和运用(Hayward 1993; Holmes 1997)。

如今,“虚拟”在媒介文化中是一个主要的修辞或主题。这一概念与其他概念,特别是仿真和沉浸有密切关系。与此同时,与影像研究相关的其他的和旧有的概念,包括表征、幻觉、模仿,甚至图画、复制、虚构,被引入虚拟领域。在此过程中,这些旧有概念相对明确的定义变得不稳定。我们特别注意到,目前对现实与表征、仿真与表征以及观望、凝视与沉浸之间的联系或区别的描述并不清晰。

2.3 数字虚拟

伴随着早期对人机互动设计的实验,即人与机器的相互作用,数字“虚拟”有效地进入了视觉文化。“虚拟现实”早期形式为消除在用户和电脑之间产生或储存的图像、信息和内容提供了一个界面。

无需电脑屏幕、键盘和鼠标的残留形式(电视、打字机和机械控制的后遗症)

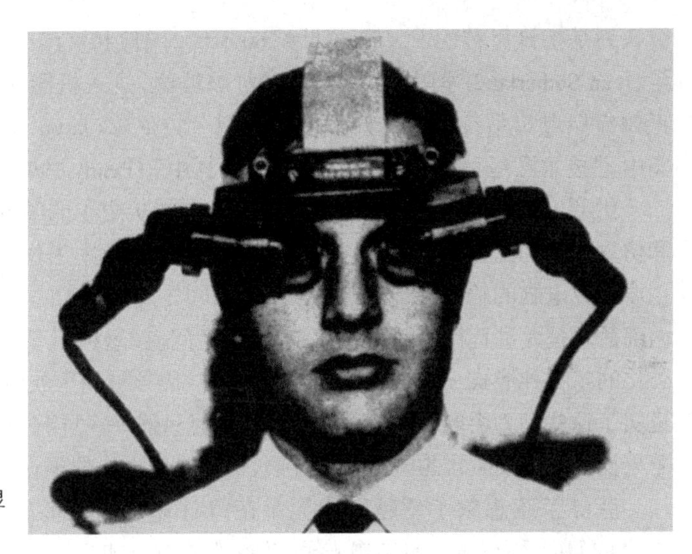

【图2.7】萨瑟兰的头盔显示器

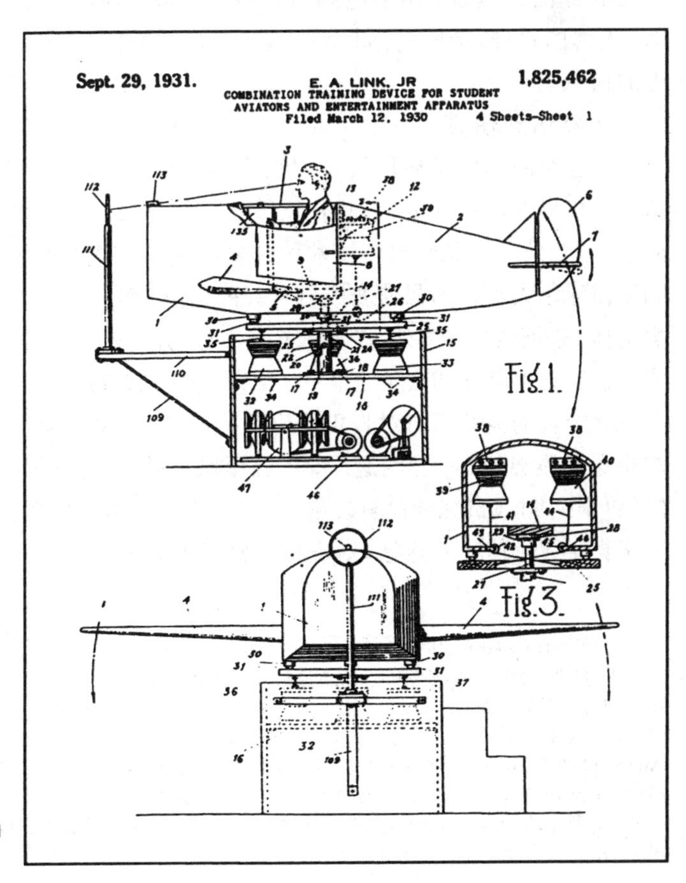

【图2.8】日本国有铁路的环形组合设备

被认为是指日可待的①。在20世纪60年代，图像和沉浸式计算机鼻祖伊万·萨瑟兰(Ivan Sutherland) 指出，我们应该“打破玻璃，进入机器内部”(Hillis 1996)。或者正如虚拟现实系统近期的开发者贾瑞恩·拉尼尔(Jaron Lanier)的观点：在虚拟现实中，“技术已经消失”，因为“我们身在其中”(Penny 1995: 237)②。

伊万·萨瑟兰是在虚拟现实的操作和概念历史上的关键人物，同时是电脑图像和仿真技术的开拓者。他曾在军事资助的研究项目中工作。在这一情境下，萨瑟兰主要研究电脑的输出可能运用什么符号形式，人机互动的形式是什么？鉴于电脑的内部活动是大量且持续的电脉冲流，萨瑟兰问道，这种无形活动的结果是如何产出或外化的？哪种形式——语言或符号系统——应该被用于展示这种计算结果？萨瑟兰证实了这些动力会转化成电子束，在视觉显示器——屏幕上是可见的。现在被用于苹果操作系统或微软的电脑图像界面，最初是出现在他现在著名的原型“画板”中。

萨瑟兰还想象了超越图像显示使得计算结果有形的可能性。他设想，运用恰当的算法和编程，如果电脑可以变小变快、加工一系列动力的任何信息，那么，人体的物理运动——甚至对运动的物质抵抗——同样可编码成电脑可以处理的信息。

从摹仿到仿真

萨瑟兰的灵感是环形飞行训练器的控制杆，即当逆风和气压下运动时，对模拟的飞机零部件的感觉，被机械反馈给飞行学员。在从事飞行模拟器发展的工作的基础上，萨瑟兰总结出在技术和数学领域的一些突破(Woolley 1992: 42–48)。他的工作显示人类行为如何变成可计算的信息，然后通过动力结构和传感器返回人类主体，进而告知或控制他们的下一步行为。这运用了图像和触觉形式，这种形式是控制论中电脑和人类之间的“反馈环”（见**5.1**）。

萨瑟兰的灵感来自对真正飞机的实证参考，从功能上讲完全没有必要复制它的机翼和尾翼，在萨瑟兰之后，飞机模拟器最终变成一个与世隔绝的环境，一个“黑匣子”，对飞机完全没有外部的、形态上的参考。但是这样一个“黑匣子”曾经带来真实飞行体验的感觉，对虚拟飞机产生更充分的影响，如程序化的天气变化、

---

① 见波特和格鲁茨(1999: 161–167) 将“虚拟现实”置于媒介之终结的视野下展开的讨论。

② 自第二次世界大战结束起，美国政府开始认真支持研究，旨在提高飞行模拟、计算弹道表、计算炮弹、炮弹的轨迹以确保射击准确。现代军事飞机的昂贵费用、对弹道计算的庞大需求推动了电子/数字计算的发展。这对计算的需求不是第一次威胁到人类快速制作列表数据的能力，从而驱使电脑的发展。见梅耶(Mayer 1999: 506)在《巴贝奇的差分机》(1854版)，机械计算机部分地回应了19世纪对海军导航的需求。伍利(Woolley 1992: 49)记录在20世纪40年代，单一导弹的60秒轨道用手工计算的话，将花费20个小时。第一代电子大型计算机ENIAC(1944)需要30秒。更多关于控制论的军事起源、随即产生的当代计算的内容请见第5部分。

引擎故障。这种对真正飞机的没有任何外部模拟参考模拟器，却可以模拟尚未建造的飞机或尚未运行的航班。更何况在环形训练舱上没有仿真的机翼或尾翼，没有可模仿的特殊飞机。在此，我们发现了摹仿与仿真之间的区别：在仿真（与摹仿或拟态相对立）模型中的定义在某种意义上领先于现实——扭转对“模型”建立预先存在的现实这一期待（详细讨论见 Woolley 1992: 42–44）。

这一区别很难把握。就目前而言，我们将满足于以下认识：将仿真和摹仿区分开来的是一种人工制品，这种人工制品是一种仿真（不是复制），体验起来好像真的一样，即使在仿真本身以外没有相应的事物。我们毕竟通过观看当今大片和电视广告中无缝插入电脑动画和特效，对这种模拟现实效果很熟悉。（更多关于“仿真”的内容见 **1.2.6** 及本章的后续内容。）

“头盔式三维显示”

这是1968年萨瑟兰发表的一篇科学论文的题目。该文事实上是介绍一款基于飞行模拟器运行原理生成的装置。他在此文中所表达出其概念上的转变，实则与阿兰·图灵（Alan Turing）把电脑设想成一个“通用”机器[①]的观点相似。萨瑟兰制造了一个包含基本的头戴显示的装备。头戴显示（HMD）的基本原理是“当用户移动时，为其呈现一幅透视影像”（Sutherland 1968: 757）。空间是头盔佩戴者所能看到的，随着他们头部移动而产生数学上的变化。它是由三维的笛卡尔网格组成，在挂在他们眼前的电视屏幕上实立体镜地呈现三个空间坐标内图像。

对萨瑟兰来说，这一装置没有类似于飞行模拟这种特殊目的。它是与电脑的视觉和触觉接触面，代替早期的穿孔卡片、键盘、光笔和屏幕。这种人机互动，不是在纸带上打孔或者出现在显示器上的二维可操作图形，而是基本的、空间的、视觉的、触觉的和动觉的。在我们对萨瑟兰工作的简要介绍中体现了在西方视觉文化历史中一个重要元素；空间的概念，尤其在西方艺术和科学的历史和文化——在直线坐标网格上好像萨瑟兰头盔显示的佩戴者[②]。

2.4　沉浸：一段历史

作为早期头盔显示器的发明者，伊万·萨瑟兰认为，它的用途与图像表征的

① “通用机”是图灵的术语，现在我们称之为“计算机”：没有专用目的的机器。他看出电脑的功能远远超过了数字计算器，它可能面向更广泛的任务——一种可以变成其他机器的机器。

② 在西方表现理论中，关于笛卡尔透视主义（Cartesian perspectivalism）之视界政体的讨论，可参见 Jay(1988)。

悠久传统相联。他希望他的系统计算并向用户呈现出“一幅具有移步换景的透视影像”(Sutherland 1968: 757)。头盔佩戴者所能看到的空间,能随着头部移动而发生变化,因为它是基于传统三维笛卡尔网格而进行视点预设的。然而,在20世纪90年代,随着虚拟现实的发展所带来的经验在视觉文化研究学者间广为人知,经验的新奇性和差异化而不是延续萨瑟兰的观念也更为强化了。再次强调的是,它是一种“在其中”的沉浸式体验,而非置身于被表现的影像之前的体验。“(在)虚拟现实中,电视一口就吞噬了观众”(Dery 1993),或者如玛格丽特·莫尔斯(Margaret Morse)所想,“虚拟现实好像穿越屏幕,进入‘电影’的虚构世界,进入某个虚拟环境,它好像‘能够走过某人的电视或电脑,走过尽头或漩涡,进入符号的三维场域’”(1998: 181)。事实上,莫尔斯总结道,虚拟现实可能预示着传统形式的终结,而不是延续,“可以被认为是文艺复兴之空间的苟延残喘”。虚拟现实的用户也是观众,他们的视点是“位于影像投影之中,从单眼视角、静止视角转换为三维空间移动的能动性”(1998: 182)①。

乔纳森·克拉里(Jonathan Crary)也认识到虚拟现实的历史中断,好像“大批电脑图像技术引发制造视觉‘空间’的植入”。它们产生的影像与电影、摄影、电视不同(它们不能在镜头前复制现实),他认为它们引发了视觉文化的转变,“这一突破更意义深远,远胜于文艺复兴透视学从中世纪影像中剥离出来”。传统割裂是“从人类观察者角度对分离出来的平面的重置视觉”,代替“大部分的人眼的历史性的重要功能”(1993: 1–2)。但是,另一些评论员、科学家和文艺学者认为,在虚拟现实中,我们见证了“视觉技术构建的巨大突破”(Hayles 1999: 38)。在这位社会学家看来,

> 在如今发生的无数的技术和文化转变中,已经出现了为理解当代社会的政治和道德困境可能提供的最实在的机会。虚拟现实和虚拟社区的到来,既作为更广泛的文化进程的比喻,也作为物质背景,开始搭建人体身体和人类交流框架。
>
> (Holmes 1997: 1)

支持所有这些对虚拟现实重要性的评估强调了它所提供的沉浸式体验,同时也是它从对空间位置的人眼的依赖到对机器和技术产出的产品的依赖的一种视觉转变。

这些试图描述虚拟现实的沉浸式体验均说明一个核心理念,即透过影像或图

① 可参见Morse(1998), Mirzoeff(1998), Heim(1993), Botler and Grusin(1999), Marchessault(1996), Nunes(1997), Hillis(1996)。

片表面进入表面描绘的特有空间。通常，这也被称为“逐步通过阿尔贝蒂之窗”。莱昂·巴蒂斯塔·阿尔贝蒂(Leon Battista Alberti)是15世纪早期的艺术理论家，他因为制定了用透视图法建构图形这个有影响力的方法而广受赞誉。在冒着过于简单化的风险下，我们可能会说阿尔贝蒂的方法奠定了整个图像表征的基础，延续了西方艺术，最终衍生出照相机。我们立刻可以发现，为什么我们要拿20世纪末影像变化的规模和本质与文艺复兴时期相比①。

2.4.1 阿尔贝蒂之窗

如希尔兹(Shields)所述，“地点与空间的分离通过电话的使用实现了，这暗示着‘虚拟生活’已经存在很长一段时间”，他还认为，比我们以为的更长，如果我们推后到文艺复兴的图像的“透视”，那也是制造虚拟的技术(Shields 2003: 42)。在《透视法和文艺复兴艺术的心理学》一书中，实验心理学家迈克尔·库博维(Michael Kubovy)检测了一幅15世纪壁画的透视设计，他将图片产生的空间称为“虚拟空间”(Kubovy 1986: 140, 图8.8)。

他解释艺术家曼特尼亚(Mantegna)的风格如何使得观看者感觉，他们在舞台的下方，观看图像上的一幕正在发生(图2.9)。观看者的视角就像我们被放置在乐池的位置向舞台仰望(见图2.10,想象你位于乐池，仰望舞台)。其结果就是，舞台远处的人物的脚彻底看不见了。只能看到站在舞台前边的人的脚。为了强调这一点，曼特尼亚把这只脚画得好像略微探出舞台边缘。我们在此不需要关注如何画到这个程度的细节，这一绘画把控了观众所在物理空间的位置与虚拟空间中描绘的人物位置之间的两者关系。

早在15世纪时，这种关系——从何种位置去观察所被描绘之“世界”——已被那些使用阿尔贝蒂方法的先锋艺术家牢牢掌握了②。如图所示(图2.11),阿尔贝蒂认为图像是一个嵌入在某个特定点的垂直平面(AB-CD),而视觉的聚焦点是观察者的眼睛。这个平面被称为“阿尔贝蒂之窗”。在观看者既定的位置和图像平面或阿尔贝蒂之窗之间的锥形部分代表了观看者与画作之间的物理距离。它也为观看者提供了一种固定的视角和一个视线的高度。在图像平面和人像之间延伸的锥形部分则代表着将被绘制成像的空间——也即是透过阿尔贝蒂之窗可以被看到的空间。传统上，这被称为“图像空间”，这一空间也是库博维(Kubovy)描绘成“虚拟”的。

显然，阿尔贝蒂的图解力图联结两种空间：被观看的图像空间以及在图像中

① Della Pittura, 1435-1436: 从图像视角寻找文本的关键，参见Alberti(1966)。

② 15世纪时透视法成形，这在一定程度上，是对一种——很显然是流行于大约1 500年前“古典世界”的——不甚系统化及一致性的图像透视法的恢复和系统化。

【图2.9】圣詹姆斯赴刑场途中(壁画)(黑白照片)(局部),安德鲁·曼特尼亚作品(1431—1506)。由意大利帕多瓦埃的欧瑞塔瑞礼堂、雷米特尼教堂和阿里纳利/布里吉曼艺术博物馆提供。

【图2.10】交响乐池。以了解画家曼特尼亚在图2.9中所达到的成就,想象一下观众从乐池中观望舞台的情景。图片由Owen Franken/Corbis提供。

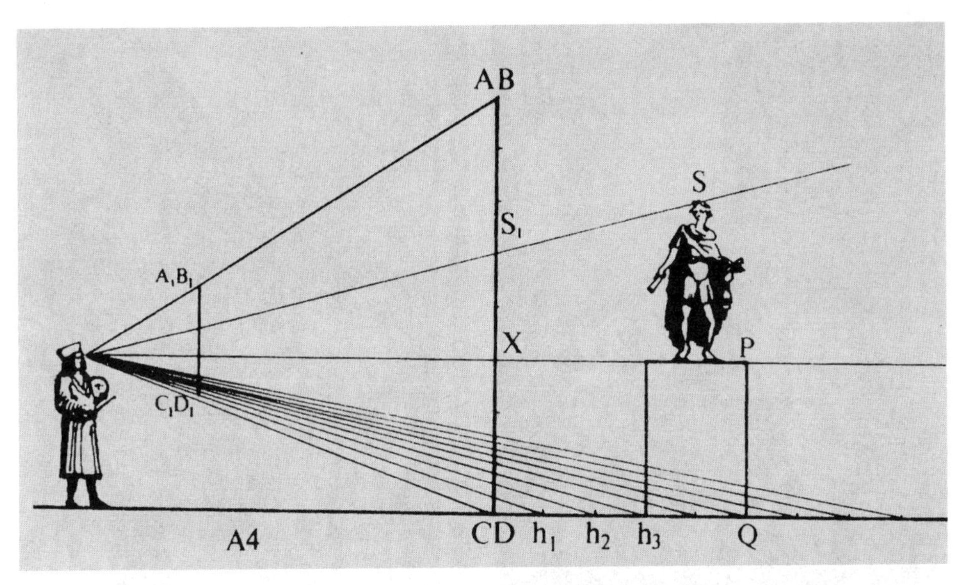

【图2.11】阿尔贝蒂系统模型。贝涅克图书馆提供。

被观看到的空间。前者是观看者所处的真实空间，而后者试图延续该空间，并“如前者一般真实”。这个时期的艺术家好像已经精确地意识到了他们作品中真实和虚拟空间的区别。这恰恰就是曼特尼亚在其绘制那只探出的脚时所暗示的，仿佛它穿越到了另一个空间；这同时也是那从窗口探出的头和手肘试图表明的，它们仿佛联结了真实和虚拟世界（**图2.12**）。

【图2.12】曼特尼亚的“视窗”。详情见安德鲁·曼特尼亚《圣·克里斯托弗的尸体在斩首后被拖走》(1451—1455)，帕多瓦·埃雷米特尼教堂。

自15世纪早期起，运用阿尔贝蒂法的艺术家们努力发展西方绘画传统，并通过各种途径建构真实和“虚拟”空间。有一个早期而有效的例子，在布兰卡契教堂，艺术家马萨乔(Masaccio)将他的壁画的虚拟空间与小教堂的物理空间联结，使图像空间似乎是砖墙教堂的延伸和扩大（图

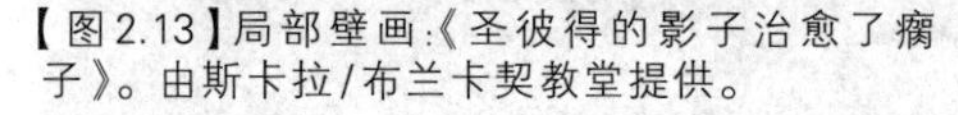

【图2.13】局部壁画:《圣彼得的影子治愈了瘸子》。由斯卡拉/布兰卡契教堂提供。

【图2.14】局部壁画:《信徒的洗礼》。由斯卡拉/布兰卡契教堂提供。

2.15,2.16)①。

我们目前处于把图像透视法(阿尔贝蒂的系统)看作一种在图像内构建空间的技术,以处理观众的物理空间和图像的虚拟空间之间的关系②。

2.4.2 作为符号形式的透视法

在马萨乔的绘画以及附图中,我们看到的不仅是物理或真实空间延伸到虚拟空间得以实现。马萨乔能够做到这一点也使他拓展了绘画的表现可能性。通过暗含现实与虚拟之间一定程度的延续或通道,他能够在静态图像中建立暂时

① 在西方艺术史中曾有几个时刻透视的空间和表征遭到挑战或推翻。明显的例证如(1) 17世纪的巴洛克,在这种风格中,图像的表现力被扭曲,因为断裂图像的空间感被缩小。(2) 在20世纪前20年立体派对表面和幻觉之间、视觉和触觉之间多维透视和娴熟表演的探究。(3) 在20世纪中叶和后期"抽象"艺术坚决否认任何强调三维深度的绘画,中意物质的、绘画的表面,探究"平面",而不是"视窗"。然而,这些风格和实验是一些例外,它们自觉尝试脱离主导的透视传统的规则。见Jay(1988)对此传统的论述。

② 我们可能甚至认为透视法是一种"软件"。曾经在画家的"头脑"中的知识和技术,如今不仅在相机的光学透镜中重现,同时也在指导3D软件应用的数字虚拟相机的算法和编程形式中重现。

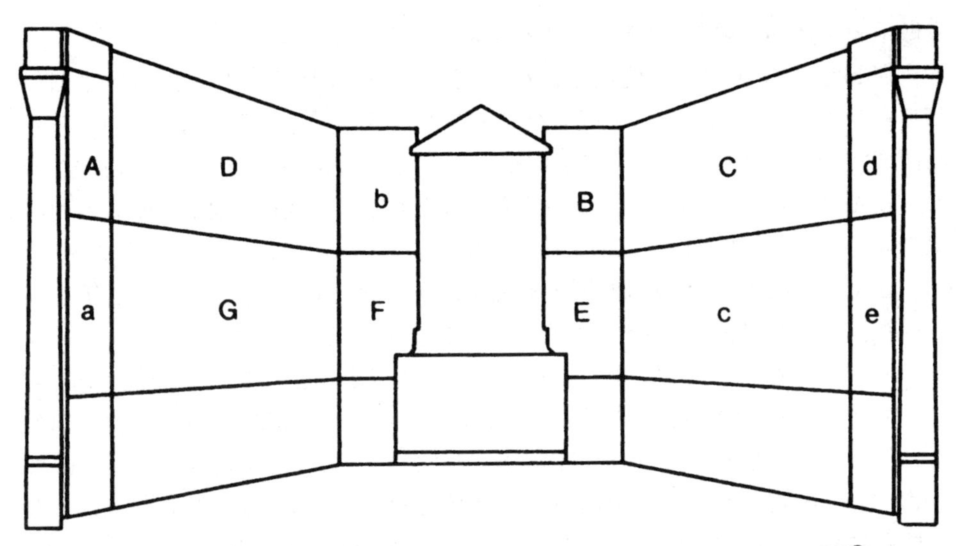

【图2.15】局部壁画的图解。图2.13占据图中“F”区域。图2.14占据“E”区域①。

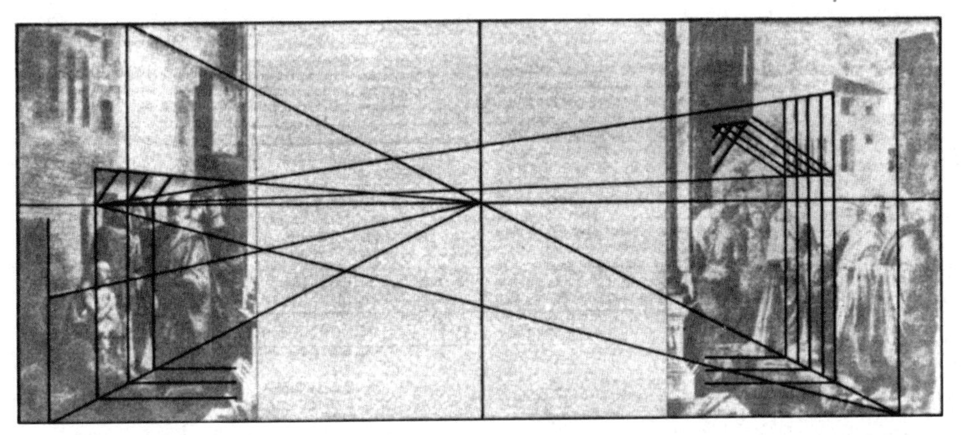

【图2.16】布兰卡契小堂壁画的透视图结构图解——消失点（透视画中平行线条的汇聚点）。

的维度。

他运用深度透视轴解决一个叙事问题：如何描绘艺术的演变，在一个单一的、静态的场景中将空间描绘成一个统一的连续。在《信徒的洗礼》(**图2.14**)中，我们看到一个信徒正在脱衣，另一个，赤裸的颤抖的，还有一个，正在接受洗礼。这三个形象也可以解读成在一个连续过程中的三个时刻。我们可以把它看作三个

① 参见Erwin Panofsky, *Perspective as Symbolic Form*, New York: Zone Books (1997)。

人做不同事情的一幅图，或者一个人行为的不同阶段。

在15世纪20年代的其他地方，这样的叙事传统“同时”发生在图像的平面但却存在于不同的空间。通过画一系列分隔的瞬间来讲故事，像动画片中的一系列画面或漫画书中的版面，这在15世纪很普遍。然而通常，每个瞬间被分别建构或安置在图像平面的不同部分。在马萨乔的作品中，它们变得具体化，被嵌入到虚拟空间中，一种期待感和身体体验被表达出来。

在第一幅图中，《圣彼得的影子治愈了瘸子》(图2.13)中结合绘画和建筑空间的透视画法同样使马萨乔能够展现圣彼得走过三个乞丐时，瘸子被治愈了，并且站起来了。好像他一经过，他们就被治好了：彼得走过空间中最远的乞丐时，他还不能站立，但立刻痊愈了（故事这样承诺），如今已经站起来了。此外，彼得向前看，不在画面的空间，超过观看者的头部，他们的视角（同时也被我们所看的图像建构）是在圣人的下方。他好像边行走，边治疗这些生病的人，同时强烈地预示他将要走进我们的现实空间。这是否在暗示，接下来将轮到我们吗？

我们已经了解，透视法所建构的图像或虚拟空间如何被运动延伸到物质和建筑空间。我们也了解了它是如何赋予表现性力量，并增添图像的意义。它也将具体化的观众置于图像与表征之间。在案例《圣彼得的影子治愈了瘸子》中，绘画空间有效地“包围”（好像还没“沉浸”）观众，因为它是隐含地形象化地说明圣人在时空中行进，将走向观众。

16世纪建筑空间和影像空间

在16世纪早期，我们发现大量建筑与室内图像设计的无缝融合的集中尝试，这种设计运用了1516年霍尔透视壁画。豪华房间的建筑部分是真实的，部分是绘画的错觉。房间的居住者可以享受罗马景色，画柱支撑天花板。据格劳(Grau 2003)的观察，“具有实际功能的三维建筑特色与纯粹的图案元素相结合带来的整体效果：既不影响幻觉也不会破坏效果”(p. 39)。

巴洛克

在16世纪后期，受反宗教改革运动、天主教反对新教改革的意识形态的冲击，画家们运用透视和幻觉技术造成的令人目眩、目不暇接的艺术方式被称为“巴洛克”。在此背景下，我们发现，当观看者仰望众多肉体上升入天堂的天顶画，如安德烈·波佐修士(Andrea Pozzo)在罗马圣依纳爵教堂顶部的作品已经成功地消融了空间感。在每一个例子以及这一类作品更广阔的传统和主体中，“阿尔贝蒂之窗”及其框架已经开始消失。构建透视图像的最基本框架如今不再“任意”划定图像范围，而是与建筑空间的隙缝或开口一致。

这些巴洛克绘画邀请观众进入一个虚拟空间；它们吸引观众进入一个随着

【图2.17】法内仙纳庄园中的大厅透视，由佩鲁齐(Baldassarre Peruzzi，1481—1536)设计于1510年。照片存于意大利罗马的布里吉曼艺术图书馆。

【图2.18】巴洛克式教堂的壁画：波佐修士，《圣依纳爵被天堂接收》(1691—1694)。罗马圣依纳爵教堂，由斯卡拉歌剧院提供。

他们的移动而改变的空间。它们是“可航行的”……“可说服的空间”(Maravall, 1986: 74–75, 引自 Shields 2003)。

全景图

在19世纪,“全景图”是在特定地方为了特别目的而建立的360度图像,这个技法源于18世纪末用于在弧形表面构建精确透视的方法。静态和动态的旅游全景图作为一种壮观的娱乐欣赏在欧洲和北美风靡。在15、16世纪的绘画幻象和虚拟空间如今留在了贵族的宫殿和私人别墅里,以一种早期大众娱乐身份进入公共空间。全景图的建筑物、销售和运营成为有利可图的产业。观众置身于全景图的中心,被一幅无缝的、充满幻象色彩的绘画所包围,涉及风景、历史事件或战争。

【图2.19】杰夫·沃尔(Jeff Wall)《修复》,1993年。显示1881年“布尔巴基”全景图的修复,全景图由爱德华·卡斯特尔(Edouard Castres)画于卢塞恩。卢塞恩博物馆。

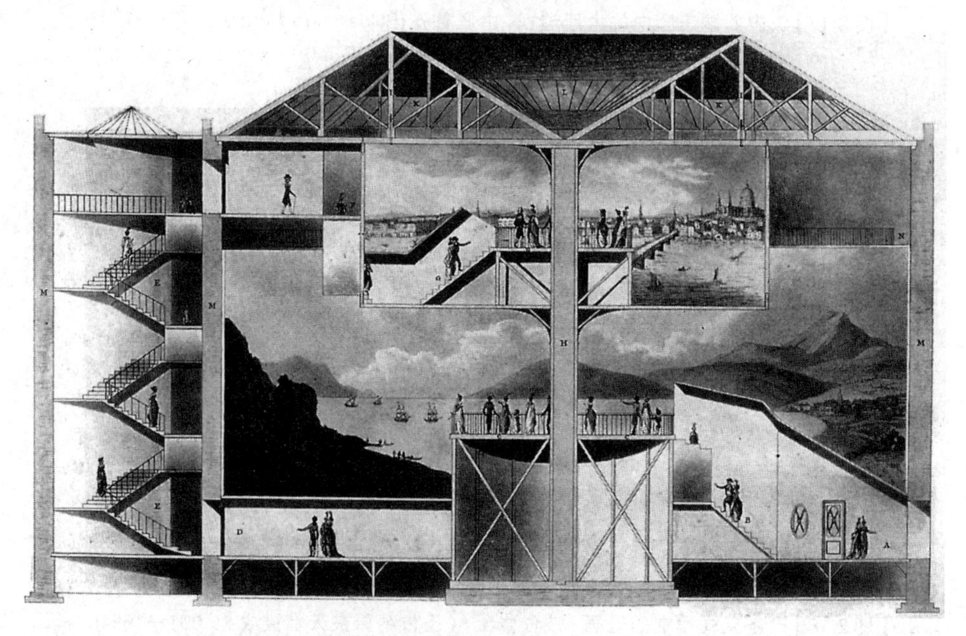

【图2.20】巴克的全景图,伦敦(1793年公开)。

全景图的主题选择与“帝国”时代特征有着明显的关系，品味异国风情、感受“他者”，且生动描绘帝国的庄严伟大。

无论是自己自由地移动或是随着旋转设备层移动，观众的凝视是运动的。画廊中，他们的中心观看位置确保他们与图画保持适当距离（为了加强光学带来的真实效果）。画廊同时确保圆形图像的上限和下限不被看到，仿佛隐藏在“房间”的地板之下和天花板之上（在**图2.9**,Mantegna壁画中的预期效果）。这些图像正因为上述隐藏更加出彩。随着19世纪的发展，视觉幻觉随声音和光线效果、人造风、烟尘或“薄雾”而加强。进入全景图中，付费的观众就进入了一个人造世界，在这里，所有分散的或破坏性的“现实世界”的信号都被移除，于黑暗中在一个视点上，凝视明亮的、移动的或隐藏的空间。“全景图将观众置于图片之中。”(Grau 2003: 57)全景图是使观众置身于图像中的工业娱乐装备。

“西洋镜”、立体镜和头盔显示器

透视法在壁画循环、幻觉艺术的室内设计、大量巴洛克天顶画和充分发展的全景图设计中的运用，说明了在20世纪末、21世纪早期，沉浸式虚拟现实是技术发展的持续体的一部分，而不是对早期影像形式完全的和革命性的突破。

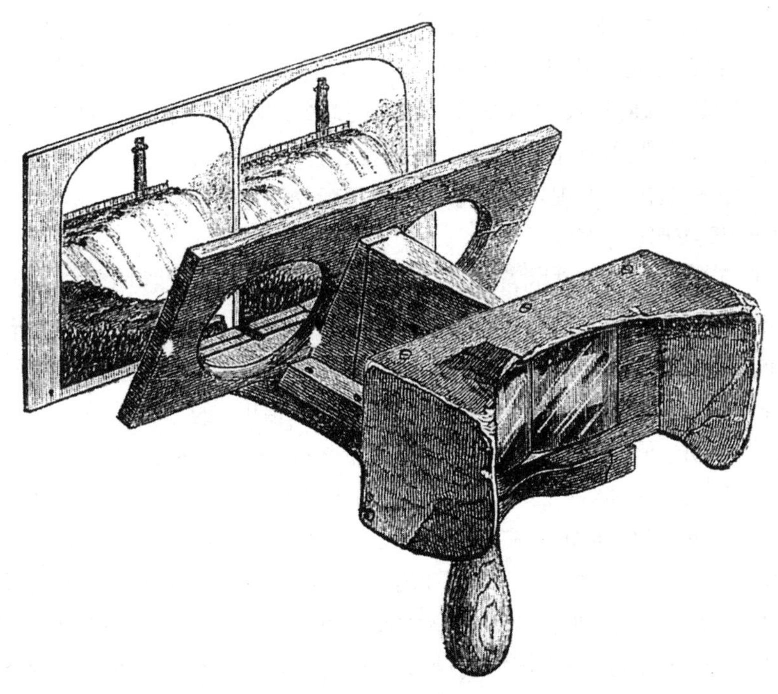

【图2.21】立体镜的图解。Bettman/Corbis.

如果全景图是沉浸式图像环境的先驱,那么我们应该注意相关设备的平行历史:西洋镜和立体镜。西洋镜是眼睛凑在小孔上观看的小盒子,从而可以看到透视法的图像,相当于全景图的前身(Grau 2003: 51–52)。另一设备是立体镜,与大规模全景图同时代,在观众的眼前制造滚动的移动图像。19世纪早期,观看新“照片”最受欢迎的方式之一就是立体镜,这是“一项19世纪早期,与虚拟现实体验类似的观看技术”(Batchen 1998: 276)。同时期对立体镜影像的一些阐述表明它会引发魂不守舍的感觉:“我的身体离开桌边扶手椅,同时,我的灵魂从耶路撒冷的橄榄山上俯瞰。”(Holmes 1859, 引自Batchen 1998: 275–276)19世纪初,立体镜创造的三维摄影只是一种方式,将什么是真实的以及什么是表现的之间大量界限变得模糊:“打破了某些人想要宣称它是最近出现的和后现代的虚拟现实所特有的想法。”(276)

重要的是,这些小设备没有包含观看者的身体,也没有将周边建筑设计的影响隐藏起来,而只是让观众的眼睛仅仅贴着设备去观察图像。此后,在20世纪中期,这一原理被运用在萨瑟兰“头盔式显示器”中(**图2.7**)。

2.5 透视、相机、软件

全景图的时代在20世纪早期终结了,主要是因为它无法与新影院的奇观媲美。全景图自然是电影的几个前身之一,并且最近被认为在沉浸式巨幕电影(IMAX)形式(图**2.26**)和技术中复兴,如球面投影,即投影图像充斥或超出了人类的视觉范围。全景图终结遭遇的另一挑战是:这一时期流行杂志的兴起,杂志的插画和照片比全景图更能提供快捷服务,满足观众的欲望,运用“游客的凝视”来获取异国情调和帝国的想象。

在这些手工和机器营造的沉浸式空间、数字虚拟现实与“赛博空间”之间,经历了几个世纪的发展,以摄影和电影媒介的形式存在,对此我们应该有所涉及。照相机通过创立“照相现实主义”,继承了文艺复兴时期的透视空间,它是将透视图和直角坐标空间编码成电脑软件和电脑“虚拟照相机”的一种设备。

针孔照相机、无胶片相机或房间(“相机”在意大利语指的是房间),还有一些其他的装备,是照相机的前身,是“为单眼透视的机械生产的非常手段”(Neale 1985: 20)。最终,摄像本身变成“一种途径,通过它,(透视影像)可以用机械的、化学的方法固定、印刷、标记和雕刻”(同上)。照相机的镜头可设计形成透视视觉,这一目标从摄影被发明之初就一直如此。摄像的先驱者之一尼塞福尔·涅普斯(Nicephore Niepce)明确表明他的目标,即将要发明一个可以永久地印刻图像透视表现的“中介性媒介(agent)”。这不再是绘画的方法(à la Alberti),而是一个机器——照相机。

随着摄影在其发明后的十年内迅速流行，可以说，“与透视的数理常规在摄影流行之前就运用到图片制作中一样强，这迫不及待地改变了我们的视觉和信念”(Ivins 1964: 108, 引自 Neale 1985)。简而言之，在透视作为绘图技术几百年后，相机使其工业化。

2.6 虚拟影像

2.6.1 虚拟与真实

虚拟作为哲学概念会在**5.4.2**中讨论，即认为，虚拟不是真实的对立面，而是真实的一种。我们不应该抵制虚拟——把其视为相对于真实的某种幻觉世界。确实，如果我们回想我们在生活中如何运用这个词语，虚拟的意思就会变得清晰。例如，问“你完成论文了吗”，你可能会回答“是的，快了(Virtually)”，这意味着，从所有意图和目的上来看，你已经完成，或你“近乎”完成。可能你还要检查拼写、增加副标题和参考文献，将其打印出来。不然论文就完成了。它是“虚拟”存在，大量的工作已经完成，并且当你完成最后工序时，它就变成一捆承载印刷文字的论文，有效传达你的研究和想法，它将“真实”存在。你将把它交给导师。

虚拟也有很长的历史。15世纪，在天主教和新教间有一场辩论，即关于人们在基督教会中享用圣餐会发生什么。吃光圣餐，他们是否真正地消耗了主的血肉之躯，这一“虚拟的”或象征性的行为与他们的信仰关系是什么？这场辩论事实上还给一些人带来了灭顶之灾(Shields 2003: 5–6)。

我们从上述以及其他例子中了解虚拟。我们了解到“虚拟”不同于“幻觉”。还没有完成的论文不是幻觉，也不是不真实——它仅仅是还没有完成，在这个意义上，它只是还没形成成品的形式。同样，虚拟的“夺取主的肉身”并不意味着“虚幻”的能指。那些不相信事实上享用了主的肉身的人们，一方面认为这一做法没有必要，另一方面试图说明这是一个单纯的伎俩或花招。更确切地说，他们想要承认他们并不认为他们真的吃了主的肉身，而只是基于信仰，他们虚拟地、象征性地这么做了，于是他们的行为在这种意义上也是“真实的”。

回顾这些例子，我们注意到，“虚拟”既不是“幻觉”，也不是和“真实”直接对立。更确切地讲，这些例子所说明的就是“虚拟”不同于“实际发生(actual)”，但两者都是不同形式的真实。

目前看来，或者这是一个日益的趋势，虚拟现实和实际的现实不是完全割裂或分离的世界,它们在技术发展的社会中重叠或共存,我们在其中来回摇摆。确实,一名虚拟现实的理论家凯瑟琳·海尔斯(Katherine Hayles)将“虚拟”定义为它普遍存在于数字文化中,“是一种真实事物与信息模式相互渗透的知觉”(1999: 13)。我们身体在(字面意思是“具体的”环境)移动,处处都与计算机信息产品相遇并互动。我们可以举ATM机的例子,在英语中,被称为自动提款机(cash dispenser),或在俚语中,叫作“墙上的洞(hole in the wall)”,但我们会问,这个洞通向何方?这是一个有用的例子,因为ATM既是实际的现实,也是一个虚拟现实,通过它,我们可以进入虚拟银行,显然我们不能简单地称一个为现实,一个为虚幻。在ATM机边,我们同时位于实际的现实和虚拟现实。ATM机的键盘、屏幕、不锈钢的材质、位于人行道边、银行或超市的砖墙里面,当我们按下按钮,周边的一切都是实际的和物质化的现实。这些技术的可及性使得我们联系到在偏僻的建筑物中的计算机服务器和工作站,联系到电缆、无线电、卫星,这些都是真实的,但所有的网络叠加起来,引发了虚拟体验。我们使用的网上银行和“虚拟”现金同样也是相当真实的。如果发现网上(虚拟)银行系统告诉我们账户空了,那么我们就是真的没有钱了。可能我们不能支付房租或者购买食物。从这个意义上讲,虚拟的并不是“不真实的”,它是由真实的和物质技术制造的情形;它可以参与我们的身体感觉,它可以产生现实世界的影响,这一影响绝不是幻觉,例如无家可归或者饥饿。

但是,ATM机把我们连接到的虚拟现实(我们可能感觉到自己“进入了”)与真实的ATM机是不同的现实。它没有具体存在,我们也无法抓住它。我们真实的(而不是虚拟的)钱存在的地方。我们在ATM机前是因为我们想要提取现金,我们想要交换带有真正合法水印的印刷纸币:欧元、英镑或美元。直到我们这么做了,我们钱的“虚拟现实”(这不是伪造的或虚幻的,我们知道是我们把它存入银行的!)才有一种存在,如罗博·希尔兹(Rob Shields)所说,不是典型的“现象学在手边的存在”,而更像“不存在和非现在”(Shields: http://virtualsociety.sbs.ox.ac.uk/text/events/pvshields.htm undated)。这是一个潜在的世界,可以称其为“电子加速”(2003: 22),随着开关的轻弹而关闭,正如网上聊天、开会、旅游、网络搜索、游戏世界或浏览网站。

从这个意义上讲,在它们通过印刷、投影或发行具体化之前,数字产出和存储的图像就是虚拟的。这是因为,它们还是潜在的,没有明显的模拟图形的物理和物质的现实。模拟图形是将一系列的身体特质(属于表现的客体)转录成另一套影像或人工制品(见**1.2.1**)。当数字图像存在于电脑文件中的时候,它还是一个编码或一套信息,一种潜在的影像,只有被投影或打印出来,才是可见的和具有物质形态。对于这种区分,我们应该谨慎,因为数字图像自然是硬件的产品,为了实现可见性,必须获得某种物质形态(即使仅从屏幕中射出光线)。我们可能会注意到,模拟和数字之间的比较仅仅是历史抽象以及图像的相对非物质化中最近的一个阶段:这是一个过程,从远古时代,我们执著地将标志和图像雕刻在碑碣、兽皮、帆布或木材以及后来的纸张、电影胶片或磁带上。这里有一些重要的关于图像稳定性、长久性、印制以及获取能力的启示(参见案例,Besser, Feb 2001,《电子艺术的寿命》,http://www.gseis.ucla/~howard/Papers/elect-art-longevity.html.)。

然而,正如我们所见,也是我们在此将主要关注的,图像已经长期处于虚拟空间和环境的制造过程之中。这被理解为视觉表现的一种特殊形式,这一事实立刻将我们拉回到仿真(在**1.2.6**)的讨论中,其中最为关注的是表现的对比。我们已经看到有500年历史的图像透视本身也是虚拟的技术,它已经成为西方视觉表现传统的主流"视觉体制"(Jay 1988)。我们也看到,在这种传统中,存在一系列的类型,它们的目标是使观众身临其境。这主要分为两种形式。一种我们可以称之为环境的,在壮观的建筑图案中可以看到,如巴洛克穹顶画和全景图。另一种是从西洋镜到立体镜的设备发展的历史,靠人眼透过小孔观察图像。这两类历史为我们的数字视觉文化注入了图像技术。

2.6.2 虚拟、仿真、表现

在我们的"新媒体"或数字文化中,虚拟已经等同于"仿真(simulated)"(Shields 2003: 46)。两个词(几乎)同义。虚拟现实与虚拟环境主要由仿真技术生成,包括电脑绘图软件、通讯网络。共享空间也是仿真的,我们可以与仿真的3D替身、我们对时空变化的态度的互动来回应我们仿真的(而非身体上的事实)视点。通过报告或一手经验,我们现在或多或少地对以下几点比较熟悉:

- 电脑辅助设计与模拟替身和实践并不真实存在;
- 软件技术如"射线追踪(ray tracing)"和"纹理映射(texture mapping)",即数字化地生成发明的对象的视觉形式和表面,"似乎"符合光学的物理定律;
- 静态的和动态的高度真实感图像的产品、漫画以及无缝融合;
- 具有可视性的装备的机器人;
- 技术的混合,产生在虚拟地点居住和移动的幻觉;
- 远程呈现的技术,使遥远的身体可以通过视觉和触觉互动并接触;
- 媒介和科技成像的新形式(如核磁共振成像),使人体的内部空间可以无伤害地被看到并成像;
- 地球和空间的气象影像,由卫星获取的一系列数据被翻译成照片形式。

在**1.2.6**中,我们提到了"仿真"是新媒体的一个关键特征,并对该名词的定义作了一定的探寻。我们尽力将"仿真"和"拟像"从它们不过是"幻觉"或"错觉"(和上文讲述的"虚拟"几乎一样)的假设中解救出来。我们注意到一个现象,仿真本身是一个现存的和物质的东西,一个世界上的客体(上文讨论的"虚拟现实"装备是一个主要例子)。简而言之,无论什么被仿真,仿真本身就是真实的东西。其次,我们指出,仿真并非必须模仿东西,仿真可能模仿一个过程或一个系统(股市或天气变化),而不是用某种光学现实来表现它们。在电脑游戏的个案中(或**2.3**"飞行训练器"的例子),被仿真的东西并不对应任何实际存在的事物,也超越了仿真本身。我们总结,"仿真是事物,而不仅是表现事物",它们可以为世界增添新的事物,正如任何创造的过程,而不仅是表现(不管怎么调解)现存的事物。简而言之,定义"仿真"的一种方法就是将其与"表现"对立。

2.6.3 表现、媒介研究、视觉文化

如今,"表现"是传统媒介研究的核心概念,指向正在传播"现实"世界体验的观点(在照片、电视、电影、广告等)时的意识形态、信仰和选择性知觉的角色。表现也让我们关注语言的角色,以及在视觉表现中,我们制造图像时必须采用的符号和编码。使用"表现"这一概念,我们强调,我们使用的词语或视觉符号(能指过程)的方式必然会调解或改变我们所传播的对象。在它最强大的形式中,我们甚至认为世界仅仅对我们有意义,因为我们用的概念使其有意义。视觉文化研究的核心还包括视觉表现世界方式的改变,生成图像与"观看方式"的历史性改变的关系。图像引导我们用特定方式"看"世界,图像本身被我们的观念、文化的优先顺序和利益所塑造。可用于文化的技术在这些过程中发挥了作用。进而,图像或视觉表现的本质就是指派观众,通过给予我们的位置和身份进而观看世界(尽管我们可能拒绝某些特定图像试图说服我们去接受的意义)。在这些或其他方式下,"表现"已经成为艺术和媒介研究一个非常重要的概念。

在**1.2.6**中,我们辨别了仿真用于分析新媒体的三种广泛的方式。在被我们称为"后现代主义者"(见45–49页)的版本中,我们注意到关于当代文化变革趋势,许多论者认为,在20世纪最后十年间,视觉文化发生了从"表现"到"仿真"的转变。鉴于我们刚刚提到艺术和媒介研究中"表现"概念的核心位置多少有些改变。奇怪的是,大家一致认为,同时"仿真也不是完全与表现或模仿不同"。通过缩小我们对仿真的定义,特别借鉴在计算机模拟和计算机游戏研究中的含义(在49–52,定义2、3),这一定义在其他复杂的情形中可以更为清晰。在计算机仿真研究中,仿真被当作"动力系统模型"。这个模型是个结构化环境,是拥有用户和玩

家互动的规则和属性的世界。尽管它可能部分地模仿现存的世界或过程，但不仅局限于此。于是，我们有一种仿真（暂时的、算术的、未必模仿的、互动的），与我们可想到的视觉表现明显不同。

然而在这些重要案例之外，仿真和表现的区分并不明显。一旦我们探索数字和网络图像技术生成的各种虚拟和仿真，讨论“后现代”理论家所庆祝或惋惜的在视觉文化中更广泛的变化，混乱与困惑再次出现。如果我们考虑广义的“数字”视觉文化，那么在计算机游戏研究中有意义的关于表现与仿真的区别不再适用，原因如下。

仿真不仅是真实的

综上所述，非常重要的是，我们需要看到，仿真并非完全被认为是“幻觉”，不仅因为它们有自己的实体（例如硬件、机器），而且因为它们能模拟真实的过程。但是虽然在传统意义上“表现”的图像不能用这种方式为我们提供与虚拟世界的互动，但它们也是真实的事物。它们同样是人工制品，由物质材料（就像它们通常呈现的东西）组成——油彩（彩色泥）、油墨（碾碎的壳体）、银盐（开采）和在工厂、电磁粒子、硬件电路的电子脉冲等上涂抹赛璐珞。然而，这些图像可能“现实地”表现或描绘那些具有物理实体的东西。从这个意义上讲，很重要的是坚持仿真的物质性并不是将它与表现区分开来的充分基础。我们不能简单地说仿真是一个仿真机器的产物，而表现仅仅是观念的产生或心理过程。这是不正确的。两者都在物质基础上创造，使用工具和技术，且两者都是人工制品。

拟态

进而，通过将仿真与表现相对立来定义仿真是基于将表现与模仿联系起来。这涉及将一个特定的表现理论挖掘出来——“拟态”。在表现的古典理论中，意义被认为是位于实际事物本身，于是表现就是对事物外形的如实复制。在表现的这一理论（及实践）中，目的是传达意义，而不是映射现实的方式。表现的“反思性”方式对古典表现理论的全面批评促使媒介研究前进一大步(Hall,1997)。然而，随着近期仿真实践和理论的增多，过时的表现概念又被放到重要的位置。于是产生了如下的对比：“仿真”创造和建构，然而“表现”则模仿已经存在的事物。仿真将世界动态地并且系统化地进行“设计”或“建构”，而表现（被动地）“复制”过时的东西。这一对比的问题在于将表现这一概念的力量减化为了“拟态”。

拟态表现的成功必然在于与所表现事物具有相似性。然而，即使是最具有光学“现实”的图像，与它们所表现或描述的事物也是极为不同的。例如，最逼真和“直接”的（最少操控的）照片与它所表现的事物不同，因为一个矩形的、脆弱的、安静的2D物品在表现一个空间无限、多维、嘈杂的3D世界。在电影或电视中，声音和动作添加了,但是图像与它所呈现的事物之间的距离依然是巨大的。一张马的图片更像一艘船的图片,而不是更像真实的马群或船队(对模仿作为一种表现理论的详细评论见Goodman 1976: 3-40)。

原型缺失

仿真的一种定义(正如我们在**2.3**中采用的,“数字虚拟”)是它是一种体验起来好像真实一样的人工制品,尽管在现实世界没有对应物(第134页)。此时,仿真不是复制原型。在对社会生活的电子生产效果的早期研究中,数字媒介尚处于发展初期(Poster 1990),音乐表演的生产和再生产被用于解释仿真的本质。将许多“曲目”在不同时间,甚至不同地点分开录制来制作摇滚乐磁带变得普遍。然后录音师将这些曲目组合、改变、制作成母带。录音师的部分工作就是在空间、立体声中的“声场”中定位或重新定位“乐器”。如**波斯特**(Poster)在这些案例中观察,“当录音带播放时,消费者听到的表演不是表演录音,不是复制原型,而是拟像,没有原型的副本”(1990: 9)。在其他情况下,最初的古典音乐表演被录制下来,“唱片爱好者”投入大量精力和金钱,以从成熟的高保真设备制成的黑胶唱片和录音带中听到最高质量的音乐。有时候,安装设备的房间大小、隔离效果是特别设计的。在这些案例中,唱片爱好者极有可能听到比原有表演更多的东西。他写道:

> 例如,尽管合唱的目的是把声音统一为声波,但唱片爱好者在昂贵的立体声设备帮助下,将复杂的声音分解,宣称在整体中透过电子中介辨识了个体声音,比听众在原始表演中听得更多“信息”。
>
> (1990: 10)

在这个例子中,我们可能不能有一种与合成的摇滚音乐会完全一样的拟像(表演仅存在于的复制品中)(p.9)但是决定我们是否有仿真要素(部分拟像)或高水平中介是困难的(表现的质量)。

我们应该认识到有很多视觉表现并没有对应的人工制品——例如表现“天堂”景象的巴洛克天花顶。不是所有图片都是某某事物的“表现”——在这个意义上,它们的目标不是再表现,也不是或模仿经验上的现有世界。考察约翰·马丁(John Martin)于1820年画的《麦克白》;在构建景观中的绝妙的、虚构人物的图像。这幅图像不能表现“麦克白”(我们怎么能知道它能或不能)。但是我们可能(和Nelson Goodman)称之为“麦克白图片”,即拥有同一主题或人物的图像(1976: 21-26),正如我们将桌子和椅子都统称为家具。

这里,整个议题逐渐围绕着仿真和表现之间的微妙差异而展开。它们渐渐带我们穿过由这两个术语所勾连的建设、工程、调解、小说、视觉和图像之中,甚至“幻觉”(一个没有发生的表演或天堂),这个我们曾反对过的术语再次出现。或许

【图2.22】约翰·马丁(John Martin,1789—1854)《麦克白》。©苏格兰爱丁堡苏格兰国家美术馆/布里吉曼艺术图书馆。

我们从讨论中可以获得的就是“仿真”只有在下列情况与表现对立,(a) 仿真及时地对世界建模,或者(b) 虽然是外部不存在的,但表现目的仍是透过摹仿指代自身以外的真实事物。其两者之间并不存在决然的差异,但我们可以为之的也仅是二中选一。

2.6.4 从表现到仿真(循环往返)

如果我们对于这一区分感到不满,想要进一步研究,我们需要回头思考各种仿真和表现不同的使用,更好的方法可能是回顾我们在**2.4**中讨论的历史。毕竟,这是特定视觉表现的历史,如今我们可以将其看作是当代仿真和虚拟技术的前身。这样做,我们可能看到表现如何转为仿真以及仿真有时可能依赖表现的程度。

被称为“错觉画”的绘画流派(欺骗眼睛)将有助于我们这样做。这一流派的绘画为缩小图像与描绘事物之间的差距而努力奋斗。为此,“错觉画”艺术家会选择带来成功最佳条件的物品——单调的或几乎单调的,现实世界呈现有结构或明显的边角,例如(见图**2.23**)在这一点上,至少没有与绘画有界限的、二维之本质的

【图2.23】《混成》,爱德华·科利尔(Edward Collier),1701年。伦敦维多利亚和艾伯特博物馆。

明显不同。从字面上和象征性上讲,在图像和其所指对象之间存在狭窄空间,在此空间中,伪造呈现在眼前的信息。通常,“错觉画”艺术家在我们期望现实事物所在的地方画画,如墙上的门或挂在钩子上的钥匙。

错觉画成功地使眼睛暂时相信描绘的是现实,也引发了我们的触觉感受——试想我们几乎感觉到描绘物体的表面构造或物质质量——脆度和柔软性。观赏错觉画的愉悦是基于知道它们不是“真实的”但看上去像真的。观众仿佛在图像意识和它所制造的意义之间摇摆。

不像大多数图像,包括许多照片、电影、电视和电脑生成的图像,倾向采用“世界的窗口”的功能,借助分解支撑它们的表面,以便我们透过表面或屏幕看“事物本身”,这些错觉画图片有不同的表现策略,不是制定框框然后通往现实,它们声称自己代替了现实。它们停留于表面,假装成为它的一部分。

如果我们坚持将这些图像看作“标志”或表现事物的语言集合标志,那么可以说,表现处于光谱的末端,在那里能指和所指实现了最大的相似。它们在符号抽象上较弱。在这个意义上讲,“表现”和“调解”(关于事物之含义的媒介研究)的空间位置是低的。它们真正的成功看起来是基于试图复制我们观赏它们表现的事物(以及它们的表面和外形)的环境。这样,错觉画是明显的人工制品,形成一种零度“风格”。正因为如此,制作它们的艺术家,如画全景图的那些艺术家在艺术生产的等级中处于低的地位,他们是否被学院派艺术接纳值得质疑(Grau 2003: 68)。

虽然这些错觉画无法为观众提供沉浸于虚拟图片空间的感觉(如我们写到的,它们常画在物体表面),它们却分享着,并强势指向那些建筑设计师在巴洛克天顶画、全景图中所使用的沉浸策略。这些策略用于清除或伪装视觉或图画表现的外在条件,例如画框和表面、现实(建筑、全景图的圆形建筑)与虚拟(描绘的远景与建筑隙宽无缝对接)之间的区别——界限。换种说法,它们小心地将现实与虚拟的关系和运动联系起来。这是我们从运用新的透视技术的早期文艺复兴壁画日渐发展中,或者从现实和虚拟空间结合开始构想和设计的建筑发展中,通过支撑全景图(在一个360度的表面表现连续的透视图画)的技术和设计试点和“人造区域”① 隐藏图形的边缘,借助光、风和声音,以达到图像的移动,加强视觉体验。

在此基础上,另一种理解仿真的方法出现了。仿真是数字模式的沉浸式图像(虚拟现实和环境)。它可能是运用视觉和信息技术的复杂性(和“黑匣子”的隐蔽性);另一方面,有时图像与完全光学逼真效果的互动关系推动我们将虚拟空间与绝对“表现”进行区分。但是,视觉或图像文化(如果不是游戏文化)是受关注的,即使模仿的东西没有对应的现实存在,一定程度的光学现实还是必要的,在照片写实表现中仍在寻找支持的资源。如我们所见,“现实主义表现”不单是现实,因为它们就“像”它们所表现的东西。拟态不是表现的一个恰当理论。它们必须运用视觉的编码(照片写实就是其中一种),我们将其接受为现实的标志。

2.7　数字电影

仿真和照片写实主义是理解大众电影近期发展的关键。从早期的电影特效中,如1982年《创》(*Tron*)或皮克斯工作室的动画短片(如1986年《顽皮跳跳灯》[*Luxo Jr.*]到20世纪90年代中期大片(如《终结者2:末日》《侏罗纪公园》《玩具总动员》)中试验性地、详细地使用电脑成像(CGI),现在是许多主流大众电影的特点,通常是大制作大片的关键,而且几乎已经消除动画电影中的手绘和单帧动画。

---

① “人造区域(Faux terrain)”指的是在建筑和绘画空间的缝隙和边缘方式,这种空间存在于文艺复兴、巴洛克“幻觉的空间”以及全景图。传统三维“支柱”如假草、泥土、灌木、栅栏等伪装或隐藏。

当它被广泛应用于营造难以拍摄的背景或灯光效果的电影后期制作时,它也作为壮观的特效的具体应用,可产生强烈的兴奋、焦虑,引发流行和批判的争论。

本部分我们将分析电脑成像的普及和它在特效和电脑动画中的应用。另外,作为物质地、历史性存在的技术和媒介,同时作为了解数字技术对电影影响的技术想象是作为现代世界"虚拟化"的症状和起因出现的。我们将分析电脑成像如何推动动画从电影文化的边缘到其核心的启示,去了解数字电影的观众的需求是什么。

电影与虚拟现实

> (虚拟现实)通常被认为是电影目的论的一部分——实现电影幻觉力量的一种先进的技术。
>
> (Lister 1995: 15)

大众对虚拟现实的潜力看法和期望常常与电影作为一种美学形式不可分割。广播电视的普遍性与同时性,或者电话、互联网传播的"空间"在许多方面比虚拟现实技术和应用的发展更为重要,而这是电影视觉艺术的清晰度和魅力以及观众的"身临其境"反对浮现的(潜在的)虚拟现实经验被测量的。正如我们将要看到的,电影是"拯救"虚拟现实的关键因素。

相反,电影已经发展和散播了虚拟现实的图像、观点和梦想,特别是在近期的科幻片中。此外,特定虚拟现实系统的设计在很大程度上吸取了电影意象、形式和传统。值得注目的是,如果我们认为"电影"是广义的移动影像技术和文化,而不是狭义的戏剧、真人电影、故事片的工业和意识形态的建立,电子游戏必然是处于数字电影发展理念的核心。电子游戏与赛博空间对虚拟现实的技术影像发展而言是不可分割的(见第4、5部分),已经为大众游戏和消费开启了虚拟世界,创制了人工智能和电脑合成的诸多角色。

为了区别沉浸式和比喻式虚拟现实,我们在此再增加一点,就是艾伦·斯峻(Ellen Strain)所说的"虚拟的虚拟现实(virtual VR)"(Strain 1999: 10)。在某种程度上,这就是虚拟现实和赛博空间在科幻片(如1982年的《终结者》、1995年的《奇怪的日子》、1995年的《非常任务》以及后来的包括1999年大卫·克罗伯格(David Cronenberg)执导的《X接触》在内的电影)的直接表现。在另一个层面上,斯峻指的是这样一种现象,即虚拟现实虚构的、推理的图像因虚拟现实技术的应用和实际存在的形式变得模糊。

鉴于在2.6中表述的观点,虚拟现实实际是一个相当排外的体验,不是一种大众媒介,毫不奇怪的是,电影投射数字世界的幻想有时对现有处境或假定的即将实现的未来有误导性的感觉。

虚拟现实的研究者和文化理论家都参考了畅销的科幻小说和电影，将其作为推测和可能性的资源①。菲利普·海沃德(Philip Hayward)参考早期虚拟现实狂热者，罗列了亚文化和流行的文化观点：对于科幻片，他增加了新时代神秘论、幻觉剂和摇滚文化。透过流行文化话语推广虚拟现实的可能性不仅塑造了大众的期望，而且甚至可能影响虚拟现实研究本身②：

> 这些话语很重要，因为它们塑造了消费者欲望、媒介开发者的认知和议程。具有讽刺意味的是……它们已经提前创造了对媒介的拟像(与将要比较的产品不同)。
>
> (Hayward 1993: 182)

值得注意的是，这未必是幼稚的；有例子说明这是特殊的策略：把科幻片当作其他文件或数据资料来读。(见David Tomas, 'The technophiliac body: on technicity in William Gibson's cyborg culture', in David Bell and Barbara M. Kennedy (eds.) *The Cybercultures Reader*, London: Routledge, 2000, pp. 175–189.)③托马斯(Thomas)将威廉·吉普森(William Gibson)的小说世界作为直接的、汇集信息结果的社会学数据来阅读(见5.1)。

2.7.1 虚拟现实主义④

我们对于未来沉浸式或互动式娱乐的可能是兴奋的，但也害怕数字技术将电影引入一个壮观的表象之后就螺旋式下降。这种恐惧在流行电影评论和学院后现代主义者话语中都显而易见，在数字图像的批判和概念化中尤为明显——那些威胁我们理解世界的图像，有着摄影的普通外表，带着摄影“索引性”的幻觉。它们看似在告诉我们现实世界是综合的、虚构的。图像与它们宣称所表现的世界之间混乱的关系总体上更普遍地用于西方文化，其特征在于通过“意义”的削弱，变成(比喻正在讲述)模拟的、扁平的、屏障般的。

电影理论和媒介研究关注的核心是通俗(文化)表现与现实世界之间的关系。

---

① 参见Screen 40.2(Summer 1998)和Convergence 5.2(1999)特别专刊。

② 参见1.2.5、1.2.6、2.1、2.6、5.4.2小节中，对“虚拟”的深入讨论。

③ 参见1.2.5 虚拟；2.1–2.6；5.4.2 控制论和虚拟。

④ 重要文本：菲利普·海沃德Philip Hayward, 'Situating cyberspace: the popularisation of virtual reality', in Philip Hayward and Tana Wollen (eds.) *Future Visions: new technologies of the screen*, London: BFI, pp. 180–204. 参见第4部分对流行文化与计算机媒介发展之间的关系的深度讨论。

因此“现实主义”术语在这个语境下是有用的,不仅因为它强调了,任何表现,无论技术多先进,都是一种文化建构,而不是“现实本身”。换言之,现实主义的批判性观点并非强调“捕获”现实,而是表现的阐述或构建。然而,正如我们将要看到的,强调现实主义和表现可以提出一些关于图像的现实和幻觉的假设。

> 没有单一的现实主义,现实主义有很多。
>
> (Ellis 1982: 8)

约翰·埃利斯(John Ellis)识别了电影、电视中的大量现实主义传统[①]。包括:

- 常识的观念和期望,如在古装剧的正确历史细节或战争电影中种族定型;
- 适当解释表面混乱的事件,在事件的起因和结果间建立逻辑关系;
- 人物连贯的心理动机。

其中某些是矛盾的,它们经常与一部电影或电视节目共存。我们还可补充其他:纪录片对事实的假设、出于政治动机的电影制作人的社会写实主义,如肯·罗奇(Ken Loach)。

电影理论已在电影中广泛探索现实主义的意识形态作用。在20世纪60年代后期和70年代,法国《电影笔记》(*Cahiers du Cinéma*)和英国《银幕》(*Screen*)中的争论,尽管观点繁多,有时针锋相对,但有共同的前提,即主导的电影现实主义规则创立了对现实的基本保守的观点。评论文章指出,为了在电影中建立一个连续的“现实世界”,好莱坞电影否认由阶级、性别不平等和隐藏的权力结构等带来的现实冲突。现实主义规则使得在电影虚构的世界中,冲突的观点和权力关系总是被解决或调和。一个被矛盾撕裂的世界,经过循环、往复、调解——如果结局并不总是完全美满的,至少也提供了叙事上的“结束”(McCabe 1974)。这些讨论认为,好莱坞电影制作和观看不能展现真实的世界,正相反,它们掩饰或调解真实世界和真实社会关系。不同现实主义不只是单纯的美学选择,而是每一个都首先与建立“真实世界”的特殊意识形态一一对应[②]。

这些争论在许多方面都与我们对数字电影的讨论相关。它们体现了一个持续的、有影响力的对于表现与现实的关系的询问。它们从意识形态和观众角度提出关于流行视觉文化的问题。但重要的是许多现实主义讨论到目前为止不能依靠摄影图像的效果作为现实的指标,同时也不能依靠视觉传播。一些适用于广播的指标也同样适用于电视和电影。同样地,当有时置身于这些争论中审视电影、电视的技术设备,它们很少被界定为构建这些现实主义的意识形态效果的关键因素。下

---

① 埃利斯指出,这些形式一般不被看作是“现实主义”,如恐怖片和喜剧,都是与这些传统一致(Ellis 1982: 6–9)。

② 见MacCabe (1974),电影中的现实主义理论。见Lapsley and Westlake (1988: 156–180)。

面这段引语说明在现实主义的批判性思考中发生的重大转变，适用于电影的近期技术变革：

> 1950年起，电影技术发展背后的推动力既指向更大或更高意义的“现实主义”，且又试图实现更大、更惊奇的壮观奇景。两个动力都已经通过更大、更清晰、更隐藏的图像发展实现了；通过更大声、更多层次、更准确定向的声音实现了；通过更微妙、真实的颜色实现了。从20世纪50年代初发展的所有技术系统的目的用完全可信的人工创造来替代观众对“真实”世界的感受。
>
> (Allen 1998: 127)

在艾伦看来，在讨论电脑成像特效的背景下，现实主义不再是电影理论一整套叙事、人物、情节和层次的意识形态和形式的传统，而是声音和图像科技的、美学的质量。现实主义如今在图像及其质量和产生它的技术设备间运行。我们在此看到的是一个将现实主义三个不同的观念别扭地合并：首先，摄影和电影的真实性或索引性（如摄影图像在所有感受现实世界的表现中被视为是特立独行的）；其次，壮观和幻觉；最后，媒介好像跳出图片，“直接”领会现实。因此，一部电影或特效越是在视觉上“现实的”（或者是波特和格鲁辛所说的“直接的”），它就越是人造的或幻想的。如波特和格鲁辛在讨论特效电影《侏罗纪公园》时指出：

> 我们去看这样的电影，很大程度是因为体验了由特效制作带来的即时性和过度即时性之间的摇摆……惊奇需要意识到媒介的存在。如果媒介真的消失了，依照透明逻辑的明显目的，那么观众将不会觉得惊奇，因为他不会知道媒介的存在。
>
> (Bolter and Grusin 1999: 157)

如果浏览对流行的电脑成像电影的批判性评论，我们就能发现这些明显的悖论——增强的现实主义是复杂的幻觉；观众被带入壮观奇景之中，但同时了解这是人工技巧。为了探索这些明显的悖论，并且推动大众电影中电脑成像如何作为壮观图像和技术进步被严谨地检查，我们将定义四个术语：真实性 (verisimilitude)、照相写实主义 (photorealism)、指示性 (indexicality) 和仿真/超真实主义 (simulation/hyperrealism)。

真实性

正如我们已经看到的，将数字图像运用到电影中的讨论通常集中于图像的现实主义或真实性。真实性作为表现的一种类型，宣称当世界、人群、物体出现在人眼面前时，要抓住它们的视觉外观。错视画流派就是一个典型例子（见**图2.23**）。特效和电脑动画的好坏总是用是否无限接近“没有干预”的现实世界来衡量。总的来说，真实性理所当然被认为是传统的电影艺术，鉴于摄影影像文化地位和技术特点，但在计算机合成影像中，它变成生产商和观众兴趣焦点。以《玩具总动员》(1995)为例，玩具士兵可爱地带有一些瑕疵，还有模具制造的附带标签的廉价玩具有非常的创造力。这些细节给观众带来了视觉愉悦——体会童年经历的微小并感知动画家的智慧和注重细节。

指示性

一开始，摄影术宣称，与其他影像绘制相比，自己更为直接，更少干预外部世界。福克斯·法塔特(Fox-Talbot)就称摄影术是“自然的画笔”，然而，最近苏珊·桑塔格(Susan Sontag)将照片描述为足印或尸体罩——通过与其指示物的直接物理关系作图——物品和环境的光线反射作用于感光剂形成摄影作品。我们今天对合成（照片增强技术）活动图像的焦虑，已然预兆了数字摄像时代的到来。摄影的意识形态和人造的本质被遗忘，因为我们害怕我们要如何去了解这个世界，一旦摄影这一具有优势的记录媒介变得易于被操纵。①

照相写实主义

> 在现实完全不可能存在对应物的情况下，如《终结者2》中的变形效果，效果的绘图质量必须是复杂的、“照相写实主义的”，足以说服观众，如果瓷砖地面变成现实中人物，看上去完全就像屏幕描绘的那样。
>
> (Allen 1998: 127)

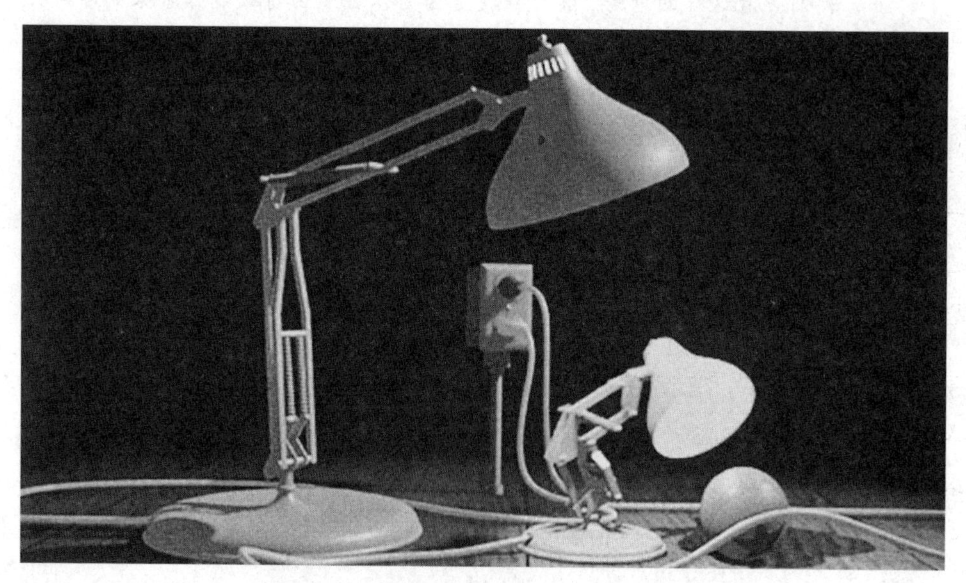

【图2.24】《顽皮跳跳灯》。©皮克斯动画工作室

① 参见Lister (ed.) 1995。

在此，我们再度回顾真实性，就会发现它的大不同之处。这些电脑成像序列不像其他媒介仿真那样捕捉外在的现实：波特和格鲁辛将之称为“再度媒介化”——摄影和电影艺术的视觉复制。的确，照相写实主义更多是基于其他媒介的外形建构，而不是直接从真实世界获取图像。上文中，艾伦(1998)的引言也说明了在“现实”和“作为现实主义者的表现”之间的区分并不总是非常清晰的；而对两者之困惑和犹疑是许多近期对数字动态图像批评的特性。许多重要论题都与这一问题紧密相关。照相写实主义指的是不靠摄影技术制作的表现形式，但看上去又好像借助了摄影技术。当“照相写实主义”运用在不能拍照的事件或效果上是什么意思？一些特效搭建了真实世界的背景，这对电影而言是困难或者昂贵的(例如爆炸、沉船等)，同时，其余如在《终结者2》或《黑客帝国》中的特效，展现从来不能被拍摄到的图景，因此也没有参考物去质疑它的有效性。摄影的作用不是作为某种机械的中立的真实性，而是作为一种产生“现实效果的”表现方式。换言之，屏幕上的故事被接受是因为它符合对银幕壮观奇景和幻想的普遍的或衍生的现实主义观念，而不是“真实世界”。如列夫·曼诺维奇(Lev Manovich)关于《终结者2》的讨论：

> 什么是伪造的？当然，不是现实的，而是摄影现实，即通过摄像头看到的现实。换言之，数字仿真几乎实现的不是现实主义，而是照相写实主义……它只是数字技术试图仿真的电影图像。我们之所以认为这种技术伪造现实已经成功的原因是电影，在过去100年中，它已经教会我们接受其现实的特殊表现形式。
>
> (Manovich 1996)

超真实主义

在大众新媒体的评论中，“仿真”“虚拟现实”“超真实主义”这样的术语的运用常常是混乱的、不准确的。让·鲍德里亚(Jean Baudrillard)和翁贝托·艾柯(Umberto Eco)都使用**超真实**这个概念，尽管含义不尽相同。他们都以迪士尼主题公园为例。在艾柯看来，迪士尼公园是新近的后现代文化“伪造”特征的终极典范(其余还包括蜡像馆、电子卡通)，而在鲍德里亚看来，我们在主题公园的娱乐强调它自身壮观的“超真实”，将我们从现实世界抽离出来，而这整个经验就是超真实：没有现实是“伪造的”。鲍德里亚认为，超真实是与仿真同时发生的(Eco 1986; Baudrillard 1983)。

“超真实主义”表面上完全不同。它常被用于辨识大众动画片中显著且主要的美学，在迪士尼公司动画片中得到发展，始于1937年的《白雪公主和七个小矮人》。迪士尼超真实的美学与数字电影的研究相关。迪士尼动画片呈现它的人物和环境,广义上是符合现实世界的物理规则的。例如,《猫和老鼠》甚至早期的《米老鼠》都不像《白雪公主》或《风中奇缘》受到重力和永恒性的束缚。它们的特征就是爱森斯坦所说的"原生态(plasmaticness)",早期卡通片人物和环境伸展、挤压、转变自己的性质(Leyda 1988)。**超真实主义**同样涵盖了迪士尼制片厂,运用现实主义传统的叙事、逻辑因果关系和人物动机——打破了动画形态中大量的非现实主义和无政府主义动力。于是,超真实主义不是通过是否近似于参照物的表现来衡量,而是真人电影的规则(以及伴随的意识形态)的再度媒介化。

然而,鉴于迪士尼在大众文化发展整体中的重要角色(主题公园和电影),以及作为新兴电影技术的先驱(动画片的声音、颜色,《白雪公主和七个小矮人》中的多平面摄影机,到《创》(*Tron*)中电脑成像的创新,以及20世纪90年代与皮克斯动画工作室的合作),超真实的概念和超真实主义的动画美学是紧密结合的。

但是,在动画片背景下的超真实主义,正如"超(hyper)"这个前缀显示,没有完全受限于真人电影的传统。迪士尼超真实动画片从来没有完全替代真人电

【图2.25】迪士尼动画片:从《糊涂交响曲》到超真实主义:《骷髅舞》、《花与树》、《白雪公主和七个小矮人》①

① 赛璐珞动画(Cel animation)运用多层透明的纸张,每张都画有图像,都可以独立移动。例如一个人物形象被画在一个赛璐珞上,腿的动作则画在不同的赛璐珞上。这就不再需要画每一格的动画。

影——它总是超越真实性。它明显采用漫画人物设计的图形惯例以及物理世界的夸张手法。这些电影的真实性总要在应对图像局限性与手绘动画的可能性之间的张力、“挤压和扩展”传统的残留部分、变形，以及奇异的主题（谈论动物、魔法、童话和怪兽）中显现[1]。

因此，“超真实主义”运用相当模糊的当代文化观念——日益虚拟，将动画片和真人电影（以及电脑成像中的照相写实主义）的再媒体化进行合并。这两种感觉以更具体的方式在最近的电脑动画电影中汇合，尤其是皮克斯和迪士尼合作的故事片如《玩具总动员》(*toy story*)(1995)、《虫虫特工队》(*A bug's life*)(1998)或梦工厂的《小蚁雄兵》(*Antz*)(1998)、《怪物史莱克》(*Shrek*)(2001)。

2.7.2　真实效果

电脑成像的照相写实主义、超真实主义的图像以及迪士尼、皮克斯和梦工厂动画片的叙事结构都是让-路易·柯莫里(Jean-Louis Comolli)称为“真实效果(reality effects[2])”的例子。它们被理解为，或宣称是，用不同方式提供更真实的体验，缩小世界与经验的中介差距。每个真实效果不是直接参考实际的外部世界，而是借鉴其他电影和媒介惯例。照相写实主义是摄影的准确描绘，而不是世界的索引。

让-路易·柯莫里的论文《可视的机器》(*Machines of the Visible*)(1980)展望了在经济、思想、历史变化中电影及其技术的现实性或物质性的前景。他认为，任何特殊的现实主义不是任一由线性的、目的论的技术或美学的发展决定的，而是由相互竞争的、历史偶然性的美学惯例、技术发展、经济和社会动力共同决定的[3]。好莱坞电影产业经常呈现电影技术发展的理想主义观点，即更大的现实主义和观众身历其境的体验。我们将要看到的，可能更令人惊讶的是，理想主义通过数字技术的新奇和刺激而复活，随着数字电影批判研究而再次出现。

尽管写作于数字技术发明之前，柯莫里认为，技术改变和现实主义形式的历史从根本上是间断的，不是一条完美模仿的线性过程，与目前电影技术和美学发展完全相关。在柯莫里看来，电影的间断性历史不单纯是相互竞争的技术、制作室和文化体系的产物，而是电影作为“社交机器”——一种通过主导社会结构（资

---

① 迪士尼超真实主义的美学也可以被看作道德和意识形态关注使然。见 Forgacs (1992), Giroux (1995),Giddings (1999/2000)。

② Reality effects, 又译为真实效果、现实效应。罗兰·巴特在《语言的沙沙声》(*The Rustle of Language*)一书中论及写实主义时，以此概念诠释写实性的“真实效果”。此处译为“真实效果”。——译者注

③ 参见 Wells (1998: 25–26)。

本主义内部的阶级关系)试图呈现自己的形式。从这个角度看,真实性被认为是意识形态的,是一系列现实主义规则,而不是技术和美学进化的不可避免的产物。对一般意义上的"现实主义",以及特殊意义的真实性的理解不能不考虑不是单纯技术的,而是经济的、意识形态的,这一决定超越了电影的简单范围……打破了电影("风格和技术")独立历史的虚构,影响这一领域和历史的复杂结合,以及其与其他领域和其他历史的结合。

让-路易·柯莫里的论文(1980)直接指向围绕新媒体的讨论,这个讨论基于蒂莫西-特拉克雷(Timothy Druckrey)《电子文化:技术和视觉表现》(*Electronic Culture: Technology and Visual Representation*)一书,同样可见列夫-米诺维奇(Lev Manovich)对柯莫里数字电影观点的应用(Manovich 1996)[①]。

我们将看三个例子,第一个是来自柯莫里,第二个与动画片发展历史有关,第三个更近的例子是电影现实主义技术。

20世纪20年代的现实主义和电影库存胶片

从一个理想主义角度看,在1925年前后,全色胶片(黑白电影放弃了色谱,改用灰底,比先前色彩更敏感)是电影不可避免地走向更真实的证据。但是,柯莫里认为这种"进步"既是意识形态的,也是技术的。采用全色胶片的关键因素在于电影外部。这是对在其他大众媒介现实主义美学发展的一种回应:摄影。"随着摄影的快速发展与传播,早期电影明暗差别较强的影像不再满足摄影现实主义规则。"重要的是,技术发展必须减弱对早先视觉现实主义标准的接受:景深。因此,阴影、范围、颜色的规则颠覆了作为主要"实际效果的"透视和景深(Comolli 1980: 131)。

动画片、超真实主义和反现实主义

在巴赞看来,电影现实主义是以摄影影像的索引性为基础的,假设它能用一种方式"捕捉"现实世界,没有其他媒介可以做到。摄像作为真实性媒介的优先位置造成了众多电脑成像带来的混乱。我们在定义"照相写实主义"时已经提及这一点。电脑成像常被提及的目的是令人信服地复制真人电影图像。但在20世纪30年代,早期动画片和短片的超真实主义被引入既有经济原因,也有美学原因。

---

① 唯物主义取向含蓄或明确反对"理想主义的"电影评论。法国评论家安德烈·巴赞(1918—1958)在这方面是个关键人物。在他看来,"电影技术和风格"发展成为"现实完全和充分的展现"(Manovich 997: 6)。他将电影看作是艺术模仿功能的顶峰,在古典文化中可以看到(见1.4.1对技术变革中目的论的讨论)。电影现实主义应该也是"接近生物视觉感知和认知的动力"(同上)。因此,巴赞对摄影技术的特殊兴趣在"观众可以自由探索电影影像空间"中产生了景深(同上)。贝津(Bazin,1967)重新评估巴赞的作品,见Matthews (n.d.)。

运用技术如线拍(line test)[①]将相对昂贵的生产方式建立成工业化，允许劳动力分部门和分等级，限制私人动画家的独立性。

在好莱坞卡通赛璐珞技术的分析中(如华纳兄弟的作品)，克莉丝汀·汤普森(Kristin Thompson)探索技术变革、不同电影形式(真人电影和动画片)，以及在好莱坞体系中主导意识形态之间的复杂关系。作为迪士尼的故事片，卡通片中的单帧动画技术不仅服务于卡通片工业化生产，而且提供新技术进一步试验、破坏虚拟现实规则。卡通片的美学及其在好莱坞的地位是两个相反力量竞争的结果：

> 我们已经看到卡通片是如何运用这些设备的，虽然这些设备可能有潜在的不协调的危险(例如，透视系统的混合、反自然速度的故事线)。尽管我们可能期待，传统的好莱坞系统中的叙事和喜剧性张力可以缓解这些不协调……但赛璐珞动画仍然是如此容易地增添混乱的正式策略，说明为什么保守的卡通片好莱坞意识形态会如此发展……因为被描述的动机不明的混乱在传统系统中不受欢迎，所以好莱坞需要制服这项技术。碎片化提供了一种方式。
>
> (Thompson 1980: 119)

IMAX和沉浸式体验

IMAX影院的吸引力主要基于奇观技术。70 mm IMAX电影投射在60英尺高的屏幕上，观众的视阈沉浸于高分辨率的图像。但是，技术传递视觉逼真体验的同时，排除了其他已确立的现实主义规则。由于近距离取景的实际困难，IMAX电影趋于不使用反切镜头传统描绘对话，而集中于使观众通过角色主导的叙事辨别(Allen 1998: 115)。IMAX电影已经吸收了其他的现实主义规则，如自然历史纪录片或电脑动画的“超真实主义”。我们现在要知道这些现实主义矛

【图2.26】IMAX版走出阿尔贝蒂之窗?《深海猎奇》3D版，2006年。©华纳兄弟

① 线拍或者铅笔稿试拍是一种动画序列大致勾勒在板片上的方法，在画单帧前，确立定时、连续性，控制人物角色的移动。见Wells (1998: 21-28)对迪士尼的高度写实主义的唯物主义研究。

盾话语是如何帮助我们理解数字媒介对大众电影的影响。

2.7.3 奇观现实主义?

随着大众电脑成像电影的发明,我们还对现实主义抱有明显矛盾的观念,既涉及感观上的即时性,也涉及被强调的幻觉和壮观。这是视觉现实主义,真实性前提不仅在于摄影的指示性,而且在于数字合成影像及其设计者的"魔法",再次将最不现实主义的电影形式、动画带入主流。这个悖论将两个更重要的因素放在重要的位置。

1. 通过大量对早期视觉媒介形式的奇观那些重要的具有连贯性的评论进行鉴别——不止于电影,甚至在更广泛的20世纪大众文化,亦或回溯到19世纪,甚至17世纪的大众文化。

2. 对电影中的视觉图像的批判性关注。

在第二点中——视觉的优势——应该注意"奇观(spectacle)"一词有两个主要含义。在平常的使用中,它是指电影的视觉魅力(特效、绝技、歌舞表演等),拒绝间离,拒绝将观众的注意力从叙事和人物发展中抽移出来。奇观的另一个要点是取自居伊·德波(Guy Debord)《奇观社会》(*The Society of the Spectacle*)一书。德波是20世纪五六十年代激进艺术/政治团体情境画家国际(Situationist International)的领军人物,影响了赛博文化(cyberculture)和后现代主义思潮①。在此书中,一系列讽刺性的段落说明了战后资本主义已经通过将文化在整体上转变为商品来强化对大众的统治。因此,奇观不是一套特殊文化或媒介事件、图像,而是将现今整个社会世界描绘成一个幻觉、分离的形式或者是现实生活的遮掩:

> 奇观就是当商品已经完全占据社会生活的时刻。不仅与商品的关系是可见的,而且是我们唯一能看到的,在商品世界的人只能看到商品。
>
> (Debord 1983: 42)

这种对视觉图像(特别是摄影)幻觉潜能的怀疑在电影理论中显而易见。因为通常认为,摄影影像捕捉到事件的表面,而不是潜在的(不可见的)经济和社会关系,所以,它的本质是意识形态。例如,在一个冗长的脚注中,柯莫里将好莱坞照相写实主义(资本主义社会)与金钱相联系。它的幻觉就是那些商品拜物教:照片就是"现实生活"的金钱,这确保了它便于流通和使用。从而,照片无疑被当作是神圣的,等价于标准的"现实主义":"电影图像不能和摄影规范结盟,不失其'权力'('可信性'的权力)"(Comolli 1980: 142)。

---

① 德波的奇观概念意义深远,虽然有些负面,但对鲍德里亚(Baudrillard)的仿真概念也颇有影响。

但是，如果这些图像既是现实主义，也是幻觉和人工制品，今天是否还有“现实世界”？如果我们怀疑任何图像可以直截了当地讲述真实的能力，那么这些图像意味着什么，它们告诉我们有关这个世界的什么（以及它们在世界中的位置）？

特效和超真实

《变相怪杰》(*the Mask*)(1994)是一个很好的电影案例，它采用了先进的电脑生成特效，制造了电影的形式和效果。电影中的特效通常被看作是电影中的创意和艺术的最大干扰，在最坏的情形下，甚至不利于电影创意和艺术：

> 《变相怪杰》强调传统叙事在特效电影中的重要性在缩小，乐于用华丽的一分钟伎俩遮蔽情节和人物离奇有趣的想法。
>
> （简妮特・马斯林，《纽约时报》，引自克莱因 Klein 1998: 217)

在受年轻人青睐的电影——科幻片、恐怖片、幻想片、动作片中，特效型电影通常被认为是幻觉的、幼稚的、肤浅的，与更受尊敬的大众电影的许多方面正好相反，如人物心理状态、情节和布景的微妙。它们更多与科技联系在一起，而不是电影的“艺术”。

大众电影评论宣称，大片是文化“弱智化”的症状与后果。这些恐惧在关于数字与电子技术、大众文化和整体文化关系的特定理论话语中找到了共鸣。在《银幕》中的一篇论文，米歇尔・皮尔森(Michele Pierson)界定了融合，在索布切克(Sobchack)和兰登(Landon)的评论中，将对电影奇观建立的悲观态度与最近的“赛

【图2.27】《变相怪杰》，1994年。©New Line/Dark Horsea/The Kobal Collection

博文化”话语相结合,写道:

> 电子技术的普及和广泛性已经深刻地改变了我们对世界的空间感和时间感。索布切克和兰登认为电子仿真的超真实空间——无论它是否是电脑生成特效、电子游戏或虚拟现实的空间——都以一种新的无深度性为特征。
>
> (Pierson 1999: 167)

我们在这里可以识别的是,一套交叉重叠的话语,几声惋惜“早期”“有意义的”现实主义美学的失去的哀鸣,一些令人欢呼的真实性技术的发展。这些话语可以分解为以下几点:

1. 电脑成像的形式和美学是在视觉文化不断增长的真实性变革过程中的最新进展;例如,《侏罗纪公园》中的恐龙是完美技术的典范,它的开拓性前身是威利斯·奥布莱恩(Willis O'Brien)和雷·哈里豪森(Ray Harryhausen)的电影《暴龙再生》(1925)和《公元前一百万年》(1966)中的定格动画特效。

2. 是1的悲观版本,特征是怀疑特效和图像处理是虚假的、肤浅的、通俗的。奇观被设定为电影媒介“真实”创新品质的对立面而存在。在此,数字效果的重要性不是基于虚拟本身,而在于它们的公众吸引力(被视为接管“传统”电影)及其带来的精湛技术。

3. 从赛博文化视角,数字制造的真实性标志着西方文化一个新的、特别的阶段。“仿真”和“超真实”是核心概念;“3D”电脑模型、“照相写实主义”的环境和人物被视为存在论上不同于摄影表现。

4. 站在赛博文化角度的对立面,电影技术被认为带有技术变革的更普遍特点,但把这种改变看作是陷入幻觉和无深度性,而不是创造新的“现实”。

第四点在许多媒介发展的后现代描述中非常明显。例如,安德鲁·达利(Andrew Darley 2000)将电脑生成特效定位为新兴的“数字视觉文化”中的一个重要的文化形式,与电子游戏、音乐录影、广告数字图像和电脑动画并列。参考让·鲍德里亚和詹明信的说法,达利认为,视觉数字形式:

> 缺少对早期形式的象征性深度和表现复杂性,随之相反而来的是意义的大幅减少。它们是直接的、一维的、微小的,除了它们霸占视觉和感官的能力。这些新的技术娱乐是消遣的流行形式,也可能是对“无深度图像”文化进步最清晰的表现。
>
> (Darley 2000: 76)

由此而言,这种“新奇观(neo-spectacle)”还没有主导大众文化,但“在主流视觉文化中”占据了“一个重要的美学空间”,这个空间“主要被移交给缺乏传统深度的表面和图像生产。在美学角度上,图像至少是和它的引证、星形图像、耀眼或惊心动魄的效果一样深刻”(Darley 2000: 124)[①]。

尽管他为当代奇观视觉文化(如早期电影《黑尔斯的塔楼》(*Hales's Tours*)、游乐园)建立并持续成为开创性先例,这种无深度性是新的,是技术发展的结果。达利认为,这与早期的、前数字效果有质上的差别:“它是在这些电影中介绍幻觉奇观的数字元素”(Darley 2000: 107)。

批判无深度性模型:反现实主义?

在数字大众文化“无意义”“无深度”的当代批判中暗含着“丧失真实”的批判,虽然这一含义从没有完全说出来,这恰好是古典现实主义受电影理论批判的特点(人物心理深度、故事连贯性等),具体表现在后现代数字文化中丢失的“意义”。古典现实主义叙事和摄影,有时好像没有在讲事实,却有“意义”和深度。摄影指示性这一备受批评的观念再次兴起(见巴巴拉-克里德[Barbara Creed]讨论“电脑特效人物”[Creed 2000],或史蒂芬-普林斯[Stephen Prince]对感知现实主义的观点[Prince 1996])。如果任何既定的“现实主义”假设并阐明它是“现实世界”的特殊模型,那么在后现代理论中,难怪电脑图像的“超真实主义”已经不再被解释为表现一个与现实世界更相似的图像,而是传达它的消失。

在数字电影的唯物主义研究中提出许多问题:

新奇观有多新?当数字技术清晰创造了大量利益、促进新的奇观图像,甚至制作电影的新方式时,并不清楚在数字制作特效的“二阶”图像与雷·哈里豪森在《**杰森和阿尔戈英雄**》(*Jason and the Argonauts*)(1963)中的著名僵尸部队定格动画间有什么区别。或者,就此而言,前数字和数字动画间的区别,无论哪一个都不依赖摄影对外部现实的捕捉。

同时,我们会再次提出贯穿该书的问题:数字媒介在哪些方式上是新的?根据鲍德里亚的观点,例如,仿真起源于文艺复兴和当代超真实主义已经用于电视和其他电子媒介。

电影本身怎么样:奇观图像一定毫无意义吗?电影中的动作序列和效果,连同歌舞表演和身体表演的性别化的视觉愉悦与叙事不同——但仅仅对建立故事和人物有意义吗?

如果电影如《侏罗纪公园》《终结者2》是后现代主义的明显例证,那么它们是否逃脱了电影历史早期的历史、经济和意识形态的语境?

这最后两点向观众提出了问题——欣赏电脑成像的奇观现实主义的人们难道是傻瓜,他们只是被诱惑并亢奋吗?

---

① 关键文本:Andrew Darley, *Visual Digital spectacle in new media, genres*, London: Routledge (2000)。

2.7.4 完全(后)现代梅里爱,或数字电影之规约的回归

数字媒介回馈我们以受规约的电影。

(Manovich 1999: 192)

对数字电影的批判研究通常建立一种含蓄的、或多或少技术演化走向真实性或沉浸式的理想主义历史,或者更有趣地,早期电影(前电影)技术在20世纪末回归的间断性历史。

从早期电影到数字文化

伴随着电影发明,发生了什么?仅说明技术上可行还不足够,说发明了相机、投影仪、胶片也不足够。而且,在电影正式发明之前很长一段时间,它们已经或多或少存在,或多或少被发明,电影可是在爱迪生和卢米埃尔兄弟之后50年才出现。要加上其他一些东西才能最终形成电影,因为电影机械不等于相机、胶片、装备和技术。

(Comolli 1980: 121–122)

"电影机械"是社会和经济动力的产物,从不同种类的摄影和其他动态影像

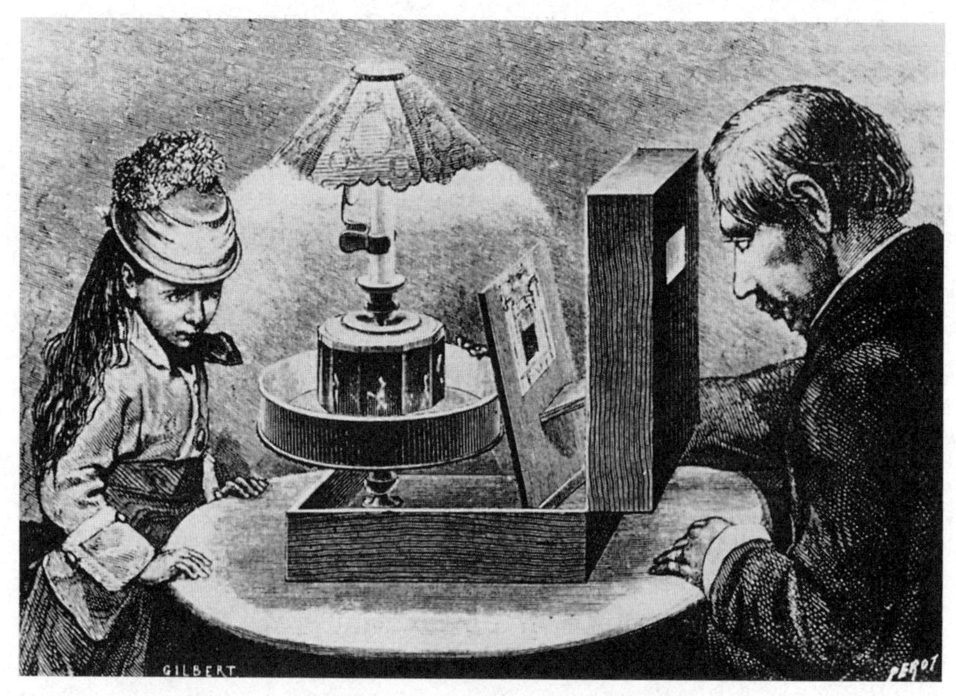

【图2.28】活动视镜:前电影装备

表现技术中提取[①]。最近对早期电影的研究已经探索"电影机械"作为控制早期电影许多相矛盾的技术和表现模型，破坏了故事片的出现是必然的和进化的概念(Gunning 1990a: 61)。

如今的数字技术，在"激进的异质性"和多样性之间平衡且相互联结的——在娱乐、艺术、科学、政府和军队之间跨界操作的技术——好像提供了一个文化、历史和技术的相似瞬间。在不断的变动中，未来的方向似乎可以掌握。当然，不像电影，数字技术进入了一个世纪以来早已熟悉大众媒介发展的世界。我们看到，虚拟现实和电脑成像是如何被主导娱乐媒介的规则和制度弥散且实际地塑造。另一方面，重新回顾电影的"史前历史"也强调了其他的电影形式好像已经屈服于故事片的主导地位，而且持续被边缘化、抑制、引导到其他媒介中(这些媒介本身也可能被取代)。动画片就是这样一种形式，特效是另一种，我们下面将分析。

列夫·曼诺维奇认为，我们看到的数字媒介的发明不是电影的终结，也不是电影作为记录现实的优势地位和科幻电影主导的(他称科幻电影为"超类型"(super-genre)，运用电影理论家克里斯蒂安-梅茨Christian Metz的词语)。在20世纪末，他认为，这种超类型显示为"孤立的意外(isolated accident)"，在电影发展中的奇葩目前又回归了。被超类型压抑的其他电影形式的回归改变了电影现实主义是默认的选择的这一观念，将其认为是多种选择之一。

这是安德鲁·达利的一个核心观点——数字视觉文化，尽管在重要方面是"新的"，它同时也持续领跑整个20世纪奇观娱乐的"传统"(从20世纪初的杂技、"特技"电影，主题公园穿越游乐设施、音乐影片的音乐剧、电脑成像、摆动模拟剧场等)，更早的起源要到18、19世纪的拉洋片儿、魔术幻灯和实景模拟。一些文化理论家进一步回溯到17世纪，巴洛克艺术和建筑的复杂和幻觉，好像在预示数字娱乐的形式和美学(Cubitt 1999; Klein 1998; Ndalianis 1999)。

尽管形式不同，但它们都邀请观众参与到这些奇观的视觉或动觉刺激中，并使观众着迷于它们的技术独创性，或娱乐技术本身就是奇观[②]。如果存在古典现实主义规则(以动机和心理深度、逻辑因果关系和叙事的复杂性为特点)，那么其功能仅仅是联结这些动态序列的设备。

---

① Tom Gunning (1990a) 'The Cinema of Attractions: early film, its spectator and the avant-garde', in Thomas Elsaesser (ed.) *Early Cinema: space, frame, narrative*, London: BFI.

② 动画片，无论是在其大众或是在前卫的语境中，在探索其自身状态中都将自身视为一种非影像相仿物，是揭示人造、想象、幻觉，乃至其自身之装置的形式。

吸引力电影

电影历史学家和理论家汤姆·冈宁(Tom Gunning)已经将1906年定为叙事电影建立的关键年。在叙事之前,存在的形式是多种多样的,主要是掩饰戏法的后果、效果或“吸引力”。乔治·梅里爱(George Méliès)的电影就是范例。梅里爱的事业始于游乐场魔术和幻术,他在电影方面的创新继承了这种无现实主义模式。他说,他的工作室是“巨大的摄影棚和戏剧舞台的结合”(Méliès 1897, 转引自 Comolli 1980: 130)。卢米埃尔兄弟的纪实电影(记录火车进站、人们下船上岸等),尽管今天更普遍地被认为是纪录片的前身——不是奇观——现实主义,但都被冈宁纳入“具有吸引力的电影”范畴。伊恩·克里斯蒂(Ian Christie)指出,卢米埃尔的放映始于一幅静态画面,然后“魔幻般地”开始移动,电影可以用不同速度放映、甚至回放 (Christie 1994: 10)。同理,动态的电影技术和图像使描绘的场景和事件像奇观一样吸引观众。有一事实非常显而易见,在推广电影的时候,总是更多地使用放映机的名字,而不是电影的名字。电影总是被作为杂技表演的一个节目,是一系列不连续的绘画、唱歌、表演中的一个卖点 (Gunning

【图2.29】兰提斯拉夫·斯泰维兹《摄影师的复仇》,1911年

【图2.30】《小蚁雄兵》，1998年。由罗纳德·格兰特档案馆提供。

1990a)①。

> 戏剧表演控制了叙事的合并，强调震惊或吃惊的直接仿真，以展开一个故事或营造一个叙事空间为代价。具有吸引力的电影较少关注塑造角色的心理动机或个人特性……它将主要力量施与外部、创造奇观，而不是对内作用，塑造古典叙事必不可少的人物情境。
>
> (Gunning 1990a: 59)

因此，摄像捕捉移动的“现实主义”最初不是与古典现实主义文本中的“现实主义”结盟的。植根于魔术和杂耍，而且有悠久传统，包括科技展现和表演、科学壮观可能性以及贯穿电影史前和历史的技术和魔法中：

> 尽管如今的电影技术可能正以惊人的速度转变，并与早期电影有根本性的不同，但是它最基础的关注还是相似的，即从更合理、更科学的与技术更紧密的相连来构建魔幻幻觉。
>
> (Ndalianis 1999: 260)

这种“吸引力电影”在1907年以后没有消失，而是以其他动态影像的形

① 电影的吸引力绝不会从故事片中消除。它持续表现为，叙事中的奇观，无论广袤的风景、令人赞叹的“荡妇”(femme fatale)或惊险的绝技，这在音乐剧中也有更强有力的表现(Gunning 1990a: 57)。

式存在。例如,动画片已经保留了电影的戏剧性展演和技术的精湛。汤普森(Thompson)认为虽然卡通片被排斥,市场在缩小,但是没有像在古典真人动作片的辩证关系那样受到压抑。动画片的反现实主义和爆发性潜力虽然被驯服,但还在好莱坞电影中保留一种传奇;"它们将电影技术的神秘带到前沿,让人们为电影的'魔力'而折服。动画片使电影恒久弥新"(Thompson 1980: 111)。

但是,贯穿电影历史,判定这些美学和技术联系有什么意义呢?像波特(Bolter)、格鲁辛(Grusin)和达利(Darley)等评论家已经确定了视觉文化技术发展延续和断裂的重要领域,排斥任何乌托邦式的"新颖"。然而,这些历史主要是按时间顺序排列或组合的:主要缺少超越直接环境和媒介特质的决定性问题。于是,我们看到,在电影"旧"与"新"之间一套批判形成的类比和连续,但是关于历史和改变的关键性问题依然存在。没有技术和文化改变的唯物主义分析的明确发展,我们或将"再度媒介化"作为媒介本身的理想主义逻辑,或进入后现代主义的"历史终结",其中早期的文化形式复活,如僵尸一般,炫目、刺激或恐吓观众进入传播的鲍德里亚式的狂喜。

如果主流的科幻电影与具有吸引力的电影之间的辩证关系可以类比于数字视觉文化的当代发展,那么虚拟现实话语中关于灵魂脱离肉体的经验假设——重新发现笛卡尔划分——就会被看作等同于在大众和理论意义上的电影理想观众(Strain 1999)。电脑成像作为流行的、通俗的、受压抑的虚拟现实,取代了奇观前身的地位,我们这些紧张的、世俗的观众——看到肉体回归。

案例研究 2.2:吸引力数字电影

电影《赛博世界》3D版(2000)是当代有吸引力电影的一部百科全书:由IMAX制作,3D效果,使观众沉浸于视觉过剩和肾上腺运动,着迷于精湛技艺的奇观展现。图像从大屏幕中延伸出去,仿佛要去拉观众戴的3D眼镜,再退入一个幻想的深渊,聚焦于眼镜从不可能的角度扭转,用力推向闪闪发亮的表面、动画人物,或者在一个片断中兴高采烈地描绘肮脏脱落的油漆和垃圾。

这是一部由其他电影组成的电影,被虚拟现实巧妙构思联系起来:仿佛是动画短片的画廊,观众由电脑生成的"主持人"引导——酷似罗拉·卡芙特(Lara Croft)和美国在线广告服务公司(AOL)代言化身的结合体。电影包括《辛普森一家》特殊情节、延伸到软件媒体和动画公司的广告。总的来说,这是一个商业化的杂耍:一个巴洛克幻想、类混乱的数字魔术幻灯——科幻、音乐、幻想、恐怖、怪念头、维多利亚、怪物和猎物。

【图2.31】《赛博世界》3D版，2000年，Imax公司。

2.7.5　观众和效果

那么，“无深度”的数字电影对于历史和未来又有什么启示呢？吸引力电影和动画片的中心位置的转变是否加强或破坏了后现代主义无深度性的话语？“公认的观众”如何理解它？冈宁的研究强调，存在着吸引力电影的观众在理解这些奇观时的积极作用，以及这些吸引力（和观众）激起的道德焦虑：

> 关于大众娱乐的罗素圣人调查(The Russell Sage Survey)[由中产阶级改革团体在20世纪头十年委任]发现，杂耍“基于一个人工制品，不是自然人及其发展的兴趣，这些表演没有必需品，作为一个规则，没有实际关联”……在不同剧院的晚上就像搭乘有轨电车，或者在拥挤城市中忙碌的一天……刺激不健康的神经质。
>
> (Gunning 1990a: 60)

无论这些吸引力是什么意思，它们的意义不仅仅基于“人造艺术”本身，而是他们对观众的影响。这不是20世纪70年代的电影理论讲求理想的、泛指的、无实体的观众。

而给观众带来是身体上的、智力上的“紧张”,让他们有种搭乘“云霄飞车”的感觉。

特里·洛弗尔(Terry Lovell)已经质疑20世纪70年代的电影理论,正因为它是基于天真的观众在他们的主体位置上“被惊呆了”这种假设。洛弗尔认为观众“……比墨守成规的评论假设更多意识到,或者至少比他们能更清楚表达的更多,支配这一表现类型的规则”(Lovell 1980: 80)。无深度性“新奇观”观念,像早期电影理论,同样假设大众电影形式是危险的(尽管可能是分散注意力的、肤浅的,而不是意识形态的)。观众可能认识到了幻觉,但预期之内表演是没有意义的。

所以,如果数字奇观现实主义(或一般意义的大众电影)的观众没有被欺骗,那么,我们会问是否无深度性观念适于分析大众对特效的理解和欣赏。的确,对特效的了解和欣赏是观看愉悦的一个必要部分。“悬置的怀疑(Suspending disbelief)”这一熟悉的概念是不够的:观众从来没有完全沉浸在奇观中,或被奇观“愚弄”,而且他们未受愚弄才是最重要的——奇观特效是需要被刻意关注的。这仿佛是一场“捉迷藏”的游戏:观众一方面愿意接受虚幻事件和图像;另一方面,观众也享受识别复杂人工诡计的愉悦(Darley 2000: 105)。在此,我们回到奇观现实主义这一概念,它既是直接又是超直接。没有了即时感,将丧失它们惊心动魄的可信性和“真实效果”,但是愉悦等同于明确确认自己的超媒介性——作为技术魔法或尖端技术的一个例子。

米歇尔·皮尔森(Michele Pierson)认为,识别电影诡计的愉悦感觉是大众接受特效大片的关键。她的分析有历史依据,且非常敏感地捕捉了对不同类型特效的区别。20世纪80年代末和90年代初,是这些电影的“黄金期”,电影的主要卖点和吸引力是它们运用电脑生成特效,产生创新和奇观。这一时期包括《无底洞》(*The Abyss*)(1989)、《变相怪杰》(1994)、《终结者2:审判日》(1991)。这些大片的发行和戏剧表现是它们自身权利的文化事件,集中表现在作为娱乐的数字奇观。

在皮尔森看来,这些特殊科幻片中的电影成像既呈现了未来主义技术(如《终结者2》中的液体机器人),又呈现了自己作为尖峰技术的一面(电脑成像描绘液体机器人)。其中的特效表明“一个受欢迎的、科技未来主义的美学出现了,是综合性能的电子图像的前身”(Pierson 1999: 158)。科幻片特效(或任何“具有吸引力的电影”)可以被视为是现实主义的一种:尽管它们可能表现空想和奇观,但它们也呈现了现实电影技术发展。由此而论,冈宁和皮尔森所说的“再现”“表征”几乎等同于波特和格鲁辛所说的“超媒介性”和“无媒介性”①。

---

① Michele Pierson, ‘CGI effects in Hollywood science-fiction cinema 1989–1995: the wonder years’, Screen 40.2 (1999): 158–176.

皮尔森的研究强调的重要性在于，不要将特效看作是同质的奇观影响，或者后现代主义仿真或真实性的目的论过程[①]。特效的审美和意义是间断的、历史偶然的。每一类效果需要电影叙事和观众之间的特定关系。于是我们可以开始按功能将电影数字效果分类：

案例研究2.3：什么是子弹时间？

电脑成像特效电影的观众也通过补充的书籍、杂志、电影获取信息，这些资料详述了用什么制造效果和奇观，描绘工业中的关键人物，解释这些效果是如何达到的，等等。近年来，一些电影在发行录像带(VHS)和DVD的时候，会包括如何制作特效的纪录片。

如果在《黑客帝国》这种另类特效电影中，观赏的愉悦来自直接性与超直接性之间的张力：那么，什么是子弹时间？这是《黑客帝国》录影带和DVD(1999)中附带的一部短的纪录片。这部纪录片是令人狂喜的。它解释了效果是如何达到的，展现了构建幻觉的阶段：从线框电脑仿真摄影机和演员的定位，到演员从静止的照相机弧界限的绿屏上的线悬吊下来，诸如此类通过数字合成和分层以及子弹在飞行中的效果。

"时间片"技术（如今更多重复、拙劣的模仿）是一个早期和晚期电影技术间对比的突出的例子。静止的摄像机包围被线吊起来的演员，同时拍一张照片。在每个弧尾的摄影机用"快照"记录每一个动作。通过将所有单帧编辑起来，导演可以将静止的运动和动作的幻觉——一幅围绕摄像机呈现的静止影像——漫游。将**埃德沃德·迈布里奇**(Eadweard Muybridge)的实验与19世纪八九十年代静止照相机序列捕捉移动对比是非常显著的(Coe 1992)。

什么是子弹时间？实际上，在《黑客帝国》中，子弹时间和时间片序列是动画。真正的动画是需要"中间帧"来控制慢动作场景的时间间隔，且无伤清晰度。电影主角的身体功能通过动画的超真实主义规则实现（电影最初编剧的时候，曾建议拍摄成动画片），综合其他奇观形式，如好莱坞动作片和香港功夫片。

● 大多数好莱坞故事片如今标榜数字效果，但它们以前并不总是这样呈现给观众。在此，数字图像被用于生成背景幕布或天气条件，显示传统电影的困难或昂贵。

---

① 在此，我们需要小心区分仿真的后现代主义观点和现实主义定义。在1.2.6中陈述。照相现实主义电脑成像是仿真一个很好的例子：复制没有原型的东西，它是人造的，但同样它也存在，它在现实世界中有体验。它是现实世界的补充，不是从现实世界逃离。

● 一些效果不是设计用来仿真正常事情(或至少事情不是超自然的或外星的)。在此,一个例子是詹姆斯·卡梅隆的《泰坦尼克号》(1997)。效果被用于描述真实历史事件,但仍旨在创造令人敬畏技术的奇观。

● 特效可能用于其他电影现实主义。例如,在《阿甘正传》(1994)中,主演与历史人物约翰·列侬和约翰·F·肯尼迪会面。效果将汤姆·汉克斯的角色置于这些图像的新闻片段。这里的技术诡计影响了电影的纪录性。

● 在《谁陷害了兔子罗杰》(1988)和《变相怪杰》(1994)中,特效则彰显了其他媒介的闯入是一种破坏力量。实际上,电脑动画破坏了这些电影的形式,就像动画角色干扰了电影虚构的世界。

我们已经看到观众对奇观电影的反应,好像共享的文化事件和专业"粉丝"知识所及和实践的客体。史蒂夫·尼尔(Steve Neale)的论文,关于约翰·卡彭特(John Carpenter)重拍版的《异形》(1982),其中分析了"公认的观众"与电影文本本身重要性的复杂传递。基于菲利普·布罗菲(Philip Brophy)的观点,尼尔基于电影中的特别的故事情节提出自己的观点。这条故事情节在电影最后一幕中表现出来,其特征在于一系列特殊可怕的、奇观的变形,《异形》(异形承担了受害者的外表)本身最终变成类似于蜘蛛的动物,腿从人类受害者被切断的头下部冒出来:"当它'走出'门外,演员说了句台词:'你他妈的在开玩笑'"(Brophy,引自Neale 1990: 160)。尼尔总结布罗菲的观点,这些故事情节的存在好比电影叙事中的事情,但它也是一件"体制性"的事件。

> 针对观众,有一篇电影评论解释了电影设备和特效的本质。场景,由于过于毛骨悚然,将观众对奇观的接受度超越传统科幻-恐怖片的规则限制,越界被协商并接受,因为电影对越界的讽刺和反思性确认。不仅是电影的"极端自我意识",也是"部分观众意识(一种经常用笑声表示的意识):观众知道《异形》是一部虚构的,特效的结合;同时,观众知道,电影也知道。尽管有这种意识,特效还是有效果。观众与虚构的人物角色一样,感到非常震惊和恐怖"。
>
> (Neale 1990: 161-162)

持续的特殊影像和奇观从前电影时代到当代吸引力电影被持续关注。我们没有空间表明为什么这类图像和人物在大众文化中引起共鸣,但近年来在该领域的一些杰出作品开始关注这一类型作品中显现的性别议题。例如库恩(Kuhn, 1990)、克里德(Creed, 1993)对科幻片和恐怖片的讨论,又如塔斯克(Tasker, 1993)对动作片的讨论。卡罗尔·克洛弗(Carol Clover, 1992)对血淋淋的恐怖片与观众的关系有一个典范性的讨论。于是,特效不是"无意义的",而是经常在观众期望和愉悦中发展出复杂的关系。

这仅仅意味着观众与无意义的文本间有一个复杂的关系吗？朱迪思·威廉姆森(Judith Williamson)附议了洛弗尔(Lovell)见解，很多观众认识论上具有更为“主动”的本质，电影本身不仅不是无意义的，也不是与意识形态无关的。正如大众产品，它们必须要找到共鸣，与此相应的是，一种集体的有感而发：

流行电影总是表达——但是直接——在社会某一特定时刻的愿望、恐惧和焦虑……任何对文化中的幻想和恐惧有兴趣的人，应该密切关注成功的电影，因为它们的成功恰恰意味着它们触动了大多数人的幻想和恐惧。

(Williamson 1993: 27)

正如我们所见，皮尔森认为，这一时期科幻片特效的部分愉悦，不仅在于它们表现了未来，而且它们是未来，或者至少是最新的技术发展。对她而言，“技术未来主义”是进步的，它鼓励观众想象、猜想可能的未来。所以流行奇观类型不是必然没有意义的；可以说恰恰相反。如朱迪思·威廉姆森指出：“尽管运用传统类型拍摄普通的恐怖片也可能善于表现性和身体，或者‘二级的’惊悚表达了对知识和秘密广泛的恐惧。”(Williamson 1993: 29)

动画片从来没有完全与虚构故事片的“超类型”相分离；最显著的是，它已经通过特效技术维持了自身的生存。动画片已经提供了一种不能按照传统拍摄而获得的影像方式，例如，恐龙，从麦凯(McCay)、哈利豪森(Harryhausen)再到斯皮尔伯格(Spielberg)，同时，其功能，如我们已经说的，作为奇观现实主义，同时将魔法、梦想和幻觉融合描绘在电影中，满足好莱坞展现技术“魔幻”和幻觉的意识形态的需求。奇观电影当代发展的最新形式就是日益复杂的动画和真人表演的整合。这种整合用“再度媒介化”这一术语也不能充分恰当地描述，这与其说是通过另

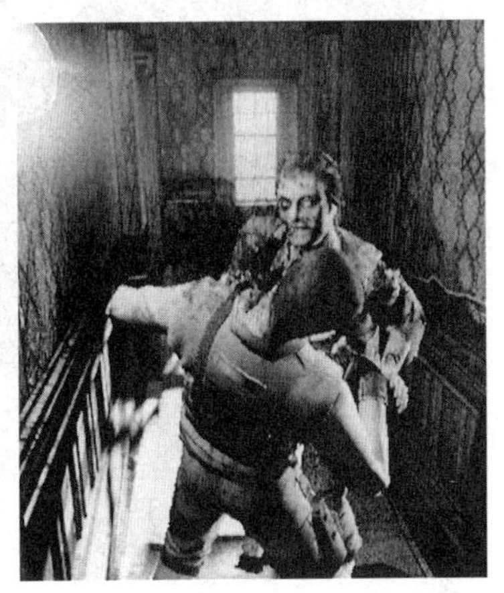

【图2.32和2.33】《生化危机》的幻觉效应：台前幕后的身体恐怖

一种媒介展现一种媒介,不如说是新的混合电影的出现(Klein 1998)。

案例研究 2.4: 电脑动画①

正如已经讨论的,电影展现自身技术的(但"魔幻的")吸引力被运用于动画片,数字电影欢迎这种边缘化的形式回归动态影像文化的中心。电脑动画将实现完全照相写实主义的普遍假设(生成的人物和环境与那些按惯例拍摄的无法区别)近年来已经受挫。真实性相互晶振的规则的唯物主义分析在此是有帮助的。例如,由皮克斯(同样是软件开发商)和迪士尼出品的《玩具总动员》的电影特征就在于,奇观现实主义(复杂表现深度、光线、质地等)和卡通派生规则的人物设计、动作、诙谐和移动。确实,《玩具总动员》中的电脑动画将迪士尼和迪士尼超真实美学结合起来,成为数字奇观现实主义的标准。但是,随后的迪士尼/皮克斯作品如《超人总动员》和《汽车总动员》强调对在照相写实主义和3D生成环境中的动画图像延续的图像风格的效仿。第一部全照相写实主义电脑成像的作品是《最终幻想之灵魂深处》,一部关键而商业性的翻身之作。

【图2.34】《最终幻想之灵魂深处》,2001年

① 电脑动画的历史,见Allen(1998), Binkley(1993), Darley(19991), Manovich(1996)。

【图2.35】《怪兽公司》,2001年。©迪士尼公司,由The Movie Store Collection提供。

因此,特定的材料限制和电脑动画特点,合成动态影像制作的动画历史,有助于决定今天奇观现实主义的模式。一方面,数字表现复杂的质地和形状上还存在技术和经济的障碍。《玩具总动员》《虫虫特工队》和《小蚁雄兵》里的玩具和昆虫,因为它们被修饰的形状、光滑的表面,完美地配合媒介;有机的、复杂的结构如人的肉体和头发一样,或者大气效应,反而不那么完美配合媒介。因此,《玩具总动员》中的人物角色反而更卡通,比玩具本身更不"真实"。当然,玩具也完美地配合了工业策略和结构,孩子们动态影像文化的实验和检测的语言将迪士尼建设成一个全球媒介聚集体,形成新的以孩子为目标群体的推销、图像品牌、新的主题公园。当迪士尼/皮克斯发布《怪兽公司》时,它的关注重点首先是公共宣传,然后是电影本身,再到怪兽皮毛的复杂制作:这是庆祝电脑图像和处理能力的新发展的现实效果。

克莱恩(Klein)认为,《变相怪杰》不仅直接对应20世纪40年代卡通(特别是特克斯·艾弗里[Tex Avery]《小红帽》[1943])的图像,而且吸收了"快速动画"极其快速的编辑和精准的时序。这一类型的卡通时间控制如今被广泛运用在传统的动作片场景和数字特效中[1]。"如今，基本每一个从事特效工作的人期待从'快速动画'中理解技术。了解卡通制作的周期和极限有助于艺术家计算在活动中一个动作连续或拼接的时间：你标新立异的一处设计，也不过是观众一眨眼的工夫。"(Klein 1998: 210)我们已经注意到《黑客帝国》中的创新特效将真人动作摄影与一帧接一帧操作相融合，你很难简单区分哪个是真人动作表演而哪个是动画。

在此，"照相写实主义"可能不是一个十分确切的术语——见绘画空间的早期部分（第137—142页）——20世纪90年代中叶，《玩具总动员》抓住观众之想象力所依靠的强项是：它那复杂的照相写实主义不仅体现在描绘三维人物和表面的肌理之上，而且体现在以三维环境呈现从安迪的床到披萨店、街道和车辆间轻松移动的能力。这在《玩具总动员》的前身，皮克斯的短片《锡铁小兵》(1988)中很明显：这些图像如今是主流动画电影的形式，但是《锡铁小兵》标志着与建立多年的动画美学和经济策略的早期分裂，我们看到的是与制作三维空间时的透明的时间和努力作斗争。如我们之前在第二部分看到的，这种美学不仅基于电影摄影，而且基于文艺复兴时期的视觉体制，即摄影只是其中一个后裔。

同时，一些技术试验非工业的主流电影与真人电影和绘图惯例有更彻底的交织，其中绘图惯例带有数字后期制作所提供的图形可能性。理查德·林克莱特(Richard Linklater)的电影《半梦半醒的人生》(2001)和《黑暗扫描仪》(*A Scanner Darkly*)(2006)用熟悉的基于网络的Flash矢量动画处理实景真人的镜头，从美学和空间学上以现实主义的理念进行电影制作。其他近期的例子包括《300》(2006)和《罪恶之城》(2005)等都是对克莱恩的混合电影观念的延伸，后者是明确地再度媒介化了该故事的漫画原著。

我们因此可以倒转曼诺维奇的观点——真人动作故事片仅仅是动态影像形式宽光谱中的默认选项——同时认为，动画是电影和动态影像的默认选项。大多数电脑化的动态影像都是由图像处理构建的，而不是电影摄影记录，默认动画是"一帧一帧的处理"。因此，如果我们超越院线电影去看整体的动态影像文化，新的动画形式将占主导地位，发挥材料的潜能并突破数字技术和网络的限制。

① Norman M. Klein, 'Hybrid cinema: the mask, masques and Tex Avery', in Kevin S. Sandler (ed.) *Reading the Rabbit: explorations in Warner Bros. animation*, New Brunswick, N.J.: Rutgers University Press.

【图2.36】《半梦半醒的人生》，2001年。©Detour/Independent Film/Line Research/The Kobal Collection

【图2.37】《罪恶之城》，2005年。©Dimensional Films/The Kobal Collection

参考文献

Alberti, L.B. *On Painting*, New Haven, Conn.: Yale University Press, 1966.

Allen, Michael 'From Bwana Devil to Batman Forever: technology in contemporary Hollywood cinema', in *Contemporary Hollywood Cinema*, eds Steve Neale and Murray Smith, London: Routledge, 1998.

Ascott, Roy http://www.artmuseum.net/w2vr/timeline/Ascott.html, 2000.

Balio, Tino 'A major presence in all of the world's important markets. The globalization of Hollywood in the 1990s', in *Contemporary Hollywood Cinema*, eds Steve Neale and Murray Smith, London: Routledge, 1998.

Batchen, Geoffrey 'Spectres of cyberspace', in *The Visual Culture Reader*, ed. Nicholas Mirzoeff, London and New York: Routledge, 1998.

Baudrillard, Jean *Simulations*, New York: Semiotext(e), 1983.

Baudrillard, J. 'Simulacra and simulations', in *Jean Baudrillard: Selected Writings*, ed. Mark Poster, Cambridge: Polity Press, 1988.

Baudry, Jean-Louis 'Ideological effects of the basic cinematic apparatus', in *Narrative, Apparatus, Ideology*, ed. Philip Rosen, New York: Columbia University Press, 1986.

Baxandall, Michael *Painting and Experience in Fifteenth Century Italy: A Primer in the Social History of Pictorial Style*, Oxford: Clarendon Press, 1972.

Bazin, Andre *What is Cinema?*, Berkeley: University of California Press, 1967.

Benjamin, Walter 'The work of art in the age of mechanical reproduction' [1935], in *Illuminations*, ed. Hannah Arendt, revised edn, Glasgow: Fontana, 1970.

Berger, John *Ways of Seeing*, London: Penguin, 1972.

Besser, Howard 'Longevitiy of electronic art' (2001) http://www.gseis.ucla.edu/~howard/Papers/elect-art-longevity.html (accessed 15.08.06).

Binkley, Timothy 'Refiguring culture', in *Future Visions: new technologies of the screen*, eds Philip Hayward and Tana Wollen, London: BFI, 1993, pp. 90–122.

Bolter, Jay David and Grusin, Richard *Remediation: understanding new media*, Cambridge, Mass: MIT, 1999.

Brooker, Peter and Brooker, Will *Postmodern After-Images: a reader in film, television and video*, London: Arnold, 1997.

Buck-Morss, Susan 'Aesthetics and Anaesthetics: Walter Benjamin's Artwork essay reconsidered', *October* 62, MIT Press, 1992.

Buckland, Warren 'A close encounter with Raiders of the Lost Ark: notes on narrative aspects of the New Hollywood blockbuster', in *Contemporary Hollywood Cinema*, eds Steve Neale and Murray Smith, London: Routledge, 1998.

Buckland, Warren 'Between science fact and science fiction: Spielberg's digital dinosaurs, possible worlds, and the new aesthetic realism', *Screen* 40.2 Summer (1999): 177–192.

Bukatman, Scott 'There's always tomorrowland: Disney and the hypercinematic experience', *October* 57, Summer (1991): 55–70.

Cameron, Andy 'Dissimulations', *Mute, Digital Art Critique*, no. 1 (Spring), 1995: p. X.

Cholodenko, Alan 'Who Framed Roger Rabbit, or the framing of animation', in *The Illusion of Life: essays on animation*, ed. Alan Cholodenko, Sydney: Power Publications, 1991, pp. 209–242.

Christie, Ian *The Last Machine – early cinema and the birth of the modern world*, London: BFI, 1994.

Clover, Carol J. *Men, Women and Chainsaws: gender in the modern horror film*, London: BFI, 1992.

Coe, Brian *Muybridge and the Chronophotographers*, London: Museum of the Moving Image, 1992.

Comolli, Jean-Louis 'Machines of the Visible', in *The Cinematic Apparatus*, eds Teresa de Lauretis and Stephen Heath, London: Macmillan, 1980, pp. 121–142.

Cotton, Bob and Oliver, Richard *Understanding Hypermedia from Multimedia to Virtual Reality*, Oxford: Phaidon, 1993.

Cotton, Bob *The Cyberspace Lexicon: an illustrated dictionary of terms from multimedia to virtual reality*, Oxford: Phaidon, 1994.

Coyle, Rebecca 'The genesis of virtual reality', in *Future Visions: new technologies of the screen*, eds Philip Hayward

and Tana Wollen, London: BFI, 1993.
Crary, Jonathan *Techniques of the Observer: on vision and modernity in the nineteenth century,* Cambridge, Mass. and London: MIT, 1993.
Creed, Barbara *The Monstrous Feminine – film, feminism, psychoanalysis*, London: Routledge, 1993.
Creed, Barbara 'The Cyberstar: Digital Pleasures and the End of the Unconscious', *Screen* 41(1) (2000): 79–86.
Cubitt, Sean 'Introduction: Le réel, c'est l'impossible: the sublime time of the special effects', *Screen* 40.2 Summer (1999): 123–130.
Cubitt, Sean 'Introduction: the technological relation', *Screen* 29.2 (1988): 2–7.
Darley, Andy 'Big screen, little screen: the archeology of technology', *Digital Dialogues. Ten-8* 2.2. (1991): 78–87.
Darley, Andrew *Visual Digital Culture: surface play and spectacle in new media genres*, London and New York: Routledge, 2000.
Davies, Char 'Osmose: notes in being in immersive virtual space', *Digital Creativity* 9.2 (1998): 65–74.
Debord, Guy *The Society of the Spectacle*, Detroit: Black and Red, 1983.
De Lauretis, Teresa and Heath, Stephen eds *The Cinematic Apparatus*, London: Macmillan, 1980.
Dery, Mark *Culture Jamming: hacking, slashing, and sniping in the empire of signs*, Westfield: Open Media, 1993.
Dovey, Jon ed. *Fractal Dreams: new media in social context*, London: Lawrence and Wishart, 1996.
Druckrey, Timothy ed. *Electronic Culture: Technology and Visual Representation*, New York: Aperture, 1996.
Eco, Umberto *Faith in Fakes: travels in hyperreality*, London: Minerva, 1986.
Ellis, John *Visible Fictions*, London: Routledge, 1982.
Elsaesser, Thomas *Early Cinema: space, frame, narrative*, London: BFI, 1990.
Evans, Jessica and Hall, Stuart 'Cultures of the visual: rhetorics of the image', in *Visual Culture: the reader*, London: Sage, 1990.
Featherstone, Mike and Burrows, Roger *Cyberspace, Cyberbodies, Cyberpunk: cultures of technological embodiment,* London: Sage, 1995.
Flanagan, Mary 'Digital stars are here to stay', *Convergence: the journal of research into new media technologies*, 5.2 Summer (1999): 16–21.
Forgacs, David 'Disney animation and the business of childhood', *Screen* 53, Winter (1992): 361–374.
Foucault, M. *Discipline and Punish: the birth of the prison*, Harmondsworth: Penguin, 1977.
Gibson, William *Neuromancer*, London: Grafton, 1984.
Gibson, William *Burning Chrome*, London: Grafton, 1986.
Gibson, William *Spook Country*, London: Viking, Penguin, 2007.
Giddings, Seth 'The circle of life: nature and representation in Disney's *The Lion King*', *Third Text* 49 Winter (1999/2000): 83–92.
Giroux, Henry A. 'Animating youth: the Disnification of children's culture', (1995). http://www.gseis.ucla.edu/courses/ed253a/Giroux/Giroux2.html.
Goodman, Nelson *Languages of Art: an approach to a theory of symbols*, Indianapolis, Cambridge: Hackett, 1976.
Grau, Oliver *Virtual Art: from illusion to immersion*, Cambridge, Mass.: MIT Press, 2003.
Gunning, Tom 'An aesthetics of astonishment: early film and the (in)credulous spectator', *Art and Text* 34 Spring (1989): 31.
Gunning, Tom 'The cinema of attractions: early film, its spectator and the avant-garde', in *Early Cinema: space, frame, narrative*, ed. Thomas Elsaesser, London: BFI, 1990a.
Gunning, Tom '"Primitive" cinema: a frame-up? Or the trick's on us', in *Early Cinema: space, frame, narrative,* ed. Thomas Elsaesser, London: BFI, 1990b.
Hall, Stuart 'The work of representation', in *Cultural Representations and Signifying Practices*, ed. Stuart Hall, London: Sage, 1997.
Harvey, Silvia 'What is cinema? The sensuous, the abstract and the political', in *Cinema: the beginnings and the future,* ed. Christopher Williams, London: University of Westminster Press, 1996.
Hayles, N. Katherine *How We Became Posthuman: virtual bodies in cybernetics, literature, and informatics*, Chicago and London: University of Chicago Press, 1999.
Hayward, Philip *Culture, Technology and Creativity in the late Twentieth Century*, London: John Libbey, 1990.
Hayward, Philip 'Situating cyberspace: the popularisation of virtual reality', in *Future Visions: new technologies of the screen*, eds Philip Hayward and Tana Wollen, London: BFI, 1993, pp. 180–204.

Hayward, Philip and Wollen, Tana eds *Future Visions: new technologies of the screen*, London: BFI, 1993.
Heim, Michael *The Metaphysics of Virtual Reality*, New York, Oxford: Oxford University Press, 1994.
Heim, Michael 'The Design of Virtual Reality', in *Cyberspace, Cyberbodies, Cyberpunk: Cultures of Technological Embodiment*, eds M. Featherstone and R. Burrows, London, Thousand Oaks (Calif.) and New Delhi: Sage, 1996.
Hillis, Ken 'A geography for the eye: the technologies of virtual reality', in *Cultures of the Internet*, ed. R. Shields, London, Thousand Oaks (Calif.), New Delhi: Sage, 1996.
Holmes, David *Virtual Politics*, London, Thousand Oaks (Calif.), New Delhi: Sage, 1997: 27–35.
Hulsbus, Monica 'Virtual bodies, chaotic practices: theorising cyberspace', *Convergence* 3.2, 1997: 27–35.
Jameson, Fredric *Postmodernism, or the Cultural Logic of Late Capitalism*, London: Verso, 1991.
Jay, Martin 'Scopic regimes of modernity', in *Vision and Visuality*, ed. Hal Foster, Seattle: Bay Press, 1988.
Kember, Sarah 'Medicine's new vision', in *The Photographic Image in Digital Culture*, ed. Martin Lister, London and New York: Routledge, 1995.
Kipris, Laura 'Film and changing technologies', in *The Oxford Guide to Film Studies*, eds John Hill and Pamela Church, Oxford: Oxford University Press, 1998, pp. 595–604.
Klein, Norman M. 'Hybrid cinema: The Mask, Masques and Tex Avery', in *Reading the Rabbit: explorations in Warner Bros. animation*, ed. Kevin S. Sandler, New Brunswick, N.J.: Rutgers University Press, 1998, pp. 209–220.
Kline, Steven *Out of the Garden: toys and children's culture in the age of TV marketing*, London: Verso, 1994.
Kubovy, Michael *The Psychology of Perspective and Renaissance Art*, Cambridge, New York, New Rochelle, Melbourne, Sydney: Cambridge University Press, 1986.
Kuhn, Annette ed. *Alien Zone – cultural theory and contemporary science fiction cinema*, London: Verso, 1990.
Langer, Mark 'The Disney–Fleischer dilemma: product differentiation and technological innovation', *Screen* 53, Winter (1992): 343–360.
Lapsley, Robert and Westlake, Michael *Film Theory: an introduction*, Manchester: Manchester University Press, 1988.
Lévy, Pierre *Becoming Virtual: reality in the digital age*, New York and London: Plenum Trade, 1998.
Leyda, Jay ed. *Eisenstein on Disney*, London: Methuen, 1988.
Lister, Martin ed. *The Photographic Image in Digital Culture*, London and New York: Routledge, 1995.
Lister, Martin, Dovy, Jon, Giddings, Seth, Grant, Iain and Kelly, Kieran *New Media: a critical introduction*, 1st edn, London: Routledge, 2003
Lister, Martin and Wells, Liz 'Cultural studies as an approach to analysing the visual', in *The Handbook of Visual Analysis*, eds van Leewun and Jewitt, London: Sage, 2000.
Lovell, Terry *Pictures of Reality: aesthetics, politics and pleasure*, London: BFI, 1980.
Lunenfeld, Peter *The Digital Dialectic: new essays on new media*, Cambridge, Mass.: MIT, 1999.
MacCabe, Colin 'Realism and the cinema: notes on some Brechtian theses', *Screen* 15.2 Summer (1974): 7–27.
MacCabe, Colin *Theoretical Essays: film, linguistics, literature*, Manchester: Manchester University Press, 1985.
Manovich, Lev 'Cinema and digital media', in *Perspectives of Media Art*, eds Jeffrey Shaw and Hans Peter Schwarz, Ostfildern, Germany: Cantz Verlag, 1996.
Manovich, Lev 'Reality effects in computer animation', in *A Reader in Animation Studies*, ed. Jayne Pilling, London: John Libbey, 1997, pp. 5–15.
Manovich, Lev http://jupiter.ucsd.edu/~culture/main.html, 1997.
Manovich, Lev 'What is digital cinema?', in *The Digital Dialectic: new essays on new media*, ed. Peter Lunenfeld, Cambridge, Mass.: MIT, 1999.
Manovich, Lev 'Database as symbolic form', *Convergence* 5.2 (1999): 172–192.
Marchessault, Janine 'Spectatorship in cyberspace: the global embrace', in *Theory Rules*, eds Jody Berland, David Tomas and Will Straw, Toronto: YYZ Books, 1996.
Matthews, Peter 'Andre Bazin: divining the real', http://www.bfi.org.uk/sightandsound/archive/innovators/bazin.html [n.d.]
Mayer, P. *Computer Media and Communication: a reader*, Oxford: Oxford University Press, 1999.
Metz, Christian 'The imaginary signifier', *Screen* 16.3 (1975): 14–76.
Mirzoeff, Nicolas ed. *The Visual Culture Reader*, London and New York: Routledge, 1998.
Mitchell, William J. 'The reconfigured eye: visual truth', in *Photographic Era*, Cambridge, Mass.: London: MIT, 1992.

Morse, Margaret *Virtualities: television, media art, and cyberculture*, Bloomington, Ind.: Indiana University Press, 1998.

Moser, M.A. and MacLeod, D. *Immersed in Technology: art and virtual environments*, Cambridge, Mass. and London: MIT Press, 1996.

Mulvey, Laura 'Visual pleasure and narrative cinema', *Screen* 16.3 (1973): 6–18.

Murray, Janet H. *Hamlet on the Holodeck: the future of narrative in cyberspace*, Cambridge, Mass.: MIT Press, 1997.

Ndalianis, Angela 'Architectures of vision: neo-baroque optical regimes and contemporary entertainment media', *Media in Transition* conference at MIT on 8 October 1999. http://media-in-transition.mit.edu/articles/ndalianis.html.

Neale, Steve *Cinema and Technology: images, sound, colour*, London: Macmillan, 1985.

Neale, Steve 'You've got to be fucking kidding! Knowledge, belief and judgement in science fiction' in *Alien Zone – cultural theory and contemporary science fiction cinema*, ed. Annette Kuhn, London: Verso, 1990, pp. 160–168.

Neale, Steve 'Widescreen composition in the age of television', in *Contemporary Hollywood Cinema,* eds Steve Neale and Murray Smith, London: Routledge, 1998, pp. 130–141.

Neale, Steve and Smith, Murray *Contemporary Hollywood Cinema*, London: Routledge, 1998.

Nichols, Bill 'The work of culture in the age of cybernetic systems', *Screen* 29.1 (1988): 22–46.

Nichols, B. *Blurred Boundaries*, Bloomington and Indianapolis: Indiana University Press, 1994, pp. 17–42.

Nunes, M. 'What space is cyberspace: the Internet and Virtual Reality' in *Virtual Politics*, ed. D. Holmes, London, Thousand (Calif.), New Delhi: Sage, 1997.

Panofsky, Erwin *Perspective as Symbolic Form*, New York: Zone Books, 1997.

Penny, S. 'Virtual reality as the end of the Enlightenment project', in *Culture on the Brink*, eds G. Bender and T. Drucken, San Francisco: Bay Press, 1994

Penny, S. *Critical Issues in Electronic Media*, New York: State University of New York Press, 1995.

Pierson, Michele 'CGI effects in Hollywood science-fiction cinema 1989–95: the wonder years', *Screen* 40.2 Summer (1999): 158–176.

Pilling, Jayne ed. *A Reader in Animation Studies*, London: John Libbey, 1997.

Poster, Mark, *The Mode of Information: poststructuralism and social context*, Chicago: University of Chicago Press, 1990

Prince, Stephen, 'True lies: perceptual realism, digital images, and film theory', *Film Quarterly*, 49(3), Spring (1996): 27–37.

Rheingold, Howard *Virtual Reality*, London: Secker and Warburg, 1991.

Robins, Kevin *Into the Image: culture and politics in the field of vision*, London and New York: Routledge, 1996.

Rogoff, I. 'Studying visual culture', in *The Visual Culture Reader*, ed. Nicolas Mirzoeff, London and New York Routledge, 1998.

Shields, Rob *The Virtual*, London: Routledge, 2003

Silverman, Kaja *The Subject of Semiotics*, Oxford: Oxford University Press, 1983.

Sontag, Susan *On Photography*, London: Penguin, 1977.

Spielmann, Yvonne 'Expanding film into digital media', *Screen* 40.2 Summer (1999): 131–145.

Strain, Ellen 'Virtual VR', *Convergence: the journal of research into new media technologies* 5.2 Summer (1999): 10–15.

Sutherland, I. 'A head-mounted three dimensional display', *Joint Computer Conference, AFIPS Conference Proceedings* 33 (1968): 757–764.

Tagg, John *The Burden of Representation*, London: Macmillan, 1988.

Tasker, Yvonne *Spectacular Bodies: gender, genre and the action cinema*, London: Routledge, 1993.

Thompson, Kristin 'Implications of the Cel animation technique', in *The Cinematic Apparatus*, eds Teresa de Lauretis and Stephen Heath, London: Macmillan, 1980.

Tomas, David 'The technophiliac body: on technicity in William Gibson's cyborg culture', in David Bell and Barbara M. Kennedy (eds) *The Cybercultures Reader*, London: Routledge, 2000.

Virilio, Paul 'Cataract surgery: cinema in the year 2000', in *Alien Zone: cultural theory and contemporary science fiction cinema*, ed. Annette Kuhn, London: Verso, 1990, pp. 168-174.

Walsh, J. 'Virtual reality: almost here, almost there, nowhere yet', *Convergence* 1.1 (1995): 113–119.
Wasko, Janet *Hollywood in the Information Age*, Cambridge: Polity Press, 1994.
Wells, Paul *Understanding Animation*, London: Routledge, 1998.
Willemen, Paul 'On realism in the cinema', *Screen Reader 1: cinema/ideology/politics*, London: SEFT, 1971, pp. 47–54.
Williams, Christopher ed. *Cinema: the beginnings of the future*, London: University of Westminster Press, 1996.
Williams, L. *Viewing Positions*, New Brunswick, N.J.: Rutgers University Press, 1995.
Williamson, Judith *Deadline at Dawn: film criticism 1980–1990*, London: Marion Boyars, 1993.
Winston, B. *Media, Technology and Society: A History: From the Telegraph to the Internet*, London and New York: Routledge, 1999.
Wollen, Peter 'Cinema and technology: a historical overview', in *The Cinematic Apparatus*, eds Teresa de Lauretis and Stephen Heath, New York: St Martins Press, 1980.
Wood, Christopher 'Questionnaire on visual culture', *October* 77 Summer (1996): 68–70.
Woolley, B. *Virtual Worlds: a journey in hype and hyperreality*, Oxford: Blackwell, 1992.

第三章　网络、用户与经济学

3.1　引言

我们目前所知的一般意义上的互联网与具体的网站是众多因素共同作用的产物。它的发展模式并不像BBC等国家广播公司一样，是被设计好的，其千变万化的角色被众多影迷、网络团体、商业和贸易事件不断重塑着，并由各种公有私有的、多样化管理的新技术连接起来。换言之，互联网的存在是诸多因素共同作用的结果：事故、激情、碰撞和冲突。因此，它的不断发展被认为是这些冲突的结果，即一些存在于经济、管理与人际交流之间的冲突因素，本章随后将对其进行更详细的论述。这本书已经有好几年了，我们认为你应该可以将一些方法应用于本书的一些研究中，认识到互联网发展的方向。文化的发展更新是永恒的，这虽是一个艰难的使命，但我们认为它是值得的。

如果你将这一版与第一版进行比对，你就会发现它们有很多相似的主题。但我们认为一些在第一版中还在探索的问题现在已经变得明晰，结果也更容易辨别。我们指出在交流需求和商业化压力的双重作用下，Web2.0产生了，以及它的社交网络化(SNS)的表达。我们还指出文化的开放与商业化运作的应用软件带来了网络化数字媒介独特的特征。我们还注意到，互联网的发展带来了文化方面的大发展，也威胁到了巨型商业组织的利益，同时使在线发布、零售和服务业成为庞然大物。突出的表现就是媒介渴望保护其知识产权，来对抗用户们通过各种技术手段交换信息的行为——一些用户甚至利用某种特别的方法直接绕开一些法律上的限制。我们想探索的正是这种由极客与商人、大学生与家庭主妇、成人与孩子、游戏玩家和园丁构成的，激情、政治、商业和技术之间的互动。简单来说，我们认为想要了解网络化媒介——这种商业与文化之间冲突的产物，人们就需要了解它们的发展轨迹。在这本书中我们讲述的历史也就是这个冲突演变的历史。

在这一章中，为了阐明网络化新媒体的发展是如何受到商业利益的潜移默化的影响的，我们将用媒介的传统政治经济学作为工具。我们将关注网络的特点，以及为何由此它会被认作对我们的生活和社会经济结构产生了重要的或者说革命性的影响。与网络相关的技术发展与文化变动是如此之快，使得对它形成细致的书面分析几乎不可能。要理解当代基于网络的媒介，就必须要花时间在网络上，而不是在书本上。然而，像本书这样的作品，通过将新的东西放到经济与历史的框架里去研究，通过评析网络的优秀的调研成果，能够帮助我们找到正确的问题。

在这一部分，我们找到了一种写作方式——关注宏观经济动力，忠实于网络研究的复杂性，同时对在线用户的日常体验保持敏感。就像我们上面提到的，网络化媒介是文化与商业交相作用的产物，所以这种写作方式还隐含了文化研究与政治经济学之间的冲突。我们号召读者在我们分析从全球化、企业化到日常化网络媒介实践的过程中主动参与解读。网络媒介的媒介环境呼吁一种并列，比如能够代表根状结构关系的知识产权与病毒性媒介、新自由主义和社交站点。

3.2 互联网是什么？

简单来说，互联网就是联接着电脑和服务器的网络的集合。美国联邦网络委员会在1995年给出了一个官方定义。

> 联邦网络委员会认为下列语言能够反映我们对于“互联网”的定义。互联网指的是：(i) 基于互联网协议(IP)及其附属协议，并由全球唯一的地址空间联接着的全球信息系统；(ii) 互联网能够通过传输控制协议(TCP)或互联网协议(IP)以及它们的附属协议实现传播；(iii) 提供在此描述的公共的或私人的高水平传播服务和相关的基础设施。①

这种偏重技术性的定义认为，互联网就是让电脑能够通过一种全球通用的协议来接收和传送数据。这个定义的重要一面是它的具体性，这里互联网仅仅是为了给人们提供高水平服务，即传播功能的实现。这个定义着眼于促进数据流动和交换。它基于一个概念——“开放式结构”，它并没有试图探究这些数据将怎样流动或向哪里流动。之前的“大众媒介”，例如报纸、电影或电视，信息都是从一个核心点传播至周边；而我们现在所讲的这个体系却是从开端起就提供信息的循环。这种“开放式结构”模式早在1962年就被富有远见的利克莱德(J.C.R Licklider)教授预言过，他在麻省理工学院写下了一系列笔记描述了他关于“星系网络”的概念。利克莱德教授成为美国国防部高级研究计划局在计算机研究方面的领军人物，而正是这个由五角大楼出资的机构最终研发了之前提到的那些协

① 定义及技术发展，参见互联网协会网站http://www.isoc.org/internet/history/brief.shtml。

议，从而使计算机能够通过网络传输小数据包。互联网协会记载了计算机中介传播的惊人增长——从1969年到2002年，以计算机为中介的传播从一个基于四台主机的系统，发展为一个基于两亿台主机的系统(William Slater三世，《互联网历史和成长》，网络社会一章，http://www.isoc.org/Internet/history/)。这些主机支持着一个无比巨大的多样化网络，这些网络都是由互联网初期用于科技和国防的网络发展而来。这些计算机工程的历史决定了我们现在使用的互联网的一些特性，尤其是开放性结构。

我们离那些促进数据传输和进入“高水平服务”领域的协议越远，“互联网是什么”这个问题的答案就越有问题。互联网具有令人惊讶的多样性，下一节我们将试图追踪在互联网用户与多样性内容的互动过程中出现的核心争议。

3.3　赋予网络研究历史意义

基于PC和服务器的网络化传播的快速发展，吸引了广泛的公众兴奋、批判的注意力和商业兴趣。实际上，自万维网面世后，互联网的发展已经成为人类文化成就中一个极其卓越的成果。短时间内，越来越多的高智商劳动力开始致力于建设计算机中介传播系统，这种数量上的增长速度是前所未闻的。如果没有经历过眼花缭乱的网络文化，想要思考海量的写入网络软件的数据是不可能的。显然，互联网的发展前景已经成为“技术幻想”者们(定义见1.5.2)的主要投资对象，连续不断的富有想象力的构想像浪潮一样推动互联网从少数热衷者的网络一直成长为它现阶段的状态——广受欢迎的通讯与媒介工具。投入技术的资本确实起了作用，比如1995—2001年间互联网泡沫的沉浮。在互联网泡沫中，与数字技术和互联网有关的公司股价都因过热需求而高出其实际价值。科技被夸大了，受到蛊惑的投资者争先恐后地把钱投入这些公司里，即便它们还没有可靠的盈利。2000年3月股价达到顶峰时股市崩溃，导致了全球经济萧条。技术幻想的确是有杀伤力的。

在本章中，我们将探讨互联网的使用以及一些媒介和传播学者努力概念化其发展路线的领域。尽管我们的日常使用总是充满了新奇，我们享受着即时通讯的便利，但其实互联网的历史可以一直追溯到第二次世界大战时期。互联网曲折的技术和经济发展都在影响我们今日的生活。

互联网的批判史引用了一系列研究方法，其中一些被整合为对以计算机为中介的传播(CMC)研究。对计算机的研究主要是作为基于传播理论和社会学的社会语言学发展的。同时，它与媒介研究有交集，均关注通过技术中介进行传播的各种形式。多年以来,人们都不明白与电视、电影、摄影一样作为中介的"互联网"是怎样成为一种特殊媒介的(案例分析1.9)。然而现在,这点已经开始逐渐明朗,根据波特(Boulter)和格鲁辛(Grusin)的补救模型,当电视、摄影这样的现存媒介在网上找到新的发布渠道时,它们就会改变自己的文化形态。新媒体的混合形态出现于现有模式和新的网络传播渠道之间的互动。如今,所有的制作人都需思考电视业高管们所说的"360度节目",例如,一个电视节目怎样才能在网络上占有一席之地,怎样给观众提供额外的互动体验,媒介产品该怎样通过网上市场提供的观众和平台获取利润从而进入"跨媒介"的行列。就像20世纪30年代的人们将100分钟看作最理想的电影时长一样,5分钟被认为是符合带宽要求的标准视频。然而,当这个进化过程出现在网络上时,伴随它的是网络热衷分子的各类诉求。

网络权威学者史蒂芬·乔纳斯(Steve Jones 1994: 26)在1995年指出人们对"计算机中介传播(CMC)"的作用期望过度。他注意到流行的批判性言论认为网络世界应该:

- 给人们提供学习和接受教育的机会
- 给参与性的民主制度提供了机遇
- 推动非主流文化达到史无前例的规模
- 使涉及隐私权、版权与伦理道德的法律事务更加复杂化
- 将重构人与机器的关系

这些话题使学生们对已经进入了"发帖"时代的互联网继续保持兴趣。戴维·冈特利特(David Gauntlett)对一些主要问题的评论(2004: 14-20)出版后,结果令人吃惊,因为他们对计算机中介传播的基本问题研究显示出了极强的连续性。冈特利特将这一领域的研究总结为:

1. *网络使人们表达自己*——通过建立自己的站点,在社交网络和P2P媒介上分享东西和在博客、YouTube上发布内容,"网络为创新和自我表现提供了千载难逢的机会"。

2. *匿名化的网络空间*——冈特利特将早期以计算机中介传播为根基、着眼于匿名计算机中介传播的研究扩展,为后结构主义身份理论提供范例,并且他断言互联网是同性恋理论真正实现的地方,"因为互联网打破了言论发表者的表面身份与真实身份之间的联系"(2004: 19)。然而他继续说这也许是因为人们对彼此表达身份的想法的兴趣越来越少。这预见了未来社交网络的增长,正如我们马上要看到的,在很多方面保留了此前对于匿名性的关注。

3. *网络与大企业*——在这里,冈特利特的观点鹤立鸡群,他认为网络发展的

早期，有关网络经济学的主流观点是商业利益将摧毁互联网文化，但“如今，更大的恐慌正向相反的方向增长”——大企业正害怕互联网摧毁它们(2004: 19)。在这本书中，我们看到了“开放式创新”的崛起与大众创新文化在全网的泛滥，后者也即“维基经济学”，正成为企业经营的基础。

4. *网络正在改变国际政治关系*——本书继续了对第一代网络研究者提出的“互联网能够提供多样的双边大众对话，从而使公共领域重获生机”的观点的讨论。这种趋势显然在继续，不仅体现在官方与民间对网络出版的利用，还体现在博客大爆炸对“第四权力”的影响。

现在，网络在教育方面的潜力已经或多或少地被认可了，大量投资涌入IT界的教育界和培训领域。计算机中介传播最初研究者设想的知识产品的解放和流通，出现在了维基百科的发展过程中——一部由群体智慧创造的在线百科全书。维基百科的巨大成功促使其他类似“维基”的知识汇聚与分享行为的产生，这里“维基”已成为一个名词，代表知识共享网站，就像“谷歌”已经成为一个动词，意思是查找信息。学术界的知识生产已经开始认识到公开的同行评审是“保证”知识的一个非常有用的方式(《英国医学杂志》于1999年进行了一个公开的同行评审测试，2006年著名的《自然》也进行了同样的实验)，而且企业已经接受了一些著作中“开放式创新”的理念，比如塔普斯科特和威廉斯的《维基经济学：大规模协作如何改变一切》(2006)。

另一方面，声称计算机中介传播能带来“民主红利”的言论，在后“9·11”事件的全球环境中略显苍白，各种民主权利都在反思“反恐战争”。进步的传播技术进入了人们的日常生活，从而给消费监管和政治监督创造了机会。然而，全球控制的明显增强一直伴随着公共领域的非凡变革，各种博客在记者们的话语体系之外爆料，阿富汗和伊拉克的前线士兵们也在YouTube上发布视频。从这些我们可以看出，让网络继续发挥其在公共领域的作用，能够提升民主辩论的参与度。

公共领域的革新与之前提到的乔纳斯的第三个观点相似，那就是，网络必将建立空前规模的“反主流文化”。网络给所有能想到的文化群体提供了相互交流和联合的机会，这一点是确定的；而其中有多少是真正的“反主流文化”或者这个词在十年后意味着什么，都还是不确定的。“非主流”意味着站在“主流”的对立面。网络上有如此多的团体，用户们可以支持任何一个，这使得“反主流文化”挤入“主流政治”行列的可能性逐渐增加；这些“反主流文化”在政治上被“边缘化”的可能性逐渐减小。

显然，乔纳斯就计算机中介传播研究的第四个论断也是准确的。20世纪的知识产权法律被扔到了漫无秩序的环境中。基于数字网络的传播技术能够利用像Napster、Kazaa、BitTorrent这样的P2P软件,以音乐、电影的形式非法复制和分发IP,这不仅正在改变知识产权法,还改变了媒介的发布方式。网络的供给能力与之前讲过的"开放式创新",都与开放源码的历史作用、"信息需要自由"运动紧密相连,也与"版权共享(copyright commons)"的发展相关。这是一种让作品能够自由获取的版权发放方式:"一个使人们能够确信某作品没有版权,或者放弃作品版权的协议。"

最后,乔纳斯总结道:计算机中介传播将重建人与机器之间的关系。就传播技术进入日常生活而言,这种预测当然有可能实现。这是否就可以被称为"重建"还有待商榷。但可以明确的是,我们与传播技术的关系日益亲密,一直引发着人们对独立性问题的思考。了解自我之于网络的存在,几乎已经成为一个老生常谈的话题——意识被逐渐理解为一个混合物,在其中,以技术作中介的传播系统是我们的意识的一部分,就像天性、身体一样。①

在观察乔纳斯和冈特利特对网络发展历程的研究时,一些疑问会清晰地浮现并推动我们继续研究以网络为基础的传播系统。这些有关身份表现,有关网络对公共领域和商业领域的影响的问题,有关知识产权的问题继续成为新媒体专家探究的关键问题。

然而,在提出这些问题时,我们应该意识到一些其他学科领域,如心理学、社会学和法学的研究方法也可以支持我们的探索。这意味着在新媒体研究内部存在着冲突,因为我们关注的媒介对象会随着连接的情况转变和变异,我们需要其他学科的规则来解释发生了什么。在这种情况下,有关网络的心理学或社会学的衍生知识可能已经超出了这本书涵盖的内容。我们的注意力必须放在这些衍生品的媒介实践上。用户制造(UGC)、Web 2.0、协同创新和所谓的长尾经济的新近发展,暗示着网络媒介的生产和使用的影响力进入了一个独特的新阶段。

在某种程度上,21世纪初的这些"新"的在线发展就是通过增加带宽和提高信息处理速度增强互联网的供给能力,对像YouTube这样的网络视频网站,或Joost(一种网络电视)、Babelgum、YouTube和Current TV这样的网络电视服务商尤其如此,因为运动图像对处理器和带宽的要求非常高。然而,在其他情况下,以网络为基础的平台更是通过思考用户需求和网络技术、文化而得到发展的。例如,早在1997年成立的Six Degrees.com(六度空间)是第一个真正的社交网站,但它未能像后来的SNS一样茁壮成长起来,在六度空间中,软件虽被引入了"媒介生态"但在当时还不合适。

---

① http://creative commons.org.

除了带宽的增加和处理器速度的提高，导致当今的网络有别于其历史结构的第二个重要因素就是：现在的网络更加商业化生存，因此也具有更强的持续发展能力。网上收益仍然来源于两个传统方式：广告和零售。然而，如今的零售业与过去相比更加谨慎了，它们运营得更好、安全性也更好了。网络零售商拥护经济学中的"长尾"理论，利用网络无处不在的能力将许多的地区市场合为一个大的世界市场，对各种商品都是如此（参见3.13对"长尾理论"的讨论）。就如我们看到的，"长尾理论"提供的经济上的机遇不仅对音乐、DVD等零售业有重要的影响，对视频受众也是。这就涉及我们所说的近代网络的影响中最重要的一个方面——它是一个可靠的广告市场。在21世纪初的头几年里，网页上的广告投资及赞助增长非常快，如今它已经成为一些网络媒介集团可靠的收入来源之一。互联网广告投资者们希望通过网络提高自己信誉——多数评估表明，2008年英国广告总投资中，互联网广告占8%，高于广播电台。此外，过去五年的数据显示其年均增长率高达30%—40%，因此这一领域能够吸引高投资。市场专家预测，从2009年起网络广告将占到广告总投资中的10%，甚至更多。①

因为本书的第一版已经出版，在线广告的模式已经进化为更适宜于网络生态环境的形态。注入广播、电视和报纸的媒介生产已经在多种方式上依赖广告收益生存。然而，在大众传播时代，广告收益是通过吸引的眼球数量来衡量——集中在广告上的注意力的数量远没有观众的规模重要。新形态的在线广告出现了，例如病毒式营销、社交网络上的品牌推广项目、博客和论坛的协调员。

这些广告形式被设计与培养"参与"，投资于品牌身份而不是仅仅提高曝光率。能够达成这个目的的广告可以卖出比谷歌的横幅广告、弹出广告更高的价钱。这就是关键所在，因为这意味着几百或者上千个更高质量、重参与的观众就可以赚取和大众传播时代一样多的利润。联合起来的资金配置合理的网络广告市场能够为媒介生产提供资金流。这种广告市场在互联网泡沫时期还没有发展起来——虽然基于互联网的媒介实践仍然处于起步阶段，但他们应该对未来有信心，同时继续从传统媒介中获取广告份额。

3.4　经济学和网络的媒介文化

互联网泡沫破裂后我们认识到了网络的经济威力，这促使我们追问如下核心

① 在2007年年末，《时代》杂志的报道表明，在英国，谷歌的广告收益比ITV1收入要高。ITV1是英国最重要的，也是历史最悠久的电视频道。报道详情见网址链接http://business.times online.co.uk/tol/business/industry_sectors/media/article 2767087.ece. 也可参见 http://www.imedia connection.com/content/17021.asp。

问题：互联网的使用如何与权利和控制的问题，以及随之而来的所有权和投资问题产生互动。在这里，我们将关注网络的特点，以及为何由此它会被认作对我们的生活和社会经济结构产生了重要的或者说“革命性的”影响。在本章中，我们将利用政治经济学工具研究互联网这种通讯方式的发展，并关注互动的新媒体在发展过程中如何受到商业利益的影响。

在回答这些问题时，我们可以参见威廉斯的观点(1974)。威廉斯建立了一个模型来思考传播技术的结果，一方面是受社会投资影响，另一方面被社区需求影响(参见1.6.3)。社会投资包括来自国家和私人对新技术的发展和生产的资本投入，既包括盈利的也包括产生社会价值的。比如说，email曾是许多电脑被销售出去的原因，因为它可以使人们在家和在工作时都可以保持沟通。社区需求包括市场：一个具有购买能力的潜在客户的集合，还有广义上的不同文化和社会的沟通需求。比如，封建时期某个村庄的通讯需求一定不同于21世纪楼房住户的通讯需求，不仅仅在需要的信息方面，还在信息的传递方式方面。村民的生存只需要一对一的交流就够了，而日益复杂的城市环境需要一个适用于大众的体系。这里我们假设的是，某种媒介占主导地位取决于对21世纪西方社会对于沟通模式的需求和能够维持它们的商业利益之间的相互作用。

对设备、人力的投资和预期的回报将是对传播技术起着决定性作用的因素之一。谁也不能保证这种投资一定用于适合大多数人的通讯方式，因为资金的所有权往往在商业机构手中，他们只会投资在有盈利潜力的现代化传播基础设施上。比如横跨非洲大陆的光纤通信电缆。许多非洲国家都参与了它的发展，但其业务却只向那些能够付费的国家开放。许多原本希望将它用于发展教育和获取信息的国家发现它太昂贵了，他们也根本没有使用它的机会(McChesney *et al.* 1998: 79; 见链接：http://www.unicttaskforce.org/thirdmeeting/documents/jensen percent20v6.htm)。毫无疑问，发展是由投资机遇而非社区需求引领。网络当然可以提供更急需的传播设施，但实际的可行性显然不主要取决于大众利益。这样的投资可能会带来使用机会的不均等，其后果并不是总能预测的。

媒介技术的使用，包括抵抗商业风气的做法，还会影响它们反映的社会形态。在新传播媒介成为全球经济中心的时期(20世纪80年代)，经济使新传播媒介成为全球经济的中心，世界范围内的用户和开发人员都在增长，他们希望获取的直接资料有很多共同点，这些共同点表现在音乐、交友、摄影等娱乐方面，而不是在竞争优势、盈利及商业用途方面。

为了研究经济发展、文化用途以及它们的相互作用，我们借鉴了“经济基础和上层建筑”的理论，尤其是雷蒙德·威廉斯对此的研究。威廉斯认为社会和文化结构并不仅仅是由经济基础决定这么简单——经济基础和上层建筑之间的关系是互动的。它们的关系应该是相互促进、相互制约的。换言之，传播和信息技术的发展与其用途和当时的社会、经济状况有关。加纳姆还认为，它与生产方式和特定的社会实践有关(Garnham 1997)。简单地说：自由、开放的通讯网络(互联网)体系建立在基于资本和利润的资本主义经济体系上，其中一方必须适应另一方。在此需要强调的是，除了这两方的互动，能够作出现实决定的现实的人也涉及其中，摘录马克思的一句话："人们创造的文化并不完全基于他们的选择。"在理解"经济基础与上层建筑"理论的过程中，我们要考虑到那些对人的决定起制约作用的因素，而不仅仅认为经济决定一切。

威廉斯称"经济基础与上层建筑"理论，是行进的方向而不是必然的结论。"用更直接、更易于理解的话来说，许多先进的技术正在稳定的资本主义社会关系中发展，而且投资这个变量，是由资本主义再生产的前景引导的。"(Williams 1980: 59)①

商业压力已经显著地影响了新媒体的发展；这并不是技术发展的必然结果，而是本章中我们将探究的众多因素相互作用的产物。威廉斯发现新的通讯手段可能产生"民主红利"，目前，新自由主义思潮在经济领域占主导地位，这也在某种方式上推动了这一用途发挥作用。有关网络媒介的"民主红利"的例子有很多(例如，Kahn and Kellner 2004)。但是，像Current TV(实时电视)这样标榜生态、人权、滑板和极限运动的电视节目获得了高额的利润，并成为日常生活的一部分，这也是事实。在这种情况下，欧洲人的老观点——公众传播像医疗保健或教育一样，是一项公益事业，已经被一扫而空了。同样值得一提的是，对规章制度包括意识形态的敌意，至少在西方民主国家，已经阻碍了政府监管的实施。

而最近Facebook、Bebo以及其他一些社交网站的流行已经证实了在最近的一段时期里新媒体的传播功能将在其用途中占主导地位(参见www.facebook.com; www.bebo.com; www.Myspace.com)。②

媒介研究的一个核心问题是控制和发展传播技术所需的纯粹资本投入的规模。媒介研究中的核心问题之一就是如何掌控发展传播技术所需的投资规模。一方面，为了进行网络连接，人们需要花一千英镑在卧室里设立一台服务器，每个月缴纳几镑网费，使用免费软件登陆互联网。另一方面，谷歌仅仅在英国就投入了大量的钱，这些钱可能对用户或厂商实现他们的愿望有利，但也可能起到相反

① 参见Williams(1980) "Base and superstructure in Marist cultural theory" 对此展开的讨论。
② 可参考 "Means of communication as means of production" (Williams 1980: 62)。

的效果。于是，问题来了：互联网真的迎合了它的用户的期许和愿望吗？我们可以从资金成本和资本主义经济体制的动因两个方面来探讨这个问题。此外，我们还需要了解那些限制技术发展的政治、社会压力因素，以及技术的用途是怎样被引导和决定的（思考这个问题的其他方式还在第四五部分中有所提及）。在本章中，我们将集中精力于商业、社会、法律和政治因素将怎样影响新技术的传播潜能和它们的用途。当考虑构成互联网的文化实践和工业输出时，我们发现的有效方法之一是参考大卫·赫斯姆德哈尔格(David Hesmondhalgh)就构成互联网的文化行为和工业成果进行的研究，尤其是他的《文化产业》(2007)一书。

只关注抽象的分类是远远不够的。威廉斯自己不停地在实际的文化体验和抽象概念之间寻找区别。然而，我们需要调查正在进行中的过程动态，并把它们放在正在使用的理论方法中进行思考。这对威廉斯的著述而言尤其重要。尽管市场主导的潮流即将到来，他仍然频繁并充满希望地写道：新技术的潜能使不受巨额资本控制的传播模式成为可能。威廉斯认为，由于依赖资本投资，媒介的放大和持续性因素（广播和储存的能力）在国家和工业的控制之外失效(Williams 1974)。实际上这些元素变得更为可行。①

下面这个例子就是上述观点的体现，相比于运营像BBC的iPlayer这样需要巨额投资的商业性点对点网络，经营一个博客或下载一部电影要容易得多。威廉斯关于“资本控制影响重大”的观点是正确的，然而，他还谈及在通讯系统中资本控制的对象变化了，因为对生产性原料的投资被用到了技术上而不是别的。简单地说，新自由主义意识形态目前就表现为你能用网络做你想做的任何事，只要你能用上网络。而你怎样找到自己的观众就是另一回事了！

显然，网络媒介市场的准入门槛远比虚拟媒介的低；更多的设计师、软件工程师和懂技术的人能把他们想到的好点子变为网络平台或者应用软件，获得属于自己的知识产权。然而这些平台只有在拥有收入来源时才能存活下来——对大多数网络媒介来说，这一收入来自广告。网络，就如同早期的电视经济学所展示的，也是一个为广告商吸引眼球（还有思想、心灵）的地方。但新的网络平台或应用软件只有在得到大量用户时才能成为一个有影响力的新媒体产品。所以，为了得到大批拥护者，它们就需要通过推广和营销扩大站点的知名度。通过“长尾理论”中的草根模式实现这个目标就变得非常可能——也就是，先投入大量的无偿精力和时间，直到获得投资（参见案例分析3.4:《凯特·摩登》——网剧）。然而，

① 威廉斯指出了新通讯技术的三种特点：它具有扩展性，允许信息进行远距离传播；它具有延续性，能够储存大量信息；它具有可转换性，能够改变资料的表现方式（如文字、图形等）(Williams 1980: 55–57)。

建立YouTube或其他内容交流网站（参见3.23 YouTube和后电视机时代）就需要数百万美金的投入。愿意把钱投入这些企业的风险投资资本家之所以这样做，是因为它们期待得到丰厚的回报——在美国纳斯达克或英国AIM的上市，最好是被诸如Google(YouTube)、Fox这样的大型公司收购。

然而，只有在知识产权所有者能够证明自己的网站或平台可以吸引到对的人和注意力时，才有可能获得这种投资。并且，由于网络市场的长尾特点，网络平台能接触到的用户数量可能要比大众传播时代少很多。但是，虽然网络生产的成本低，网站根据每个眼球（或页面效果）向广告商收取的费用却可能会更高——因为网络广告用户的注意力质量更高，更有针对性，或者说点击量代表了品牌认同。网络广告的价值还体现在网站能够根据用户的行为模式提供给商家成熟的消费者信息。新兴的网络广告经济快速地繁衍出受众分析模式，存在于用户测量的暗黑艺术之中——观测用户的行为和参与度。通过这种方式，广告商就能够搜集用户会在一个广告上停留多久；他们是否会点击；他们多长时间浏览一页；他们是否会"点击进入"浏览更多的品牌信息。所有这些信息被整合后打包卖给广告商，这些信息涉及全新的范围，远比之前的电视广告或纸媒广告复杂得多。

总的来说，进入网络市场的门槛低意味媒介服务将呈指数级拓展，为了赢得资本获取收益而相互竞争。一旦被资本化，这些企业对用户的争夺将更加激烈，这时市场营销就成为关键。这些经济状况对我们的用户体验有着直接的影响。网络媒介用户会发现自己一直在被邀请、被问候。社区管理已经成为网络营销的起始点——网络媒介会邀请用户加入，让用户建立个人档案、发布博文或其他的东西，然后使他们拥有自己的网址，再用它邀请别的朋友加入，等等。这并不是因为广告行业和媒介行业想让我们享受服务，拥有更多的好友。而是因为他们正在人群中寻找由网络游民所组成的暂时市场，从而实现品牌参与。对用户来说，这就意味着我们的网络媒介体验会被广告打断，甚至被淹没在海量的广告之中。这种传媒生态系统的特点就在于弹出式广告、横幅广告、赞助广告、产品推荐等被伪装得不像传统广告了，并具备了极强的互动性与病毒传播的能力。网络媒介被爆炸性增长的各式新颖广告所充斥，这使我们的互联网体验极度缺乏连续性。威廉斯认为，如果说电视具有连续性的特点，那么网络媒介的特征就是总会被打断。最终，这种经济背景下的网络媒介用户要承担的后果就是，我们的行为会变成不知何时就可能被售出的数据，它们将被用于分析我们的习惯，然后商家就可以利用其指向的长尾的某一段来保持销售额。

从一个更为全球的视角来看，用户可能承担的后果还有：我们的媒介解放运动将更紧密地和一个不可持续发展的全球生产体系联系在一起。从这个角度来说,网络游牧民族的解放运动在这场战役中受到的限制就像是被强行灌饱的鹅,被迫吞噬足够多的虚拟消费以刺激实际消费。

然而,对大多数人来说,经济基础之影响是不可见的,因为它们无处不在,甚至是可以成为社区一员、不得不关掉很多广告(有些还很有趣)、促进我们特定的消费模式——这些都看似微小、可以商量,但集合起来所付出的代价却是我们拿出了24/7的精力。

新媒体的网络形态已经与全球化进程密不可分,对这种性质的关系有很强的反对声音。许多研究传统政治经济学的人称,这是资本主义的"普世主义"趋势早期形态发展至今的进一步扩展(梅克辛斯·伍德[Meiksins Wood 1998])。更重要的是,尤其是在讨论对时间与空间的压缩时(Giddens 1990),我们必须思考全球化与区域化是如何连接的,还有这是不是互联网的独特之处。事实上,我们发现这种关系是商业中存在的共同特征和普遍行为,它严重依赖于传统的投资行为和对知识产权的掌控。

在这章余下的部分,我们将分析有关新媒体社会影响的一些重要观点,尤其是与新型网络结构相关的。这在曼努尔·卡斯特(Manuel Castells)的著作中表现得尤为明显,他甚至认为:"互联网构成了我们的生活。"(2000: 1)对我们这些稳定的互联网用户来说,它不仅是一个重要的工作工具、娱乐场所,还是一个重要的信息来源。这样的观点引发的问题远比它给出的答案多:网络是怎样融入我们的生活的?网络用户的体验是怎样被社会、政治、经济形成的技术所影响的?在对此的探讨中,我们将小心地秉持威廉斯的核心观点"文化是物质的";即,文化不单单会影响我们的生活——它就是我们的生活(参见1.6.3)①。

3.5 政治经济学

虽然政治经济学有关注文化生产环境的传统,它与媒介研究还是有很大的不同,因为它将重心放在了研究内容生产的背景环境上。它首先提问在何种程度上文化生产是物质生产?这并不是说媒介研究就一直不关心文本和内容生产的环境。在20世纪八九十年代,相关研究从关注文化生产内容转为关注观众的解读和媒介文本的接受。莱恩·安(Len Ang)曾进行了一项美国电视剧《达拉斯》的观众与节目关系的研究,大卫·莫利(David Morly)也曾对英国时事节目《全国》

① 曼努尔·卡斯特在《互联网银河系》一书中对互联网、商业与社会进行了思考。卡斯特的核心思想就是互联网对现代社会的变革作用,就像电力和现代企业一样巨大。

(*Nationwide*)的观众与节目关系进行研究，都是早期研究的案例(Ang 1985; Morley 1980)。早期的研究，例如格拉斯哥媒介集团对新媒体的研究，更关注于内容生产如何维护社会现有的所有权和权力体系。理论家迈克罗比(McRobbie)和雷德威(Radway)根据对女性经历的研究，提出经济状况不一定决定文化体验的观点(Tulloch 2000)，越来越多的人开始运用政治经济学的分析方式。政治经济学的拥护者曾试图将它应用于传播研究，从而使之与文化媒介学融合，加纳姆也曾用文章详尽地论述了这点(Garnham 1995)。另一些学者，如詹姆斯·柯伦(James Curran 2000: 9–11)，则提出研究的中心需要回到媒介的生产环境和内容上，同时关注新近研究带来的洞察力(Curran 2000: 9–11)。在这些观点中最具贡献性的是亨利·詹金斯(Henry Jenkins 2004)和托比·米勒(Toby Miller 2004)的观点。米勒提出任何对媒介的研究都必须注意社会、经济和政治问题，而詹金斯认为这些问题隐藏于商业活动和文化行为中。怎样区分这两人的观点呢？我们需要参见文森特·莫斯可(Vincent Mosco)与新媒体发展相关的“神话”(作者如此认为)研究(Mosco 2004)。然而，有一些人讽刺莫斯可说，相比于分析网络自身的政治、经济现象，新媒体“神话”对网络研究有什么样的影响毫不重要。

麦克切斯尼(McChesney)等人(1998)将传播的政治经济学的理论基础诠释为：

> 传播的政治经济学学术研究需要两个主要标准。第一，把媒介与传播系统的关系上升到更广的社会层面上。考察媒介系统和传播系统，及其相关内容如何能强化、挑战或影响现存的阶级和社会关系。第二，特别注意所有权关系对机制的影响(如广告)，以及政府政策如何影响媒介的行为和内容。这方面的调研要着眼于在传播行业的生产、分配、消费过程中出现的结构性因素及劳动过程。
>
> (McChesney *et al.* 1998: 3)

在本章中，我们对政治经济学的理解是广义的，但其核心是从唯物主义观理解新媒体的生产和消费环境。这意味着我们要关注所有权、生产与消费的经济条件、经济竞争和国家、法律法规在其中所扮演的角色，这些因素决定了我们对新媒体的体验如何，以及它们将如何塑造我们的世界。换言之，本章的核心问题又重复了本书在其他章节中提过的问题，即我们目前对新媒体的研究模式与分析方法在多长的时间内是有效的？我们还需要多久才能重新发现它们并作为新现象进行研究？我们将在接下来的内容中探求哪些有关新媒体经济意义的观点是广受认同的？同时，我们还将给出批判性的分析以供探讨。如果我们将政治经济学的传统应用到新媒体中去，我们就有可能发展出许多研究的中心区域，包括新媒体的所有权模式，政府、非政府组织的政策如何影响新媒体的“社会形态”。我们也可以探讨评估新媒体的条件,包括社会流通代价所带来的影响(Murdock 1997)。

新媒体的使用形态取决于用户行为与用户兴趣的相互作用关系,所以我们需要考虑两个早期问题:一是人们如何使用新媒体与信息传播技术(ICT);二是新形态的媒介活动及包含的互动性具有怎样的潜力。如同格雷厄姆·默多克所说的,通过这种方法,我们能够更加接近对文化行为及其产生、发展的环境的正确理解,这里所说的环境包含政治、经济的社会发展进程。

在资本主义社会中虽然不是全然如此,但生产基本上是以获取利润为目的,围绕商品、服务进行。因此,在媒介生产方面,资本主义模式导致书籍、电视节目、音乐、网站、CD、DVD和电脑软件等文化产品的生产。这类商品的利润分配方式相当复杂。比如,对商业电视台来说,利用高收视率赚取广告费是它获取利润的主要途径。达拉斯·史麦兹也曾说过,电视台出售的不是广告空间,而是收视率(Smythe 1981)。实际上,我们可以清楚地从谷歌商业模式中看到这点,谷歌根据点击量向在它的网页上放置链接的商家收费,从而获取广告利润(Van Couvering 2004)。[①]

越来越多的以销售为目的的节目、节目模式被生产出来。在美国,一些大型工作室长期参与制作面对一系列国际客户销售的节目。在所有的这些案例中,有一种产品是真正具有市场价值的,那就是谷歌。

Google.com

谷歌的成功之处在于它建立了一套能给索引项排序的机制。大多数的搜索引擎使用网络爬虫(有人称网络蜘蛛)来定位网页。爬虫、蜘蛛等都是软件,它们能够访问网络服务器、记录其内容并连入Web格式的页面。这些页面随后将组成搜索索引。这种爬虫为最早期的搜索引擎提供了支撑,但它无法分辨一个页面的价值。谷歌的建立者达到了一个更高的层次,并发展出了一套规则系统,通过一系列步骤和演算来衡量特定页面的链接的数量。通过这种方法,我们能够得知一个页面存在多少链接,并以此衡量它多有用。谷歌公司将所有的源页面储存到由与其相连的电脑组成的“服务器区”上。随后,它把这些链接提供给用户们,同时提供给他们适量的广告。现在,谷歌有各种方法使自己的广告策略为数以万计的小公司、中型公司、国有企业和跨国公司所接受。谷歌已经积累了大量的现金储备,并正在尝试着涉足邮箱、地图等相关网络服务。

(Vise 2005; Sherman 2005)

① 文森特·莫斯可在*The Political Economy of Communications: dynamic rethinking and renewal*(London: Sage1996)一书中就文化产业的政治经济学给出了一段极有价值的概述。

文化的更新需要摄影室、录音棚的发展，需要购买设备和使用正确的劳动力。文化生产还包括无形的因素，包括品味、审美、受众需求、创新等。这些很难预料，但却主宰了商业成功。通过所有这些途径，包括新媒体在内的生产过程正在进行之中。问题是我们该怎样解释文化商品既是社会经济基础的一部分，又具有文化制品的意识形态和象征性功能。比如，美国和英国电视行业中"保证节目品味及道德标准"的管理规则开始越来越多地影响新媒体行业。违背社会的道德观念可能会使某一领域盈利暴增，但也会使它陷入广受诟病的困境。20世纪90年代对录像带的使用正体现了这点，那时恐怖电影在网络上的传播是受限制的，于是人们使用录像带对它进行传播(Barker 1992)。政治经济学告诉我们，社会权力关系间存在平衡，企业、国家与舆论、观众口味相互影响，从而决定特定媒介领域的可操作范围。因此，观察客户的行为取向是很必要的：不断发展的使用和需求，势必会影响那些新功能开发者的最初构想。这一过程构成了媒介的社会形态，接下来我们就将对此进行讨论。

3.6　新媒体的社会形态

"社会型塑"的过程(1.6.3)使媒介拥有了一种社会形态、一个身份，这种身份或者社会形态会影响媒介的使用和对世界的影响。这点从未被动摇过。通过这点我们可以看出，新媒体既是社会、政治、经济力量的产物，也是技术尝试的产物。媒介不仅会影响我们观察世界、体验世界的方式，它还是我们所生活的世界的产物。就像我们早先讨论过的(参见1.1)，我们在当代经历的巨变不仅与新媒体有关，也与更广范围的社会、经济、政治有关。还有一点也是事实，那就是当代的巨变与资本主义经济制度有着密不可分的关系。因此，在现代经济体系中，媒介的发展与使用带有明显的环境烙印。威廉斯指出，从理论上讲，只有一项技术发明在被选择成为投资和生产对象的时候，其社会意义才能够产生。这个过程属于广义的社会经济类别，以某种特别的社会秩序存在于现有的社会经济关系中(Williams 1989: 120)。互联网的传播与商业合并，尤其是零售业的合并现象是这一正在进行的过程的典型例证。①

为了更好地了解这一过程，我们将给出三个例子，第一个是个人电脑的例子，个人电脑目前在新媒体的发展中扮演极为重要的角色(参见4.2.1)②。

---

① 读一读Brian Winston, *Media Technology and Society: a history from the telegraph to the Internet*, London: Routledge(1998)一书，你能得到更多的关于这些因素如何影响科技发展的研究资料。

② 参见4.2.1有关个人电脑的社会形态的论述。

为了应对来自新型台式机给传统业务带来的压力，IBM首台个人电脑于20世纪90年代在该公司的研究实验室里诞生。为了使这种新的IBM产品尽快地进入市场，它使用的硬件都是现成的零件。因此它们很容易被复制。应用到这种新型个人电脑上的操作系统是微软的磁盘操作系统(MS-DOS)，被称为PC-DOS操作系统。它使用广泛，还能轻易地通过廉价的软盘进行传播。总而言之，IBM个人电脑的起源使它很难保护自己不被复制，因为几乎所有支撑它工作的部分都很容易得到。它是由许多零部件组成，所以通过专利法来保护其硬件设计的专利权几乎是不可能的。IBM的个人电脑可能体型笨重，外形也不好看，但任何人都能制造，并且也确实有人这么做。对于IBM来说更糟的是，由于商业计划的失误，微软保留了对操作系统的所有权，并最终导致在软件领域的垄断盛行。

从万维网的起源，我们可以看出社会形态不仅会影响硬件与商业对象，还会影响知识构成。网络的起源是以发布于1990年的、广泛可读的计算机代码HTML(Hyper Text Markup Language的缩写）为基础的。它由科技学术界开发，用于在与CREN(Organisation Européenne pour la Recherche Nucléaire，国际核研究组织的缩写）有关的国际用户团体之间传输图像和文字。①

由于该团体使用着多种类型的计算机、相关软件以及许多独特的文本或图像处理方法，他们面临的挑战就是如何开发出一个适用于所有人的代码。这种新代码只是简单地告诉计算机系统如何处理它接收的文件，而不是去发展另一套国际文件标准体系。为使新代码更容易使用，国家超级电脑应用中心(NCSA)开发了浏览器。它的代码是公开的，并至今仍是（曾经的）网景(Netscape)和Internet Explorer的基础。而网络浏览器成为商业项目之后，额外的噱头与能力带来的商机给了私人公司很好的理由保留了部分的代码开发。因此，商业组织创造了一种只有它们自己的产品能够解释的新标准。建立在学术研究上的商业投资赋予了浏览器一种新的社会形态。换句话说，一个网络浏览器的形态、分布与功能，是其技术潜能的产物，也是代码所有者的产物。更进一步说，代码首先是在公共领域发明的，目的是为了促进合作与交流，因此它在浏览器中遗留了一部分公共性，尽管它后来进入了商业市场。作为互联网的根源，公共使用和个人PC被整合进网页和传播能力之中。值得注意的是，互联网根源的公共性力量如此强大，以至对HTML及其衍生物XML技术标准的管理，仍旧是衡量浏览器内其他软件的行为和地址的重要方法。例如，微软用于传输媒介文件的最新应用Limelight，仍然依赖一些非常

① Robert X. Cringely, *Accidental Empires: how the boys of Silicon Valley make their millions, battle foreign competition and still can't get a date*, London: Penguin (1996b).

传统的HTML以及各种专有软件。

我们可以从这些实例中看出媒介的形态不仅是技术能力的产物，而且还是物质、经济环境的产物。这些环境可能是商业方面的或知识水平方面的，或与其他因素的混合，但它们赋予了媒介不可忽视的独特社会形态，这是不可忽视的。三个关键方面发展的结果不再是由它们所包含的技术决定的了，而是由它们的社会环境决定。但它们拥有的“社会形态”和其他方面的发展，以及对传播领域的投资一同为我们带来了互联网。

我们可以看到，新媒体怎样表达、怎样销售自己以及如何获得商业利润都是文化、商业利益和电信领域的重大投资共同作用的结果。所有这些都是以电脑的广泛普及为支撑的，它的影响力远远超过1969年人类登上月球。但仅仅是这样的阐释对说明个人电脑发明过程的跌宕起伏来说还远远不够详尽与有趣，尤其是在涉及信息与传播技术的形态时。此时，我们一定要注意这番探讨将影响到的是真实的人，需要合理解释来理解构建不确定的媒介制度的人。我们将见证这些术语，如信息或经济，构建人们的思维方式与最终行为。

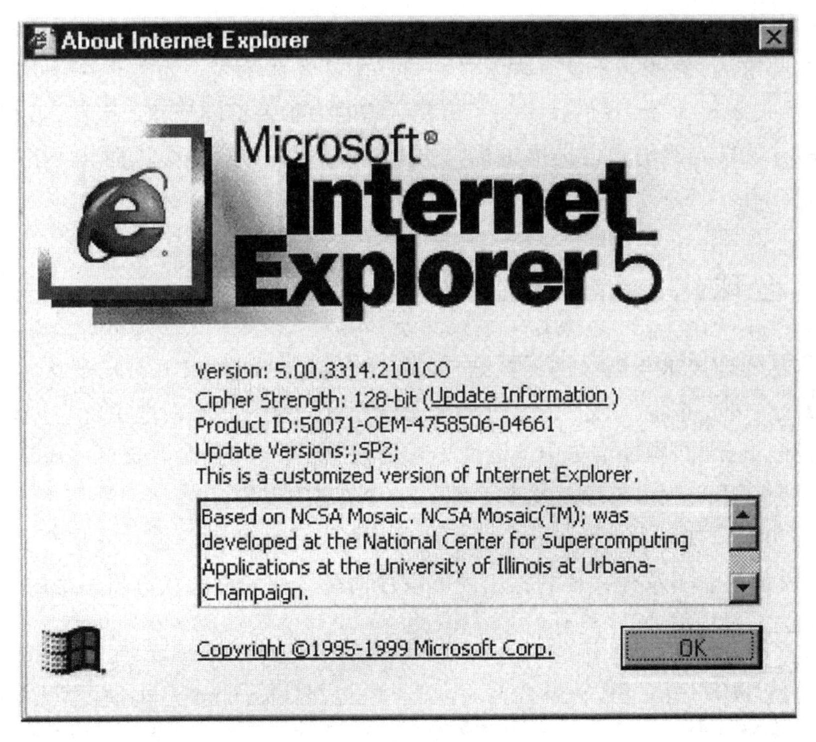

【图3.1】网页浏览器的历史：IE浏览器的早期版本。微软提供。

3.7 商业影响的局限性

我们已经讨论过商业利益对互联网发展的影响是很重要的，但是认为商业总会成功地主导新媒体也是错误的。正如我们在探讨音乐工业与音乐分布的关系时发现的，现存的结构与行为模式将阻碍事物向新的高利润模式转变（参见3.12）。

举个例子来说，美国互联网服务巨头Prodigy和 CompuServe①，对互联网用户在20世纪80年代（斯托恩 1995）的需要完全判断错误。他们以为能够以广播的模式（比如预订服务、天气预报、新闻服务等）来运作信息市场，结果，他们却发现自己的老用户们更倾向于通过聊天、公告板或邮件相互交流，体验一种新型的、互动的、亲密的交流感受。事实上，随着Web 2.0的发展趋势（包括零售服务）已经日益显露，互联网的通讯功能已经成为最受欢迎的功能（参见3.16）。

新媒体可以反映一种与技术相关的后现代思想意识。快速、灵活、数字化、超文本被认定为是新媒体与后现代的共同特征。那么在这种情况下，政治经济学还能阐释这些极具革新性的技术、社会形态吗？也许有人会说，后现代主义强调流动性、即时性以及内容的即时更新，与推崇唯物主义方法论的政治经济学大相径庭。这是事实，但同为重要的是，期望摒弃网络文化发展的历史找出探究网络文化的重要方法，就相当于完全局限在它自己的话语体系内。如果允许历史脱离物质，产品被表现掩盖，我们就丧失了研究所需的一种关键的视角。因此，我们必须现在就开始转向经济史以提供更宽广的语境，理解计算机中介传播与经济发展的关系。

3.8 全球化、新自由主义与互联网

信息处理技术与新经济结构结合的趋势已经十分明显，并被广泛认可（参见卡斯泰尔 1996，或英国政府白皮书的引语部分）。为了更深入地了解它们之间的联系，我们必须回顾经济史中流动性不断增强的现象，包括金融资产的流动性、全球化理论阐述的自由市场以及当下互联网大爆炸的现象。

在20世纪70年代，西方资本主义世界经历了一次经济危机。失业剧增、工厂倒闭、巨额的公用及社会福利支出问题接踵而至。伴随着此次危机的是后工业经

① CompuServe问世于1979年，远远早于网络，提供留言板、新闻和信息、电子商务以及其他类似网络功能的服务。1997年，AOL收购了CompuServe; Prodigy是Sears Roebuck和IBM公司的合资企业，是1990年代美国最受人欢迎的在线服务商，也是CompuServe的主要竞争对手。2001年，SBC（现在的AT&T）收购了Prodigy并终止了该品牌的使用。——译者注

济时代的来临。在第二次世界大战后的多年中，西方在构建社会民主框架时一直使用凯恩斯主义经济模式，并将其作为管理及稳定资本主义工业经济的手段。凯恩斯主义要求政府在私人投资减少时期增加公共投资，这种经济模式被用于缓解20世纪30年代美国大萧条导致的经济衰退以及早期的经济困难是很有效的。然而，在20世纪70年代，低经济增长率和高通货膨胀率的出现表明了凯恩斯主义经济模式并非十全十美。在这种由政府推动的经济增长的模式中，消费被认为是引起通货膨胀的重要原因，因为消费同时降低了存款价值与购买力。这一潜在问题加剧了经济危机。

凯恩斯主义包括国家从公有企业涉足天然气、电力、电信等领域撤资。它采用了减少公共投资与使富人受益的减少税收的方式。此外，通过立法限制罢工，工人联合组织的力量也被大大削减了。总而言之，它使社会财富分配不均问题进一步激化。基于"水滴"效应，有人认为财富在少数人手中集聚有利于解决贫困问题，因为它们还将用于投资新公司，从而不断创造就业机会。基于凯恩斯主义带给公共服务领域的影响，美国经济学家加尔布雷斯(J.K. Galbraith) 第一个称其为"私人财产，公共肮脏"。对每一位社会成员而言，它都反映出一种社会责任感的遗弃。①

投资资本的所有人对凯恩斯主义中经济增长的局限性的反馈是，认为这是看起来可以带来三大新策略的实施。第一种策略是减少生产成本、拓展新市场。也因此带来了(第二种策略)的要求，国家控制的资源(如能源、电信、交通)向市场开放。第三种策略是加紧在全世界寻找廉价产地与新的市场。这些变化以激进的右翼政治的崛起为代表，以货币主义经济政策为基础，20世纪80年代撒切尔与里根的结盟是其尤为突出的表现。

这其中，第一种策略致使大规模放松管制方案成为我们现在所说的"新自由主义"意识形态的一部分。这就意味着，人们相信商品市场是资源分配的最佳方式，为此商品与服务要在尽量多的地区与市场中进行交易。因此，曾被国家法律规范监管和保护的地区市场就被抛入了市场竞争的洪流之中，导致大规模资金从公共领域流入私人领域并为个人创造了高额的利益。同样，如钢铁、煤炭等一度受到严格管制的生产项目也被抛入一个所谓的自由市场中去了。

第二种策略被打上了"全球化"的标签——国外流入个体经济的资金的年均增长率从1981—1985年的4%猛增至1986—1990年的24%(Castells 1996: 84)。它产生的结果之一就是经济行为开始免受国界与时区的限制。据称，这与以前有很

---

① 参见J.K. Galbraith, *The Affluent Society*, London: Hamilton (1958)。

大的不同，“在全球范围内经济连成了一个整体”(Castells 1996: 92)。有人称“一种截然不同但也并非全新的经济生产方式在20世纪的最后一个季度形成了”，这段时期的时代特征完全可以从这句话中体现出来。这些都以不同方式被认为是“晚期资本主义”(Jameson 1991)、“后福特主义”(Coriat 1990),或“后工业主义”(Touraine 1969; Bell 1976),卡斯特称之为“网络社会”。

卡斯特将这一转变总结为：

> 在工业化的发展过程中，生产力的源泉是在生产和流通环节中新能源的引进以及能源使用的去中心化。而在新的、信息化模式的发展过程中，生产力的源泉是基于信息处理、符号传播以及知识生产的科学技术。
>
> (Castells 1996: 17)

美国的政策结合了自由主义的方式和商业、社区的需求：

> 我们处于改革的边缘，这场改革将与工业革命中的经济巨变一样意义深远。在不久的将来，电子网络就将赋予人们跨越时空障碍的能力，使人们能够轻而易举地得到在今天无法想象的全球范围的市场和商业机遇，并由此开创一个充满商业活力的进步社会。
>
> （美国前副总统 艾伯特·戈尔1997）

在英国，崇拜技术乌托邦的论点，甚至出现在一向颇为沉闷的国会文件中：

> 我们的世界在改变，而传播是变化的核心。数字媒介给信息社会带来了革命性的巨变。多频道电视将会很快进入千家万户。越来越多的人能够通过个人电脑、电视机、手机甚至如今的游戏机使用互联网。服务种类的丰富性前所未有。直通每家每户的高速电话线使人们得到了全新的通讯设施与通讯体验。通过他们的电视机，人们可以发邮件、足不出户地购物、查看自己的日程安排。通信技术的革命已经到来。
>
> 摘自《英国政府通信白皮书》的引言
>
> DTI/DCMS,2000年12月[www.dti.gov.uk]

在21世纪的头几年，对发达国家的大部分人口来说，上面所描述的不过是普通生活。而与此同时，对数百万的另外一些人而言，却是可望而不可即。

3.9 数字鸿沟

上文所述的其中一个暗示是世界经济的国际化只可能在高速数字传播的条件下才会发生。这些同时出现的发展需要被细致考察，以帮助我们从乱麻中理出头绪，告诉我们哪些是真正有进步意义的，哪些只是现有趋势的增强。例如，资本主义一直伴随着国际贸易，而国际贸易一直伴随着社会剧变。在最早的资本主义时期，重商主义盛行，当时1 100万奴隶被从非洲运送到美洲——这是人类历史上最大规模的一次移民，产生了前所未有的文化。这种现象在雷迪克尔的作品《奴隶船》中也可见一斑。就是这种新新机器的能力，使奴隶船本身就代表了一种新的贸易形式，并开启了新的帝国繁荣(Rediker 2007)。

现代工业发展始于18世纪中期，迅速的社会变革也正发生于此时(Hobsbawm 1987)。农民和手工业者的消亡之后，新技术的发展速度——从蒸汽到汽油到核裂变——与其在世界上的传播速度一样迅速。然而，这些技术的分配一直有不和谐因素存在，有些地区甚至尚未解决生存问题——正如"最不发达国家"这一词语所描述的，也就是现在常说的第三世界。工业资本主义的前提使一些人深深受益，而这还远远不够。

这种矛盾是工业化特征的一部分，随着工业化的诞生便一直存在。工业革命将传统的小规模社区群落连根拔起，取而代之的是大规模移民而来的工人；它摧毁了传统手工艺和传统的生活方式，将新的工作模式和日常生活节奏带给人们；它还重塑了原有的家庭单位，尤其是让包括文化生产在内的所有生产直接面向市场。随着人口迅速增加，人们把眼光投向了新的城市工业中心——在那里，传统的交流和教育方式（如教堂、口耳相传、报纸、基本读写能力）已被更新的大众传媒超越。这种社会变迁的规模提出的问题是，我们是否能真正地将数字化革命与最近相关的社会剧变相比较。

将数字媒介的全球化单纯地视作技术推动的产物，则陷入了技术决定论的误区。正如我们在1.6中提到的，一种更加复杂的观点认为，技术不仅是一种文化概念，同时对文化和人类发展有着深远的影响。例如，人们认为：由信息传播技术促成的全球互联不断增长促进了社会进步(Featherstone 1990)。只要我们想想，那些国际关系中的重大改变和同时期的数字技术的进步，这一关于全球互联和信息传播技术到来的观点能够得到这么广泛的支持就不令人惊讶了。全球地理政治学的"新时代"与网络媒介的发展是同时发生的。①

然而，麦克切斯尼等人(1998)认为，许多所谓的全球化仅仅是新自由主义的另一个版本（即向国际投资开放市场）。这个区域或国际的媒介领导力是极端重要的。像索尼·贝塔斯曼音乐公司这种全球媒介公司下属的本地子公司，就经常从本地产品取材以满足当地人群的音乐口味。

---

① 霍布斯鲍姆(Hobsbawm 1987)汇集了英国在1750—1960年期间通过工业生产而在经济和政治上取得突破的成果的历史。尽管已经发表多年，但它在研究工业、政治和国际经济之间关系的领域中依然充满活力。

也有说法认为,真正的经济全球化的实现受制于资本主义无法提供所需的物质资源 (Amin 1997)。换句话说,资本主义的经济体制阻碍了数字技术的广泛传播,更谈不上带来社会经济发展。如果我们要发展一个更成熟、开放的全球化模式,就必须注意“互联网主宰世界”的说法和它在世界上的实际传播是不同的。同样的,虽然公司和世界组织,如世界贸易组织越来越重要,每个国家都有相当大的权力来促进或抑制新型传播系统的成长。

在之前对后工业时代信息经济发展的解释中,全球化已成为它自己的“元叙事”,这意味着一个不切实际的均化和必然。著名的全球化运作企业,如麦当劳和可口可乐已将地区差异融入了全球发展之中。没有理由推断信息传播技术的使用会带来任何不同。

此外,网络访问的不平等可能会在全球信息传播技术使用中成为主导因素。丹·席勒(Dan Schiller 1999)更进一步地认为,互联网很可能会加剧现有的社会不平等。当然,互联网接入问题并不是一个覆盖全球的现象。尽管服务器快速蔓延开,但它仍然还是主要集中于发达国家。我们之后会再次讨论关于网络接入的问题。

所有这些变化根本上是基于资本主义运作强度的改变,而并不是资本主义根本原则的改变。它们使投资者更容易操纵部分(甚至全球)经济,这是投资者们此前无法做到的。然而,这种变化不能简单地视为“相差无几”(Garnham 1997)。至关重要的是(下面我们将重点讨论这个问题),我们紧紧抓住这个观点:加强与资本主义相关的实践导致了人们努力想办法维护社区、保持朋友圈活跃、娱乐并教育自我,这其中有多少实践已经通过电子传播系统发生了——电力驱动、屏幕动员和付费的强大传播网络的电子传播网络。

除了去其他国家寻找新的市场出口外,企业也开始将制造业基地转移到其他国家,特别是环太平洋地区,以寻找更低的工资、更便宜的税收、更少的社会束缚,并把重工业从富裕的北半球迁移到贫穷的东半球和南半球。这种发展需要增加分包商和他们的工厂,同时需要增加全球信息流动来管理这种机动性。这幅图景增加了一个新的因素:20世纪90年代时,国际金融市场的去行政化和传播技术的去行政化联合起来,创造了一个新的投资机遇(Baran 1998)。这并不是一个偶然事件。1997年,65家公司在世界贸易组织的保护下签署了一项协议:国有电信企业都转移到私人手中。1984年,英国电信开始拆分;同年,美国也拆分AT&T。放松管制后的电信公司一般被免除了公共服务的义务。像美国联邦通信委员会目前主要的工作,就是保留一些供应商并在趋向垄断的时候,维持他们之间的竞争。私有化意味着国家撤资,并将大量的资源以极低的价格转移到民间。对这种做法

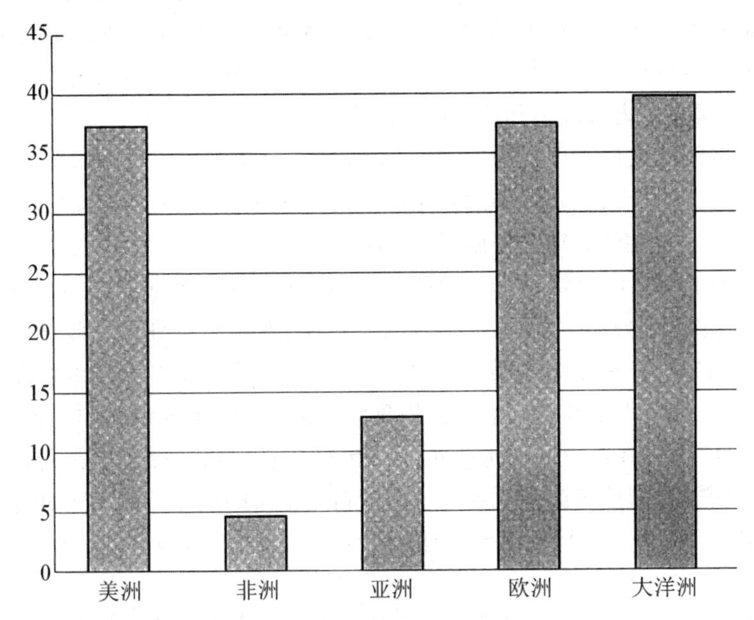

【图3.2】2006年五大洲互联网用户。
数据来源：国际电信联盟。网址链接http://www.itu.int/ITU-D/ict/statistics/ict/index.html, 2008年4月3日数据。

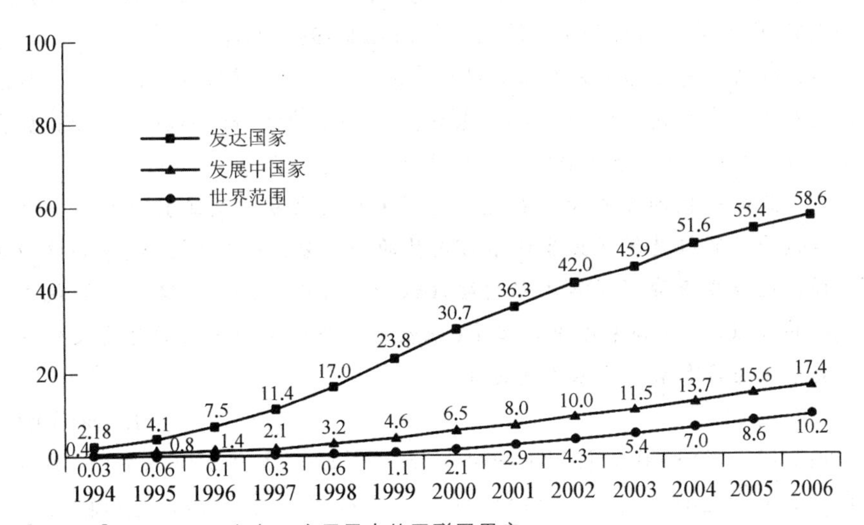

【图3.3】1994—2006年每百户居民中的互联网用户。
数据来源：国际电信联盟。网址链接http://www.itu.int/ITU-D/ict/statistics/ict/index.html。

的接受程度取决于社会整体对“市场是最为有效的重新分配资源的方式”的认可度(Baran 1998)。在英国,通信管理局(OFCOM)的建立见证了新自由主义进入广播媒介及电信行业管理。结果就是它发展出了一种观点:将市场视为行为的仲裁者,而非管理者对内容政治和法律监管的需求。

全球经济的发展需要自由的国际金融市场,这从1988年英国股票交易大爆炸中可见一斑。一个去行政化的国际金融市场更容易实现,因为计算机网络能力的提高可以处理复杂的数据。其结果是大量资本流入电信行业,过去用于保持公共舆论多样性的、管理跨媒介所有权的法律也相应放松(报纸和广播电视)。认为网络传播掌握了全球化生产成功的关键的理念,和电信行业去行政化一起,制造了高水平的投资和参与数字媒介产业的热情。决定了网络传播的经济变化,伴随着信息经济是否是资本主义救世主的政治争论,早在20世纪90年代的十几年里(Dovey 1996: XI-XVI),这种被夸大的电子传播的功效就已经有了预兆,政客们和未来学家渴望拥抱能够影响全球经济的新自由主义的技术。20世纪80年代中期,我们开始看到,关于计算机中介传播的修辞,开始从大众教育的激情转向了经济再生。

正如我们上面讨论的,很多信息经济的预言家预见到了技术的人文主义可能性。然而,罗斯扎克(Roszak)指出(1986: 23–30),20世纪80年代中期,高科技被新的激进右派认为是经济变革的引擎。这份高科技热情的目标是“设计一个炫技的保守主义,以创造一份眺望未来的信心”(Roszak 1986: 24)。

信息经济作为政治未来的概念被提出的同时,能够带来新自由主义的经济条件也成熟了。它被视为肮脏、过时、强硬政治的工业经济的替代。罗斯扎克在这一点上颇具远见卓识,早在1986年就已提出了这个问题:

> 最新一代的微机能够在更大范围上作为大众传播工具销售么?大众能否接受计算机是现代化生活不可或缺的一部分,就像冰箱、汽车和电视机一样?电脑生产商下了数十亿的赌注认为它可以。他们的赌注或者获得了优厚的回报,或者损失惨重。但是,他们在广告和营销方面的努力使信息在社会中成为具有宗教意味的追随者。
>
> (Roszak 1986: 30)

90年代上半段,我们听到了两个声音,经济决定主义和市场话语,两者联合起来创造了无处不在的“信息经济”的理念。技术、经济和政治之间的互动被描述为:“旧社会通过用技术之权力(power of technology)服务于权术(technology of power)的方式来重新组装自己。”(Castells 1996: 52)加纳姆认为“知识或信息经济”这一术语,在如下概念中是意识形态化的:它们被用于弥补对老套、未准备好的现代化进程的批评(Garnham 2000)。更重要的是，基于技术和技术普及的实际情况、新媒体内容的性质，我们都生活在一个信息时代的这个中心论点也备受质疑。因此我们现在要检验数字鸿沟中的富有者和贫穷者双方。

如果我们注意观察图3.2和3.3的数据，就可以发现，通讯技术的传播还没有达到将全球集纳在一个相连网络上的渗透水平。可以确定的是，在世界的很多地区，有相当多的人没有足够的资金打国际长途，更不用说支付更复杂的通讯技术。更合适的说法，作为社会的一个层面(范围大小取决于经济发展)，世界资源的投资和使用权上实现了全球化。

除了全球范围的网络资源访问量的不均匀，数字鸿沟也反映出西方国家的收入不平等。因此我们不可能探讨简单的大家都可以参与和体验的新媒体。服务器和PC分配的原始数据揭示了国家内部的差异，同时也揭示了国家之间的区隔。这条国家之间的界线可以从几个不同方面思考，最终确认了几个因素：阶级、使用权、性别、地理位置、技能、内容贡献能力、定位信息能力(Wilson 2003; Castells *et al.* 2006)。2007年，美国商务部报告说，在获得宽带互联网的人口中，城市家庭年收入在150 000美元甚至更高的人群，是那些收入少于25 000美元人群数量的三倍。此外，白人在家上网比黑人或拉美裔在任何地点上网都更为方便。年收入低于50 000美金的家庭，几乎有一半在家无法上网。

也就是说，在世界上最富裕的国家中，新媒体的可及仍然是因收入和种族的差别而有所区别的(但至少在美国，男性和女性之间的差距正在缩小)。该报告还表明，几乎没有基于种族的差异，种族差异只是经济不平等的一面镜子。早在1998年，诺瓦克(Novack)和霍夫曼(Hoffman)就认为网络接入性的差异是收入差异引起的。他们还在研究中发现了更为具体的不公平实例。例如，非洲裔美国人在工作中更容易上网，而黑人学生拥有一台电脑并在家里上网的概率却下降了。这些区别在考虑"我们在哪里上网，影响我们到那里之后做什么"问题时非常重要。一份关于在两个美国城市尝试提供不同上网方式的报告，证明仅有免费上网还不够(Kvasny and Keil 2006)①。

在性别问题上，收入情况影响网络使用的情况也是相近的。但是，获得数字信息的问题并不局限于硬件和传播链接的问题。还有一个问题就是网络能提供什么和拿它做什么。互联网经济爆发式增长期间的重点在于提供服务和购买机会，重要的元素是不同零售市场抽取剩余资金。相比之下，低收入家庭的网络使

---

① http://www.ntia.doc.gov/reports/2008/Table_HouseholdInternet2001.pdf.更多的具体信息可以在国家电信和信息管理局网站上找到，网址是http://www.ntia.doc.gov。

用集中于改善儿童教育。关于内容的核心问题是,内容的目的和它将怎样被使用也仍然是因收入而异的,例如联络外地家人。很不幸的是上网的费用对很多人而言仍是难以负担的。①

对这些低收入家庭的采访显示,他们使用互联网的渴望正是由这些阻碍因素激发的。人们需要查阅招聘、社区服务、租房等信息。低收入、移民情况和文盲问题给人们增加了另外一个维度的信息需求,提出了内容水平和教育资源的问题。换句话说,广受关注的网络功能——连接社区、提供社会资源,恰恰是对最需要的人关闭的。这并不是一个难以克服的问题,但是新自由主义的意识形态与数字革命结合得如此紧密,对那些没有文化资本和必要资金来跨越第一道门槛的人是不友善的。②

英国和美国政府的回应主要是将电脑的使用视为电脑技能的获取。一旦获取了这些技能,那么就应该可以找到就业机会,并解决网络接入的问题。当然,对仅仅是因为职业技能差而被排除在劳工市场外的人而言是正确的。但问题是,对于因其他原因失业的人而言(如语言、担负照看责任、缺少文化资本),他们仍将被排除在重要的社会领域之外。③

关于儿童伙伴关系的报告,作出了克服这些问题的19项建议。类似"用适宜语言的公共信息的可用性"问题是在很多政府部门的职权范围之内的。然而,技能的多样性、社区为基础的可用信息生产、持续的研究和发展,在商业环境中难以实现。卡拉南(Callanan)认为,影响普及互联网的重要因素,是国家的广播公司、个人广播公司的拓展和对公共服务保护的下降削弱了公共空间提供这些资源的能力。④

换句话说,数字鸿沟在很大程度上再现了社会上其他的不平等,并已成为一个关于社会包容性的主要辩论议题。然而,这些辩论的结果取决于所有权、管理、技术和意识形态之间的复杂互动。特别是数字鸿沟问题,取决于在新自由主义主导的反管理和干涉的环境中,公共媒介是否能被维护下去。管理缺失、市场角色加重的情况下,资本主义经济的不确定性和发展趋势也会影响媒介的发展。⑤

---

① 最新的美国电脑使用与互联网接入数据可在以下网址查询http://www.ntia.doc.gov/ntiahome/fttn00/chartscontents.html。

② 低收入与贫困美国人的在线资料,可参见http://www.childrenspartnership.org/pub/low_income/index.html。

③ 布尔迪厄(Pierre Bourdieu)将家庭背景、社会阶层、教育投资与教育承诺的差异、不同的资源等都标识为非经济力量,它们影响了作为"文化资本"学术成功:这是一种非金融优势的形式。Pierre Bourdieu, 'The forms of capital', in John Richardson (ed.) *Handbook of Theory and Research for the Sociology of Education*, New York: Greenwood Press(1986), 241-258。

④ 参见http://www.childrens partnership.org/pub/low_income/index.html。

⑤ 参见政府监管部门的法定职责和监管原则,Ofcom的网页说明了一种对"轻触"市场规则而不是对服务或内容获得权利的偏好http://www.ofcom.org. uk/about/sdrp/。

3.10 信息经济的繁荣与萧条

诺贝尔奖得主、总统经济顾问委员会前任主席、世界银行首席经济学家约瑟夫·斯蒂格利茨(Joseph Stiglitz)说过:"历史上最大规模的破产(如WORLDCOM电讯公司)、世界上最大的证券市场的崩溃(华尔街)、虚拟资本最深刻的暴露(安然公司)、2008年史无前例的信贷危机与银行倒闭、2001年出现的经济衰退已经表明——新经济修辞学中充满了浮夸的词语。"(2002)斯蒂格利茨明确指出,在新经济到来之际,本应投入基础研究来支撑国家长期发展的钱,本应用于改善落后的基础设施的钱,本应用于改善破旧的贫民区学校与富裕的郊区学校的钱,都投入在了无用的软件、网络和光纤线路上。

截至20世纪90年代中期,将信息变成后工业时代经济中的一种商品的想法已然被牢固地建立起来。计算机信息处理技术与网络通讯技术的核心变清晰了。然而,在20世纪的最后几年中,人们逐渐意识到新媒体本身有独特的经济地位和价值,尤其是在信息方面(而不是在娱乐方面)。这种观点使人们对信息与传播技术有了两种相互联系的不同认识,同时标志着我们到达了将信息与传播技术和全球经济融为一体的新拐点。首先,大量资金被投入到高科技行业,尤其是通讯网络与计算机上。在这里,我们看到这种先前在新自由主义思潮中发挥着宣传作用的技术逐渐成为新型自由市场经济中实际投资的对象。无法在传统行业中获取利润的投资基金开始转向看似前景光明的高科技股票,并在纳斯达克指数中找到了自己的市场。①

其次,纳斯达克中高科技股票投机市场发展很快的部分原因是新媒体经济特征的第二个方面的强化。截至20世纪末,"信息社会"的观点作为人文教育价值得以传播的代表,成为一个值得争议的观点,正如加纳姆(Garnham)指出的,"信息社会"终将在新自由主义对网络空间的重构面前没入尘土。在上文诸多细节的探讨中所呈现的,那由新媒体所开创的信息空间的创意、交互、大量丰富而免费的资讯正从人类潜在的开放场域转移向纯粹而简单的市场。②

在这里,我们到了另一个经济决策和媒介形式交汇的十字路口。在过去几年中,网络的形式受到经济环境的影响,有很多变化。纳斯达克上市公司的投资人

---

① 全美证券商协会行情自动传报系统(NASDAQ)最初的建立是为了给那些因发行股票太少而不足以在纽约证券交易中心进行交易的小公司提供一个平台。它成立于1971年2月8日,不久后便成为一家主要服务于新兴计算机公司的证券交易市场。其中许多家计算机公司在这个基于计算机的证券系统上挂名至今。1994年,它在股票交易量上赶超美国纽约证券交易所。参见http://www.nasdaq.com/about/timeline.stm and for a more critical view, http://slate.msn.com/Assess ment/00-04-21/Assessment.asp。

② Peter Fearon, *The Origins and Nature of the Great Slump 1929—1932*, London: Macmillan, (1979).

将网络空间视为进行售卖的机会。在网络上除了不能进行实际的钱货交易之外，网络已经实现了无数的生意往来——无论是人们以网站为基础进行邮购，还是网站将它的用户卖给广告商以获取收益。网络已经重新定义了广播经济模式，其中页面点击量成为广告投放商评判关注度的依据，也成为网站要价的基准。在这里，点击量受到网民的购买意愿与购买能力的限制。

然而，网站交易成为金融行业一则古老经验的又一例证——投机性的上涨。从18世纪的"南海泡沫"事件到"郁金香泡沫"事件，再到华尔街的崩溃，与之相同，每次投机资本的爆发都会使经济像火箭一样突然上升而后再突然下降。①

在1999年和2000年年初，由于投资基金能在不到一年的时间里得到超过100%的回报，网络投资达到狂热。这一现象更多是基于人们的热情和激情——极少的消费者服务提供商能够证明他们的网站能够维持安全的收入流。延续担保与安全问题使互联网弱化成为消费的网站。互联网企业家选择忽略一个事实——消费者们真正享受的是现实购物而不是虚拟购物。逐渐地，新兴互联网公司开始无法兑现它所承诺的投资回报率，公司的股票价格开始下降。在1999年年底至2000年年中的一段时间内，纳斯达克的股票下跌40%，证明了新兴信息经济至少在部分上服从资本主义经济的条条框框。

我们的新媒体可能会直接受到市场波动的影响，这不仅在于我们最喜欢的某个网站或某种服务被市场淘汰，也在于处于资本主义市场中的网站可能受到某种影响而改变其特征。例如，网络上各种各样的旅游网站能够为人们提供旅行建议，帮助人们摆脱大型旅行社的限制从而能够自己计划行程。这种网站大多数只是将现有的旅行目的地和电子手册市场化，使得旅行者能够直接与较远的服务供应商联系。然而，还有另外一些网站，比如最后一分钟(last-minute.com)是英国一个非常有名的提供廉价旅游业务的网站。它在2000年最后一个季度中损失了1 530万英镑——于是它宣布了一项与世界上最古老的旅游运营商托马斯·库克合资的计划。当这一领域中最新兴的运营商与最古老的运营商为了生存而结成联盟时，这种旅游消费的"新"模式（即增加个性定制，减少模式化路线）的潜力不可忽视。相当具有革新性的网站，如脸谱网(Facebook)和YouTube想要生存也需要依靠与计算机公司的关系，不管是新兴的，还是传统的。2006年谷歌收购YouTube引来了关注，不仅仅是由于谷歌公司如今在网络方面的地位。YouTube成立于2005年，并因依靠风险投资在互联网方面获得了更为全面的发展——最初它是由几个人用自己的钱创建的。

① 可登陆www.nasdaq.com 查看数据，或者参见John Cassidy's *dot.con: The Greatest Story Ever Sold*, London: Allen Lane, 2002获取更多细节。

贝宝(PayPal)互联网支付系统，本身就是易贝(ebay)的一个分支(摘自《金融时报》，2008年12月7日)。FaceBook也是通过2005年与2006年的两次风险融资获取资金来源的。如今，它继续为学生们与毕业生提供社交网络服务，同时自2007年起掌握了微软公司1.6%的股份。

我们的经验和选择直接受制于金融和市场条件。本节讨论的结果就是我们不能简单根据新媒体的技术水平推断它们的形态——经济背景、投资策略与收益方式也将深刻地影响我们对网络媒介的使用与体验。

那些对于信息与通讯技术的应用是商业投资者们没有想到的，他们更没有想到的是这些应用居然为人们开辟了一个能够直接与虚假商品制造商对抗的共享领域。比如，《星际迷航》的粉丝网站以及在线“SLASH”电影网(在这个网站上，网友们对著名角色进行了颠覆性模仿)的建立者直接对星际迷航的版权所有者提出了挑战。“消费者成为生产者”，加之数字技术为复制提供的便利条件，从根本上挑战了现有的知识产权法。版权归属、监管与法律是以旧的媒介形式和实践为依据的。知识产权对传统媒介来说是一个极为重要的收入来源。现在，让我们来看看这一领域的法律及其对新媒体的影响。

3.11　知识产权，确定与决定

新媒体的发展还被与知识产权的保护和延伸有关的法律和社会实践所限制，也就是法律上所说的版权和专利。事实上，有人应该会觉得纳闷儿：一些新媒体的使用像点对点(PEER-TO-PEER)的商业形式，诸如Limewire(LimeWire是一个使用Gnutella网络来寻找与传送档案的Java平台点对点档案分享客户端)与Gnutella(Gnutella是简单又方便的网络交换文件完全分布式的P2P传播协议)在并未考虑到它们自身企图逃避版权法纠缠的情况下，究竟是怎么发展起来的？音乐和电影在用户间的交换已经变得如此普遍，以至于为了避免过度使用带宽，很多高校禁止在其系统中使用这些软件。

正如迪安和克雷奇默所述，知识产权扎根于资本主义社会的经济基础之中。毕竟，如果书的再生产只取决于钢笔和墨水，那就不存在为了得到利润而盗取文章版权的事了。实际上，版权，即对文章、表演、音乐或其他媒介如电影、电视节目的所有权，只有在这样的情况下是必要的，即非所有权人并未按原价支付一篇文章就复制它。当文章被另一个复制者盗印时，原创作家可能就会失去版税。如此一来，我们就能很容易地理解这里文章版权的意义了。就电影而言，一部电影就很难在未经授权的复制和流通过程中发生盗版事件，无论是在电影院线还是电影制片厂。因此,版权与专利和商标方面的相关法律成为公司间冲突的主要对象。即使在廉价磁带复制之后出现了视频盗版的现象,由于逃避支付版税而引发的法律冲突仍广泛地存在于大、小企业之间。而只有在家庭复制和通过互联网进行的大规模分配出现之后,各大公司与个体消费者之间才开始在法律领域的互动。值得一提的是,虽然一向倡导保护版权的美国唱片工业协会以采取法律行动抵抗个人盗版而著称,但它也倾向于追随有商业潜力的大投资方和大公司。美国唱片工业协会在做这样的行动时真应该想想是否真的值得因为它所带来的威慑效应而背上它所招致的骂名。

数字媒介最大的好处是材料可以在不损失质量的情况下被反复复制。但是复制品本身的稀有性以及能否获得它们是文化商品的所有者保证收入的途径。例如,电影院,作为唯一能够使用超大屏幕观影的地方,利用这点就可以向前来观影的人收费。要理解这点,就需要从另一个角度进行考虑:由于政治经济学认为,资本主义经济的组织方式是商品的生产(即有用的产品和可交换的产品),所以知道这个理论对像音乐、艺术、网页等文化产品是否适用就变得很重要。当一个物品被生产出来时,它就会带着某种有用性和一个价格进入市场。以电脑为例,这很好理解,它值多少钱,它包含了多少专业知识,金属、塑料、分配和劳动力等成本以及它有什么功能,如文字处理、图像处理、连接互联网等。对于文化产品来说,以web页面为例,究竟什么是它的价值?这在过去讨论广播媒介的价值时一直是一个难题。这种价格是如何确立的?人们又该如何描述这种价格变成收入的过程呢?对于一些学者如达拉斯·斯麦兹(Dallas Smythe)而言,这个过程在地面商业电视行业中表现为:首先将观众变为一种商品,之后将他们卖给广告商。如何发现并播送观众喜欢的内容并在此过程中收取使用费是现如今新媒体商业发展的核心。

资本主义经济的基本特点是它使用所有权制度的方式,尤其是商品的所有权。所有权要求各方的接受,这种接受必须是“共识”,并在必要时同样被法院支持。通过这种方式,电视广播机构就可以尽可能广泛地传播它们的内容,而不必担心商业复制与再传播。唯有在法律的惩罚下才可能实行达到的所有权共识,意味着极少会有人主动去依循它。虽然社会实践对于什么程度的复制应该被禁止已经有了规定——但目前在家庭中的版权复制已经成为天天发生的事情,严格说来,这触犯了法律,但大多数人都不会被起诉。

这仅仅是事情的开始,由于材料的大批复制品,尤其是模拟制式的复制品,也存在着图像退化、音质变差等问题。相比之下,数字材料则更容易被复制、修改和集成。在1999年和2000年间,这种无限复制的潜力在法律方面的最早探索是由纳普斯特公司(Napster)和其软件来开启的,这些软件促进了互联网用户之间对音乐文件的自由分享(见Napster案例研究3.1。)

此前，有一个一直被人们所探讨的里程碑式的案件为确定新媒体的知识产权提供了新思路，那就是微软和苹果公司在“外观和感觉”上的纠纷。在数字时代，“外观和感觉”主要指的是在微软与苹果脱离关系时，微软研发的图形用户界面侵犯了苹果的版权。案件重点关注的是已知的、未被保护元素的整合(例如图标、简单的图像和屏幕布局)，这些元素被融合在一起最终构成了与一个现有界面相比极其近似的界面。虽然案件最终达成庭外和解，微软保留了苹果原创的图形用户界面的使用权(苹果也是偶然地从Rank Xerox公司得到了图形用户界面的创意)，但是它却为屏幕表现的版权建立了一系列的识别标准。

“外观和感觉”案例的意义是，它让人们注意到复制的便利性是潜藏在数字媒介中的。最重要的是，它首次传递出一个信号，即新媒体在商业使用的关键方面不是完全由硬件设备说了算，就像电视和电影早已被置于政府严密的监管之下，新媒体也不例外。

数字复制再次成为网络的持续发展的一个主要问题。对文化商品的所有者来说，发行控制一直是一个大问题。当这种商品只能通过印刷的纸张、黑胶唱片的压制或影线的控制才能发行时，设备或场地对高额资本的要求所产生的困难将能阻止很多盗版行为的发生。然而，在形成公司所有权保护的理念之后，随之而来的是有关商品交易的法律发展问题。这样的争论早已在音乐界开始。①

3.12 作为新媒体的音乐

谈到音乐就必须谈到它的消费方式。谈及现场表演和CD播放的不同就是在讨论不同的音乐体验。但无论是在音乐厅、体育场，还是在汽车上，或者插着耳机，音乐的体验也都是由消费形式和音乐自身所主导的。这里还有另一个范围，在这个范围中音乐和环境的相互作用不可分割：把对音乐的搬用作为身份象征的方法。在青年文化里，尤其是西方的青年文化里，无论是情感摇滚乐人还是金属摇滚乐人，嘻哈音乐或节奏布鲁斯的追随者身上所体现出来的正是他们与各自的文化世界的关系。与之相仿的音乐近邻，像朋克或锐舞音乐，都裹挟在一个关于音乐使用的文化实践及其特殊法律属性的社会话语之中。②

① 盖恩斯(Gaines 1991)的研究清晰地表明，我们应意识到，资本公司之间的防盗版——而非针对消费者的防盗版——是最主要的。

② 约翰·梅杰(John Major)所主导的英国保守派政府修订了一项新的法律(刑事司法与公共秩序法1994)，这项法律宣称公共演出未经授权的音乐都是违法的，其罪名是“散播一系列重复的音乐节拍”。

也正因如此，对音乐的讨论以及音乐与新媒体的关系必然是这一社会话语中的一部分。我们不可能在这短短的几页中完全理解丰富而多样的文化形式，如流行、古典、雷鬼、非西方、宗教和世俗音乐。正是由于这一原因，我们将集中精力探讨音乐和技术之间互动最密切的领域。即便如此，我们也只是顺便评论一下音乐的广播发行。也正是由于这一原因，我们的讨论主要关注与西方音乐相关的一系列实践，因为这个领域中包含着大量有关音乐与技术之间关系的材料，况且音乐产业目前基本上由美国和欧洲的公司主导。

值得注意的是，音乐的机械化复制会有很多的回报。在任何时间、任何地点使用音乐的能力指的是人们既可以听到最新排行榜上的流行音乐，也可以听到由一个完整的欧洲古典乐团演奏的贝多芬第九交响曲。此外，机械化复制还使得无论是流传在工业城市底特律大街小巷的音乐，还是飘荡在伊斯兰乡村的小调都能够被广为传播。然而，欧美音乐传播的主要力量却只是来自西方少数几家垄断性的全球音乐公司。我们接下来就将转向垄断公司之间的相互作用、音乐技术、上层建筑因素，尤其是法律等方面进行研究。

全球音乐实际上由四家公司所主导：百代唱片公司、华纳音乐公司、索尼·贝塔斯曼音乐公司及环球音乐集团。其中的每一家公司都是商业集群化的产物，这也是资本主义生产模式正在进行的主题。例如索尼·贝塔斯曼音乐公司就是由日本的索尼公司和德国的贝塔斯曼公司合并而成的。

主导音乐产业的关键因素之一是在很多的领域中投资大量的资本。这个行业需要被理解为垂直整合：从音乐家和表演者通过生产到营销和分销；同样它也须被理解为横向整合：营销，即在电影、电视和广播中音乐使用权的买卖。所有这些都与法定所有权联系在一起，体现在合同和法律上，尤其是那些相关的知识产权法。

这一行业的基本行规是，唱片公司定位人才。表演者和他们的经纪人与唱片公司签约以获得分红；公司通过各种各样的音乐版式和控制音乐在诸如广播、广告、电影中的使用，来获取音乐的版权和控制分配的邻近权力。公司通过唱片上的标签，对产品投入到公共领域的准入权进行营销和管理。在这个话题上还有无数的变化，但是在英国有一批独立艺术家（即唱片标签不为大公司所有），他们与掌握着音乐生产与营销的大公司有着密切的工作关系。虽然这听起来像一个临床描述，但该行业最重要的特点之一就是要依靠代理商的专业知识来定位那些可能会流行或成为潮流一部分的音乐。音乐产业创新的一面不能忽略。关于选择艺人进行培养有一个很简单的方法，那就是先签大量的合同，然后延续那些具有商业潜力的合同。尽管百代公司是唱片业的巨头，它也会将一些音乐转手给一个对原创音乐不感兴趣的私人产权公司，并且会中止那些前景堪忧的合同，转而去开发已有的项目。

不难看出，这种音乐所有权和发行模式、法律权利和资本投资模式已经与新媒体技术强大的低成本传播音乐的能力发生了冲突。音乐行业成功应对了过去发生的重大技术变革。在20世纪60年代，发明了盒式磁带的欧洲飞利浦电子公司成功地使人们能够在移动中享受音乐，特别是在汽车上或是通过如索尼随身听的设备。盒式磁带还有一个优势，那就是塑料唱片可以复制到磁带，而磁带的副本也可以被轻易地复制和传播。但是由于大多数的音乐记录必须实时进行，这规避了过度扩张的家庭复制行为，却又导致可能仅有一些唱片集被经常拷贝，而大多数根本就没有被复制。

第二个重要的技术创新是压缩光盘(CD)，这更为重要。因为虽然盒式磁带已经确立了大量的文化实践（共享音乐、家庭复制、移动使用），而光盘的数字格式则与之前相比提供了更高效率和更高质量的复制。

在本章中通篇论及的技术创新以及唱片音乐的流行，带来了一种借助网络的新形式的社会互动，正如我们在讨论计算机中介传播时所看到的。经音乐交换而得以推进的社会网络不仅仅是技术发展的成果。如互联网的历史中Myspace，其链接和社交网络容量都因为它所包含的商业或非商业型的音乐空间而得到发展，因为它们实则提供了一种音乐发行的媒介。但正如我们在Napster案例中所看到的，知识产权控制的法律形式对商业音乐可以被聚友网传播的程度进行了限制。相当一部分网页已经成为新音乐的流动、乐迷和商业音乐的病毒式营销机制的一部分。

其他发行模式，如Napster或借助Limewire、Gnutella、电驴和BT等平台进行发行等，已经渐渐倾向于将内容集中于商业音乐的发行。换句话说，曾经掌控在行业巨头手中，以资本控制来进行的音乐生产的选择和发展的方式，已经遭遇到盈利的损失。由于音乐行业巨头们最明确的目的就是保证赢利，并且把利润返还给股东，所以Napster模式很显然就是一个大问题了。

在这一点上，我们再来看一看发展迅速的新媒体正经历的种种问题，音乐是其中最显著的一个案例。音乐技术的形式及其对媒介的使用已经被“社会化型塑”了。在这里，很值得我们暂时转移一下注意力，回顾一下那无处不在的MP3格式的起源。在今天，MP3这一术语是如此平常和流行，由于它主导了大多数用于发行的音乐媒介格式，以至于当提及黑胶碟或CD时，MP3似乎拥有了与“45”转唱片或LP同等的使用水平。本质上，MP3格式代表着音乐行业标准的数字音乐损耗压缩算法。它通过消掉那些在音乐享受过程中无关紧要的声音来实现格式的

【图3.4】早期的媒介发行形式：黑胶碟和磁带。iStock Photo提供。

压缩。也可能是因为，它最初是经由个人电脑而非复杂专业的音乐系统播放的，所以它的音质损耗很难被注意到。不管怎样，这种文件格式已经成为与苹果所推崇的AAC格式并驾齐驱的标准格式。苹果是当今最热门的便携式MP3播放器之一即iPod的研发者。

音乐产业对网络发行、社交网站、家庭复制和非商业发行机制的创意反映是复杂而混乱的。新媒体的技术能力是受限于并由现存的社会关系所决定的，就很好地说明了这个例子。它也向我们例证了新媒体所承传的技术能如何轻松地适应着改变中的环境。

后来，私人录制的发展遇到了一些困难。美国通过立法保护数字及模拟媒介的私人使用。这项关于私人录制的法律确保了企业的销售利润，他们通过销售私人录音设备来获得收入，而这种收入取决于版权的执行(即软件或内容生产商)。法律的发展不能纯粹被视为权利或正义的产物，美国立法过程中施加的影响力和权力也是一个使社会保持平衡的方式。这不是偶然现象：所有者的版权，如主要的唱片公司和电影和电视业务，主要聚集在美国的原因就是鼓励录音设备进口。而在英国，就没有类似的法律。①

互联网，加上数字复制产品，对版权所有者产生了一个新的问题。同时，在私人用户的刺激下，密码作为新的预防措施而产生。密码学是通过复制编码数据和媒介文本，要求用户拥有另一部分数据，即“钥匙”。通过这种方式，私人的计算机能够识别信息提供者。现代的计算机编码意味着一种新的“锁”和“钥匙”，每次发送的文本都可以生产和销售。其目的无疑是为了控制基于计次收费模式的

① 1992年家用录音法案，第102-563号，106 Stat. 4237，美国法第17条，增修的内容成为(美国版权法的)第10章，10月28日颁布。

商品使用。新法律，至少在美国，是在非法尝试材料加密的技术。换句话说，一段在网络上卖给你的音乐可能只是为你提供了这段音乐相应的密钥进行解密。任何解码的行为都是违法的。知识产权的控制不仅是一个商业问题，它也影响了文化实践的发展以及对材料的再度使用与重新审视。关于这些法律限制，美国司法部长艾尔缀德(Ashcroft)早已指出，那些廉价且易于流传的文化传统与共享的文化生活的巨大潜力事实上是受到各种法律压制的。在这条不归路上，新媒体的潜力也被极大地凝缩了。

有人认为美国的版权立法将带来文化客体的终极商品化，也就是通过整合强大的加密与家庭解密系统在技术能力上的整合，实现计次付费，即每次使用文化产品都将需要付费。消费者没有必要购买书、杂志、电影及其新媒体的变种，你仅需购买单次的使用。这将是一个全新的现象：我们大家都知道报纸是暂时性的，就像电影、电视节目的单次观看或影碟的一次租赁。区别在于，该技术的存在使人们能够查看、存储和重新使用文化商品，并使它被廉价地无限复制。但相反的是，强大的技术发展目的是为了抑制住这些潜力。文化生产已经开始有所组织地，去阻碍预想中新技术所能带来的种种利益。但建立大家共同遵守的控制机制也并非易事，由于这些利益关系，新媒体产业的发展也一直存在问题。[1]

与之相反的是——如果我们忽略数字版权千年协定倡导者们的良好意愿——所发生的一切恰恰是完全迥异的。版权所有人不得不与之妥协的是，另一种发行方式的确立，而这却是在他们所能掌控之外的。这在音乐界中已极为明显，电视与电影界也逐渐注意到趋势的发展。纳普斯特的案例就是对这一问题的一种反应(参见案例研究 3.1)。目的是很简单的，就是利用法律规章把这一另类从行业中踢除出去。尽管网民们的反应是希望加大利用互联网根深蒂固的传播途径——也即分散型的特点。而这也正是音乐公司的反应，因为纳普斯特刺激了音乐发行方式的发展，即利用互联网的分散式的特性在特定的点对点(P2P)方式提供服务器地址，而不是提供文件的本身。纳普斯特服务器上所提供的精确文件复制服务，已经使他们触犯了数字拷贝的传统禁令。但其后受到争议的是，纳普斯特仅提供服务器上文件存放位置的服务，这是否能构成罪名。Limewire和Gnutella(曾经)是幸存下来的两个最著名的点对点网络。在当时，得到进一步发展的BitTorrent实际上并不需要在服务器上保留一整个文件，而是可以允许通过任意数量的文件片段来建立一个完整的文件。美国唱片工业协会决

① 数字版权的千年协定，见http://lcweb.loc.gov/copyright/legislation/hr2281。

定上诉法院,要求音乐文件的分享者赔偿其损失,但这宗诉讼是否也起诉了那些曾经的客户,这也是有争议的。这些策略的结果已经被认为是与唱片公司的利润背道而驰——因为他们未能机敏地适应新世界的数字式发行模式(Curien and Moreau 2005)。

另一种选择是通过某个音乐行业的局外人,如苹果公司,苹果Mac的生产商,他们为正版的购买与支付提供一种可控的支付方式。iPod和iTunes音乐商店的一体化将在下文中有详细介绍。

关于如何在一个发行控制缺失的环境中保证你的收入流已经成为特别的问题了。用户期望一个免费的互联网,在稀缺的技能和强大计算机的支撑下以高成本所建立的是一种新业务。鉴于网络的可访问性,就必须考虑其他非技术方面的媒介分布。新媒体的承诺之一是易于访问和发布,但忽略了大型媒介公司所享有的资源控制。新媒体将允许分配大量的材料,但可能仍然需要为实现过滤的功能而付费。原因之一是公司会控制所需的资源来产生特定类型的内容,然后以访问他们的网站为由收取费用。简单来说,控制分布就是公司在资源选择和创作媒介内容的过程中获得的投资回报。我们可以看到,自18世纪以来,新媒体已经进入世界的法律、经济组织和监管,并将会提供很多实践和很多利益。

知识产权的相关问题不仅影响媒介或软件,甚至是网络的存在。苹果的iPod为这个问题的解决提供了一种成功的尝试。理解特定字符发展的唯一方式是分析社会、法律和经济因素。也就是说,真正的创新就是个人电脑本身,它连接了互联网、PC和旧媒介,并已经成为一种商品。iPod的优势是以极大的速度连接互联网并下载小型音乐文件。而盒式磁带以及索尼随身听则处在消亡的过程之中。

案例研究3.1: Napster: 从社区到商业

2000年6月,美国唱片业协会曾尝试关闭Napster公司。因为Napster用软件促进网络上的个人电脑间的音乐文件共享。而美国唱片业协会认为Napster的行为侵犯了属于唱片公司的音乐版权。基于相似软件在网络上广泛存在并且仅仅是一个技术问题的事实,初始的禁令被废止。这个法庭判例以及其他相似的判例是决定新媒体特性的因素之一。就像传统媒体一样,技术可行并不意味着可以随意运用。

关于互联网的伟大断言之一,是它使人们能便捷地共享数字媒体。从技术上看的确如此,因为数字媒体的最大优势之一就是复制的便捷性。然而,在一个版权和网络协议扮演重要角色的体系内,数字形态文化商品的所有权问题变

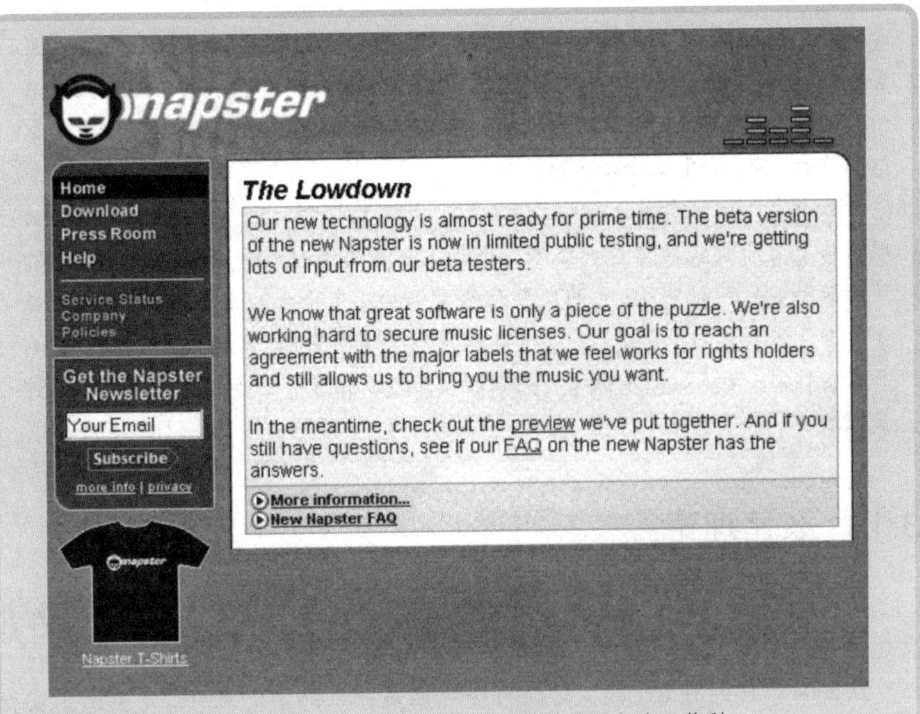

【图3.5】Napster探寻法律途径，通过出售版权音乐获利

得无比重要。一旦互联网取代了依靠资本投资的、极端昂贵的传统发布渠道，例如报纸、电影等，有关法律也就不得不适应新的环境。

商业法律适应能力的重要性在Napster的案例中得到了充分的展示。它将互联网上MP3文件的传播视作家庭录制的另外一种形态。案件的核心在于拷贝声音和拷贝文件信息之间在法律细节上的区别。然而，将注意力放在细节上，就忽视了内在的规律。法律与技术一样，都是决定新媒体形态的重要因素。商业法决定了内容、文化商品用户和制作人之间的关系。那就是，谁可以购买、拥有和发布素材。

一个重要的逆转出现了。德国公司Bertelsmann宣布，不支持反Napster案，并与Napster就付费的发布模式达成协议。这准确地说明了可以无限复制音乐的免费、简单的发布技术，如何屈从于企业利益。

斯蒂芬·乔布斯(Steve Jobs)也是一个发起人，他理解设计和市场营销对于确保市场份额的重要性。然而，最重要的是iPod克服了来自音乐产业的反对声音，因为它通过“数字权利管理”提供了一种安全方式，并通过可以购买更多音乐的"tunes商店"返还现金。但是苹果很明智地没有将"数字权利管理"设置得过于严格,并继续允许用户把CD上的音乐拷贝到电脑和其他设备上。从用户的角度看,苹果的版权标记意味着参与到和Napster、Limewire、其他P2P网络相关的"隐私"中没什么问题。①②

如果我们回到本章开始的关于应该理解新媒体的讨论,那么仅仅将它视为现有格式发布模式的重新调整——例如三分钟的流行音乐,就将是一个错误。然而正如谷歌所证明的,它的发展是基于保护发布平台上的利益诉求,新的媒介形态能带来新的媒介实践。其中之一是经济上的变化,正如上文提到的,EMI正在起作用:通过新媒体将现有类别转化为可以销售和发布的对象。正是这种实践活动带来了长尾经济学。③

3.13 长尾理论

从长尾经济理论中,我们可以看出全球经济新动力如何影响经济决策与媒介文化之间的冲突。

从2004年10月在《连线》发端的一个话题到2006年的著作,克里斯·安德森(Chris Anderson)描述传统媒介经济如何被宽频世界的后网络文化所改变的长尾理论是众多话题中最引人瞩目的。长尾分析所隐含的内容还不止这些,它还论证了生产的经济基础的改变正在以空前规模开启了市场多样化。安德森论证了在网络社区中存在着许多利基市场,它们可以保证需求低、销量小的产品也能持续地获得边际利润。"根据需求曲线,我们的文化与经济的重心正逐渐从在需求曲线头部的只占小部分的主流产品与市场,转向在曲线尾部的大量利基市场。"(Anderson 2006: 52)

现存的媒介经济有两个特征,一个是以流行为主导的经济——如电视节目、音乐、电影的制作商不得不生产一些彻底失败的或中等产品来实现某个产品的大流行从而维持企业的生存;另一个是"初次拷贝"的成本原则。生产报纸或电影的首个副本是极其昂贵的过程,产品的成本极高,而随后的边际利润则是由销售成本所决定。在报纸行业,这样做还勉强可以,因为每份报纸的复印非常便宜;在

① 参见Gains(1991)关于媒介、含义和法律之间的关系的研究。

② 参见杜莱特等人(du Gay *et al.*)做的关于工资下滑,随身听产业却得到发展的有趣的文化实验。

③ 凯伦·凯利对iPod的发展历程的研究更为深入,2007年,他在"音乐与多媒介"上发表了"iPod怎样迅速发展的"。

电影行业，每部电影的洗印和拷贝则很贵。成功的大众传媒经济依靠高度资本化的商业可以分散寻找热门产品市场的风险，并将产品销售给特定的消费群体。这些情况让媒介生产成为一项成本高、需求量大的商业——成本高、需求量少的产品是不可能被生产的，因为它们在长尾理论的需求曲线中徘徊在末端，始终是隐形的。这些市场条件导致很小一部分可能的媒介存货（产品）主宰着大部分的销售总量，零售商、电视栏目、电影产业链都不能够进一步拉低了需求曲线，因为它们要交的税也很少。人们曾经认为，在任何特定的地理区域都不会有足够的消费者来让一些冷门的作品上架显得合情合理，长尾理论的支持者论证了这些条件将被永远改变。

> 在过去的许多年中，各种企业都在力求造出具有轰动效果和能占据主流市场的产品及服务，越大越好。而现在，随着互联网及相关技术使种类越来越多的产品被生产出来、销售出去，从啤酒到书籍、从音乐到电影、从软件到服务，各种各样的市场都处在一场革命风暴的前夜。虽然单单只基于经济与科技的推动，这其中隐含的深意对管理者、消费者和整个经济来说都相当重要。
>
> (Brynjolfsson, Hu, Smith 2006)

克里斯·安德森更加简洁地说道："长尾理论只是未被经济缺陷过滤过的文化。" (Anderson 2006: 53) 这有两个原因。首先，随着数字媒介工具变得愈加普遍和廉价，产品的成本降低——进入市场的门槛降低，我们能用更低廉的价格生产商品。博客的成本比报纸小得多，YouTube病毒式网络点击比电视广告的成本小得多。其次，搜索技术和推送网络在分配与营销方面的影响越来越大。搜索技术让消费者对最小众的产品也能触手可及；自动推送、评论和评分过程使消费者能够在琳琅满目的长尾市场中作出正确的购买选择。搜索和推荐技术使我们在面对大量产品时能够自信地购买商品，作出高度个人化的选择，同时也给大量低成本商户进入市场的机会。

安德森论证道，对许多市场来说，小众产品比大众产品更好。因此，随着找到它们的成本更低，他认为小众产品能够形成一个能与大众产品抗衡的市场。这些因素能够拉平需求曲线，消费者将购买更少的大众产品，而购买更多的小众产品。

> 需求曲线的本来形状暴露无遗，不会因分配的瓶颈、信息的缺乏和货架选择的不足而被扭曲。而且这种需求远不是由我们所认为的流行因素造成的。相反，这种需求与产品本身一样具有多样性。
>
> (Anderson 2006: 53)

这种说法是引人注目的，而且安德森的分析显然精准地描述了媒介经济的一个变化。然而，我们必须注意不要把消费者选择的多样性与政治、经济力量的多样性混为一谈。在经济上利用长尾理论所带来无限机会的自由被大多数人所接受,即使是在宽带世界。新自由主义的选择总要付出不被经济、政治、生态等其他选择认可的代价。此外,在安德森长尾理论的案例中,他从未声称大众商品,也就是需求曲线中数量很大的一端将走向灭亡。虽然他总是谈论生产方式的民主化,但他从未暗示福克斯、维珍、华纳兄弟将走向衰落。

而安德森的分析确实将我们的注意力转移到了这方面,即我们的媒介体验被新技术条件下产生的机会与正在改变的经济条件所影响。从生产方面来讲,技术使生产商能够直接接触长尾末端的特定消费群体,这改变了生产关系。布伦乔尔斯和史密斯认为 (Brynjolfsson, Hu & Smith 2006):"受到音乐产品成本、营销成本及分配成本的影响,音乐产业也经历了相似的变化。据报道,小众乐队可以依靠25 000张唱片销售量就能赚取利润,相比之下500 000张主流唱片只刚好达到了不赔不赚的收支平衡点。"网络视频生产的数据显示了同样的趋势:对于像MySpace的《四分之一的生命》(*Quarterlife*)与Bebo的《凯特·摩登》(*Kate Modern*)这样的网络剧来说,观众数量和广告收入暗示,虽然传统广告业仍对长尾理论的病毒电视市场的价值持怀疑态度,小众观看群体带来持续的经济效益只是个时间问题。

虽然现在网络剧总量可能还比较低,但高额的利润会使生意变得有利可图。安德森以Rocketboom——时事讽刺型的网络新闻视频为例,它单单依靠两个聪明、有点子的人就在一周内吸引了200 000个观众,并在商业销售的第一周内就赚了40 000美金的广告费(Anderson 2006: 193)。博客可能最能体现媒介出版业门槛降低的影响,安德森声称:"报纸从80年代中期的巅峰状态到现在销量锐减1/3,这种下降是长尾理论将给传统产业带来破坏性冲击的具体例证。"(Anderson 2006: 185)这不仅仅是由于我们都从博客上看新闻了,因为我们仍然会看传统报纸的网络版——但是成千上万充斥着专业兴趣、八卦、调查、极客文化的博客出人意料地大规模流行,正是长尾理论起作用的明证。博客文化令人难以置信的多样性形成了需求曲线中的"短头",这里少量博客能够吸引大量的关注以及广告费。显然,长尾理论正在为更多种类的媒介生产者制作产品、表现自身和发布产品提供新的机会。更多重要的小众市场和高额利润使更多企业比以往更能够在经济上可持续发展。

从消费者或用户的角度来看,长尾理论的经济现状显然会对我们的网上媒介体验造成各种各样的影响。远程操控被搜索引擎所取代。我们操纵与选择媒介消费品的能力愈加依赖于我们掌握的搜索技术,布伦乔尔斯和史密斯 (2006) 给"主动"和"被动"媒介体验下定义为:

> 主动搜索工具允许顾客轻松锁定他们感兴趣的内容。取样工具,像亚马

逊书页和CD的样本，从另一方面来说，也使消费者学会了选择他们感兴趣的产品。

被动搜索工具，比如许多推送系统，根据消费者从过去的购买行为中显示出的偏好或者甚至页面浏览习惯辨识他们可能对什么新产品感兴趣。消费者搜索同样也是由主动搜索和被动搜索两种工具组成，像顾客产品评论、在线社区，或者以产品为关注对象的读者人数。

搜索、注册、登陆、推荐、评级，这些都是网络媒介用户必须顺从接受的核心活动。这些活动提供了消费者行为数据，之后这些数据被搜索算法处理，帮助更加针对特定群体的广告业实现长尾理论的应用，同时这些活动本身也通过这样的方式创造了价值。

3.14　病毒式传播

进入媒介市场的门槛降低导致的媒介内容的爆炸式增长，使更多的人成为小生态消费者。在过去，这些行为可能被算作文化研究，因其依赖于亚文化群体理论与粉丝研究。亚文化群粉丝一直占据着小生态文化圈或创造着非正式传播网络、杂志、电影，进而构建社区与身份。从这个意义上，我们就能理解马特·希尔斯(Matt Hils)和亨利·杰尔斯(Henry Jenkins)等理论家为什么要为我们普及长尾文化消费的常识了。我们如今都是粉丝。安德森将某些网络标语与倾向称为“病毒模因”，这是指一种被粉丝的“兴奋和愉悦”所驱动的，在一个特定的亚文化圈中流行并进而扩散到整个世界的互联网现象(范例：YouTube 2007年热点视频“你的基地属于我们”、“星战少年”和“巧克力雨”)。然而安德森认为，尽管很多人都知道其中的一些模因，但没有人知道所有的模因，这是因为每个社会群体与亚文化群都有自己的喜好。这在他看来“表明即使我们一起工作，一起玩乐，甚至是生活在同样的世界，我的群体并不总是你的群体”(Anderson 2006: 183)。

关于病毒的观点可以帮助我们理解文化是如何在长尾市场环境中进行再生产。我们认为病毒是长尾的交流逻辑。在这个拥有大量媒介的时代，大众媒介传统的过滤器与看门人的作用已经被“我们”所取代。这些关于推荐的网络是大众媒介的直接广告难以理解和控制的过程。我们越来越依靠个人或网络的推荐。显而易见，在这里口碑总是最重要的。营销人员通过直接广告获得口碑，但他们不会直接干预这个过程。但在长尾条件下，这种情况随着人们开始用病毒作为一种比喻来理解网络媒介传播而发生了改变。

用病毒理解网络媒介传播网络的想法在20世纪90年代中期被提出(Rushkoff

1994,媒介病毒)。病毒作为微生物有机体的生物学实体曾经被用于比喻来描述某些计算机程序通过计算机系统进行自我传播的行为,因为这种行为符合了流行病学家提出的“病毒总传染不止一个对象”和“病毒滋长有特定曲线”两个病毒污染标准。对于计算机病毒来说,它一旦被创建就成为独立的生命体,并迅速将消费者变成病毒市场的代理者。第一个也是人们最常提及的例子就是hotmail利用其用户实现的免费传播,每封从电子邮件hotmail账户寄出的邮件都包含一个注册邀请——电子邮件hotmail仅仅在传统的市场营销上花费了50 000美元,但仍然在8个月内将用户量从零增长到1 200万(Jurvetson & Draper 1997)。这种现象吸引了市场营销群体的注意力,不久消费者也意识到他们的“网络社交潜能”,即我们极有可能将推荐传递给潜在客户。自此,消费者依靠他们的影响力而不再仅仅是消费能力被分类。因此,向拥有高社交网络潜能的群体——如花费大量时间泡在网上的年轻人做广告将起到很好的效果。网络媒介市场的新成员就需要考虑如何利用这种病毒传播的潜能,找到有价值的观众或有需求的广告商。病毒传播可以将三个亲密朋友同时读到的博客上的一条消息传向成千上万的人(参见www.boingboing.net or www.dooce.com)。当太多的内容出现且守门人从他们的岗位上撤出时,我们才真正发现自己也更加依赖病毒逻辑学了。

然而不管怎么努力,广告商还是发现控制病毒式传播非常困难。对于用户而言病毒式传播所能带来的极大愉悦就在于它需要感受“被发现”、“原创”、“新鲜”——即需要感知到自发和真实地偶然的感觉。这是很难仿造的——发现一段推荐视频原来是广告总是令人失望。另一方面,看似像病毒的主流广告有更多的机会找出YouTube的交叉成功并提升品牌知名度。英国巧克力生产商吉百利能够在沙门氏菌恐慌后恢复其受损的市场地位,部分原因是他们2007年5月的大猩猩广告(www.YouTube.com/watch?v=iKdQC-hbY7k)。广告描述一只大猩猩敲鼓敲出了菲尔·柯林斯的歌曲*In the Air Tonight*的部分,而直到影片结尾的标语才提到关于产品的相关信息。很奇怪的是,这段影片在YouTube及手机下载量上获得的病毒式成功,重新使吉百利成为一个很酷的品牌。病毒性网络是树立品牌辨识度过程中的关键一环。广告背后的广告策划机构法伦广告公司的策划总监劳伦斯格林将他对于其的观察作了以下阐述:

> 即使没有传统的“消息”、“命题”或“利益”,广告也可以很有效。事实上,最新的广告理念表明,强加广告的企图反而会降低广告的有效性。我们现在正在将传统对命题与说服力的关注转变为加深广告与观众的关系。
>
> (The Independent 2007)

了解病毒传播模式已经成为那些开发网络拓扑结构测量和可视化方法的

社会科学家与传播研究者主要的研究新领域。里斯科维克、阿达米克、休伯曼(Leskovec, Adamic and Hvberman 2007)等研究者对主要零售站点上的链接与推荐行为进行了详细的调查。他们的结论之一是：

> 首先，它经常被设定为病毒模型……每个个人在彼此的接触中都有相同的概率被感染。与此相反，我们观察到随着互动的重复，感染的可能性会逐渐减小。营销者应十分留心不要为顾客提供过度的刺激来推销产品，因为这会适得其反降低与他们尝试从中获利的相同链接的信任度。
>
> 传统的流行和创新扩散模型通常设想，一个人既有可能在每次接触受到感染的个体都有持续的可能性实现“转换”，也有可能在一旦超过某个临界值的情况下，才会可能被传播、被转化。在这两种情况下，持续增长的与被感染者的接触会直接导致感染可能性的提升。相对地，我们发现用户购买产品的概率与产品的推荐率成正比，但随后会迅速达到一个丧失购买欲的饱和状态。
>
> (Leskovic *et al.* 2007)

换句话说，针对消费者行为的病毒传播动力是独特的和不可预测的。消费者会迅速产生免疫——因此病毒必须作为一个惊喜出现。尽管长尾理论对互联网的影响令人信服，我们还是要考虑网络媒介经济学的历史连续性与变化，因为它们毕竟与电视、好莱坞、出版商等主流大众媒介相关。正如安德森所说，目前我们见证的并不是革命性的突破，而是渐进的进化，其中，大众媒介逐渐适应新环境，新进入这个市场的媒介也逐渐找到自己的经济立足点。媒介产品及服务的需求曲线是延展式的，但它仍然是一条非常陡峭的曲线。在宏观经济层面，大量的资本由能够被集合所有社交网站中具有强大影响力的节点的大企业所获得，且这些资本也指导这些企业去消费机会，或是利用他们的数据源来分析、扩展市场。以eBay、谷歌、MySpace为例，他们都通过这种对于集合活动的融合获得了高额的利润。根据安德森的观察，对于许多挣扎着寻找观众的小型生产商来说，世界上并没有能够取代“天资、集合、运气”三者的常见结合的魔弹与治愈方法。

> 对江河日下的个人制造商而言，最初开辟长尾市场的力量——利用市场的大众化通道与强有力地过滤器创造利基需求——如今仍然有效，但毫无疑问的是，小众仍然无法变成大众。唯一让人满意的就是那些非货币性回报，如关注和声誉，不是吗？如何将它们转换成资金就是你的事情了。你是否已经开始考虑举办一场音乐会了呢？
>
> (http://www.thelongtail.com/the_long_tail/2007/01/the_beginners_g.html)

3.15 碎片化与融合

与20世纪的分布模式相比,如今呈爆炸状态的媒介产品常常以碎片状分布在特定的长尾段。碎片,似乎成为新媒体的重要特征之一。但与此同时,“融合”也成为描述新媒体爆炸的流行语之一,即未来在某些方面媒介技术将愈加融合。电视、网络视频传输、互联网传播与远程传播技术被融合于一个看似电话的“黑盒子”中。然而,这一设想被广泛认定为设备的创新而不是内容的创新(Jenkins 2006: 15)。“融合”,在本书中至少具有两种别义。首先是通过跨越各种平台整合不同的媒介产品,从而使媒介公司趋于融合。因此,鲁伯特·默多克领导下的福克斯互动于2005年收购MySpace就证明了这点,这样一来,不仅福克斯在社交网络市场中有了自己的立足之地,聚友网也得到了开辟新市场的契机并能够利用自身优势,发展适应电影和电视的新的媒介产品——“双赢”局面出现了。“融合”的终极意义——根据亨利·詹金斯(Henry Jenkins)在他2006年出版的著作《融合》(*Convergence*)中所言——不仅仅与实验室中的技术人员或会议厅里的公司股东有关,还与广大用户们有关。因为是我们被聚集起来——在各种媒介平台中自由穿梭,使各种虚拟世界相互联系,“融合代表着一种文化转变,伴随着消费者渴望得到新信息与连接分散的媒介内容的期望”(2006: 3)。这是非常矛盾的——我们似乎生活在商业的冲突与机会主义联盟中。媒介分布的分散与汇聚产生了一套动力系统,我们处于这套动力系统之中,就好像媒介商业与革新的车轮急速转动产生了向心力与离心力,而我们正在被这两个力同时拉扯。

这里我们可以参考安德森的长尾理论。20%的产品占据80%营业额的大媒介产业并不会消失。然而,詹金斯认为索尼、迪士尼、华纳、贝塔斯曼等企业要么联合,要么让位给新的跨国企业,这取决于它们是否能适应媒介融合的新形势。从这方面来说,许多过去有效的经济分析方法现在仍然有效。有些合并或兼并能创造双赢,而在没有把握新的市场环境的情况下,有些则可能失败。但我们清楚的是,虽然少数大人物仍然拥护传统媒介在全球媒介市场的主导地位,他们也不是那么肯定了。时代的极速变迁与创新的挑战将会决出赢家与输家。

20世纪末,康福德和罗宾斯(Cornford and Robins 1999)证实了主要的互联网服务供应商为寻求独家内容是怎样与现存的媒介供应商结成联盟的。他们认为,英国市场的订阅内容主要来自6家公司:美国在线(AOL)、美信息服务机构(CompuServe)、微软(Microsoft)、新闻国际(News International)、维尔京(Virgin)、英国电信公司(British Telecom)。他们认为,资本化水平决定了新媒体产品要有与现有的媒介产品一样高的水平。因此,在新媒体领域占主导地位的公司要么参与旧媒介的扩展，要么与旧媒介结盟。2001年时代华纳与美国在线的合并就是一个很好的例证。

这个新兴的商业组织将植根于电影和印刷的媒介内容供应商与网络服务商结合起来。这家价值130亿英镑的新公司拥有报纸、杂志、电影、视频、电视网络、节目制作与有线电视等业务的所有权，成为新旧媒介联合的典范。

在这种情况下，企业经济的集中度增加，竞争的优势（提供多样化商品）不见了，取而代之的是小范围的供应商提供相似的产品。在缺乏竞争的情况下，保护社会文化的责任落到了国家的身上，这里就是指美国联邦通信委员会（FCC）和欧洲委员会。国家担心这种新组织会利用自己的宽带垄断阻止别的供应商提供替代服务。他们还担心美国在线的25万用户将被锁定于特定的音乐、视频软件，别的公司不能传播他们的内容。迪士尼公司用这种对比来破坏美国联邦通信委员会的听证会。最终，TWOL以Imius的名义签署独立协议，开放自己的12.6亿电缆用户。

在这些来回的变动中，政府作为媒介规范者的角色也发生了重大变化。美国联邦通信委员会没兴趣监管新媒体提供的内容。在这里，曾试用于监管脏话、性、暴力的规范无效。这在1999年《通信规范法案》被废除时就已经确定了。互联网是自由的，而国家职能回归到了监督的商业生产中的商业主体。这些管理主体的确有着操纵媒介产业结构的能力。唯一的基础条件，对美国在线和时代华纳而言，就是它作为自由市场的支持者对整个经济系统健康的影响。具有讽刺意味的是，自由市场的倾向就是培养垄断，特别是在所有权集中后带来巨大利益的时候。

不幸的是，这对商业和互动传播感兴趣的人而言是重要一课，由时代华纳和美国在线管理者所设想的模式融合是由金融市场驱动的，而不是用户的实际需求。在2003年，合并决定被认为是灾难性的。TWOL所设想的对文化商品的统治，无法超越文化生产的内在特性。审美取向的难以预测、原型创造的费用、创造与维护市场的费用都仍然是重要的影响元素。尽管看起来像圣杯，但是企业的所有权并购最终更像是被囚禁的圣杯——被互联网泡沫破碎惊醒的受害者。①

3.16　维基世界与Web 2.0

互联网泡沫破裂后，人们普遍认为传统媒介巨头可能不再适合21世纪媒介市场的Web 2.0条件。这是“Web 2.0”的重要思想，也是在2003年由通俗化的媒介顾问提姆·奥莱理（Tim O’Reilly）提出的一个术语。Web 2.0是一个包括软件、硬

① 英文原版第204页。

件和社交化的特定组合,并带来了“普遍流行的,与今天的网络有着本质不同的感觉”(O' Reilly 2005a)。这种转变依赖软件支持,以合作性、创造性、参与性和开放性为特征,例如维基式的知识传播、社交网络、博客、标签和混搭。奥莱理在他颇有影响力的文章中预见了从Web 1.0到Web 2.0的技术变化和新的应用。

Web 1.0	Web 2.0
Double Click(双击网络广告服务)	Google AdSense(谷歌广告)
Ofoto(柯达在线图片商店)	Flickr(谷歌旗下图片分享服务)
Akamai(网站储存)	BitTorrent(BT内容分发)
Mp3.com(mp3 网站)	Napster(纳普斯特音乐共享)
Britannica Online(在线版大英百科)	Wikipedia(维基百科)
Personal Websites(个人主页)	Blogging(博客)
Page Views(页面浏览数)	Cost per Click(点击定价成本)
Screening Scraping(屏幕抓取)	Web Services(网络服务)
Publishing(发布)	Participation(参与)
Content management system(内容管理系统)	Wikis(维基式开放内容管理)
Directories/taxonomy(目录/分类)	Tagging/folksonomy(分众分类)
Stickiness(黏性)	Syndication(聚合)

【图3.6】Web 1.0向Web 2.0的转变

我们会花些时间来分析Web 2.0的形成,因为它为我们提供了一个优秀入口,通过它我们可以试图理解贯穿本书的网络创造性、开源行为与经济力量之间的张力。

在Media Live International举办的媒介交易会上,奥莱理提出了Web 2.0的理念,并使之成为一个营销口号。它也有一个明确的经济目标:用奥莱理引进的概念使互联网经济在2000年互联网泡沫破灭后仍在燃烧的灰烬中如凤凰般浴火重生。

> 互联网远没有“崩溃”,互联网比以往任何时候都更重要。令人兴奋的新应用程序和网站出现了令人惊讶的规律性。更重要的是,在崩溃中幸存下来的公司似乎有一些共同的东西。这是否意味着互联网泡沫的破灭标志着某种转折点,例如Web 2.0可能会起作用?
>
> (O' Reilly 2005a)

在“Web 2.0设计模式”一节中,他勾画了Web 2.0的宣言,这也可能被理解为网络媒介经济的启蒙。他从“长尾理论”开始，正如我们上面看到的，这是网络市场的一个重要特征。他提倡，“服务供应商应利用客户自助服务和算法的数据管理，将服务范围扩大到整个网络”。生产者需要运用客户的行为，以开发“小生态”的长尾巴，在网上的“露天市场”空间里找出所有可能的交易。接下来的三个语句都从这一立场出发：“数据是下一个芯片”，“用户附加价值”和“网络默认效应”，从不同的角度说明用户在你网站的行为本身形成的商品（市场数据和社区观众）就很具有价值。

通过存档和分析用户行为，服务供应商越来越多地关注如何与长尾尾部的特殊用户群相联系。奥莱理认为，组合中下一个重要的组成部分不是一个更快的芯片，而是我们将要访问的数据。此外，关于用户附加价值，当向服务添加数据的时候，我们会通过自己的痕迹加强服务。这种服务应该被设置成默认状态。我们大多数人都不愿积极增加数据，只是使用网站搜集的数据，或者将数据作为使用网站的副产品看待。

他进一步建议：为了促进“合作作为数据收集”，应用程序应该只保留部分权利，许可协议应该不受限制，且应尽可能加强设计的“可编程性”和“混合性”。使用的便捷性和混合型能够增加市场份额，这种想法反映了大众对用户生成内容和参与文化的整体认知。

正如我们上面所说的，IP一直站在大众媒介一边的做法是一个重大的变化，这与“合作而不控制”这一原则相呼应。软件服务必须能轻松地连接到其他系统，这是网络媒介的性质。用强硬的限制区分在线体验的类型是没有意义的。应用程序应该是多孔的，并应和其他数据服务“松散结合”。因此，社交网站的软件已经使自己可以与第三方软件融合，使用户可以在其网站上互动。Web 2.0的处方认为：应该提倡“永久的测试版”的理念。相比传统软件循环替代，新的软件应该永远处于升级和改进的状态。这将确保应用之间流动而开放的“松结合”，而不是“硬连接”到它们自己的域名。最后奥莱理表示，该软件不应该被设计成一个单一的设备，如手机或PC，而应是一个范围内的手持设备，如GPS、机顶盒等。人互动操作性乃是其关键。

奥莱理关于Web 2.0的声明可以被认为是当时的网络媒介实践的启动。成功的社交网站，如博客和维基百科都证实了Web 2.0的理念。同时新闻服务的开发似乎也在证实奥莱理的分析。诸如Flickr、del.icio.us的服务，应用了分众分类法或用户知识数据分类的理念。Del.ico.us可以让用户分享他们的书签页，每个“入口”都提供一系列的标签或搜索引擎识别单词，供其他用户搜索。遵循在线兴趣的轨迹，即别人已经做过的其他的方式，这已经非常接近万尼瓦尔·布什和泰德·纳尔逊的愿景——超文本数据库(参见1.2.3)。重要的是,Web 2.0的独特性在于,知识或者数据的产生和分类不是由任何外部权威控制而是由用户本身控制。所以,知识连接的模式是在用户贴标签的行为基础上永远变化的。Flickr允许用户创建一个巨大的在线图像数据库,由用户自行进行标记。分众分类法,可以定义为个人实践的知识分类,而不是传统专家的分类学。维基百科自2001年成立以来,就是一个用户创造价值的更有力的示范。至关重要的是,在这种情况下,用户所创造的价值只是基于维基百科的简单而纯粹的知识,没有商业模式或商业开发。作为一个集体撰写的百科全书网站,维基百科是一个由开放源代码的用户模型而生成的平台。基于维基的发展模式,知识生产正是皮埃尔·利维(Pierre Levy)所认为的技术相关物。在他非常有影响力的乌托邦式著作《集体智慧》(1997)中提到"在网络促进智能社区的建设中,我们的社交和认知潜力可以相互发展和增强"(1997: 17)。早期的网络理论家,亨利·詹金斯(2002)和简·麦戈尼格尔(2007)对这一概念的形成作出了巨大的贡献。

虽然维基百科一直受到信息不可靠的丑闻影响,但其作为一个"值得信赖"的信源的声誉却在稳步增长。这种信任来自无薪工作者对维基词条的编辑和检索——然而,这种自律的社区管理环境是这种知识生产环境的重要特征。它把检查信息是否合适的任务交给了我们每一个人。

"总的来说,维基百科成功的根本,在它成立的早期就面临挑战",吉米·威尔士(Jimmy Wales),它的创建者之一如是说道。博客作者亚伦·斯沃茨(Aaron Swartz)报道了威尔士对究竟是谁编写了维基百科的调查:

> 我将用一些类似于80–20的规则来阐述我的发现:即80%的所做的工作是由20%的用户来完成的。这看起来不难,但这实际上更加严格:在这之前,超过50%的编辑是由7%的用户编辑完成的,约524人。而事实上,最活跃的那2%,即1 400人,完成了73.4%的编辑。

他说,剩下25%的编辑都是不重要的变化或者不重要的拼写数据等。

斯沃茨随后独自进行了关于"衡量发表的文字而非编辑的数量"的进一步的调查。这很显然与威尔士的发现相违背。斯沃茨总结道,那些做很多的编辑工作,并致力于更改印刷排版错误和设计框架以维持维基百科环境的贡献者们只是一个很小的团体。但是,原始的页面内容来自一个更加广泛的团体,而且常常由一些拥有特殊知识的非常规使用者发表。"结果往往是内部人士负责绝大部分的编辑而外部人士则提供了几乎全部的内容。"(Swartz 2006)

在这种过程中被创造的知识是透明的,因为它的历史可以被追寻。任何人都可以通过注册来追踪维基页面的发展,通过它复杂的界面和编辑来明白那些表述是如何编辑完成的。因此,这个知识生产过程就变得不一样的透明——它宣扬了对话的属性。不像那些来自常见的百科全书的权威文章那样把知识当作事实来呈现,维基程序提供的知识更像是正在进行的对话。

在确定那些对Web 2.0的要求的过程中,我们会依赖于一些常见的问题:首先,那些作为Web 2.0特征的软件和应用有多新?奥莱理的论述是受SNS、博客和维基百科这些已经成功的应用的启发,它们每一个都有自己的技术或者文化先驱(朋友列表,主页,用户分组等)。并且就像我们已经观察到的那样,网络集体智慧的爆发,被写进了70年代的大量互联网书籍之中。Web 2.0概念的历史准确性在软件层面被进一步质疑——尽管XML(Extensible Markup Language 可扩展标记语言)作为HTML(Hypertext Markup Language 超文本链接标示语言)的升级常常被认为是Web 2.0的创新,因为连接应用程序的灵活性,它让用户们更容易更新一个网页。但它仍然可以被质疑:XML本身大部分依赖于已经存在的Java描述语言。尽管关于从Web 1.0到Web 2.0之间究竟改变了什么的问题实际上很明显是关于谁的时代到来的问题,但市场和公众对于普通网民所开拓的大量创意型事业的意识,已经成为主流文化讨论的固定组成部分。伴随着"众包"(Howe 2006)和"维基经济学"(Tapscott and Williams 2006)思想的传播,这些实践不再是极客亚文化群,而已成为21世纪早期资本主义的发动机。在这里,我们可以看到20世纪80年代到90年代,计算机中介传播所产生的影响远不局限于自己的领域,而是成为全球化浪潮的第一波。然而,它对生产组织和市场产品的影响应该放在经济和物质环境中来理解。关于Web 2.0的论述有一个省略物质世界的倾向,默认我们都拥有平等的机会、技能和时间,用户成为一个很容易超越物质环境的群体。

我们正处在这样的时期中:更好的平衡和快速的增长,以及对于Web 2.0的有说服力的技术促成了合作投资的浪潮。这是比尔·盖茨在2006年3月的微软公司CEO会议上所说的。

> 在1997年,CEO最高层会议的主题是"零摩擦资本主义的企业改革"。今天,在这个我们都有平等的权利去接触完全无限制的信息、全球供给链和24小时运转的国际市场以及让我们能够在全球范围内通过通讯工具迅速更新移动数据的世界里,我们比以往的人们都更接近一个零摩擦的资本主义。

零摩擦世界的想法源自1997年泰德·里维斯(Ted Lewis)的《零摩擦经济》。零摩擦经济的主要观点是数字的合理性,就是在某种程度上用严谨的数字抽象取代了牛顿物理学和凯恩斯经济学。关于Web 2.0的那些华丽承诺(O'Reilly 2005)再一次将零摩擦的未来理想化了。像维基百科、MySpace、Flickr、YouTube、Technorati、Digg等都是新媒体时代用户生成内容的海报明星,为了在以数字经济为基础的新知识中拥有一席之地,我们很愿意变得富有创造性。Web 2.0是用共同创造和平等交互的生产过程来定义的,它消除了制作人和消费者之间的界限。下面专家们对于Web 2.0的评论显示了技术将会在多大程度上成为我们日常生活的表达手段。维基百科的创始人吉米·威尔士(Jimmy Wales)预言道:“它将会成为日常生活的一部分,创造和分享将成为普通人每天每时每刻都在做的事,而且它看起来并不奇怪。”博客引擎WordPress创始人马特·穆伦维格(Matt Mullenweg)观察说:“现在,正是那些没有技术能力的人们创造了着实让人惊艳的网站,吸引了多得无法想象的用户。”照片分享网站Flickr的卡特琳娜·费克(Caterina Fake)和史蒂夫·巴特菲尔德(Stewart Butterfield)都强调了表达力和普遍性的组合。“产生变化的,是交流通讯以及个人出版这样的主题的拓展,并且让它对于上百万没有技术技巧的人来说都是适用的。”(Lanchest 2006)

在技术媒介上,新时代的自我表达技术开始变得无形。内容将会被我们传递,被那些没有技术技巧和能力的人传递。技术爱好者正努力把技术、科技以及界面变得无形化。也就是说,目前的皮肤和电脑界面在某种程度上变为了一种双向渗透的薄膜,而不是通过稀缺资源、经济和权力建构的体验。尽管我们为创造性的和有表现力的网络媒介而兴奋,我们更坚持它们的经济基础和物质基础。Web 2.0向我们展示了那些具有创造性的表达怎样变成了商品,然后又被卖回给我们。这个过程在Web 2.0之前就已经被蒂齐阿纳·特拉诺瓦(Tiziana Terranova 2003)阐述过了。

> 在这篇文章中,我把这种关系理解为自由劳动力的供应,一个文化经济的整体特征和一种在高级资本主义社会中非常重要却被忽视了的力量。通过把网络看成一个由自由劳动者扮演的基础角色,这篇文章也试图强调数字经济和意大利自治论者所说的社会工厂之间的联系。“社会工厂”描述了一个“工作流程从工厂转移到社会,从而发动起一个真正复杂的机器”的过程。自愿给予和没有工资的、享受的、开拓性的网络自由劳动,包括建立网站、修改软件包、读取并参与到邮件列表和在多用户网络游戏中建立虚拟空间等。网络被文化和技术劳动完全注入了活力,这远非一个不真实的真空区,而是一个存在于网络社会流动内部的价值连续生产。

特拉诺瓦的立场可以被视作将媒介政治经济研究的方法论应用到基于Web的最新领域的复杂尝试。特拉诺瓦发展了巴布洛克的“高科技礼品经济”理论,认为网络用户的热情应该被作为文化和科技上的劳动来理解,即作为可以创造经济价值的工作。然而这种分析抑制了人类把网络建成具有经济功能系统的创造力和激情。把它理解成自由的网络媒介的观点和把它理解成一种文化的观点相持不下，这恰恰反映了决定网络性质的辩证关系。网络用户或者开发者的潜能，通过通讯的创造模式和新自由主义市场的限制之间的沟通得以实现。所以，我们现在把重点从网络媒介的经济和管理转移到人的投资上——数百万网络用户形成新的身份表达和新的在线社区。这些网络给予的自身和社会表达有着很长的历史，并且改变了当代的社会景观，为我们对Web 2.0、博客空间以及YouTube的分析奠定了基础。

3.17　身份认同与在线社区

为了准确把握网络文化对于塑造当代媒介景观的重要意义，我们需要再一次回顾新媒体的发展历史。互联网能够让我们重新体验自我，并与团体中的其他人产生联系，这个事实吸引了大量网络研究的关注。这些研究希望努力找到传播行为的本质——在由网络互动来定义的传播行为中，参与者既在场又不在场，联系却不见面，紧密地联系着却又彼此陌生。

这个研究有几条清晰的线索，引导我们提出问题和研究方法。首先，网络匿名性和它对传播产生的影响。匿名传播的研究，原来是关注以计算机为媒介的网络传播，现在是关注网络替身(Avatar)构成的传播环境。这一类研究强调身份、伪装、表演和可执行性。第二个重叠的研究是自我与他人的关系、与社区或者网络的关系。这些研究刚开始关注在线社区，主页使用，然后是社交网络。在这里，焦点不在于匿名性，而是相反的自我推广。社交网络不仅给用户提供了自我推广的机会，而且更关键的，还提供了推广他们的网络的机会。第三个影响互联网研究的方向，是解决现实世界和虚拟世界之间的体验断裂问题。越来越清晰的是，我们需要一个认知论的框架，使我们可以探讨复杂的虚拟和现实之间的互动体验，因为我们日常生活需要经常地与之互动。

3.18　匿名

不同媒介为我们身份的不同方面提供了表达方式。在初级体验中，我们了解到交流的形式不同，展示自我及体验自我的方式也会有所不同(Baym, Zhang, Lin, M.-C., Kunkel, Lin, M. & Ledbetter 2007)。同家人打电话与同爱人发短信、同朋友网上聊天是完全不同的体验。我们的电子邮件的“身份”也完全不同于书写信件的自己。基于对聊天室、MUD或电子公告栏的前网络研究，研究者发现，用户使用昵称参加活动，就像参加了一个关于在线身份游戏的舞会狂欢。对计算机中介传播的传统研究认为,这种不提供物理、语言线索、戴着“面具”的交流在传播中创造了一段非常有趣的波长。关于这个现象的观察如今由基于互相交流的网络虚拟化身组成。我们可以发觉自身的另外一面,采取冒险行动或者展示自我在日常生活中没有的一面。波特和格鲁辛观察到,MUD与聊天室除了提供调节自我的功能之外,并没有提供更多的文化功能(Bolter and Grusin 2000: 285)。这种“人们能从网络匿名中获得乐趣”的推测正是早期网络探索者提出有关网络传播的种种问题的基础(Kennedy 2006)。它与20世纪90年代关于自我建构的批判理论一样存在问题。

这些计算机中介传播中的自我建构都有共同的后结构主义历史。在这个理论框架内,身份变得不再重要和固定。相反,身份被理解为一个流动的过程,在这个过程中个人和环境不断地相互作用。这一想法依赖于这样的主张:身份是通过话语建立起来的(或相反来说,自从身份不能被表达成除了话语以外的其他任何一种形式,它就只是作为话语而存在)。相似地,社会学领域早已出现这样的争论:社会现实是通过推断的过程被创造出来的。

我们谈论(展现)自身体验的方式在某种程度上造就了这些体验。这种把身份看作反本质论的、解放身体的和推理性过程的思维习惯源于德勒兹(Deleuze)的将身份看作人筛选过的东西的观点。例如,罗西·布拉伊多蒂(Rosi Braidotti)在1994年探讨“游牧身份”时将其视作一种确认流动界限的实践,一种间隔的、界面的和间歇的实践(1994: 7)。

对新的在线形式的批判热情来源于当时的技术化身和现在的碎片化和去中心化思想(就像1.2.3中,学者刚开始把超文本看成前结构主义文学理论的技术)。于是出现了一个基于文本的真实通讯世界(例如MUDS)。一种能够赋予每个人演说权利的演说形式诞生了(如聊天室),“在网络话语中,人们把自己的兴趣爱好变成演说的主题”(Poster 1997: 222)。

这里体现出的核心问题是:当我们上网的时候我们变成了谁。安德罗奎·斯通(Allucquere 1995: 18-20)认为,以前身份在某种程度上有具体的保障,身体与身份是联系的。国王用手中的印章保证签名的真实性,签名是实体存在的象征。然而逐渐地,基于麦克卢汉提出的“技术是人类的延伸”的观点,我们已经把技术视为跨距离交流的工具。通过电报、电话、媒介与如今的网络在线交流,我们认识到网络上自身的存在并不是具体化的而是虚拟化的。这就是斯通所说的,虚拟时代的思想核心中,虚拟地位的转移与身份的变化。

> 谈及虚拟时代,我指的并不仅仅是虚拟现实技术,当然它也很有趣。相比于此,我更倾向于在一段时间内研究自我与身体的体验的变化、自我与团

体之间关系的变化。我认定这种关系是虚拟的，因为通常的社会交流的物质基础条件被改变了。

(Stone 1995: 17)

身份的演变中，身体等物质条件的改变是理解早期传播研究对互联网发展的争论的关键。在基于文本的网络交流中，由于只能看到“经过人们筛选的线索”，这里不存在能够定位性别、种族或阶级的物理法则，这也正是网络能够使不同身份、不同经历的人获得集体归属感的基础。

雪莉·特克(Sherry Turkle)在1995年出版的《屏幕上的生活》中详细探寻了在网络通讯中进行身份重建的可能。特克和斯通通过不同的方式将个人身份与我们的社区身份之间联系起来。特克举例说：“网络化计算机的作用是唤起人们对于社群的思考。此外，网络游戏玩家努力寻找由人和程序共同构成的新社区的本质。在这里，网络游戏中的生命可以视为真实社会即将发生什么的先驱和前兆。” (Turkle 1996: 357)

研究的主题逐渐扩展到“匿名”之外，因为网络世界逐渐变成了人类的网络化身，而非仅仅受限于相互作用的文本。《第二人生》与《天堂》《无尽的任务》《魔兽世界》《模拟人生》等游戏拥有大量用户，这些游戏构建的虚拟世界都是通过用户控制自己的网络化身的相关功能，通过互动实现的(Castranova于2006年提出世界范围内有2 000万人生存在网络环境中)。不同网站允许创造不同等级的网络化身和动作分类。这些网络环境被比作威廉·吉普森(William Gibson)在科幻小说《神经漫游者》(1986)中所描述的网络空间，或尼尔·斯蒂芬森(Neal Stephenson)在《雪崩》(1992)中所描述的虚拟空间。从事虚拟世界研究的工作人员曾提出，以“有限带宽”与“筛选信息”条件的交流中形成的关系为例，在以文本为基础的互动中人们能够进行有限的活动。这些对网络环境吸引力的研究使斯通回想起最初的电话性工作者的工作，分析她们在电话交流中声音所能带来的强烈的身体与感情反应。在首尔，这个拥有全世界最高的宽带使用率的城市有大概40%的人玩网络游戏《天堂》。首尔也有网络犯罪集团，据报道每月首尔会发生至少100件因游戏世界引发的现实犯罪。人们对网络的热情已经给现实世界带来了足够的痛苦。

同样是分析用户如何通过文本传播方式形成关系与找到集体，从事计算机中介传播研究的安德烈·贝克(Andrea Baker)(1998)观察到，情侣们最初在网络空间互相吸引源于几种最常见的因素，如“良好的幽默感”、“共同的特点”，或媒介交往中的特殊品质，如“回应时长”和“言谈风格”。这表明，这种媒介传播存在一定的特点。尽管网络用户们不能很容易地被识别身份，但他们经常用第一人称描述自己的活动，如“我去酒吧”、“我升级了”、“我去了一个公会”等，他们从不说

"我的化身在去酒吧"。在生活中，我们经常习惯性将事物的表象错认成了事物本身。如果被要求描述一张拍摄椅子的照片，大部分人会说"这是一把椅子"，而不是"这是一张椅子的照片"。在网络化身关系中，用户会通过调度自己化身的无形身体和身份，将一个水平上的错误认识带到另一水平的认识上去，将未知的人与其身份作为虚拟世界的一部分。所以看起来就像——用户能够将现实社会中的空间与文化带到网络环境中去，同时匿名地进行冒险、进行交流，做那些现实生活中不可能做到的事。

泰勒(T. L. Taylor) (2003)曾提醒我们，尽管世界上很难有完全透明的能够发表自由言论的媒介——媒介是由特定的设计师编码，在特定的工业条件和经济限制下产生的。但她同时认为，由于如今网络的内容依赖于用户的创造，虚拟世界已不是它的设计者可以控制的了。

> 正如一位设计师所说："一旦它开始……它就不会停止。它将沿着自己的方向发展。你可以影响它，可以引导它，但你不能改变它的方向。你可能满怀希望地认为——也许它应该走这条路，也许它应该走那条路。而最后你发现无论是与否，这就是它。因为，事实上，由于这么多人的介入，它已不仅仅是最初的样子了。"
>
> (Taylor 2003: 32)

从这里我们可以看出，网络设计者与用户之间存在着权利的转移。其突出表现之一是玩家对"创世纪IV"的开发商理查德·盖瑞特的反抗。在理查德·盖瑞特的虚拟世界中，慈悲、勇气、诚实和公正将胜利。然而，这个游戏很快被《毁灭战士》和《雷神之锤》玩家占领，在此两个游戏中，杀死（别的）玩家被当作一种更可靠的衡量输赢的方法。最终，这些玩家将在线起义延伸到现实生活中，并对游戏运营商发起集体诉讼，反对他们对自己的不支持。一名法官在提到这件事时说，"如果玩家被赋予这种权力，网络游戏将被扼杀"(Kline *et al.* 2003: 162-163)。实际上，玩家的匿名身份也已对文化网络环境形成挑战。肯尼迪(H. W. Kennedy)报道了《雷神之锤》的女性玩家如何将自己设计的皮肤应用到已经设计好的骨骼上：

> 这些设定极大地借鉴了科幻小说及女权主义庞克文学中的女性形象。这些对于身份幻想的建构提供了一个研究主观性的视角：女性并不是必然的技术无能、需要帮助，或者是男性渴求的对象。在男性主义的环境中，女性用网络替身玩游戏的能力，根据自己对权力、控制欲和征服欲的幻想创造形象，是消费者向生产转变的明显证据。
>
> (Dovey and Kennedy 2006a: 129)

虽然以匿名为主题的研究主要是在计算机中介传播和后网络时代的范畴内，但这些研究只是起点而不是结论。越来越多的研究人员发现匿名所带来的体验和快乐，根植于个人的现实生活实践。这也就是——我们即将要说的——现实生活永远存在于网络空间之中，反之亦然。

3.19　归属

如果对计算机中介传播感兴趣的科学家乐于研究它给人们带来的匿名体验，那新的群体身份也会让他同样兴奋。本节，我们将参照这种早期群体形式激起的一些批判观点，这些观点集中针对“社区”。①

对于计算机中介传播群体身份的通常理解是一个范围，从在线社区是当代社会碎片化生活的良药，将某些特定的美国时刻想象成为网络伊甸园(Rheingold 1993)；到网络社区是公共空间崛起的核心(Kellner 2001; Poster 1997)。学术研究着眼于试图定义这种新型网络社区带来的归属感。这里有许多关键问题：它可以是脱离物理位置的社区吗？社区是由什么样的策略定义的？它具有什么政治价值或意义？什么样的社会政策框架可以既发挥网络社区的优势，又避免“数字鸿沟”出现？

推动这些关键问题的，是几百个富有想象力的西海岸网络行为专家，以及他们对于社区和归属感的猜想。电子布告栏系统以“及时”著称(Smith 1992; Rheingold 1993; Hafner 1997)，它成为乌托邦式的互联网工具拥有无限潜力的证据。这个由个人建造的系统位于旧金山，具有20世纪70年代倡导公共生活的自由主义色彩。

> 你总有些要牵挂的。就像街角的酒吧里有你的老朋友，还有些新来的。有些要带回家的新工具，有些新涂鸦，还有些信件。区别在于，我不用再穿上大衣、关上电脑、走到街角。我只需要打开我的电信程序，他们就在那里。那是一个地方。
>
> (Rheingold 1995: 62)

罗尼谷德对网络社区的描述让人想起肥皂剧的虚构场景——在这里，电视观众是虚构场景的目击者。然而，这种乌托邦主义在其自身的社区内是被批判的。网络社区学者约翰·佩里·巴洛(John Perry Barlow)在《网络空间独立宣言》中指出，这种传播形态与社区归属感有很大差异。这里缺乏年龄、种族、社会阶层

① Steven G. Jones (ed.) *Cybersociety 2.0*, Sage, 1998. Steven G. Jones (ed.) *Cybersociety Sage*, 1994. David Holmes ed. *Virtual Politics*, Sage, 1997.

的多样化。这种交流是空洞的、不实际的。这一群体没有共同的生活体验作为纽带。他的研究预示了数据鸿沟的出现,而且表明这种特殊社区的实践方式什么都有,唯独没有包容性。

网络社区的流行促使学术界试图定义"什么构成了网络社区"。这些尝试是以计算机为中介的传播研究的发散。这些研究主要由其社会学的思考历史所决定,在这一历程中,对社区与归属感的研究同归于一点,即涂尔干所提出的:群体身份是由其共同的价值观所决定的。这一想法与另一想法重叠——社区中的家庭、工作、经济关系常常体现了物理地位或与之相关。在思考计算机中介传播的新形式的意义时,学者们已经对共同关系、共享价值观与共享空间进行了三位一体的分析,并依此定义网络社区。这时,社会学与政治的轨道重合,我们开始思考集体归属感怎样才能既不增强又不削弱,新型社区会有什么样的力量,新型网络社区将怎样重建能够在政治、文化上自由辩论的公共领域。这种研究在媒介方面侧重于观察节目、电影或游戏运营商,需要观察用户在其产品中的参与度(参见3.22用户生成内容)。

许多早期对网络社区的研究本着"社区能够通过其内部话语实践被定义"的观点。如果说话语形成了社会现实,那么群体共享的特殊话语实践就构成了造就社区的社会现实。从网络社区都由文本与代码构成(除了用户选择"IRL"——现实生活),我们可以看出"话语就是社会实践"与"文本就是虚拟社会实践"两方面明显相互对应。

在这一模式中,文本形式和行为之中的公共话语实践可以成为社区的标志。其最简单形式就是众多的缩写("LOL"="哈哈","BTW"="此外"等)与表情符号(":-)"="笑"),它们逐渐发展为网络带宽有限的条件下的专用语——如今这些也流行于手机短信中。麦克劳林、欧泊尔、史密斯(Mclaughlin, Osborne & Smith 1994)提出,网络团体交流形式的编码化有助于其通过特殊的交流模式形成集体认同感。他们指出网络用户会因"新手的不正确使用"、"宽带的浪费"或"违法现存网络或新闻组的惯例"而被指责。同时,相同的语言形式与交流策略也造就了新的种族代码和语言规范性(通过是否违反规则来辨识)。

贝姆(Baym)(1998)在网络群体的学术研究中提出,网络群体间共享的实质性纽带越来越多了。这些纽带产生于创造功能性交流空间的过程中。在结论中,贝姆回避了一些问题:这些关系是否有利于社区,以及如果这些关系对社区有利,那么它对国家组织会产生什么样影响:

> 这里,我发现社会与文化力量常常出现在有稳定模式的群体中。正是通过这些群体内持续进行的对话形成的稳定的社会意义模式,使参与者感到他

们是群体中的一部分。

(Baym 1998: 62)

然而，贝姆的研究还揭示了一个非常重要的原则——网络社区的参与者热衷于整合他们线上或线下的体验，这在他的学术作品发布一段时间后不久就被社交网络的发展所证实。

我所评论的研究和提出的模型表明，网络群体常常在网络中展示他们的真实生活，而不是反过来行事。其证据包括网络互动中广泛涉及的现实生活，以及将网络中的关系带入真实生活的行为。

（同上：63）①

网络社交网站流行的原因之一，就是他们给予用户通过链接展示自己所在社群的能力。这种行为跟匿名性几乎没有什么联系——尽管也有可能是一个“骗局”，但不管怎么说，人们在SNS上的常态是自我展示而不是伪装。这种社交网络的使用方法与“主页”有共同点——这个在线空间中没有人寻找伪装或者掩饰，设计者根据线下的自我来建构线上自我；海伦·肯尼迪(Helen Kennedy) 在学术研究中观察了伦敦东区的女性：

更重要的是，我发现学生没有想要隐藏他们的性别和交际圈，完全不看重网络给他们提供的好处——匿名的机会。相反，他们明显地或隐晦地将自己的性别和交际圈展示在主页上。许多学生将他们的交际圈摆在主页上，就好像这样才能表明他们的身份。

(Kennedy 2006)

博迪(Boyd)和埃里森(Elison) 在其对社交网站的历史研究(2007)中认为，在许多大的社交网站上，参与者并不必然地在网络上寻找新的朋友。相反，他们主要是与现实生活中关系网络的朋友联络。他们将社交网络定义为：

能够给个人提供如下网络服务：(1) 在一个有限的系统内创立一份公开或者半公开的个人资料，(2) 清楚地标明一个与之互动的用户清单，(3) 观看和浏览系统中其他用户的朋友清单。

博迪和埃里森的工作还阐明了计算机中介传播研究在过去二十多年发展中的一致性，例如个人主页就是一个可以按照用户输入的信息建构自我的地方(Sunden 2003: 3)。社交网络，还有此前的网络群组和网络游戏，可以被理解成一个为重建的自我提供话语机会的场所。他们还指出，尽管随着MySpace(2003年)、

---

① 在极短的时间内，SNS在网络上的渗透作用是惊人的，皮尤因特网研究中心2007年10月在美国的调查表明，22%的网民都在使用SNS，也就是说6 500万网民都在参与其间(Internet’s Broader Role in Campaign 2008 http://peoplepress.org/reports/display.php3?ReportID=384)。

Facebook (2004年)、英国Bebo（2005年）等的建立，社交网站短时间内爆炸式地迅速侵入了公众的意识之中。

实际上，社交网站流行有很长一段历史。他们指出个人主页一直是约会网站的特色之一，实时通讯和聊天应用也支持好友名单。最早的社交网站是1997年的sixdegrees.com,但它后来没有打败众多模仿者。除了这些对网络社会化使用的早期研究中的一致性，他们还指出，社交网站的特征是"以自我为中心的"，而不是"以话题为中心的"：

> 社交网络的崛起预示着在线社区的组织形式的转移。虽然这时以兴趣为基础的网络社区仍然存在，但社交网络是围绕人建立的，而不是兴趣。早期的社交网络与公共论坛等公共网络社区是由话题或话题分类构建的，而社交网络则是服务于个人的网络，每个人都是他所在社群的核心。
>
> (Boyd Ellison 2007)

博迪和埃里森将对社交网络的重要性与流行性的研究重点总结为：

- 印象管理与友谊表现，如我们怎样"管理"自己的网络表现；
- 现实生活与网络生活的融合，如研究现实生活与网络社区的关系；
- 网络与网络结构，如使用社交网络数据来使交流具体化；
- 隐私，如将社交网络数据用于营销或监督用户等；社交网络的可靠性与用户安全。

前两个研究重点与对计算机中介传播的传统研究相似。后两个则更贴近如今的现实。他们都是基于社交网络互动留下的，有关我们生活的在线数据的痕迹。研究者们可以通过这些数据，思考计算机中介传播的方式及其在现代技术资本社会中的文化功能。然而，这些数据也可能被公司、政府、恶意者操纵破坏。对于这个"阴暗面"的担忧是早期大肆赞美计算机中介传播的研究者的新的着眼点。在众多学科中，隐私危机、安全问题以及对网络上瘾行为成为现阶段不同方向的研究主题。

3.20 在界面中生存

在计算机中介传播研究中，另一条主线是理解离线体验和在线体验之间的关系。在早期的计算机中介传播研究中，一种对于该主线合理的解释，是在一定程度上，这些在网络世界中的个体体验，代表了一种从社会现实中的脱离，或者说这些体验是社会现实的替代。这个观点可以被视为是与下述观点一致，即"虚拟"（如身份、媒介、现实）的普遍性是对于所有根本认知上的断裂。然而当我们跟以计算机为媒介进行传播的用户进行交流时，我们发现他们的网络生活是完全与他们的现实生活缠绕在一起的，反之亦然：在线体验是由社会现实、物质资源、性别、性取向、种族决定的。简而言之，就是通过物质、经济和政治结构决定的。

随着媒介通过不同形式的传播变得越来越普遍，这种媒介与日常生活的结合变得愈加显著。我们不再需要到固定屏幕面前——手机、笔记本电脑或者掌上电脑都让网上生活继续成为我们"游牧"和日常生活节奏的一部分。我们想探究两种不同的表示方式，以强调有关"网络空间"的批判思维应该伴随着一个假设：即任何一种形式的媒介体验都没有从日常生活分离，并且实际上，由于它们的普遍性，它们可能更好地、天衣无缝地融入日常生活之中。

第一个表示方式，考虑的是网络世界是如何受制于现实世界的财富的。2001年经济学家爱德华·卡斯特罗诺瓦(Edward Castranova)的研究成为新闻头条，此研究表明索尼在线游戏的总价值相当于保加利亚国民生产总值。一个完全非物质环境的财富竟能产出和一个欧洲大国相当的财富。如何做到的呢？通过劳动和个人时间。玩家可以通过广泛并且经常是技巧娴熟的努力，在游戏中获取服装、制服、武器和财产。然后他们可以在eBay上出售这些战利品，让其他玩家不通过努力奋斗的方式而获得这些东西。2006年卡斯特诺瓦估计真钱交易的价值(RMT)在他所谓的"虚拟世界"中是1亿美元(Castranova 2006)。这个形式的经济也产生了一个"游戏农场"的行业，在其中玩家努力得到有价值的游戏装备，卖给那些有钱没时间的玩家。尽管eBay在2007年1月开始禁止销售游戏中的商品，可是已经兴起的真实金钱交易现在已经从这个非常有利可图的市场中占据了份额（eBay的禁令并未延伸到《第二人生》上，而这款游戏的用户许可协议给予物品创造者以售卖的权利）。毫无疑问，这个商品化的游戏世界完全模糊了赫伊津哈(Huizinga)通过把现实生活带入游戏空间进行传统分析中对于游戏的"神奇圈"的描述。2007年5月，韩国政府通过了《游戏产业促进法案》，禁止真实的金钱交易。当人造世界处于国家的运行轨道之下，在这种状态下，它很难成为一种自我组织的虚拟王国。

有许多在线/离线交互的其他例子。例如，安德烈·贝克(Andrea Baker 1998)研究发现，十八对从网上认识对方、开始谈恋爱的情侣，和那些在现实生活中组成家庭的情侣一样真实。其中六对情侣已经结了婚，其他还有四对情侣已经订婚或处于同居状态。她的样本中，这些情侣是在很多不同的地方认识的，大多数不是在为性而设计的聊天空间里认识的，而是在有主题设置的共同兴趣小组中对话而结识。这种在虚拟环境中形成的关系，对在现实生活中有深刻影响。这些都是真实的人之间的关系，而它是在现实和虚拟的世界之间形成的。这可能是一个错误的二分法，我们基于计算机的传播活动，和我们基于其他媒介的传播活动一样。

有问题的二分法只会发生在当身份和社会现实是假定为完全物质化，而非散漫化，并且发生在当网络空间被假定为完全散漫化而非物质化时。肯尼迪(2006)认为:“在线与离线身份通常是一致的自我，而不是重新塑造的现实生活中的自我;基于这个原因，有必要超越互联网身份，观察网上个体的离线文本，以便于全面理解虚拟的生活。”

无处不在的计算机和遍布世界的媒介，这两个不断发展的领域为现实和虚拟环境两者之间的关系提供了一种不同的表示方式。从一端向另一端的不断转化意味着这样一种观点:它们之间是合作的，而非分离的。无线应用程序使物理位置可以进行数据下载，这改变了它们的意义和用户体验。通过提供一个媒介“叠加”到这些个体之上，在某种程度上，这些应用程序扩展了个体或iPod随身听对我们周边环境的影响。以惠普公司为例，它开发了一个叫做Mscape的软件，允许用户把声音和图像放在特定位置上，其他人可以使用平板电脑和耳机进行下载，写在它们网站上的简介解释了这种“媒介地图在你身边”的情形。多维(Dovey)和弗勒里昂(Fleuriot)做的有关手机游戏和媒介应用的研究中发现，用户在真实的位置和数据输入之间的交互上获得了真正的乐趣，这产生了一种扩大化的现实的美感。用户表示，深度关注是一种感觉上的喜悦，而这种关注是基于音频应用提供的。他们着迷于探索现实空间的新方式，这种方式打破了图像和音频的限制，而这些音频和图像又是基于现实空间的扩大化。特别是当他们耳机中的音乐和现实空间似乎一致的时候，或者当现实世界听起来与移动设备中的数据混合得恰到好处时，他们会反馈快乐的心情。艺术家和设计师利用这些性质，能够产生传统的应用程序、手机游戏和从事教育工作。然而在这个语境中，用户是自然而愉快地在两个世界之间移动，虚拟和现实之间的区隔被计算机无线化破坏。

身份、归属感和真实/虚拟关系一直是网络研究的主题。通过这些活动给用户带来的愉悦感是理解什么驱动了Web 2.0或YouTube的核心。这些愉悦感也引发了互联网是否能够重振公共空间的辩论。

3.21 互联网与公共空间

当代人们对网络媒介带动的参与文化的关注已经表明，我们正在经历公共领域范围的扩大以及用户监视下的商品化。事实上，在Web 2.0中，依靠网络实现的公共领域参与以及自愿监督下的自我商品化是同一件事。

认为“互联网为公共空间注入了活力”在网络研究和公共议题中都是一个深入人心的主题。前网络时代必不可少的参与性与互动性元素，清晰地体现了哈贝马斯对理想公共领域的描述中具有吸引力的同源性部分。新闻团体、公告板和电子邮箱团体都有自己的通讯部门作为其技术支撑。他们中的许多人致力于讨论“当天的大事”和各种文化（包括哈贝马斯研究的公共领域的外部界限等）。前网络时代必须包含的就是对话，对话同时也是民主政治体系和文化的基础。此后，自20世纪70年代起逐渐产生了一系列与互联网权益有关的政治声明。

> 社区的回忆是令人愉快的和能够共同参与的。商业广告系统是一个积极开放和“自由”的信息系统，它的用户之间能够实现直接传播，避免了集中编辑或交换信息。这样的系统体现出了电子传播媒介与网络用户在使用方法上的明显差距。这种模式的回报是高效的、无中介（或自我媒介）的互动，消除了当一方能够掌控多方信息来源时带来的问题。这种自由为信息大众化体系所补充——用户群接收信息的机会是均等的。
>
> (Michael Rossman, ‘What is community memory?’ 1979 年油印本，转引自 Roszak [1985: 140])

由互联网引发的对参与文化的重视已有40年的历史。哈贝马斯批判了电子媒介模拟面对面的公共领域的行为。而如今，人们普遍认为互联网确实能够承担公共领域的基本功用。

> 面对面交流的公共空间时代显然已经结束，民主问题必须从此进入新兴电子媒介的讨论范围。
>
> (Poster 1997: 220)

互联网似乎成功地使“公共领域”获得了新生。通过互联网，人们成功地回答批评家从哈贝马斯的原始构想中指出的问题，并重新构建了公共领域的概念。加纳姆 (1992) 对此有相当完美的总结：哈贝马斯所描述的公共领域远离民主，甚至远离公众——就好像说“英国公立学校”是公共的（因为“公立”两字）一样，如果称其民主的话，它的民主也只属于白人男性资产阶级。考虑到这一点，它永远都只能是排除性别、伦理、阶级的局部民主。此外，哈贝马斯版本的公共空间用“批判性推理”否定了公共领域中的娱乐和诉求，特别是他对大众媒介作用的严肃评价。在福柯之后的后现代评论家在普世价值观中察觉到权力结构的新变化，从而对这种价值观作了彻底的否定。其中，后现代批判理论家们在特殊性方面进行了争论。

> 对于福柯、利奥塔、拉克劳和墨菲等一批后现代批判理论家来说，由国家、资本家等体系所组成的宏观政治将被由大学、监狱、医院、受压迫群体和少数民族所构成的微观政治所取代。
>
> (Kellner 2001: 3)

作为一个“公共”的交际空间,互联网的出现确实提供了极其独特和具体的体验——无论是政治狂还是宗教徒,你都可以在网上找到相应的网站与“社区”的感觉。作为后现代传播空间的互联网,几乎已经成为一项特定的网络文化研究内容。这里没有宏大叙事,一个个微片段通过随机的超文本阅读相遇,“批判性推理”在这里被个人观点与主观评论所取代。

凯尔纳认为,以互联网为媒介的交流具有多元化的特点,这就为持不同政见者交换意见提供了独一无二的机会,同时也为民主参与、民主辩论和民主投票提供了机会。在旧媒介时代,大多数人都不能参与民主讨论,并受娱乐节目等广播手段的影响而被动消费,人们对媒介的接触受制于大公司、受到限制的话语权与言论。而在人人都可以享受网络服务的互联网时代,每个人都可以参与讨论,这使大量的个体、团体都能享有民主对话的权利。

凯尔纳以萨帕塔主义者利用互联网传播进行的反资本主义运动为例,说明新媒体如何在激进政治体制中开辟了新的空间、建立了新的机制。然而,这些特殊运动或行动虽然是基于自由、平等、尊严等启蒙思想,但却是以零散的、单一的信息丛出现在网络上的。它们之间不存在任何必要的或常规的因果联系、辩证联系,只有网络媒介之间的超链接。

马克·波斯特(Mark Poster 1997)认为后现代公共领域是以“创造一个中介或中介空间”这个观点为基础的。传播流空间是这样的一个空间:在这里,人们的主观意愿不是固定的,而是会影响网络,并被网络所影响的。传播流空间以后结构主义表达式为特征,这种后结构主义表达式是以哈贝马斯“质疑自发的理性思维”为基础的,这一观点是其“理想公共领域”的核心观点。

波斯特很独特——因为在这里互联网可能开辟一块新的公共领域,“能够将虚拟与现实相结合的互联网技术”。互联网技术使虚拟的交流得以实现,并且在很大程度上将使用互联网的个人置于主体地位 (Poster 1997: 215)。波斯特的新型公共空间是以这种所谓的主体地位的流动性为基础的,这种流动性将于在线交流时发挥作用——互联网社区的一个主要特征就是消除某一种族、阶级、年龄、地位、性别的主流地位(1997: 224)。

鉴于哈贝马斯对于公共领域的阐释已经因其偏激而受到广泛批评,这种新的交流论坛被认为是自由的和民主的,在这种论坛中人们不必再顾忌他人的眼光与要求。然而,正如波斯特曾明确表示的,在重新对其构想进行定义时,我们只能将其称作一个“公共领域”。

> 在某种意义上,MOOS有哈贝马斯的公共领域的作用,但是它被重新配置了,没有实际上成为哈贝马斯倡导的公共领域。它不是正确主张或理性批

判的家园,而是记满了自我构建的新型集合体的言论。

(Poster 1997: 224)

接下来,我们将摘录公共领域有关基于媒介的互联网的最新言论。这些都是普通用户的言论——我们都要成变身粉丝了。

3.22 用户生产内容:我们现在都是粉丝

通过与媒介文化的共生关系,互联网为观众提供了参与的方式和机会。这正是互联网在当代媒介中占据中心地位的方式之一。历史研究表明,通过这些机会,网络为观众与媒介之间的互动提供了可能,而这一个个微不足道的可能现如今却重新设定了凯尔纳"大媒介"理论的整个规划。观众已经成为用户。而这种用户所生产的内容已经成为传统媒介的真正竞争对手。互联网对传统媒介机构的影响比以往任何时候都要强,甚至比波斯特和凯尔纳十年前的预言更强大。我们将在下面看到互联网的发展和"Web 2.0"的实践,它表明媒介当代的发展已成为一股改变整个国家和公共机构的强有力的力量。

博客世界的发展、P2P音乐的影响力,以及2006年YouTube视频的爆发,这些都挑战了大众传媒产业的基础。那些传统的文化把关者、新闻过滤器、质量监督者都必须与参与式文化相适应。这样的例子不胜枚举,例如美国出版协会在2003年出版了鲍曼和威利斯(Bowman & Willis)的《自媒介:观众是如何影响新闻和信息的未来》一书。在英国,英国广播公司一直试图让用户360°全方位参与节目(参见:Peter Horrocks《新闻的未来》http://www.bbc.co.uk/blogs/theeditors/2006/11/the_future_of_news.html)。美国甘尼特出版集团负责管理"今日美国"和其他90个美国日报,采用和UGC一样的做法,在该年11月宣布他们将"众包(crowdsourcing)"一部分的新闻业务,"让读者成为看守者、告密者以及在大型调查性故事中的研究人员"(Howe 2006)。英国第四频道于2007年11月展开了题为"协作的力量"的研讨会。他们认为下一代的客户在构建内容方面会更加积极和富有创造性,并问道,"这种新的业务模式可否达到双赢?""这个计划如何运行"以及"对客户来说,主动去构思会获得什么样的好处?"普通观众入侵了媒介特权的堡垒,这对媒介产业本身来说既是机遇又是挑战,并引起了学术研究者尤其是受众研究者的注意。

媒介学领域的粉丝和粉丝文化的研究已经率先将"观众"的概念转换为"用户"。"粉丝"是率先从大量的与其他媒介有着共生关系的网站资源中获利的群体。一方面,可以看作是媒介的延伸占用我们越来越多的时间和空间。另一方面,它也带来了我们主宰自己的可能。每一个SNS、每段聊天室里的对话、每个主页、每个被下载的MP3播放列表，都在一种虚拟的公共地址下促进了个体的交流。很明显，网络的大量使用催生了一种在媒介空间的参与感。森夫特(Senft 2000)提供了一个名人丑闻网站（例如那些基于戴安娜王妃和O·J·辛普森丑闻的网站）的网络用户分析。她认为这个模型是一个参与式（而非交互式）的，用户在这个空间里能够参与媒介的呈现。一些研究电视用户的学者研究表明，那些有关电视的对话、争论在众多的互动聊天室中上演，这些聊天室链接着网站上的主要信息。例如2000年英国第四频道最大的热门节目是仿照游戏设计的真人秀《老大哥》。人们对进入聊天室与最近被淘汰的房客交流的需求，远远超过了服务器跟踪的能力。人满为患的聊天室里挤满了渴望与他人讨论最新情节的观众。显然，整个英国电视节目的第一个高峰时刻发生在白天，因此最先看到电视节目的就是那些收看网络实时直播的观众。因此，网络实时同步电视节目已经成为英国网络使用的一个突破。人们渴望“成为其中的一部分”，渴望通过不断的重复、循环让事件得以继续，而这与媒介和粉丝文化研究的工作传统有很多的相似之处(Tulloch and Alvarado 1983; Barker 1989; Jenkins 1992)。当然，显而易见的是，在网络上粉丝文化随处可见。

以新媒体共同创始人的角度对“粉丝”文化的解读，成为亨利·詹金斯(Henry Jenkins)近期工作特别关注的焦点。詹金斯追溯了活跃的粉丝团体和媒介生产商之间的联系，以分析在21世纪的媒介市场中生产者和消费者之间根本性的转变。基于皮埃尔·利维(Pierre Lévy)所宣扬的乌托邦式的“集体智慧”，詹金斯在2002年的一篇论文中指出，新媒体提供了新的工具和技术，使得消费者能够存档、注解、占用以及传阅媒介内容，同时在这些新工具的刺激下也产生了一系列推崇DIY式媒介生产的亚文化模式。互联网对于粉丝们和DIY文化爱好者的启示符合当今时代媒介的转型，经济发展的趋势鼓励影像、观念、叙述方式等在不同媒介渠道间的流动，并且需要更多、更活跃的模式以适应不同观众的需求。正是由于媒介市场生产商致力于通过将文本扩散于尽可能多的平台以达到最大限度地提高受众率以及收益，这种媒介生产的形式需要詹金斯所主张的更加活跃的模式，得以在电影、DVD、歌曲集锦、网络游戏等繁多的形式中找到正确的发展方向。詹金斯认为这些趋势正改变着媒介消费者之间以及消费者与媒介文本、媒介制作人之间的关联。正像我们在前面已经看到的那样(3.5，破碎和融合)，詹金斯在《文化融合》(2006)一书中所提出的论述表明，他认为“融合”并不是一个技术或逻辑转变的过程，而是受众行为的一项特征——正是我们在经历着融合。反过来，这些过程体现在对传媒转型施加持续影响的各类文本之中。詹金斯引用《黑客帝国》三部曲作为传媒转型的典例，邀请受众参与到发现表述模糊之处，分享读物，以及比较电影、游戏、动画和网页的不同之处。詹金斯认为：

清晰可见的是，新媒体技术已经极大地改变了媒介生产者和消费者之间的关系。由于有效地利用了互联网以进行团体的建立、知识的交流、文化的传播和媒介激进主义的发展，文化碰撞和粉丝文化在现如今都获得了更高的关注。媒介行业的部分领域已经接受了更为活跃的受众作为他们市场力量的延伸，他们从粉丝那里寻求更多的反馈，同时在他们的设计过程中引入了从阅读者视角出发的内容。另一些领域则选择对这种发展视而不见。新技术的发展打破了在媒介消费与媒介生产之间的壁垒。旧观点的持有者认为消费者对媒介内容的形成拥有极少的直接影响，同时进入媒介市场有着巨大的障碍，然而新的数字化环境迅速发展的力量使其能够存档、注解、占用以及传阅媒介产品。

(Jenkins 2012)

案例研究3.2：跨媒介文本性

全球媒介企业现在正在通过一系列平台积极寻求使观众使用他们的产品的方法。要在一个全球化的市场一鸣惊人，需要在尽可能多的媒介市场中将收入达到最大化。《王者归来》(电子艺术界2003)键盘游戏具有媒介转型的重要特征；通过“文本”本身，用户被邀请进入《指环王》的故事世界，并给观众带来他们从小说、电影及电影周边中了解到的知识。它的设计、包装和舞台效果都是为了唤起与新线影业所创造的《指环王》品牌的联系。

介绍中说道：“在《指环王》的最后一章中，中土世界的命运就在你的手中(EA/2003)。”游戏由15个层次结构而成，代表《指环王》电影叙事的时间刻度；每一层都虚拟地代表着电影中三个旅程之一的情节。比如单人玩家以甘道夫的身份，在关键时刻进入圣盔谷。但在合作模式中，玩家以阿拉贡、金雳或者莱格拉斯的身份开始，通过山区的死亡之路，并且需要击败死神来升级。游戏中其他的关卡分别为王者之路、通往南方的大门、黑色大门、魔多的末日平原战场。不同水平的玩家可以选择扮演这个团体中的几个主要角色，即甘道夫、亚拉冈、莱格拉斯、金雳、弗罗多和山姆。这个游戏的类型是动作冒险，“狂劈猛砍”的游戏玩法注重航行与杀敌。每个角色有着不同的战斗特技，玩家可以通过在战斗中累计经验点数来改进角色的技能。为了打败那些鬼怪形状或怪兽形状并不断重生的索龙的部下，玩家必须需要记住并掌握特定的控制组合。

这一系列的电脑游戏会竭力强调游戏与其电影版祖先的关系。电脑游戏往往开始于一个“场景”、一个比较短的全动态影像、一个不能玩的片段，为接下来要玩的游戏铺设场景。在《王者归来》游戏中，这些场景都是原版电影中重新编辑的片段，并且被剪辑和叙述得像电影预告片一样展现出强大的吸引力及电影奇观。相比其他的动作冒险游戏中的片段来说，《王者归来》的片段更加长并且非常奢华。只用一两个场景，他们就真正有力地预先给玩家带来了融入电影奇观的感觉。

此外，游戏设计公司在场景剪辑方面花了很多工夫，场景剪辑使得从不可玩场景到可玩场景的过渡几乎被玩家感觉到。设计师用最平滑的方式来将电影画面渲染成游戏画面，因此当游戏人物可玩时，玩家会有一种突然置身于电影场景之中的感觉。从电影画面到游戏渲染画面的转变通常是利用镜头的扫动，然后不断改变的动态场景就可以将电影画面伪装成游戏渲染画面。原电影的对话及旁白也会随着场景的过渡而被播放出来，使得游戏场景流与其对应的电影场景更相符。当进入可玩模式的时候，游戏人物的语音有一部分来自电影原声，并混入游戏音轨之中。游戏进程本身会被设计师执意参照电影的设计初衷而被打断。当游戏进入下一个地点时，游戏画面会被电影原画替代一小段时间，以便于角色进行评论和交流。游戏镜头的表现方式也故意设计成电影中镜头的表现方式，这样的镜头表现方式并不一定利于玩家操控。在第三人称电脑游戏中，传统的游戏人物控制方式是，当玩家浏览游戏环境的时候，游戏镜头会被推离游戏人物。但是在这里，我们经常被要求去颠倒这个过程，《指环王》游戏反而要求游戏人物和虚拟场景镜头被拉向玩家，这样做纯粹是为了坚持游戏对电影的再现，而不是为了方便玩家进行游戏操控。这样的设计主要是为了使游戏可以让玩家有一种跨媒介而沉浸在原著故事世界中的感觉，这样的设计不是为了追求玩家在某一叙述性场景中进行游戏的愉悦感，而是为了使玩家有一种居住于故事世界里面从而展开一段妙不可言的经验之旅。

新媒体环境中，观众的地位不断提升。用户极高的互动性使得用户成为媒介制作商的反馈环中越发重要的一个部分。就像互动作者将对于文章的完全控制权交给了互动读者一样，媒介产业也认识到顾客在跨媒介领域中的参与对媒介产业生产过程的作用，和原来收视率票房对媒介生产过程的作用是完全不一样的两个过程。由穆斯诺(Multhrop)和其他一些人所提出的媒介观众对于媒介产品产生的配置作用的观点正迅速成为新媒体领域最重要的指导思想。①

---

① Dovey and Kennedy, 'Playing the Ring', in *Branding the Ring*, ed. E. Mathijs Wallflower Press/Columbia (2006b).

电脑游戏的消费者则从这场由观众向生产者转变的过程中赦免出来。不断地玩游戏必然会导致玩家在他努力攻克游戏的过程中找到游戏新的玩点。同时，电脑游戏业对那些有志于分享自己的创新游戏内容的玩家给予了肯定与支持的态度。电脑游戏业有一个强有力的社区，在这个社区中，游戏玩家对于游戏的再创作可以吸引很多其他的游戏玩家。

电脑游戏文化是以游戏玩家的高级创造性行为为特点的。这些创造性行为包括通关、玩家艺术、修改游戏内容以及破解游戏程序。《毁灭战士》(1993)是第一个开发出玩家创造性潜力的游戏。游戏的设计者在网络上发布了一款免费版本的游戏，并要求Mod制作人员只使用付费版游戏才有的编辑工具进行新角色和新场景的创作。Mod社区可以帮助一个游戏区的成功。当《雷神之锤III》发布时，它的原始游戏内容的评价令人失望，但是游戏评论人员仍鼓励购买这款游戏，因为这款游戏肯定会接收到Mod社区的帮助(《边缘》杂志2003)。Valve公司的《雷神之锤》在1996年发布后，立刻发布了编辑器，它可以让玩家制作自己版本的游戏。在1997年，ID公司将《毁灭战士》的所有源代码公布到网上。在一篇分析第一人称射击游戏(FPS)的文章中，游戏研究专家苏·莫里斯(Sue Morris)这样写道：

> 在多人FPS游戏例如《雷神之锤III》竞技场中，游戏并不只是一个商业发布的程序，而更像是一个游戏组合包，这个组合包是由或职业或业余的玩家利用游戏社区所开发的传播和发布系统共同开发的。作为一个共同创作的媒介形式，多人FPS游戏引入了新式的玩家参与形式，这种形式导致了社区结构的形成，并使得这些游戏的开发和玩法发生了巨大的改变。
>
> (Morris 2003)

案例研究3.3：游戏者犹如制作者

《反恐精英》(Sierra 2000)这款游戏卖到了超过一百万的副本，尽管它经常可以被合法免费下载，自从它在2000年(Boria *et al.* 2002)被发布，它培养了一个巨大的在线用户社区。《反恐精英》是一个团队合作游戏，来源于现实生活中“9·11”军事行动中的恐怖分子和反恐人员。《反恐精英》是早期“用户生成内容”的商业成功之一。它是由加拿大学生明 库斯曼 勒(Minh ‘Gooseman’ Le) 带领的角色创建者团队创造出来的。他们从《半条命》的游戏引擎中创造了《反恐精英》。这是一个完全的游戏模组转化，是一个原产品的修正版，完全新颖和不同的游戏创建于Valve的程序员为1998年的《半条命》编写的软件。明 库斯曼 勒和他的团队是幸运而富有天赋的非专业人员，其发展的过程是有组织的群策群力,致力于生产出他们可以做出的最好的游戏。他们是狂热的玩家、熟练的使用者以及《半条命》的粉丝,并且参与到数字技术发展的核心动力——分享文化中。当那些职业玩家粉丝建立"《半条命》模组展示会",展示在那些"角色创建者"创建的游戏中最好最令人感兴趣的模型时,制作公司Valve认识到了他们逐渐发展的价值。就是在这场展示会中,这支队伍被Valve签约雇用了。

2002年Valve启动了"蒸汽"宽带网络,专门致力于Valve的品牌推广和Valve客户的社区支持。Valve的建立者之一加布·纽维尔(Gabe Newell)认为,这种新型网络将为业余爱好者世界和专业领域提供一个更加平滑的过渡(Au 2002)。威尔·怀特(Will Wright)作为《模拟人生》系列游戏的设计师,也认为这样的网络模糊了业余爱好者和专业媒介制作人的差别。

> 我认为网络是这个的主要例子。将会有很多特定类型的新媒体,它们包含着天然的互动以及消费者向制作者过渡的平滑坡道。现在,最终的问题是这个坡道可以有多大的角度。因为我认为,在所有媒介中都有一个消费者和作者、制作人、设计师之间的渐进过程。这种可能性比20年前要大得多。
>
> (Pearce 2002)

对于游戏粉丝自我表达和产品发展潜力的乐观情绪,应该被这样一种理解调节:这些发展可以被理解为对增强品牌互动和开发的免费劳动力的开发利用,而不是从根本上改变了拥有知识产权的媒介与客户之间的关系。安德鲁·麦克塔维什(Andrew MacTavish)在对游戏模式的研究中提出,事实上它们是高度受限制并且被管理的实践。首先是必备的高级计算机技能限制了特定角色开发者的进入,其次是最终用户许可证协议。我们打开新的软件的时候,通过点击"接受"签署的协议,包含着限制模组向非盈利网站流通的条款,例如,模组制作人收取使用费是被禁止的,或者被提示联系公司。换句话说,模组制作成为竞争而不是品牌发展和病毒式营销,这是被严格监管的(Mactavish 2003)。游戏模组制作者为行业提供了新想法和全新主题的免费研究和开发。创造模板、地图和皮肤的工作也延长了游戏的生命,并且当作这件事情的工具仅在授权版本中出现时,游戏生命就可以盈利。上文中莫里斯的案例展示了处于玩家团体核心的生产性活动,是如何促进了游戏的使用——这些团体为出版商提供测试,同时反映使用者的品位和愿望。这些过程并不仅仅限于游戏商业——卢卡斯·阿茨(Lucas Arts)曾经是无比热情地向恶搞视频的粉丝制作人投递"停止与克制"的视频作品,现在他利用网络与粉丝合作来设计《星球大战》在线多人玩家版本的场景 (Jenkins 2003)。

对于在用户生成内容的时代里媒介和媒介受众的新型关系而言，我们认为游戏工业和游戏玩家之间的关系是典型的。网络发布的媒介优化了让用户参与稳固市场定位的机制。①

3.23 YouTube和后电视机时代?

YouTube的成长是最令人惊讶的和最典型的网络新媒体的发展之一。YouTube是由三名网络支付系统Paypal的前雇员发展起来的。贾德·卡林姆(Jawed Karim)、乍得·贺利(Chad Hurley)、陈士骏(Steve Chen)在2004年的谈话中，发现他们想找到类似珍妮·杰克逊在超级碗上的表演或者东南亚海啸的视频素材极其困难。2005年11月，他们启动风险投资，决定建立一个视频共享网站。它的成功是迅速的，每天为全球的观众提供数以百万计的视频，不到一年就被谷歌以16亿美元收购。

YouTube是一个新媒体发展事例的典范——三个聪明的年轻人、一些风险资本和"他们的时代已经到来"的想法。在本书写作时的最新数据表明，观看互联网视频是媒介行为中增长最快的领域之一。发布于2008年1月份的《皮尤互联网和美国生活调查研究》发现，48%的网民表示，他们曾经访问过一个视频共享网站(如YouTube)，比去年增长45%以上。他们发现从2006年年底到2007年年底平均每天上视频网站的用户数量几乎翻了一番。同样皮尤研究中心的调查发现，22%的美国人会自己拍摄视频，而14%会把一些视频发布到网上。这比上一年增长了300%，值得注意的是这14%只代表了所有可能的贡献者的3%。

成功的新媒体平台很少出人意料地出现。正如我们之前看到的，成功社交网站聚拢的所有元素已经在网络上存在十年了。YouTube作为一个动态图像传输平台的发展，需要被作为电视碎片化的长历史的一部分理解，电视碎片化开始于VCR在20世纪80年代的时移功能，继续于有线和卫星频道在20世纪90年代的突破。20世纪的大众传播将电视理解为一种从中心向大众传播的沟通工具，商业环境是被保护的。21世纪的电视发展主要由新自由主义的经济发展观决定，电视传播系统主要被理解为商业应用。电视转播网站大量繁殖。

YouTube建立的前十年，在线视频开始有规律地出现，但其被大众接纳的速度很慢，因为对于快速移动的图像传输而言，连接速度太慢而带宽又太窄。一直到2003年视频与博客相结合，创建了视频博客或称为Vlog。视频博客就是人们以

① 可参见Dovey and Kennedy (2007)的相关讨论。

博客形态添加网络视频。所以通常视频博客站点包括了一系列的短片，像一本日记。通常包括一些文字介绍。视频博客原本就是我们每天看到的生活点滴写成的日记。此外，就像博客一样，视频博客是一个邀请其他博主回应视频从而构建全球对话视频的网络平台。到了2004年，商业人士开始注意到：

> 草根阶层发布视频博客的活动带来了令人惊讶的观看行为，视频博客用户的崛起会给他们带来持续的影响。跟随文字博客的脚步，视频博客在互联网上开始飞速发展。这种新形式的草根媒介，被电影制作人所保护和支持，他们开始认真地汇集发行技巧，彼此连接。
>
> (*Business Weekly* 29 December 2004)

现在，视频博客博主先锋，像迈克尔·沃迪(Michael Verdi)已经积累了连续四年的视频博客档案(http://michaelverdi.com/)。媒介学者和视频博主阿德里安·米勒(Adrian Miles)发明了"软视频"这个词来描述那些进步。"软视频"是指一种新的视听方法，不应该通过从前的物质形式，如广播、磁盘、磁带来理解，而是通过被授权观看的所有的数字领域——所以软视频之于硬视频就如同软拷贝之于硬拷贝。①

> 所以通往"软视频"的第一步是不再把数字视频视为一个出版物或交付格式，这是目前数字视频作为桌面式视频的范例（这当然和桌面出版模式一样），但把它视为创作和出版环境。这表明"软视频"探寻的一个重大主题，是视频内部的图像化书写行为，也就是把数字媒介作为书写的媒介。
>
> (Miles 2002)

YouTube是对在线视频不断增长的媒介环境中发展起来的。从技术上看，YouTube有三个主要的特色：带宽和内存将视频长度限制在十分钟内；任何剪辑的URL编码都可以很容易地嵌入其他网站中，这样可以从任何网络位置访问该视频；官方要求不能下载YouTube视频到自己的硬盘。还有其他技术特点，包括标准的搜索功能和一些社交网络功能，通过这样的功能建立自己的渠道和接触网络。当然，这些功能带来了商业和审美的功能。

YouTube视频片段已经成为21世纪早期录像的主要形式，过去的电视电影视频格式也通过音乐推送广告的方式与短视频格式联系起来。这些历史都在YouTube不断创新、不断发布的社区中展现出来。但是我们也仍然能够见证原始的"电影魅力"的回归，例如一个有纪念意义的或者引人关注的事件的短片。视频通过手机、数码相机和摄像头已经变得如此普及，以至于我们正在经历一个很少需要后期加工的视频时代。所以，素材的质量取决于画面的意义、现场画面、演

① 例如plugincinema.com在1998年为在线电影发表宣言，支持符合带宽限制和压缩服务的电影生产。

说者的话语，以及使用记录设备社会行动者。

任何视频剪辑都可以在其他的网络位置被获取的这种简易性，成就了网络媒介的病毒性。媒介内容的把关人——例如电视的编排者被忽视，使用者会通过其他途径发现内容，往往是他们朋友的推荐或是在线社交网络。

因此，网络媒介内容生产的病毒式传播十分重要——媒介在想尽办法寻找病毒化的途径，设立一个机制让用户能够立即与朋友分享他们发现的惊悚、搞笑，或者是让人震惊的内容。在YouTube的动态图像内容出现之前，要么是人与人之间相互传送文件，要么是从网站下载视频，这往往需要比网站所承诺的花费更多的时间和鼠标点击。我们不想必须要协商Windows媒介播放器的更新信息或下载次数，才能看看我们昨晚在舞池里的朋友们，或一些不认识的人用舌头做了什么不平凡的事。YouTube在这方面是起作用的，使用简单是它的重要美国专利——不需要下载播放器，或者无休止地等待文件通过电子邮件或手机传送过来。内容很便携，因此适宜于病毒式传播。

最后，困难（但不是不可能）的事实是，下载YouTube内容的结果总是驱动用户返回到YouTube网站——我们不能重新安排或定位素材。无论内容在哪里，它永远都会被打上YouTube的品牌。这是一个强大的品牌建设战略。如果视频剪辑简单地像病毒一样流通在网络和手机格式之间，它们并没有品牌归属——而YouTube视频永远被标记着品牌。

绝对丰富的视频素材让分类成为一项艰巨的任务。软件本身提供了它自己的种类划分，如下：

- 汽车交通
- 喜剧
- 教育
- 娱乐
- 电影和动画
- 怎样做和风格
- 音乐
- 新闻和政治
- 非盈利和行动主义
- 人与博客
- 宠物和动物
- 科学和技术
- 体育
- 旅行和事件

这看起来像是一个电视节目的排播表。2007年，由用户投票的YouTube大奖的分类方式更接近于YouTube分类的感觉。奖项类别为：

- 可爱
- 评论
- 见证
- 介绍
- 喜剧
- 创新
- 启发
- 音乐

- 政治
- 短片
- 系列片
- 体育

然而,了解对于这项工作而言什么是真正的创新,我们必须认识到甚至那些分类也可能在用户生成内容的世界里有着完全与众不同的意义。例如体育与它的电视效果并不等同,这里的体育是速度魔方、滑板和蚀刻素描技巧——追求开心娱乐,颠覆了传统体育的英勇无畏。"见证"的提名是两个极端的天气视频、野生动物(克鲁格著名的鳄鱼)、僧侣在缅甸被枪杀和一个学生被警察电击。很多事件都可能被卢米埃尔兄弟抓拍到——如果他们在全世界有着足够的相机,当一些戏剧性的事情发生时就出现。它们关注人类生命奇迹和令人惊讶的事情,以及自然、星球。它们是难忘的、令人震惊的。"评论类"与能够被想象的同类新闻相去甚远——咆哮、机智和亵渎的,发自内心的、滑稽的或尖锐的——完全第一人称的观点。"介绍"代表着令人惊奇的网络电视流派之一,类似于儿童科学节目,它们展示怎样解决一些奇怪的大众科学的小科学项目,例如怎样用电解质给iPod充电(一个洋葱和一些能量饮料),或者是如何跟上舞步,或者是如何用Wii台式机去做桌面VR展示。所有的类型都曾经类似于我们在电视文化中熟悉的类型,但同时又是完全意想不到的和不可预知的,有着活生生的个体印记的新鲜感,而不是天衣无缝的公司产品。

YouTube成功的同时,我们也看到了很多其他内容分发网络(CDNs)的发展,它们提供大量质量很差的电视内容,并希望通过吸引在线用户来保证广告收益。CDNs使用特定的网络技术将使用最大程度便捷化,它将视频内容放在分发服务器的缓存中,网络访问会被引导至最快捷的服务器上。现在有上千的电视台网站,它们中的大部分承载的是免费的音乐、电影和休闲的宣传资料。

然而,2007—2008年,类似CDNetworks和Highwinds NetCNDs网络获得了大量的资本注入。在很多在线电视台中,CurrentTV(http://current.com/)因致力于用户声场内容而备受关注,它提供一系列政治与环境新闻、运动体育、时尚、生活,以吸引35岁以下的人群。在线电视繁荣,也伴随着BBC的iPlayerd的出现,它允许用户根据需求回看电视节目。从2008年3月起,iPlayer拥有了1 720万用户,这是一个空前的成功。

这些迅猛的发展使我们如何理解什么是电视的问题增多。电视研究定义媒介的方式,是通过雷蒙德·威廉斯的"流动"的概念——与电影同为活动影像,电视的特征是一个节目与另一个节目之间永无止境的相互关系。这反过来对电视的叙事(Ellis 1982),以及大卫·莫利(David Morley)民族志学的受众研究传统产生了深刻的影响。这个传统认识到了电视节目编排的重要性,因为它决定并反映出家庭的生活节奏,以及电视作为一项被特定人群在不同事件使用的物质技术的重要性。根据传统的电视研究,机构、人群、空间和技术的集合会引发意识形态的复制和商业的开发利用。

然而，这些媒介特性正伴随着电视的混合化而变化。电视内容不仅可以在客厅中观看，也可以在房间里的每台电脑和电视上观看，等车时在手机上观看，在火车、俱乐部、酒吧、购物中心和机场观看。电视的内容淹没了20世纪的频道，并融化在日常生活的物理质感之中。如果电视被定义的方式不再适用，那么关键的问题就是"电视是什么？"如果电视是通过技术的稀缺性、流动、节目编排来定义，而我们现在经历的是丰富的、碎片化的、有些时候个人化有些时候公众化的电视，那么它仍然是电视吗？(Ellis 2000) 麦克斯·道森 (Max Dawson) 观察道，"今天的电视更确切地是指地点不明确的屏幕的集合，它们让观众之间产生互动，交流信息" (Dawson 2007: 250)。

案例研究3.4：《凯特·摩登》——网剧

在媒介融合时代，改变技术可能性的两个驱动力：带宽和电视盈利正在创造很多新的文化形式，并开始定义什么是"网络原住民"。作为网络原住民，就是要依据或者为网络内容进行创造，生产一种不仅仅是将网络作为另外一个载体，而是没有网络就不存在的文化形式。网剧是非常典型的网络原创作品，模仿或改编自电视剧的形式，定期播出有故事情节的短剧。同时网剧又显示出了网络的特殊性，粉丝团可以在网络社区互动，也可以与这个网剧的故事互动。这种互动包括与其他粉丝聊天，对于演出和故事情节进行讨论和投票，帮助撰写剧本，讨论故事人物，玩人物周边虚拟游戏。这类游戏的开发往往需要参与者集思广益根据剧情设计谜题。网剧是屏幕媒介公司适应新型网络市场转型的典型例子，这些媒介公司在其转型过程中创造了新型文化。特别值得一提的是应运而生的"长尾"文化，虽然比以往拥有更少的观众群体，但从新型广告上却能够得到更长久稳定的收入。

2007年7月在Bebo社交网上发布的《凯特·摩登》迄今已发布了两季共240集。制片人说，第一季的收看次数是2 500万，平均每集15万。每集在Bebo上独家播放24小时，之后在Veoh和YouTube等其他网络转载。尽管只需等待24小时，但24小时后，到处都下载得到《凯特·摩登》，但制片人还是希望那些想要了解更多内幕、想参与讨论的人在Bebo原版网页观看剧集。

《凯特·摩登》讲述的是凯特的故事，一个伦敦东部的艺术生，因被遭遇黑暗组织暗杀进入了充满神秘和恶势力的生活。黑暗组织希望得到凯特的血液。随着凯特被绑架，凯特的朋友卷入了离奇事件进而发现凯特已经死亡，把故事推向了第一季的高潮。第二季中的故事围绕凯特最好的朋友查理展开，查理试图解开暗杀之谜,发现组织雇用了一个阴险的连环杀手。这个杀手与头号嫌疑人却不是同一个人。

《凯特·摩登》其实是《寂寞女孩15》故事的延续。2006年由同一制作团队推出独播剧《寂寞女孩15》,真正将网络原创剧集捧红。《寂寞女孩15》从看起来是一个"寂寞的女孩"的视频记录博客,发展到最终成为一个越来越引人瞩目的故事,它的播出引发网络热评如潮。《寂寞女孩15》还一度成为YouTube榜首,拥有数目非常可观而又活跃的粉丝。最终记者拍到了该剧的女演员。这部非常出色的网剧由一个充满抱负的电影制造和生产团队制作。《寂寞女孩15》这种模糊的状态是典型的网络美学的体现。视频播客承载了真实感和与在家盯着电脑屏幕的人进行一对一交流的剧情融入感。"现实还是虚幻"的体验和虚拟现实游戏的体验一样是一项意义非凡的网络原创文化形式,它们开发了潜在观众群和广告商。

这种真实的效应同时也呈现了很大的问题。网络摄像头在每日祷告的场景里的存在还比较合理,但其他场景摄像头就没有了它出现的合理理由。假设剧情中的任务通过摄像头直接与我们交流,那么镜头转换到一些普通的场景,将会显得刚才的交流非常诡异,除非解释说那交流是剧情的一部分。传统的电影和电视中,我们忽略了摄像机和工作人员的存在,我们从来不去费神想摄像机为什么在那里。这就像本来观众该坐的地方摆了摄像头和三脚架一样。然而摄像机不得不成为拍摄的一部分,所以网络摄像头、移动电话、手提摄像机都成为故事中的一部分情景,通过一些后期的数据片段,我们甚至可以觉得任何数码产品都可以毫无违和感地结合进剧情。

《凯特·摩登》意图鼓励目标观众融入这个数字化的世界。一旦你融入了,你就可以评论剧情,讨论任务甚至帮助设计故事线。这种永久性用户体验会给创作过程以回馈,比如,尽管第一季很卖座,但制片人发现观众不大喜欢女主角,所以她消失了,被绑架最后被杀掉了。而查理——女主角最好的朋友走上了中央舞台。《凯特·摩登》很显然是《吸血鬼猎人巴菲》和《迷失》的融合体,主要吸引那些沉迷破案的观众。虚拟现实游戏贯穿故事内外,却又告诉观众这不是个游戏。

故事中的人物们似乎都在不断发布一些"这是真的"的影像,所有主要人物也都有Bebo主页,网友可以在上面和他们互动。《寂寞女孩15》其实有其专门的一章叫做"绝版蚜虫"的虚拟现实游戏。英国网剧《邻居在哪》建立了一个维基网页给网友们创作剧情,写剧本。每一集剧情拍摄、剪辑、播出前相应的维基网页都会被关闭。这么做主要是为了让用户尽可能融入故事情节,通过与可能是其他粉丝也可能是制片人的交流来与故事交流。

做用户体验是为了促进经济收入。2007年5月，Bebo提供了“Bebo开放性媒介平台”使内容提供者可以在Bebo的网络上拥有他们自己的频道。Bebo公告说，这样可以让Bebo社区的用户有机会通过链接相应频道来丰富他们的资料，更多地告诉大家他们喜欢什么音乐、喜欢什么网页背景等。

> 我们开发开放性媒介平台的目的是让您——我们的媒介伙伴——利用Bebo这一绝无仅有的社交网络环境去接触、融入和领导你的粉丝。在Bebo，您也可以利用我们已有资源建立自己的社区，让您的影响力像病毒一样传播开来。

广告界大为赞同这种把观众当作可以引导的追随者的理念。他们更希望顾客是追随品牌而不是因为硬性推销来消费。这种转变又表现在一些把像是《寂寞女孩15》这种把网剧转化为赚钱渠道的在线广告运动中。寂寞女孩的幕后团队在接下来的剧集中尝试了植入性广告，甚至在用户群中调查他们是否能接受这种广告。结果显示90%的观众默许这种广告形式。寂寞女孩制作团队后期运用这种技术进行了产品整合，植入广告，赞助商直接与Bebo的销售团队议价。Bebo也从而转型成了电视广播公司般的出版商。《凯特·摩登》把像是微软、橘子、迪士尼、派拉蒙公司等巨头赞助商搬上了荧幕，同时也提示或在场景中安排了一系列小型赞助商的出现，例如卡夫食品、宝洁、新百伦（见网页链接http://www.lg15.com/lgpedia/index.php?title=Product_placement for exhaustive listing）等就不一一列举了。这些赞助并不便宜，想从一集具有15万次观看数的剧集赞助商中脱颖而出，变成植入性广告或者单独列出需要付1万到4万英镑范围中的一定费用。其他植入性广告只能有很少曝光时间。

这种网络互动、用户导向的故事形式和新收益模式的结合，在2007年一整年给Bebo和《寂寞女孩15》工作室带来了巨额收益。媒介估值，2007年Bebo公司或值10亿美元。2008年3月13日，Bebo以8.5亿美金卖给了美国在线公司。一个月后，寂寞女孩团队凭借其从风投中赚的500万成立一个独立的名为“EQAL”的社交娱乐公司。这个公司甚至赶超了一些电视公司和社交网站。

3.24　小结

网络媒介是在一个科技从不止步的环境中应运而生的，克莱恩称这种环境为“永久的创新”。这并不只是目的论意义上的动态发展，而是根本看不到终点。新媒体技术在这种一直在进步的文化中永远不会止步。按这种趋势，媒介将永远是个传奇。在这一部分,我们试图说明很重要的几个方面,这些创新实践在写作期间是怎样的,不是将它们作为一个终结状态,而是作为与新媒体打交道的范例和方法论。我们试图展示包括人类创造力、科技支持和经济优势等因素,分别对我们作为消费者和制作人的个人网络媒介体验作出了怎样的贡献。这三个量的测量结果是动态的,也是不可预知的。然而可以确定的是,在考虑媒介生态的时候,这三者缺一不可,它们甚至左右着媒介未来的兴衰存亡。

另外,技术派对网络媒介的阐述无视物质稀缺性的限制,在他们视物质需求为无物般为人类创造力和科技潜力庆贺时,我们更要强调经济收益作为这一动态平衡的驱动力所发挥的重要作用。这种关于新媒体的话语倾向与网络文化看起来与免费的感觉有关。忘记我们每月要支付账单的经济现实,而集中注意力于指尖上无穷大的数据库,我们会被困于网络的非物质性和爆发式增长的潜能之中。正如我们上面所展示的,这种潜能是真实的,并且正在改变大众媒介。然而,这些改变的本质,只有在理解政治经济、技术和创造性的相互关系后才能被准确地解读。

参考文献

Amin, Samir *Capitalism in the Age of Globalization*, London and Atlantic Highlands, N.J.: Zed Books, 1997.

Anderson, Chris *The Long Tail: Why the Future of Business is Selling Less of More*, London: Hyperion, 2006.

Ang, Ien *Watching Dallas*, London: Methuen, 1985.

Au, J. W. *The Triumph of the Mod* (16 April 2002) Salon.com www.salon.com/tech/eature/2002/04/16/modding.

Auletta, Ken *World War 3.0: Microsoft and its Enemies,* New York: Profile Books, 2001.

Baker, Andrea 'Cyberspace couples finding romance online then meeting for the first time in real life', *CMC Magazine* (1 July 1998). http://www.december.com/cmc/mag/1998.

Baran, Nicholas 'Privatisation of telecommunications', in *Capitalism and the Information Age: the political economy of the global communication revolution*, eds Robert McChesney, Ellen Meiksin Wood and John Bellamy Foster, New York: Monthly Review Press, 1998.

Barbrook, Richard 'The hi-tech gift economy', in *Communicating for development: experience in the urban environment*, ed. Catalina Gandelsonas, Urban management series, Rugby, UK: Practical Action Publishing, 2000, pp. 45–51.

Barker, Martin *The Video Nasties: freedom and censorship in the media*, London: Pluto, 1984.

Barker, M. *Comics: Ideology, Power and the Critics*, Manchester: Manchester University Press, 1989.

Barker, M. *A Haunt of Fears: The Strange History of the British Horror Comics Campaign*, Jackson, Miss.: University Press of Mississippi, 1992.

Barlow, J. P. 'A Declaration of the Independence of Cyberspace' http://homes.eff.org/~barlow/Declaration-Final.html see also 'Cyberhood vs. Neighbourhood' *UTNE Reader* Mar–Apr 1995 pp. 53–56 http://dana.ucc.nau.edu/~ksf39/Barlo-CyberhoodVSNeighborhood.pdf 1995.

Baym, Nancy 'The emergence of online community', in *Cybersociety 2.0*, ed. Steven G. Jones, Thousand Oaks, Calif.: Sage, 1998.

Baym, N.K., Zhang, Y.B., Lin, M.-C., Kunkel, A., Lin, M. and Ledbetter, A. 'Relational Quality and Media Use', *New Media & Society*, 9(5) (2007): 735–752.

Bell, Daniel *The Coming of Post Industrial Society*, New York: Basic Books, 1976.

Bettig, R. 'The enclosure of cyberspace', *Critical Studies in Mass Communication* 14 (1997): 138–157.
BFI Industry Tracking Survey, London: BFI, 1999.
Bolter, J. and Grusin, R. *Remediation*, Cambridge, Mass.: MIT, 2000.
Boria, E., Breidenbach, P. and Wright, T. 'Creative Player Actions in FPS Online Video Games – Playing Counter-Strike', *Game Studies*, vol. 2, issue 2 (Dec. 2002) www.gamestudies.org.
Bourdieu, Pierre 'The forms of capital', in John Richardson (ed.) *Handbook of Theory and Research for the Sociology of Education*, New York: Greenwood Press, 1986.
Bowman, S. and Willis, C. *We Media; How Audiences are shaping the future of news and information*, American Press Institute (2003) http://www.hypergene.net/wemedia/download/we_media.pdf.
Boyd, D. M. and Ellison, N. B. 'Social network sites: Definition, history, and scholarship', *Journal of Computer-Mediated Communication*, 13(1), article 11 (2007) http://jcmc.indiana.edu/vol13/issue1/boyd.ellison.html.
Braidotti, R. *Nomadic Subjects. Embodiment and Sexual Difference in Contemporary Feminist Theory*, New York: Columbia University Press, 1994.
Brynjolfsson, Erik, Hu, Jeffrey Yu and Smith, Michael D. 'From Niches to Riches: Anatomy of the Long Tail', *Sloan Management Review,* vol. 47, no. 4 (Summer 2006): 67–71.
Business Weekly Online Video: The Sequel (29 December 2004) http://www.businessweek.com/bwdaily/dnflash/dec2004/nf20041229_6207_db016.htm.
Callanan, R. 'The Changing Role of Broadcasters within Digital Communications Networks Convergence', *The International Journal of Research into New Media Technologies,* vol. 10, no. 3 (2004): 28–38.
Cassidy, John *dot.con: The Greatest Story Ever Sold*, London: Allen Lane, 2002.
Castells, Manuel *The Rise of the Network Society*, Oxford: Blackwell, 1996.
Castells, Manuel *The Internet Galaxy*, Oxford: Oxford University Press, 2000.
Castells, M., Fernandez-Ardevol, M., Qiu, J. and Sey, A. *Mobile Communication and Society: A Global Perspective*, Boston: MIT Press, 2006.
Castranova, Edward 'Virtual Worlds: A First-Hand Account of Market and Society on the Cyberian Frontier' *CESifo Working Paper Series No. 618* (December 2001) http://ssrn.com/abstract=294828.
Castranova, E. A. 'Cost-Benefit Analysis of Real-Money Trade', in The Products of Synthetic Economies *Info*, 8(6) (2006).
Cave, Martin 'Franchise auctions in network infrastructure industries', in *Report to the OECD Conference on Competition and Regulation in Network Infrastructure Industries*, Budapest, 9–12 May 1995. http://www.oecd.org/daf/clp/non-member_activities/BDPT206.HTM.
Christian Science Monitor, Wednesday, 15 October 1997.
Clinton, William J. and Gore Jr., Albert 'A Framework for Global Electronic Commerce' (1997), http://clinton4.nara.gov/WH/New/Commerce/summary.html.
Coriat, Benjamin ed. *L'Atelier et le Robot*, Paris: Christian Bourgeois, 1990.
Cornford, James and Robins, Kevin 'New media', in *The Media in Britain*, eds Jane Stokes and Anna Reading, London: Palgrave, 1999.
Cringely, Robert X. *Triumph of the Nerds*, Harmondsworth: Penguin, 1996a.
Cringely, Robert X. *Accidental Empires: how the boys of Silicon Valley make their millions, battle foreign competition and still can't get a date*, London: Penguin, 1996b.
Curran, J. *Media Organisations in Society*, London: Arnold, 2000.
Curien, N. and Moreau, F. *The Music Industry in the Digital Era: Towards New Business Frontiers?* 2005 http://www.cnam-econometrie.com/upload/CurienMoreauMusic2(2).pdf.
Danet, Brenda 'Text as mask: gender, play and performance on the internet', in *Cybersociety 2.0,* ed. Steven G. Jones, Thousand Oaks, Calif.: Sage, 1998.
Davis, Jim, Hirschl, Thomas and Stack, Michael *Cutting Edge Technology, Information, Capitalism and Social Revolution,* London: Verso, 1997.
Dawson, M. 'Little Players, Big Shows: Format, Narration and Style on Television's New Smaller Screens' *Convergence* 13:3 (2007): 231–250.
Dean, Jodi 'Webs of conspiracy', in *The World Wide Web and Contemporary Cultural Theory,* ed. A. Herman and T. Swiss, London: Routledge, 2000.
Dean, Alison A. and Kretschmer, M. 'Can Ideas Be Capital? Factors Of Production In The Post-Industrial Economy: A Review And Critique', *Academy of Management Review*, April 2007: 573–594.

Department for Culture Media and Sport. The Report of the Creative Industries Task Force Inquiry into Television Exports, London (2000). http: //www.culture.gov.uk/pdf/dcmstv.pdf.

Dibbell, Julian *Independent On Sunday*: extract from *My Tiny Life: crime and passion in a virtual world*, 24 January 1999: 14–24 (Published by Fourth Estate, London, 1999.)

Dickinson, R., Linne, O. and Harindrinath, R. eds *Approaches to Audiences*, London: Arnold, 1998.

Dolfsma, Wilfred *Institutional Economics and the Formation of Preferences. The Advent of Pop Music*, Cheltenham, UK and Northampton, Mass.: Edward Elgar, 2004.

Dovey, Jon ed. *Fractal Dreams,* London: Lawrence and Wishart, 1996.

Dovey, J. and Fleuriot, C. 'Experiencing Mobile & Located Media Developing a Descriptive Language', *New Media Knowledge* (2005) http://161.74.14.141/article/2005/4/22/locative-media-common-language.

Dovey, J. and Kennedy, H. W. *Game Cultures*, London and New York: McGraw Hill, 2006a.

Dovey, J. and Kennedy, H. W. 'Playing the Ring', '*Branding the Ring*' ed. E. Mathijs, Columbia: Wallflower Press 2006b.

Dovey, J. and Kennedy, H. W. 'From Margin to Center: Biographies of Technicity and the Construction of Hegemonic Games Culture', in *Players' Realm: Studies on the Culture of Videogames and Gaming*, ed. P. Williams and J. Heide Smith, McFarlane Press, 2007: pp. 131–153.

du Gay, P., Hall, S., Janes, L. and Mackay, H. *Doing Cultural Studies: The Story of the Sony Walkman*, London: Sage, 2003.

Electronic Freedom Foundation. http: //www.eff.org/pub/Censorship/Exon_bill/.

Edge Magazine 2003 26: 58.

Ellis, J. *Visible Fictions: Cinema Television Video,* London: Routledge & Kegan Paul, 1982.

Ellis, J. *Seeing Things: Television in the Age of Uncertainty,* London: I. B. Tauris, 2000.

Ellison, B., Steinfield, C. and Lampe, C. 'The Benefits of Facebook "Friends": Social Capital and College Students' Use of Online Social Network Sites', *Journal of Computer-Mediated Communication* 12 (4) (2007): 1143–1168.

Facer, K. L., Furlong, V. J., Sutherland, R. J. and Furlong, R. 'Home is where the hardware is: young people, the domestic environment and access to new technologies', in *Children, Technology and Culture,* eds I. Hutchby and J. Moran Ellis, London: Routledge/Falmer, 2000.

Farber, David J. http: //www.usdoj.gov/atr/cases/f2000/2059.htm.

Fearon, Peter *The Origins and Nature of the Great Slump 1929–1932*, London: Macmillan, 1979.

Featherstone, M. ed. *Global Culture: nationalism, globalization and modernity*, London: Sage, 1990.

Fuchs, C. and Horak, E. 'Africa and the digital divide', *Telematics and Informatics* 25 (2008): 99–116.

Gaines, Jane M. *Contested Cultures: the image, the voice and the law*, Chapel Hill: University of North Carolina Press, 1991.

Galbraith, J. K. *The Affluent Society*, London: Hamilton, 1958.

Garnham, Nicholas *Capitalism and Communication: Global Culture and the Economics of Information*, ed. F. Inglis, London: Sage, 1990.

Garnham, Nicholas 'The media and the public sphere', in *Habermas and the Public Sphere,* ed. Craig Calhoun, London: MIT, 1992.

Garnham, Nicholas, 'Political Economy and Cultural Studies: Reconciliation or Divorce?', *Critical Studies in Mass Communication*, vol. 12 no. 1 (Mar 1995): 62-71.

Garnham, Nicholas 'Political economy and the practices of cultural studies', in *Cultural Studies in Question,* eds Marjorie Ferguson and Peter Golding, London: Sage, 1997.

Garnham, Nicholas 'Information society as theory or ideology: a critical perspective on technology, education and employment in the information age', *ICS* 3.2 Summer (2000): Feature article. http: //www.infosoc.co.uk/ 00110/feature.htm.

Gates, Bill, *The Road Ahead,* London: Penguin, 1996.

Gauntlett, David 'Web Studies: What's New', in *Web Studies*, eds David Gauntlett and Ross Horsley (2nd edition), London: Arnold, 2004. Also available at http://www.newmediastudies.com/intro2004.htm.

Giddens, A. *The Consequences of Modernity,* Cambridge: Polity Press, 1990.

Goodwin, Pete *Television Under The Tories: broadcasting policy, 1979–1997*, London: BFI, 1998.

Habermas, Jürgen *The Structural Transformation of the Public Sphere*, Cambridge: Polity Press, 1989.

Hafner, K. 'The epic saga of the Well', *Wired* (May 1997).

Hagel, John and Armstrong, Arthur G. *Net Gain*, Watertown, Mass.: Harvard Business School Press, 1997.

Hesmondhalgh, D. *The Cultural Industries*, 2nd edn, London, Los Angeles and New Delhi: Sage, 2007.

Hobsbawm, E. J. *Industry and Empire*, London: Pelican, 1987.

Hoffman, D. L. and Novak, T. P. 'Bridging the Racial Divide on the Internet', *Science*, 280 (April 1998): 390–391.

Holmes, David ed. *Virtual Politics*, Thousand Oaks, Calif.: Sage, 1997.

Howe, J. 'The Rise of Crowdsourcing', in *Wired* (June 2006), http://www.wired.com/wired/archive/ 14.06/crowds.html.

Huizinga, Johan *Homo Ludens: a study of the play element in culture*, Boston: Beacon Press, 1986.

ILO *Globalizing Europe. Decent Work in the Information Economy*, Geneva: International Labour Organisation, 2000.

Independent 14 May 2007, http://www.independent.co.uk/news/media/advertising-spot-the-link-between-a-gorilla-and-chocolate-448699.html.

Jameson, Fredric *Postmodernism, or the Cultural Logic of Late Capitalism*, London: Verso, 1991.

Jenkins, H. *Textual Poachers: television fans and participatory culture*, London: Routledge, 1992.

Jenkins, H. *Interactive Audiences? The 'Collective Intelligence' Of Media Fans* (2002) http://web.mit.edu/cms/People/henry3/collective percent20intelligence.html.

Jenkins, H. 'The Cultural Logic of Media Convergence', *International Journal of Cultural Studies*; 7 (2004): 33–43.

Jenkins, H. *Convergence Culture*, New York and London: New York University Press, 2006.

Jenkins, J. *Quentin Tarantino's Star Wars?: Digital Cinema, Media Convergence, and Participatory Culture* (2003) http://web.mit.edu/21fms/www/faculty/henry3/starwars.html.

Jensen, Jens F. 'Interactivity – tracking a new concept in media and communication studies', in *Computer Media and Communication*, ed. Paul Mayer, Oxford: Oxford University Press, 1999.

Jensen, M. 'Information and Communication Technologies (ICTs) in Africa – A Status Report' (2002) http://www.unicttaskforce.org/thirdmeeting/documents/jensen percent20v6.htm.

Jones, Quentin 'Virtual communities, virtual settlements and cyber-archaeology: a theoretical outline', *Journal of Computer Mediated Communications* (3) (1997) www.ascusc.org/jcmc/vol3/issue 3/jones.html.

Jones, Steven, G. ed. *Cybersociety*, Thousand Oaks, Calif.: Sage,1994.

Jones, Steven, G. ed. *Cybersociety 2.0*, Thousand Oaks, Calif.: Sage, 1998.

Jones, Steven G. 'The bias of the web', in *The World Wide Web and Contemporary Cultural Theory*, eds A. Herman and T. Swiss, London: Routledge, 2000.

Jurvetson, S. and Draper, T. *Viral Marketing*, 1 May, 1997. Original version published in the Netscape M-Files, 1997, edited version published in Business 2.0 (November 1998) http://www.dfj.com/cgi-bin/artman/publish/steve_tim_may97.shtml.

Kahn, R. and Kellner, D. 'New Media And Internet Activism: From The "Battle Of Seattle" To Blogging', *New Media & Society* 6(1) (2004): 87–95.

Kapoor, Mitch 'Where is the digital highway really heading?', *Wired* (August 1993).

Kellner, Douglas 'Techno-politics, new technologies, and the new public spheres', in *Illuminations* (January 2001) http://www.uta/edu/huma/illuminations/kell32.htm.

Kelly, K. 'How the iPod Got its Dial' in J. Seaton *Music Sound and Multimedia*, Edinburgh, 2007.

Kendall, Lori 'MUDder? I Hardly Know 'er! Adventures of a feminist MUDder' *in Wired Women: gender and new realities in cyberspace,* eds L. Cherny and E. R. Weise, Washington, DC: Seal Press, 1996, pp. 207–223.

Kennedy, Helen 'Beyond anonymity, or future directions for Internet identity research', *New Media and Society* vol. 8, no. 6 (2006): 859-876.

Kline, S., Dyer-Witherford, N. and de Peuter, G. *Digital Play: The Interaction of Technology Culture and Marketing*, Montreal and Kingston: McGill Quarry University Press, 2003.

Kramarae, Cheris 'Feminist fictions of future technology', in *Cybersociety 2.0*, ed. S. Jones, Thousand Oaks, Calif.: Sage, 1998

Kushner, David *Masters of Doom: How Two Guys Created an Empire and Transformed Pop Culture*, London: Piatkus, 2003.

Kvasny, L. and Keil, M. 'The challenges of redressing the digital divide: a tale of two US cities', *Information Systems Journal* 16(1) 2006: 25–53.

Lanchester, John 'A Bigger Bang', *The Guardian Weekend* (4.11.06): 17–36.

Leskovec, J., Adamic, L. A. and Huberman, B. A. *The dynamics of viral marketing,* http://www.hpl.hp.com/research/idl/papers/viral/viral.pdf (2007).

Lévy, Pierre *Collective Intelligence: Mankind's Emerging World in Cyberspace*, Cambridge: Perseus, 1997.

Lewis, T. G. *The Friction-Free Economy: Strategies for Success in a Wired World*, Harper Business: London and New York, 1997.

Mactavish, A. 'Game Mod(ifying) Theory: The Cultural Contradictions of Computer Game Modding' delivered at 'Power Up: Computer Games Ideology and Play' Bristol UK 14–15 July 2003.

McChesney, Robert W., Wood, Ellen Meiksins and Foster, John Bellamy eds *Capitalism and the Information Age: the political economy of the global communication revolution*, New York: Monthly Review Press, 1998.
McGonigal, Jane 'Why I Love Bees: A Case Study in Collective Intelligence Gaming' (2007) http://www.avantgame.com/McGonigal_WhyILoveBees_Feb2007.pdf.
McKenzie, N. ed. *Conviction*, London: Monthly Review Press, 1959.
McLaughlin, Margaret L., Osborne, Kerry K. and Smith, Christine, B. 'Standards of conduct on Usenet', in *Cybersociety*, ed. Steven G. Jones, Thousand Oaks, Calif.: Sage, 1994.
McRae, S. 'Coming apart at the seams: sex text and the virtual body', in *Wired Women: gender and new realities in cyberspace,* eds L. Cherny and E. R. Weise, Washington, DC: Seal Press, 1996, pp. 242–264.
Mayer, Paul *Computer Media and Communication*, Oxford: Oxford University Press, 1999.
Meiksins Wood, E. 'Modernity, postmodernity or capitalism', in *Capitalism and the Information Age*, eds R. McChesney *et al.*, New York: Monthly Review Press, 1998.
Miles, A. *Softvideography: Digital Video as Postliterate Practice* (2002) http://vogmae.net.au/drupal/files/digitalvideo-postliteratepractice.pdf.
Miller, T. 'A View from a Fossil The New Economy, Creativity and Consumption – Two or Three Things I Don't Believe', *International Journal of Cultural Studies*, 7/1 1 (2004): 55–65.
Morley, David *The Nationwide Audience*, London: BFI, 1980.
Morris, Sue 'Wads, Bots and Mots: Multiplayer FPS Games as Co Creative Media', *Level Up – Digital Games Research Conference Proceedings* 2003 University of Utrecht /DIGRA (CD ROM).
Mosco, V. *The Political Economy of Communications: dynamic rethinking and renewal*, London: Sage, 1996.
Mosco, V. *The Digital Sublime: Myth, Power, and Cyberspace,* Cambridge, Mass. and London: Sage, 2004.
Moulthrop, Stuart 'Error 404 doubting the web', in *The World Wide Web and Contemporary Cultural Theory*, eds A. Herman and T. Swiss, London: Routledge, 2000.
Moulthrop, S. 'From Work to Play: Molecular Culture in the Time of Deadly Games', in *First Person: New Media as Story, Performance and Game*, Cambridge, Mass. and London: MIT Press, 2004.
Murdock, Graham 'Base notes: the conditions of cultural practice', in *Cultural Studies in Question,* eds Marjorie Ferguson and Peter Golding, London: Sage, 1997.
O'Reilly, T. *What Is Web 2.0_Design Patterns and Business Models for the Next Generation of Software* (2005a) http://www.oreilly.com/pub/a/oreilly/tim/news/2005/09/30/what-is-web-20.html.
O'Reilly, Tim *Not 2.0?* (2005b) http://radar.oreilly.com/archives/2005/08/not_20.html.
Pearce, C. *Sims, BattleBots, Cellular Automata, God and Go A conversation with Will Wright* (2002) http:/ /www.gamestudies.org/0102/2002.
Pew Internet and American Life *Increased Use of Video-sharing Sites* (2008) http://www.pewInternet.org/PPF/r/232/report_display.asp.
Poster, Mark 'Cyberdemocracy: the Internet and the public sphere' in *Virtual Politics*, ed. David Holmes, Thousand Oaks, Calif.: Sage, 1997.
Rafaeli, S. 'Interactivity from media to communication', in *Annual Review of Communication Research*, vol. 16 Advancing Communication Science, eds R. Hawkins, J. Wiemann and S. Pirgree (1988): 110–134.
Rediker, M. *The Slave Ship: A Human History*, London: John Murray, 2007.
Rheingold, H. *The Virtual Community – homesteading on the virtual frontier*, London: Secker and Warburg, 1993.
Rheingold, H. 'Cyberhood vs Neighbourhood', *UTNE Reader*, March–April 1995.
Ritzer, Martin *The McDonaldization of Society*, New York: Sage, 2000.
Robins, Kevin 'Cyberspace and the world we live', in *Fractal Dreams*, ed. J Dovey, London: Lawrence and Wishart, 1996.
Roszak, Theodore *The Cult of Information*, Cambridge: Lutterworth Press, 1986.
Rushkoff, D. *Media Virus*, New York: Ballantine Books, 1994.
Schiller, D. *Digital Capitalism: System, Networking The Global Market*, Cambridge, Mass.: MIT Press, 1999.
Schiller, H. *Culture Inc.: The Corporate Take-over of Cultural Expression*, New York: Oxford University Press, 1989.
Senft, Theresa 'Baud girls and cargo cults', in *The World Wide Web and Contemporary Cultural Theory*, eds A. Herman and T. Swiss, London: Routledge, 2000.
Sherman, Chris *Google Power: unleash the full potential of Google*, McGraw Hill: New York, 2005.
Shultz, Tanjev 'Mass media and the concept of interactivity: an exploratory study of online forums and reader email',

Media, Culture and Society 22 (2000): 205–221.
Smith, M. 'Voices from the Well' (1992). http: //netscan.sscnet.ucla.edu/csoc/papers.
Smythe, Dallas *Dependency Road, Communications, Capitalism Consciousness and Canada*, Norwood: Ablex Publishing, 1981.
Stokes, J. and Reading, A. eds *The Media in Britain: current debates and developments,* London: Palgrave, 1999.
Stone, Allucquere Rosanne The *War of Desire and Technology at the Close of the Mechanical Age,* Boston, Mass.: MIT Press, 1995.
Sundén, J. *Material Virtualities*, New York: Peter Lang, 2003.
Swartz, Aaron 'Who Writes Wikipedia?' (2006) http://www.aaronsw.com/weblog/wqhowriteswikipedia.
Tapscott, D. and Williams, A. *Wikinomics: How Mass Collaboration Changes Everything*, London: Penguin Books, 2006.
Taylor, T. L. 'Intentional Bodies: Virtual Environments and the Designers Who Shape Them', *International Journal of Engineering Education*, vol. 19, no. 1, 2003: 25–34.
Terranova, T. *Free Labor: Producing Culture for the Digital Economy* (2003). http://www.electronicbookreview.com/thread/technocapitalism/voluntary.
Touraine, Alain *La Société Post Industrielle*, Paris: Denoel, 1969.
Tulloch, J. *Watching Television Audiences: cultural theory and methods*, London: Arnold, 2000.
Tulloch, J. and Alvarado, M. *Doctor Who: the unfolding text*, Basingstoke: Palgrave, 1983.
Turkle, Sherry *Life on the Screen*, London: Weidenfeld and Nicolson, 1995.
Turkle, Sherry 'Constructions and reconstructions of the self in virtual reality', in *Electronic Culture: Technology and Visual Representation*, ed. T. Druckrey, New York: Aperture, 1996.
US Department of Justice. http: //www.usdoj.gov/atr/cases/ms_index.htm.
Van Couvering, E. *New media? The political economy of Internet search engines*, Annual Conference of the International Association of Media, 2004. www.personal.lse.ac.uk.
Vise, David A., *The Google Story*, New York: Delacorte Press, 2005.
Williams, Raymond *Television, Technology and Cultural Form*, London: Fontana, 1974.
Williams, Raymond *Problems in Materialism and Culture*, London: Verso, 1980.
Williams, Raymond *The Politics of Modernism*, London: Verso, 1989.
Wilson, E. J. *The Information Revolution and Developing Countries*, Cambridge, Mass.: MIT Press, 2006.
Wilson. K., Wallin, J. and Reiser, C. 'Social Stratification and the Digital Divide', *Social Science Computer Review* 21(2) (2003): 133–143.
Winston, Brian *Media Technology and Society: a history from the telegraph to the Internet*, London: Routledge, 1998.
Wired March 2006, *Gannett to Crowdsource News.* www.wired.com/news/culture/media/0,72067-0.html.
World Bank Data, See Table 5.11 'The Information Age'. http: //www.worldbank.org/data/wdi2000/pdfs/tab5_11.pdf.

第四章 日常生活中的新媒体

4.1 赛博空间中的日常生活

从时钟到电报、广播再到电视，新媒体总是与我们的日常生活相互交织，介入早已存在的时空结构模式之中，并源源不断地创造新的节奏和空间。近三十年来，电脑技术从工业界和实验室迁移至千家万户，更是加剧了上述进程的发展。大众新媒体文化源起的电子游戏这一媒介为我们所带来的技术的想象却是——人们的日常生活逐渐被虚拟世界的“赛博孤独症(cyberian apartness)”所吞噬。而随着时间的推移，一些新型的数字媒介也因为过于为人所熟知而变得不名一文，

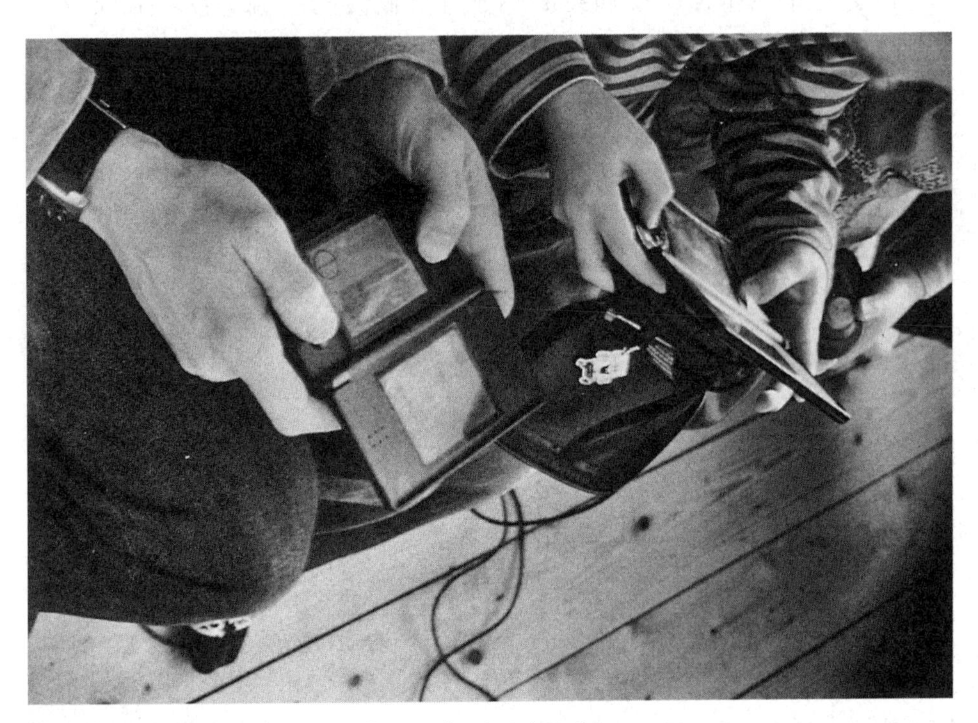

【图4.1】掌中的虚拟世界

媒介正被不断地革新或被取代。我们看到的再也不是一种“纳尼亚式”或“黑客帝国”式的虚拟与现实世界的分立,而是一种媒介化的、具生命力的时空交错的复杂世界。例如一些移动设备,诸如手机、GPS/卫星导航、MP3播放器、掌中机等,它们通过日常生活和技术领域的时空联系来绘制人们的社会构成和传播方式。

在日常的工作或休闲中,人们的注意力已经逐渐转移到了多种多样的数字媒介上,而不再停留在以下这些传统媒介:俄罗斯方块般不断叠加的电子邮件、狂轰滥炸般闪烁的即时通讯工具和短信、实时更新的社交网络等;当手持式游戏机呈现在人们面前的时候,虚拟世界的泡沫便开始浮出水面;网游《第二人生》《魔兽世界》可以让人们对着它们坐上好几个小时。

文化与媒介研究为我们提供了媒介化生活研究的重要工具、概念及方法。本章将对这一领域作出重要的调查研究。它将为我们鉴别出日常文化技术与媒介技术研究有用的工具、概念和方法。这将是一个关键的研究,尽管一些对文化与传播(从更普遍的意义上来说是人类学与社会科学)研究的潜在的规则和假设将限制我们对科技文化的研究。我们将特别对以下三个相互关联的基础假设进行质疑和分析。

1. 文化、日常生活、个人和家庭从实质上和概念上来说都与技术有着明显的区别——前者“采用”新技术或受到新技术的影响,这显然是主体和客体的区别。

【图4.2】《模拟人生》:赛博空间有如日常生活。©2002 Electronic Arts

2. 科技的发展诉诸于社会对其的定型,但恰恰相反的是,社会的发展并不会由科技形塑。

3. 人类活动——从社会、历史、经济实力或是从主观性和同一性的角度来说——是日常生活与文化的唯一动力和代理。

新媒体研究的新兴领域、电子游戏研究以及赛博文化研究描绘出了新的日常科技文化图景。对于研究这一现象的关键替代思维方式,本章将深入介绍、综合分析并展开讨论。

4.1.1　日常生活

“日常生活”的概念是文化与媒介研究的核心。它包括了家庭关系、日常程式(routines)、文化实践和空间等，人们依靠它们来理解世界。一方面，在日常生活中，新媒体的大众化意义和作用被人们讨论并发挥出来；另一方面，几乎所有对新媒体的讨论都或多或少地表明，它们将改变或将很快改变（或超越）日常生活及其时空限制、约束和权力结构。这种转变的特征是具有争议的：一些人认为新媒体带来了新的创意和可能性，另一些人则认为新媒体加强和延展了现有的社会制约和权力关系。①

在文化研究的技术方法中，“日常生活”是一个核心的概念，关于它的研究及理论有如下几点：

- 它是公司研发消费型硬件和软件的市场。
- 它是新媒体形成的环境下实践和人际关系的场所。
- 它是由消费者、媒介、教育、娱乐技术和市场交互链接的焦点。
- 它是由新媒体的使用和消费而产生一定程度改变的社会环境。
- 它是描绘新知识与赛博空间中身份认同变迁的不在场或不充分术语，以连通性与创意性的异类与日常程式存在于互联网传播媒介中。
- 它是媒介化的大众文化② 消费的场所，特别是绘本图片和衍生戏剧、电视和录像所构成的商业技术想象。

从文化研究的角度来说，任何一种新媒介的“新颖性”总是在于它所处的经济社会环境以及家庭文化语境，就像一栋房舍要先有设计好的建筑布局，才会有一个相对稳定的核心家庭在其中生活。在对一种曾经也为新的旧媒介的研究中，雷蒙德·威廉斯(Raymond Williams)认为，电视之所以能被大众接受，正是工业革命产生的历史和文化进程的产物。他在关于“移动私有化”的观点中提到，技术与银幕媒介的私有化和家庭化带来崭新的移动性与发展的复杂性，例如它让电视走进家庭，代替了影院，它让轿车带动家庭自由移动。

> 从社会的角度来说，这种复杂性体现了两种矛盾而又紧密联系的现代城市生活趋势：一方面是移动性，另一方面则是越来越明显的自给自足式家庭。

① 更多有关日常生活文化媒介技术的研究，请参考Silverstone (1994), Mackay (1997)和Highmore (2001)。

② 这里大众文化不仅指娱乐文化的商业化制品（电视与电视节目、玩具、电影等），也指和这些娱乐文化相关环境中的实践、经历和背景。

早期公共技术中，铁路和城市照明是最好的例子，然而之后，它们却被另一种暂无满意名称的新技术所取代：一种以家庭为中心、却能够随时移动的生活方式——移动私有化。广播则是这一独特趋势的社会产物。

(Williams 1990a[1975]: 26)

然而，尽管这些较长的历史轨迹形塑了新媒体所滋长的日常世界，并明确了新媒体技术的设计和意旨，但新媒体和文化活动以及它们所产生的作用却绝对不是完全取决于这些环境因素。本章在回顾日常生活的技术文化研究及相关理论中，将重点介绍新媒体的新颖性和连续性是如何被确认与勾连的，并将标识出技术、人类和文化之间起到相互决定关系的种种潜在概念。

4.1.2 赛博空间

文化研究以日常生活为核心，乍一看似乎对新媒体研究和赛博文化研究毫无帮助。前者意味着关注世俗、平凡、程式化和普通的日常生活，而后者则企图改变前者之日常化存在于虚拟世界和现实世界中的现状。对赛博空间的褒贬往往都趋向于谈论它与日常生活之间极大的区别性、独立性和主观性。对迈克尔·海姆(Michael Heim)来说，"赛博空间是一种柏拉图主义的工作理念"，"当网友们坐在我们面前时，他们实际上已经陷入了一个感觉输入的设备之中，似乎也确实是败给了这个世界。沉溺于网络世界中的人，摆脱了身体的监狱，尽情畅游在一个充斥着数字化感觉的世界里" (Heim 1993)。

【图4.3】西部电视(Telewest)的宣传单。西部电视提供。

20世纪80年代初、90年代末，万维网和虚拟现实技术的出现给人们带来强烈的兴奋感，而现在这种兴奋感已经衰退，因为它们早已成为如今媒体世界里很平常的一部分。然而，依旧有人认为赛博空间是一个区别于日常媒介文化的独立事物，它将解放(更常说的是威胁)我们的日常媒介文化。记者们往往会在文章中指出聊天室、社交网络等对儿童和青少年的危害。在这里，赛博空间被认为是一种与真正的社会交流活动对立的、异质性的反社会事物，或是一个被掠夺者觊觎的危险地带。尽管生产商与服务提供商激情洋溢地宣扬新的(或新升级的)数字传播媒介，但它们也会引起现实与虚拟世界的冲突，使得我们的日常生活和家庭环境发生变化。

另一个日常生活全面媒介化的典型例子就是电脑的普及。从尼古拉斯·尼葛洛庞帝(Nicholas Negroponte)到美国国家科学院的雷·库兹威尔(Ray Kurzweil)等未来学家们都曾预言过媒介的个性化以及微型电脑芯片和电路所实现的日常产品和家具的"智能化"①，并提出日常生活与人类身心之间的联系有可能通过纳米技术来实现：

> 智能纳米机器人将与我们的环境、身体和大脑深深地结合，极大地延长寿命，并为人类提供涉及所有感官的全方位虚拟现实技术……而且提高人类的智力。
>
> (Ray Kurzweil, 转引自 Jha 2008)

在这本书中我们所关心的并不是评价任何预言新媒体文化的可能性。从喷气背包到全息电视，任何曾被预言的未来派的日常科技都在提醒我们，这些预言告诉我们更多的是有关当下的技术环境和技术想象，而不是它们的未来。

例如，凯文·罗宾斯(Kevin Robins)在一篇广被收录的文章《赛博空间和我们所生活的世界》中认为，早先所说的夸张性和热情性，只不过是赛博文化研究将赛博空间定义为一种修辞化和理想化的构造。对于威廉·吉普森(William Gibson)提出的衔接赛博空间的是"协商一致的幻觉"这种观点，罗宾斯认为，这适用于非虚构的赛博空间(即虚拟现实或互联网应用与实践)，最多也许是代表一种天真的新奇感，是一种"形而上学的技术进步——新事物肯定比以前的要好"(Robins, 1996: 25)。最坏的情况是(很明显罗宾斯对此抱有怀疑态度)，它是一种意识形态建构，是对新技术的盲目追捧，让人们看不到真正的、此时此地的技术之突然出现的政治经济语境。对出现的问题和矛盾，人们只有错误的解决方法。

> 这种信仰体现了一个人们共同所期望的未来，这种未来与我们目前所在的平凡世界非常不同，是一种人们更期盼的空间和现实。这是一种狭隘的视角，对我们所处的世界，它视而不见。
>
> (Robins 1996: 1)

① 然而，对某些科技轨迹(目前趋于微型化、虚拟化、普遍化等)的兴奋与期待，确实启发和塑造了生产商的设计和调研模式，同时也促成了消费者对于新技术设备的期望和投资意愿。

罗宾斯对于赛博修辞化的批判是有说服力并且有趣的,但他忽略了重要的一点,那就是无论是热情型的还是批判型的赛博文化学者都并未将赛博空间的现实视作一种已经存在的产业、娱乐或是日常的科技文化现象。罗宾斯的靶子是赛博文化话语,他对赛博空间实实在在的物质和技术不置一喙。对赛博空间的支持者来说,所有这一切都是崭新的,而对那些批判家来说,所有的都是陈旧的——或者更糟糕的是,旧事物的草草升级。两者的对象都不是活生生的科技文化,只不过是概念、图像、虚构和推测。逐渐明确的有两点,一方面,我们需要弄清对日常数字文化的"新"和"旧"概念之间的细微差别;另一方面,我们也要强调新技术与新的科技文化的物质性与真实性。

丹尼尔·米勒(Daniel Miller)与唐·斯莱特(Don Slater)在特立尼达拉岛上展开的互联网应用的民族志研究中,对"虚拟世界与日常物质世界是不同的领域"这一假设提出了质疑。他们认为,互联网*不能*以一种虚构的和推断性的赛博空间来解释,"就像一个无定之地"。事实上,我们只能在具体的地点通过特定的实践来理解它。他们认为,互联网媒介诸如电子邮件和网站等使用经验,对个人、家庭和群体研究来说并不是虚拟的,而依循着"具体而平凡的归属法则"(Miller and Slater 2000: 4)。在这种情况下,正因为新媒体是以一种不与"实际生活"分离的方式为人所接受,故而它给特立尼达拉岛的文化所带来的改变不是一种革命性的改变,而是一种与当地社会结构和身份认同相一致的持续性变化。事实上,他们认为新媒体很快就失去了表现崭新未来的兴奋感,而融入人们日常生活结构中。重要的是,这并不是说,在互联网的媒介化与日常生活之间没有什么新的或革命性的互动(或者说那一广为传播的电脑媒介所产生的"空间"感是不正确的)。相反,它表明,只有舍弃"自我封闭的赛博孤独症"这种说法,才有可能对新媒体在日常生活中的前景有更进一步的理解(Miller and Slater 2000: 5),并认可这些技术在日常生活经验中的重要性和地位。我们也才可以从相反的角度去思考,由新媒体所产生出的这一种空间和实践之间的张力:"这些空间是日常生活重要的组成部分,并不是与之分离的。"(Miller and Slater 2000: 7)

然而,在强调日常媒介大众化的观点时,米勒和斯莱特对新媒体所呈现的新颖性和新奇性的方面轻描淡写。日常赛博空间是存在的,它们产生于网络或是移动数字媒介提供的通信交流中,或是动态的电子游戏的软件世界里。虽然人们彻底沉浸其中,但它们为日常生活提供了新的通信模式、新的游戏、新的角色扮演机会,并为人类和技术之间建立了新的关系。虚拟和现实相互交织缠绕,这使得彼此都变得更加有趣。我们在此将为历史、社会、文化动力所形塑的日常科技文化以及被其所形塑的历史、社会与文化动力，提供一些富有成效的理论资源。

4.1.3　消费新媒体

消费的概念是文化与媒介研究对日常生活中的技术研究核心。它是一个争议性的术语：它要么被看作是一种被动的、贪婪的消费社会中的主要文化实践；要么是在一个复杂的世界里产生个人认同感的一种潜在的、丰富而具创造性的方式："而不是一个被动的、次要的、被确定的行为，消费……越来越被视为一种具有自身实践、节奏、重要性和决定性的行为。"(Mackay 1997: 3–4) 虽然文化和媒介研究以概念宽泛和方法多样为特点，但我们还是有可能总结出它对技术和消费的分析往往是基于一定的前提。首先，数字媒介技术与"旧"的电子媒介并没有根本的不同，甚至在某些研究中，它与一些家用技术，如微波炉或冰箱也相类似 (Silverstone and Hirsch 1992)。第二，在家用技术设备的意义生成中，人们并不愿将消费或生产特殊化。也就是说，家用技术的意义与用途（以及消费品和媒介化的图像）在它们被生产出来的那一刻或是在它们被消费的过程中都不是固定的。相反，它们常常是生产与消费规约或"编码"的意义，与个人或团体对这些意义进行理解或"解码"的创造性活动之间关系的偶然性产物。文化和媒介研究对家用媒介技术上的研究是基于"规约"和"创意"之间的一种政治动力 (Mackay 1997)。生产商试图限制其产品的作用和意义，消费者则根据生产商的意愿对这些意义进行解读，文化研究学者则试图在消费者的这种行为中寻找创新或进步的趋势。

在这里，强调媒介技术的"意义"而不是"用途"是非常重要的。它让我们注意到了技术的文化特性，例如，驱使人们购买最新的手机或MP3播放器的，可能并不是这些工具的功能，而是其拥有者对社会地位的渴望。生产商和广告商通过图像和品牌认知的手段为自己的产品建立一种长期的特色，使其与其他相似产品区别开。在这方面，一部电话就是和其他任意商品一样的。然而，"意义"的概念并不会耗尽媒介技术的文化经营与流通，实际上，只专注于它们的话语结构会削弱它们作为技术的物质属性。下面我们将进一步分析"意义"与"用途"之间的关系。现在我们来看一些民族志的研究案例，以提炼出一些新媒体技术与其所处之家庭环境间的动态关系。

4.2　媒介家庭中的日常生活

在一部颇有影响的消费与日常生活的文化和媒介研究教材中，休・麦凯 (Hugh Mackay) 认为，"要了解家庭生活对技术的消费，我们必须了解日常生活的实践——新技术如何存在于日常的家庭程式与活动之中的”(Mackay 1997: 277)①。为此，他参考电脑媒体（或信息传播技术，ICTs)，给出了四个关键范围：

1. 信息传播技术的消费对日常生活与关系的重要性；

2. 信息传播技术如何在个人和家庭认同的建立中起作用；

3. 家庭成员的公共与私人世界之间的关系；

4. 技术（以及家庭）如何在家有化和公司化的过程中发生改变(Mackay 1997: 278)。

这里强调的是媒介技术在日常生活和家庭中被采用和被消费时产生的意义转移、协商和影响。肖恩・穆尔斯(Shaun Moores)对卫星电视的“家有化”研究为麦凯(Mackay)的四个方面提供了例子。在描述新媒体技术在家庭中的“嵌入”时，他将家庭媒介技术的应用和消费描绘为一种家庭成员与之建立起的消费品位、模式和设备之间的协调动力。媒介技术并不是直接硬生生地“插入”静态的家庭环境中。通常新媒体技术的购买与“家庭界限和关系的重绘”是吻合的(Moores 1993a: 627)。例如，孩子长大以后就可能提出对教育和娱乐硬件的新需求。同时，每个家庭拥有自己的动力和政治规则，不仅仅存在于性别和辈分之中。这种权力关系会影响生产者对用户的期望，以及他们对新媒体产品的定义：“性别和代系的社会分层会导致对卫星电视这类技术不同的处理方式。”(Moores 1993a: 633)

4.2.1 家庭电脑

*“屏幕播放”*这一大型民族志研究（布里斯托尔大学教育学院，执行于1998至2000年）的研究课题是儿童“科技-大众文化”及其对教育的启示。该项目最近开始关注新媒体可及性的问题。项目组研究员首先注意到许多孩子的家里并没有电脑，其次是即使家里有电脑，孩子们对信息传播技术的使用还是会受到限制。生理上、社会上或是家庭上的约束，都对孩子们接触电脑和网络的方式有着重要的影响。例如，在这个研究中许多家庭通常不把电脑放在公共区域——例如在客厅里和电视放一块儿——而是在空闲或“死”的空间里：楼梯平台、备用卧室、楼梯下或是阁楼间：

> H女士：放在房子后面的另一边你就不会被它的声音打扰到。所以如果你在这儿看电视，而我又在这儿玩电脑，那么就会有矛盾。
>
> 问：为什么你们把电脑放在备用房间里？能告诉我你们是怎么想的吗？

---

① 参见Hugh Mackay, *Consumption and Everyday Life: culture, media and identities*, London (1997). Dewdney and Boyd (1995), du Gay *et al.* (1997), Silverstone and Hirsch (1992), Howard (1998)。

D先生：因为那是一个备用的房间。

D女士：因为那个房间没有人住，所以每个人都可以去使用。类似办公室。

斯蒂芬，13岁：它不像卧室那么私密。

(Facer, Furlong, Furlong and Sutherland 2001b: 18)

显然，家中既有的布局和空间使用会影响新技术的使用方式。偶尔会有人将电脑放在孩子的卧室，尽管"一个孩子一台电脑"这种电脑生产商或是家具宣传册里所幻想的画面并不理想。萨拉·麦克纳米(Sara McNamee)在研究网络游戏的家庭性别政治时注意到，电脑或游戏机的放置地点的不同会导致使用的不平等。这种不平等经常与性别有关。她指出，女孩和男孩一样*爱说*她们喜欢玩电子游戏，但往往*玩*得很少。这是由于，虽然游戏机通常是家人共同分享，特别是兄弟姐妹之间，但通常被放在男孩的房间，因此，女孩对其的使用往往受到她们兄弟的控制："电脑成为家庭空间中性别关系协商与表达的一个象征性的焦点。"(McNamee 1998: 197)因此，有人认为，即使有可能实现数字网络的日常消费和使用，它也会受到社会经济因素、家庭政策、性别年龄关系的制约，也会受到时间和空间上的物质限制。

具有讽刺意味的是，电脑那看似将人们从早已确立的媒介限制中解放出来的"开放"性质，在论及其使用权时也会引起复杂的协商。在只有一台电脑的家庭

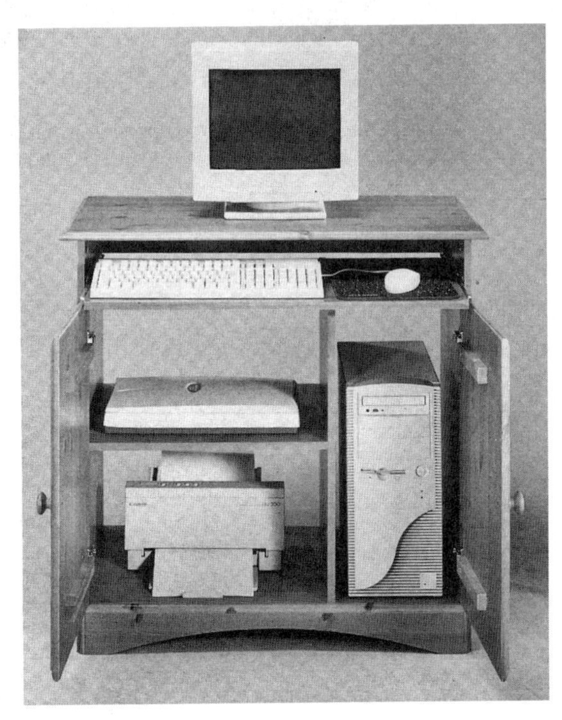

【图4.4】传统与新颖。Argos提供图片。

【图4.5】一个孩子、一部个人电脑和新媒体家庭的人类工程学。Argos提供图片。

中（如16个研究个案中有14个家庭如此），不得不开发出一种“分享时间”的新系统，以使家庭中的不同成员都可以使用到电脑的不同功能，“家庭的时间安排与管理……”

> 嗯……斯蒂芬总是动作很快，所以他就总是先去玩电脑。然后我们说：“这不公平。”于是我们会让海伦在周一和周四先作选择，她可以选择去玩电脑或看电视，另外的时间——我是说周二和周三，因为周五你经常不在或去做别的事情——我们坚持每人每天的电脑时间控制在两小时内。一般来说这是足够的。说到玩游戏，如果他们想继续玩，就要先去做一些功课才行。
>
> (Facer *et al.* 2001b: 19).

这种安排有一部分原因也是由家庭之外人们对电脑使用的话语决定的，也就是家庭电脑究竟是“一种教育资源”还是“一种休闲设备”这两个观点之间的冲突（见4.3.2）。这种冲突甚至在涉及电脑自身“空间”的问题上就表现得很明显。在许多家庭中，例如，一个人（通常，但不总是，一位成年人）会承担起以下责任：安装文件管理系统、“家长监控”系统、设置快捷键，卸载不需要的操作程序，为电脑释放空间，可能会从硬盘驱动器上删除游戏。

因此，家庭中知识和权威的差别会导致电脑与其使用之间关系的差别。菲斯(Facer)等人(2001b)使用米歇尔·塞尔托(Michel de Certeau)的“战术”概念来分析，在这种环境下“弱权威”者是如何寻找出路以使用电脑。例如，假装做功课而非玩游戏，或是在电脑争夺战中取得胜利。

海伦，10岁： 我有一关总过不去，我就叫斯蒂芬过来帮我……

斯蒂芬，13岁： 我30秒就搞定了。

海伦，10岁： 他30秒就通关了。

问： 好。是不是斯蒂芬会教你几招……

斯蒂芬： 我总会教她。

问： 他总自己打，然后接着让你玩？

海伦： 对，我就接着玩。否则他总自己打。他会把我推开然后接着玩到最后。他总这么做。

另外，“战略性占领数字领地”，尽管“只是暂时的，短暂的”(Facer *et al.* 2001b: 20)，也可以通过更改电脑的桌面和设置、调整屏幕保护程序等方法获得成功。因此这种战术在某些情况下来看就是使公用电脑变得“私有化”的手段。

家庭电脑技术的开放性和多功能性可以被视为是一个冲突或自我主张表达的点。家庭成员也许会试图建立自己的“黑匣子”（见4.3.1），尽管是局部的、暂时的：“电脑空间的窃取、技术的时间挪用……也可以被视为一种协商模式，最终完成了对技术的意义与功能修正，以保证它具有多元化用途的潜力。”(Facer *et al.* 2001b: 21)

网络化家庭

与电脑单机使用同理，家庭互联网的使用亦受到时间、空间、访问和资源上的限制，在某些方面，在线活动会面对更多的限制。在接受采访的家长中，大多数人都表示之所以会限制自己的孩子上网，其中一个原因就是英国的拨号上网费用昂贵。这个特别研究的执行也标志着宽带网络的崛起，从其自身而言，这一变化在很大程度上改变了网络接入的特点，使它成为人们生活中一种无处不及的事物，而不是人们偶然造访的某个地点(Burkeman 2008)。尽管很多家庭在当时仍然依靠电话线拨号上网(2005年，宽带取代电话线成为英国最常见的家庭互联网接入方式)。不过，宽带连接没有缓解人们对互联网潜在危险的忧虑：色情的威胁，甚至恋童癖——通过聊天室侵入孩子们的生活。更具讽刺意味的是：许多父母为他们的孩子买电脑，是为了防止孩子们在外面所受到的越来越多的危险。现在，互联网似乎将危险的外部世界直接带入了原本安全的私人领域。这些焦虑使得一些父母要么从一开始就拒绝孩子触网，要么就通过密码或成人监督严格控制访问：

> 在互联网进入千家万户(之前是电视)，进入网络家庭空间里去的时候，家庭空间那可渗透性边界已经变得很明显，电脑成了一处受监控之所，是使孩子们的活动以一种完全不同于家庭外、前门旁的方式受到监视的地方。
>
> (Facer *et al.* 2001b: 23)

因此，即使我们能够日常消费或使用数字网络，它仍然受到社会经济因素、既定的家庭政治、年龄和性别关系的限制，受到空间和时间的物质约束，以及人们对日常空间和赛博空间之间关系的焦虑的限制。

4.2.2 媒介消费理论

约束、创造力和消费是用来研究各种各样的日常文化实践的术语。但它们却为技术文化产品和行为研究带来了问题。如果消费被视为一个主要的、具有象征性和意义生产的行为，那么意义生产和*使用*之间究竟有没有很大差异？*消费*和*使用*一个媒介技术设备之间的区别是什么？或者，如果一个产品是以消费者的身份建构为动力，那么这个过程与技术使用的生产活动中又有何不同？当技术被用来*做*或制造东西时，“约束”和“创意”这一对反义词是否可以作为最具有成效的着手点去分析动力与权力关系的产生。技术对它们自己的使用或意义有影响吗？还是说这些作用和意义完全取决于人类生产消费活动？在围绕新媒体多种多样的讨论中，消费的概念也许会被赋予不同的含义、被忽视或是被不同的内涵所取代。我们现在将要阐述的是媒介技术日常消费的关键话语立场。尽管话语的分组并不明确，而且每一个也会把一些分歧的立场合并在一起，但它们的确能对这些讨论和问题有所提示。

赛博文化研究

虽然赛博文化这个术语似乎有些过时，它唤起了20世纪晚期的沉浸式虚拟现实世界、耳机、黑皮革和镜像等科幻审美的技术想象，但它对新媒体学术研究影响深远。赛博文化研究把新文化技术的多种理论方法结合在一起，共享一个技术前提，尤其是电脑技术。它借由崭新的、人类与技术之间的亲密关系的变迁，来帮助当代文化完成深刻的变革并超越自身。赛博文化对这一变化的基调大体上是乐观的，但有时也会陷入对数字媒介的乌托邦假想中，诸如解放虚拟现实和特定的网络媒介的可能性。

“消费”这一概念在如上语境下很少出现，实际上，它的不在场为赛博文化研究是如何理解数字媒介提供了信息。在我们还在欢庆新媒体的“新奇”之处时，消费是浏览、上网冲浪、使用、“看用(Viewsing①)”，我们如此消费以至于完全沉浸其中。数字媒介和虚拟文化通常被看作是那些过时的世俗商业利益或媒介当前的使用与实践所不能理解的。以下有两种观点：其一，人类与技术的新关系——从沉浸在赛博空间中到各种各样的生化人——是如此的亲密无间，以至于任何以一套设备或媒介来“消费”技术的概念都显得不可理喻；其二，“消费”是一种从事文化活动的方式。但无论是哪一种观点，都仅能服务于糟糕的、“陈旧的”前数字时代的媒介。这些电子媒介是中心式而专制的，但新的信息传播媒介却是互动和分散的。个人电脑的先驱特德·尼尔森(Ted Nelson)在谈论到电脑媒介的潜力时曾说道：

> 可及性的自由主义理想和激动，可能会扰乱如雾一般坐落在我们所处之地上的电视麻木(Video Narcosis②)效应。
>
> (Nelson 1982, 引自Mayer 1999: 128)

尽管赛博文化话语可能只会被较为进步的政治人士提及，但事实上，在赛博空间这一个领域里，基于身体、物质属性和地位(年龄、性别、阶级、种族等)的社会分化是可以被超越的(见4.4)③。

一切如常(或比平常更糟)

在这里需要强调的是经济生产在决定日常生活中新技术的意义和应用时的重要性。消费品和大众媒介是基于马克思主义的消费模式，在文化上层建筑领域中运作，并由资本主义生产的经济基础决定，以维持和复制现有的经济和社会秩序。

---

① Viewsing，是丹·哈里斯(Dan Harries)在2002年论文《互联网观看》(*Watching the Internet*)中提出的概念，他将之定义为“有效整合了看与用的行为的媒介经验”(Harries, 2002: 172)。因此本书此处译为“看用”。——译者注

② 麦克卢汉分析了那喀索斯与麻木(narcosis)两词在词源上的亲属关系，并提出了所谓的技术的麻木效应。特德在此借用麻木概念，以表达当时电视主导的观看环境与收视效应。——译者注

③ 例如：Robins (1996), Robins and Webster (1999), Stephen Kline, Nick Dyer-Witheford and Greig de Peuter (2003)。我们可以将这些研究划分为“左派悲观主义者”的方法——这是参考了早期的文化和文化技术批判学派，即19世纪20年代和30年代的法兰克福学派。参见1.5.4 新媒体大众化过程中法兰克福批判学派的回归。

这种方法认为,媒介技术的发展、传播和消费有助于日常生活的商品化和具体化。文化是屈从于官僚控制和资本主义积累的利益的。因此,“左派悲观主义者”的立场可能在表面上类似于赛博文化研究中对等级制的、僵化的、服务于商业和国家利益的“旧”传播媒介的分析。不同之处显然是,悲观主义者看不出新媒体是对这种控制逻辑的逃脱;在数字技术动态和19、20世纪电子工业技术之间有一个基本的连续性。如果新媒体有任何比早期媒介更糟之处的话:一方面,电脑媒介技术被认为是全身心投诚于空洞的影像叙事的奇观——成瘾式的沉浸——而使得电视“沙发土豆”看起来较其更为正能量;另一方面,它更是带来了新的政治与商业监控形式以及对日常生活之时间与空间的掌控。

电子游戏尤其被视为是象征着资本主义科技文化的加速和殖民的一种电子媒介。从这方面来说,电脑游戏并未能提供新的互动可能性,只不过是展示了一种“市场系统的理想形象”。电脑游戏的意义被锁定在自身的代码中,而它的消费只停留在其被抑制的潜力中:

> 在结构和内容上,电脑游戏是资本主义、非常保守的文化形式,它们的政治内容则由现代资本主义下的民主选择来规定,从张扬自由主义的游戏到带有准法西斯色彩的游戏都不例外。所有的游戏都提供了一种在理想市场中的虚拟消费形式。
>
> (Stallabrass 1993: 104)

对于克林(Kline)、德-维斯福特(Dyer-Witheford) 和普特(Peuter)来说,电子游戏是后福特主义的理想化商品:

> 它是后福特主义重构之工作核心中电脑技术的孩子。在生产中,游戏的开发以其数字工匠的年轻劳动力和网络奴隶,定义了后福特主义企业和劳工的新形式。在消费方面,视频游戏出色地体现了后福特主义的倾向,即通过流动化、经验化和电子化的商品填补了家庭空间和时间。视频和电脑游戏也许是后现代主义氛围最引人注目的表现形式,这种后现代主义氛围(可以被看作)是与后福特主义经济的一种文化相关形式。互动式游戏商业也有力地论证了后福特主义市场营销人员在缝隙市场时代所实践的日益激烈的广告、促销和监控策略。在所有这些方面,互动游戏产业呈现出一种不断增长的跨国资本主义国际逻辑,它的生产力和市场策略在地球上进行着不断的运算和重复运算。
>
> (Kline, Dyer-Witheford and de Peuter 2003: 75)

从“一切如常”的视角看,在进步的赛博文化定位和对数字媒体新自由主义的颂扬之间很明显存在一定的联系。如果没有对新技术的日常消费中社会经济力量的持续性分析，那么任何新媒体时代的分析将是一种妄想，是一种渗透在此时此刻的未来可能性、省略或忽略现有的权力关系和斗争的乌托邦式的投影。

民粹主义者与后现代主义者

大多数后现代主义理论认为，新媒体技术的意义是消费和休闲，而不是决定日常生活的组织和经验的生产和工作。消费文化如果不是唯一的，那么一定是主要的文化领域。一些理论家赞扬消费的愉悦和自由，并认为个人和团体是通过媒介与消费文化选择去积极构建自己的身份认同。

> 与其说是一个被动的、次要的、被决定的行为，消费……越来越被视为一种具有自身实践、节奏、意义和决定的活动。
>
> (Mackay 1997: 3–4)

这里与赛博文化理论有些重叠之处；事实上，赛博文化研究有时与后现代主义思想紧密关联。超真实、纯消费的拟像化的媒介世界概念，往往会引起那些试图证明虚拟现实、多用户模拟环境(MUDs)和互联网具有明显非物质性、去形体化及文本特征的学者共鸣。然而，对赛博文化研究来说，这是一个实现创造性和媒介化愉悦的数字时代，而对后现代主义者来说，这是一个一体的媒介/消费社会。

文化与媒介研究

这些诡谲的分类并不是相互排斥的，任何关于新媒体的分析法都可能继承其中的一种或者多种。文化与媒介研究是与日常文化消费最相关的学科理论，该研究对于消费的态度早已被高度概括。但值得指出的是，文化与媒介研究自身已被广泛的概念和方法特征化了，包括那些关于后现代主义和左派悲观主义的论述，尤其是当其特别关注文化与传媒技术时，赛博文化研究所带来的影响就愈加明显。

文化研究和后现代主义立场之间的分歧很难保持。当生产的意义被淡化时，积极的消费观念不一定没有关于权力的分析。例如保罗·威利斯(Paul Willis)并不认为商品和大众媒介的消费会超越资本主义生产的阶级系统；相反，他是在赞扬小资产阶级艺术基金和特权对立面的工人阶级文化。并认为，工人阶级的年轻人应被给予机会，去接触他们所欣赏的媒介影像产品的机会(Willis 1990)。

另外，文化消费的女性主义关于经济结构的批判性分析，反对经济结构（及其所处阶级的社会形态）是决定一切的力量，而分析消费的社会性别结构时，却也强调了商品化（和技术化）的日常生活中权力群体和抵抗群体的差异。女性主义在争论中指出了媒介消费研究的边缘化与社会性别问题相关，因为家庭消费与诸如电视一类的传播媒介通常是归属于女性的。

回到媒介技术的研究中来，我们可以看到，专注于消费会彰显意义生成的冲突性特征——也即生产和消费之间意义的冲突。生产商试图在产品中嵌入意义，并通过促销和广告将产品与意义相关联，这充其量只不过会带来产品的"优先阅读"。他们也许曾希望我们把视频格式的磁带、光盘或高清DVD视为家庭娱乐设备的未来，但是他们并不能让这些东西表征成为未来。20世纪80年代早期的家庭电脑经常以信息技术为卖点，但往往被用作游戏机（4.3.2）。在主流文化与媒介研究中，所有的商品和媒介都是一种"文本"或是"编码"的产品，人们通过对其的消费而"解码"，以此来获得独特的资讯（Mackay 1997: 10）。所以——该观点极为重要——"技术的效果……*并不是由它的产品、物理形式或是能力决定*。与其说是建立在技术之上，不如说这取决于它们是如何被消费的"（Mackay 1997: 263, 作者强调）。约翰·埃利斯（John Ellis）则在《可见之虚构：电影、电视与录像》（*Visible Fictions: cinema, television, video*）中表达得更露骨："*没有什么*比技术本身更有能力决定它将怎样被创造了它的社会所利用。"（Ellis 1982: 12, 作者强调）①

上文简述之研究领域都是专注于其本身技术与文化关系的模型之上。例如，赛博文化研究以及文化与媒介研究都可引用麦克卢汉与雷蒙德·威廉斯的理论以启迪关键性的影响和灵感。在这本书先前之章节中（第一部分）对这两种科技文化模型之间的差异所展开的讨论直接关系到我们对日常生活的思考。因此，在我们展开下一章的讨论之前，我们还将向大家介绍另一种研究方法，以了解那些常常（但不完全）被知识分子立场所忽略的消费行为和媒介技术。

4.2.3 消费和游戏

在首选的读解——或使用——与抵抗或挪用媒介文本和技术之间，存在着一种更为模糊也未经理论化的关联模式：游戏。电子游戏的出现是大众数字媒体娱乐性（游戏性）唯一也是最显著的例子，它亦证明了下列种种早已成熟之媒介的不断彰显的游戏本质：从电视游戏节目、电视真人秀到互动游戏及衍生的影碟版影片、在线粉丝文化，以及运用（或去适应）数字传播技术在YouTube上传非专业的视频作品。

很显然，游戏在日常媒介文化的研究中有着极为重要的影响。

- 它引领我们进入媒介技术和消费模式的另类谱系中（例如，在电子游戏的

① 可参见 Cockburn and Furst Dilic (1994), Gray (1992), Green and Adam (2001), McNamee (1998)和Terry (1997)。

研究中，弹球游戏和棋类游戏是与电视和电影同等重要的）。

- 它质疑了媒介研究对新闻和戏剧是特权型的大众媒介之形式和类型的强调，但这也是以游戏节目、喜剧和观众的参与等损失为代价的。

- 同时，游戏的麻烦之处在于它试图将媒介的消费在政治方面进行分类：玩游戏实则在玩规则，因此玩家可以被看作是与生产商的价值观和阴谋的同谋。然而，和保守的规则具有束缚性一样，游戏也具有破坏性和生产力。

- 在数字媒介中，游戏（不只是电子游戏，下面我们会看到）为我们提供了一个日常赛博文化中技术与人（人体和身份）之间鲜明而强烈的亲密关系范例。

这些观点将在本章剩下的部分作更充分的阐释。现在我们将通过一个小屏幕、一个键盘和一种魔力予以呈现。

案例研究4.1：手机：小玩件与游戏

在过去十年中，移动电话（或手机）已经从一个相对稀缺的通信设备成为几近全世界发达国家中大人及儿童日常生活的必备之物。在2003年，15—34岁的英国人约80%拥有手机；而到了2006年，90%的12岁少年就拥有了自己的电话(Oftel)。2007年，日本有近1亿的手机用户(Daliot-Bul 2007: 968)。而这些数据不仅适用于后工业世界，应该指出的是，手机在发展中国家也得到广泛普及。例如，在一些非洲国家的农村，移动网络和移动电话的拥有量远远超过固定电话。在肯尼亚，2002年仅有100万手机用户，而2007年该数字就已经增长到650万。但在此期间，固定电话的数量（大约30万）却毫无改变(Mason 2007)。

移动电话已经被青少年一代"解码"了，他们在生产商的梦想中你追我赶（如对某些特定品牌的垂涎），生成崭新的传播实践，如短信。短信被运用、信息被发送的方式，都代表着一种日常生活中真正且全新的传播媒介的出现。键盘的技术局限性已被证明对短信的潜力并无多少限制，相反促进了一种崭新的日常交流的俗语速记法。新的铃声、游戏、显示图片的不断开发和销售，本身就是消费资本主义的拿手的营销策略，以向我们销售连我们自己都毫

【图4.6】凯蒂猫

无所知的新商品。但同时,这一切似乎也离不开其他的新媒体实践,如定制和个性化电脑桌面或在线服务。

让·鲍德里亚以早期的移动个人通讯设备——口授录音机为例,指出了消费文化中技术的不安状态:

> 低语着你的决定,依你的指令而指挥,并宣告你对它的胜利……没有比这更有用的,也没有什么比它更无用了——当技术程序被赋予了一种神奇的精神实践或是时尚的社会实践,那么技术客体本身就成为一种小玩件。
>
> (Baudrillard 1990: 77)

他对研究这些小玩件相关的日常生活之经验的性质并无多大兴趣,哪怕这些小玩件也可能带来情感和审美的乐趣。在一篇论及日本年轻人是如何把玩手机(在日本,手机叫做*keitai*)和创造性地应用的文章中,米哈尔·达利特-布尔(Michal Daliot-Bul)认为,对娱乐媒介消费的研究更需要我们在日常生活之中重新思考游戏之边界:

> 在手机上配一个凯蒂猫的挂件,简单地随手玩两下手机游戏,或用一个动画人物来装饰手机邮箱,这些都是将现实"抽离"进入游戏维度的行为。……手机模糊了私人与公众、休闲和工作、这里和那里、虚拟赛博空间和现实之间的区别。当这一切发生时,原本存在于现实之外的游戏之边界也变得模糊起来。
>
> (Daliot-Bul 2007: 967)

如果大众媒介技术只是象征性的、"文本化的"而并未得到实践或工具化的实现,那么它们很可能就是鲍德里亚所说的那些小玩件。对鲍德里亚来说,当代消费文化的工具和机器已经丧失了它们的工具功能、实践用途和使用价值。相反,它们是作为标志、时尚、玩具和游戏而存在。数字个人电脑、手机短信以及手机本身,可能被销售为有用的工具——但貌似都是一种游戏邀请。毕竟有几个人是因为这些消费设备的提示,才觉得有必要"发短信"、改变电脑桌面壁纸或培育虚拟宠物的呢?

鲍德里亚一方面阐释了大众技术是"文本化"的这一观点的逻辑结论,他认为技术本身在日常使用中并没有因果性的工具功能:我们只不过用它们来做些事情,以使它们看起来很有用。另一方面,他将小玩件定义为"有趣的"小装置,是我们所把玩的技术制品,这是一种暗示性的定义。它让我们思考趣味性技术的意义究竟是什么。移动电话用户在每日的空闲时光里拨打电话、发送短信的行为也许并不是什么"工具性的行为"，但也不能说只是"时尚的实践"，更不是对诺基亚或T-Mobile营销策略的解码。这表明许多日常交际都是非工具性的，但却是有趣的，不管短信里是什么内容，它们是作为联系和回复而存在的。对达利特-布尔而言，发短信是寒暄，它用来"维护社会联系、传递感情而不是交换信息或思想。它创造了朋友之间有趣的情感联结。这是关于感觉和之间*联系的重新维护*"(Daliot-Bul 2007: 956)。

凯蒂猫的手机挂件告诉我们，在技术的消费中，工具性作用和娱乐功能之间的差别并不是那么容易划分的。

4.2.4　问题和疑问：意义与用途①

对日常生活中的新媒体消费所展开的研究需要我们借鉴并挑战上文概述的种种理论方法。虽然本书中这一部分所引用的许多案例均来自文化与媒介研究，但日常生活中的技术研究也引发了这一领域的很多重要问题。正如我们所见，大众新媒体（诸如网络或电子游戏）的意义和作用根本还未确定。

"媒介"和"技术"之间的区别（或区别的缺场）是这些不断变化的意义的基础。新媒体技术（如家庭电脑）或软件类应用（如Facebook）的出现所带来的兴奋（或焦虑）的感觉离不开以下理解，即新设备或网络是一种技术：它可以有所作为，也可以推动变革。当然，对它的使用，甚至是将它作为一种消费技术，并不是预先确定的，它的使用将不仅是由其象征性地位来决定，也是要借由它的实际用途和效果来决定。这里的挑战是，我们要认识到这种编码和解码的动力，或（这两对词是不可互换的）设计和使用，而不是对其特征视而不见，如大众新媒体在同一层次上既作为媒介也作为技术的独一无二性与可能性，以及日常生活中的技术的物质性与现实性。比如说，如果我们将认定一部电脑不过是一则"文本"，这的确是一种有助于探索其当代文化中多元意义的有效比喻，但却也回避了某些重要的问题：

- 我们如何说明电脑的工具属性以及在家庭中使用（电子表格、文字处理等）？毕竟这是一个可以用来使用和创造的机器。电脑相关媒介的操作——编程、信息处理、交流、游戏——并没有因为这些文学性的隐喻而得到充分的阐释。
- 如果硬件是一则"文本"的话，我们需要将其与同是文本的软件区分开吗？如果我们接受一个游戏操作系统是文本化的，那么在此间进行的游戏也可被

① 可参见Jean Baudrillard, 'The gadget and the ludic', in *the Revenge of the Crystal* (1990). "Ludic"意为"好玩的"。

视为不同的文本吗？

- 娱乐科技文化的含义是什么？

媒介技术精准地按其机械与工具的状态，实现或邀约着某些特定的使用。生产商、广告商、零售商与政府机构和消费者之间的意义协商，可能会暗示和形塑其使用。但使用——这一由技术所产生的日常生活中的具体操作——是不可以还原为"意义"的，也不会被"意义"所耗尽。许多评论家论证了信息和通信技术是如何促进人类在家庭环境和全球网络之间的新关系的出现(Moores 1993b; Silverstone and Hirsch 1992)。玛丽莲·斯特拉森(Marilyn Strathern)将家庭中的信息传播技术视为一种"赋能"。在谈到这些技术本身所被赋予的能动性时，她说，"它们看起来是扩充了人们的经验、选择，但同时也扩充了人们关于技术的经历和选择。这些传播媒介强迫人们与技术的交流"(Strathern 1992: xi)。

4.3 日常生活的技术形塑

正如我们所见，对日常生活和消费的理论聚焦，特别是从文化与媒介研究的假设和方法论出发的话，往往与大众新媒体研究中的技术能动性的概念背道而驰。这方面的研究得到了技术的社会形塑论[①](SST)明确或含蓄的支持。特别是，第一，技术设备和系统的生产与消费的前景；第二，明确反对技术和技术系统能对人类世界产生能动性与影响。例如，在涉及电视研究的著述中，罗杰·西尔弗斯通(Roger Silverstone) 认为，我们必须"使社会拥有特权"，他所指的即是一般性的人类能动性在历史、经济、文化和政治上的表现："事实上，我们必须这样做，因为自然、经济和技术等，如若不通过社会活动，它们的冷酷和顺服就不具任何意义。"(Silverstone 1994: 85)我们详细诠释之前，来探讨这一社会建构论对日常生活中之新媒体技术的形塑和使用的方法论取向的有效性。

因此，从"技术的社会形塑"角度来看，它不仅是对某个新的黑盒装置[②]中特别技术特性的选择，对其商业成就、象征性地位的认可也是至关重要的，被威廉·博迪(William Boddy) 称为"工具性的幻想"。

---

① The Social Shaping of Technology，有译为"技术的社会形成"或"技术的社会塑造"，80年代兴起于欧美，后成为影响全球的"技术之社会研究"的思路和方法，即新技术社会学。此处译为"技术的社会形塑"。——译者注

② 科学和技术研究（见4.3.3），在提及消费媒体设备时，如高保真技术和电视机，会使用"黑盒子"这一术语来讨论某些特定设备或系统中的暂时性的组成、技术以及功能。这个术语在控制论中也常常被用来指涉是一种系统或装置的效果分析而不是其内部的工作方式。STS分析的目的是"打开黑盒子"，揭示其偶然性和异质性，而控制论中该术语则是指有待分析的工作系统，或是指该系统的输入、输出和效果的分析所带来的吸引力远远大于其工作方式的分析(Wiener 1961: x—xi)。

案例研究4.2：黑色Xbox[①]和电子游戏技术的社会形塑

第一代Xbox游戏机的发展是媒介设备之社会形塑的一个例子。微软游戏机最初的成功主要依靠的不仅是游戏机的技术规范和游戏的质量，更是营销策略的精细调整。从20世纪90年代索尼Playstation极为成功的营销策略的学习中，微软了解到，它必须改变自身（以及创始人比尔·盖茨）的古板形象。游戏机的外形设计至关重要，高保真音响效果也是必需的："人们真正地融入设计中，他们表示了从未想到会从微软的产品中体验到酷与时髦的感觉，他们觉得该产品抓住了游戏背后所蕴藏的热情和激情。"(*Edge* 2001: 71)

【图4.7】XBox。微软提供照片。

> 在设计Xbox之前，他们采访了5 000个玩家，拜访了130个玩家的家庭，尽全力将Xbox建成一种与台式电脑相对照的设备。与书房中用来工作的淡米色机箱不同，游戏机被宣传为一种使客厅更为好看的性感机器。
>
> (Flynn 2003: 557)

Xbox的早期战略是希望说服微软用户以"严肃"的态度对待电子游戏，故而Xbox是无法用作播放器播放电影DVD的（这与新近发布的PlayStation 2是不同的）。因此，多功能消费娱乐系统的生产动力和潜在卖点，是在与使游戏机的象征性地位与目标客户的态度和喜好相匹配的这一平衡点上（微软后来改变了这一策略，Xbox游戏机可以用来播放DVD)。

① 近来，黑色电子游戏控制杆以及DVD播放器对家庭电视媒介的新形态产生了重要的影响。也许是从20世纪80年代那一场Betamax视频格式与日本JVC公司的得意之作VHS的竞争中吸取失败教训，2008年年初，索尼公司推出最新的游戏机Playstation 3，并以高清DVD和蓝光格式盘战胜了东芝公司的高清DVD系统，成功占领了市场。

> 每一个电子媒体产品的推出或网络上的首次亮相都带来一种家庭消费的幻想场景、一种身为媒介本体的争论性以及因其社会功能而带来的意识形态理论。
>
> (Boddy 1999)

Xbox的发展表明了一个成功的商业化数字媒体技术的产生至少需要依赖于它的社会形态、其象征性的地位以及技术能力。

另有两个重要的观点需要在此指出的是:第一,新媒体技术并不是全新的。Xbox是现有技术的一种特定组合(PC硬件、DVD播放器等),就像电视和电影一样,并不是被“发明”出来,而是像雷蒙德·威廉斯(Raymond Williams)所说的,如同电视一般,是发明和发展的复杂集合,这一复杂集合的所有阶段“都有赖于原本着眼于其他目的所获得的发明”(Williams 1990a: 15)。

第二,数字技术全然的灵活性以及数字化所带来的各种媒介形式的融合(例如USB的随意搭配)更突出了媒介技术发展的复杂性。游戏机也可以是DVD播放器或实现网游和在线沟通的功能。移动电话也可以是一个游戏机、一个基于文本的通信设备、一台照相机、一个Web浏览器。生产商与零售商至关重要的任务则是在生产过程中,找出可能的用途或是对其技术的实践,并将之植入到消费设备中去。这似乎是对社会形塑学说的支持。不过,正如我们在本章的后半部分展开的讨论中所提及的,任何媒介设备上市时所引发的幻想及其所形成的象征地位,在其日常化的使用中确实可形塑其意义与使用,但却并不完全会决定其意义与使用。“黑盒子”的异质化技术是由技术和社会因素(经济、历史、政治)所驱动的。所有的游戏机都是黑盒子的电脑,而不是“开放式”的个人电脑(详见4.3.2)。Xbox基于电脑构造和微软的操作系统,因此成为工程师试图扭转或破解的目标,从“芯片化”的长期实践以试图解放其他潜在但却受限的使用(如插入硬件以保证通过安全检验,允许游戏进行复制或在其他区域的玩家登陆游戏),将它作为一个媒介中心来使用(例如播放CD、VCD和MP3文件),让它如同电脑一般解锁全部的功能。我们在这里看到的是完全不同于消费或解码这些既定概念的行为:Xbox的生产是由其技术的物理属性及技术管理的能力所形塑、所开发(并试图去限制)而成的。对Xbox的消费是可以通过释放其技术潜力来预言的,并不需要通过挑战其“含义”来予以实现。

4.3.1 开放的个人电脑[①]

用户是一种不可靠的生物。尽管电脑[②]的生产和销售在20世纪80年代出现

① 对个人电脑之意义的不同理解,请见3.6。

② 请参阅4.5.2以获取更多有趣的个人电脑的史前故事。

了增长点，但目前仍不清楚当时的家庭是如何使用电脑的。电脑在那时往往是被作为一种信息技术销售入户（父母为了使孩子对“信息革命”的到来作好准备而购置的），但（一旦孩子们得手）却被广泛地用作游戏机。哈登(Haddon)和斯金纳(Skinner)的研究表明，“在上市之后，生产者和消费者都在不断寻找和尝试构建大众市场中这一产品的‘有用性’”（Haddon 1992: 84）。所以，尽管个人电脑的制造商和零售商的“黑盒子”意图是很昭然的，但这个机器（或者更准确地说，是以电脑为基础的信息、传播和娱乐技术的组合）已被广泛视为一种具有独特的、多功能的“开放性装置”(Mackay 1997: 270–271)，如同“变色龙”一般，对其应用和可能性难以决断(Turkle 1984)。

个人电脑的多功能性和娱乐性是植根于电脑技术的发展历史中的。电脑使用的模糊性至少可以追溯到20世纪50年代末产生于麻省理工学院和斯坦福大学学生中的黑客文化①。这种文化一直被视为一种对抗，以反抗大型数字处理机在大学研究和商业应用中的使用中所出现的僵化的仪式，而这种对抗唯有通过实验中黑客的欢呼以及电脑代码和信息的自由共享得以实现。20世纪70年代，黑客的实时技术、交互式信息处理技术的发展使得第一批家用电脑的商业化成为可能(Levy 1994)。首先是黑客们“自己做(DIY)”的格言，意味着第一批家用电脑用户不得不自己动手，从工具包里寻找配件来组装电脑。甚至当家中的电脑以成品购得后，他们仍旧保持着一阵子业余爱好者的形象和市场。在20世纪70年代末和80年代初，使用家用电脑的人不得不学习编程。事实上，家用电脑的目的和乐趣只在于学习编程、研究电脑和系统，而无其他的话，那家用电脑历史的开始的确是对它的消费带来了商业性的软件生产和服务需求。

比起特德·尼尔森(Ted Nelson)所幻想的那些拥护“可及性与兴奋感的自由主义理想”的电脑解放的行动家们而言，这些家庭电脑的早期用户似乎更貌似那些早期晶体收音机的业余爱好者(Mayer 1999: 128)。然而，正如莱斯利·哈顿(Leslie Haddon)在他关于20世纪80年代初英国家用电脑的话语研究中所指出，摆放着这些新设备的备用房间与一种机器所带来的兴奋感是永不分离的，这是信息革命正在到来的证据。通过对这些神秘机器的探索，一些用户感受到他们参与了一个不断变化的现代世界中一种更强大的技术力量的出场(Haddon 1988b)。就像克劳斯·布鲁恩·詹森(Klaus Bruhn Jensen)所说，“个人电脑……不仅提供了一个符号，而且也提供了一个信息社会的试金石”(Jensen 1999: 192)。

① 请参阅列维(Levy)1994年对新媒体历史中这一重要方面的有趣理解。值得注意的是，“黑客”这一术语的原意并不是特指那些爱搞恶作剧或怀有恶意的人物，和今天的定义全然不同。请见4.5.2。

80年代末,苹果或IBM兼容型个人电脑从办公室到家庭的迁移,建立了家庭电脑形态多样化的主导地位,标志着"业余爱好者"时代的终结。如果家庭电脑为硬件软件制造商培养了一个新媒体家庭工业,那么个人电脑则标志着作为大众媒介的这一技术的商业化发展。通过现有的广告和推销渠道进行的个人电脑营销使得这种多义的机器更为复杂。詹森(Jensen)认为,20世纪80年代的电脑广告中,技术对个体的赋权与社会革命的形象之间存在着一种相互矛盾的话语。他指出,苹果公司的电视广告灵感来自乔治·奥威尔的《一九八四》,而印刷广告则是出现在1984年《新闻周刊》的选举特别报道之下,题为《一人一台电脑》。因此,个人电脑是与个性化的家庭消费的既定模式相匹配的,但是詹森(Jensen)认为,在信息革命中围绕着电脑所出现的欲望和焦虑可能依然威胁着消费主义的这种常态(Jensen 1999)①。

究竟是玩具还是工具,家庭电脑以兴奋和沉思标识着不同于一般消费类电子设备的特征。它已被视为可以看到或创造人工"微世界"的一个装置(Sudnow 1983)。浅显地说,这意味着电脑个人定制:改变桌面壁纸、添加不同的屏保或独特的声音。深刻一点说,它指出了我们与科技之间关系的一些基本变化。特别是它激发了电脑与人类大脑的比较研究,并启明了人工智能的大众想象,以及大众化但却实际的人工生命应用,如电脑游戏《生灵》(*Creatures*)(Kember 2003)。雪丽·特科(Sherry Turkle)将这些观点借用在编程文化的研究中。编程时,电脑是"一个自我的部分投影②、一面心灵的镜子"(Turkle 1984: 15)。她引用一位学生在采访时所说的话:"你把自己大脑中的一部分放在电脑的大脑中,然后你就可以看见它了。"(同上: 145)

> 当你创建一个程序化的世界时,你的工作、实验和生活都在其中进行。电脑就像变色龙,事实上当你编好程序,它就会成为你的造物,一种创建多样化的私人世界的理想媒介,通过它,你还可以进行自我探索。人的性格更多是投射在电脑上,而非屏幕上。它们已经成为新一代成长中的一部分。
>
> (Turkle 1984: 6)

她认为,电脑技术赋予新一代所体验和操纵的不仅是信息和图像,也包括用户的个性、身份和性别(Turkle 1984: 15)。艺术家萨莉·普赖尔(Sally Pryor)断言道,这类技术提供给我们的是,"像电脑一样思考自我"的方式(Pryor 1991: 585)。

---

① 自我与电脑的联系同样也会使人焦虑。请参考Andrew Ross (1991)关于电脑病毒和艾滋病毒相关联的研究、Turkle (1984: 14)关于家长对儿童与电子玩具亲密关系的恐惧研究,或Pryor (1991)对电脑与大脑关系研究中"去形体化"观点的批判。

② 关于身份认同与新媒体的延伸讨论请见4.4。

自从90年代家庭电脑作为一种大众新媒体形式出现以来，它就卷入了一场媒体技术市场的发展斗争中。万维网的到来和普及带来了新的意义和展望，但幸好不是个人电脑本身的“死亡”，而是通过傻瓜型网络基站对其的取代，使得更小型移动设备，例如掌上电脑和手机等更易发行。另外，家庭媒介技术与电脑及其功能的新融合也被开发出来，有失败的案例（如通过数字电视系统提供电子邮件和交互式服务），也有成功的（如多人实时在线网络游戏）。然而，发达国家的宽带普及将家庭电脑转化成了可被广泛持有的家庭媒介中心。它的使用不再局限于编程，而是在网上获取信息以及访问、发布和共享媒体文件，从音乐到电视节目，从博客到社交网络。无线技术使个人电脑从书房中解脱出来，作为笔记本电脑出现在提供无线上网服务的咖啡厅和图书馆中。

4.3.2 寓教于乐，寓教于乐，寓教于乐

正如我们所见，购买和使用家用电脑和家庭新媒体是新近才开始的趋势，通常是出于教育的目的。无论是乐观的赛博文化话语，还是更为谨慎的电脑之于日常生活影响的分析，都认为数字技术不能基于本土和家庭的层面去理解，而是要通过它们与个人使用与全球化力量的关系去理解。所以，如果我们把关注点放在“知识”上：在本土的层面上，电脑带来的是其与人类大脑的比较；而在全球化的层面上，信息或网络则具有更广泛的意义，可用来解释当前经济与社会转型。

然而，从20世纪80年代早期的微型电脑到现代个人电脑和手提电脑，家用电脑一直引发着关于其正确使用及意义的讨论。这场冲突的线索非常清晰，即在教育和娱乐之间：家用电脑究竟是教育型的机器（教育术语是ICT［信息传播技术］）还是游戏和玩具？信息通信技术与电脑娱乐媒介之间——或者说教育软件和游戏之间的分割线——经过不断重新划分和建立已经不再那么模糊了。海伦·尼克松(Helen Nixon)对澳大利亚版的家长消费者杂志中涉及家庭软件的内容进行了研究，呈现了一个出版物是如何承诺帮助家长区分教育和娱乐的。这些杂志中所涉及的教育软件的评议是一种商业策略，调和了儿童电脑使用中的历史冲突，这种策略有时也被称为“寓教于乐”，即将娱乐、玩具和游戏作为一种学习的媒介。

案例研究4.3：水晶雨林

读者或玩家点击热键和导航符号，就能展开一则生态戏剧化多媒体故事。一位伐木公司的员工用有毒的飞镖射中了一位外星雨林部落的国王。当国王住院时，玩家通过简单的命令引导小机器人穿越金字塔。这个游戏通过拼贴画、动画段

落、谜语和照片揭示了故事及秘密。这个游戏所传达的知识是折衷的——除了那些和雨林有关的图片之外，这个游戏并不是主要关于环境的叙事；相反，它所涉及的人类学、生态学元素是和科幻/奇幻关联在一起的。这个游戏通过两个层次来操作：叙事、图形和谜题的乐趣将玩家吸引住，同时也形成了一个教学的框架——通过控制机器人，玩家可以了解编程语言的标志。这里有一个等级制的话语：编程的数学话语（也许，也是流行的奇幻类型话语）是凌驾于地理和社会政治的话语之上的。

【图4.8】《水晶雨林》2000年版截图，版权所有Sherston Software公司。

“寓教于乐”这个术语的双重内涵，勾勒出围绕新媒体和教育出现的种种矛盾讨论。这一方面是一种贬抑，因为它将知识和学习庸俗化、商业化了。大众媒介形式与学习的融合是以其他媒介提供商业与/或虚构形式的信息与知识的混杂为特征的：如“软文”、“娱乐”和“纪实性肥皂剧”。另一方面，寓教于乐已经被教育软件行业本身广为采纳（此处并无讽刺之意）。“寓教于乐”呈现了一种广泛的信念，教育和商业媒介消费之间的边界正在消融。这种现象不仅限于新媒体，而且诸如百科全书光盘和学习类游戏（以及类似学校互动电子白板的新技术）的数字多媒体形式更是表现出了这一术语的核心意义。

家用电脑教育软件的推广与政府的政策野心齐头并进，共同致力于重建家庭，家庭时间与学校已不再完全分离，而是与之连接和相互关联的。这不是一项简单的传统家庭作业技术。寓教于乐软件是生产商和政府教育政策共同推广的一种新兴“知识经济”，在这种情况下，工作和娱乐、家庭和学校之间的分化越来越不重要。这些媒介技术和文本的目的是改变年轻人的家庭休闲活动，使其更加“多产”且激发他们的学习兴趣。

案例研究4.4：Visual Basic 糟透了！

屏幕播放项目的研究者认为，在知识经济中，年轻的电脑用户作为“未来劳动力”占据主导的话语建构立场，这使得他们没有什么空间来表达自己“不务正业”地使用电脑的乐趣——主要是玩游戏，虽不尽然。下面的对话中，父母正在讨论如何鼓励电脑在家里的使用时，被偷听对话的儿子打断，这体现了日常家庭关系中每天都在上演着的家庭谈话以及政策讨论（和他们的矛盾）：

爸爸：我们也要让它对孩子们有用。

妈妈：我们有一些儿童教育软件，那时我们应该肯定他们不会去玩游戏。（笑声）我想让斯蒂芬做点别的事情。我尝试过好几次，想要让他对其他东西感兴趣，但毫无疑问，他用电脑主要就是玩游戏。

问题：是的，那么……

妈妈：斯蒂芬，怎么了？

斯蒂芬：我只是想说我要去睡觉了。游戏才是王道，Visual Basic 糟透了！

(Facer *et al.* 2001a: 103)

斯蒂芬的爆发，正像他所指的可带来即刻愉悦的电脑游戏，打破了家庭电脑“教育”作用的前景。

4.3.3　在“社会形塑”之外

然而“开放的”、家庭电脑媒介技术的使用和意义并不是无限灵活的。对社会形塑学说而言，其“开放”是由强大的话语和实践形成的。正如我们所见，由于电脑技术成为一种“家庭的”，而非“兴趣的”行为，生产者和消费者一直都在纠结于家庭电脑和个人电脑的恰当使用，究竟应该将它作为教育工具还是娱乐设备，这为家庭电脑提供了双重功能和身份(Haddon 1992: 91)。但是需要注意的是，家庭电脑和个人电脑是现实的信息（和可嬉戏的）技术，而不仅仅是技术的图像；

它们的开放性和灵活性是与其技术本质和物质性不可分割的。电脑的多重意义体现在其所承载的广泛的使用维度、可供性[①]及象征性的循环中。麦凯(Mackay)和埃利斯(Ellis)此前提到：技术的物质形态和功能并不会影响其使用。但这一立场并不是永不可变：Xbox可以像DVD播放器和游戏机那样“被社会形塑”，但用它来玩游戏、播放DVD却是由于它的物理形式、设计和功能所决定的。它的意义维度与技术现实紧密关联。在想象中，一个相当昂贵的门撞可以被解释或使用，但它永远不能被用作冰箱或开瓶器。

大部分人文和社会科学领域关于技术和文化的研究认为，技术永远不会存在于社会之外，而通常是社会化科技的。这一说法的另一面很重要，却很少被认可：如果技术离不开塑造它的社会和文化力量，那么这些社会和文化力量也离不开形塑它们的技术力量与形式。正如人类的知识和行为塑造了机器，而机器也会塑造人类的知识和行为。在有关新媒体的书中，往往会出现对“技术决定论”的批判，但对技术决定论的简单化否定以及对人类能动性的平等却粗略的肯定，通常意味着忽略了关于“如何理解科技能动性”这一严重问题。

人们回避了技术的物质性和能动性，而特殊设备之“意义”或话语建构却成了研究客体。日常媒介技术文化研究的研究对象往往是“深入”家庭和生活中的特定技术（例如个人电脑、卫星电视等），及其对日常生活中、空间和身份认同所产生的“影响”。研究的重点通常是：生产和消费、家庭生活、代系和社会性别差异的社会力量和语境是如何“限制”技术的可能性；任何认为工具之使用是由技术决定的概念都是被否定的。关于“深入”和“影响”的语言，一方面指涉着人类与日常生活之间——另一方面也指涉着人类与技术之间——那一种坚不可摧的离散而对立的症候。

下文中我们将提出两个建议，以帮助我们重新思考技术、媒介、人和社会力量之间的复杂关系。

科学与技术研究和行动者网络理论

科学与技术研究(STS)[②]和行动者网络理论(ANT)为我们提供了思考技术和日常文化之间关系的方法，从而避免了先入为主的“形塑”和能动性的假说，并认为文化、自然、科学和技术在概念和性质上都是不可分割的。行动者网络理论关注的是“人造之物和社会团体”之间的互惠关系(Mackenzie and Wajcman 1999: 22)。或许，正如约翰·劳(John Law)所论：

---

① “可供性”近来被用于这类讨论。该术语作为一个概念已超越了关于技术在日常生活中作为“意义”来循环的假设。技术是象征性的，但也允许我们做事情、创造事物、改变事物。它们推动着这一切的发生。设备的可供性决定了该设备的使用维度。请参阅1.2。

② 请看1.6.6：旧论战，新焦点：科学与技术研究。

> 如果说人类塑造了社会网络，并不是因为人类之间的互动，而是因为他们还与人类之外的无穷无尽的其他物质进行互动……机械、建筑、服装、文本——所有的这些都有助于社会的成形。
>
> (Law 1992)

由行动者网络理论假说衍生出的一项研究，随即也开始关注人类与非人类（无论是人工、科学或自然力量）之物的能动性，明确地或含蓄地否定了人类学与社会科学是以人类为中心的世界观。这一研究的影响是深远的，超越了“社会形塑技术”学说所秉持的（技术之）影响和（技术之）决定之间的细微差别。它对文化与自然、人类与人造物、主体与客体之间根深蒂固的概念性差别提出了质疑：“行动者网络理论认为，社会与技术都是出于同样的‘东西’：即连接人类和非人类实体的网络。”(Mackenzie and Wajcman 1999: 24)

新媒体生态学

> 麦克卢汉发展出如下理论：电子时代的新技术，尤其是电视、收音机、电话、电脑等，共同创造了崭新的环境。一个新环境：它们并不是简单地汇流成人类环境中的某些基础组成……而是激进地改变人们使用五感的全部方式及事物反应方式，从而改变了人类的整体生活和社会。
>
> (Wolfe 1965)

小说家汤姆·沃尔夫(Tom Wolfe)在评论麦克卢汉的日常媒介之环境特征的理论时说，“媒介生态学”的概念并不是特别新。相反，它已被许多当代媒介学者用来描述和说明新媒体文化和日常生活的鲜明特点。

伊藤瑞子(Mizuko Ito)将日本儿童和青年的民族志研究置入极为有趣的《游戏王》(*Yu-Gi-Oh*)与《哈姆太郎》(*Hamtaro*) 的跨媒介世界中。《游戏王》与《哈姆太郎》中的人物、剧情和世界，就像之前的《神奇宝贝》[①]一样，通过游戏、交易卡、书籍、玩具、漫画、周边商品、电视和电影而得到发行。伊藤用日本流行的“媒介混合(media mix)”这一术语形容此现象，这和亨利·詹金斯(Henry Jenkins)在3.22小节中所说的“跨媒介性(transmediality)”是同义词。她的研究与詹金斯所强调的媒介生态的创造的可能性相呼应，事实上她认为年轻的消费者必须与它们积极配合，做一名“想象的激进动员者”：

> 像《神奇宝贝》这样的新型融合型媒介需要一种重新配置的概念装置，以在“消费者”的层次上作为既定者承担生产性和创造性的行为，而不是附加物或例外之物。
>
> (Ito，时间未明)

① 参见4.5.2,《神奇宝贝》的游戏化媒介环境。

【图4.9】怪兽生态学

这一研究路径表明，媒介技术总是在日常环境中产生变化，但是从媒介创意产品层面上来看跨媒介性，从技术层面上来观察数字融合中，我们发现在活生生的大众科技文化中，人类、技术、想象和经济之间的关系强度与特征发生了极为重要的质的转变。特别是互联网将新旧媒体融合起来，创造了地理上分散却社会性联系紧密的传播与参与网络，而硬件(USB,闪存)与软件(MP3,AVI)等普泛型技术形态与规范的确立也促成了混合设备的数字生态系统的产生（拍照手机、MP3太阳镜、USB供电的操控玩具），通过共享、操纵实现数字图像、声音和镜头序列的媒介复制生产链。

20世纪90年代末，丹尼尔·钱德勒(Daniel Chandler)将儿童数字传播文化描绘成穿破主页的一个“墙上的小洞”，而如今的媒介环境对发达国家的儿童来说，现实世界与虚拟世界已经彻底贯通了。诸如MSN、短信、网络游戏、博客、社交网站等交流和娱乐实践、行为和媒介，已经不再是日常生活的一个个“小洞”，而是披着文化的外衣，填补着我们等公交车时的空白、使我们的作业在电脑上变得更

【图 4.10】充电进行时

为生动有趣、为我们创造和延续友谊与网络、让我们在电子游戏和混合媒介的虚拟世界中进行游戏和创作。一方面，这似乎使“赛博空间”变得不那么陌生，而类似于“前数字时代”，诸如电话、聊天、写信和社交等交际活动；但另一方面，这些新媒体触手可及，家庭电脑、宽带连接、移动电话使其无处不在，这显然已与前数字时代和早期网络时代有着根本的不同。

4.3.4 日常生活中的科技性和新颖性

要想区分儿童日常媒介文化在数字时代之中和数字时代之前这两个时期之间的差别，我们需要再次重访新媒体之新颖性的问题，以及我们应如何理解及体验这一种新颖性。

案例研究 4.5：电视、创新与科技文化形式

雷蒙德·威廉斯(Raymond Williams) 在论及20世纪70年代早期的新一代视频传播技术(如有线和卫星系统)时发现，“一些新技术的发展似乎打开了一种与‘公共服务’或‘商业广播’完全不同的思路；事实上，在某些情况下，这已经是与'广播'完全不同的思路"(Williams 1990a: 135)。他在《电视:技术和文化形式》一书中有两处有趣的地方。他首先预言了久已建立的广播体制将受到新技术和体制发展的破坏,包括多频道与有线广播的利基市场的出现、节目观看时间的流动因家用录像系统而成为可能,以及之后的硬盘录像设备与点播服务。所有这一切都打破了电视的同步性,并威胁到商业电视对广告的依赖。在互联网时代,这些发展被极大地加速了,电视节目以数字文件形式实现了P2P的共享,以碎片化片段发布在YouTube上。互联网似乎也放弃了已然过气的尝试,使用有线电视较多地实现民主参与的目的。其次,威廉斯在"技术决定论"的种种暗示前,放弃了以往谨慎坚持的态度:技术发展本身已为彻底的改变大开方便之门。在技术创新快速发展的时代里,我们可能很难坚守一个纯粹的文化主义者立场。

作为日常媒介文化的电视,具有广泛性和通俗性的特点,这使它成为研究新媒体在日常生活体验的"新颖性"概念的一个有用的案例。媒介研究者通常会戳破令人兴奋的面纱,指出这些新媒体是如何迅速地被人熟识,而成了"旧"媒体。电子邮件或社交网站快速普及,足以证明新媒体已经彻底融入日常生活,因此不再是"新"的,所以试图将其解析为崭新的、革命性的或变革性媒介都是错误的。

电视近来的发展清楚地说明了这一点:平板液晶电视和"家庭影院"音响系统现在已是如此寻常,大屏幕或高清屏幕仍然较为特别,但可能也不会长久。让我们来借用罗杰·西尔弗斯通(Roger Silverstone)关于日常生活中的电视一书中所提出的比喻(Silverstone 1994: 3),我们接下来的挑战则是要将这种与家庭时空交织的东西深入地研究透彻。每当新设备或系统将日常生活的纹理打乱,它们又会重新交织在一起形成新的结构。要追求这一由技术与家庭时空纵横交织而形成的比喻,我们必须放手由其自行编织,才可能完成对它们的检视。

首先需要注意的是,对某样东西熟悉并不意味着了解它。定义了电视的世俗性,会忽略它捕捉想象力的惊人程度、文化理解和传播的共享,以及它对日常节奏和空间的把握。新媒体技术失去自身的"新奇性",但它们并没有消失——也许正是在这一时刻,它们的所有功能都得到了释放,变得平凡而广被接受(请参考Miller和Slater 2000年关于特立尼达岛的网络"归化"研究)。在揭示未来预言的同时,我们必须小心翼翼,以免错过正在进行的实实在在的日常生活转变,尽管它们转瞬即逝,难以掌控。我们不妨想象一下无媒介变迁的日常生活。例如《老友记》一句台词,乔伊惊呼道:"你没有电视?那你还说你有家具?"

【图4.11】新媒体的人类生态学(Flynn 2003: 568)

第二,我们很有必要质疑种种变迁的意义和价值。赛博文化研究紧紧围绕着范式转变、新的时代和近在咫尺的未来。而日常媒介文化的民族志研究,却尽可能关注其变迁的细微增长。一个很好的例子是贝尔纳黛特·弗林(Bernadette Flynn)将PlayStation 2广告中所呈现的故事与她在民族志研究中所观察到的做了一次揶揄式的比较研究——广告中客厅和家具因PlayStation 2所承诺的游戏体验而被毁,而在她的民族志研究中,发生在孩子、家长、家庭空间、其他的媒介实践以及日常流程(看电视)之间却发生着现实的妥协。后者在弗林田野调查的照片中得到了很好的诠释。

这里的改变很微小,但却意义非凡:

> 录像节目正在播放,杰克躺在客厅的地毯上一边操纵游戏机,一边用手机和朋友聊着天。玩电子游戏的最佳距离是在电视机和电脑屏幕之间,客厅的布局更是优化了看电视的最佳距离。但杰克并没有坐在客厅的椅子上,却选择了地毯上这个更适合打游戏的位置
>
> (Flynn 2003: 568)。

这体现了早已确立的日常生活之文化研究的客体与媒介受众研究之间的复

杂关系:家庭媒介实践和社会关系(看电视、打电话);家具、房间布局的文化传统以及它们所反映出的生活方式;家庭生活中权力关系的协商(谁在什么时候、什么地点可以玩游戏或看电视)等。还有其他的变化:把游戏机放在客厅里,将一种"无序、暂时和灵活"的印象赋予了传统的客厅布置(Flynn 2003: 571)。弗林指出了一个极为显著的社会性别化的趋势:在外玩耍(街道、商场)的男孩走进了客厅或卧室——将一种性别化组织的空间系统拱廊——运送进更为传统的以供家庭休闲的女性起居室空间(Flynn 2003: 569, 也参见McNamee 1998, Jenkins 1998)。

但是(这也是我们在弗林的发现中所读到的)一些更难以捉摸的对象也在起作用:消费/观看/游戏的地位,是由这些家具不同种类的功能、它们与人体的人体工程学关系以及特定媒介设备的功能所建立的,同时也是通过文化习俗或话语所建立的。家具的物质性、媒介技术与人类之身体是关键的因素。这些人造物和人类身体影响并塑造了社会形态和关系,同时后者也影响着前者。焦点的转移表明了人们对日常生活有了不一样的关注点,开始关注社会和物质之间的相互作用,这进一步表明,从一个被调整过的概念性观点来看,人类和非人类在根本上也许是相同的:他们至少都具备物质属性。

这一讨论指出了本节下面将提到的一些概念性的问题,特别是那些让我们重新思考日常生活中的人类和科技能动性的问题。它还提出了如何有效跟踪和研究日常技术文化之意义和结构的问题。我们现在把注意力转向主体性和身份认同的领域,在此间,文化的讨论应该会——还有媒介研究以及其他与新媒体文化相关的场域——对它们所观察到的技术文化之变迁以及新颖性更为自信。

4.4 后人类时代的日常生活:新媒体和身份认同①

通常情况下,种种新媒体研究都赞同如下理论:新媒体会使人们的身份认同和主体性产生真正的改变。这可能是根据以下研究所得出的结论:媒介空间与日常生活更深彻的一体化(Kinder 1991; Hutchby and Moran-Ellis 2001);公共和私人领域之间的关系,个人(或本地社区)和大众媒介及文化形式的全球化延展之间的关

① 以下部分与3.16–3.21紧密联系,相辅相成。在第三章,我们将涉及社区建设的身份认同和网络理论。显然,社区和个人身份是分不开的;在这里我们将它们分开是为了强调本书第三章所关注的问题。因此,在这里我们更多关注的是新媒体的本地化和家庭化使用,而第三章看起来则更广泛——尽管也是与公共、政治和经济空间相关的。

系正在改变(Mackay 1997; Moores 1993b)；在某些互联网媒介中，对激进的身份实验与身份游戏的重视(Stone 1995; Poster 1995a; Turkle 1996)；在生物机械学中出现的人类和技术之间日益亲密与混搭的关系(Haraway 1990; Gray 1995)。

因此，研究人类与新媒体研究中的技术的关系，往往都会牵扯到身份认同和主体性的问题。然而，在关于媒介技术和身份认同或主体性的研究中，"身份认同"的意义并不明确。一方面它也许能够表现出个体如何选择日常生活方式表现自我（选择当天的装备、手机型号和铃声等）；另一方面，"建立中的"身份则意味着自我意义的根本变化，与赛博文化研究的观点就更近了。下文中，我们将检视身份认同和主体性是否已经造成（或正在造成）新媒体时代的深刻变革，同时将阐述这些观点对理解当代生活经验的启示。

4.4.1　从"在建的"身份认同到社交网络

网络是目前传播最广泛的互联网媒介，它不但保持着公共和私人空间、大众与自我之间的联系，而且还在创造着新的可能性。20世纪90年代中期互联网出现后，个人主页很快就成为媒介"产物"中一种相对容易的新形式。设计和发布个人网站相对来说更方便也更便宜，这使设计者得以服务（潜在的）国际受众，或是吸引在一定的地理空间中的感兴趣者，极大地超越了早期的DIY媒介制作范畴。"主页"这个术语本身也强调了公共和私人空间之间的传递。即使在如今的Web浏览器和大型商业网站中，"主页"也能让我们在不知道浏览到哪里的情况下回到最初的熟悉界面。

丹尼尔·钱德勒(Daniel Chandler)研究了早期个人网站并采访了它们的设计师。他把他们的作品和其他个人文件、通信或地下出版物的形式（日记、通讯、联名信、同人杂志）联系起来，但他指出，网页的不同之处正是在于它们吸引着潜在的全球受众。客房、卧室与外部世界的联系变得更紧密：

> 在现实世界中，家就是把世界隔离开的地方……而网络中的家，从另一方面来说，却是你在自家墙上凿个洞，让世界钻进来。
>
> (John Seabrook，转引自Chandler 1998)

然而，钱德勒的主要兴趣在于个人是如何在网站上表现自己的。钱德勒引用了一个网页制作的传统隐喻：正如不完整的网页通常被标识为"建设中"，设计师的身份认同也如是。他将主页设计的美学和建设方法称为"拼装(bricolage)"。这个词起源于人类学，表示前工业时代的人类通过更多地使用日常材料和物品来实现具有象征意义的艺术和宗教仪式行为。这个词已被文化研究用来描述青年亚文化对产品意义的挪用、操作，甚至颠覆：

> 年轻人对日常生活空间和社会实践的使用、人性化、装饰,为其平凡而亲密的生命空间与社会意义——即个人风格、服装选择、音乐的选择和积极使用、电视、杂志和卧室装饰等——赋以意义,呈现出具有非凡象征性创造力的多种方式。
>
> (Willis 1990: 2)

苏珊娜·斯特恩(Susanna Stern)将网上年轻人的公共表现与自我表达的内容和美学装饰与其卧室墙壁上拼贴式装扮联系在一起。她对青春期少女主页的研究表明,身份的建构和表现可以反映“真实世界”的性别化的实践和空间。斯特恩的研究并没有发现“流动的”身份认同,而是一种更为复杂的自我表现和自我形象构建的影像:“在这项研究中,女生的网页,最终是反映了这些女生认为自己应该是怎样的,或是她们希望自己应该是怎样的,更多的则是,她们希望别人如何看待她们。”(Stern 1999: 24)

斯特恩将网站样本中的自我表现的特征归纳为“精神的”、“忧郁的”和“自我意识的”。每一种都发展出新的方式,从轻松列举喜欢或不喜欢的事物,到写在日志或博客中极其个人化的、通常是痛苦的反思或诗句,以使身份建构的自我行为向公共领域延伸。斯特恩对此进一步解释:卧室作为“安全”而受限的女生空间,正通过网络媒介的使用,成为一种安全却能表达自我的公共空间:

> 对一些女孩来说,网络看起来是为她们提供了所需要的“倾诉经历”和“表达事实”的“安全陪伴”。它也似乎为某些女孩提供了“发现生活中更多可能性”的自由。
>
> (Stern 1999: 38)

近年来,博客已经取代了个人主页成为大众首选的自我表达的网络媒介。博客和个人主页最主要的区别是,它完全不需要掌握HTML编辑软件或是FTP知识;博客的时间轴和日志结构促成并塑造了一种极为特殊的参与感和内容的生成(间或、不断的想法,观点和评论的更新,或是与其他博客和有意思的网站交换链接);博客软件也促进和鼓励其他博主来添加链接和评论。因此,博客也比个人主页更能保证持续的交流:

> 博客的归档能力创造了一种支撑起以往之印象与表达的方法。身份构建对青少年来说会是一种持续的过程,也是他们可以归因的行为。当博客软件开放给其他博客以提供反馈或链接的方式之时,一种同侪关系也被培养出来了。
>
> (Huffaker and Calvert 2005)

其他网络媒介和网站都在特定的博客技术格式和文化习惯上发展出了自己的形式和内容，值得一提的是YouTube视频在博客文章中的嵌入，以及在博客中加入相册链接的Flickr。像MySpace还有Facebook这样的社交网站坚持发布和日志保存的传统；它们常常为读者和网友提供，或为其尝试开启一种进行时态的传播网络。它们鼓励人们在线联系（“朋友”），在邮件和即时通信系统之间提供各种各样私人或半公开的渠道，但也有更有趣的方式，例如测试、棋牌游戏、虚拟礼物、文学、电影、绘画和摄影之品味的自动比对，还有游戏，例如Facebook的僵尸游戏，将朋友之间的社交网络开发成了一种玩笑似的病毒式营销。

如果个人主页通过趣味性、图像和链接的拼装实现个人身份的构建，那么个人博客和社交网络主页则在Web 2.0多媒体技术时代下，通过管理内容、建立网络和持续的交流来实现一种不断发展的、个人化兼具集体化的身份表演。

4.4.2　虚拟身份

> 我们与周围世界的互动与关联因电脑技术影响而被持续性增强了。人类通过比特和数字比特被同化了，就像电视剧集《星际迷航：下一代》中所呈现的那样——通过与机器愈加频繁的互动，我们成了技术和生物的混合体，人与人通过技术界面相互连接。
>
> (Dery 1994: 6)

赛博文化研究的观点和概念在科幻小说及赛博庞克的想象中都有形象化的表现，它们模糊了被媒介技术包围的未来世界中人和机器之间的区别，试图追根究底地去探索通往虚拟世界的大门。这些话语及赛博庞克的想象受到了由文化研究所衍生的新媒体研究的广泛批评。我们仍需要谨慎地去假设由新科技与其另类的、去形体化的世界所带来的激进的新颖性以及对历史和社会分化与矛盾的超越。特别是女性主义文化研究，已经对思想和身体分离（意识或身份上）的假说提出了质疑，尤其是在以下的这些研究中：赛博文化研究(Bassett 1997; Kember 1998)、网络科幻小说(Squires 1996)和人工智能、人机工程学等的电脑科学研究(Hayles 1999)。

然而在讨论的分化中也存在着共鸣。文化与媒介研究和女性主义文化与媒介研究深刻认识到，深度媒介化的文化中人的主体存在着易变性——无论这种易变性是通过印刷还是电子媒介，或是以电脑为基础的媒介得以实现的。此外，还有另一些重要的研究，如文化研究和女性主义文化研究中出现的关于技术科学和技术文化研究，这些类型的研究特别对激烈的技术变迁中主体或身份的性质和易变性提出了深刻的质疑。

20世纪80年代和90年代早期,关于新的电脑媒介(例如虚拟现实、网络和电子游戏)的虚拟时代理论都认为日常生活会因此发生变化。有一种趋势是将这些新媒体及其作用以与物质和象征相反的方式来定义:虚拟对现实、游戏对消费、乌托邦对世俗政治与真实世界的缩减、赛博空间与虚拟现实对商业通信和信息媒介、身份对肉体(及所有肉体的历史和文化“行囊”)。对一些“虚拟时代”的假设提出质疑,并不是为了说明身份已经不再被建立或是改变,也不是否认我们与机器及网络日益亲密的关系会威胁到地方和世界、公共和私人、消费和生产之间长期形成的对应概念。事实上媒介技术在许多方面改变着身份的意义,包括以下内容:

● 通过大众传播媒介的变化:例如电视广播的发展如何能够使得身份的表现或展示更方便;

● 通过消费作为拼装的积极实践,这种实践通过我们所“选择”的影像和消费品建立,这也许是一个数字软件的互动和再创产生新的动力的过程;

● 身份可以在网络世界或虚拟世界中“建立”起来;

● 在虚拟社区中以个人形式存在;

● 虚拟现实和赛博空间会破坏我们对现实中所建立的身份的理解;

● 从网络到基因工程,技术和媒介之间更加亲密的关系向我们提出了人类身体和意识、机器和网络之间的边界的问题;

● 新媒体是影响身份的历史、经济和/或文化改变的一部分原因,但这部分却很重要。

20世纪90年代早期,人类意识到虚拟世界的存在,而如今当时的那股兴奋早已过去,取而代之的是对这种兴奋的批判,但这些批判似乎是无用的,如同击打稻草人一样,承担了忽略重要概念和客体的风险。我们在德比(Dery)的话中看一看网络中的人:很明显,人类与世界的相互作用越来越依赖电脑技术,人们的确体验到了与复杂的机器之间的频繁互动,也包括人与人之间——通过技术接口。机器和网络越来越亲密的关系,挑战了人们长期以来形成的对立概念:地方和世界、公共和私人、消费和生产,以及我们下面将要看到的,人类和非人类。

对于身份、主体性以及新旧媒体技术等建立起来的叙述是非常凌乱的。正如我们所见,“身份”和“主体性”很少被定义,它们在不同的观点中以不同的方式出现,并且往往很明显的,是可以互换的。同时,“真实世界”这个术语应当谨慎地解读。虚拟环境和媒体都不是真实的虚拟——它们以数据和经历两种形式存在着。以下展开的简要探究:就是关于新媒体是如何建立身份、主体性、身体、技术和媒介之间的关系。

网络新于何处?

新媒体研究通常涉及其自身以及网络新媒体，特别是互联网媒体。对用户来说，早期互联网所带来的可能性产生的兴奋感是，网络用户彼此相距甚远，亦可预见由此简单事实所引发的网络用户对其他身份的呈现、表演以及身份游戏。用户更难以互相看见彼此，故而身份的传统标识也变得无关紧要。有观点认为，这一现象形成了一种建立在精英原则之上的全新线上文化，某些边缘化的人群（青年、妇女、残疾人、黑人）也会因自身之知识或者社交能力而得到认可。

> 在电子公告板比如The Well上，人们与陌生人联系不需要很多使人们产生分歧以及疏远的社会包袱，不需要关于性别、年龄、种族划分以及社会地位的视觉划分，某些开放的谈话方向在现实中可能被回避。这些虚拟社区的参与者经常无所顾忌地表达他们自己，并且话题活跃、发展迅速。
>
> (Poster 1995a: 90)

某些学者更大胆地断言：在赛博空间上或虚拟空间中的在线社区中，我们即使是不可见的，也能自由地以新方式表达身份，或更深远地发展出新的身份——性别、种族甚至物种上的身份游戏更为流动和灵活。雪莉·特克(Sherry Turkle)致力于在电脑网络化传播中个体自我感的研究。她将网络视为一种具有潜力的“身份工作间”，以使身份可以借由角色扮演以及与其他用户的远程交互得以映射：“自我是去中心化的，并且正在无极限地被多样化。人们有一个无可比拟的机会去尝试身份游戏，并体验新身份之乐趣”(Turkle 1996: 356)。

由此，某些早期的赛博文化研究会对赛博空间中的在线社区作如下阐述：它们不仅可以实现生理和社会文化的“自由漂浮”，某些方面而言，我们的身体会因“非形体化的交流”(Dery 1994: 3) 而被滞后。因为我们不仅可以通过不一样的性别、种族甚至是物种表现自己，更可以实现去形体化。那些出现在20世纪90年代初的狂热预言中有关人类的意识上载到赛博空间的说法已经渐隐减退了，目前的学术和大众对数字文化的讨论，仍然是基于现实空间和虚拟空间之间存在着一种根本性的分离，这种分离同样出现在用户与玩家的日常家庭生活及其虚拟世界的在场之间（例如，网络替身的在场）。

那么，互联网媒介的日常应用是否脱离了早已确立的游戏模式，也脱离了“旧”媒介消费的身份建构呢？这些无形体化的虚拟身份是建立在什么样的历史、技术和文化变革概念上的？阿卢奎尔·罗珊娜·斯通(Alluquere Roseanne Stone)提出“网络有何新奇之处”的问题之后，给出了两种可能性的解答。第一个回答是“毫无新奇之处”，即借助电脑网络的传播和打电话并无区别（尽管这样的回答忽视了早期电话也许是原始赛博文化的一种深刻体验）。第二个可能的答案是

"它的一切都是新奇的":和"旧"媒体相比,网络更像是一个公共剧院,是社会体验的新布景,是戏剧化的交流,实现了"高质量的互动、对话和交谈"(Stone 1995: 16)。斯通认为,第二种答案是正确的,并提出这种新奇性深远地影响了身体在空间中的自我意识与"在场"意识。她认为,身体的物质性——"物理外壳"——以及与之共存之身份之间的关系,是根深蒂固于文化信仰和实践的巨大变革之中的,正不断背离身体之物理外壳的传统概念以及人类能动性之场所(Stone 1995: 16)。斯通认为,这些巨大变革的象征意义,不亚于"机械时代"的终结和"虚拟时代"的开端(Stone 1995: 17)。其他学者也对此表示赞同。当代新媒体作家马克·波斯特(Mark Poster)认为,电子媒介的出现在历史意义上与活字印刷相似。新媒体标志着现代时代的终结,也标志着后现代主体性的开端:

> 20世纪,电子媒介对文化身份的深刻转变起到了支撑性的作用。电话、广播、电影、电视、电脑,如今融为一体成为一种"多媒体"来重新改造文字、声音和图像,并生成崭新的个体性构型。如果我们说,现代社会可以促进一个理性、自主、专注和稳定的个人的发展……那么也许后现代社会的出现则是培养了新的身份形式,这种新形式与现代社会中的身份形式不同,甚至相反。并且电子交流技术更是增强了这些后现代的可能性。
>
> (Poster 1995a: 80)

通过对赛博文化(及后现代主义)思想的剖析,我们得以窥见个人或主体、媒介技术与历史、文化变迁之间极为多元的关系假设。而当下我们必须质询的问题是:媒介技术在身份或主体性的变迁中起到了什么影响,又扮演了一个什么样的角色?诚如波斯特在上文中提到的,15世纪中期活字印刷术的发明每每被认定为第一个大众媒介的出现,并且往往被援引为是对现代理性和主体性发展以及中世纪宗教世界的削弱起到至关重要作用的关键性因素(McLuhan 1962, Birkerts 1994, Provenzo 1986)。

从机械走向虚拟的划时代变迁很难清晰划定,这一点是可以论争的。例如,波斯特对这一问题也是语焉不详:他所论及的"后现代的可能性"究竟是新媒体的独特产物,还是数字媒介(包括电视和广播)的一般产物?上述之引文暗指的是后者,但在其他地方,他却特别地将数字媒介作为突破点予以界定。在反驳"异化"和"单向"的广播媒介的同时,他提出了互联网的多对多系统:

> 大众媒介的问题不能单单被看作是有关发射端/接收端、生产商/消费者、约束人/被约束人的问题。现代化传播分散网络的转变,将发射端变为接收端,将生产商变为消费者,使制定规则的人被规则,这是对早期媒介时代之理解逻辑的一种颠覆。
>
> (Poster 1995a: 87-88)

然而，斯通对新旧媒体之间的区别是很明确的——也就是新媒体使用的网络结构。因为“一对一”的电话交谈模式以及“一对多”的广播媒介传播模式，正在今日被网络媒介所带来的“多对多”传播模式所取代。

4.4.3　虚拟民族志

全面了解身份、技术和日常生活之间的关系必须利用民族志的方法论和观点。新媒体文化的民族志正面临截然不同的新挑战：关于新媒体文化之民族志研究的地点、主体等问题的质疑。克里斯汀·海涅(Christine Hine)将民族志概括为一种既定的视图：“民族志学者在田野现场之持久性的在场，混杂着与田野展开之地的居民日常生活的深度参与，从而形成了我们所谓的民族志的独特知识。”(Hine 2000: 63-64)传统民族志更是以地点为特征的：米勒和斯莱特认为，即使是互联网民族志，它也是需要有具体的地点“以探询某一特定地区中，互联网技术是如何被理解和同化的……”(Miller and Slater 2000: 1)。那么，我们究竟应该如何推进民族志以描述现实和虚拟空间呢？

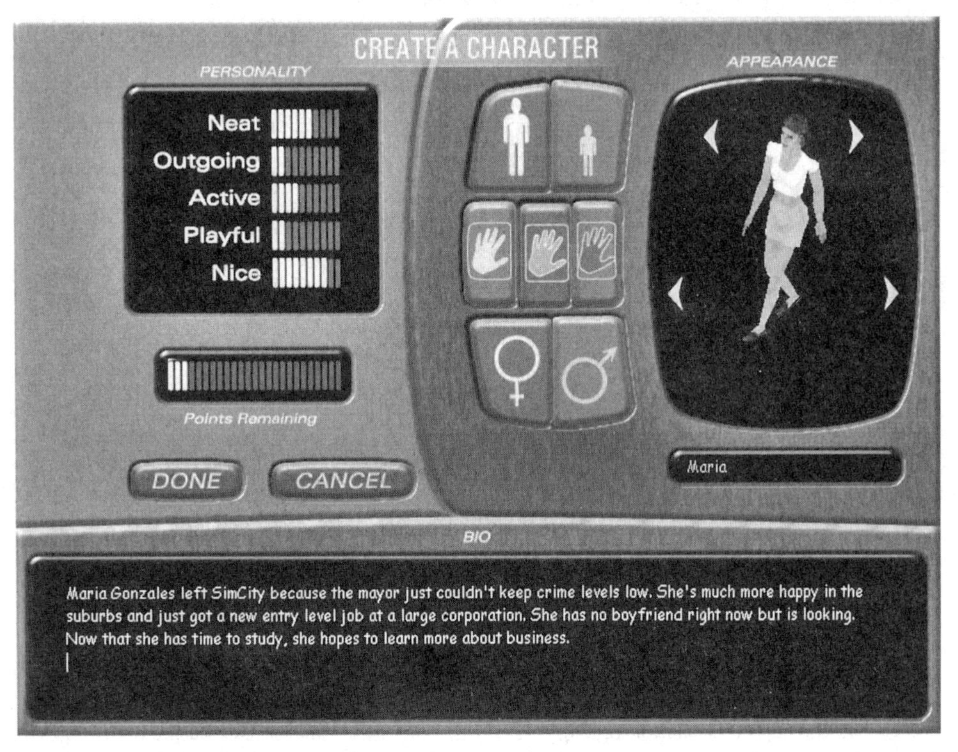

【图4.12】身份游戏？《模拟人生》。©Electronic Arts Inc。版权所有。

在两种宽泛而矛盾的"传统"民族志方法之间,海涅(继克利福德·格尔茨之后)勾勒出一个关键性区别:

> 民族志学者能够利用这种持续性的互动来"减少困惑"(Geertz, 1993: 16),从而唤起其他人的生活方式。与此同时,民族志也可以是一种引发困惑的手段——"通过排除令人模糊的熟悉感,因为这种熟悉感掩盖了我们自身知觉的相互联系能力的神秘性"(Geertz, 1993: 14)。
>
> (Hine 2000: 64)

而后者的这种引发困惑的手段(也许是去自然化、"陌生化")对学者研究自己的文化(或亚文化或群体等)起到建议性的作用。海涅对自己的互联网研究意图非常明确,也是如此定位的;这种方法既可以用以描述我们熟悉的情况,亦可以表达陌生的情况,既能关照旧景象也能关联新形式。下面的案例研究充分体现了这一点:

案例研究4.6:网络猎手以及虚拟性别游戏

卡罗琳·巴塞特(Caroline Bassett)的民族志研究《虚拟社会性别:网络世界的生活》(1997)否定了以下观点:虚拟世界(以及我们在其中的身份)完全脱离现实世界,浏览者会在网络世界中留下他们的社会文化背景。她认识到人们在施乐帕克研究中心的虚拟环境——兰姆巴达多用户网络游戏(LambdaMOO)自我表现的多样性和表面的解放性。与其他的多用户环境(MUDs[①])一起,兰姆巴达有一个基于文本的界面,用户通过三个基本属性:姓名、性别和外观向其他用户用文本描述自己。他们也可以"建立"自己的文本家园,其设计反映了他们的新身份,例如模糊性和"雌雄同体":

> 中性世界。
>
> 一个温和、白色的房间。清洁的空气被吸入到你的鼻孔,不洁空气从巨大的屋顶排气扇中排除。一种平静的感觉弥漫了整个房间。Bala在这里。
>
> Bala
>
> 一个高大、黝黑的人。这个人最让人好奇的地方,就是你没法判断TA究竟是男还是女!

① MUD(Multiple User Dimension),多用户维度,多用户环境,也称为Multiple User Dungeon(多用户地牢),或者Multiple User Dialogue(多用户对话),同时也称为MUSE或多用户模拟的环境,即Multiple User Simulated Enviroment。

TA在沉睡。

(Bassett 1997: 541)

尽管巴塞特赞同多用户环境(MUD)带来了一种与网络交流形式相联系的可能性,但他仍然对赛博空间中自由漂浮的身份这一新概念提出了质疑。因为他发现,尽管一些用户具有十分不同的特点,或者多重"身份",但这并不意味着所有人都是这样。仅有一部分人利用了这种MUD带来的性别转换:

E

E看起来很满足,眼神中有一种愉悦之情,望着你……黑色皮革包住了Peri的臀部,几乎盖不住裆部,黑色皮革在灯光下闪闪发光。身穿紧身衣,乳头若隐若现……

E携带着现实生活中,Eir(混合的)性别标志……

(Bassett 1997: 545)

大多数都遵循男性或女性的建构模式:

Beige Guest

一个甜美的宝贝,绚红的头发飘动着,水晶祖母绿的眼睛,地球上最迷人的微笑。

(Bassett 1997: 546)

巴塞特指出,这样的超女性化表现几乎都是男性玩家的行为。即使转移到没有生命的物体或是动物身上,也不意味着这是逃离现实生活的性别建构。

网络猎手是身上植入了机械的……猎人。一条腿是仿生的,骨骼系统由钛制成。他在寻找可以猎杀的东西!

(Bassett 1997: 549)

除了网络猎手,如果忽略社会性别游戏的话,绝大部分兰姆巴达的线上身份都表现为白种人、年轻、有吸引力。这与以下假设恰恰相反,即网络身份构建不受现实生活的限制。巴塞特引用了朱迪思·巴特勒(Judith Butler)的性别表演(Performative)概念,也就是说,身份(特别是性别)并不是经常性地借由语言行为而得以建构。

尽管如此,巴塞特认为兰姆巴达的"小世界"带来了两个具有进步意义的读解。首先,它强调性别是建构的和"非自然的"。第二,现实生活之话语并没有主宰赛博空间,兰姆巴达的确带来了"干扰的空间、性别游戏的可能性以及新的主体性形式的出现"(Bassett 1997: 550)。身份和主体位置穿梭在现实和虚拟中,但并不是没有变形和游戏的可能。

当下涌现了大量的虚拟民族志，而其中最有趣的是对虚拟与现实世界的相互渗透进行追踪的研究(比如Hine 2000, Slater 1998, Taylor 2006, Dixon and Weber 2007)。此类研究所关注的现实/虚拟文化和事件之肌理是丰富且多产的，其间可被注意的是，它们主要关注的往往是人类参与者以及定位其身份之语言与文化的宽泛语境。很少有研究会首先去关注，形成或承载此类文化与身份游戏的技术性质或独特的影响。这证明了新媒体研究的焦点是网络传播以及人类通过种种互联网媒介形成的关系，同时也解释了为什么人们不愿研究数字环境中人类与技术之间的直接关系，如在线游戏中玩家之化身与非人类代理(战用的机器人)的关系。这一通用规则也有一些重要的例外。例如，特克对于在线游戏身份的可能性评估是建立在以下基础上的：即她早期关于电脑用户、身份以及他们所应用的程序(包括游戏)之间的关系研究。她认为，这种技术所赋予我们的不仅仅是信息和图像的体验和操作，还包括了用户的性格、身份和性别等的体验与操作(Turkle 1984: 15)。这里的身份游戏是通过个人与机器之间的反馈而产生的，并不是借由网络与个人之间形成的。此处提出了几个重要的观点。虚拟世界的自由漂浮身份的赛博文化范式不一定是基于人与人之间的远程传播：网络虚拟现实的技术想象力是建立在与电脑游戏的空间互动之上的。那么至少，新媒体研究中关于身份和主体性的概念化，尤应强调人类与机器之间的直接关系，以及机器所实现的人类之间的关系。

例如，在某种程度上，在线“身份”的特征已经随着图像复杂化且持久的虚拟世界(例如《第二人生》以及《魔兽世界》游戏)得到了提升。网络身份的发展，与其说是通过玩家的技巧，不如说是通过世界本身以及时间、应用、能力和技术资源的约束和背离来实现。要充分参与这些世界、实现人们的创意潜力也需要投入大量的时间、精力、能力(和金钱)。在《魔兽世界》中，这意味着团队建设及合作关系的维系，通过收集(游戏中的)经济、徽章和超自然资源来完成任务和升级。在《第二人生》中亦是如此，要建房、学习如何制作(然后分发或出售)虚拟物品，就需要花时间去学习软件、发展技艺、网络和专业知识。

无论身份游戏在这些虚拟实践的日常生活中是如何显而易见，它也不过是一种更为广义的游戏(和工作)活动和过程，由软件和社会(以及游戏)规则来形塑。而这些规则又是由运行虚拟世界的公司(《魔兽世界》和《第二人生》所属的暴雪公司和林登实验室)以及玩家自己所建立的游戏之协议和规范所建立的(在这个意义上，这些图像化的虚拟世界类似于社交网站)。坦娅·可瑞兹温斯凯(Tanya Krzywinska)认为：

> 身份游戏只是(《魔兽世界》)一个方面，然而，许多人的游戏往往不了了

> 之,因为玩得越多就越难坚持。变形的元素不仅仅只是作用于身份游戏;也在于游戏技巧的更臻娴熟,生成更强烈的能动性以及对决定性力量的陪衬性表演,也是一种愉悦生成的变形模式。
>
> (Krzywinska 2007: 117)

它所需要的不过是一种查询模式,以包涵主体性的无形化特征、技术的物质性以及与主体性交织而成的技巧。

案例研究4.7:《雷神之锤》中的性别和技术性

身份和现实技术之间的关系不仅仅需要依靠想象,也是实际存在的。诚然,意识到电脑的存在能为个体提供一种思考自我的方式,但是用户、程序员、游戏玩家在操控软硬件使用电脑的时候,自身也在发生着改变。品位、偏好和自我展示以及在科技文化中的表现都与熟练掌握技术的内在属性息息相关。

【图4.13】怪异的女性身体、盔甲以及皮肤和绘制技巧。左:雷神之锤游戏中,米拉之角色的皮肤;右:男性化女孩。游戏角色由10岁女孩设计,伦敦,1995。

电子游戏文化是其中的一个明显例子。你或许可以像别人把自己当作影迷、乐迷那样,认为自己不过是一个游戏玩家,但是玩家的身份只有通过技术能力等级的标识才能完全实现。电玩是一种不可宽恕的媒介:当你观看一场艺术电影时,你可以耐着性子尝试去理解它的画面和意义,但是如果一个玩家不能理解游戏的界面,或者没有达到破解谜题的熟练度,他们就会卡住,玩不下去了。

成为一个游戏玩家还要面对其他的障碍,特别是多人在线游戏。海伦·W·肯尼迪(Helen W. Kennedy)通过对游戏、论坛、粉丝网站、社区以及基于游戏元素的同人志创作等方面的研究,分析了第一人称射击游戏《雷神之锤》中的性别文化。她对女性玩家的访谈为我们揭示了进入这一男性主导(有时具有侵略性的)文化所需要掌握的一系列策略(Kennedy 2007, Dovey and Kennedy 2006)。除了学习游戏中的专门技巧以外,还包括开设网站、在多人游戏竞争中组织女性"家族"以及设计"皮肤"——可以在游戏中改变人物外观的图片。肯尼迪指出,在这一极端暴力、充满紧张感的《雷神之锤》游戏中,姑娘们或单独讨论或集体协商以设计女性气质的可能性时,这些身份是与物质化的技术文化现象——既从激烈的游戏中获得快感又从设计皮肤和网站中掌握技术知识——是密切相关的。

> 你必须要会用鼠标观察四周,而不是简单地移动点击,这有些难度;你一不小心就会望向天花板或者卡在角落里,变成别人的靶子。对了,你的左右手正在做着完全不同的事情,你需要知道每个键在哪里。一开始我没办法全都搞定,换枪、跳、移动、射击……刚开始,这一切都太复杂了。而且我还得一手操作鼠标,同时又要看着键盘找按键……不过,一会儿之后你就熟练了,你只用看着屏幕就可以双手好像自动的一样飞快地操作。那种感觉就像是你就在那里,躲在角落里等着伏击别人……(作者访谈,希娜,《雷神之锤》访谈,2001年10月)。
>
> (Kennedy 2007: 123)

《雷神之锤》的虚拟世界里生活着各种生化人的形象(特别是那些由女性玩家所创造的角色),但是肯尼迪认为,游戏、游戏玩家以及游戏文化事实上都是某种"电子生化体","机械、编码和身体"的电路——身份因而也是"技术性"的,唯有通过"体验、技术竞争以及技术使用的手段才能产生、表达个体和集体的身份"(Kennedy 2007: 137)。专业技能、知识、熟练程度、练习、天资、表现、创新联系都属于技术上的技巧,并且都是日常工作游戏的部分。它们与个体、思维、机器互为形塑。

4.4.4 技术的主体

理解这些与媒介技术相关的身份变形理论的种种观点,重要的一点是我们要理清身份的意义——或者说,至少要明确身份意义中的混沌之处。在文化与媒介研究中,"身份"的概念通常与"主体性"是可以互换的(Hall 1997; Butler 2000)。尽管有时这些术语会指向不同的内涵。例如,一个人在设计MySpace主页或是写日志时会选择他们所感兴趣的和个人生活来表现自己的身份,他们的主体性看起

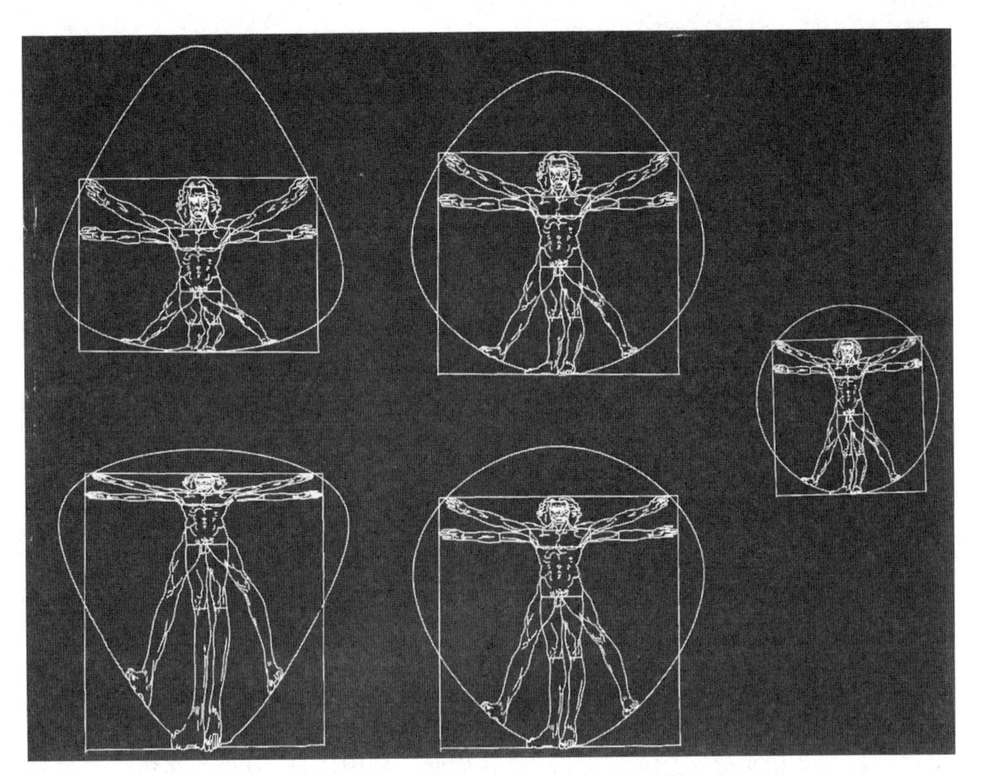

【图4.14】查尔斯·苏瑞(Charles Csuri)《列奥纳多二号》，1966年。文艺复兴人类，由计算机算法改写。

来并不受到意识的操纵，而是以个体在世界中的地位及其层次结构为根本。那么，主体性也许可以经由个体在性别、种族和阶级的权力结构中那更为广泛的历史和文化语境、地位来塑造。

尽管“主体”是现代个体性和自由概念的核心①，但应该注意的是，它也暗含着某种屈从的意义，也就是个体在权力结构之中或借助权力结构来建构身份，例如“王权之主体”。因此，一方面，它是一个概念，是个人的一种内在自我的感受，但另一方面，它所指的是在社会中的个体的地位。福柯的论述在此彰显了一定的影响力。他认为，关于主体的两个概念并不是矛盾的，而是密不可分的：启蒙运动所欢呼的理性主义不是一个普世原则，而是以某些个体是理性的、其他人却是有罪的或疯狂的话语存在着(Foucault 1989)。

① 笛卡尔的名言“Cogito ergosum”(我思故我在)是在思想和理性的更高领域中启蒙运动主体的理想化生存状态的象征。我们也将看到，这种将思想和身体分离的哲学，或笛卡尔式的二元论，对我们思考赛博空间的思考和传播非常有益。

主体是存在感的一个历史话题，它从现代社会的开端——文艺复兴时代——就开始出现。它也标志着中世纪的世界观——一个神赋君权的宇宙，其间，个体、社会阶级与天使、牲畜乃至无机物都有不可变更之位置——的最终结束：

> 启蒙运动的主体是建立在一个完全中心、统一的个体、拥有理性能力、认知力行动力的人类个体定义的基础上的。该个体的"中心"是由其出生时产生、并且伴随其存在、完全相同的、连续存在的内在核心(身份)所组成。
>
> (Hall *et al.* 1992: 275)

伴随着宗教改革运动，贸易资本主义作为社会和经济力量出现，增加了个体贸易者的流动性，同时随着城市化进程的开始，社会关系受到了动摇，这也要求新的个体-社会关系的产生。自主个体的逻辑有助于理解这种新的非天然的秩序。关于理性个体的自由观点推动了法国大革命以及经济和政治中的自由主义发展。

如果主体呈现为现代世界中的人类形象(霍尔[Hall *et al.* 1992]指出，启蒙运动的主体通常被认为是男性)，那么，如果主体性根本上被改变的话，我们必然也会发现后现代主体的出现。霍尔描述了这一种被认定为全新的主体概念是如何演变成"非固定的、必要的或永久的身份"。身份成为一种"流动的盛宴"：它借由我们周遭的文化系统中自我表现或定位的方式得以形成与变迁。然而，后现代主义的身份政治所欢呼的并不是一种解放的、多重身份。它可能是灾难性的超真实："随着意义和文化表现系统的衍生，我们面临的困惑是，身份的多重性可能转瞬即逝，任何一种我们所认同的身份——至少是暂时的。"(Hall *et al.* 1992: 277)

主体性变迁的多元历史和等级制是非常重要的，因为它们所强调每一种主体之理念在今天都有可能出现。这里所秉持的立场是对历史和文化演变是平稳的和进化之观点的全盘否定。所有这些都基于对历史上某些特殊时期的理解。例如福柯，在梳理知识的历史(或知识"考古学")时，发现在启蒙运动中，自我理念的深刻突破为现代西方的基础建立起一套理性和表象的普适性原则。另有观点则似乎在暗示现代主义的主体(即19世纪末至20世纪中叶)并不是这一种现代(即启蒙运动或后文艺复兴时期)，并认为主体性之变迁的必然环境是工业社会的来临和大规模的城市化。也有一些话语则洞见了变迁之层次的差异性特质，其中的某些变迁远较其他更为重要。例如马克思主义者，可能会认为现代主体是随着封建时代结束、资本主义兴起而产生的。随后的变迁，虽对应生产方式的变革(例如从商业到垄断资本主义的转变)，也许是重要的，但却不会再被认为是根本性的变迁。女权主义者，虽然也为现代世界绘制出与前者相似的转变，却会认为，更为古老的父权制权力结构也许是最值得关注的。

此处的矛盾是：一方面，在线传播创建或实现了流动、去中心化的主体，而另一方面，通过剥离身份之"肤浅的"有形的身份标志，我们得以与其他虚拟而真实的身份交流，并获得了某种类似"真实的"本质的自我。N·凯瑟琳·海尔斯(N. Katherine Hayles)注意到，新近的这些赛博文化身份观念与久已确立的启蒙运动主体之间存在着某些联系。她认为，这些联系是建立在以下观念基础之上：

> 形体化对人类来说，并非不可或缺的……实际上，我们可以说，形体化的消除，是自由的人类主体和控制论后人类的共同特征。以理性之思维为认同，主体自由地拥有一具身体，却每每不以身体来表现自身。唯有当自我不再以身体为认同标志的时候，我们才有可能去宣扬自由主体那恶名昭彰的普世性，而这一宣扬恰是取决于对身体之差异，包括性别、人种和民族标记的消除。
>
> (Hayles 1999: 5，引自 Kitzmann 1999)

在朱迪丝·巴特勒(Judith Butler) 看来，身份的建构唯有依据认同过程中的亲和力，并借由种种主体的合力组织才能成效。在这里，身份就是主体的社会形态(Butler 2000)。但身份有时也会被具体地应用在媒介消费的分析中(Tomlinson 1990)，认同这一术语虽带有一种曲意转承的意味，但却也是观众和电影影像之关系的电影研究理论的中心(Metz 1985)。

主体和媒介技术

主体之变迁与媒介技术之变革之间存在着一种相互链接的先例。15世纪中叶活字印刷技术的进步一般都被视为第一代大众媒介诞生之征兆。而这也每每也被引证为中世纪宗教世界式微、现代理性与主体性发展的一个关键因素(McLuhan 1962;Birkerts 1994;Provenzo 1986)。在20世纪的后半叶，大众媒介的角色与特殊的媒介技术在文化理论的多元化争论中得到不同的阐释，而一般的假设是，发达世界中的当代文化已然被日益普泛的媒介形式与影像特征化了，并承诺对生活、经验、政治行为等带去影响(参见例如Jameson 1991, Harvey 1989)。

正如我们所见，即便在文化与媒介研究主流之中，媒介技术通常也被认为是一种以多种方式形成身份感之流变的工具。持此观点的包括：对媒介影像的定义及对身份建构的叙述(Kellner 1995)；作为身份拼装的某一种行为实践的消费(Hebdige 1979; Willis 1990)；通过影像的建构与物品消费实现的个体"选择"(Tomlinson 1990)；所有的进程都因数字软件的交互与繁殖权力而获得了新的动力(Chandler 1998)，以及大众媒介的"广播"模式向互联网为集中体现的无等级制网络模式的流变(Poster 1995b)。当文化与媒介研究以及相关学科将注意力转移向新媒体时，他们也开始探索赛博空间或虚拟世界中身份是如何被建构的，个体又是如何与虚拟社区共生共存 (Hine 2000; Bassett 1997; Slater 1998; Green and

Adam 2001)。

自20世纪60年代末,电影理论就建立了一种类似于生控论系统的模型——观众是"影院设备"中一个重要的组成部分,生理和心理早被电影、播放模式和影院音效定位了。相对的,在影院观众席中安坐的观众的位置(在黑暗中望向眼前的大屏幕,而电影却是从观众身后头脑之上被放映出来的)产生出一种思想形态的影响阵列,而不仅仅是拘囿于认同摄影机:

> 早于观众之前镜头所见到的,恰是观众当先正在观看的……
>
> 观众因此受到的是电影文本的召唤,电影建构了主体,主体是电影文本的效果之一。
>
> (Hayward 1996: 8)

4.4.5 生化人、网络女性主义及后人类

生化人

> 生化人的问题极为棘手。
>
> (Kember 1998: 109)

堂娜·哈拉维(Donna Haraway) 影响深远之论著《生化人宣言:20世纪80年代的科学、技术和社会主义女性主义》,对二元对立发起了一次深入的后现代主义质问,以界定:

> 自我/他者,思想/身体,文化/自然,男性/女性,文明/原始,现实/外观,整体/部分,能动性/资源,制造者/被制作,主动/被动,正确/错误,真相/幻觉……(仿佛二元论)系统化地主导了女性、人们的肤色、性质、工作者以及动物。
>
> (Haraway 1990: 218)

这种种分类是受西方主体的普世迷思所主导的,但却又被其排除在外;更重要的是,它们被置于"他者"的位置以映射"自我",并界定西方的主体。在古典神话中的怪兽、人马即是如此,它呈现出了一种通过他者所形成的自我界定的模糊性。人马是半人半兽,表征了"界限的被污损",而生化人则是一种当代的怪物,但是从后现代主义的差别化政治的立场来说,它的出现却是值得我们庆祝的。

对西方认识论的挑战,是通过"生化人的政治讽刺神话"得以完成的。这种物种是一种控制论有机体,是机器与有机体的混合 (Haraway 1990: 191)。它存在一种故意的模棱两可性,被虚构的生化人角色如机械战警的情节包围着;人体跟机器之间持续增长的物化的亲密(在药物、战争、小型化消费类电子产品中);它是一种有如复杂系统网络的概念,在其中,生物与机器的界限已经模糊,并出现

了后现代主体、后社会性别主体的立场。后者恰恰是由生化人之模棱两可性所形成的，以使其在自然或文化上无可约束，更无法被判定为男性还是女性。哈拉维(Haraway)以《银翼杀手》的女英雄——复制人瑞秋为例，作为一个在自然与科技的分野中生成，却产生基本认识混淆的生化人影像，来质疑心灵与身体，乃至人类起源的问题(Haraway 1990: 219)。生化人生于复制非有性繁殖，因此，这符合乌托邦世界的传统想象中那一个没有性别之分的世界(Haraway 1990: 192)。这一种试图超越人类差异、超越现代主体建构二元论的想法，在当代科学技术、特别是信息技术中，越来越得到人们的认可。

哈拉维谨慎且坚持地认为，她的生化人概念只是一个具有讽刺意味的虚构物，是一种对当前事实存在的现象的思考方式。凯瑟琳娜·海尔斯(N.Katherine Hayles)评价道：

> (哈拉维的)生化人同时兼具实体及隐喻、生命及叙事结构。技术与话语的结合是决定性的。生化人是否是一件话语的产品，或可归入科幻小说，成为科幻迷之兴趣爱好，而不是文化所必须关心的；它是否是一种技术实践，可被限制于医学仿生学、医疗假肢学和虚拟现实等领域中。在技术客体与话语形态上的自我表现，使生化人分享了技术的现实与权力的想象。
>
> (Hayles 1999: 114–115)

事实与隐喻的关联是非常重要的，却每每在依托于哈拉维之理论的研究中被混淆了。在科幻电影及文学中虚构的生化人角色之外，海尔斯还区分出“真正生化人”(比如装有心脏起搏器的)和“隐喻性生化人”的差异(Hayles 1999: 115)。对于海尔斯来说，在本地街机游戏中的青少年玩家就是“隐喻性生化”的代表①。对此展开的讨论，我们将在日常技术文化实体的探究中再次审视。

生化人引发众多讨论(Gray *et al.* 1995; Gray 2002; Zylinska 2002; Balsamo 1996)，但我们需要注意到的是，生化控制论的相关术语很少涉及媒介技术。偶有例外(通常是游戏研究，如 Friedman 1995, 1999; Ito 1998; Lahti 2003; Dovey and Kennedy 2006; Giddings and Kennedy 2006)。

后人类主义

尽管“生化人”这一术语与某些重要的概念、论争及学科相互勾连，显示出人类与技术在当今日常生活中的新联系与融合，但最终它或许会被证明是误导性的。这暗示着尽管人们经常用它去表示抽象而有限的实体(某种控制论有机体)，

---

①　需要指出的是，在此语境下，海尔斯对“隐喻”的使用可能是误导性的。在严格的控制论术语中，游戏玩家并不是隐喻性的，而是电子游戏反馈回路的组成部分，是现实性的。请参考4.5.5和5.4.4关于电子游戏的控制论本质的探讨。

毫无疑问是个怪物,但是其在起源和形式上却或多或少偏向人类。想想生化人那些虚构的角色:机械战警和终结者。无疑他们都是半人半机器人,但其外形却更像人类。正如电影里逐渐呈现的那样,他们的道德和情感也越来越向人类靠拢。同理,不管后现代主义主体有多么令人困惑和去中心化,他们——以及他们的危机从根本上来说都是与人类息息相关的。

> 人类只是最近才被发明出来的,还不够两百岁,并且是我们知识最新的成果,并且他会再度消失,并随着知识的更新探索出一种新的形式。一想到这些,我就感到心情很舒畅。
>
> (Foucault 1970: xxiii)

福柯这句常被引用的话暗示了人类之主体变迁中更为深远的一层意义,其在理论发展方面与新媒体和技术文化产生了共鸣,也有学者将这些发展进一步松散地杂糅在一起并称为后人类主义。后人类主义可以划分为以下三种(互为重叠的)取向:首先,该术语指涉的是一种人文主义观点以及批判理论对于人类主体的批判(Badminton 2000);其次,该术语指的是一系列科学与技术的讨论,它们或研究,或预测现在以及不远的将来会出现的人类身体之变化及其与技术和技术科技之间的关系。这一取向的后人类主义及跨人类主义所体现的,明显是对早期无批判的赛博文化的回音(可参见逆转疲运动[the 'extropian' movement,[①] http://extropy.org/]的新世纪视野,关于技术进程的无条件乐观以及团体野心等)。再者,后人类主义被运用于赛博文化批判(特别是赛博女性主义)以及某些在STS影响下针对前两者的讨论中,以去批判性地关照技术与人类之间的关系。这些论争后来被命名为"批判后人类主义"也不足为奇了(Didur 2003)。批判后人类主义多涉及生物科学、再生技术及遗传学方面的文化及内涵(Halberstam and Livingston 1996; Thacker 2005; Davis-Floyd and Dumit 1998),并且深受堂娜·哈拉维之影响。

批判后人类主义,因此也就是一系列互为关联之概念的结合:

- 后人类的生化控制论之观点,以物质及肉体的变迁为标识(无论是通过修复还是基因操控)。

- 控制论对人类身体之界限的挑战——举例来说,"关于反馈回路的理念暗示着自主之主体界限可以争取的,既然反馈回路不仅于主体内部流动,也在主体与环境之间流动"(Hayles 1999: 2)。

- 网络女权主义对于启蒙主体的批判,是基于二元分立的西方式认识论(特

---

① 逆转疲运动是由《逆转疲》(*Extropy*)杂志为中心发起的超人类主义活动。——译者注

别是男—女性)和一种(多多少少)讽刺性的观点,即虚构的生化人与现实技术是如何为身份提供了另一种思考的方法。

- 后结构主义关于后启蒙的批判。波斯特认为“我们超越了历史‘以人为本’的阶段,进入了一个人类与机器相结合的新层次,生化人和赛博空间的新组合为我们开发了新的处女地”(Poster 1995b)。

赛博女性主义

> 也许,具有讽刺意味的是,我们可以向动物和机器学习如何不成为人类——西方标识的形体化。
>
> (Haraway 1990: 215)

“赛博女性主义”并非运动,这个术语涵盖了不同,甚至矛盾的、关于技术与社会性别变迁的女性主义理论范畴。这些理论——特别是哈拉维的生化人观点——再一次对众多新媒体研究产生了影响。对女性主义者来说,启蒙运动的人类主体之社会性别属性的批判与认知是最主要的。“后人类主义”在这里不仅是一种反思人类和技术之间关系的政治表率,也是对男性、女性和技术三者之间关系的审视。

尽管方式十分不同,堂娜·哈拉维和塞迪·普朗特的研究关注了新技术和主体性的性别政治,在对人类究竟为何物的斟询中,她们都认为技术的变革带来了一种潜在的解放。尽管两位学者都关注了科幻小说中生化人之形体化的设计,但普朗特的模式主要关注的是网络而非身体,虽然这一模式也模糊了生物和机器之间的边界。她认为电脑发展历史意味着一种不断扩容的复杂性,并与自然和文化系统的复杂性难以区分:

> 并行分配处理的过程无视所有试图压制其运转的尝试,并且它永远只能被有条件地界定。这一过程将电脑变成一个复杂的思维机器,类似人类大脑的运作……神经网络是一种分配式系统,模拟大脑进行运转,它可以学习、思考、“进化”和“生存”,并且进行平行扩散。电脑的复杂性在经济、天气系统、城市与文化中也有所体现,所有这一切都以自己的并行处理系统、连通性以及互为关联的巨大螺旋体进行着复杂的系统性操作。
>
> (Plant 2000: 329)

普朗特并不是在此语涉隐喻,她认为机器表现出一种对生物系统(包括人类大脑)特征的把持,而且所有对自然和机器之间的那些无意义之差异进行区别的努力与目标现在也可以实现了。对普朗特来说,互联网或矩阵,从本质上来说都具有女性气质,它们现实化了:

> 女性之间的传播连线,长期压抑的……以技术的形式回归……女性彼此

间传播的即时性、直观交流的火花以及女性在草根女性主义机构的网络实践中建立的非等级制系统:所有这些都成为即时通讯的可及、去中心化的电路以及分散的信息网络。

(Plant 1993: 13-14)

普朗特的研究与哈拉维相仿,都是质疑和"思考"以超越西方思想的二元建构,特别将男性主体视为是历史的能动性。两者均借鉴了后结构主义理论。普朗特将法国理论家伊利格瑞(Luce Irigaray)的理论进行了拓展。伊利格瑞认为,机器和女性同被归为男性的对立面,显然是自相矛盾的。机器,虽然不是"自然的",但和女性一样,其存在都是为了让男性受益,"单纯是男性用以工作之物",或者是用以交换之物(Plant 1993: 13)。和男性相反,机器和女性也被视为没有能动性或自我意识的。以此逻辑推断,普朗特认为,唯有一种智人("男性"),而"女性则是虚拟现实"。这里所指的是,女性通常被定义为某种生物与机械的混合体①,而只有信息技术的出现才能使其不再受到压抑。相反,它标志着一场革命,不是要破坏男性的现代主体,而是通过"一种流动的方式,对人类能动性和身份之固着性的发起冲击、将其扫除……这一过程中,世界成为女性,因而也成为后人类"(Plant 1993: 17)。

对普朗特关于网络传播时代中人类和机器的关系研究,萨拉·肯伯(Sarah Kember)持批判态度。她认为,生活和信息之间所有明确关系的瓦解——她以"联结论"(connectionism)为术语来描绘这一概念——将走向把自然的复杂系统与社会系统(如经济)混为一谈的风险。而联结论"则为基于边界之解构的控制与权力提供了一种抵抗修辞",肯伯认为,这种"自我组织、自我激发"之系统的认识从根本上来说是反政治的(Plant 1995: 58),因为它对所有的社会或历史语境都是拒绝的。对肯伯来说,哈拉维恰恰相反,寻求的是"扰乱和修正保守的西方传统的知识形式里受限制的理性",而不依赖于联结论(Kember 1998: 107; 参见Squires 1996)。

案例研究4.8:日常生活中的生化人——汽车司机

生化人都是模样可怕的,是异形。堂娜·哈拉维却认为,这种论断是空想的、具有讽刺意味的由现实和象征的碎片所构成的乌托邦。对于日常生活中之科技文化研究,我们大可不必语焉不详。发达世界里的当代生活具有一种人类思想与身体、非人类的过程与实体之间交错内嵌的恒定关系。许多受STS影响

① 尽管汽车通常不会被视为是一种媒介,但驾驶却是现代科技文化中我们最熟悉的体验,我们可能还记得麦克卢汉的说法,车轮是一种媒介,是身体的延伸,或者更准确地说,是脚的延伸。

的社会学家都曾以控制论的术语对汽车之日常科技文化和司机进行讨论。蒂姆·丹特(Tim Dant)有效地借用了行动者网络理论中“组合”(assemblage)这一术语，来表示人类和非人类之间这些暂时性却极为重要的联系(Dant 2004，也参见Haraway 2004，Latour 1999)。这些“车辆/驾驶者”(Lupton 1999)，或“驾驶者——汽车”(Dant 2004)，是道路和街景的技术化环境下人类和机器的集合，而不仅仅是简单的相加：

> 驾驶者——汽车不是一件物品，或某个人；它是由两者之特性共同形成一种社会存在的组合，缺一不可……汽车不单单起到驱动的作用，或是一种拥有独立能动性的行动体(actant①)，它使得一系列人类所固有的行为只对驾驶者——汽车起到作用。
>
> (Dant 2004: 74)

【图4.15】虚拟驾驶和任天堂Wii

德伯拉·勒普顿(Deborah Lupton)如是描述，“一个人在开车时，就变成了一个生化人，变成了人类和机器的结合”(Lupton 1999: 59)。当代科技文化现象中的公路暴力是与这位生化人之本体紧密绑定的：

> 当其他汽车/驾驶者入侵我们的空间，仿佛要置我们于危险之境，当他们用自己的人车混合体接触到我们或向我们吼叫时，我们在公共领域中的私人空间感便遭到了侵犯。
>
> (Lupton 1999: 70)

勒普顿认为，愤怒的驾驶者破坏了汽车的行动网络，威胁到“复杂的道路社会秩序，以及人类、非人类和混合行动者的异质性网络”(Lupton 1999: 70)。这是行动者网络理论应用在日常科技文化中的实例。它在对最常见和最平凡的活动特征的描述中，向我们展现了一个人类和非人类所组成的网络。

① actant是行动者网络理论中的重要概念，有译为“作用者”“行为物”“行动元”等，本书译为“行动体”。——译者注

> 我们与机器相关联的很多行为都挑战了人类和非人类、自我和他者之间那已既定的二分法。因此，对“有生命”和“无生命”以及“人类”和“非人类”的区分或许应建议一种连续的、等级制类属的二分法。而行动者也许更应当被概念化为异质性因素相互交织某种网络产品。
>
> (Lupton 1999: 58-59)

尽管看似与勒普顿的“汽车/驾驶者”相似，但丹特的“驾驶者——汽车”从术语上、概念上来说都是与之不同的。他明确表示驾驶者——汽车并不是一种生化人：并对生化人与组合作了明确的区分，前者是通过“身体内的反馈系统，以取代或强化人体某些部位”所形成的一种人类的增强，而“组合”则是人类与非人类主体形成的临时构造，两者是不同的(Dant 2004: 62)。“当驾驶者离开汽车时‘组合’就不存在了……但汽车和驾驶者的结合可以进行不断地组合或拆分。”(Dant 2004: 62)丹特否认任何关于汽车与驾驶者组合的“生化人”特性，他再次强调了人类的固定地位，“人类的主体性并不是通过进入车辆才能实现；这是一种暂时性的组合，在此组合内人类保持他或她自身的完整性”(Dant 2004: 62)。

相反，勒普顿关于“车辆/驾驶者”是一种（在自身网络之中，并穿越多种他者网络的）循环、离心的行动者网络的观点，表明了当我们迈向驾驶者——汽车之后，些微的人文主义也难保了。

> 有关汽车使用的社会关系网络、规范和期望，如道路规则，以及物质或空间的面貌，如道路的物理性质、信号灯与其他车辆的在场，表现了汽车使用那恒久表现的结构性特征。因此“生化人”的主体性，不仅是关于我们，以身体/自我与我们的机器互动，而且是关于我们如何以一种生化人的“身体政治”与其他“生化人”进行互动。
>
> (Lupton 1999: 59)

4.4.6 问题与小结

随着数字媒介的产生，身份或主体性的性质发生了许多重要的变化，这在新媒体研究的多种概念框架中是显而易见的。尽管关于这些变迁的确切的特点、历史与技术的地位以及划时代意义很少会形成共识，但每一种——均以不同的方式——对数字科技文化中日常生活变迁的重要性表达了自己的认识。我们观察到的有：

● 对日常生活基础、政治和可能性之转型的深刻认知：新媒体世界中自我的意义、社会性别、身体与认同。

● 不再将在日常生活中的自我视为一个自主的主体，而是在不同尺度上带有多种结论地裹挟于网络之中，与机械与媒介有着密切关系。

● 后人类时代的科幻形象以及生化人，实质性地融入了日常科技文化的关系之中，而并不是隐喻性的。

4.5　电子游戏

本节主要阐述以下三点内容：首先，我们将探讨电子游戏凭其本身成为一种极度成功的新媒体形态，在日常新媒体消费行为中占据了核心的重要性。其次，本节的观点将被置于新媒体消费这一情境中，作为一个延展性的案例进行分析。最后，虽然游戏跟日常生活相去甚远，但本节还将讨论游戏之于日常生活的核心作用。

电子游戏是基于电脑的第一代大众化媒介。1972年，家用电脑尚未出现，不过当时已经有了插入电视的游戏设备，如网球游戏“Pong”。人们对此既新奇无比又心怀恐慌——感觉日常生活正与未来结合在一起：与机械的新关系、新影像与新世界、象征着暴力和成瘾的震慑性叙事。在本节中，针对这些内容的分析如下：

● 消费型媒介技术一方面被日常行为所形塑，另一方面也形塑着日常行为；

● 新媒体设备和文本，提供了互动的愉悦和可能性；

● 游戏呼唤着将游戏视为一种特定的使用或消费模式的分析，该模式对日常空间、时间、现实、身份和意识形态等既定概念形成了冲击；

● 电脑媒介在日常生活中的消费和意义与它们作为数字技术的地位是不可分割的，而大众电脑媒介与传播技术在更普遍的含义上可以被认为是具有游戏性的；

● 我们可以从新的角度来审视人类和新媒体文化技术之间的亲密关系——并将之视为日常生活中鲜活并具体呈现的赛博文化。

4.5.1　新媒体的他者

> 是的，你被幽灵包围。你梦见赛博-恶魔之王，你进不去军事基地里的灵魂空间，这真要疯了。你是一位无望的《毁灭战士》；一位毁灭迷，尽管它令人受伤，这实在是太惨了。不过谁能想到去地狱能这么爽？
>
> (Barba 1994: v)

上文是《毁灭战士—战斗手册》的开篇。《毁灭战士》是1993年出品的一款游戏，当时非常流行，而该书就是这款游戏的用户手册，教玩家如何操作游戏，如何作弊。《毁灭战士》是一款第一人称射击游戏。所谓第一人称射击游戏就是玩家的视角与游戏中玩家所控制的主角的视角是一致的。这款游戏的任务很简单：玩家控制游戏角色穿越一种科幻化的迷宫回廊，并猎杀所遭遇之怪物。玩家想要通关必须在沿途收集武器和装备，整个游戏的气氛充满了恐怖、惊悚以及屠尽敌人之后、在下一层冒险之前那短暂的满足感。《毁灭战士》的场景中，大多是后工业时代肮脏的废水泡沫以及黏液四处的金属墙壁。可能现在的玩家会觉得这款游戏的情节设置很初级很原始，而且在今天看来画面也很不精致，但《毁灭战士》迄今仍然是人们争论的焦点。它是十几年以前的游戏，但却代表着电子游戏作为新媒体之形态的长盛不衰。《毁灭战士》的很多元素都被当代游戏继承了下来，比如三维空间探索、第一人称视角、武器和医疗用品收集、网络对战等。当代的《光晕系列》和《雷神之锤》系列游戏都继承了这些传统。

《毁灭战士》是每每被横加挞伐的一个早期新媒体案例。从它诞生之初，就有人担心其对于文化和社会的异化，尤其是对少年儿童的影响。有人认为电脑游戏的场景和内容是在宣扬反社会的思想，宣扬暴力，弱化道德，对理想的儿童文化产生巨大的威胁。过去孩子们在沙滩或者树林里玩"即时游戏"，并以此学会包容和友善地对待他人，而现在的孩子则成天浸泡在充满冲突和恐惧的虚拟世界中。虽然电子游戏越来越受关注，但还是会引发跟电视节目或者电影类似的效应。最近《侠盗猎车手》系列也引发了巨大争议，而《侠盗猎魔2》在英国被禁，最后在游戏开发商Rockstar争取之后才获得了18岁以上的许可证。

对游戏的焦虑和道德厌恶，其实是延续了之前对恶搞视频、漫画、弹珠游戏和廉价小说所产生的那一种"媒介恐惧"的模式，它们都是不同时代的新生事物和危险事物的缩影。在此基础之上，电子游戏更加增添了电脑对日常生活所带来的这一种恐慌的影响。很多专家也对此深表忧虑，他们认为电子游戏是个亟待解决的问题，因为它已然威胁到这一代孩子的未来。他们将会是"任天堂的一代"，他们具有超性别认同，是技术消费主义者。文化理论学者也普遍对此忧心忡忡。朱利安·斯塔拉布拉斯(Julian Stallabrass)描述了一个虚拟资本主义以及公众和私人聚集的噩梦：

> 虚拟世界的概念之后隐藏着一种若隐若现的野心——使每个人都安坐家里，通过传感器在一个封闭的互动环境中交流，这将是一种比电视更加强势的社会控制工具。
>
> (Stallabrass 1993: 104)

那一种电脑游戏与玩家之间强制性、沉浸的、控制论关系的偏执，与作为商业媒介的游戏形态裹挟在一起，已被广泛知晓：

任天堂的游戏充斥着令人厌恶的冲突幻想和形象，玩家没法自己想象，只能受游戏摆布。游戏所持续生效的催眠性的异化说明了技术根本没有给人类社会带来任何进步。

(Druckrey 1991: 18)

堂娜·哈拉维在《生化人宣言》一书中写道：

新技术在“私有化”过程中发挥了重要作用，军事化、右翼家庭观念和政策以及公有（或国家）财产私有化的强化在此中相辅相成，共同作用。新传播技术是每个人“公共生活”被抹杀的元凶。这也促进了一种永久性的军事高科技的勃兴，以及大多数人，尤其是女性的经济文化利益的牺牲。电子游戏和小型电视这样的技术似乎已经成为现代“私人生活”的核心。电子游戏的文化强调的是个人竞争和星际战争，创造出高科技而性别化的想象，以想象毁灭星球的力量，并通过高科技手段从自己的所酿之恶果中逃离。（在此过程中）不仅我们的想象被军事化了，就连电子与核战争和现实生活中的事物都无法逃离。

(Haraway 1990: 210–211)

在**4.2.2**节我们看到，对某些人而言电子游戏其实是后福特时代日常生活之时空的殖民化和商品化，同时它也表现出了某种“拟像化超真实”的文化关联(Kline *et al.* 2003: 75)。

新媒体研究的各个领域（CMC、赛博文化研究、媒体教育学等）往往将大众化、商业化的数字媒体和信息技术排除在其研究范围之外。虽然在教育教学中，这些内容很有趣，但它们会分散学生的学习注意力，或者说得轻一点，这些内容是引诱电脑真正应用的特洛伊木马或者甜味剂。在赛博文化的话语中，它们犹如幽灵一般萦绕在多用户层面(MUD) 和超文本的边缘，仿佛是某种性别化、商品化的玩具，或者是一种在线异质空间里身份游戏的他者。很明显，支持新媒体的某些话语会如此举证，以否认某些对新媒体作为文化形式的发展而言非常关键的语境。

例如，在一篇关于《神秘岛》游戏的文章中，戴维·迈尔斯(David Miles) 极为有趣地定义了游戏的互动叙事结构和环境设置所源承的先例，令人印象深刻：哥特式小说《帕西法尔》(*Parsifal*)、现代主义文学（纪德、罗伯—格里耶、博尔赫斯）、荷马早期电影，等等，不一而足。该文章将敏锐的观察和富有想象力的努力结构在一次审慎的尝试中，并思索了电脑游戏的未来。为了达到这一目的，该文也忽略了某些“低级”的大众文化趣味。迈尔斯认为，《神秘岛》不是一个“电子游戏”，而是一种“在CD–ROM之上的互动多媒体小说”(Miles 1999: 307)。非暴力的、庄重的、具有智力的挑战性，尽管《神秘岛》和《毁灭战士》在同一年发行，但看起来却是属于另一个世界的。也许电脑或电子游戏会像迈尔斯所期望的那样，提供艺术和文学的新形式和审美经验，以至于忘记了《神秘岛》是一种电脑游戏，而仍然是那些弱影响力的文化形态（如弹珠机、科幻小说、幻想和恐怖文学、玩具或电视）的混合型子嗣，这种思路将使我们错过电子游戏之为新媒体的核心意义。

在大众和学术讨论中①，电子游戏通常被清楚地断言为媒介文化中我们所理解之真实世界混乱状态的象征②。主要的一个例子是1991年的海湾战争。多国联盟对新闻媒介的全面控制，“智能”武器的奇观以及导弹攻击点的录像，对本土观众和西方军队来说，它们都象征了一种遥远的媒介经验和数字视频影像技术的合成拟像。这种拟像被明确体现在电子游戏中，用诺曼·施瓦茨科普夫将军(General Norman Schwartzkopf)的话说，“任天堂之战”在新媒体和学术话语中引起了共鸣(Sheff 1993: 285)。电子游戏战争的概念，在第二次海湾战争的报道中同样也有所体现(Consalvo 2003)。

《毁灭战士》常常被牵连在现实暴力与媒介暴力的边界模糊的研究中，并频繁被青年文化的媒介恐慌话题所引用，特别在美国，该游戏（与主打青少年的商业媒介，特别是流行音乐）在1999年的科罗拉利特尔顿校园枪击案后，备受谴责。军事心理学家大卫·格罗斯曼中校(Lt.-Col. David Grossman)认为，《毁灭战士》和美国海军的训练模拟器相仿，“训练”着这些问题青少年如何去谋杀。这一观点被广泛引用到该谋杀案的新闻和电视报道中。此外，电子游戏的沉浸式消费模式使得幻想和现实之间的区别被完全破坏。在《卫报》转载的《纽约时报》文章里，保罗·基冈(Paul Keegan)对格罗斯曼的观点评价道：

> 与我们之前所看到的任何的、其他形式的媒介暴力都不同，这一类型游戏使射击手想要成为第一个开枪的人。你看的并不是一部电影，而是你就在电影之中。阿诺德·施瓦辛格把恶棍轰成碎片时，你并不仅仅心有戚戚焉，而是真的扣动了扳机，射出了子弹。
>
> (Keegan 2000: 3)

这是现实主义的一种极端形式——夸张暴力之像素图像的交互式操作被直接地、原生态地投射到现实世界的行为之中。但这种说法经不起认真的检视，虽然它的确强调了一种潜在的、通过虚拟现实与赛博空间的特殊话语产生共鸣的意

---

① 近来关于电视和电脑游戏的研究随着国际会议、学术报刊以及学术论文的发表开始逐渐成为热门。可以参考《游戏研究》(*Game Studies*)(http://www.gamestudi es.org) 以及《游戏与文化》(*Games and Culture*)，数字游戏研究协会(the Digital Games Research Association, http://www.digra.org)，重要文献包括 Dovey and Kennedy 2006, Juul 2005和Taylor 2006。

② 请参阅Norris(1992)。针对美国青年文化恐慌也引发了极为有趣的研究，请参考詹金斯在2001年参议院商务委员会上所作的声明。

识，但它是仅仅存在于媒介终结论的理想主义者（无论是乌托邦还是反乌托邦）那关于媒介互动的技术想象及其所属意识里。射击风格游戏可以被视为是赛博文化对互动狂热主义的一种“压抑”——自我虽迷失在媒介之中，但仍然富有创造性和解放性，只是这种沉溺所带来的可能是挥之不去的被催眠的、被诱惑的、“无意识”的以及无身体性的。

在这一章节中我们将挑战这一种将游戏边缘化的观点，以论证电子游戏的研究为我们提供了一种广义上的新媒体技术消费及其形式的分析和批判。

4.5.2 作为新技术的电子游戏

与其说电子游戏是新媒体的一种边缘化的形式，不如说它是（作为媒介文本和新的游戏与消费模式）新媒体传播和普及化的成果，或更进一步地说，是个人电脑及其软件和界面之实践，乃至其意义不可分割的一部分。家用/个人电脑的出现和电子游戏之间是密不可分的复杂关系。接下来，我们将对某些关键脉络展开讨论。

工具性的游戏

游戏软件处于早期家用电脑实践的中心位置，不仅是因为它提供了娱乐而且它也展示了新机器的力量和可能性。正如我们看到的，家用电脑曾是独特的“开放”设备。游戏被用户们买来、拷贝、读写，摸索电脑承载的功能和探索游戏图像、声音与交互特点是游戏本身所具有的乐趣。广义上说，无论游戏软件是否被安装，家用电脑的使用仍是持续被一系列电脑软件系统的游戏性探索角色化的。事实上，从这层意义而言，游戏是学习电脑系统的一个重要策略。对电脑使用的推广出现在20世纪80年代的政府、教育和商业话语中。虽然这些话语时不时表现出一种隐忧，强调这是一种“工具性的玩乐”——但它们也保证了在这个信息时代里，购买家庭电脑是可以带来很多乐趣的。这种控制电脑与电脑交流的经历——主要通过游戏——将家庭客房中的用户与电脑与信息革命的历史力量联系到了一起(**4.3.1**)。

可以说，电脑游戏和个人电脑化之间的关系更为重要。个人电脑化的源头是在20世纪50年代麻省理工的学生们中第一代“黑客”① 哲学和创新行动中出现的。那些学生对办公用学院主机（统计分析、科学模拟等）发起挑战；他们研究非工具式的使用方法以取而代之，来探索电脑的潜在用途。这些探索囊括了运用主机播

① 列维(1994) 定义了一种“黑客伦理”，一种视电脑编程为严肃游戏的政治。很多未被记述的黑客宣言中的基本要素——如信息的自由交换、不受信任的权威、精英意识——在互联网发展文化和开源运动(open source movement)中都非常明显。甚至“黑客”这个术语也是开玩笑的。引用麻省理工学院描述这一恶作剧的行话，黑客是“一个项目或一个产品，不仅是为了完成一些建设性的目标，而且带来了疯狂的快乐……要想具备做黑客的资格，就必须有创新意识、风格以及精湛的技术”(Levy 1994: 23)。

放单轨道经典音乐、为电脑面板灯编程以操作“乒乓”游戏。当然这些游戏也不会总是那么琐碎——它们也实验了人工智能在棋类游戏上实现的可能性。

在某一层面上,那些黑客曾经像家用电脑使用者那样“只是看看这玩意可以干啥”。但是,通过对游戏的设计以及与电脑的实时交互和动画实验,他们建立了一种崭新的电脑使用模式,并最终将其运用在个人电脑图像使用界面的设计中**(3.6)**。有些学者认识到早期电脑游戏所带来的影响。如麻省理工的研究者斯图尔特·布兰德(Stewart Brand)所观察到的,在1972年《太空战争》(最早的知名电脑游戏之一)发明后的十年:“不管你准备好了没有,电脑已经来到普通大众身边。这是个好消息,它也许是自从迷幻剂发明以来最好的发明了。”(Ceruzzi 1999: 64)

作为消费的黑客行为

电脑和电子游戏不仅在将电脑技术转化为家用电脑媒介的发展中扮演了重要角色,而且还通过这一代以屏幕为基础的信息和传播互动新模式,发展成为多种其他日常生活中的技术和媒介——从PC机上的扫雷游戏和桌面拼图,到游戏衍生界面和复印机的“帮助”界面、数码照相亭以及手机信息系统;掌上电子宠物、DVD游戏、DVD搏智桌面游戏、手机游戏,或者数字游戏频道、Flash游戏网站以及其他应用程序里的游戏,如社交网站中的游戏等。

从这些观察中,我们发现了如下的问题:

1. 如果电脑和电子游戏可以使电脑技术普及和流行,以此推进的话,能有效地将电脑技术商品化,并把激进的黑客伦理转化成为消费主义的娱乐吗?

2. 媒介技术的游戏研究以及媒介技术与消费的游戏行为研究的意义在哪里?

3. 我们是否应该认识到以电子游戏为中心的信息革命,要求我们重新审视这些长期建立对立命题:如工作/教育之于游戏、工具的使用之于消费、游戏之于日常生活?

案例研究4.9:《毁灭战士》:媒介、技术和新文化经济

我们将商业化娱乐、关键的黑客原则(免费获取代码、势在必行的动手编程),全新的消费实践、以互联网为基础的生产和营销模式汇集在一起,就可以再次进入这一个充满乐趣的地狱之中:《毁灭战士》。

正如上文提及,美海军陆战队采用该游戏作为训练模拟器。但是它的客户定义版也被当作游戏在售卖。这个循环看起来是可用于作为战争、军队、媒介和娱乐之间的边界被彻底模糊的案例;我们对它还可以作更精准的观察。将游戏改写为训练软件(并再将之改回)的这一工作是通过《毁灭战士》在分销中所运用的创新性原则得以实现的。首先,初始化的游戏等级被抛弃了,使之可以实现网络下载(Manovich 1998)。再次，在黑客的传统中，发布者所制作的代码和格式是免费可及的，允许玩家(一直作为是早期简单的电脑游戏)修改等级，增加新的敌人或自己构建新的等级。

与《毁灭战士》每每相提并论的《神秘岛》(同样发表于1993年)，列夫 曼诺维奇(Lev Manovich)认为它们之间的根本区别不在于暴力内容或文化谱系，而是文化经济的差异。《神秘岛》邀请玩家"旁观并欣赏"其图像与叙事，《毁灭战士》则要求玩家参与游戏之中，扮演角色并模式化游戏。在此意义上，《毁灭战士》是一个由电脑媒介鼓励用户创意与参与的好案例。正如曼诺维奇所提到的，这款游戏"超越了通常的生产者和消费者之间的关系"(Manovich 1998)。

在《毁灭战士》的官方多用户网络以及局域网、互联网上《雷神之锤》联赛基础上，在线游戏发展了起来。在今天流行的多人实时在线游戏(MMOGs)以及其他网络虚拟世界(如《第二人生》)的三维界面和游戏引擎中，我们可以清晰地窥见传承自当时的技术与美学的传统。

编程有如游戏

要解决上述问题1，我们的焦点必须从技术本身转移到对其的使用实践上。黑客行为如同游戏一般，与编程的指令(在专业知识和时间上)密不可分。对于开发商和早期的家庭电脑①的使用者来说，电脑的使用就意味着编程。为了运行最基础的游戏或应用程序，要求电脑使用者掌握程序语言，如BASIC语言，同时还要掌握代码，这被视作为实现电脑潜力的中心。莱斯利·哈顿(Leslie Haddon)就是以此来区分"电脑游戏"和"电子游戏"(街机或早期专用的游戏机)的。此外，机敏的玩家/编程者可以干涉家用电脑游戏的代码，使用"戳一下(Poke)的技巧"②或其他手段去探索游戏环境或更改参数(Haddon 1992: 89)。

然而到了20世纪80年代末，微机让位给了IBM兼容机的DOS系统(之后的Windows)和苹果麦金塔个人电脑(苹果GUI)，人们不再需要在日常化的电脑使用

① 另一个较早的例子(远早于我们所举之案例)是，对大众个人电脑及互联网发展起到深远影响的《冒险》(*Adventure*)(1967)。这是一个在托尔金(《魔戒》系列之作者)幻想世界中的互动故事，玩家可以通过自己的选择、运气及解题能力来安排路线。这个游戏不仅流行了数十年，也对许多近期游戏的形式产生了影响，这也是互动叙事的一则早期案例。

② Poke在早期游戏中，是指有意地挑衅或试探之后立刻寻找隐蔽场所躲藏起来的一种游戏策略，可称为"戳一下"。该术语与互动模式后被facebook引用，将之解释为"Poke是你和朋友交互的一种方式。在设计这个功能时，我们认为提供这样一个没有明确目的的功能，也挺酷的。用户们对Poke有各自不同的解释，我们也鼓励你提出属于你自己的解释"。

中进行编程,这也导致了电脑和电子游戏之间的界限变得不那么清晰。今天,电子游戏制造商将个人电脑看作一个众多电子游戏激烈竞争的平台,因为许多最流行的游戏是遵循这一平台[①]而运作。

案例研究4.10:《神奇宝贝》:作为新(大众)媒体的电子游戏

为了探索商业娱乐文化中大众新媒体影响下所产生出的种种问题,我们仍将回到《神奇宝贝》多媒体平台世界的案例之中来寻求答案。

【图4.16】皮卡丘,我选择你!

1996年伊始,《神奇宝贝》就以任天堂Gameboy掌上游戏机为销售平台,靠收集卡片和游戏交易获得了巨大的成功,并成长为一个年收益达500亿美元、具有销售专营权的拳头商品。"口袋妖怪"出现在电视动画系列剧、动画电影、以任天堂为平台的种种电子游戏之中,以及各种其他的被获准制作销售的儿童媒介文化产品中。该游戏的流行程度极高,据估计,日本7至12岁的年轻人中有一半都是其忠实粉丝。即使在英国,《神奇宝贝》的首部影院电影已经取代《狮子王》成为最成功的动画电影(*Guardian*, 20 April 2000)。1999年,《神奇宝贝》在网络上被搜索的次数仅次于色情片(*Guardian Editor*, 21 April 2000)。

《神奇宝贝》是一个跨媒介化的"娱乐超级系统",或如**4.3.3**小节中所讨论的是一种汇集性的"媒介杂糅"。玛莎·金德(Marsha Kinder)通过对《忍者神龟》这部20世纪80年代末大热儿童剧的研究,将"娱乐超级系统"概念进行了拓展。与《忍者神龟》相仿,《神奇宝贝》的情节也是基于一种仪式化的冲突(十年前,"忍者龟"及相关产品曾被学校明令禁止,以免引起模仿剧情的斗殴)。然

① 这种共享软件的营销策略不仅持续并扩展了长期形成的游戏外挂和补丁文化,而且也激发了早期的Netscape,通过提供免费软件的策略占领了互联网浏览器市场。然而,不仅仅是所有的以计算机为中介的娱乐和游戏都运用了这一种电子游戏的模式。传统游戏如象棋、桥牌、拼图,同样也延续了这一种方法。近期发展起来的在线财务的安全交易系统也导致了在线扑克游戏的大为流行。

而,在饱和化的儿童媒介和日常生活中,神奇宝贝的影响甚至超越了忍者神龟:

> 这一惊人成功的真正原因应归功于任天堂令人赞叹的巧妙经营,它与加盟商户共同创造了一个自我参照的世界——每一张交易卡、电脑游戏、电影、卡通和汉堡盒子——都为它的内容宣传而服务。
>
> (Burkeman 2000: 2)

我们看到的是一种全球性商业流行文化的出现,而它又是如此令人熟悉。这种全球性文化通常被视为美国文化主导的证据,因为"迪士尼化"和"麦当劳化"早已被视作经济领域中对应全球化的文化空间同义词了。然而,《神奇宝贝》和《忍者神龟》(与其他超级系统一起,例如《超级战队》)则是东西方流行文化形式交融的见证。即使是在《神奇宝贝》之前,电子游戏或许已经成为一种最彻底的跨国流行文化形式,不仅呈现在产业形态上(最主要的如索尼、世嘉和任天堂),也体现在内容层面上——许多电子游戏的叙事风格很显然表征着美日文化的互相影响。

任天堂在转向电子游戏生产之前原是一家扑克牌制造商,第二次世界大战后,它迅速抢得迪士尼在日本销售的版权,将迪士尼引入了日本,并迎来了日本动漫产业的大爆发。就像迪士尼广为借鉴欧洲民间故事,在剥夺原始宗教的叙事动因之后,融入了西方资产阶级的焦虑感和道德感,日本动漫(动画电影)和漫画采用了迪士尼模式,呼应着日本传统艺术中的影像,以不同的哲学观对其加以改造。

麦肯锡·沃克(MacKenzie Wark)认为,电子游戏是"垃圾消费主义的导火索"(Wark 1994)。如果我们接受这一分析,那么《神奇宝贝》的卡片游戏也可以被看作在市场经济中的一则教育案例。该游戏拥有超过150个相互作用角色的世界体系,每个角色都拥有自己的卡片,因而制造商为确保竞争和限定玩家之间的贸易销售数量,限制了某些卡片的供应。这种对早已确立的儿童收藏文化的开发受到了广泛的批评:"结果就导致了一种纯粹儿童资本主义的出现,使得收藏不再是一种手段,其意义超过了游戏本身。"(Burkeman 2000: 2)

然而这种贸易方式也使得它成为一种社会化的游戏,有其自身即兴式游乐场水平的实践方式,并随之催生了某些本地的文化经济,例如收藏者集市和游戏比赛等。要确定《神奇宝贝》是否在某些方面已经超过"儿童资本主义"——是否它当下的状态是电子游戏中最有效的"理想商品",是不是把童年和游戏变质为一种商品化和受操控的噩梦——我们需要更详细地研究游戏的玩法,以及它与儿童日常生活的联系。在关于日本媒介杂糅文化的相仿研究中(在**4.3.3**中曾讨论过），伊藤瑞子(Mizuko Ito)提出了下面的问题：

> 全球传播和媒介网络的兴起，产生了一种受商业驱动、以幻想为基础、广泛共享的想象，并成为我们日常生活的中心；同时，它正变得更加驯服，以一种高度差异化的方式影响着当地的重塑和流动。
>
> (Ito，日期不详)

下一个关于日常想象对商业媒介重塑的生动案例，是朱利安·塞夫顿·格林(Julian Sefton Green)对《神奇宝贝》的游戏世界所展开的消费研究，里面提到她6岁的儿子山姆(Sefton-Green 2004)。这项研究提供了电脑游戏某些重要的观点，将电脑游戏视作独具特点的媒介形式，而电脑游戏行为则是与之对应的与众不同的文化实践。例如，山姆玩游戏和学习是交替进行的，他会钻研《神奇宝贝》的杂志，并且回顾情节和线索。他记住了所有的密钥、药剂及世界地图和位置。如何获得神奇宝贝来升级（进化）、获得足够的力量来打败他将要面对的敌人……

> 在游戏即将通关之前，他对以自己的能力击败精英2号（倒数第二关）产生了极大的挫败感，最终他不得不寻求帮助。约75小时的游戏后，在拜访家庭的一位朋友时，山姆遇到了一些比他大的男孩（也是游戏儿童），于是他便向他们求助。其中一个男孩给了山姆一些建议，并且允许山姆用他的游戏机来变换一下角色，并送给他一只进化（60级）的哥达鸭。那一刻，山姆才从根本上认识到他一直在玩的是一种个人的、独立的过关游戏，因为他之前并没有参加任何玩家联盟，对这一游戏所提供的社会维度也是漠不关心的。最重要的是，从他的角度来看，当他得到哥达鸭时，他还学到了"作弊"的方法："你先去常磐市，会有个人教你如何训练神奇宝贝。然后你要去红莲岛，沿着右岸游泳，直到你找到一个气球精灵（遗失号码），它会转化为你（随身携带的）百物列表的第一位物体；而且如果它变成一个稀有的升级糖，那你就能让神奇宝贝进化了。"
>
> (Sefton-Green 2004: 147)

作弊"改变了他的游戏态度"，于是山姆迅速完成了各种版本的《神奇宝贝》的游戏。"作弊"是一个复杂的角色，也是一类软件技术、一则电子游戏的媒介传统、一种游戏战术和一项社会资源。

游戏和玩游戏，不仅与电视和观看电视截然不同，在某种程度上，它们也需要对其不同本质的理解，即它们是交互式的电脑媒介"文本"或技术。塞夫顿·格林《神奇宝贝》的游戏体验描述为：游戏的想象世界（故事）及其逻辑（软件）系统之间建立起来的一种张力。例如，超能药剂你可能会留给自己最喜

欢的巴大蝴,而不是更为有战略眼光地留给强大的水精灵:

> 对山姆来说,这一游戏所带来的挑战在于,要学习如何将它视为一种离散的、规则约束的过程,而不是一种遵循电视系列剧逻辑的自然现象。
>
> (Sefton-Green 2004: 151)

在游戏中,山姆并不会去区分新旧媒体。他为最爱的神奇宝贝创作了歌曲,在浴缸里和神奇宝贝精灵一起嬉戏,并和朋友开展神奇宝贝模式的战斗游戏。和电子游戏一样,尽管书籍和杂志也帮助着山姆与神奇宝贝世界的互动,但塞夫顿·格林认为,在电子游戏文化中,我们也许能观察到,"旧"媒体是以一种完全不同的方式介入进来的:山姆是一个热情的自学者,自己学会了这一拟像世界中的各种琐碎小事,他如饥似渴地阅读这些印刷材料不只是为了融入幻想的神奇世界,而是把它们当作游戏的信息或工具。

神奇宝贝的世界展示了一种观察日常生活/媒介文化转型的视角,这一视角最近被应用在外星物种,"无色能量"的发射和超能药剂之中,并被儿童媒介的戏剧性事件和软件逻辑的冲突系统所控制。山姆身处于一个既虚拟又现实,既有趣同时又很严肃的生态环境中。

4.5.3 游戏、媒介和日常生活

游戏是大众化的电脑媒介发展及数字文化认同和主体性理论中的一个关键术语。正如我们所观察到的,它支撑着赛博文化中主体性的转变,尤其是在线"身份游戏";它也是新媒体研究与历史重要领域中的一个基础概念:探索性的、孩子气的电脑编程和机器人学被认为具有教育上的进步(Papert 1980, 1994);游戏行为与游戏处于早期黑客伦理与美学中个人电脑发展的中心位置(Levy 1994);更是早期家用电脑使用中的必要体验(Haddon 1988a)。我们应该清楚地意识到,这些有趣而富有创造性的实践与电脑媒介的工具性用途(文字处理、电子表格、工作邮件等)是不同的,或者说是完全相反的。游戏行为的概念却很少被定义或反思。此外,关于游戏行为含蓄的假设是可以被应用在意识形态之中的;电子游戏引起的不安,通常与游戏行为的价值和类型的矛盾假设联系在一起。与电脑媒介关联的非工具应用中,最流行的模式应该就是电子游戏,但电子游戏却激发出深刻的焦虑感以及军事化想象、奴性的参与和催眠式异化的种种疯狂假设。

游戏行为研究并不是媒介研究中一个持久性的课题,不过也有一些值得注意和有益的案例出现,下文中我们将对此做一简要梳理。在文化与媒介研究中,媒

介化日常生活中游戏价值研究常常是很模糊的——也许是富有创造力和抵抗性，但也有一种令人担忧的墨守成规或规则的约束。从媒介形态和消费的范例中，媒介研究发展了一些关键概念，通常是服务于新闻媒介和戏剧，而不是诸如漫画或游戏展一类的娱乐媒介。电子游戏作为一种媒介形态的流行，在许多方面为彰显游戏行为的价值提供了机会：游戏行为被认为是一种文化实践模式，是一种媒介消费方式，是分析娱乐媒介与媒介游戏形态与习惯的一种切入的方法，是思考电脑媒介的消费那非工具性“用途”的方法。游戏研究最早的项目之一，是从人类和社会科学中定位和综合出种种适用于游戏和游戏行为研究的理论(Salen and Zimmerman 2003; Dovey and Kennedy 2006; Perron 2003)。

这部分内容将不会尝试对游戏理论展开全面调查，但我们将严肃对待游戏，将其视为新媒体研究中和视频游戏文化研究中具有中心意义的文化现象，并将关注游戏和游戏行为研究的如下概念：

- 具有文化的基础性，却未被理论化；
- 是日常生活之空间与时间中一个模糊却核心的概念——既是其一部分，又与之分离；
- 是娱乐和传播媒介及其消费的一种独特又模糊的方式(尤其是随着新媒体的出现)；
- 是一个潜力无穷、将搅乱一系列支撑文化与媒介研究和新媒体研究之独特性的概念，包括消费/生产、真实/幻想、规则/自由、意识形态/批判、意义/无意义，并生成或更新一些新的概念——例如，拟像/表现。

时间、空间和游戏理论

游戏行为的文献存在于人文学科和社会科学的边缘和缝隙间。文化历史学家约翰·赫伊津哈(Johan Huizinga)在他的《游戏的人》(1986[1938])一书中写道，游戏不是一种朝生暮死无意义的活动，而是人类文明中至关重要的中心因素。宗教仪式、体育运动和戏剧——这里列举的三种文化领域，都是以游戏形式为特征的——赫伊津哈认为游戏是非常严肃的活动。人类主要并不是以理性思考和自我意识为特征或是以创造性和使用技术为特征，而应当是以游戏为特征。

尽管游戏是文化的中心，但赫伊津哈认为，游戏与普通或真实生活是分离的，是“离开‘现实’生活，而去往一个自我性的临时行为空间”(Huizinga 1986: 8)。游戏与工作必需的物质化行为和身体需要的满足感是分离的，它出现在日常生活的“中场休息”之中。然而它并不是短暂的，而是通过其常态性的重复和仪式(周日的足球比赛、茶歇时的字谜游戏)，融入日常生活。游戏与日常生活的其他领域，无论从时间上还是空间上来说都是不同的，“它受限于一定的时空限而‘嬉戏’”。

> 竞技场、棋牌桌、魔术圈、寺庙、舞台、屏幕、网球场、法庭……都是发挥形式和功能的场地，是禁止的、孤立的、被围起来的、神圣的地点，在这其中有特定的规则来约束。这些都是存在于普通世界中的暂时性世界，在这个世界里人们进行着不同的活动。
>
> (Huizinga 1986: 10)

案例研究4.11：玩转网络

索尼娅·利文斯通(Sonia Livingstone)在她的研究中叙述了以下的这则故事，描绘出科技、媒介、想象游戏、真实和虚拟空间之间一种根本性的互为纠结的关系：

> 两个8岁的男孩在家里的电脑上玩他们最喜欢的冒险游戏。当他们发现一个提供相似游戏的网址，并且在游戏的同时能够同其他不熟识的玩家互动时，他们顿时兴奋起来。孩子们在游戏中扮演着幻想的角色，并不断尝试不同的角色类型。转换中，他们可能是相互合作的，也可能是互相抵抗、竞争的，并且同时要和其他的参与者在线交谈(比如打字)。但由于网费的原因，他们的上网受到限制，游戏就立即被转化进了现实的生活之中。现在，这两个男孩子和他们的妹妹，各人选择一个角色，披上战袍，在家里开始玩起了游戏，途经地狱、火山和迷宫，在现实游戏的过程中“提升”游戏技能。这种新的游戏种类，对成人观察者来说很令人困惑，被称作“玩转网络”。
>
> (Livingstone 1998: 436)

这段简短的描述生动地叙述了科技、媒介、想象游戏、真实及虚拟空间之间相互纠缠的一种根本性的关系。而“互联网游戏”是作为一则很有趣的旁白被提供给了这篇文章的主要研究，而对其内涵的深挖却被遗忘了。它所反映的是我们在**4.3.4**中讨论的一个问题，即新技术分析影响(或故障)时可能是可见的，但并不能得到采用和归化。但它可能同样反映了另一问题，即如何描述、评估并理论化——作为媒介化的日常生活模式的游戏行为。

这些孩子们并没有抛弃现实而沉迷于赛博世界，他们用新媒体创造出了新游戏，在真实与想象的空间中嬉戏与表演，并且证明了游戏行为和前数字文化的游戏之间那强大的连续性。科技、媒介、性能、消费、家庭和社会性别之间的关系都被缠绕在这一种模糊界定的游戏时空之中。

游戏规则：竞玩和嬉玩[①]

罗杰·凯洛依斯(Roger Caillois) 发展了赫伊津哈的思想。他关于游戏与游戏行为的分类已经深深地影响了游戏研究关于游戏行为理论的思考。他把所观察到的类型归纳成游戏行为的几种基本结构：争斗——竞赛型游戏，这类游戏是从诸如足球、象棋等游戏中获得启发；运气——这类游戏在很大程度上基于工作机遇的设计；模拟场景——这类游戏涉及的是角色扮演和场景模拟；眩晕（刺激感）——即如孩子滚下山坡或大声尖叫时所明显感知的眩晕感和障碍感(Caillois 1962: 25)。但这些分类并不是相互孤立存在的，恰恰相反，它们经常在游戏中交织共存。例如：尽管争斗和运气游戏是互相对立的两种类型，但前者基于能力和努力的多少，而后者基于幸运的概率，但它们经常存在于同一款游戏中。

贯穿于这些游戏类型的一条中心轴线是对游戏优点的测评。中心线的一端是竞玩，另一端则是嬉玩，竞玩规则提供了游戏中必须遵循的一些法则：细心的计算、认真的谋划、规则的遵守。而嬉玩则不然：它是真实地、积极地、激昂地、活力四射地、自发地参与到游戏的创造中(Caillois 1962: 53)。因此，象棋这一类型的游戏较为接近于竞玩的这一端，而一些具有想象色彩的、场景模拟之类的游戏类型更贴近于嬉玩这一端。政治性或道德价值每每是被赋予"竞玩与嬉玩"轴线上的这些游戏，而不是争斗、概率、模拟场景和眩晕（刺激感）这种游戏分类，后者所带来的每每是大众及学术界对电子游戏的焦虑感。电子游戏，从一般意义上讲，是竞玩类的，显然是难以提供自发性或者创新性的空间。电子游戏批判中较有影响的一种观点是由尤金·普洛文佐(Eugene Provenzo)提出的：

> 相对于洋娃娃和积木游戏中所呈现的一种世界的想象力而言，电子游戏对孩子们来说，代表的却是贫乏的文化内涵和感官环境。
>
> (Provenzo 1991: 97)

很明显，凯洛依斯对嬉玩或竞玩并未表示出明显的倾向性。对他来说，始终是竞玩类游戏与社会文明进程息息相关。他强调，游戏规则使得游戏转化为了一种具有丰富而果断的文化内涵的工具(Caillois 1962: 27)。在我们日常的生活中，竞玩同样存在于一些具有代表性的游戏和活动中，例如象棋、填字游戏、推理性的故事等。许多电子游戏也分享着这种智力嬉戏的快乐——例如我们在解决字谜时所产生的莫名的快乐感。此外，即便是竞玩游戏也需要足够的空间去即兴发挥：

---

① Ludus和Paidia是凯洛依斯在游戏分类中最为重要的两个概念，前者多译为"竞玩""竞技"，后者有译为"嬉玩""玩耍"等，本书译为"嬉玩"。——译者注

> 只要不超过规则所限，游戏拥有足以发挥想象的自由和需求。玩家之想象发挥的程度与他们所创造出的额外惊喜是游戏本身的一种意义所在，在很大程度上，也是这些游戏的亮点。
>
> (Caillois 1962: 8)

雪莉·特克界定了幻想式嬉玩和电子游戏中规则绑定的竞玩之间的关系。科幻小说和幻想小说对电子游戏和电脑游戏的发展起到了决定性的作用。它们不仅丰富了游戏的象征性内容（宇宙战舰和怪兽），而且通过幻想/想象与逻辑、规则管理之间的模拟性张力的处理，使游戏更加丰满。

> 一个星球能够拥有任何类型的环境，其居住者必须适应这些环境……你可以天马行空地想象任何东西，但一旦你所从事的系统规则确定下来，你就必须遵守这些规则，不能逾越。
>
> (Turkle 1984: 77)

> 同样地，电子游戏世界的逻辑在于，它的内容可能是天马行空、令人惊讶的，但并不是随意的。归咎为一点，电脑游戏并不是开放性的，而是有规则制约和束缚的。
>
> (Turkle 1984: 78; Provenzo 1991: 88ff)

游戏意味着什么?

游戏在我们人类文化中的地位很模糊。对凯洛依斯而言，游戏是文明的基础，而游戏行为和我们的普通生活相对于彼此却是持续而普遍性的(Caillois 1962: 63)。麦克卢汉则认为，游戏是一种传播媒介、一种大众艺术形式、一种社会的集体化模型。

> 游戏和机构一样，是社会人和政体的延伸，就如同技术是动物有机体的延伸一样。作为日趋紧张的工作压力下的产物，游戏成为忠诚的文化模型。它们将整个人类的动作和反应合并在一个单一的动态图像之中。
>
> (McLuhan 1967: 235)

这两位学者所代表的并不是一种文化思想的表现。麦克卢汉的游戏同凯洛依斯的游戏共享着一种与社会之间的模糊关系，它们存在于其中，却又彼此截然不同。

> 游戏是一种像迪士尼乐园般美妙的人造天堂，或者可以说，是一种带有乌托邦色彩的对日常现实生活的诠释。在游戏中，我们设计各种方法去应对我们时代中那光怪陆离的景况。
>
> (McLuhan 1967: 238)

游戏是与现实世界的时间和空间分离的，它游走于各个领域并受到规则的制约。然而更重要的是,它们是世界的一个部分,演绎并模仿着更广阔的社会语境,因为毕竟,它们是人们日常生活中所嬉玩的游戏的一部分——但依然与其他文化行为是迥然有别的。此外,关于游戏动态模仿现实世界关系与力量的观点是与电脑媒介形态的拟像说相互共鸣的。拟像在电子游戏的独特类型中发现了特殊的表达(从《模拟城市》《模拟蚂蚁》到当下流行的《模拟人生》),只不过是以更具意义的方式完整地体现在游戏之中。

事实上,凯洛依斯认为,将游戏与日常生活中的其他领域分离是必需的。游戏中的危险之处并不在于它所提出的限制性规则,而在于它们的腐化堕落——一旦其来源于现实世界之自主性被破坏的话:例如,星座的研究蒙蔽了现实与机缘之间的界限,在毒品和酒类消费中令人作呕的腐败。这种分离精确地描绘了想象和事实之间的关系,使玩家能够在现实世界的异化中得到保护并清醒过来(Caillois 1962: 49)。

游戏并不意味着什么:从游戏学到仿真①

> 电子游戏是一个窗口,它反映的是一种新型的人机亲密接触的电脑文化。人同电子游戏之间的互动关系如同和其他机器的互动是一样的。电子游戏所拥有的这种权力,几乎是犹如催眠一般令人着迷,正是电脑所持有之权力。
>
> (Turkle 1984: 60)

一方面,电子游戏起源于大众媒介,另一方面,如果媒介消费已经广为认可其娱乐性的话,那么电子游戏是不是也能被视为一种特殊的新媒体,其嬉玩的实践是否会接受某些独特的批判?换言之,我们对于一款游戏的关注度每每是它所代表的文化形式,而不认为随之发生的游戏行为是一种普泛的消费模式。我们注意到,电子游戏标识了一种崭新的具有代表意义的新媒体:大众媒介之游戏。这就是说,尽管桌上游戏(又称图版游戏)或许也是依靠娱乐主题和图像来吸引玩家,但它们并没有彻底地相互重叠;或之前较为相似的是运动影像媒介中的图像和运动:电影、动画和电视。电子游戏在内容层面上具有一种符号的复杂性,而这在象棋或者是高尔夫或妙探寻凶(Cluedo)之类的游戏中并不易见。

然而,尽管电子游戏和其他大众媒介之间存在显而易见的联系,但我们不禁会问,关于媒介理论中那些早已确立的方法是否都适用于电子游戏的研究?其实,电子游戏和早期的电子媒介之间的区分多倾向于消费模式或者使用者彼此之间的互动、“沉浸式”的模式等问题。电子游戏作为以计算机为中介的媒介,它的互动式消费更需要批判性地看待。

---

① 参见**1.2.6**仿真。

> 一个偏持分子漂浮在屏幕上，他持续不断地搜寻物体去吞噬。我们所看到的正是新马克思主义者所预言的晚期资本主义。他是一个纯粹的消费者，正着迷地张开血盆大口追寻唯一的目标——能让他感到满足的东西。他也许会猜测，如果他吃够了——换句话说，购买到足够的工业生产的商品——他会实现这种状态下的完美的自我价值、完美的自我圆满。但这却永远不会发生。他注定永远是形而上的空虚。这是一个原色的悲剧寓言。
>
> (Poole 2000: 189)

尽管史蒂文·普尔(Steven Poole)半开玩笑地（话虽如此）对吃豆人游戏展开了象征性内容的解读，但电子游戏相较其他大众视觉媒介来说，可能并没有这么具有“表现性”。GT赛车在视觉上代表一场汽车竞赛（或者更确切来说，它再度媒介化了电视上摩托赛车），但是玩这个游戏时又有点类似于在电视上观看一场竞赛。对屏幕的控制和反应的这种乐趣遵循了这个游戏本身的逻辑。电子游戏，在**1.2.6**中我们曾赋予它严格的词义，也就是仿真。

然而很多电子游戏的乐趣，并不能与它们所模拟的物质动力和过程完全分离——而且部分由电子游戏带来的乐趣，如《毁灭战士》，在一定意义上，就直接参与或干预（甚至是“控制”）了大众媒介图像和行动——它们很难以电影方法论或者电视文本分析进行研究。《大富翁》和《模拟城市》都不是房地产市场和都市发展之复杂系统的精确模型。两者都只是游戏，用户自己设定框架和经济形势来获得快乐，帮人们度过孤独的时间，或者促进社交。但无论电子游戏拥有多大的叙事潜力，它的游戏协定和模式都与电脑媒介密不可分。玩电子游戏需要具有一定的理解能力，或对其构造或系统的解码能力。系统（如游戏等级、建筑组织、地点、事件时间、非玩家角色等）就是它自己，当然，一个高度复杂的符号学系统是可以从它特别设置的图像或场景中独立出来，并被肌理性地勾勒出来。例如《毁灭战士》的“引擎”已被用作某些完全不同的互动环境的基础。

> 在动画图形、电影式的过场动画、实时物理学、神话的背景故事和其他事物中，一个电子游戏从根本上说，仍然是一个高度人工化、精心设计的符号引擎。
>
> (Poole 2000: 214)

媒介游戏

本章前面提到，大众媒介“消费”的概念也许并不完全适合用来理解电子游戏。近期媒介研究成果表明，从更广义上去思考媒介“消费”，游戏也许是一个卓有成效的术语。例如，罗杰·西尔弗斯通(Roger Silverstone)认为，大众媒介与游戏是不可分割的：

如今,我们在游戏中都是玩家,其中有一些,或者说许多游戏都是媒介创造的。尽管它们会分散人们的注意力,但还是提供了一个焦点。它们模糊了边界,但仍然保存了边界。当然不可否认,即使是孩子都知道什么时候该玩,什么时候不该玩。日常生活中世俗和更高等级的空间之间的门槛仍然可以跨越,特别是当我们打开收音机和电视或者登陆万维网时。游戏既是逃逸也是深入。它占领了屏幕上原本被保护的空间与时间,包围它们或更甚者清除它们。当我们带着其他目的或以其他方式进入媒介空间,为工作或为了获取信息时,例如,游戏存在以说服和教育我们:这种媒介是以下活动的主要场所,它向现实世界的观众提供了一个既安全又刺激的世界,在其中,我们能虚拟地、自由地、充满愉悦地玩。

(Silverstone 1999a: 66)

对于约翰·菲斯克(John Fiske)来说,与媒介中的文本和图像互动的乐趣在于"活跃的"消费者将真实世界与媒介再现联系了起来,这既富有创造力又很有趣。然而,在真实世界和媒介消费再现的边界之间的游戏是令人焦虑的。菲斯克借用弗洛伊德的概念描述了儿童电视控制(更换频道、开启和关闭电视)其实是一种电子形式的"去/来"(fort/da)游戏[①]。孩子们会以玩乐的心态去探索电视节目内容中象征和现实之间的区别——特别是他们并不认同的讽刺性的再现(Fiske 1987: 231)。

这些游戏行为的元素——焦虑性的和表演性的——同样也明显存在于电子游戏中,事实上,它们是电子游戏的中心。总的来说,它们提出了关于游戏——特别是电子游戏——的政治动力问题:在玩家的活动、表演、愉悦和游戏的特殊规则以及广义的社会规范和意识形态之间,存在着什么样的关系?约翰·B·汤普森(John B. Thomson)认为,在主导性象征系统(意识形态或话语)里的个体身份的日常政治可以用"竞玩"的术语来讨论,"就像一种棋类游戏,主导系统会界定哪些走法是合乎规则的,而哪些则不是"(Thompson 1995: 210)。菲斯克认为,根据规则进行游戏是一种解放的活动:

游戏的愉悦直接来自玩家对游戏规则、角色及再现施以控制的能力——这些能动性如在社会中出现时就是服从的能动性,但在游戏里却是解放行动和赋权。游戏,对于附属阶层[②]来说,是对自己所从属状态的一种活跃的、创造性的、抵抗性的反应:在面对主导意识形态的集合性力量之时,它保持了自

① Fort/da游戏来源于弗洛伊德对他18个月的孙子的观察。其孙将自己摇篮上所拴的一只木轮掷出,然后又把它拉回来,发出"fort"(去)"da"(来)的声音。弗洛伊德将这种婴儿对母亲离开与返回过程中产生的焦虑行为称为"去/来"游戏。—

② subordinate,有被译为"属下的"、"附属的",有时与"subalter"具有意义的互换性。——译者注

己的亚文化的差异性。

(Fiske 1987: 236)

20世纪80年代，澳大利亚出现了对电子游戏厅的政治和媒介谴责，作为回应，菲斯克和琼·沃茨(Jon Watts)拓展了游戏的政治性。他们认为在谴责中出现的矛盾是：

> 以游戏自身的技术属性为中心的，因为它们提供了正常社会活动的具有反面价值的版本：它们将游戏玩家置于与一台及其生产线隐含的联系性相互作用中，它们将他或她置于像家中电视一般的一台电子屏幕面前。生产和看电视这两种正常社会活动的相似性并不需要对游戏中心的反社会形象负责，但是它们为我们的调查研究提供了一个出发点，我们必须关注正常活动的逆转，而不是它的再生产。
>
> (Fiske and Watts 1985)

有趣的是，在这篇文章发表20年之后，电子屏幕已经成为人们工作和休闲的核心。明显的一点是，好玩的活动——"看起来像"非游戏的行为(无论是屏幕上的虚拟暴力行为还是玩家在电脑前的行为)不一定就是非游戏行为的同义词。比如说中世纪的节日也可能会把世界弄得天翻地覆。

然而，如果说游戏行为作为一种文化活动彻底覆盖了当代媒介消费和身份建构，那么我们就面临着一种意义流失的危险，更难以将游戏行为视为一种理解新媒体的批判和分析术语。我们还应注意到，在媒介研究中出现的关注游戏行为研究的案例，正如它们所受到的欢迎一般，是一种对潜在研究领域的投机性浅描。它们未曾借鉴，也没有推动对媒介游戏的民族志研究。但游戏研究已经展开关于游戏行为的理论与实证研究。例如，人类学家维克多·特纳(Victor Turner)关于游戏行为的研究，已经被用来研讨多用户游戏《反恐精英》中的传播与交谈等行为(Wright, *et al.* 2002, Dovey and Kennedy 2006: 34–35)。但更多的时候，游戏行为是被引入以尝试界定游戏，无论是为了定义游戏研究的关键概念(Walther 2003)，游戏之为独特文化形式的分析(Juul 2003)，还是以求彰显游戏设计的过程(Salen and Zimmerman 2003)。

4.5.4　与电脑玩游戏

我们已阐明个人电脑的发展与游戏实践是密不可分的，也明确了作为新媒体的电子游戏[1]有别于其他基于屏幕的大众媒介的特征。那么，电脑游戏究竟意味着什么？

---

① 游戏行为间或会被援引或被考虑为支撑某些非主要研究客体的探讨。同人志小说研究引用了游戏行为的概念来阐释对原文本构架之外的创造性行为(Jenkins 1992; Hills 2002)。马特·海茨(Matt Hills)借鉴的则是心理学家D·W·温尼科特(D. W. Winnicott)游戏行为理论："游戏行为是主体和客体之间的'第三空间'(例如儿童和他或她的玩具)。"

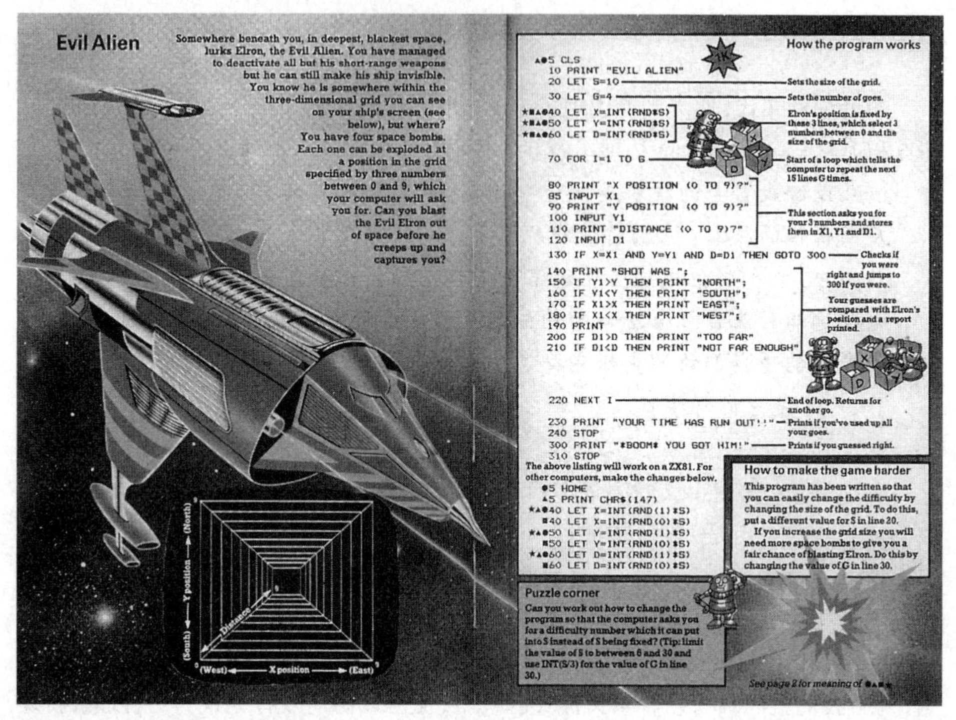

Evil Alien

Somewhere beneath you, in deepest, blackest space, lurks Elron, the Evil Alien. You have managed to deactivate all but his short-range weapons but he can still make his ship invisible. You know he is somewhere within the three-dimensional grid you can see on your ship's screen (see below), but where? You have four space bombs. Each one can be exploded at a position in the grid specified by three numbers between 0 and 9, which your computer will ask you for. Can you blast the Evil Elron out of space before he creeps up and captures you?

(North) Y position (South)
(West) X position (East)
Distance

How the program works

```
▲●5 CLS
  10 PRINT "EVIL ALIEN"
  20 LET S=10                  — Sets the size of the grid.
  30 LET G=4                   — Sets the number of goes.
★■▲●40 LET X=INT(RND*S)
★■▲●50 LET Y=INT(RND*S)
★■▲●60 LET D=INT(RND*S)        — Elron's position is fixed by these 3 lines, which select 3 numbers between 0 and the size of the grid.
  70 FOR I=1 TO G              — Start of a loop which tells the computer to repeat the next 15 lines G times.
  80 PRINT "X POSITION (0 TO 9)?"
  85 INPUT X1
  90 PRINT "Y POSITION (0 TO 9)?"
  100 INPUT Y1
  110 PRINT "DISTANCE (0 TO 9)?"
  120 INPUT D1                 — This section asks you for your 3 numbers and stores them in X1, Y1 and D1.
  130 IF X=X1 AND Y=Y1 AND D=D1 THEN GOTO 300 — Checks if you were right and jumps to 300 if you were.
  140 PRINT "SHOT WAS ";
  150 IF Y1>Y THEN PRINT "NORTH";
  160 IF Y1<Y THEN PRINT "SOUTH";
  170 IF X1>X THEN PRINT "EAST";
  180 IF X1<X THEN PRINT "WEST";
  190 PRINT
  200 IF D1>D THEN PRINT "TOO FAR"
  210 IF D1<D THEN PRINT "NOT FAR ENOUGH" — Your guesses are compared with Elron's position and a report printed.
  220 NEXT I                   — End of loop. Returns for another go.
  230 PRINT "YOUR TIME HAS RUN OUT!!" — Prints if you've used up all your goes.
  240 STOP
  300 PRINT "*BOOM* YOU GOT HIM!" — Prints if you guessed right.
  310 STOP
```

The above listing will work on a ZX81. For other computers, make the changes below.

```
  ●5 HOME
  ▲5 PRINT CHR$(147)
★▲●40 LET X=INT(RND(1)*S)
  ■40 LET X=INT(RND(0)*S)
★▲●50 LET Y=INT(RND(1)*S)
  ■50 LET Y=INT(RND(0)*S)
★▲●60 LET D=INT(RND(1)*S)
  ■60 LET D=INT(RND(0)*S)
```

How to make the game harder

This program has been written so that you can easily change the difficulty by changing the size of the grid. To do this, put a different value for S in line 20.

If you increase the grid size you will need more space bombs to give you a fair chance of blasting Elron. Do this by changing the value of G in line 30.

Puzzle corner

Can you work out how to change the program so that the computer asks you for a difficulty number which it can put into S instead of S being fixed? (Tip: limit the value of S to between 6 and 30 and use INT(S/3) for the value of G in line 30.)

See page 2 for meaning of ●▲■★

【图4.17】游戏代码:《幽浮战场》,出自《电脑空间游戏》(COMPUTER SPACE GAMES) Usborne Publishing Ltd 版权所有©1982。

作为游戏的互动

动作游戏每每被认为是粗糙的和单向度的,但要记住的是,游戏事件可以在现实时间中通过游戏行为而展开。以往的叙事性视觉媒介(如电影及电视剧)的关键环节,如时间设置、剧情、人物发展和深度以及叙事性信息的观众剧透管理等,这些都被互动性绝对限制了。而游戏玩家不仅可以沉浸于游戏之中,还将对屏幕上之事件负责。如果游戏结束,那便是玩家通关失败,而不是深度确立之叙事结束的保证。另者,与普遍流行的游戏批判视野——也即认为《毁灭战士》或《侠盗猎车》这类游戏只是源于控制及掌控欲的简单渴望——相左的是,游戏被特征化为一种相伴于焦虑、甚至恐惧的男性气质的胜利。玩家不断输掉游戏,重新开始然后再度被杀。

其中的对立,或者说是一种紧张感,存在于玩家游戏协议的意识和完全虚拟的游戏体验以及真实的、往往又是本能之经验所引发的恐惧之中。恐怖片所带来的体验与此相仿——我们非常清醒地意识到,音乐和其他迹象显示会有什么东西正要跳出来吓唬我们,但这种意识反而加剧了我们的紧张感。而电子游戏又补充上其他一些特征,取决于游戏类型的不同,如《古墓丽影》(反应、横向思维和空间意识的混合)、《寂静岭》(氛围),或是《俄罗斯方块》(反应和恐惧)。

学习

所有媒介消费都要求具备特定的代码知识,而且它通常是一种主动行为,“解码”或学习的过程在电子游戏的互动中也是不可或缺的。每一种游戏都少不了学习编码和游戏协议的过程,也少不了理解与进行游戏的过程。每一种游戏都有自己的互动模式——而且游戏中会配备不同的按键与设置组合。每一种游戏的控制与掌握是其本身权利所有的、至关重要的、基本的愉悦。正如普罗文萨诺(Provenzo)所说,电子游戏“事实上是引导玩家……规则游戏的……教学机器”(Provenzo 1991: 34)。

玩家所要学习的不只是控制和规则。每一种电子游戏都是一个符号世界——从背景到角色、墙壁、树等元素都是被编码的,它们在此世界中之意义的位置与游戏参与都是既定的。没有什么是偶然的或随机的。我们再一次回到非沉浸式的电子游戏中——从某种程度上来说,一个沉浸式世界的再现越是复杂,那么玩家就越能意识到其游戏策略之精妙。《俄罗斯方块》的图形和概念的简单性很可能会让玩家沉迷好几个小时,而玩《古墓丽影》时,玩家就得学习这个虚拟世界的符号构造。环境仿如舞台布景:上色的背景布,某些我们希望它们如同现实生活中一般作用的元素(可以打开的门、可以爬的楼梯等)。但另有些元素则是毫无作用——如仅具装饰作用的门窗。将劳拉·卡芙特移向一面覆满叶子的建筑装饰墙边,它显示为一组像素图像所映射出的正多边形的单位。

身份认同

在对游戏——行为的大众描述中,人们常说身份的建构是一种简单易得的过程……如若谁能以第一人称的角色玩转种种游戏,而又能维持住该角色之“生命”,他就会受到“奖励”,在玩家和角色之间假定一种身份认同实在太容易了,尽管电脑游戏中的角色并不是完整的人物。

(Sefton-Green, 引自 Green *et al.* 1998: 27)

电脑游戏行为中这种主动参与的独特结构暗示我们,运用以往的批评框架去理解媒介受众与媒介文本的关系是远远不够的。电影受众理论是基于观众与电影主角的认同假设之上的,乍一看,这一理论似乎对研究游戏行为有所帮助,因为玩家会与游戏角色进行互动控制。但事实上,从第二人称到第三人称的转变,正如本书引论处所点明,并不是一种直截了当的联系:

潜入而不被敌人察觉。你是索利得·斯内克,你单枪匹马潜入敌营销毁核武器,这批武器正被一批恐怖分子所把持。如果敌人发现斯内克,他们会增兵追踪。一旦敌军人数增多,你就难以获胜了。所以无论何时,你都要避免不必要的战斗。

(科乐美《合金装备》指导手册,1999)

唯有当电子游戏如同软件和媒介文本一样,被理论化为以计算机为中介的媒介之时,这种新媒体的消费才能得以被理解。恰如普尔(Poole)所论述的那样,《吃豆人》的玩家是以其自身的语言"与系统进行对话"(Poole 2000: 197)。

在本书的这部分内容中,我们已经接触到电子游戏的复杂性、身份认同以及玩家和游戏技术之间的控制论之关系。而下文中出现的两个案例研究将会带领我们更深入地探讨这些问题,并将这些问题与作为电脑媒介之客体的电子游戏的象征与抽象系统相关联。

案例研究4.12:仿真游戏中的电脑认同

特德·弗里德曼探索了游戏玩家如何在这种新媒体世界中通过文字、影像实现的身份认同。他侧重于仿真游戏的成功类型,也即在电脑上建模的、集社会、历史、地理、梦想于一体的游戏(如《上帝也疯狂》《模拟城市》《主题公园》《模拟蚂蚁》《文明》等)。而这类游戏有时也被称为"上帝的游戏",玩家通常都"无所不能",他们可以通过滚动鼠标在鸟瞰或等距的地图模式间切换,从而纵览游戏全景。但玩家并不是真的"无所不能",游戏的目的也并不是让玩家全权掌控,而是玩家需要在游戏的设定下去挑战不断展开的游戏(如地缘政治、城市建设、梦想演化的过程)。仿真游戏可以有无限种结局,如《模拟城市》的玩家可以自由选择自己喜欢的城市环境。通常这类型的游戏没有固定结尾、解决方式或是胜利方法。因此玩家不会被任何特定的角色所绑定,更不会像是看一部电影一样有固定的主角。弗里德曼(Friedman)曾指出,在游戏《文明II》中,玩家要同时应对数个不同的角色,"简单地说,有国王、将军、市长、城市规划者、移民者、士兵、牧师等"(Friedman 1995)。这也不像电影理论所探讨的在游戏中构建身份便是扮演主角①。对弗里德曼来说,玩家必须"认同电脑本身……仿真游戏的乐趣来自玩家需要栖居在一个不熟而新鲜的精神状态之中,在学习中像电脑一样去思考"(Friedman 1999)。

正如我们所理解的,互动游戏行为并不能让玩家完全自由地驾驭游戏:

① 参见Ted Friedman (1999) 'Civilisation and its Discontents: simulation, subjectivity, and space', in Greg Smith (ed.) *On a Silver Platter: CD-ROMs and the promises of a new technology*, New York: New York University Press, 132-150。在线下载http://www.duke. edu/~tlove/civ.htm (accessed 6/11/00)。

电脑教我们“思想的结构”“重组认知能力”。特别是仿真游戏，美化了我们与技术的控制论式的联系。它们由此变身为一种享受和一个需要思考才能完成的任务，通过“玩”的语言，它们教会了你身为生化人之感受。

(Friedman 1999)

因此，我们认为电子游戏并不单纯是一种暂时性的数码玩具，而是提供了一种独一无二的机会，让我们能够加入并理解这种亲密而复杂的关系——甚至是网络——在人与电脑媒介以及技术之间的关系。

案例研究4.13：编码和恶魔的认同

在澳大利亚展开的一项关于儿童电子游戏文化对教育影响的研究中，我们清楚地观察到在游戏行为中复杂的注意力转移和身份认同的必要性。两名12岁的男孩被邀请演示一款他们最喜爱的任天堂电子游戏(Super Ghouls and Ghosts)。一个人负责操作，另一个人则在旁观察并评论。以下对话反映出他们参与此游戏的复杂性。

路易斯：这游戏是关于什么的？你到底在做什么？

杰克：呃，就是……你需要做的就是到处走，然后用类似匕首、箭之类的武器射杀僵尸。

路易斯：就像中世纪时期的武器？

杰克：对。

路易斯：哦，那好——到目前为止你最喜欢玩哪一关？

杰克：必须是第一关啊。

路易斯：第一关……很容易么？

杰克：嗯，挺容易的。

路易斯：你是喜欢用一般的模式玩这款游戏呢，还是喜欢输入代码？

杰克：我……我都挺喜欢的。

路易斯：好吧……那你最喜欢输入什么代码呢，就像现在一样，哒！哒！！！

杰克：我会……我会输入“连续跳跃”，然后你就可以跳，跳……就这么一直跳下去。

路易斯：然后就跳、跳、跳、跳、跳、跳……还有别的么？比如无限能量，那是一种代码吗？

杰克:我会输入“无敌免疫”,这样我就对于我的敌人免疫了,那意味着没有敌人可以撕烂我。

路易斯:哦,原来如此。我喜欢。

(Green *et al.* 1998: 27)

过了一会儿:

杰克:就像,如果……如果我希望我是亚瑟骑士,你能解释一下他是谁么?

路易斯:他是你在这个故事中扮演的角色。我喜欢事先做一点手脚……然后我会重复,我会重复这个动作。我会输入,让我想想,我会在编码输入端口键入70027602,然后我就可以对敌人的攻击免疫了……我就可以自由地穿梭在火焰、熔岩以及蛇怪这样的大恶魔之间。

(Green *et al.* 1998: 28)

研究者们对这里所显示的,孩子们不同种类的“读写”能力问题尤其感兴趣——因为孩子们能在屏幕和打印制品上的文本、图片之间作自由转换。他们指出,这些孩子明确知道他们正在玩一种游戏,并把自己和游戏中的人物分离开来。那么“认同”犹如程序一般在游戏之中,意味着男孩子们正参与着游戏的符号学结构,同时清楚地解读了图像的意义(比如中世纪的武器)以及游戏的常用术语(关、大魔头)与游戏之外的知识(密码和作弊)。玩这样的游戏需要在其社会圈和社会资源中同时将游戏视为软件、被激发的空间以及有代表性意义的环境,等等不一而足。

值得注意的是,这个游戏的过程极具复杂性——两名孩子在交谈过程中同时兼顾了象征性的内容(怪兽和骑士)、虚拟空间、对人物/化身的认同,他们以操作软件的方式参与着游戏,在系统允许的范围内提供战术之变化(作弊)。总之,他们是在程序和象征性内容的层面上同时操纵着游戏世界。

4.5.5 控制论之游戏

特德·弗里德曼(Ted Friedman)把游戏以及玩家之间的控制论式[①]的循环看成电脑使用的一个极端例子:

人与电脑的互动之所以变得如此吸引人——不管这种现象是好是

① 电子游戏被束缚在赛博文化的物质性与想象之中。威廉·吉普森对街机游戏迷的描述可以追溯至赛博朋克起源的时刻,他对赛博文化更广义上的理解和意义观察,可参阅本书第五章中更为详细的讨论。

坏——是因为电脑可以把玩家和文本之间的信息交流变成一种反馈性的循环回路。你作出的每一个反应都会激起电脑的一个动作，这个动作导致了你的一个新反应，以此循环，最终从屏幕到你的眼睛到你的手指到键盘到电脑再到屏幕的这个循环回路变成一个独立的控制论式的回路。

(Friedman 1995)

詹姆斯·纽曼(James Newman)也作出了相似的描述：

很重要的是，玩家和系统/游戏世界的关系不是一种清晰的主客体之间的关系。两者的交界更像是一种连续的、互动的、反馈性的环形圈，在此种关系中，游戏的建构者和组成者中都可以找到玩家的身影。

(Newman 2002: 410)

这种将数字化的游戏行为视为控制论过程的说法带领我们超越了大众新媒体“交互性”的种种论争，并彰显出深远的影响。从这些(传统)角度来看交互性可以被看作是玩家通过界面和菜单对路径和客体所作的某些选择，这些观点也许还没有将交互性从媒介消费的其他形式中脱离出来。而将数字化的游戏行为视为控制论的过程，则暗示着人机之间一种更强烈、更亲密的关系，一种缺失主导方的关系。或如纽曼所指出的那样，主客体之间的明确界限不复存在。玩家和软件构成了一条环形通路。这样一来，我们对于电子游戏之本质的讨论中出现层出不穷的生化人的议题也就不足为奇了(Lahti 2003; Giddings and Kennedy 2006)。

对特德·弗里德曼来说，玩家在游戏中被传授“像控制论生物体”一般去思考的本领，而对凯瑟琳·海尔斯而言，青春期里的游戏玩家就是一种“隐喻性”的控制论生物体。在海伦·肯尼迪关于《雷神之锤》女性玩家的著述中，她字斟句酌地使用了这一专有名词的明确意义(**4.4.3**)。对她来说，游戏行为就是控制论性质的、“就像网络和能量流动完全是相互依靠一样”，在游戏行为的过程中，“没有任何一个玩家是独立于界面和游戏世界而存在的，两者彼此融合从而形成一种控制论生物体——一种由线路、机器、编码和肉体组成的互动形式”(Kennedy 2007: 126)。这种游戏和玩家之间的互动循环可能是暂时的，或是间歇性地形成的(例如，它只存在于玩游戏的某些特定时刻)，但这并不能减弱该论述之现实及技术文化层面的价值。从这一角度来看，游戏行为也可以被认为是完全符合控制论生物体性质的，这种生物体不仅仅表征了技术性环境中的人类主体，而更仿佛是在表征人类自身不过是一种在人类及非人类实体所共同形成之某一事件中的组成部分。

这一观点不仅挑战了媒介研究的一则基础信条——媒介信息或者传播总是、也唯由社会(而非物质地或技术性地)决定的，特别是它也提出了必须以一种从根本上挑战传统理论的方法——尤其是关于人类与（媒介）机器（还有物理世界）之关系的理论——来想象游戏行为（也包括更广泛意义上的技术文化关系）。

4.6 小结：日常中的赛博文化

通过对大众新媒体的日常化使用和游戏的探寻，迅速浮现在我们眼前的发现是，这些新技术并不标志着日常生活与种种关系的终点。"现实世界"并没有被虚构性的赛博空间里那些闪烁的迷光、几何图形和去形体化存在甩在身后。相反，我们所观察到的是一个更复杂且更有趣的画面。互联网的传播向量、电子游戏的动力空间，所有这一切"技术的想象力"都交织在一起，切入家庭建筑中，在都市环境中移动，建立社会性别、家庭和社会生活的模式，并通过硬件、软件生产商的巧妙幻想以及大众文化的叙事性填补而得以戏剧化地呈现。日常现实正嵌入、撬动、摇曳在技术和媒介、赛博空间和日常空间的纠缠与互相渗透之中，持续地"被植入到其他社会空间里"(Miller and Slater 2000: 4)。

本章借鉴了人文科学和社会科学中日常生活与社会的理论与实证研究方法，尤其是文化与媒介研究方法。可以明确的是，这些知识框架中某些关键的人道主义原则是受到限制的，也并不能完全解答数字媒介技术所提出的问题，更不能适当地描摹日常数字文化的肌理和循环。以下问题尤为突出：

- 在构成家庭环境——表面化的世俗、恒久的时空和技术社会关系的语境下，"新奇"和变化应当如何被界定、描述和理论化；
- 从商业媒介客体和生活经验的角度来看，数字媒介的特殊本质被理解为软硬技术，对大众数字文化研究有什么启示；
- 一种竭力将游戏理解成那无处不在又难以捉摸的文化参与模式的尝试，是如何成为日常赛博文化的中心；
- 数字媒介如何影响到大脑、身体和机器之间的这些全新的亲密关系；
- 那些另类的理论资源是如何被要求概念化异质行动者之间的能动性的关系与效果，而不要总是强调人类能动性的重要性。

最后一个问题需要更进一步的研究。该问题认为文化指涉的永远是科技文化，因此也标识了技术历史和社会属性研究的本体论对之产生的影响。本书第四章从日常生活体验的角度出发，探索了构建现代赛博文化的网络和关系的某些方面。生化人的怪物形象被不断重复提及，仿佛它尾随着身体和身份的讨论出现在我们面前。此后的第五章，我们将更全面地质疑科技文化的历史和哲学，特别是关于赛博文化。

参考文献

Aarseth, Espen *Cybertext: perspectives on ergodic literature*, Baltimore, Md.: Johns Hopkins University Press, 1997.
Aarseth, Espen 'Computer game studies: year one', *Game Studies* 1.1 (July) http://www.gamestudies.org (accessed July 2001).
Abbott, Chris 'Making connections: young people and the internet', in *Digital Diversions: youth culture in the age of multimedia*, ed. Julian Sefton-Green, London: UCL Press, 1998, pp. 84–105.
Adorno, Theodor *The Culture Industry: selected essays on mass culture*, London: Routledge, 1991.
Akrich, Madeleine 'The de-scription of technological objects', in *Shaping Technology / Building Society: studies in sociotechnical change*, eds Wiebe Bijker and John Law, Cambridge Mass.: MIT Press, 1992, pp. 205–223.
Alloway, Nola and Gilbert, Pam 'Video game culture: playing with masculinity, violence and pleasure', in *Wired Up: young people and the electronic media*, ed. Sue Howard, London: UCL, 1998, pp. 95–114.
Aronowitz, Stanley, Martinsons, Barbara, Menser, Michael and Rich, Jennifer *Technoscience and Cyberculture*, London: Routledge, 1996.
Atkins, Barry *More than a Game: the computer game as fictional form*, Manchester: Manchester University Press, 2003.
Badmington, Neil ed. *Posthumanism*, Basingstoke: Palgrave Macmillan, 2000.
Balsamo, Anne *Technologies of the Gendered Body: reading cyborg women*, Durham N.C. and London: Duke University Press, 1996.
Balsamo, Anne, 'Introduction', *Cultural Studies* 12 (1998): 285–299.
Banks, John 'Controlling gameplay', *M/C journal: a journal of media culture* [online], 1(5) (1998). Available from http://journal.media-culture.org.au/9812/game.php (accessed 20/9/05).
Barba, Rick *Doom Battlebook*, Rocklin, Calif.: Prima Publishing, 1994.
Barker, Martin *Video Nasties*, London: Pluto Press, 1984.
Bassett, Caroline 'Virtually gendered: life in an online world', in *The Subcultures Reader*, eds Ken Gelder and Sarah Thornton, London: Routledge, 1997, pp. 537–550.
Baudrillard, Jean *Simulations*, New York: Semiotext(e), 1983.
Baudrillard, Jean *The Revenge of the Crystal*, London: Pluto Press, 1990.
Bazalgette, Cary and Buckingham, David *In Front of the Children: screen entertainment and young audiences*, London: BFI, 1995.
Bell, David *An Introduction to Cybercultures*, London: Routledge, 2001.
Bell, David and Kennedy, Barbara eds *The Cybercultures Reader*, London: Routledge, 2000.
Benedikt, M. ed. *Cyberspace: first steps*, Cambridge, Mass.: MIT Press, 1991.
Bernstein, Charles 'Play it again, Pac-Man', *Postmodern Culture* 2.1 (September 1991) http://www.iath.virginia.edu/pmc/text-only/issue.991/pop-cult.991 (accessed July 2002).
Bijker, Wiebe *Of Bicycles, Bakelites, and Bulbs: toward a theory of sociotechnical change*, London: MIT Press, 1997.
Bijker, Wiebe and Law, John eds *Shaping Technology/Building Society: society studies in sociotechnical change*, Cambridge Mass.: MIT Press, 1992.
Bingham, Nick, Valentine, Gill and Holloway, Sarah L. 'Where do you want to go tomorrow? Connecting children and the Internet', *Environment and Planning D – Society and Space* 17.6 December (1999): 655–672.
Birkerts, Sven *The Gutenberg Elegies: the fate of reading in an electronic age*, London: Faber and Faber, 1994.
Bloch, Linda-Renee and Lemish, Dafna 'Disposable love: the rise and fall of a virtual pet', *New Media and Society*, 1(3) (1999): 283–303.
Boddy, William 'Redefining the home screen: technological convergence as trauma and business plan' at the *Media in Transition* conference, MIT, 8 October 1999. http://media-in-transition.mit.edu/articles/boddy.html (accessed May 2001).
Bolter, Jay David and Grusin, Richard *Remediation: understanding new media*, Cambridge, Mass. and London: MIT Press, 1999.
Bromberg, Helen 'Are MUDs communities? Identity, belonging and consciousness in virtual worlds', in *Cultures of Internet: virtual spaces, real histories, living bodies*, ed. Rob Shields, London: Sage, 1996.

Buckingham, David *After the Death of Childhood: growing up in the age of electronic media*, Oxford: Polity Press, 2000.

Buick, Joanna and Jevtic, Zoran *Cyberspace for Beginners*, Cambridge: Icon Books, 1995.

Bukatman, Scott *Terminal Identity*, Durham, N.C.: Duke University Press, 1993.

Bull, Michael 'The world according to sound: investigating the world of Walkman users', *New Media and Society*, 3(2) (2001a): 179–197.

Bull, Michael 'Personal stereos and the aural reconfiguration of representational space', in *TechnoSpaces: inside the new media*, ed. Sally Munt, London: Continuum, 2001b

Burgin, Victor, Kaplan, Cora and James, Donald *Formations of Fantasy*, London: Methuen, 1986.

Burkeman, Oliver 'Pokemon power', *Guardian G2*, 20 April 2000, pp. 1–3.

Burkeman, Oliver 'The internet', *The Guardian*, 2 January 2008, online at http://www.guardian.co.uk/g2/story/0,,2234176,00.html (accessed Feb. 2008).

Burnett, Robert and Marshall, P. David *Web Theory: an introduction*, London: Routledge, 2003.

Butler, Judith 'Subjects of sex/gender/desire', in *The Cultural Studies Reader* (2nd edn) ed. Simon During, London: Routledge, 2000, pp. 340–353.

Caillois, Roger *Man, Play and Games*, London: Thames and Hudson, 1962.

Cameron, Andy 'Dissimulations; illusions of interactivity', http://www.hrc.wmin.ac.uk/hrc/ theory/dissimulations/t.3.2 (accessed January 2002).

Carr, Diane 'Playing with Lara', in *Screenplay: cinema/videogames/interfaces*, eds Geoff King and Tanya Krzywinska, London: Wallflower Press, pp. 171–180.

Casas, Ferran 'Video games: between parents and children', in *Children, Technology and Culture: the impacts of technologies in children's everyday lives*, eds Ian Hutchby and Jo Moran Ellis, London: Routledge, 2001, pp. 42–57.

Cassell, Justine and Jenkins, Henry *From Barbie to Mortal Kombat: gender and computer games*, Cambridge, Mass.: MIT Press, 1999.

Ceruzzi, Paul 'Inventing personal computing', in *The Social Shaping of Technology: how the refrigerator got its hum*, eds Donald MacKenzie and Judy Wajcman, Milton Keynes: Open University Press, 1999, pp. 64–86.

Chandler, Daniel 'Video games and young players' (1994) http://www.aber.ac.uk/media/Documents/short/vidgame.html (accessed May 2000).

Chandler, Daniel 'Personal home pages and the construction of identities on the web', http://www.aber.ac.uk/media/Documents/short/webident.html (1998) (accessed May 2000).

Chandler, Daniel and Roberts-Young, Dilwyn 'The construction of identity in the personal homepages of adolescents' (1998) http://www.aber.ac.uk/Documents/short/strasbourg.html (accessed May 2000).

Cockburn, Cynthia 'The circuit of technology: gender, identity and power', in *Consuming Technologies: media and information in domestic spaces*, eds Roger Silverstone and Eric Hirsch, London: Routledge, 1992.

Cockburn, Cynthia and Furst Dilic, Ruza *Bringing Technology Home: gender and technology in a changing Europe*, Milton Keynes: Open University Press, 1994.

Collins, Jim *Architectures of Excess: cultural life in the information age*, London: Routledge, 1995.

Consalvo, Mia 'It's no videogame: news commentary and the second Gulf War', in *Level Up: digital games research conference* [online], eds Marinka Copier and Joost Raessens, Utrecht: Faculty of Arts, Utrecht University, 2003. Available from http://oak.cats.ohiou.edu/~consalvo/consalvo_its_no_videogame.pdf (accessed April 2006).

Cooper, Hilary 'Fleecing kids', *Guardian*, 10 June 2000.

Copier, Marinka 'The other game researcher: participating in and watching the construction of boundaries in game studies', in *Level Up: digital games research conference*, eds Marinka Copier and Joost Raessens, Utrecht: Faculty of Arts, Utrecht University, 2003, pp. 404–419.

Cunningham, Helen 'Mortal Kombat and computer game girls', in *In Front of the Children: screen entertainment and young audiences*, eds Cary Bazalgette and David Buckingham, London: BFI, 1995.

Daliot-Bul, Michal 'Japan's mobile technoculture: the production of a cellular playscape and its cultural implications', *Media, Culture & Society*, 29(6) (2007): 954–971.

Dant, Tim 'The driver-car', *Theory, Culture & Society*, vol. 21(4/5) (2004): 61–79.

Darley, Andrew *Visual Digital Culture: surface play and spectacle in new media genres*, London: Routledge, 2000.

Davis-Floyd, Robbie and Dumit, Joseph eds *Cyborg Babies: from techno-sex to techno-tots*, London: Routledge,

1998.
De Certeau, Michel *The Practice of Everyday Life*, London: University of California Press, 1988.
De Certeau, Michel 'Walking in the city', in *The Cultural Studies Reader*, ed. Simon During, London: Routledge, 1993, pp. 151–160.
Dery, Mark ed. *Flame Wars – the discourse of cyberculture*, London: Duke University Press, 1994.
Dewdney, Andrew and Boyd, Frank 'Computers, technology and cultural form', in Martin Lister, *The Photographic Image in Digital Culture*, London: Routledge, 1995.
Dibbell, Julian 'Covering cyberspace', Paper delivered at the *Media in Transition* conference at MIT, Cambridge, Mass. (1999) http://media-in-transition.mit.edu/articles/dibbell.html (accessed June 2000).
Didur, Jill, 'Re-embodying technoscientific fantasies: posthumanism, genetically modified foods and the colonization of life', *Cultural Critique* 53 (2003).
Dixon, Shanly and Weber, Sandra eds *Growing Up Online: young people and digital technologies*, New York, Palgrave Macmillan, 2007.
Dovey, Jon ed. *Fractal Dreams: new media in social context*, London: Lawrence & Wishart, 1996.
Dovey, Jon and Kennedy, Helen W. *Game Cultures: computer games as new media*, Milton Keynes: Open University Press, 2006.
Downey, Gary Lee, Dumit, Joseph and Williams, Sarah 'Cyborg anthropology', in *The Cyborg Handbook*, eds Chris Hables Gray with Steven Mentor and Heidi J. Figuera-Sarriera, London: Routledge, 1995, pp. 341–346.
Druckrey, Timothy 'Deadly representations, or apocalypse now', *Ten-8* 2(2) (1991): 16–27.
du Gay, Paul, Hall, Stuart, Janes, Linda, Mackay, Hugh and Negus, Keith *Doing Cultural Studies: the story of the Sony Walkman*, London: Sage, 1997.
Dyson, Esther *Release 2.0: A design for living in the digital age*, London: Viking, 1997.
Economic and Social Research Council *Virtual Society? The social science of electronic technologies Profile 2000*, Swindon: Economic and Social Research Council, 2000.
Edge, Future Publishing, 'XBox from concept to console', September 2000, pp. 70–77.
Edge, Future Publishing, 'XBox comes out of the box', February 2001, pp. 7–13.
Ellis, John *Visible Fictions: cinema, television, video*, London: Routledge & Kegan Paul, 1982.
Facer, K., Furlong, J., Furlong, R. and Sutherland, R. 'Constructing the child computer user: from public policy to private practices', *British Journal of Sociology of Education* 22.1 (2001a): 91–108.
Facer, K., Furlong, J, Furlong, R. and Sutherland, R. 'Home is where the hardware is: young people, the domestic environment and "access" to new technologies', in *Children, Technology and Culture*, eds Ian Hutchby and Jo Moran-Ellis, London: Falmer Press, 2001b, pp. 13–27.
Facer, Keri, Sutherland, Rosamund, Furlong, Ruth and Furlong, John, 'What's the point of using computers? The development of young people's computer expertise in the home', *New Media and Society*, 2(2) (2001): 199–219.
Featherstone, Mike *Consumer Culture and Postmodernism*, London: Sage, 1990.
Featherstone, Mike and Burrows, Roger *Cyberspace, Cyberbodies, Cyberpunk: cultures of technological embodiment*, London: Sage, 1995.
Feenberg, Andrew and Bakardjieva, Maria, 'Virtual community: no "killer implication"', *New Media and* Society, 6(1) (2004): 37–43.
Fidler, Roger *Mediamorphosis: understanding new media*, London: Sage, 1997.
Finnemann, Niels Ole 'Modernity modernised', in *Computer Media and Communication: a reader*, ed. Paul A. Mayer, Oxford: Oxford University Press, 1999.
Fiske, John *Television Culture*, London: Methuen, 1987.
Fiske, John 'Cultural studies and the culture of everyday life', in *Cultural Studies*, eds L. Grossberg, Cary Nelson and Paula Treichler, London: Chapman and Hall, 1992.
Fiske, John and Watts, Jon 'Video games: inverted pleasures', *Australian Journal of Cultural Studies* [online], 3 (1) (1985). Available from http://wwwmcc.murdoch.edu.au/ReadingRoom/serial/AJCS/3.1/Fiske.html (accessed 7/2/06).
Fleming, Dan *Powerplay: toys as popular culture*, Manchester: Manchester University Press, 1996.
Flew, Terry *New Media: an introduction* (2nd edn), Oxford: Oxford University Press, 2005.
Flynn, Bernadette, 'Geography of the digital hearth', *Information, Communication and Society*, 6(4) (2003): 551–576.

Foucault, Michel *The Order of Things*, London: Tavistock, 1970.
Foucault, Michel *Madness and Civilisation: a history of insanity in the age of reason*, London: Routledge, 1989.
Frasca, Gonzalo 'Simulation versus narrative: introduction to ludology', in *The Video Game Theory Reader*, eds Mark J. P. Wolf and Bernard Perron, London: Routledge, 2003, pp, 221–236.
Friedman, Ted 'Making sense of software', in *Cybersociety: computer-mediated communication and community*, ed. Steven G. Jones, Thousand Oaks, Calif.: Sage, 1995.
Friedman, Ted 'Civilisation and its discontents: simulation, subjectivity and space' (1999) http://www.gsu.edu/~jouejf/civ.htm (accessed July 2002). Also published in *On a Silver Platter: CD-ROMs and the promises of a new technology*, ed. Greg Smith, New York: New York University Press, 1999, pp. 132–150.
Fuller, Mary and Jenkins, Henry 'Nintendo and New World travel writing: a dialogue', in *Cybersociety: computer-mediated communication and community*, ed. Steven G. Jones, London: Sage, 1995, pp. 57–72.
Furlong, Ruth 'There's no place like home', in *The Photographic Image in Digital Culture*, ed. Martin Lister, London: Routledge, 1995, pp. 170–187.
Gelder, Ken and Thornton, Sarah *The Subcultures Reader*, London: Routledge, 1997.
Giddings, Seth, 'Playing with nonhumans: digital games as technocultural form', in *Selected Papers from Changing Views: Worlds in Play*, eds Suzanne Castells and Jen Jensen, Vancouver: Simon Fraser University, 2005.
Giddings, Seth 'I'm the one who makes the Lego Racers go: studying virtual and actual play', in *Growing Up Online: young people and digital technologies*, eds Shanly Dixon and Sandra Weber, New York: Palgrave/Macmillan, 2007.
Giddings, Seth and Kennedy, Helen W. 'Digital games as new media', in *Understanding Digital Games*, eds Jason Rutter and Jo Bryce, London: Sage, 2006, pp. 149–167.
Giddings, Seth and Kennedy, Helen 'Little Jesuses and fuck-off robots: on aesthetics, cybernetics and not being very good at *Lego Star Wars*', in *The Pleasures of Computer Gaming: Essays on Cultural History, Theory and Aesthetics*, eds Melanie Swalwell and Jason Wilson, Jefferson N.C.: McFarland, 2006.
Gray, Ann *Video Playtime: the gendering of a leisure technology*, London: Routledge, 1992.
Gray, Chris Hables ed. with Mentor, Steven and Figuera-Sarriera, Heidi J. *The Cyborg Handbook*, London: Routledge, 1995.
Gray, Chris Hables *Citizen Cyborg: politics in the posthuman age*, London: Routledge, 2002.
Gray, Peggy and Hartmann, Paul 'Contextualizing home computing – resources and practices', in *Consuming Technologies – media and information in domestic spaces*, eds Roger Silverstone and Eric Hirsch, London: Routledge, 1992, pp. 146–160.
Green, Bill, Reid, Jo-Anne and Bigum, Chris 'Teaching the Nintendo generation? Children, computer culture and popular technologies', in *Wired up: young people and the electronic media*, ed. Sue Howard, London: UCL Press, 1998, pp. 19–42.
Green, Eileen and Adam, Alison *Virtual Gender: technology, consumption and identity*, London: Routledge, 2001.
Haddon, Leslie 'Electronic and computer games – the history of an interactive medium', *Screen* 29.2 Spring (1988a): 52–73.
Haddon, Leslie 'The home computer: the making of a consumer electronic', *Science as Culture* no. 2 (1988b): 7–51.
Haddon, Leslie 'The cultural production and consumption of IT', in *Understanding Technology in Education*, eds Hughie Mackay, Michael Young and John Beynon, London: Falmer Press, 1991, pp, 157–175,
Haddon, Leslie 'Explaining ICT consumption: the case of the home computer', in *Consuming Technologies – media and information in domestic spaces*, eds Roger Silverstone and Eric Hirsch, London: Routledge, 1992, pp. 82–96.
Haddon, Leslie 'Interactive games', in *Future Visions: new technologies of the screen*, eds Philip Haywood and Tana Wollen, London: BFI, 1993, pp. 123-147.
Hakken, David *Cyborgs@Cyberspace: an ethnographer looks to the future*, London: Routledge, 1999.
Halberstam, Judith and Livingston, Ira eds *Posthuman Bodies*, Bloomington: Indiana University Press, 1996.
Hall, Stuart 'Encoding, decoding', in *The Cultural Studies Reader* (2nd edn), ed. Simon During, London: Routledge, 2000 [1973], 507–517.
Hall, Stuart 'Minimal selves', *ICA Documents 6: Identity*, London: ICA, 1987, pp. 44–46.
Hall, Stuart ed. *Representation: cultural representations and signifying practices*, London: Sage, 1997.
Hall, Stuart, Held, David and McGrew, Tony *Modernity and its Futures*, Cambridge: Polity Press, 1992.
Haraway, Donna 'A manifesto for cyborgs: science, technology, and socialist feminism in the 1980s', in *Feminism*

/ *Postmodernism*, ed. Linda J. Nicholson, London: Routledge, 1990.
Haraway, Donna *The Haraway Reader*, London: Routledge, 2004.
Harries, Dan ed. *The New Media Book*, London: BFI, 2002.
Harvey, David *The Condition of Postmodernity: an enquiry into the origins of cultural change*, Oxford: Blackwell, 1989.
Hayles, N. Katherine, 'Virtual bodies and flickering signifiers', *October*, 66 (1993). Available from: http://www.english.ucla.edu/faculty/hayles/Flick.html (accessed 3/3/05).
Hayles, N. Katherine, 'Narratives of artificial life', in *Futurenatural: nature, science, culture*, eds George Mackay *et al.*, London: Routledge, 1996, pp. 146–164.
Hayles, N. Katherine *How We Became Posthuman: virtual bodies in cybernetics, literature and informatics*, London: University of Chicago Press, 1999.
Hayward, Susan *Cinema Studies: the key concepts*, London: Routledge, 1996.
Hebdige, Dick *Subculture: the meaning of style*, London: Methuen, 1979.
Heim, Michael 'The erotic ontology of cyberspace' [online], chapter from *The Metaphysics of Virtual Reality*, New York: Oxford University Press, 1993, pp. 82–108. Available from: http://www.cc.Rochester.edu/college/FS/Publications/ (accessed 5/3/00)
Heise, Ursula K. 'Unnatural ecologies: the metaphor of the environment in media theory', *Configurations*, 10(1) (2002): 149–168.
Herz, J. C. *Joystick Nation: how video games gobbled our money, won our hearts and rewired our minds*, London: Abacus, 1997.
Highmore, Ben *Everyday Life and Cultural Theory*, London: Routledge, 2001.
Hills, Matt *Fan Cultures*, London: Routledge, 2002.
Hine, Christine *Virtual Ethnography*, London: Sage, 2000.
Howard, Sue *Wired-Up: young people and the electronic media*, London: UCL, 1998.
Huffaker, David A. and Calvert, Sandra L. 'Gender, identity and language use in teenage blogs', *Journal of Computer-Mediated Communication*, 10(2) (2005) http://jcmc.indiana.edu/vol10/issue2/huffaker.html (accessed Jan. 2008).
Huhtamo, Erkki 'From kaleidoscomaniac to cybernerd: notes toward an archaeology of media', in *Electronic Culture: technology and visual representation*, ed. Timothy Druckrey, New York: Aperture, 1996.
Huizinga, Johan *Homo Ludens: a study of the play element in culture*, Boston: Beacon Press, 1986.
Hutchby, Ian and Moran-Ellis, Jo *Children, Technology and Culture*, London: Falmer, 2001.
Ito, Mizuko 'Inhabiting multiple worlds: making sense of SimCity 2000 ™ in the fifth dimension', in *Cyborg Babies: from techno-sex to techno-tots*, eds Robbie Davis-Floyd and Joseph Dumit, London: Routledge, 1998, pp. 301-316.
Ito, Mizuko 'Mobilizing the imagination in everyday play: the case of Japanese media mixes', draft of chapter to appear in the *International Handbook of Children, Media, and Culture*, ed. Sonia Livingstone and Kirsten Drotner, undated. http://www.itofisher.com/mito/ito.imagination.pdf (accessed Jan. 2008).
Jameson, Fredric *Postmodernism, or the Cultural Logic of Late Capitalism*, London: Verso, 1991.
Jenkins, Henry *Textual Poachers: television fans and participatory culture*, London: Routledge, 1992.
Jenkins, Henry 'X logic: respositioning Nintendo in children's lives', *Quarterly Review of Film and Video* 14 (August 1993): 55–70.
Jenkins, Henry, '"Complete freedom of movement": video games as gendered play spaces' [online], in *From Barbie to Mortal Kombat: gender and computer games*, eds Henry Jenkins and Justine Cassell, Cambridge, Mass.: MIT Press, 1998. Available from: http://web.mit.edu/21fms/www/faculty/henry3/publications.html (accessed 21/9/05).
Jenkins, Henry 'Professor Jenkins goes to Washington' (11 June 2001) http://web.mit.edu/21fms/www/faculty/henry3/profjenkins.html.
Jenkins, Henry *Convergence Culture: where old and new media collide*, New York: New York University Press, 2006.
Jensen, Klaus Bruhn 'One person, one computer: the social construction of the personal computer', in *Computer Media and Communication: a reader*, ed. Paul A. Mayer, Oxford: Oxford University Press, 1999, pp. 188–206.
Jha, Alok, 'Live longer, live better: futurologists pick top challenges of next 50 years', *The Guardian*, Saturday 16 February 2008, http://www.guardian.co.uk/science/2008/feb/16/genetics.energy (accessed Feb. 2008).

Jones, Steven G. ed. *Cybersociety: computer-mediated communication and community*, London: Sage, 1995.
Jones, Steven G. ed. *Virtual Culture: identity and communication in cybersociety,* London: Sage, 1997.
Jones, Steven G. ed. *Cybersociety 2.0: revisiting computer-mediated communication and community,* London: Sage, 1998.
Jones, Steven G. ed. *Doing Internet Research: critical issues and methods for examining the net,* London: Sage, 1999.
Juul, Jesper 'The game, the player, the world: looking for a heart of gameness', in *Level Up: digital games research conference*, eds Marinka Copier and Joost Raessens, Utrecht: Faculty of Arts, Utrecht University, 2003.
Juul, Jesper *Half-Real: video games between real rules and fictional worlds*, Cambridge, Mass.: MIT Press, 2005.
Keegan, Paul 'In the line of fire', *Guardian G2,* 1 June 2000, pp. 2–3.
Kellner, Douglas *Media Culture: identity and politics between the modern and the postmodern*, London: Routledge, 1995.
Kelly, Kevin *Out of Control: the new biology of machines*, London: Fourth Estate, 1995.
Kember, Sarah *Virtual Anxiety: photography, new technologies and subjectivity*, Manchester: Manchester University Press, 1998.
Kember, Sarah *Cyberfeminism and Artificial Life*, London: Routledge, 2003.
Kennedy, Helen W. 'Lara Croft: feminist icon or cyberbimbo? on the limits of textual analysis', *Game Studies* 2(2) (2002) http://www.gamestudies.org/0202/ (accessed 10/10/04).
Kennedy, Helen W. 'Female *Quake* players and the politics of identity', in *Videogame, Player, Text*, eds Barry Atkins and Tanya Krzywinska, Manchester: Manchester University Press, 2007, pp. 120–138.
Kinder, Marsha *Playing with Power in Movies, Television and Video Games: from Muppet Babies to Teenage Mutant Ninja Turtles*, Berkeley: University of California Press, 1991.
Kitzmann, Andreas 'Watching the web watch me: explorations of the domestic web cam' (1999), http://web.mit.edu/comm-forum/papers/kitzmann.html.
Kline, Stephen, Dyer-Witheford, Nick and de Peuter, Greig, *Digital Play: the interaction of technology, culture and marketing*, Montreal: McGill-Queen's University Press, 2003.
Kroker, Arthur *The Possessed Individual – technology and postmodernity*, London: Macmillan, 1992.
Krzywinska, Tanya, 'Being a determined agent in (the) *World of Warcraft*: text/play/identity', in *Videogame, Player, Text*, eds Barry Atkins and Tanya Krzywinska, Manchester: Manchester University Press, 2007, pp. 101–119.
Lahti, Martti 'As we become machines: corporealized pleasures in video games', in *The Video Game Theory Reader*, eds Mark J.P. Wolf and Bernard Perron, London: Routledge, 2003, pp 157–170.
Lally, Elaine *At Home with Computers*, Oxford: Berg, 2002.
Landow, George P. *Hypertext – the convergence of contemporary critical theory and technology*, Baltimore, Md.: Johns Hopkins University Press, 1992.
Landow, George P. *Hyper/Text/Theory*, Baltimore, Md.: Johns Hopkins University Press, 1994.
Latour, Bruno, 'Technology is society made durable', in *A Sociology of Monsters*, ed. John Law, London: Routledge, 1991, pp 103–131.
Latour, Bruno 'Where are the missing masses? the sociology of a few mundane artefacts', in *Shaping Technology / Building Society: studies in sociotechnical change,* eds Wiebe Bijker and John Law, Cambridge Mass.: MIT Press, 1992, pp. 225–258.
Latour, Bruno *We Have Never Been Modern*, London: Harvester Wheatsheaf, 1993.
Latour, Bruno *Pandora's Hope: essays on the reality of science studies*, London: Harvard University Press, 1999.
Laurel, Brenda *Computers as Theatre*, Reading, Mass.: Addison-Wesley, 1993.
Law, John ed. *A Sociology of Monsters*, London: Routledge, 1991.
Law, John 'Notes on the theory of the actor network: ordering, strategy and heterogeneity', Lancaster: Centre for Science Studies, Lancaster University (1992) http://www.comp.lancs. ac.uk/sociology/papers/Law-Notes-on-ANT.pdf (accessed July 2008).
Lea, Marin *The Social Contexts of Computer Mediated Communication*, London: Harvester-Wheatsheaf, 1992.
Levy, Steven *Hackers – heroes of the computer revolution*, Harmondsworth: Penguin, 1994.
Lievrouw, Leah and Livingstone, Sonia *The Handbook of New Media*, London: Sage, 2002.
Lister, Martin ed. *The Photographic Image in Digital Culture*, London: Routledge, 1995.
Livingstone, Sonia 'The meaning of domestic technologies', in *Consuming Technologies – media and information*

in domestic spaces, eds R. Silverstone and E. Hirsch, London: Routledge, 1992, pp. 113–130.
Livingstone, Sonia 'Mediated childhoods: a comparative approach to young people's media environments in Europe', *European Journal of Communication* 13.4 (1998): 435–456.
Lohr, Paul and Meyer, Manfred eds *Children, TV and the New Media: a research reader*, Luton: University of Luton Press, 1999.
Lunenfeld, Peter *The Digital Dialectic: new essays on new media*, Cambridge, Mass.: MIT, 1999.
Lupton, Deborah 'Monsters in metal cocoons: "road rage" and cyborg bodies', *Body and Society*, 5(1) (1999): 57–72.
Mackay, Hugh *Consumption and Everyday Life: culture, media and identities*, London: Open University Press/Sage, 1997.
MacKenzie, Donald and Wajcman, Judy *The Social Shaping of Technology: how the refrigerator got its hum* (1st edn), Buckingham: Open University Press, 1985.
MacKenzie, Donald and Wajcman, Judy *The Social Shaping of Technology* (2nd edn), Buckingham: Open University Press, 1999.
Manovich, Lev 'Navigable space' (1998) http://www.manovich.net (accessed January 2001).
Manovich, Lev *The Language of New Media*, Cambridge Mass.: MIT Press, 2001.
Marks Greenfield, Patricia *Mind and Media – the effects of television, computers and video games*, London: Fontana, 1984.
Mason, Paul 'Kenya in crisis', BBC News Online, 8 Jan 2007, http://news.bbc.co.uk/1/hi/technology/6241603.stm.
Mayer, Paul A. *Computer Media and Communication: a reader*, Oxford: Oxford University Press, 1999.
McAffrey, Larry *Storming the Reality Studio – a casebook of cyberpunk and postmodern fiction,* Durham, N.C.: Duke University Press, 1991.
McLuhan, Marshall *The Gutenberg Galaxy: the making of typographic man*, London: Routledge, 1962.
McLuhan, Marshall *Understanding Media: the extensions of man*, London: Routledge, 1967.
McNamee, Sara 'Youth, gender and video games: power and control in the home', in *Cool Places: geographies of youth cultures,* eds Tracey Skelton and Gill Valentine, London: Routledge, 1998.
McRobbie, Angela 'Postmodernism and popular culture', in *Postmodernism*, ed. Lisa Appignansesi, London: ICA, 1986.
Metz, Christian *Psychoanalysis and Cinema: the imaginary signifier*, London: Macmillan, 1985.
Miles, David 'The CD-ROM novel *Myst* and McLuhan's Fourth Law of Media: *Myst* and its "retrievals"', in *Computer Media and Communication: a reader*, ed. Paul Mayer, Oxford: Oxford University Press, 1999, pp. 307–319.
Miles, Ian, Cawson, Alan and Haddon, Leslie 'The shape of things to consume', in *Consuming Technologies – media and information in domestic spaces,* R. Silverstone and E. Hirsch, London: Routledge, 1992, pp. 67–81.
Miller, Daniel and Slater, Don *The Internet: an ethnographic approach*, Oxford: Berg, 2000.
Miller, Toby *Popular Culture and Everyday Life*, London: Sage, 1998.
Moores, Shaun 'Satellite TV as cultural sign: consumption, embedding and articulation', *Media, Culture and Society* 15 (1993a): 621–639.
Moores, Shaun *Interpreting Audiences: the ethnography of media consumption*, London: Sage, 1993b.
Morley, David, *Family Television: cultural power and domestic leisure*, London: Comedia, 1986.
Morley, David 'Where the global meets the local: notes from the sitting room', *Screen* 32.1 (1991): 1–15.
Morley, David and Robins, Kevin *Spaces of Identity – global media, electronic landscapes and cultural boundaries*, London: Routledge, 1995.
Morris, Sue 'First-person shooters: a game apparatus', in *ScreenPlay: cinema/videogames/interfaces*, eds Geoff King and Tanya Krzywinska, London: Wallflower, 2002, pp. 81–97.
Morse, Margaret *Virtualities: television, media art, and cyberculture*, Bloomington: Indiana University Press, 1998.
Murray, Janet *Hamlet on the Holodeck: the future of narrative in cyberspace*, New York: The Free Press, 1997.
Negroponte, Nicholas *Being Digital*, London: Hodder & Stoughton, 1995.
Negroponte, Nicholas 'Beyond digital', *Wired*, 6.12 (December 1998), http://www.wired.com/wired/archive/6.12/negroponte.html (accessed June 2001).
Newman, James 'In search of the videogame player: the lives of Mario', *New Media and Society*, 4(3) (2002): 405–422.
Nixon, Helen 'Fun and games are serious business', in *Digital Diversions: youth culture in the age of multimedia*, ed.

Julian Sefton-Green, London: UCL Press, 1998.
Norman, Donald A. *The Design of Everyday Things*, New York: Basic Books, 2002.
Norris, Christopher *Uncritical Theory: postmodernism, intellectuals and the Gulf War*, London: Lawrence and Wishart, 1992.
Nunes, Mark, 'What space is cyberspace? the Internet and virtuality', in *Virtual Politics: identity and community in cyberspace*, ed. David Holmes, London: Sage, 1997, pp. 163–178.
Oftel Residential Survey, online at http://www.statistics.gov.uk/STATBASE/ssdataset.asp?vlnk=7202.
O'Riordan, Kate, 'Playing with Lara in virtual space', in *Technospaces: inside the new media*, ed. Sally R. Munt, London: Continuum, 2001, pp. 124–138.
Papert, Seymour *Mindstorms: computers, children and powerful ideas*, London: Harvester Press, 1980.
Papert, Seymour *The Children's Machine: rethinking school in the age of the computer*, London: Harvester-Wheatsheaf, 1994.
Penley, Constance and Ross, Andrew eds *Technoculture*, Minneapolis: University of Minnesota Press, 1991.
Perron, Bernard 'From gamers to player and gameplayers', in *The Video Game Theory Reader*, eds Mark J.P. Wolf and Bernard Perron, London: Routledge, 2003, pp. 195–220.
Plant, Sadie 'Beyond the screens: film, cyberpunk and cyberfeminism', *Variant* 14, Summer (1993): 12–17.
Plant, Sadie 'The future looms: weaving women and cybernetics', in *Cyberspace Cyberbodies Cyberpunk: cultures of technological embodiment*, eds Mike Featherstone and Roger Burrows, London: Sage, 1995.
Plant, Sadie 'On the matrix: cyberfeminist simulations', in *The Cybercultures Reader*, eds David Bell and Barbara M. Kennedy, London: Routledge, 2000, pp. 325–336.
Poole, Steven *Trigger Happy: the secret life of video games*, London: Fourth Estate, 2000.
Popper, Frank *Art of the Electronic Age*, London: Thames & Hudson, 1993.
Poster, Mark *The Mode of Information: poststructuralism and social context*, Cambridge: Polity Press, 1990.
Poster, Mark 'Postmodern virtualities', in *Cyberspace Cyberbodies Cyberpunk: cultures of technological embodiment*, eds Mike Featherstone and Roger Burrows, London: Sage, 1995a.
Poster, Mark 'Community, new media, post-humanism', Undercurrent 2 (Winter 1995b) http:// darkwing.uoregon.edu/~ucurrent/2-Poster.html (accessed July 2000).
Provenzo, Eugene F. Jr. *Beyond the Gutenberg Galaxy: microcomputers and the emergence of post-typographic culture*, New York: Teachers College Press, 1986.
Provenzo, Eugene F. Jr. *Video Kids – making sense of Nintendo*, Cambridge, Mass.: Harvard University Press, 1991.
Pryor, Sally 'Thinking of oneself as a computer', *Leonardo* 24.5 (1991): 585–590.
Raessens, Joost and Goldstein, Jeffrey *Handbook of Computer Game Studies*, Cambridge, Mass.: MIT Press, 2005.
Rheingold, Howard *Virtual Reality*, London: Mandarin, 1991.
Rheingold, Howard *The Virtual Community – finding connection in a computerised world*, London: Secker & Warburg, 1994.
Robins, Kevin, 'Cyberspace and the worlds we live in', in *Fractal Dreams: new media in social context*, ed. Jon Dovey, London: Lawrence & Wishart, 1996, pp. 1–30.
Robins, Kevin and Webster, Frank 'Cybernetic capitalism: information, technology, everyday life', http://www.rochester.edu/College/FS/Publications/RobinsCybernetic.html (accessed July 2000). The print version appears in *The Political Economy of Information*, eds Vincent Mosco and Janet Wasko, Madison: The University of Wisconsin Press, 1988, pp. 45–75.
Robins, Kevin and Webster, Frank *Times of the Technoculture: from the information society to the virtual life*, London: Routledge, 1999.
Roden, David, 'Cyborgian subjects and the auto-destruction of metaphor', in *Crash Cultures*, eds Jane Arthurs and Iain Grant, Bristol: Intellect, 2003, pp. 91–102.
Ross, Andrew 'Hacking away at the counterculture', in *Technoculture*, eds Constance Penley and Andrew Ross, Minneapolis: University of Minnesota Press, 1991.
Rutter, Jason and Bryce, Jo *Understanding Digital Games*, London: Sage, 2006.
Salen, Katie and Zimmerman, Eric *The Rules of Play: game design fundamentals*, Cambridge Mass.: MIT Press, 2003.
Sanger, Jack, Wilson, Jane, Davies, Bryn and Whittaker, Roger *Young Children, Videos and Computer Games:*

issues for teachers and parents, London: Falmer Press, 1997.

Sefton-Green, Julian *Digital Diversions: youth culture in the age of multimedia*, London: UCL Press, 1998.

Sefton-Green, Julian *Young People, Creativity and New Technologies: the challenge of digital art*, London: Routledge, 1999.

Sefton-Green, Julian 'Initiation rites: a small boy in a Poke-world', in *Pikachu's Global Adventure: the rise and fall of Pokemon*, ed. J. Tobin, Durham, N.C.: Duke University Press, 2004, pp. 141–164.

Sefton-Green, Julian and Parker, David *Edit-Play: how children use edutainment software to tell stories*, BFI Education Research Report, London: BFI, 2000.

Sheff, David *Game Over – Nintendo's battle to dominate an industry*, London: Hodder & Stoughton, 1993.

Shields, Rob ed. *Cultures of Internet: virtual spaces, real histories, living bodies*, London: Sage, 1996.

Silverstone, Roger, *Television and Everyday Life*, London: Routledge 1994.

Silverstone, Roger *Why Study the Media?,* London: Sage, 1999a.

Silverstone, Roger 'What's new about new media?, *New Media and Society* 1.1 (1999b): 10–82.

Silverstone, Roger and Hirsch, Eric 'Listening to a long conversation: an ethnographic approach to the study of information and communication technologies in the home', *Cultural Studies* 5.2 (1991): 204–227.

Silverstone, Roger and Hirsch, Eric *Consuming Technologies – media and information in domestic spaces,* London: Routledge, 1992.

Skirrow, Gillian 'Hellivision: an analysis of video games', in *High Theory/Low Culture – analysing popular television and film*, ed. Colin MacCabe, Manchester: Manchester University Press, 1986, pp. 115–142.

Slater, Don 'Trading sexpics on IRC: embodiment and authenticity on the internet', *Body and Society* 4.4 (1998): 91–117.

Spigel, Lynn, 'Media homes: then and now', *International Journal of Cultural Studies* 4(4) (2001): 385–411.

Springer, Claudia, 'The pleasure of the interface', *Screen*, 32(3) (1991): 303–323.

Springer, Claudia *Electronic Eros: bodies and desire in the postindustrial age*, London: Athlone, 1996.

Squires, Judith, 'Fabulous feminist futures and the lure of cyberspace', in *Fractal Dreams: new media in social context*, ed. Jon Dovey, London: Lawrence & Wishart, 1996, pp. 194–216.

Stallabrass, Julian 'Just gaming: allegory and economy in computer games', *New Left Review* March/April (1993): 83–106.

Sterling, Bruce *Mirrorshades – the cyberpunk anthology*, London: HarperCollins, 1994.

Stern, Susannah R. 'Adolescent girls' expression on web home pages: spirited, sombre and selfconscious sites', *Convergence: the journal of research into new media technologies* 5.4 Winter (1999): 22–41.

Sterne, Jonathan 'Thinking the Internet: cultural studies versus the millennium', in *Doing Internet Research: critical issues and methods for examining the Net*, ed. Steven G. Jones, London: Sage, 1999, pp. 257–287.

Stone, Allucquere Rosanne *The War of Technology and Desire at the Close of the Mechanical Age*, Cambridge, Mass.: MIT Press, 1995.

Strathern, Marilyn 'Foreword: the mirror of technology', in *Consuming Technologies – media and information in domestic spaces*, eds Roger Silverstone and Eric Hirsch, London: Routledge, 1992, pp. vii–xiii.

Stutz, Elizabeth 'What electronic games cannot give', *Guardian*, 13 March 1995.

Sudnow, David *Pilgrim in the Microworld: eye, mind and the essence of video skill*, London: Heinemann, 1983.

Sutton-Smith, Brian, *Toys as Culture*, New York: Gardner Press, 1986.

Sutton-Smith, Brian, *The Ambiguity of Play*, Cambridge, Mass.: Harvard University Press, 1998.

Taylor, T. L. *Play Between Worlds: exploring online game culture*, Cambridge, Mass.: MIT Press, 2006.

Terry, Jennifer *Processed Lives: gender & technology in everyday life*, London: Routledge, 1997.

Thacker, Eugene *The Global Genome: biotechnology, politics and culture*, Cambridge, Mass.: MIT Press, 2005.

Thompson, John B. *The Media and Modernity: a social theory of the media*, Cambridge: Polity Press, 1995.

Thrift, Nigel 'Electric animals: new models of everyday life?', *Cultural Studies* 18(2.3), May/March (2004): 461–482.

Thurlow, Crispin, Lengel, Laura and Tomic, Alice *Computer Mediated Communication*, London: Sage, 2004.

Tobin, Joseph 'An American Otaku (or, a boy's virtual life on the net)', in *Digital Diversions: youth culture in the age of multimedia*, ed. J. Sefton-Green, London: UCL Press, 1998, pp. 106–127.

Tomlinson, Alan ed. *Consumption, Identity and Style: marketing, meanings and the packaging of pleasure*, London: Routledge, 1990.

Trend, David ed. *Reading Digital Culture*, Oxford: Blackwell, 2001.

Turkle, Sherry *The Second Self-Computers & the Human Spirit*, London: Granada, 1984.
Turkle, Sherry *Life on the Screen: identity in the age of the internet*, London: Weidenfeld & Nicolson, 1995.
Turkle, Sherry 'Constructions and reconstructions of the self in virtual reality', in *Electronic Culture: technology and representation*, ed. Timothy Druckrey, New York: Aperture, 1996, pp. 354–365.
Turkle, Sherry, 'Cyborg babies and cy-dough-plasm: ideas about self and life in the culture of simulation', in *Cyborg Babies: from techno-sex to techno-tots*, eds Robbie Davis-Floyd and Joseph Dumit, London: Routledge, 1998, pp. 317–329.
Turkle, Sherry, 'What are we thinking about when we are thinking about computers?', in *The Science Studies Reader*, ed. Mario Biagioli, London: Routledge, 1999, pp. 543–552.
Turner, Victor *From Ritual to Theatre: the human seriousness of play*, New York: PAJ Publications, 1982.
Walkerdine, Valerie. 'Video replay: families, film and fantasy', in *Formations of Fantasy*, eds Victor Burgin, Cora Kaplan and Donald James, London: Methuen, 1986.
Walther, Bo Kampmann 'Playing and gaming: reflections and classifications' [online] *Game Studies* 3(1) (2003), http://www.gamestudies.org/0301/ (accessed 19/10/05).
Wardrip-Fruin, Noah and Harrigan, Pat eds *First Person Media: new media as story, performance, and game*, Cambridge, Mass.: MIT Press, 2003.
Wark, McKenzie 'The video game as emergent media form', *Media Information Australia*, 71 (1994). Available at http://www.mcs.mq.edu.au/Staff/mwark/warchive/Mia/mia-video-games.html (accessed 28/8/00).
Weinbren, Grahame, 'Mastery (Sonic c'est moi)', in *New Screen Media: cinema / art / narrative*, eds Martin Reiser and Andrea Zapp, London: BFI, 2002, pp. 179–191.
Wheelock, Jane 'Personal computers, gender and an institutional model of the household', in *Consuming Technologies – media and information in domestic spaces*, eds Roger Silverstone and Eric Hirsch, London: Routledge, 1992, pp. 97–111.
Wiener, Norbert *Cybernetics: or the control and communication in the animal and the machine*, Cambridge, Mass.: MIT Press, 1961.
Williams, Raymond *Television: technology and cultural form* (2nd edn), London: Routledge, 1990a [1975].
Williams, Raymond *Problems in Materialism and Culture*, London: Verso, 1990b.
Willis, Paul *Common Culture: symbolic work at play in the everyday cultures of the young*, Milton Keynes: Open University Press, 1990.
Winner, Langdon, 'Do artifacts have politics?', in *The Social Shaping of Technology* (2nd edn), eds Donald MacKenzie and Judy Wajcman, Milton Keynes: Open University Press, 1999, pp. 28–40.
Winnicott, D. W. *Playing and Reality*, Harmondsworth: Penguin, 1974.
Winston, Brian *Media Technology and Society: a history from the telegraph to the internet*, London: Routledge, 1998.
Wise, J. Macgregor, 'Intelligent agency', *Cultural Studies* 12(3) (1998): 410–428.
Wolf, Mark J. P. and Perron, Bernard eds *The Video Game Theory Reader*, London: Routledge, 2003.
Wolfe, Tom 'suppose he is what he sounds like, the most important thinker since newton, darwin, freud, einstein, and pavlov what if he is right?', *The New York Herald Tribune* 1965, online at http://digitallantern.net/mcluhan/course/spring96/wolfe.html (accessed Jan 2008).
Woolgar, Steve, 'Why not a sociology of machines? The case of sociology and artificial intelligence', *Sociology*, 19(4) (1985): 557–572.
Woolgar, Steve, 'Configuring the user: the case of usability trials', in *A Sociology of Monsters: essays on power and technology and domination*, ed. John Law, London: Routledge, 1991, pp. 58–99.
Woolley, Benjamin *Virtual Worlds – a journey in hype and hyperreality*, Oxford: Blackwell, 1992.
Wright, Talmadge, Boria, Eric and Breidenbach, Paul 'Creative Player Actions in FPS Online Video Games: Playing Counter-Strike', *Game Studies* 2(2) (2002): http://www.gamestudies.org/0202/ (accessed 7/9/04).
Yates, Simeon J. and Littleton, Karen 'Understanding computer game cultures: a situated approach', in *Virtual Gender: technology, consumption and identity*, eds Eileen Green and Alison Adam, London: Routledge, 2001, pp. 103–123.
YouGov 2006 *The Mobile Youth Report* online at http://www.yougov.com/archives/pdf/CPW060101004_2.pdf.
Zylinska, Joanna ed. *The Cyborg Experiments: the extensions of the body in the media age*, London: Continuum, 2002.

第五章　赛博文化：技术、自然与文化

引言

新媒体组成了部分赛博文化，但是新媒体并不是赛博文化的全部。“赛博文化”作为一个经常被使用的术语，暗示了我们正在打交道的一些有关某种文化的事物：它是一种机器在其中发挥了特别重要作用的文化形式。凡是听过这个术语的人，都意识到了组成这种文化的其他要素，除了传播网络、程序和软件之外，还有人工智能、虚拟现实、仿真生活和人机互动。小说作品丰富了有关计算机的文化内容，像威廉·吉普森的《神经漫游者》(1986)、理查德·凯德利的《地下噬菌体》(1989)、帕特·卡蒂根的《合成人》(1991)以及布鲁斯·斯特灵的《分裂矩阵》(1985)。还有为其展现独特影像的电影作品，如雷德利·斯科特的《银翼杀手》(1982, 1992)、沃卓斯基的《黑客帝国》(1999)。它们不仅有规律地呈现了计算机与计算机媒介的相关情节，也探索了虚拟生活的建构和政策(《银翼杀手》)、有机体的复杂性和技术来源(《神经漫游者》《黑客帝国》)等。甚至如卡蒂根著名的在线晕厥概念，这些电影还探究了关于生物、技术系统与社会的分离：自此“共生”成为卡蒂根名头中的一部分。①

正如这些科幻作品所表述的，赛博文化标志着一个界限。在这里，来自文化和媒介研究的理论和实践，遇到了来自科学，尤其是来自生物科技、机器人和人工智能研究、遗传和基因的研究和实践。贯穿于混杂的概念与传统之中的是现代技术变革的迅猛步伐。我们的报纸行业现在经常公布一些新的生物与科技的结合形态，包括智能假肢、植入科技、克隆技术等。但是，计算机技术无所不在带来的结果是我们承受着新的生理上的(重复紧绷的伤害)和心理上的错乱(迷失的焦虑、信息的恐惧)。②③

---

① 更多关于小说中之赛博环境的信息，可参阅McCaffery(1992)。

② 重读麦克卢汉-威廉斯对于电子科技(尤其是电视)对文化的影响的关注，对媒体科技的决心、对媒体科技为人类活动提供大环境和对科技双刃剑的顾虑等的疑问是有缘由的(**1.6.3–1.6.5**)。

③ 1.6.3威廉斯关于社会影响科技的观点；1.6.4圣人麦克卢汉的荣光；1.6.5“人的延伸之程度”的概念。

赛博文化,换一种说法,是由一大群新的技术事物组成,就像非常多的虚构小说中描写的那样,它们已经渗透过屏幕,以至于看起来就像是对于我们纷繁复杂的日常生活的真实描述。不仅如此,赛博文化还促使科学与文化、媒介研究的理论与实践直接关联起来。相应地,它提出了一个问题,这些传统中哪一个更适合描述这突然出现并兴起的文化:科普书籍与媒介研究、哲学、文化理论方面的以及相关的其他成果。它们竞相描述着看起来前所未有的由技术和文化交织而成的赛博文化。所有被卷入这次竞争的研究看起来都为某种理论焦虑所困扰,所以,概念、想象、观念和技术的流动看起来变得无穷无尽。然而,这样的焦虑,还有为之提供动力的文化和技术的突然融合却并不新鲜。

工业革命时期的日常生活被同样的一系列问题困扰,也同样地遭遇文化迷失感。因此,钟表机制和具有侵略意味的唯物主义理论的兴起,使人性在自然和神的秩序中定位变得微妙,同时它将药学和心理学变成了机械的分支。的确如此,将机械带入生活的各种假说与实验甚至充斥着公元1世纪的文化。

在书中许多其他章节,我们把新媒体作为受控于人类机构、技能、创造性和目的性的对象来理解,广义上把它假定成与传统媒介相同的术语。但是,当我们面对赛博文化的诸多现象,还有组成它的历史,我们就要面对其他传统思想,其中一些还具有惊人的生命力。不仅如此,还要面对它们当代的表现——其观点很难与人类学家强调的意义和谐共处。事实情况如此,如果不探索其他领域中关于赛博文化的思想,就不能给出新媒体文化的全面阐述。

新媒体和赛博文化之间的话语交流和接近性已经足够使本书倾注所有注意力,但是还有一个可能更重要的原因。那就是新媒体提出的许多问题实际上是更大、更基础的,关于文化与技术、技术与文化的问题。总体上来说,这些问题不是媒介研究所关注的。

然而,一系列研究和思想主体尝试以赛博文化或赛博文化研究的名义来解决日常生活和经验的本质问题,它们的确有一些关于文化、技术和自然的独到见解。实际上,这三个分类以及它们之间不断转换的关系可以说是恰恰位于赛博文化的核心。我们可能习惯了把自然从文化中分离出去,并且我们习惯以参与一个或另一个领域作为我们学术调查的基础,但是技术的到来给这种简单的学术劳动力分配带来了麻烦,并且迫使我们重新思索如何来解决技术问题。

我们现在转向的是这些历史和理论的想法。赛博文化的一些核心观点可能看起来太自得其乐或老生常谈、幼稚,是科幻小说作家和编剧的精神错乱的想象。这些观点也认为,赛博朋克的科幻小说提供了很对的对现代科学技术和文化发展的阐述,而这经常是学术界没有捕捉到的。一位媒介理论家这样说道:“赛博朋克可以被解读为一种新的社会理论形态，是技术资本主义下媒介社会与信息快速发展下的产物。”(Kellner 1995: 8)因此，赛博朋克科幻小说与媒介文化的社会学情况密切相关。而相反的是，凯尔纳继续向我们推荐有关媒介饱和社会的社会学说，类似让·鲍德里亚所著众人周知的作品——一种“无主题科幻小说”的形式。凯尔纳的观点就像是一个警告：我们正在进入一个领域。在这个领域里，科幻小说、社会学说和哲学之间的界限难以维持。

然而，我们不会仅仅陷入荒谬的谜语或者把赛博文化作为一种精神错乱的领域，尽管一些批评家（包括本书的一位作者）热衷坚持它是那样子。我们试图带领在赛博文化景观背后的读者追踪一些有关自然、文化和科技、机器人和永动机、实际而真实的理论和观点，包括它们的概念性起源和历史。我们还将探索一些在当代科技、文化的研究之中核心的发展。它们把新媒体领域的发展放在一个十分不同的焦点上。从整体上来说，那是我们在本书其他章节中的重要议题。

5.1　赛博文化和控制论

吉普森的小说用夸张的清晰度表明，社会变化的冰山滑过了20世纪的晚期，但是这种社会变化的比例是十分巨大和不明确的。

(Bruce Sterling, ‘preface’ to Gibson[1988])

正如布鲁斯·斯特林(Bruce Sterling)提醒我们的，对于赛博文化而言，计算机作为媒体和通讯技术还只是社会变革的冰山一角，是传播控制论科学、网络前缀的科学化来源，指向了冰山尚未可见的、巨大而未知的部分。因为传播控制论从科技和生物学角度出发，对“生物和机器”都非常感兴趣。已经在文化上与其技术相互纠缠了几个世纪的生物学现在与它们融合，甚至自身都已经成为一种技术的来源——控制论的数字化传播像一场癌症一样，从电话到染色体组、从传真到食物，都受到了它的感染。赛博文化因而结合了传播控制论在科技和生物学方面的兴趣（包括物理存在和生命体），以期绘制科技、自然和文化的结合效果，就像凯尔纳指出的那样。

总体上来说，**5.2**① 小节将会从物理学角度来解释技术，**5.3**② 小节将会集中于技术和生物学，**5.4**③ 小节将会提供一种对于赛博文化理论的批判性阐释，特别留意提供的包含技术、自然和文化三点的理论视角。第一部分同时探索了一些在发

① 5.2 重访决定论：物理主义、人文主义与技术。

② 5.3 生物技术：自动机的历史。

③ 5.4 赛博文化理论。

现一个用来处理这三者关系的框架结构之上的一些问题,并且我们还要提出一些指向性的问题来帮助我们顺利研究这些领域。①

5.1.1 作为真实、物质的技术:媒介研究的盲点?

然而我们思考一下,技术是真正的现实,现实到它具有一种十分明显的物质的感觉:我们能够触摸它,它能做事,它能进行特定的活动,它能使得其他的行为变成可能,人类围绕它重新安排工作休闲等。新的技术确实产生了强大的出乎意料的变化,这种变化引导了我们每天的生活(**4.1.1–4.1.3**)②:它们影响了劳动力被派遣的方式、资金投资和循环的方式、商业如何进行(3.18,3.19)、身份怎样形成(**4.3.1–4.3.3**)③等。在这些方面,科技的形式还有它的内容都深深地影响了人类文化。

同时我们也看到(**1.6**)④,大多数媒介理论学者高度怀疑这样的一种主张。一个十分重要的问题——"技术如何影响我们"是在传媒学界历来受到批评的,这个问题被看作是建立在一种幼稚的思想基础之上。技术本身能够决定一切事物的思想,被当作纯学术探讨而遭到抛弃,之后也没有得到什么关注。这就已经导致了两个方面的问题:一是整体上对技术的历史和哲学的无知,二是试图从文化和媒介研究角度理解技术作用的研究缺失。

在我们所见证的这个媒介技术发生重要变化的时代,这个重要的"禁忌"反过来导致了技术兴趣论的突然爆发和膨胀。集中于在新媒体技术的"新"的核心上发生了什么,意味着技术的疑问陷进了那些一度不再新鲜的背景之中。当其发生时,文化和媒介研究可能转向它们默认的状态,在这个状态下技术是一个边缘化的议题,并且它再次远离了议程。接着,文化的和媒介的研究变得特别简单以至于把技术看成不需要更多关注的一种东西。膨胀论断的复兴时刻已经遭到批评并且已经过去。"愚蠢的时节"在此到来。简而言之,不再严肃、连续地提出关于技术的问题,产生了一个繁荣圈并终止于文化和媒介的研究。

现在新的媒介技术体系的产生因此带来了一个尚未解决的问题,那就是在文化和媒介研究中技术是如何被理解的。不仅如此,它还带来了一个机会,来发展包括现实主义者的框架在内的一种观察技术和它的文化影响的方式。同时它带来了一种机遇,在现实主义的框架下用文化效应来看待技术的方式。

---

① 现阶段,现实主义的观点认为非人类事物在机器和人类共享的物质基础上存在文化影响。结合有关电影真实的语境,请参见**2.7数字电影**章节对现实主义概念更深入的探讨。

② 4.1赛博空间中的日常生活。

③ 4.3 日常生活的技术形塑。

④ 1.6 新媒体:待定或已然确定?

5.1.2　研究技术

除了技术热衷者被打击到的放纵恣为的极度愉快心情以及理想化的夸张表述，一个把技术问题从媒介研究中排除出去的后果，是媒介研究的领域大部分没有发展一种方式，能够把技术当作物质的、真的现象来进行阐释的方式。

新媒体技术的出现凸显了这方面的缺失。包括文化和媒介研究在内，对于技术的主要焦点在于它的文化含义（这个问题在**1.5**[①]中解决）。尽管这样的研究告诉我们一大部分技术在特定文化群体中的含义，但它们对于技术本身告诉我们的少之又少，并因而难以提供充足的途径来研究自身。实际上，这样的研究常常会被“在它内部”技术是无用之物的论断加固影响力。直到一种文化提供了意义，它仅仅是一些无目的和意义的事物的集合。在本书的这一章节，我们意识到技术不仅仅是从文化角度被作为一种意义单位建构起来，它同时也是从物质层面建构起来的。所以，要想成为一名对技术持现实主义态度的人，就需要提出何为真正技术的问题。

5.1.3　什么是技术？

因此这一小节的基本目标就是回答一个看起来简单但是经常被忽略的问题：什么是技术？当然，自从我们被技术包围，我们所有人就对“什么是技术”这个问题触手可及的知识不再予以重视。自从我们或多或少地对个人的技术事物熟悉了之后，技术本身就对我们不再陌生。然而，考虑一下本书的主题。写这本书的起因是那些整体上被认为是新媒体技术的事物的突然出现。**1.3**[②]小节已经批判性地讨论了针对“新媒体”的新鲜感，**1.5**小节则分析了关于“新媒体”的推断论建设，但是我们现在需要在这些讨论之上架构并讨论技术本身是新的；那就是，先驱们在技术的历史中所拥有的事物。

为了试图给这个问题提供一个答案，我们如何开始探询这个问题就变得非常重要。举个例子，我们可能直率地回答：“技术就是机器的另一种表达。”但是这样一个回答告诉我们的只不过是两个术语可以相互替换；可以在任何一个句子中用“机器”替换掉“技术”而不丢失意义。但是这没有告诉我们有关技术的什么内容，只是告诉我们这个词在英语语言中如何起作用。这样一种途径回答了一个语义上的问题，有关这个单词的含义和使用的问题。如果我们想知道有关技术而不仅仅是语义上的事情，那么我们就需要用除了这个让我们经常迷失在字典中的

---

① 1.5 谁不满意旧媒体？

② 1.3 改变与延续。

途径之外的其他方式!我们马上可以看出,回答这个问题需要注意我们采用的方式(还有对于术语的替换并没有让我们走得太远)。举个例子,我们可以让身边的人贡献一些定义技术的元素,他们的贡献有可能会包括如下几个方面:

1. 为一些特定目的建设。
2. 机械的、热力的、电学的或者数字化的。
3. 人工的而非自然的。
4. 自动的人类劳动力。
5. 一个天生的人类能力等。

这些对界定的贡献可能在一定程度上有点复杂,但是当我们把它们放到一起,我们发现这些可能的答案中的一些因素是相互矛盾的。举个例子来说,技术是天生的事物吗?就因为它从人类的天性之中制造出来(甚至早期人类也会用木棍来挖洞)?抑或自从它必须由人类建造,并且没有在自然中被发现,它便是一个完全人工的事物?这一途径没有解决技术是什么的问题,但是它可以帮助我们提出更加尖锐的问题。

5.1.4　如何继续?

如果问"什么是技术",我们也不得不问我们应该如何问这个问题(换一种说法,我们该如何得到一个有意义的答案),接下来的几个章节将要慢慢进行,要让这个过程的每一个阶段都尽可能的清晰。我们同时应该十分清楚,从一个阶段到另一个、一个观察到另一个观察,我们将不可避免地提出一个论点。

我们会努力将这个讨论中所涉及的不同阶段进行明确,或者说对我们如何到达任何一个具体的论点十分明确。既然它们应该只是我们采用的辩论中的结果,所以十分重要的是,不要把我们获得的答案看作最终的和绝对的,因为它是我们采用观点的必然结果。但是无论给出了什么答案,这个章节的重要性在于它覆盖

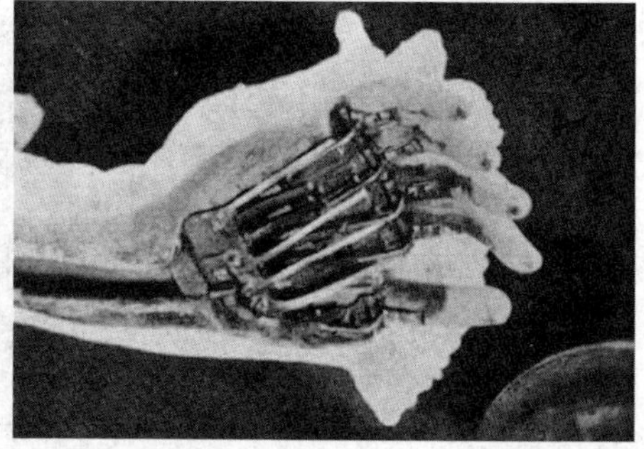

【图5.1】(左图)终结者之手,《终结者2》,1992年,罗纳德基金会提供;(右图)雅克德罗的机械手,1769年。

了一个回答“什么是技术”的答案应有的坐标。

我们一定会遭遇一系列的问题。我们的目标不是直接解决这些问题，而是紧紧抓住它们，用我们的方式在它们的周围感知，就像它们是三维的事物一样。这样说来，我们希望使得一些看上去十分抽象和不太固定（技术的含义）的事物变得具体可辨。但是，它将会花一点时间！我们从考虑一个有关“技术不是自然的”大的思想开始这段旅程。

5.1.5　技术和自然：生化人

我们现在对于活的机械的概念十分熟悉：那便是生化人。对这张阿诺德·施瓦辛格拨开皮肤并露出里面的机械装置的照片，我们熟悉得就像看到了衣服下的皮肤一样。但我们可能对于生化人有着能够追溯到公元1世纪的历史不太熟悉。这段历史告诉我们的是技术总是与创造生命的可能性的幻想紧紧地纠缠在一起的。一个非常古老的想法，不仅有着终结者式的生化人，还伴随着当今在生物科学以及人工生命领域最新的项目。在这个想法的表面，没有什么比技术和生物相距更远。技术从定义上看是人工的，生物学从定义上看研究的是自然，那是什么把技术和生命体联系到一起的呢？

就像生化人、克隆还有修复术带来了对当代世界中的有关生物和技术的固定界限的疑问，在17世纪，全部自然世界以及其中的全部事物，都被看作与当时盛行的技术一致：发条装置。对于人类是否不过是自然机械的问题，最初在17和18世纪以一个更为清楚的形式被提出(**5.3.2**)①。现在，同样的问题出现在了通过类似《银翼杀手》中的“复制者”所探索的问题中。其他人已经在用人类从猿进化过来的观点，争论技术也已经进化(**5.3.5**②,**5.4.3**③)。

在技术和自然之间划定一条界线似乎是一个好的开始，但是在检验之下甚至这条界限也变得令人怀疑。怀疑这种定义已经有一个漫长的历史，它与其说是给我们了一个问题的答案，不如说是麻烦的来源。从“什么是技术”这个问题开始，我们引出了更深的问题，包括技术和自然之间的，物质机械、人工技术和整体上物质之间的关系问题。

5.1.6　技术和文化

如果通过把技术置于自然相反的一端来界定技术不像开始时看起来那么的

① 5.3.2 发条：技术与自然的结合。
② 5.3.5 数字时代的生命与智能。
③ 5.4.3 控制论和文化。

直接,那当我们把技术放在另一个重大的思想或者说事物体系的对立端即文化的另一端时,我们又能得到什么呢?当用这种方式来看待问题时,我们直接就回到了我们之前提到的问题:文化的和媒介的研究有着忽略技术在塑造文化之中作用的趋势。技术是否作为一种元素导致社会和文化变迁(技术决定论)的问题形成了麦克卢汉和威廉斯争论的症结(**1.6**①)。我们把这个争论看作是未定性的。我们现在发现的,让一些媒介理论家十分蔑视的是,《连线》杂志(该杂志把麦克卢汉奉为神圣)坚持认为新的技术彻底改变了世界。这个观点受到那些对于《连线》有贡献的数字文人的赞扬,同时也遭到了像凯文·沃里克②(Kevin Warwick)一类的学院派计算机网络学家的非议。

凯文·沃里克对于由机械生命主宰未来的图景组成了《黑客帝国》一类的电影呈现出的梦魇(Warwick 1998: 21ff)。同样地,像威廉·吉普森《神经漫游者》(1986)一类的赛博朋克小说也展示了一个由技术驱动的未来世界,我们当代世界正浮现出它的轮廓。技术决定文化的可能性在一些地方远没有变得不堪一击。

当我们再考虑这样一个问题,尽管看起来不言而喻的是人类把机械组装到了一起,那么它是否自动地追随人类并且人类的文化依旧对它们有控制力吗?人类(或者说人类文化和社会)对于机器有控制力,这种观点在简单工具或机械的情况下十分可行。但是当我们考虑到复杂的机器或者机械系统的时候,它就变得不那么可行了。在一条工业组装线上,操作者可能还对于机器有着有限的控制(铆钉、打造控制板等),但是整个机械系统和在上面工作的人之间又是怎样的关系呢?③

现在,在21世纪伊始,我们还要考虑在一定程度上数字技术迅速地变成不可见的因素,并为我们日常的行为和交易提供了便利。这种情况使得新的技术不太像我们使用的分散的机械,而更像一个技术环境,在其中控制方面的问题可能从它们的使用者手中交给了这个系统自己(就像在自动防卫导弹发射系统或者是自动化股票市场)。

尽管我们能够并且需要批评和抵制对社会和人们利益造成伤害的技术部署(举个例子:通过取代人类劳动力从而使利益最大化,因为一个经济系统认为相对

---

① 1.6 新媒体:待定或已然确定?

② 凯文·沃里克,英国雷丁大学控制论教授,他认为:在未来的半个世纪,机器将至少像人类一样聪明。他还希望植入机械设备"升级"自己的身体。1998年,他将一个单向通信的芯片植入到他的手臂中。这使他能和家里和工作场所的计算机"沟通"、遥控开门、启动计算机并向他问好、开关电灯和电视等。第二次是在2001年,他在身体中植入了一个双向通信的芯片,不仅可发送信号,也可接收信号。另一块芯片被植入其妻子的手臂中,使信号直接从神经系统发送到神经系统。实验的目的是检验诸如疼痛一类的感觉是否能够物理化传递。

③ 马克思将工人操作的仪器或工具与具备工人技巧和力量的大型机械进行了区分。工人的行为是由机械的运动决定和管理的(1993: 693)。其内容可参照5.2.1物理主义和技术决定论。

于用更便宜的机械劳动力来说，人类劳动力更为昂贵或者冲突态势的升级），但这对技术已经对人类文化的形式和作用产生深远影响的事实毫无影响。实际上，从19世纪工业革命后愈加明显的是，当技术变成环境化的时候（这个短语是麦克卢汉说的，详见**1.6**），把技术从文化中区分出来就变得越来越失去意义，因为文化已经不断被技术化了。所以，尽管我们可能已经习惯了把技术放在文化的对立面上来界定，我们看到它也是有问题的。文化已经不可分离地紧缚于复杂的技术系统和环境之中。赛博文化代表的是这样的一些事物：不是一个从技术中分离出来的文化，而是这些元素融合在一起的文化。

总结一下：当我们在技术和自然之间有了明确界定后，考虑技术和文化的关系时，再次发现我们自己面对着一个问题。试图从文化的对立面来界定技术，最终却以一系列的问题结束。为了开始检验这些问题，重新考虑自然、技术和文化，这三个我们应付的术语之间的关系是有帮助的。

5.1.7　自然和文化

自从19世纪德国哲学家威廉·狄尔泰把知识分割成自然科学和物理科学还有人文科学之后，现在将事物归入“自然”和“文化”层面已经成为一个公认的基本知识习惯。伴随着这样一种分类，我们可能会认同19世纪另一位思想家的观点，那就是卡尔·马克思提出的“自然没有制造机器”(1993: 692)。在很大程度上事实是这样的，当我们被问到技术是否属于自然领域，我们几乎会毫不犹豫地回答“不”。我们实际上习惯了带着这个问题经历困难。这个问题看上去似乎没有什么意义。我们能否因此推断出如果技术绝对不是自然的话，它就仅仅是一个文化现象呢？

5.1.8　双重界定的问题

“技术属于自然还是文化领域”是一个棘手的问题，因为它暗示着已经变成了人类第二天性的“自然—文化”划分，被假定成一个二元关系。二元关系是对于两个术语之间的对立，而这种在两个术语之间的不同被看作是告诉了我们分属于它们两者的一些东西。所以，通过了解什么是缺乏男子气概便使女性特质得到了一定内涵，并且通过了解什么是虚弱便使强壮获得了含义。然而，二元关系不止于此。这样的对立穷尽了我们能够想到的可能性。所以，1 和0穷尽了任何二进制系统的元素（尽管没有结合），就像“有罪的”和“无罪的”穷尽了英国法律中司法判决的系统。然而，到现在，当考虑到一个如何联系到另一个时，我们的检验必须带领我们考虑对于自然和文化简单的对立是否能够穷尽两者关系的可能性。

就像黑和白，尽管彼此对立，却没有穷尽所有可能的、在黑白之间和黑白之外的每个颜色。没有在这样简单论点上花费精力已经导致了近些年来在考虑到什么是二元关系时的基本困惑。我们感觉当我们说它是二元对立的时候，我们已经解释了一些事情。

许多人类学科，包括媒介研究的理论学者，一直试图保留自然和文化之间的一个二元关系。举个例子，在结构人类学家列维-施特劳斯《亲属间的基本结构》一书中，他宣称他希望提供一种对于自然和文化之间的区别更为可行的解释并去保护它，而非像许多社会学家和人类学家已经做得那样，自信满满地放弃了两者间的区别。

通过他的新解读，列维-施特劳斯加强了自然和文化之间的二元对立。他的观点被全人类社会禁止乱伦的规则所证实。他注意到乱伦的禁止"有着不仅是本能的一致，还有法律和团体的强制性，它不可避免地超出了历史和地理的文化限制，同时和生物学上的物种有着同样的边界"（[1949] 1969: 10）。这样看来，之后提出的问题便是，乱伦禁忌是自然的还是文化的，是天生的还是后天发明的，是被给予的还是创造的？①

如果这个禁忌是普遍的话，把它看成是一种自然现象或我们人类天生的态度的证据，还是很吸引人的。然而，与此同时，一则禁忌就不是准确意义上的文化现象，或者是一个法律或制度？如果对于乱伦的反感是天生的，那么就没有必要对它的禁忌进行高压或者强制。因为乱伦遭到广泛禁止，它就因此一定是文化的并且一定不是天生的吗？对这个难解之谜的一个回答是，"乱伦禁忌"证明了文化空间有其统一的规律，与自然环境相同（就像物理空间有统一的规律一样）。所以，这里我们再次面对一个观点，那就是自然和文化并不是由相同法则所支配的。尽管这个观点可能处于我们现在问题的根本部分之中，它也提供了将人文科学作为独立于物理科学之外的范围和可行性。观点是，人类社会不是由形成自然世界的力量所支配，所以它是一个调查和解释相对独立的领域。

我们已经看到了自然—文化的二元界定是如何帮助我们来使诸如"禁忌"这样的现象说得通的，并且如果这个被作为统一的法则建立起来（就像在物理学上重力的法则），它就提供了有理有据的对于文化和社会的研究，可以解释它本身的

① 具有讽刺意味的是，人文主义希望达成的精简——世界上所有的行为完全是由会说话的动物完成的，总是被理解为一种批判姿态。以威廉斯为例，他想证伪机器行为不受人类干涉的观点，以便当我们倾向于用"活跃""决定性"来描述机器时，我们可以找到机器背后的人以及操纵机器以获得利润的意志。马克思反对"自动的骡子"，因为这意味着工业化迫使人类劳动力成为冗余。马克思希望唤起关于人类劳动天性的清醒认识：我们自己能够制造，因为"自然并不建造机器"（Marx 1993: 706）。

谜团、问题和过程。然而，如果我们在列维-施特劳斯的解释中用使我们感兴趣的事物——“技术”替换掉“乱伦禁忌”，那么问题就会再次变得迷雾重重。

不像一个禁令，技术不可能被简单化为一项社会对于行为的强制性安排的结果，或者被简单化为文化人类学者的统一法则。尽管一个社会可能控制并对技术的使用进行立法，这些也必须根据具体的物理法则来起作用（举个例子，如果机器要运转，就需要在机器的不同部分之间联系或者交换信息）。所以尽管我们和马克思一样，认为我们只在人类文化中找到了机器的发明和建构，那它就意味着技术只是一个文化事实吗？它仅仅是一个文化容量的扩大，或者它仅仅是一个对于现存的物理现象的探索（就像蒸汽的力量探索了矿石的可燃性，或者就像核能探索了原子的裂变）？稍微考虑一下就会看出技术是两者的结合。它既是物理上的（就像自然那样），又是被发明出来的（就像文化一样）。技术不属于单纯的一个领域。根据这个原因，我们开始审视一个一旦接受会十分有用的观点，那就是为什么当技术被考虑到的时候，自然和文化没有穷尽这一领域的事物。

5.1.9　我们从未二元化：拉图尔和行动者网络理论

科学人类学家布鲁诺·拉图尔(Bruno Latour)一直努力探索如何精确地处理这个问题。他在1993年《我们从未变得现代化》一书中，提出了对现代性的诊断，人类已经变得在意义的社会化、语言化和推断论建构中纠缠不清，甚至已经忘记了提出事物是什么的问题。

这种情形本质上是一种偏见。这种偏见是关于人本主义的。拉图尔提出这种观点是消减性的，“因为它试图把行为归因于很少一部分力量——人类的力量，世界其他部分都是暗弱简单的力量。同时，所有存在的事物仅仅是在交谈个体间以语言戏剧的形式存在着，而它的代价就是物质和技术世界的消耗”(1993: 61)。用另一种说法，我们人类是在作有关交谈的交谈，与此同时事物在我们能审视到的层面之下保持着它们固有的运动。

我们通常讨论与标志所代表的含义相分离的标志本身、与表现的内容相分离的表现本身、与物质相分离的意义、遮蔽了现实的意识形态，所以我们居住的世界现在看上去仅仅是由语言的，书面的或者解释的行为组成。同时，瞥一眼报纸就会揭示人类世界和非人类的事物（环境、太阳的寿命、病毒的活动和最重要的技术的活动）之间的关系已经变得多么复杂。艾滋病病毒是文本的构造么？它的确包括了对艾滋病意义的建构（上帝对于性越轨者的瘟疫；起源于在非洲人和动物之间的交配等），但难道它本身不是一个病毒吗？拉图尔的观点，不是我们应该抛弃这些话语、仅仅解释外部事物，他并不是暗示病毒的意义是从其生物化学属性中的无意义抽取，我们应该从图书馆跑到实验室去。相反，他的观点在于文字，意义和目的仅仅覆盖了事物表面一个很有限的部分。对一个事物的整体解释应该把它放在同其他事物联系的网络、文字、话语和它作为某个部分组成的机构之中。所以研究艾滋病病毒就必须在文学、科学、新闻学、政治学、医院组织、医药研究、资金安置、有科学突破的社会学、感染病因学、病毒基因架构等其他方面付出精力。现实是由人类(意义、文字、讲述、机构、标志)与非人类的事物(病毒、生物化学、免疫系统)持续相互影响的网络组成的，而非从意义中分离出来单独思考事物，或者从事物中分离出来单独思考意义。对于拉图尔来说，重要的是把所有的这些联结到一起的多种多样的技术。这些技术使得相互之间的关系变得容易：医学研究和干预的技术、传播和运输系统、染色体组的技术等。因为网络不再仅仅因为人类的行动而行动，而且也由非人类的事物激发行动，包括那些对于我们而言可用的技术形式，拉图尔提出了对于非人类能动性的概念，来对抗我们在当代社会理论中发现的对于能动性的人文主义的理解。

5.1.10 作为技术的媒介

我们已经看到了在自然和文化之间是如何区分的，作为自然和人文科学的基础，可能我们应该询问技术研究的领域而非技术属于的领域。“技术是什么”的问题可能能用一系列不同的方式来回答，这取决于从哪个领域回答问题。①

既然没有技术能够成功地在物理法则之外工作，那么当作为一个物理事物来观察科技时，它是自然科学和应用科学所关注的焦点。所以蒸汽机是由在一个壶中矿石燃料燃烧所产生压力带动而工作的，通过一个加压器和一个阀门系统驱动、由轮子和齿轮组成的系统。这每一个过程都需要可燃材料、热的和冷的资源之间的区别等。没有这些发动机就不会工作。但是技术确实也有着一个文化存在的高度；他们具有意义(详见**1.1**② 和**1.5**③)。当技术被看作文化现象时是最引人注目的，并且是为什么他们不被仅仅看作是物理机器的一个原因。一个主要的例子就是人文科学给予“媒介”这个术语的含义。

一个媒介很少被看作只是“它本身”的事物，尽管工具或者某一项技术的物

---

① 这是一种描述强效社会建设的方法；我们知道的这个世界，是只有当我们谈论并知道如何谈论它时才知道的世界。相应地，从目前的角度来看，社会建构主义是人道主义的一种形式。伊安·哈金(Ian Hacking)《社会建设了什么？》(哈佛大学出版社1999年版，第1—34页)谨慎而详尽地研究了社会建设的多样性。他认为，理论家很少提出关于建构主义的积极的观点，而只是提供了建构主义者对事物的理解——例如，性别——他们相关历史角色、所服务的意识形态动机被遗忘。

② 1.1 新媒体：我们知道它们是什么吗？

③ 1.5 谁不满意旧媒体？

质化性质受到关注，作为对于媒介是什么的一项分析的一部分（威廉斯［1977］作了这样的从媒介到社会实践的分析；在电影理论中，这个“工具”也支持这样的关注［详见**2.7**①］），文化的和媒介的研究主要把媒介看作一个某种经济、传媒、政治、商业或者艺术兴趣的实例。另一方面，物理科学，尽管有应用的多样性，却没有把技术作为“媒介”，而是作为电子回路、功能、传输者、形式和噪音的一种安排。看起来，在物理或者自然科学中最显著的变成了在人文学科中最低端的东西，反之亦然，并因此维持了在自然和文化之间的一个盲点。

许多文化和媒介研究学者用尽力气来探索以监督在自然和文化之间的分割。这是通过把技术从自然中分离出来，并归类于文化的方式完成的。在雷蒙德·威廉姆的“文化科技”思想背后，根本的争论是：因为因果解释不能从台球撞击产生的影响转移到社会变化的事情中，或者说不能从科技转向历史，所以当一系列社会变革集中于那些使用技术来改变事物的目的和意图上的时候，“技术效果”一定会被全盘丢掉。②

这就是人文主义。其论点是，文化科学提出的问题是关于能动性的，而不是完全属于物理科学的因果效应。能动性取代因果关系成为一个解释原则，因为能动性的概念不仅涉及某种行为，还同时涉及欲望、目的和其背后的动机。在这样的一个观点下，能动性仅仅是社交和互动的人们的一种特有属性，将文化科学限制在人类行为的研究上，并排除其他行为。威廉斯的文化科学，就像拉图尔说的它属于当代人文学科，与物理世界隔绝。严格来说，不应该有对于技术的文化研究，只有对它的人类用途的研究。相反地，既然作为技术的媒介是由人类代言人的行动、目的、欲求和意图组合在一起的，就不能够被认为有任何直接的对于文化的任何“影响”。

这就是为什么文化和媒介研究整体上在抛弃一种概念的时候会感到特别自信。这种概念就是一个画面暴力的电影、录像带或者电视节目能够对观看者有影响，比如之后他/她会走出去然后射死邻居或者谋杀一个儿童。然而，在这个论点中，对于把因果的语言从仅仅是物理现象转移到人类行为上，这种勉强的转移从两方面暴露了对于技术作用的基本盲目感。这种因果论思想暗示的不仅仅是事件X导致了事件Y，而是在它们之间有一系列的物理事件，它是一个因果链条。然而，人类毕竟与有智力的动物在物理层面上相同，所以不会通过他们的感觉与技

① 2.7 数字电影。

② 从这个角度讲，虽然我们在追求一个更现实的技术观，我们需要再考虑什么对研究文化（或“文化研究”）是重要的；重新思考话语（在此语境中，整套的历史规则）如何结构、选择、并以多种方式阐释事实（见1.5）。

术的互动这种方式来经历一些现象，从而不会受到任何物理的影响。这种思想和那种通过观赏下流的视觉画面会导致谋杀、残害和折磨的思想相比，是一样荒谬并且站不住脚的。并且，自从威廉斯的论点被传统的媒介和文化研究支持，并打败了麦克卢汉的技术决定论，他们继续为今天的技术建立媒介和文化研究方法。所以，如果我们想要询问有关赛博文化的技术元素的问题，我们需要保持对于威廉斯遗留下来的，对他们而言作为媒介研究手段的人文主义的高度清醒（请见**1.6**①）。

这里我们看到两种对"什么是技术"的研究途径进入一个显然无法解决的矛盾之中：一方面是根据有规律的数据和调查的显而易见的科学主义，举个例子，"视频游戏暴力导致真实的暴力"；另一方面，是认为"文化中没有因果关系，只有能动性和它们的目的性"的人文主义。这当然提供了"什么是技术"的两个答案。一方面，一系列机器引发了可以预测的结果；另一方面，它是社会蕴含目的的实现途径。但是它们并没有使我们和一个令人满意的答案离得更近。然而，它们实际上告诉我们的，既不是对于单纯的、物理的因果性的坚持，这种分类类似于台球的碰撞，也不是相反的对于无因果性的坚持，只有人类能动性提供了解答这个问题的必要框架。所以我们应该在随后的内容中探索其他理论框架。要想开始这个过程，我们应该重新关注一下在威廉斯-麦克卢汉的问题的核心议题：因果性和技术决定论。如果威廉斯的论点留给媒介研究一个存在问题的人文主义，是否有些能够帮助回答"什么是技术"的东西，在麦克卢汉提供的关于技术和文化变革的阐述中被忽视了呢？

5.2 重访决定论：物理主义、人文主义和技术

引言

在**1.6.4**小节中，我们注意到，通过追溯麦克卢汉著作中的中心论题的影响，我们获得了一种对于新媒体和文化研究的物理主义式的理解。正是物理方面——尤其是那些被认为是新技术和人们对于它们的物理化的关系——导致主流文化和媒介研究被证明无法解释这个问题。然而这是一个赛博文化的方面，是能被科幻小说解释了的。在布鲁斯·斯特林(Bruce Sterling)关于未来都市小说的收集介绍中，他引用了下面的话：

> 就传统而言，在科技和人类之间有一道无聊的沟壑：在文学艺术和政治

① 1.6 新媒体：待定或已然确定？

的严肃的世界，科学的文化性和工程工业世界之间的沟壑。但是这个沟壑正被一种未曾预料的形式瓦解。技术的文化已经脱离了我们的掌控。科技的先进是如此的激进，如此的扰人，如此的令人沮丧，并且有着如此的革命性，以至于它们不再被容纳。它们大规模地闯入文化之中；它们是无坚不摧的；它们无所不在(Sterling, in Gibson 1988: xii)。

这是我们接下来对于技术考量的起点。它的目的在于在身体、技术和图像之间——也即在自然、技术和文化之间——重新建构物理上的持续性，这对于检验新技术的影响是必要的。这样的解释也无法避免在赛博文化中扮演科学的角色，就像布鲁斯·斯特林警示我们的那样。清楚的是，如果不是具体的理论本身，麦克卢汉理论的物理主义派的理论基础提供了一个框架式的前景。在其中，被斯特林赋予含义的赛博文化是可能被研究的。并且，从斯特林的例子中我们能够看出，这样一个基础不仅仅是20世纪60年代的电子科技的理论产物，而实质上是当代赛博文化的核心元素。《连线》杂志把麦克卢汉奉为守护神，在很大范围内，还有数量不断增长的围绕麦克卢汉开展的有关新媒体的研究，当代的理论集中化也被进一步证明(Levinson 1997; De Kerckhove 1997; Genosko 1998)。

如果麦克卢汉在赛博文化中保持一种强势姿态，就像我们已经讨论过的(详见**1.6.3**[①])，那么威廉斯关于技术的理念，整体上有效界定了主流文化的、媒介研究的和人类的理论立场。问题的核心还是技术决定论，而这继续困扰着人性如何面对技术的问题。所以研究科技的文化史学家(Smith and Marx 1996)、人类学者(Dobres 2000)还有文化学家(Mackenzie and Wajcman[1985]1999)继续投身于书籍中，争论物质上的工具确实对文化没有决定性的影响。这证明了技术决定论还是一个重要的议题。

原因之一，是新媒体不单单是新媒体，它也是新的技术。基于这一点，技术在文化中的地位问题再次成为焦点。就像斯特林证实的那样，赛博文化已经伴随着一系列忧虑重新大规模进入文化领域，它们已经变得可以从文化和媒介研究中分离出来。但是与此同时它成为重要的技术元素，并且还是文化中不可分离的技术组成物。这些焦虑主要来自历史和哲学，还有基于技术来探索物质世界的学科。

所以，在下一小节，我们建议，物理主义者的赛博文化基础为提供科学史、技术与文化之间的一种重要连接方式，并从赛博文化的角度探讨技术决定论的问题——究竟是技术导致还是人类有意为之的、伴随技术变化的社会变化。

---

① 1.6.3 威廉斯和技术的社会形塑。

5.2.1 物理主义和技术决定论

我们已经探讨了文化与技术的冲撞(**1.6.3,1.6.4**①),正如威廉斯和麦克卢汉在20世纪60年代所论证的,它成为持续不断的赛博文化的智力核心。所以,在这一章节,为了验证技术决定论的危险之处,我们将要最后一次重新审视这个问题。然而,我们不应该有这两种途径仅仅是被威廉斯和麦克卢汉发现的印象。相反,就像我们已经看到的,他们继续围绕技术决定论续写着现代的辩论(Dobres 2000; MacKenzie and Wajcman[1995]1999; Smith and Marx 1996)。讨论威廉斯和麦克卢汉之间问题的好处是威廉斯特别关注通过第一原理来反对决定论,而麦克卢汉提供了一个清晰的决定论观点。最终,后者在最近几年被重新提出,以便处理从赛博文化和数字媒介中产生的议题。而这是主流文化和媒介研究因为缺少辅助而难以面对的。

我们在**5.1.10**②中看到,人性挑战技术决定论的基础是人文主义。这种挑战主要存在于对应用于文化领域的因果概念的批判和对"能动性"概念的替换。因果只是在物质世界中获得,而非在文化世界中。然而,如果对一个物理主义者而言接触**1.6**③中的技术文化是有益处的,它将文化包容在物质的因果领域之中,而非排除在外。这个动作的结果实际上是影响深远的,就像斯特林所坚持的那样,描绘赛博文化不仅要求我们对文化的解释更为熟悉,也要熟悉科学和哲学的解释。不仅如此,这个挑战还将帮助我们在它无所不在的情况下看到"赛博文化"并非一个全新的文化现象,而是在技术文化的漫长历史中一种最新的现象。

但是哲学和科学的历史告诉我们对于它不仅仅只有一种解释。亚里士多德辨别了四种原因;早期的现代学者试图用一种来取代这四种原因,而当代的科学意识到至少有两种原因。所以,当我们说"技术导致了社会变化",我们可能使用了任何一种原因理念中的一种。

我们的第一项任务将是指出一些历史的和当代的有关原因的理念,之后确定是因果性的哪一种意义被威廉斯归因于麦克卢汉的决定论。沿着这个思路,我们将试图描述因果性中的哪些意义与一系列的技术理论相关。

"决定论"也不是一个简单、巨大的概念。其实有多种多样的决定论。举个例子,数学决定论与历史决定论不同。甚至局限在技术决定论的范围之内,这个理论至少有三个版本已经被区别开来(Bimber, in Smith and Marx 1996),同时,混沌理

---

① 1.6.4 圣人麦克卢汉的荣光。

② 5.1.10 作为技术的媒介。

③ 1.6 新媒体:待定或已然确定?

论不是建立在无序的混沌之中，而是从一个决定性而又无法预见的物理系统中建立起来（请看**5.4**[①]）。

最后，我们提出这样的问题，能动性有哪些变化？它们能否被仅仅限制到人类身上呢？在什么样的能动性概念中机器能够被解释成"智能体"(Agent)呢？

这些概念就像赛博文化地图上的一个纵横坐标，而这就是本章节要关注的。了解了这些坐标是什么，将会帮助我们通过这片充满问题的土地找到我们的道路，同时它也会帮助我们辨清其他理论学者选择通过这片土地的路径。最终，它能使我们对任何技术文化的核心问题进行定位，从水力时代到机器时代，从工业时代到现在的网络时代。

5.2.2　因果性

在这一章节中我们将会讨论三种不同形式的因果。因果的概念在检验技术决定论中是十分重要的，是什么通过技术变革的方式导致文化的变化？然而，这是一个什么样的因果关系呢？技术导致文化的变化，就像一个桌球之于影响其运动的第二个球的关系一样吗？抑或是技术变化的因果深深植入了人性蓝图之中，就像柏格森探讨的那样？

显然，因果性的问题是复杂的。我们将要检视的因果性概念如下：

- 技术的；
- 机器的；
- 非线性的。

上述任意一项都产生于自然科学历史的某个阶段。在这里检验它们的关键是，因为有两个我们亟须回答的问题已跃然纸上：

1. 是什么样的因果性让威廉斯反对麦克卢汉的技术决定论？
2. 还有其他因果性的概念吗？

最后，危险的是技术是否能以物理主义作为基础进行检验，又或者通过它的文化存在来印证，就像传统媒介研究那样，我们一定要放弃这种根据。因此，我们将在接下来的内容里仔细注意从自然领域转移到文化领域时的困难。

目的论之因果性

5世纪时，亚里士多德将目的论作为一种因果性的形式之后，它变成了一种解释自然世界的、压倒其他理论的模式，直到16和17世纪才有所改变。但即使在当代自然科学中，特别是在生物学中，目的论依旧使科学家争论不休。在新媒体领

① 5.4 赛博文化理论。

域，我们偶尔也会邂逅目的论，比如一种捏造出来的理论被用于解释现代计算机是古老技术的完美化形态。这个故事接下来会讲算盘事实上是一个萌芽阶段的电脑，并且对于算盘而言，是如何经历了几千年才发挥了它的潜能并且变成了电脑(详见**1.4.1**①，一个对于用目的论模式来解释新媒体的重要讨论)。

在以上例子中，我们能够发现目的论认为计算机以某种形态先验性地存在于算盘之中，而算盘必然或注定会成为日后的计算机。但这一理论应用到无生命的事物上，诸如算盘和计算机这一案例上时，听起来实在是有些荒谬，但当它应用到有生命的事物上时它则变得相当可信。比如说，对于橡子而言，随着它成长，橡子变成了一棵橡树，并且不能变成任何其他的物质。所以我们能够看出，橡子的结果或者说目标就是橡树。如果我们接受了这个，我们就会同意橡树是橡子的结果，而这恰恰是亚里士多德提出来的观点，他把这样一种最终的结果(橡树是橡子最终变成的东西)和对于最终原因的解释叫做目的论的解释。

考虑一下两个例子的不同：第一个，当应用到橡子和橡树时，目的论在问题层面上是在橡子的内部。然而，当应用到算盘和计算机上时，目的论就对于算盘而言是外部的了。换一种说法，在一个算盘里，没有任何东西决定了它会变成一台电脑，就像一个橡子是被决定了变成一棵橡树的。当应用到橡子上时，我们就在应对这样一个原因：把它应用到算盘上，仅仅附带着一个解释。这就是为什么目的论的论点更适合当代生物学而非它们在技术的历史中所发挥的作用。这并不意味着它不能是技术的目的论；它可能单纯的是一种过程，通过这个过程技术发展没有被充分地理解。

机械之因果性

对于自然现象的目的论解释在16和17世纪陷入了争论之中，而这两个世纪被认为是现代时代的黎明。这个时代见证了钟表技术的飞跃发展，而它试图把世界解释成一种发条工作的现象：

> 我的目标是展示天体机器不是某种神化的存在，而更像一个钟表……在这个机器中，几乎所有样式的运用都是由一个非常简单的磁力所导致的，就像在一个钟表中所有的运动均由一个简单的重量引发。
>
> (Kepler 1605, Mayr引用)

这个关于世界的概念使得哲学家怀疑目的论是“超自然的因果”，他们需要因果性的存在证据。机械因果性的基础是为了使任何事物能被称作一个原因，在它和它引发的运动之间必须有关联。举个例子，给一个表上发条导致指针走动，

① 1.4.1 新媒体目的论。

从上发条的动作卷绕一个弹簧开始，接下来的发条逐渐松开使得齿轮转动，导致表面上的指针转动。但是手表的机械装置和把它接受成为一种组织原则的机构之间没有联系，所以不能认为手表导致了一个社会对于时间遵从的认知（计时、时间表等）。

然而，尤其当进入18世纪之后，许多哲学家也想试图用钟表机械装置来解释人类的工作，并消除物质化世界和人类世界之间的距离。这种观点的结果是生命本身开始被认为是这样的东西：那就是能够通过技术的形式被创造出来。我们将在**5.3**[①]章节中探讨机器时代对于“人造生活”的态度。

非线性之因果性

机械的因果性是在线性的形式中生效。这意味着：

- 所有的行为都是可逆的：手表是从惰性状态开始被上发条，它们要回到这种还没有上发条的状态，而回到这个状态后，它们准备好再次被上发条；
- 总有一个因果的链条，导致事件X到了事件Y再到事件Z，等等。

然而，确定的物理现象是不可逆的：举个例子，有生命的东西不像手表，死后不能复生；生命就像它本身那样，是只有一个方向的道路。如果人类就是所有的目的整合，就像行走的、交谈的钟表装置那样，那么我们怎样才被再次上满发条？有生命的事物向机械世界观证明了这样一个问题，那就是哲学家对于“从一片草叶上找到一个牛顿”这样的问题觉得绝望。

如果生命只有单向的道路，那么它是怎样开始的？是什么引发了生命？如果我们是面对一个个体的生物，那么我们可以说是“它的父母”，但是如果我们面对的是整体的生命，那么就没有显著的解释。在18世纪，哲学家因此寻找引发生命的“至关重要的力量”，正如所有在地球上的物理事件都能够通过重力的作用而解释。直到这个世纪结束，哲学家康德得出了结论，我们不能避免把自然的事物看成自然的目的(Kant[1790]1986),因此在此机制长期统治的时代重新引入了因果性。

第二，我们如何解释那些看上去不是受因果链而是受循环的行为影响的现象呢？举个例子，是什么导致了变形虫的存在？变形虫通过把它们自身分成两个新的变形虫繁殖。所以一个变形虫是两个变形虫的来源，而反过来这两个的每一个又是另外两个变形虫的来源。这个过程无始无终，同时无休止地继续。这不太像一个圆圈的链条，在这个过程里繁殖的影响（两个变形虫）也同时是它的原因（更多的两个变形虫）。

---

① 5.3 生物技术：自动机的历史。

控制论和非线性

对控制论来说,非线性包括两类:正反馈和负反馈。从控制论关注最小化消耗开始,正如它的基础热力学(对热力学来说是能耗,对控制论来说是信息),负反馈被看作是维持秩序、抵制威胁的力量来源。这些力量一直以来都是存在的,正如在热力学中能量总是被浪费,对于控制论而言信息也总是变得没有用处,有规则或无规则。因此有一些无用信息,无序或是能量耗损是不可避免的,但有序是被负反馈所保持的。这样的反馈总是"倾向于和系统已经在进行的事情相对立,因此反馈变得负面化"(Wiener 1948, 1962: 97)。然而,系统已经在进行的事情是使信息丢失或助长无序,因为这是系统的特性。而这个过程能自我放大,并且无用信息和无序在系统中的数量呈几何式增长,并导致系统渐渐停止或失去控制。其中后者的过程被称作正反馈(详见**5.4**①章节)。

问题在于,虽然有着因果性,但是它并没能解释物理世界里的所有事件,并且把几乎所有的生物都遗留在了可解释的范围之外。所以,最好的情况便是机械因果性仅仅能够解释一个领域的物理事件。

所以,生命的起源和变形虫的繁殖过程都是非线性因果性的例子。然而生命出现了,并且变形虫持续分裂。这样单一通路的过程是不可逆转的(生命不能重新开始;变形虫不能够减少分裂)。尽管在19世纪末科学家承认生命是一个非线性的现象,对它的研究真正繁荣却仅仅是出现在20世纪最后的25年里。当代研究非线性现象的科学将他们的关注点放在"什么是出现"这个问题上:秩序是如何从混沌中出现的(Prigogine and Stengers 1985),有组织的生命是如何从一个化学的混合物中产生的(Kauffman 1995),山峦是如何形成的(Gould 1987)等。非线性的解释也被认为是社会现象,就像人群是如何发展的、经济行为现象等(Eve *et al.* 1997)。在所有事件中,相关的有组织的事物不是从一个单一的原因中产生,而是从任何数量的因素中产生,而这些因素是积聚到一起形成一个"环形"或者反馈结构,从而产生了一个被我们称作"自我组织"的现象。

我们由此可以发现,从单纯的对于机械解释的模仿到一个小范围的物理现象,还有从因果性明显的限制到单纯的有生命的事物,非线性的因果性似乎在自然世界和文化世界之间的边界也发挥作用。当然,这不是一个没有争论的观点,因为许多人并不愿意看到对于他们而言出现的机会实际上是潜在机制的作用(发

---

① 5.4 赛博文化理论。

现一个人是一个群体的一部分；去一个购物的狂欢节）。但是接受上面的观点和接受下面的观点一样困难。那就是我们的信念和意见、我们的渴求和个体，不是自然和选择的结果，而是受到了经济、政治和意识形态的影响。

混沌、复杂性与非线性

由于和通信和控制有所关联，控制论主要倾向于消除正反馈的系统扰乱、无用信息和最终的系统崩溃，以及在正反馈（改变）和负反馈（控制）之间建造一个维持平衡的设备。当正反馈超过某个阈值时，这种平衡遭到了致命性的破坏，结果就是导致系统故障和崩溃。然而，最近关于混沌现象研究的关注点不在于平衡现象，而在于那些远离平衡的现象。举个例子，在化学领域的非线性现象研究中，伊利亚·普利高津发现了在远离平衡条件的情况下自动发生的过程。普利高津称之为"耗散结构"："耗散"是因为它们并不发生在系统平衡状态下而是发生在当正反馈耗散系统的一刻；结构意味着因为这些相同的耗散过程而产生了自发的秩序。关于这个过程的一个常用例子就是所谓的"化学钟"。

> 假设我们有两种分子："红色"和"蓝色"。由于分子的不规则运动，我们认为在某个给定的时刻，容器的左边有更多的红色分子，然后稍后会有更多的蓝色分子出现，如此循环往复。容器呈现给我们的似乎是"紫色"，因为偶尔会有不规则的红、蓝闪光。但是这不是"化学钟"发生的现象，在这里系统全是蓝色的，过一会突然变成红色，然后又变成蓝色。因为这所有的改变都发生在规律的时间间隔内，这是一个连贯的过程。
>
> (Prigogine and Stengers 1985: 147-148)

这个例子表明，化学钟具有如此自发产生的一系列秩序，以至于一旦系统进入到混沌的正反馈中，它们不只是崩溃，而且产生了新的不同的秩序。因此普利高津和斯登格斯将这个过程称作"自我组织"。接下来，他们又把这个过程应用于生物领域，例如单细胞生物的生长和繁殖（变形虫）。

小结：因果性之中的威廉斯和麦克卢汉

所以，是什么样的因果性的概念使得威廉斯质疑麦克卢汉的技术决定论？尽管他确实讨论了"一个十分不同的原因和影响模式"的需要(1974: 125)——它实际上成为因果性概念的替代品——威廉斯并没有说清哪一种因果性模型归因于麦克卢汉的技术决定论。然而，如果我们检验他对这种决定论的结果是怎样看待

的,我们就能够推断出他使用的是何种模式:

> 如果媒介——无论是印刷还是电视——是原因的话,那么所有其他事物之因,所有被人类视为历史的东西,都会立即被简化为某种影响。相仿,在其他地方被看成是受制于社会的、文化的、哲学的和道德质疑的影响,通过与媒介生理上的进而心理上的效果相比较,也会因为不相关而被排斥。
>
> (Williams 1974: 127)

如果X是一个原因,那么它不能同时被看成是一种影响:所以我们能够看出威廉斯在使用因果性的线性概念,排除了因果性和非线性规律(对于这个分类,举个例子而言,在传播和控制论科学中被发现)。我们对于因果性概念的讨论离开了机械的因果性。威廉斯是研究的这种原因的概念吗?他推出两个论点以支持该观点[①]:

1. 他把麦克卢汉描述的影响称作"生理上的"。
2. 他认为这些生理上的影响是"直接的"。

论点二明确了威廉斯的因果论实际上是机械的,因为"直接生理的"影响意味着这些影响是由一个物理上近似的原因产生出来。非线性因果性不是直接的:有因果关系但是无法预测的。如果我们把它放到一个原因不可能同时是结果的理论上,我们就得到了一个更适于解释16至18世纪现代科学的因果关系链条的画面。所以,这个论述和其他形式的因果性毫无关联,仅仅是应付一种决定论的观点。

此外,通过把"生理学"和他批判的没有充分理解社会实践的因果性版本联系起来,威廉斯有效地排除了物质以任何形式影响文化的可能性。然而这肯定是不正确的:对于18世纪后期和19世纪早期出现的工厂而言,一定是工厂内储存的大型设备需要他们的零部件与另外的部件相联系——一个发动机如果没有通过齿轮连接到一起,它就不会驱动传送带。所以,一种技术的物理形态限制并且决定了它如何被利用。

通过这个分析,我们已经以物理主义者的态度打开了一条研究技术的道路,这条道路不会受到威廉斯对麦克卢汉的复杂批评的影响。然而,我们至此还没有提问,麦克卢汉处理的是一种什么形式的因果性?尽管麦克卢汉是出了名的晦涩难懂(尽管不是没有原因),我们总是能够找到技术创造新环境的参考,找到技术作为延伸的参考,同时对它的用户有着物理上的影响等。然而在《理解媒介》的

① 在科学和人性之间的跨界也非如此。恩格斯注意到马克思认为达尔文的进化论提供了"历史辩证"的基础(Engels 1964: 7)。恩格斯将这一理论延伸,提出了自然辩证法,为自然世界提供了辩证的解释。

第一篇文章里，麦克卢汉写道：

> 就像18世纪时戴维·休谟(David Hume)所论，在单纯的连续事件中没有因果性。一件事在另一件后接踵而来并不能说明什么……所以所有逆转中最伟大的便是与电流相关的，它们是以让事物快速出现结束一连串事件的。伴随着迅捷的速度，这些事物的原因重新出现在我们的视野之中……不是询问什么是第一个产生的，是鸡还是蛋，似乎突然之间，鸡成为鸡蛋想要得到更多鸡蛋的一种方式。
>
> (Mcluhan 1967: 20)

换言之，麦克卢汉否认了“序列”，因此没有讨论受到机械论喜爱的因果链条。举个例子来说，电子通讯的直接后果是把因果性再次推向焦点，因为它使我们提出这样的问题：如果两个事情瞬间发生，我们能够说一个导致了另一个吗？随着对于系列事件的原因和影响的思想从我们的关注中淡出，原因作为有关影响的影响，同时影响作为有关原因的原因，这样一种理论便出现了。所以麦克卢汉应用到电子技术领域的对于因果性的概念是非线性的。考虑到电子技术，我们的环境变得非线性。相似地，考虑到机械技术，我们的环境变得机械化。也就是说，处于问题之中的技术导致了事件的发生，这是与它的物理原理一致的：在文化之中有许多起作用的机械的原因，它们绝大多数是由机械装置结构起来的，并且还有许多由电子机器所主导的电子的原因。

尽管麦克卢汉没有明确提出，这个论点的关键是：特定技术的物理法则使它必须以某种特定方式应用。之后，这些应用扩大了技术在文化上的影响力，所以机械技术会产生机械化的文化、电子化的技术、基于瞬时的文化等。不仅如此，自从对于具体技术的应用延伸了我们的身体和感觉，人类一定会倾向于习惯技术所带来的影响：它们变成了我们的本能。重要的是，在这里起作用的因果性的概念不是直接的，而是物质化的。为了明确以下之问题：

1. 一项技术的物质化工作方式决定了它可能的使用方式。
2. 所以，对于可能的使用方式的决定在使用过程中被扩大。
3. 所以，一个时代的主要技术将会塑造那个使用它的社会。

这是对于人类和机械之间关系的传播学和控制论层面上的理解，我们将在**5.4**[①]小节中进一步探讨。

总而言之，在麦克卢汉建设的因果性的指责上，威廉斯所批判的此因果性非彼因果性，与麦克卢汉之论南辕北辙。威廉斯认为决定论暗示了一个机械的因果

① 5.4 赛博空间理论。

性,而麦克卢汉实际上探讨的是基于传播学和控制论的一种非线性的因果关系。

5.2.3 能动性

当威廉斯争论麦克卢汉是一个技术决定论者时,他的谴责基于某种原因的特定形式——一个他认为从“物质化事实”领域产生的原因形式(1974: 129),那就是从研究合适性转向自然科学,因此威廉斯对于什么导致了文化变迁的回答并没有摒弃因果性的概念,而是引入了另外一个概念——能动性。

然而,就像我们已经在**5.2.2**①小节中所见,不存在一个固定的在物理领域内起作用的因果性观点。相似地,对于媒介有不止一种解释。这一部分将会探讨两种基础形式的媒介:(1) 人文主义者;(2) 非人类的事物。

人文主义者的能动性概念

决定论的根本问题是把能动性描述成某个事物。威廉斯的背景是马克思主义者和人文主义者的结合,认为能动性能够作为文化的行动者,成为人类可还原的保存。当代文化理论几乎全部同意这个理论,把所有其他能动性的概念看成对我们与外界的文化关系、社会或文化形态的神秘化和扭曲化。假设我们接受能动性被描述成客观现象的观点,我们就将搞混现实情况。实际上事物从来不是单纯的存在,他们一定服务于某些社会目的,伴随着一个或多个利益集团的议程等。让我们把它叫做文化的“犯罪头目”理论。在这个理论中我们必须对用意识形态的陷阱导致真正的文化形态变形保持警醒,以免我们发现自己正无意识地服务于与自身利益相悖的目标。在最松散的术语中,它隐藏在马克思对于工厂系统的开创性描述中:无生命力的劳动力压制有生命劳动力,或者说是机器压倒了人类。这样的安排服务于资本的生产过程,它唯一的目的是以大规模的劳动力作为代价,鼓起越来越富有的富人们的钱包。

该理论的根本观点,就是重新获得一个人的全部能动性,解除将我们与工作、金钱、痛苦和苦难捆绑在一起的枷锁,并且假定自然赠予了我们但是被工业文化窃走了的能动性的普遍存在。这样一个观点可以理由充分地被称作人文主义,因为它限制了对人类而言作为一个规则的能动性,尽管任何证据都与之相反。

非人类之能动性

然而,在什么样的情况下,能动性的概念能够延伸到非人类之事物中?在回答这个问题之前,留意下面这段关于人文主义的描述还是有价值的:

1. 至少从18世纪以来,人类的能动性或者“自由意志”已经被隐藏到孤立单

---

① 5.2.2 因果性。

纯的自然因果性的尝试背后（如飓风发生、火山爆发、地球围绕太阳转动，以至于所有与地球有关的现象都由重力法则支配等），并把它添加到一种与我们的自由息息相关的因果性的形式之中，添加到我们的选择和行为有关的事实之中。

2. 它在任何尝试鼓励自由意志的计划中存在，在反对机器自己可以对人类产生重大影响的观点中存在，不考虑人类已经对机器作了很多的重大改变。

3. 它没有考虑到在一定程度上，人类的自由意志（即便被孤立出来）是与人类完全不能控制的元素相独立的。

正是通过最后这条被马克思重视的特点，通过它对我们使的花招、通过眼前出现的事物和我们之所想，我们清晰地认识到：不是所有的行为都证明了能动性的价值，并且那些做到了的行为花费了大量精力来实现这一点。我们必须做大量工作才能认识到我们的损失，或者陌生化能动性才能重新运行坚定的意志。

技术能动性的决定论者的阐述（是起作用的技术和凭借它们起作用的我们）并没有被马克思主义者看作是真正的进步，而是通过复制技术的意识形态而产生的扭曲。它促使事件发生、文化形成，对此人类几乎没有发言权。实际上，就像马克思主义者说的，这种决定论的描述是对于我们自己能动性的一种放弃，因受到必然性的暗示而被人接受。然而，如果像决定论暗示的：技术驱动历史，那么人类意志和行为将不在历史表演的舞台上，我们必将遭受不可修复的破坏。同时马克思的“历史唯物主义”将变成人文主义者的理想主义。

然而，在4.6小节中列出的三个要点证明了人文主义在文化和自然的世界之间已经建立了文化主义者的分离主义。前者是由机构、信仰、意图和目的组成，而后者则是由盲目的原因组成。然而社会学家拉图尔最近争辩说，为了分析当代世界，打破文化主义者的分离主义，并建立一个阐释技术和自然的人工制品如何成为能动性的理论是必要的。因此，拉图尔把自然科学和人文科学放到一起，概括出联系“客观”的能动性的概念。拉图尔的“行动者—网络理论”反驳了任何事都有它自身的能动性的概念。能动性是通过成为一个更大系统中的一部分得到的（一个网络）。

马克思和唯物主义

马克思致力于守卫从他称之为“朴素唯物主义”中提炼出来的学说——“历史唯物主义”。朴素唯物主义被看作是事物的自然性质，而历史唯物主义则被看作是人们之间的社会生产关系（Marx 1993: 687）。朴素唯物主义的支持者包括普莱斯博士(Dr. Price) 和他的“资本自我再生概念”（同上：842），以及安德鲁·尤(Andrew Ure)关于工厂的定义及其传递的大规模自动化装置是由大量机械和智力元件组成的观点(同上：690)。另一方面，在马克思写到“活的机械”时(同上：693)或是推动学说更新的“资本操纵机械”(同上：701)时，他本身也不是一个朴素唯物主义者。从那之后，他只是去描述在外部的生活劳动中“人类如何面对机械”以及“机械是如何以不熟悉的、外部的形式出现”在人类劳动力面前的。只是因为后者缺少对“科学迫使无生命机械有目的运作”的理解(同上：693–695)。换句话说，马克思迫使人类意识到假象只是假象(机械是没有生命的)，而且意识到作为人类的我们拥有控制机器的能力，并且相应地理解我们所想象的机器控制我们的力量。因此，根据马克思所述，有生命力的机器、走锭细纱机、由智力和机械元件组成的机器人，只发生在人类劳动力的头脑中，仅仅用我们对待机械的态度就可以控制(当然，马克思说这样的改变将造成机器掌握人类命运的结果)。

他分析称，这样的系统统治了当代世界：无论我们往哪儿看，我们看到社会行为的发生都不是个人或群体有意行为的结果，而是由于人和数量不断增长的、使得文化领域不断扩大的客观事物的关联的结果。然而，接受拉图尔对于非人类之事物是怎样获得能动性的解释，就必须忘掉文化领域整体上仍然是人类关注点。我们能够真正接受能动性的相关解释吗？

为进一步说明这个问题，哲学家休伯特·德雷福斯(Hubert Dreyfus)曾经错误而傲慢地对电脑发起了挑战，因为电脑是无智力的，所以在国际象棋之战中击败它是轻而易举之事。但他输了。面对失败，德雷福斯又重新界定了智力是不能用比喻的方式编码或编程的。德雷福斯事件(L’affaire Dreyfus)，正如人们熟知的，证明了人文主义者为了保证他们的专业性会做任何事情——甚至在除了发明没有规则的游戏来挫败深蓝，就没剩下什么专业东西的时候。然而，处于争议中的计算机拥有能动性吗？或者说它的全部行为都依赖于它的制造者？对这个问题，是和否的回答是不够的。最基本的机器行为(深蓝)、人类(卡斯帕罗夫、德雷福斯)和游戏之间很大程度上相互依赖：没有独立行动的事物。这正是拉图尔的论点：争论一个机器对于它自身而言是否有能动性，和暗示只有人类能完成它是一样错误的；不如说是网络作为一个整体在运行、起作用和决定。所以，他写了有关大型的社会(法律的、教育的、医疗的)、商业(公司、市场)、政治(政府)或者军事机构的内容，即它们是由一系列局部的相互间作用组成的“尺寸巨大的行动者……或者说巨型行动者”，或者说“代理者”(Latour 1993: 120–121)。因此，人类不是创造网络的代理者，我们只是和组成这些巨型行动者的局部互动纠缠在一起，如IBM、Red Army等。

将能动性自人类延伸事物之得失兼具，我们自此将机器与人类之对立之观点扔到脑后，机器正在取代我们的人文主义的观点！这正是流行文化，从《终结者》到《金属兽》等电影对智能自立型机器出现后的担忧。但是同时，或许令人惊奇的是，它也承载了严肃思考的责任，就像凯文·沃里克(Kevin Warwick 1998)所呈现的那个完全由机器统治的未来。但是此人文主义也几乎完全是批判性手段的来源，而这些手段被文化的和媒介的研究用来应对文化现象：马克思主义者的人文主义，就像我们已经看到的，完全依靠这个基石(参见Feenberg[1991]和Mitcham[1994]对于批判性和人文主义者与技术相关方法的解释)，包括了能动性这个议题在内的利害关系因而是十分巨大的。

然而，请注意，拉图尔并没有触及能动性究竟是否存在的问题。换句话说，他仅仅从人类、人类和客观世界的角度重新讨论了社会行为的来源，但是因此允许有目的的社会行为实在地发生。那就是，拉图尔一定程度上阻止了彻底的决定论。在**5.2**[①]小节结束之前，我们现在将考虑决定论的多种形式。

5.2.4　决定论

一些理论学者甚至对于能动性概念的真实性提出强烈怀疑，暗示有关“它们肯定在一个完全的现实中存在，同时媒介的分类能够开始或者有意地重新引导因果链条，而不单单是作为一个或者更多的存在于它们内部的联系”的想象是荒谬可笑的(Feme 1995: 129)。这个观点是非常直接的决定论的案例，它认为所有的事件都有一个起因，所以有关自主行为或者选择的思想最终是幻想般不切实际的：这里没有能动性只有因果性。

这是决定论最显著的形式，但不是唯一的形式。就像威廉斯所理解的，技术决定论回答了一个有关社会变迁原因的问题。他之后把这个解读为人类的能动性导致了社会变迁，抑或既然技术仅仅是另一个物理化的事物，社会变迁就仅仅是一个物理化原因导致变化的案例。并且，我们已经看到威廉斯仅仅在这里处理了一种因果性的观点，而这个因果性观点是线性的或者说技术化的。我们已经指出这不是麦克卢汉的观点，但仍需考虑的是，在没有完全后退到社会影响的唯一原因是技术化的这样一个观点的时候，技术是否能被看成是决定性的。这就是为什么我们检验其他因果性概念的原因。所以在这一章节，我们要检验威廉斯对麦

① 5.2 重访决定论：物理主义、人文主义和技术。

克卢汉的批判之外的决定论:

- 弱决定论;
- 从弱决定论到强决定论。

我们将会看到弱决定论试图加强由非技术化因素在技术化的决定论者社会中发挥的形式化作用,并且原则上不排除能动性的作用。但是我们也会看到,这样的阐述为非线性因果性的强硬决定论铺就了道路。

弱决定论

《技术推动历史?》(Smith and Marx 1996)一书是1994年历史专家、社会学者和理论学者所召开的技术决定论的专题研讨会的文集,其编辑依循哲学家威廉姆·詹姆斯对“强”和“弱”作用的分类法对不同版本的决定论进行的编排。“在此范畴中,强决定论终结于能动性(影响变化的力量)被用于指责技术本身”(同上:xii),而“弱决定论者提醒我们,技术的历史是人类行为的历史”(同上:xiii)。然而,两个版本都没有争论技术决定论的结果,因为这两个例子都从帮助人类生活开始,以致力于它们必须获取什么结束(思考一下汽车是如何改变了城市功能的)。他们争论的是能动性或技术决定论的因果性。强决定论者坚持技术决定论影响的原因是它本身的技术化。弱决定论者坚持的正相反,他们认为尽管决定论是结果,但产生结果的能动性不是它本身的技术化,而是由众多附加因素组成的,如经济的、政治的和社会的。

对于技术在文化中的作用,弱决定论者有许多解释。举个例子,社会理论学者哈贝马斯(1970)认为被他称作“资本主义者的技术科学”由于其目标与资本主义的目标严格兼容,而变得具有决定论色彩,在某种程度上既是“工具主义者”有效性的胜利——无论是什么完成了工作——同时也是行为胜过了其他有效性。由于它们不单单希望完成事情,所以社会公平、判决和信仰由于资本主义技术科学的胜利,失去了文化权威地位。我们能够通过技术科学中的工具形式推理来读懂哈贝马斯——如果我们考虑为何像学校这样的社会服务被要求给学生提供结果,并通过这些结果评估自己的价值;或者为什么“有效获取”一定是在医院中等。学校的目的不在于教化而在于使他们的学生获得高的分数;医院的目的不是治病而是变成想解决问题的客户的高效治疗中心。

因此“技术化科学”的决定论色彩并非出自其本源而存在于它的影响中(它需要资本主义变成社会组织的主导形式),自从建立之后它就界定了它自己的目标——完成工作——并且将它的影响扩大到全部社会行为中去。就哈贝马斯而言,这种情况是决定论的(所有事物都用技术科学的工具主义来定义),它并不是不可逆的,因为在决定论的背后是资本主义意志。所以哈贝马斯选择了一个传统意义上的人文主义者的道路，放弃了技术决定它本身的思想，相反，通过设立适宜的、理性的社会刻度来探讨人类自我决定的能力。

哲学家利奥塔(1984)接受了哈贝马斯"技术化科学已经成为决定论"的观点，并声称他提供了一种不再支持信息经济的解决办法。利奥塔认为，信息经济是语言(哈贝马斯所说的理性刻度的始发点)对技术科学驱动力的服从。换句话说，一旦资本主义进入了我们的语言，如果我们没有完成什么事情，交流就没有任何意义。并且，由于计算机已经成为普遍的信息处理工具，这些驱动力已经不可逆地成为社会结构的一部分。由于计算机已经成为一个强有力的商业和传播工具，它反过来改变了从理性交换到获取信息的初衷。考虑到这些技术的社会应用，利奥塔和哈贝马斯都对技术的社会角色和职能作了决定论的分析。换句话说，他们的决定论暗示了"从来没有回头路"，尽管哈贝马斯称，如果我们把切断提倡工具论的思想——完成工作——作为一个命令，那么技术化科学的浪潮可以被改变，然而利奥塔坚持它不能。①

从弱决定论到强决定论

弱决定论者因此强调技术决定论作为一种社会力量的影响，而不是社会力量的原因。但是他们提出的关键议题，不管是否辨明一个决定论化情形的原因，是技术决定论现在不需要暗示它过去一直如此。因此这样的解释给那些争论社会没有被技术化决定的人制造了空间，他们在特定历史交汇处尤其如此。②

这个过程，被埃吕尔在他1954年于法国出版的《技术化的社会》一书中认为是技术化的改变。埃吕尔把这个过程叫做"技术的自我增强"。他写道：

> 现在，技术已经进化到了在几乎没有人类决定性干涉的情况下变化和进步的阶段……这是一个自我进化的过程；技术产生技术。
>
> (Ellul[1954]1964: 85,87)

这一版本的决定论认为，在技术与技术互动的前提下(对埃吕尔来说，"技术"包括的就不仅仅是机器这样的硬技术，还包括像数据调查工作、政府部门、政治机构、医疗机构、监狱机关和教育机构等这样的软技术)，技术简单地对技术作出反应，并超出了其设计者、政策制定者的种种控制，以指数化递增的方式呈现自身之形态。就像他指出的，当一个新的技术形式出现时，它使一系列其他技术变为可能([1954]1964: 87)。作为这个过程的一个例子，用微型芯片来取代心脏瓣膜已经变成可能；还有其他情况：我们用笔记本电脑和移动网络接入工具代替了整间屋大

---

① 请注意自我增强说是如何应和自我管理理论的。

② 1.6.4圣人麦克卢汉的荣光。

小的不可移动的计算设备,而笔记本电脑和网络接入工具使得一个统一的、易于接受的全球交流网络成为可能,而这反过来又使得监督技术的延伸成为可能;还有奔波上班被远程接入点工作模式取代,导致办公室文化的去行政化;全球经济的碰撞,新的行动的文化和政治的潜能,新的无国界的公司扩张主义的形式等。

技术不单成为自己的统治者,而且还开始建立整体上的技术化和文化活动的物质化框架,使得不仅是新的科技形式变得可能和必要,而且同时使得新的文化形式变得可能和必要。当一种新的技术形式被引入(蒸汽机、工厂、电报、计算机),它通过文化扩展的程度将会反过来决定随后技术必须遵从它的操作原理而工作的程度:举个例子,可能在数字化环境中没有留给蒸汽式计算机的空间;数字化环境需要数字化的增加。相似的是,在信息丰富的环境中,制造业经济将灭绝,尽管计算机制造整体上发生在信息贫乏的经济中(Castells[1996]2000; Plant 1997)。

技术的自我增强之后,就再不局限于对技术数量的增加,并且还对它自身有反应,因而创造了一个正反馈来保持其他所有事物与技术的自我增强的齐头并进,因而导致质变。埃吕尔的解释因此暗示了技术决定论不是一个历史化的稳定,而是它产生在技术发展到一定阶段的时候,当技术与环境饱和。在这一点上,人类停止了创造作为他们自身能力延伸的技术,而是开始了回应他们已经创造出来的技术的命令。就像埃吕尔指出的,技术现在"生产"着自身。

科技需求驱使的人为干涉和机器的自我觉醒之间并没有很大的差距。机器的自我觉醒是科幻小说常出现的话题,无论是在《2001太空漫游》中的智能电脑Hal,还是《终结者2》中具有自我意识的智能电脑"天网",都是机器自我觉醒的写照。但是,之前例子中的那些电脑都是被设计制造成智能的,因为之后超过了临界值才会变成具有自我意识的机器体:它们利用普利高津和斯登格斯模式进行自我组织。①

最终,我们必须提出疑问:强决定论究竟有什么意义。首先,在史密斯和马克思对于这个术语的观念中,科技,在埃吕尔看来,尽管并不是在所有情况中,变成了技术决定论的原因。换句话说,如果我们需要论证技术决定论者的地位,我们只需要区分找出那些科技逐渐在进行自我组织的历史时刻,而不必非要构建一个所有的社会变化都由科技发展所带来的历史。

其次,埃吕尔对于强决定论的观点就意义而言是一种包含在物理世界和现实社会中的新型因果关系:自我组织或者非线性因果关系。在本章"混沌、复杂性

① 这个关于"本地"决定论的解释同样在数学的混沌与复杂性原理中大量出现。在这些解释中,决定论只是出现于一个现象的特定领域的范围中,而不是处于全球化的环境下。创造了"本地决定论"(1984: xxiv)这个词的利奥塔是从灾难学数学家勒内·托姆(René Thom)写的"一个过程的决定性特征几乎是由这个过程所处于的本地环境所决定的"语句中借用了该词的结构。

与非线性”的**文本框**① 中，我们可以了解非线性过程是如何参与到控制论和混沌与复杂性理论中，并认识到这些非线性过程是如何被描述成“自我组织”的。在现实环境中自我组织过程的出现是源于在混沌环境中秩序的出现而不是一个单独的原因。举例来说，一个从事人工智能领域研究的学派期望的是像人类对待婴儿一样引导电脑去学习，而非将智能的程序植入电脑。将几个处理器连接在一起，并让它们用随机的方式彼此发送信息，智能就会出现并自我组织(**5.3.5**②)。

参考如下机器人智能涌现的理由：

> 我们可能不是那么难以想象一种致力于了解他们的历史渊源的未来新一代机器人杀手。我们甚至可以想象那些专门的“机器人历史学家”如何致力于寻找它们种族兴盛的技术根源。我们可以进一步猜想这样的机器人历史学家跟他们的人类同伴相比能够撰写出如何截然不同的历史。当人类历史学家在努力研究人类组装发条、汽车和其他装置物的方式时，机器人历史学家却更愿意将注意力放在机器如何影响人类演化的问题上……机器人历史学家理所当然不会被人类才是将第一个发动机拼装在一起的功臣这个事实所困扰：人类在其演化过程的一个环节中的角色被看成是没有自我生殖器官，为机器之花中的独立物种辛勤传粉的昆虫。
>
> (De Landa 1991: 2–3)

我们可以看到它们自身(被人类组装的机器)影响的作用是如何最终变成进一步影响(生物和技术的“物种”演化的方向)的原因的。尽管如此，我们却也不需要动用机器人历史去寻找相似的过程。这恰好是在任何一种复杂的生物系统(植物、动物和人类)中可以找到的影响的秩序。在这样的系统中，影响最终会变成原因。如果我们以任意有机体的成长为例，一种结果的出现绝对不只是单个的原因所造成的，这是毫无疑问的事实。并且值得注意的是，这样的过程被发现同样存在于现实世界(风暴、化学钟、山的形成)和文化世界(骚乱、市场行为、结算模式)中。自我组织和机器的自我增强为到目前为止对于历史事件仍旧敏感的“硬性”决定论提供了一个物理主义的理由。与此同时，这个理由也告诉我们目的的形成本身就是自我组织的一个过程，而不是人类能动性约束的结果，因此也没有理由怪罪于非人类的力量。③

---

① 文本框：混沌、复杂性与非线性。

② 5.3.5 数字时代的生命与智能。

③ 这种形式的人工智能不是唯一的被称为自我组织的技术。举例来说，马克思曾批判普莱斯博士的“天然唯物主义”，因为该观点认为资本变成了一个“自我生产”的物品(Marx 1993: 842)。而同时马克思也将工厂描绘成“一个会自我转动的自动机、一个能够推动自我的力量”(同上：692)；埃吕尔的自增强理论和柏格森的科技作用于自身的观点都从基本上是在阐述同一种观点。

5.3 生物技术:自动机的历史

> 在生命与进化的游戏中有三个参与者:人类、自然和机器。我坚定地站在自然这边,但我怀疑,自然却是机器的队友。
>
> (Dyson 1998: 3)

引言

与在**5.2**[①]小节中的科技的物质性相比,本节将把重点放在生物和科技的关系上。关于生化人的最热门观点认为控制论时代是历史上第一次生物和科技能够(可能性地)结合在一起,很多批评事实上支持这种观点。我们应该认识到关于生命机器(活机器、有生命的机器)的理论观点经历了很长的历史发展过程。控制论专家诺伯特·维纳(Norbert Wiener)曾写道:

> 在技术演化的每个过程中,创作者制造一个能够工作的有机体模拟物的能力总是能够激起他们探究的好奇心。制造和研究自动机的渴望在那个时代一直表现在对于活动科技的生产上。
>
> (Wiener[1948]1962: 40)

本节将跟随着维纳的引领,主要勾勒自动机——会自我移动的东西(**5.3.3**[②])发展的历史,从而更好地展现科技与生物的关系在科技发展过程中的每个阶段,并提出在一般情况下关于生物和科技的问题。

17世纪以来,机械怪物、魔鬼机器和有生命的工具不仅在被经常怀疑真实性的科幻小说、壮观露天马戏场、魔灯秀和电影院中,而且还在工程计划、物理学研究和计算机项目中被关注。从拉美特利(Julian de La Mettrie)的《人是机器》到弗兰肯斯坦的魔鬼、"细胞自动机"和德兰达(De Landa)终结者式的"机器人历史学家",仿生机械科技占据了当时每一个科技空间和想象领域的最尖端。按照前面章节(**5.2**)中的内容,如果我们要了解人类、机器和物质自然的相互作用,我们就必须关注文化的物理基础。因而,关注实现人工生命的特定科技文化意义就变得尤为重要。本节剩下的部分将通过多个科技发展时期探讨自治或者说是"有生命的"机器——自动机,在欧洲大陆如幽灵徘徊和物质构造的生命历程的形成。

生命机器代表文化的技术能力,赛博文化并不是历史上第一次出现,但它包含了较以往时代更大范围的科技对于生物的介入。我们可以看到,受控制论的影响产生的众多结果中,有信息(DNA与基因组学,**5.3.5**[③])作为生命的概念,有科技

① 5.2 重访决定论:物理主义、人文主义与技术。
② 5.3.3 自我增强的引擎:蒸汽机对抗自然。
③ 5.3.5 数字时代的生命与智能。

作为生物的概念，或者“生物科技学”。与此同时，无论是以机械人的形式，还是在被称为“人造生命”或“人工生命”的科学研究领域，在科幻和现实中都出现了一种创造机械生物的全新推动力。

5.3.1　自动机：原理

在自动机发展史中那些重复出现的概念构成了自动机为何物的核心。在其中最为关键的是两组“不同”：一是工具和机器，另一个是模拟物和自动装置。

工具和机器

前一组的不同，呈现的是技术物对于科技使用者的依赖程度，即手工工具是完全依赖性的，而工业机器是几乎完全独立的。手工工具需要外部动力才能运动，而机器可以只需要靠自身能量。从这个意义上讲，只有机器才能成为自动机。但时至今日仍然有机器需要用工具，而自动机需要外部的人类使用者操作。举例来说，在汽车制造中使用的机器人会用到之前人类手持使用的工具，例如铆钉机、喷漆枪等。技术的依赖性不总是需要人类用户来满足，亦或人类并不总是科技的使用者。以马克思为例，他认为：因为人类在与机器的关系中拥有很低的独立性，作为工业机器地位中非独立的一方，人类的角色在用户和被使用的地位之间来回转换。因而，人类很有可能成为机器的工具，正如亚里士多德所指出的：

> 现在，工具有很多种：它们中的一部分是有生命的，其他的是无生命体；在船舱里时，导航仪就是一个无生命的工具，但它一旦到了瞭望员手里，它就变成了一个有生命的机器；而在艺术的领域中，佣仆则是一种工器，还有财产是维持生命的工具。因此……奴隶是一种活动的财产，并拥有一定数量的这些器具；而仆人自身则是器具的工具。
>
> (Aristotle, Politics book 1, 1253b; in Everson 1996: 15)

模拟物和自动机[①]

大约2 500年前，我们发现亚里士多德认真地表达了对于“生命的机器”的观点。他继续论述道：

> 如果每一个工具都能像代达洛思的雕像或是赫淮斯托斯的三足鼎一样完成自己的工作，遵守和预见他人的想法，像诗人们说的一样：“他们自己一

① 在本书的**1.2.6**章节中，“simulation（仿真）”一词区别于“imitation（摹仿）”。在文章此处出现的“Simulacrum（模仿物）”不应该被理解为与“simulation（仿真）”相同；严格来说，对于自动机而言，鉴于小节2中自动机可能会“simulates（模仿）”的观点，Simulacrum 就是simulation（仿真）。因此，考虑到文字上的差异，我们只能在这个章节用“Simulacrum”和它的同根词“simulation”以帮助我们将自动机的历史表达更为明确。

致地进入了神的集会”；又如果，梭子能自己编织，琴拨能自己弹奏琴，那么领导工作的人就不再需要仆人或是奴隶了。

(Aristotle, Politics book 1, 1253b; in Everson 1996: 15)

荷马对于来自亚里士多德引述的“三足鼎”一词的解释更多地包含了赫淮斯托斯的机械奇迹。赫淮斯托斯是一位跛脚的铁匠，他通过运用机械超越了自身肢体的局限，通过“25只鼎”……装有金色的轮子……所以他能将这些机械组装到一起”。他还利用机械女仆满足其一些突然出现的需要：

她们是由金子做成的，看起来好像是真的女孩；她们有智慧的头脑，并从那些永恒的神那里学到手工活的技巧。所以她们忙于侍奉她们的主人。

(Homer, Iliad 18, in Hammond 1987: 304-305)

我们有两组自动机历史的经典区别。在亚里士多德看来，我们有关于有生命和无生命器具的区分；而在荷马看来，区别在于“会自己移动的鼎”和像是“真人女孩”的黄金女仆。从很多方面来看，这些区别之间是没有关系的：“因自身需要移动”，那些“自我移动的东西”都是词语“automation”的精确翻译。哲学家将生物称为“自然自动机”或者“自然机器”，数学家和计算机制造家莱布尼茨在18世纪早期仍然这么称呼它们(Monadology ([1714] 1989) §64)，而在20世纪中期的早期电脑理论学家也沿用这个称呼(von Neumann[1958] 1999)。不像是后面的部分表述的“移动和休息的根源在于他们自身——即自主移动”(*Physics* bk. II.1, 192b)的观点，尽管亚里士多德在其他地方区分了“自然”和“非自然”两个概念，但他将自动机根据是否有自我运动的动力，而不是生物的还是机械的标准予以了区分。因而一个奴隶尽管是生物意义上的生命体，但他作为一个自然生物拥有的自我移动的能力可能不会令他有动力，因为他是一个奴隶、一件“工具”或者说主人的延伸。与此相似，亚里士多德在看待赫淮斯托斯的装置秀上看到了“自我移动科技”的可能性。后面的部分有两种类型——简单纯粹的自动机或者自我移动物品，和像是有生命的自动机（如女仆）①。

科学与技术历史学家普赖斯(Derek J. de Solla Price)在1964年为如下的内容作了相同的区分：模拟物是“模拟他物的装置（蜘蛛、人类、鸭子）”，而自动机则是“自己运作的装置”(1964: 9)。可以论证的是关于自动机仅有的新的区分，即一边是模拟，另一边是实例化和实现的观点，是由人工生命研究学家所提出的。这个区分由人工生命研究领域的大师克里斯托弗·朗顿(Christopher G. Langton)所总结的：

① 当生物系统（人们更为关注的是仿生机器人的运作系统而不是其生物个体本身）的数字模拟变得越来越精确，对于仿生机器人释放生命的强烈要求为人类提出了一个生物学上最基础的问题：在什么程度上，生物学局限于对于我们所知道的生命的研究？

> 我们想要建造生命的模型，这种模型与生命太过于相像，以至于他们可以停止成为生命的模特，并且自己成为生命的例子。
>
> (Langton citing Pattee, in Boden 1996: 379)

自动机的历史

AD1	气动液压自动机、气动剧场
9th–11th cent.	水钟
14th cent.	早期的机械
17th cent.	机械和发条的普遍：自然和人工自动机、计算机、“机器人”
18th cent.	发条自动机，机械画，下棋、书写和说话自动机，心理自动机
19th cent.	电动制造出的生命的自动机、露天马戏团自动机、智能引擎
20th cent.	智能机器、细胞自动机、生化人、机器人

早期自动机

自动机具有悠久的历史，始于利用在水泵和管子里的水压和气压工作的液压与气动自动机的建造。那些自动机被制造出来用以装饰古希腊、拜占庭、老伊朗和伊斯兰教的庙宇、法院和纪念碑。在这些古代自动机中最为著名的要数亚历山大大帝在公元1世纪的两件作品。第一件作品是他的喷泉，或称为“*pneumatikon*”。作为一种在生活中随处可见到常被人忽略的装置，这个喷泉利用一个装了部分水的容器制造的气压进行工作。当容器中的压力被释放，这股压力会推动着水往上走冲出立管，形成一个冠形的喷泉(Ferré 1995: 47)。因为在自然界中水从来不会向上运动，喷泉对于水流方向的控制无疑为人们带来了惊奇和娱乐。亚历山大大帝的第二个自动机装置是机械剧院。这个装置在亚历山大大帝关于自动机的书中

【图5.2】亚历山大里亚的希罗发明的自动机：移动剧院，公元前1世纪。

【图5.3】第一幅会动的画；一幅18世纪的机械画；画前部和后部的图(Chapuis and Droz 1958: 142–143)。法国工艺与艺术学院。

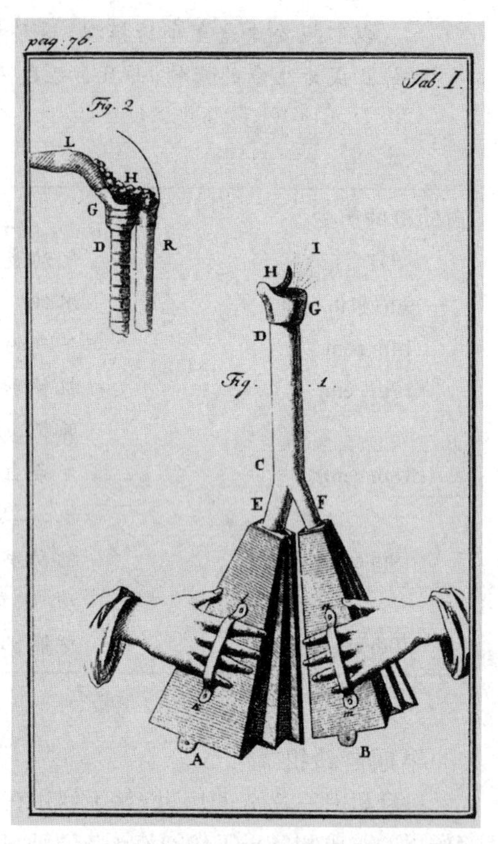

【图5.4】肺和波纹管。参照人体结构进行机器设计制造是17到18世纪机械思考的重要部分(Hankins and Silverman 1995: 194)。华盛顿大学图书馆。

被描述为“气动液压力推动人物动作、表演的小场景”。亚历山大大帝的自动机剧场在15世纪根据其书中的描述被重建。这个机械剧院包含足以展现关于《神的鹦鹉螺》和《希腊航运中的雅典娜》两个故事中五个场景的动作的复杂机制。德勒兹(1989)曾写道，制造出这样令人叹为观止的技术，给人们提供了重新审视1世纪的动态或动力学图片的理由。亚历山大大帝的机械剧院不仅将自动机同玩偶戏联系在一起，还更直接地与动图的第一个例子——18和19世纪机械画的技术进行了联结。

通过空气动力学，这种想象中的自动机成为当时主要的科学目标和流行的话题，一直到9世纪阿拉伯大水钟建成。在希罗推出自动机后，下一个热门视点集中在12世纪左右的阿勒·加扎利(Al Jazari)自动机理论上。就是1世纪，据闻阿尔伯特·马格努斯所制作的一个会转动、会说话的黏土头像让托马斯·阿奎那惊恐万状，他认为这是邪恶的象征，而冲上去砸碎了头像(White 1964: 124–125)。由于自动机大大增加了14世纪的机械钟操作的复杂性，大量的钟表被建造出来。如乔凡尼在1364年历经16年时间建立了一个巨大的钟。那个钟不仅能测量时间，而且能测量太阳和行星的运动(White 1964: 126)。大家已经开始认为使用发条来描述自然现象和由此来建模是未来的趋势。

5.3.2 发条：技术与自然的结合

机械论

发条是17世纪到18世纪中期通过技术的发展和机械论的研究发明的。在这期间，哲学家和科学家想设计一份能够描述所有自然现象的工具。在历史的同一时期，牛顿的力学思想成为主流的世界观，尽管到20世纪，爱因斯坦的相对论对其进行了一些重大的修改。力学理论成就了许多理论，并在亚里士多德文献的基础上，在中世纪解释了许多自然现象。中世纪的自然哲学应用亚里士多德的理论，并最后获得了一个事物“是什么”的解释，但没有能够解释它为什么“是什么”。那不是现代人所理解的科学。在现代科学体系中，一样事物除了定义其存在，还要定义其成长和发展。

在解释自然现象最终结果的过程中，17和18世纪的人坚持认为真理必须要能够解释事物之间的相互关系，忽略了其“最终结果”和“影响”。对于运动的原因，有相当多的争论。最极端的机械论者认为自然界中没有比机械更高效了。在这巨大的宇宙中，神的作用只是创造人类，然后人类实现了自我的价值。虽然这个理论引入了神学的概念，但值得注意的是，即使是牛顿，也认为力学是神学领域而不是自然科学。然而，在机械运动的无神宇宙这个思想，都存在着对类似理论的解释。对于机械论者，如托马斯·L·汉金斯(Thomas L Hankins) 说的那样“一个人的手表和他的宠物狗之间没有根本的区别”(Hankins 1985: 114)。

哲学家们通过复杂的机械理论来解释时间问题。此后还尝试通过基于机械原理来解释人工生命的结构形式。起初，这些用于严格的生理演示模型(Hankins and Silverman 1995)来显示心脏泵、肺部波纹管和与之连接的管道和阀门。“自动机”在医学中获得的巨大名气和价值远远超出了科学领域。

人控机：梅特里和笛卡尔[1]

在机械论的指导下，因为这些机械圣物是由人类的选择而给它们诸如生命的

① 结合文章思考斯蒂芬·霍金的人造发声机器所展示的声音魔术。

神圣火花,因此自动机成为自然科学战胜神学的胜利。因此,许多生理学家和哲学家认为自动机是一种必然的:如果科学已经证明,自然是机械,并已使我们能够使用机械的东西,那么根据科学可以人工构建的自动机也是大自然的产物。因此,医生、生理学家和哲学家朱利安、奥佛瑞和梅特里在1747年的论文中拒绝承认这个观点,并不接受生命的本质和生命是一个和机器相同的物质。他写道:

> (这些)让我们得出结论,人类也是一个机器,在整个宇宙中独一无二的……这也是我的猜想,或者说实话,除非我理论完全错误,不然,这是非常清晰的。现在如果有人想反驳这个理论,那就让他们说去吧!
>
> (La Mettrie[1747]1996: 39)

正是这种理论,18世纪的法国哲学家在这种小众的科学唯物主义的神学论中延伸了许多假设,例如,丹尼斯·狄德罗提出的岩石和蜘蛛、蜘蛛和人没有本质的区别,只是在他们的组织和复杂程度不同而已。因此只要在组织中的复杂性增加了,生命的智能就能更多地增加(Diderot 1985: 149ff)。

但这并不是什么新鲜的理论。关于生命是自然产生还是神创作的争论是哲学里一个恒定的话题。这些被用来描绘各个器官多功能。因此,正如哲学家笛卡尔在他1662年的《人类论》中写道:

> 我想,身体也只是一个工具或机器……就如同我们的钟表、人工喷泉、锯末机和其他类似的机器,即便它们只是由人类做成,但他们能够按自己的规律做自己的事。
>
> (Descartes[1662]1998: 99)

注意,笛卡尔在这里强调的是"按自己的规律",因此在亚里士多德的体系中,在思想原则上是不可能什么东西都有能够自我动作的能力。笛卡尔现在通过这理论延伸来理解所有身体器官的功能:神经像喷泉的机械零件;肌肉和肌腱就像引擎的弹簧;血就像泵;呼吸是和时钟一样的按时运作;知觉是大脑的视觉冲击的通道,是运动部件的另一个影响,等等(Descartes[1662]1998: 106)。通过采取笛卡尔的假设,阿塔纳斯开始为瑞典女王克丽丝汀制作头像,但却从未完成它。

他在其《新声音之魔力》(*Phonurgia nova*)中宣称,在1673年,他肯定会将他雕塑的头的眼睛、嘴唇和舌头做好,并能使它发出声音,让其看起来似乎是活着的(Bedini 1964: 38)。这样的机器解决了如何把不同功能的机械——喉咙、舌头、嘴唇和肺部整合在一起,所以如果这个试验成功了,将成为生理学和科学上的伟大成果。就是说,我们能使用我们的技术植入体内取代已经失去功能的器官,如心脏。18世纪前,一个做得粗糙但功能齐备的透析机在遵循相同的思想下为人改进肾脏功能却失败了。这改变了我们迫切想发展出此类技术的想法。通过一个小的手术，猪的心脏可以与人类的替换，从而转移了一个有生命力的非机械的心。这些“新”的异种移植的生物技术演示了一个有300年历史的，源于尝试构建机械器官的医学和生理的体系。甚至在18世纪末，模拟大脑的部件也被创造了，其中最著名的是国际象棋智能机的设计师肯佩伦男爵(Bedini 1964: 38; Hankins and Silverman 1995：186ff)。

在这个时候，法国外科医生和解剖学家克劳德士尼古拉斯构造了一个智能机，其主要功能是模拟动物的生理循环、呼吸和分泌(Hankins and Silverman 1995: 183)。这是为了解决常见的治疗作用的科学问题“用于缓解出血患者病症的实践”。如果使用智能机来解决这个问题，那么它必须被认可为是一个简单而且只管精确的模型，准确地反映了人类的消化系统和循环系统的一种生理机器。因此，即使从这样一个模型中，我们也可以看到，笛卡尔的唯物主义思想和机械的生理原则在此时是作为一个科学的生理学基础。因此，通过它，在17、18世纪，见证了大量的与呼吸相似的模型、血液循环模型等。

沃康松之鸭

为了支持将生物物理系统装置在机械设备中，沃康松(Vaucanson)在1730年尝试制造一种“会动的骨骼”用于所有有机功能的再生产。这个设想在1738年的“黄铜镀金人工鸭”中初次完成。这只人工鸭能够像活鸭子一样喝水、吃东西、鸣叫、在水里游泳、消化和排泄(Vaucanson, 引自Bedini 1964: 37)。在狄德罗1777年的《科学大辞典》中曾对这种机械鸟类有一段描述：

> 食物在这只机械鸭的体内被像真正的动物一样消化……；肛门处的括约肌使在胃中消化的食物通过管子能从肛门顺利排出。制造者并没有将其制造成一个能够生产血液的完美的消化系统……用以推动这只鸭子的运行……仅仅只是用机械模拟了消化过程中的三件事：第一是食物的吞咽，第二是食物的浸渍、烹饪或溶解，最后一个则是让机体处于一个时刻运行的状态将食物排泄出体外的过程。
>
> (Diderot, 引自Chapuis and Droz 1958: 241)

这只机械鸭使沃康松立刻变得有名和富有，并让他成功入选法国科学院，从此监管新发明专利事物。其中有一项发明是贾卡德(Jacquard)自动提花织布机，该发明对之后阿达·拉芙莱斯(Ada Lovelace)第一次尝试去理解并创造所谓的编程有重要的影响。1805年，歌德宣称在机械鸭的新主人家里，见到了这只已经垂死挣扎却注定永远无法真正死亡的、“完全瘫痪”并再也无法进行消化的鸭子。

在物理自动机的发明与19世纪早期之间，当歌德写了关于那只黄铜镀金鸭的评论时，自动机因为学者社团对于给予机械原理基础的牛顿哲学的认同的转变

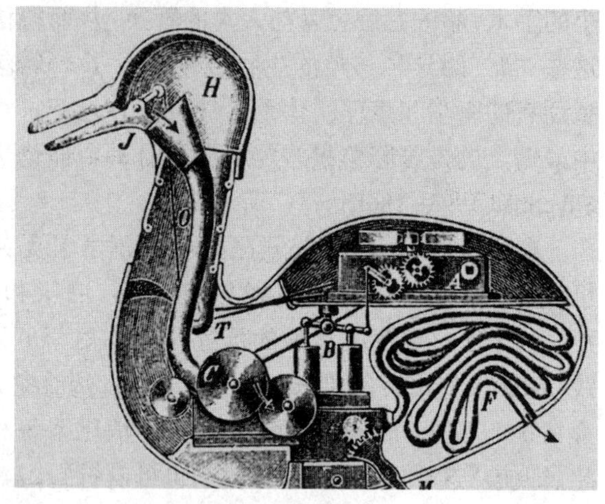

【图5.5】沃康松的机械鸭,1738年,大英图书馆。

而从科学和哲学的恩典中衰落。如果机械原理对生物学现象有错误的观点,那么机械的途径就无法解决关于生命的重要问题。在18世纪晚期到19世纪早期,关于流电学(以发现"生物电"或流电的意大利科学家加尔瓦尼[Luigi Galvani]命名)和电的研究开始代替机械装置作为生命的科技原理,即认为电在我们生命中的角色相当于"激起"弗兰肯斯坦生命的"生命动力"。但在这段时期中,机械自动机开始获得从学术争议的稀薄环境中脱身的重要机会。当沃康松的黄铜鸭子在机械的生理性机制上说服了1777年《百科全书》的编辑,这只鸭子在公共展览上比科学社团内为他的制造者赢得了更大的名声。而沃康松通过机械鸭变得有名后,冯·肯佩伦(von Kempelen)为他精心设计的一个实验注资,就是以科学性欺骗的技巧来产生自动化的声音以娱乐大众,就像他在1769年制造的有名的下棋者一样。

雅克德罗的类人物

这些装置的流行使得人们原本对自动机科技上应用的兴趣转移到引人注意、取悦大众上。早在1610年,模拟蜘蛛、鸟类、毛虫等生物的机械自动机就被制造出来了。但在这之前,机械自动机是作为以时钟为例的真正自动机的装饰而被制造出来的。那个时期在钟表中的自动机与其说是拥有自动化的有机能力,不如说是在模仿钟表中的生物。因此,在沃康松卖掉了他的自动机并离开的30年后,1773年,皮耶尔和雅盖-德罗·亨利-路易斯制造出了被《百科全书》称为"androids"(意为"类人物")以区分其与生理自动机区别的新型自动机。在雅盖德罗所制造出的"机器人"或者说是拟人物中,有一个作家(Chapuis and Droz 1958: 293-294;

396)、一个艺术家(同上书：299-300)和一个音乐家(同上书:280-282)。在这些拟人物中，作家可以写不到50个字符长度的便条，艺术家可以画四种画像(包括一只狗、爱神丘比特、路易十四的头像和路易十六及其妻子玛丽安东玛丽亚·安托瓦内特的侧面像[Bedini 1964: 39])，而音乐家则可以在风琴上弹奏雅盖-德罗·亨利-路易斯所创作的五首曲子(Chapuis and Droz 1958: 283)。

较上述拟人机器更进一步的模拟机器艺术家，如魔术师和杂技师等，都是为了公共和受欢迎的展览这类的特殊理由而被委托由雅盖德罗的公司和自动机制造师亨利·梅拉德特(Henri Maillardet)制造出来的。这些虚拟人物也以很高的价格被卖出(雅盖德罗在1782年制造的第二个机械音乐家以420磅的价格卖给了雅盖德罗自己公司的伦敦办事处[Chapuis and Droz 1958: 284])。在18世纪末，拟人机械玩偶只被当成是一种娱乐的工具，而这种娱乐工具本身也包含着在未来进一步争论的动力和根源，且反映出自动机在当时那个时代被当作是一种机械产品的地位。如果拟人机械变得无论是外表还是行为都更加像真正的生物，那它们的表现又能继续进化到哪里去呢？特别值得注意的是雅盖德罗在为他的拟人玩偶作曲时挑衅性地从《笛卡尔的沉思》中摘下的一段话。在这段话中，作者曾从他的窗户朝下望去，看着穿过广场的行人。他记叙道，他所看到的仅仅是帽子和大衣，

a

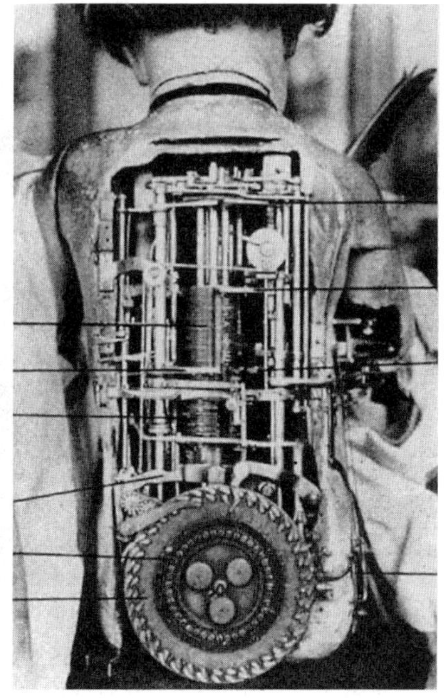

b

c

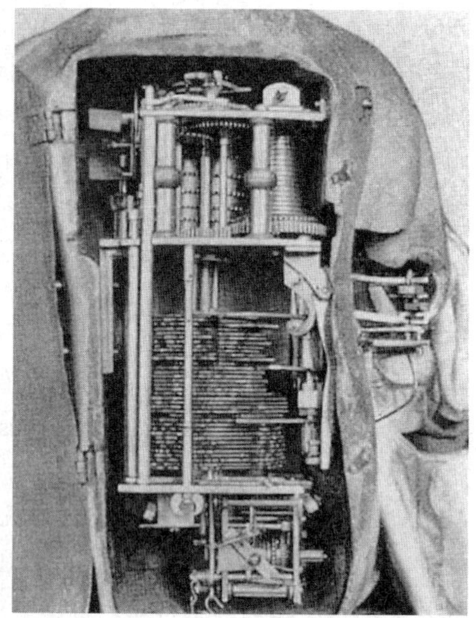

d

e

f

【图5.6 a–f】作家、美术家、作曲家(Chapuis & Droz 1958: 293–294; 299–300; 280–282)

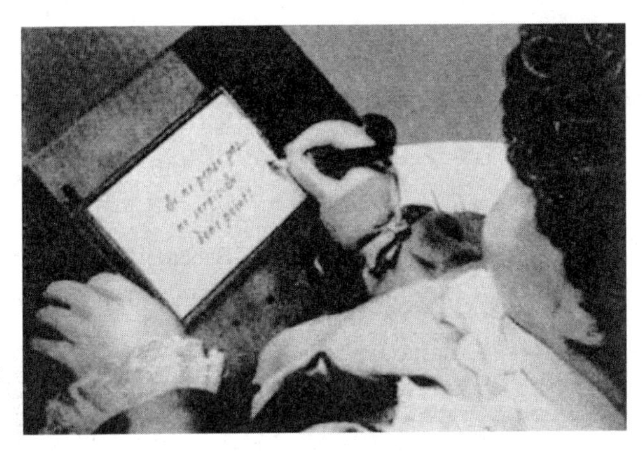

【图5.7】作家写字板上显示：我并未思考……那我是否存在？(Chapuis and Droz 1958: 396)

仿佛那些盛装的人们就是被衣物包裹的拟人自动机([1641]1986: 21)。而我们和那些自动机唯一的区别仅仅是"我们是可以思考的生物"。我思，故我在。雅盖德罗自动机的作家写道："如果我不在思考……是否因此我就不会存在了呢？"

流行力学：自动机的两极

如果生理自动机被用来做生命体、模拟自动机或机器人机制的科学观察，就会导致智力和思维活动的本质被质疑是否同等水平。当这种机器人自动化的变迁发生在一个原理机械的背景下并且在那个时期的科学研究中朝着一个更多动态和活力者观点转移时，它也将见证机械模拟在游乐场和大众剧院受到前所未有的欢迎。

直到19世纪中叶，自动机还时常让观众感到兴奋，虽然这些观众的性质已经开始改变：法院和贵族是最初喜欢这些奇迹的地方，或者在实验室科学家尝试创造生命，自动机成为游乐场和大众娱乐的专利，不经过法院和欧洲宫廷的旅游，而是经过展会和剧院。早在1805年，我们就注意到诗人华兹华斯厌烦怪物展会。

所有奇怪的能够活动的东西，从各地而来
在这里——白化病患者为印第安人和小矮人作画，
有学识的马和博学的猪，
吃石头的人，吞火的人，
巨人，腹语表演者，隐形的女孩，
会说话和会移动瞪着的大眼睛的半身像，
蜡像，发条，所有的工艺都是绝妙的，
现代魔法师，野兽和木偶戏，
所有奇怪的，遥不可及的，变态的东西，
所有正常中的反常，所有独特的思想，

对于男人来说,他的迟钝,疯狂和功勋
组合在一起,成为
一场怪物的集会。

(Wordsworth Prelude[1805]1949)

尽管华兹华斯很反感,直到19世纪中叶,他对机械自动机的兴趣也并没有减弱,当时查尔斯·巴贝奇(Charles Babbag)常去约翰梅林的伦敦机械博物馆看那里的银女机械人跳舞(Shaffer,in Spufford and Uglow 1996)。然而,在机械全盛时期和巴贝奇时期,发条或机械自动机已经从科学的高度堕落成为游乐场常规的吸引手段,同吃石头的人、吞火者、隐身女孩、木偶戏一样。"怪物的集会"在游乐场的表演上进一步退化,因此,就像诺伯特·维纳(Nobert Wiener)所记录的那样,曾经一时代替了权威的奇迹,在19世纪后期最终成为一个胜于在音乐盒顶做装饰的、僵硬的皮鲁埃特旋转([1948]1962: 40)和20世纪上发条玩具(如原子机器人)的辉煌文化、骄傲和能力的代名词。

【图5.8】自动机器人:20世纪90年代仿制品,原型为50年代的机械玩具,希林公司提供。

在18世纪在不寻常的机械生物中,甚至像旋转舞者和发条机器人这样的玩具都背叛了它们的世系,并为我们在那个时代明显天真的观点提供了一个具有讽刺意味的形象:想当然地认为人类和其他动物仅仅是机械生物!

经过一段时间,这样的模拟机械的普及程度已经减少到使它们沦为玩具和饰品的地步,在当代世界,模拟智能和自动生物系统在技术构成上造成的区别又重新显露出来(**5.3.5**)①。

5.3.3 自我增强的引擎:蒸汽机对抗自然

机器发展史上的持续性和突破

纵观机器发展史,在18世纪,机器主要作为皇家委托制作的神奇物品存在。19世纪,则主要用于露天马戏团,成为制造奇观的装置。而到了20世纪中叶,机

① 5.3.5 数字时代的生命与智能。

器一般被视作玩具或者装饰品。根据上述内容，我们不难想象出，从这些理论退下学术研究的舞台，到20世纪中叶约翰·冯·诺伊曼(John von Neumann)、诺伯特·维纳(Nobert Wiener)提出的控制论发展之间存在着一道巨大的历史鸿沟。举例来说，就像西尔维奥·巴尔蒂尼(Silvio Bedini)所写的那样：

> 对机器发展史的研究清晰地显示出，针对仿生机器的一些基本发明显示出了现代自动化控制论的巨大发展。
>
> (Bedini 1964: 41)

换句话说，从1352年斯特拉斯堡时钟到18世纪的复杂自动机，"对电子和自动化的大脑来说，进化之路是笔直而坦荡的"(Price 1964: 23)。但在一个断裂的观点也会被自动接受的时代，这种简单粗暴的假设是不应该在未经测试的情况下被提出的。①

在提及机器发展史时，我们应当遵循两个原则。首先，这段历史是不连续的，是被打上"常规"和"科技灾难"烙印的。其次，经过对埃吕尔技术史中概念的讨论(**5.2.4**②)，我们可以发现，当技术进入自我强化阶段时，文化会对它产生越来越广泛、越来越强烈的影响。值得注意的是下面的讨论中我们将提到的由蒸汽技术推动的工业革命。

不断考究其发展之路，我们会发现，在蒸汽机和工业革命时代，机器的概念和结构变得难以识别。即便梵肯沙或冯肯佩伦被从18世纪运送到19世纪，他们也无法像后来的我们那样意识到机械在后来几个世纪中的自动化程度。

类人物和智能

之前提及，达朗伯和狄德罗的著作《百科全书》(1751—1765)中涉及了"自动化"和"类人物"的入门内容。大约70年后，在1830年的爱丁堡学术大会上，大卫·布莱维斯特对相关理论作了同样的分类，即"自动化"和"类人物"。在20世纪中叶，普莱斯作了同样的区分，但是他把这些理论分为"模拟物"(设备假装运行)和"自动化"(设备自动运行)(Price 1964: 9)。自主运行和拟像并未被排除在自动装置领域外。我们能在18世纪末期和19世纪早期的小说和自动装置中看出，人们的注意力此时已经从早期对生命体自身技能的关注向19世纪对人类智慧在外部器物的运用上转移。因此，当普莱斯要为"自动机的存在"提供确凿的证据时……自然宇宙的物理学和生物学是可能的机械理论解释(1964: 9-10)，自动机与"类人物"两者间的巨大区别似乎将智能化问题排除在了机械理论能解释的领域

① 常规与灾难两词，我们引用了库恩(Kuhn 1962)的说法，5.4.3"控制论和文化"中将进一步探讨。
② 5.2.4决定论。

之外。因此纵览科技历史，这些区别则在于实验性装置例如计算器等，而它们中的许多则是由17世纪的帕斯卡和莱布尼茨及18世纪的约翰尼斯·穆勒(Johannes Muller)发明和制造的。在其中，普莱斯支持由笛卡尔提出的机械论解释的一个版本([1641]1986),即机械中唯一不会也不可能减少的是人的想法。然而正是这种竞争使得科技的历史和发展先于笛卡尔在进行创作但未完成的17世纪中期。在19世纪中期，帕斯卡与巴贝奇的《机器的不同与分析》为智能科技具体化的大战画出了一条发展的轨迹。这条发展的轨迹不仅将发条时代与电脑时代联系在一起——可能提供了一条这些时期间缺失的联系，它也为工业时代“制造的哲学”这样主要的主题提供了研究方法：智力作为支配的问题。不仅如此，巴贝奇的原电脑似乎并不是一个历史性的巨大惊喜，是已经存在的机械设备中的固有潜能而不是一个孤独天才的独立之作。

为什么没有蒸汽模拟物

但是那些可以或无法维持人类形状的自动机之中对于同样区别的一个版本，不仅被从狄德罗到爱丁堡百科全书最后到普莱斯提出，也被与我们时代接近的让·鲍德里亚所关注。1976年，他以是否与人类看起来相似，即是否能运作得像人类一样的标准将自动机与机器人区分开来([1976]1993: 53-55)。鲍德里亚巧妙地将此作为理想状态下模拟物的转变的证据。在自动机的时代，即法国大革命的前夕，机器不再与制造者的身体而是与其功能相似。他以机能主义的观点从机器已经被制造得很完美的角度出发写道：“机器有优势。”([1976]1993: 53)这种在自动机制造中的机能主义并不是新鲜事，但却在19世纪重回人们的视野。物理学家赫尔曼·冯·亥姆霍兹(Herman von Helmholtz)在1847年写道：

> 现在我们已经不需要去制造那种可以展现一千种人类动作的机器，我们需要的是能够完成一个简单的动作从而代替千千万万人类的机器。
>
> （引自Bedini 1964: 41)

在这段话中我们已经可以清楚地看到马克思曾经见证的“自我运动的骡子”和伟大机械胜利带来的活人劳工的消亡，在工业主义中实际的、发展性的逻辑。千万单位无生气的机器劳工对于人类劳工的代替带来了18世纪运用于装饰钟和鼻烟壶的装置自动机的消失，且为通过愿望，智力和哲学的问题产生了蒸汽和连接杆的物理原理生产主义原则。

“人”仍然是18世纪科学关注的焦点，但来到19世纪，这个角色却逐渐被忽视，人类把更多的注意力转移到了机器上。正是这个从模拟物到功能性自动机的转变使得蒸汽时期能与发条时期区分开来。这就是为什么尽管我们可以从当代小说中机械人的原型追溯到18世纪机理试验和发明物，但伴随着蒸汽机的出现，世界上却只有蒸汽自动机而没有蒸汽模拟器。

事实上，19世纪的科技发展完全忽视了机械人或人形机器人的人文主义想法。这时的科技发展倾向于远离人形机器人或者任何一种机械人的拟人化，而朝着真正的自动机器人的轨道发展。

【图5.9】蒸汽生化人？《蒸汽朋克》第一期，绝岭雄风/DC漫画，1999年。

改变自然

不管怎么说，放弃人形机器人，意味着选择了自动机器人。无论两者的差别是在什么条件下形成的，这样做的目的就是想把类人化的机器或自动机器与非类人化的机器区分开来。要进一步理解这一点，参考图5.10。阿塔纳斯·基歇尔于1633年设计了“这款由向日葵种子驱动的钟”(Hankins 1995: 14)。这个发明的真正意义不在于这个(欺骗性的)发明提供了怎样的细节，而是它突破了那个时期机械哲学至上的局面，给我们提供了科技与自然相结合的思路。①

【图5.10】太阳花钟：艺术与自然之交接。华盛顿大学图书馆提供。

拿自动机来说，它是人对自然机制的有意模仿和实现。运用其中的科学技术，一方面为建造与自然和谐相融的设备提供可能，另一方面，正如外科医生拉美特利提出的那样，启发人们用机制来看待生物。然而，在18世纪后期，出现了一种对生命的全新理解，强调生命和机械力间的距离，在机械师看来两者越来越相近。然而，在19世纪之交，生物学这一门把生物与非生物区分开来的科学，被引入到这一领域的研究。

引进生物学后，生物和非生物的不同被区分开来，人们不再认为生命仅是由自然机制产生的。除此之外，一定还有别的东西，要么是一

① 1802年，特雷维拉努斯(Gottfried Rheinhold Treviranus)和拉马克(Jean Baptiste de Lamarck)出版的著作中，几乎同时提出了“生命科学”的说法。1750年之前，福柯断言：生命并不存在(1970: 127-128)。也就是说，没有独立于非生命事物的对有生命事物的理解，真正的生物学就并不存在。

股重要的力量,要么是有机体和非有机体的重大差别。这种理念就使得建造活的机械人甚至人身体的想法失去了科学依据,人们再也没有制造他们的动力,除非是为了娱乐。于是,19世纪的生理学家不再制造人形机械生命,而是开始把生命体看作热力发动机,虽然与其他机器相比,这种热力机的运行效率很差。造成这种看法转变的是对呼吸的全新认识,“有着至关重要的作用……提供生物体所需的能量……释放热量和能量支持有机体运转”(Coleman 1977: 119)。马克思在论述中将对有机体的理解阐述得更加清晰。他写道,“机器消耗煤炭、石油……就像工人消耗食物”(1993: 693)。如果摄入卡路里,可以为机器和有机体提供能量,那么使用能量也就能用单位做功测量出来。结合实际功用来理解,有机体也就成了“一部能量转换装置、一部机器”(Coleman 1977: 123)。而且这部机器的效率可以测量出来。正像基歇尔的向日葵时钟画中清晰展现的那样,在机械制造艺术和自然结合的地方,蒸汽动力无可争议地提供了改变自然的途径。

虽然很多生物学家认同这种分析模式,但同时指出这种模式并没有告诉我们任何关于生命本身的东西——生命是如何产生,又是如何与无生命体区别开来。这种分析恰恰为生物热力发动机的能量—效率说提供了证据。因此生物学家从远离科技的角度试图解释生命,而工程师和实业家则一直认为,相比于机械热力机,这种生物热力机效率低下。如果在工作过程中,分配给人体的功能可以赋予在机器身上,效能会大幅增加。蒸汽时代虽不再把机器拟人化,但却从机器的角度来衡量人体。

然而,我们不能因此得出这样的结论:机械师想要制造人工但却有生命的机械的目标,是那个忽视生物学的时代的古怪想法,就好比忽视化学时代里的炼金术师一样。相反,机械师少了对生命本质的认识的束缚,以机器的特性来重新定义生命体。这种做法,用鲍德里亚的话说,“占据了优势”([1976]1993: 54)。“制造界的哲学家”、工程师、政治家和实业家把生命体想象成所有可能的形态,这些想法随后孵化了大量的社会工程项目。大规模的工业引擎发出由蒸汽驱动的机械噪声,这宣告人们放弃了对奇怪的和令人不快的类人机器的追求。工程师曾想制造有生命的类人机器,以求真正掌控人类生命和社会组织。托马斯·卡莱尔说,这种追求“对人类的整个生存形态产生了巨大改变”(Harvie, 1970: 24)。

全新自动机:引擎和工厂

设想一下,以18世纪托马斯·纽科门装配的第一部可应用蒸汽引擎为例。它能改变本会流入矿井的水流方向,要知道,在此之前这项任务都是由奴隶完成的。同样,蒸汽机能够使船只逆流而上,而不是采用拿着桨拼命地划水(Wiener [1958] 1987: 140)。蒸汽机高效利用能源,为人类对抗自然提供了无限可能,大大提高了人类低下的效率。而且，也正是在这个意义上，19世纪那些“制造界的哲学家”——安德鲁·尤尔、查尔斯·巴贝奇和普莱斯博士等——在谈及工厂时，称其为“运转能源来运转自身”的自动机器。工厂里的自动机器不再像类人机器那样仿造人类的外形，而是像鲍德里亚描述的那样，按照顺序复制了人类的功能，并像赫姆霍兹确认的那样，替换掉原本执行那些功能的人类肢体。通过这种方式，蒸汽引擎不仅为安装在工厂的各种机器提供运转的能源动力，同时也将钢铁的意志施加于原本具有独立意志的机器操纵者身上。事实上，“工人的活动……方方面面都是由机器的运动决定和控制的，而不是相反的情况”(Marx 1993: 693)。引擎改变自然，工厂成为自动机器。不通过模拟人的外形，自动机器变得越来越自动化，并逐渐占领了社会和物理能动性。正如马克思所说，“机器的运转‘控制了’工人，现实情况就是这样，而不是颠倒过来”(1993: 693)。

自动机和社会工程学

在他1832年的《论机械经济学和制造者》一书中，查尔斯·巴贝奇提到了多种机器，其中的一种完全解释了机械高于人类劳动的力量是如何获得的。途径有二：一是通过产生能源的机器，二是通过传输能源并使其做工的机器(1832: 10–11)。当然，其他诸如社会、政治、经济等方面的因素毫无疑问促进了工厂的产生。但第一种机器需要连接在第二种机器上的原因可以简单归结为物理上的需要，我们称之为机械化劳力，或者是必要集中化。诺伯特·维纳在谈及早期工程的技术形态时说道，“能量转换的唯一手段是通过机械”。最早的转换装置是辅以皮带和滑轮的轴系([1958]1987: 142)。事实上，维纳进一步描述道，在20世纪之交，从他小时候起工厂就没怎么改变过。

工厂兴起为一个相对偏僻和封闭的机械体系，正是出于技术上的需要，也因此，工厂常常坐落于偏僻的新兴工业区。换句话说，不管蒸汽机有多么强大，它也只能驱动那些通过物理方式传输能量的机器。反过来思考，也正是因为这一点，劳工被束缚在机器上，而不像依靠手或脚带动机器的手工业时期。这就产生了人类意志与工厂里人类能动性的角色关系问题。劳动工人不再是能够自如控制机器的中间人，而是“被推到生产过程的一边”(Marx 1993: 705)，仅仅“专注而勤勉地盯着高效生产的机械体系”(Ure 1835: 18)。结果，原本独立于机械之外的使用者被机械所驱使，完全臣服于机械“意志”之下，成为机器的“智能零件”。尤尔论述道：

> 严谨地说，工厂这个词语传达的是一个巨大的自动机器的理念。它由数量庞大的机械的和智能的零件组成，像音乐会乐团那样紧密协作，一刻也不间断。所有的零件都要服从于驱动机器自身的驱动力，共同朝着一个单一且

共同的生产目标前进。

(Ure 1835: 18–19)

蒸汽机器从外形上看一点也不像人类,我们再也不会有看到一个人形机器人带来的担忧。然而在机器完成生产目标的过程中,人被当成机器上的辅助部件。史无前例地,人类沦为机械体系的一部分。这值得大书一笔,人处在附属的位置,向毫无生命力的机器致以敬意。这恰好对应了亚里士多德对奴隶的定义——没有主观意志,仅仅是主人的工具(1.6.4)。这一定义里的"主人"既可以是人,也可以是技术;但无论是谁,都有一个大前提,即主人有主观意志,能够自我推动,而奴隶却只能跟着主人走。但在工业时代,显然是技术篡夺了"主人"的位置。

真实和想象的体系

工人沦为机器,一个陌生意志所设计的元件电路的一部分,工厂主却没有。相反,工厂主设计了整个工厂。因此,亚当·斯密争辩道,这就有可能可以把技术体系当作"幻想"或是一台"想象中的机器"而不予考虑。因此,蒸汽自动机使工人的身体臣服于机器,甚至成为它的智能器官,或者有意志的连接,这类设计的智能劳动力和智能系统的实行始终稳固地存在于人类的领域之中。根据一些人类学家的观点,亚当·斯密进一步从想象的机械体系中识别出了真实的机器:

"一个机器是一个小的系统,被创造出来执行、连接艺术家需要的动作和效果。一个系统就是一台想象中的机器,被发明出来连接现实中已有的动作和效果"(Smith[1795]1980: 66;重点补充)。

但是,这是谁想象的呢?显然不是工人,而是统治了狄德罗和史密斯的制造哲学、由谢弗(Simon Shaffer)定义的"启蒙的机械"(Clark *et al.* 1999: 145)。就像启蒙运动赞扬了理性的作用,这种启蒙机械赞赏智力而非体力生产,幻想更多形态的机械劳动力是新的社会秩序所需要的。因此,亚当·弗格森(Adam Ferguson)写道:

很多机械化艺术不需要智能能力。他们成功地压制情感和理性,愚昧无知是工业和迷信之母。沉思和幻想经常会犯错,但是实际动手却是不相干的。相应地,制造业在思想最不活跃的地方繁荣,工作间可以被看作是一个引擎,它的部件是没有想象力的人。

(Ferguson[1767]1966: 182–183)

启蒙机械论学者,如社会工程师弗格森、斯密和狄德罗,把手工工人的劳作与使用机械的劳作分成了独立的、理性的管理体系。但是问题仍然存在,这种机械体系是否把人类变成了机器的一部分,成为重复劳动?是幻想的产物(Smith and Fergunson),或者工厂机构(Ure、Babbage、Marx)、有意识连接的自动人,或者整个工厂是个自我移动的机器(**1.6.4**)[1]。根据自动机的这个想法，我们不再讨论机械的仿人类智能，而是如何将他们整合进一个真实的而非想象的机械系统之中。

真实的管理技术

因此，亚当・斯密提出了更具体的科技发展来解决纯想象或纯技术的系统状态的问题。它们都与“意识连接”在机械系统中的角色有关。在18世纪末，如启蒙机械论学者所写的，控制机械的问题经常被人类监管的出现解决。因为它们不能自我更正，所以人类智能需要来监管这些机器。如果没有人去确保这些机器正常运转，它们可能会过热，用完煤炭，甚至七零八落。事实上，这种情况经常在早期的蒸汽机上发生。然而，这说明了为什么在17世纪自动化锅炉被建造出来。

> 可以说，控制论在17世纪的创造发明中就已经登上舞台。可能在这个方向迈出的最重要的第一步，就是荷兰人德尔贝来(Cornelius Drebbel 1573–1633)设计的化学锅炉的热能控制系统。一张1666年的手稿展示了自动化锅炉，它采用了一个装满酒精的恒温计，并连接到一个装有水银的U形管中。持续加热下，酒精膨胀，促使水银上涨推动拉杆，关闭节气阀。当温度下降到太低，则整个动作开始通过酒精的收缩反向进行……这毫无疑问是第一个已知的反馈机制的案例，它最终指向了自控制机械装置。
>
> (Bedini 1964: 41)

自动控制的问题同样是一个工业应用的蒸汽技术问题。工程师詹姆斯・瓦特引入了他称之为“控制器”的设备，使它的引擎能够控制速度。诺伯特・维纳写道：

> 瓦特的控制器保持他的引擎在空载状态下运转得很快。如果它开始转得太快，控制器中的球会通过离心运动往上飞，并在它们上飞的同时移动控制杆，关闭蒸汽。这样加速的趋势就会成为减速。
>
> (Wiener[1954]1989: 152)

这种设备表明在控制论中的负反馈(Wiener[1948]1962: 97)使生产具备自我控制能力的设备成为可能。但这并没有提供一个关于想象的问题的直接答案，它仅仅是机械系统的技术状态。它们指出的是，这些功能是迄今为止唯一的生命智能。就像监控和控制可以被自动化，并交由机器处理。维纳甚至认为机器应该能够正确地响应自己的功能或者环境变化，具有有效的感应模块。但是智能系统的自动化需要同时运转一系列相互关联的机器，不能从与德雷贝尔的恒温器和瓦特的控制器同样的技术中获得。

---

[1] 1.6.4 圣人麦克卢汉的荣光。

正是巴贝奇的著作和发明物为我们现在存在的问题提供了清晰的解决之道,即人类能动性只有保证在其本身不被机械化的想法侵蚀其智力的前提下才能成为推动所谓机器"自动化"系统发展的原动力。根据这个理论,嵌入了智能的技术发明,如帕斯卡尔、莱布尼兹和穆勒的计算机,能填补自动机器和控制论在历史上的关联空白。诗人拜伦的女儿"引擎女王"阿达·奥古斯塔结合了自动化智能与工厂系统和早期纺织品工业的历史。在这一点上,我们必须从代表了工业化时代崛起的非模拟自动机器,回归最后一个影响今天自动机的全模拟自动机项目。那就是智能的自动化。

5.3.4 无生命的理性建构

人工智能的历史从机械计算器的发明开始。但计算器只能够模拟人类众多智能中的一个功能。人工智能正一步一步地实现,因此,在程序化的思想下,产生了多功能机器。阿达·奥古斯塔通过努力在她的数学研究基础上建立程序语言和程序能力,她的导师巴贝奇的差异引擎,还有贾卡德的自动生成模式纺织机,成为人工智能史上计算和编程结合的重要结合点。

最早实现自动化智能的尝试应用于计算设备,而不是心理功能。尽管算盘这样的计算设备,和纳皮尔骨骼——长短不一的代表了不同数值的骨骼,在很大程度上预言了17、18世纪的机械计算机,直到今天关于自动智能可行性的问题才被关注。自亚里士多德起,智能就已经被过分得公认为是人类的独有特征,所以自动智能的前景存在很高风险。

加法器和莱布尼兹的机械推理器

最早的机械计算机是纯粹地为了减少劳动量的设备。哲学家兼数学家布莱士·帕斯卡(Blaie Pascal)在1642年开始设计创作的著名的加法器。比起智能自动化,帕斯卡更想用计算机帮助他进行烦琐费力的计算,特别是帮他在政府工作的父亲处理数据。加法器计算器是个简单的设备,用来做无误差的加法运算。有些人称之为第一台数字电脑 (Price 1964: 20),虽然它们的功能有限。这也可能是真的,但仅限于计算数字,因为它们仍需像操作算盘一样手动操作。然而,加法器计算器所具有的一项功能使他与早期的算数设备区分开,并使之成为一个计算的机器,正如狄奥尼修斯·拉德纳(Dionysius Lardner)在1843年的《爱丁堡评论》中的论文《巴贝奇的计算引擎》所写的那样。再一次,我们注意到了传统地区分"设备"和"机器"的方法,在于后者能独立于它的用户运行。因此,帕斯卡的计算器通过能将一列个位数赋值到十位数上的能力,使其与纯粹的计算工具区分了开来。根据拉德纳的说法,帕斯卡的机器:

由一系列的轮子和圆柱形的桶组成，刻上10个算术字符。轮子表达每个单位的数值，并通过和各个轮子连接来表达有限层级。当前者从9变成0，下一个单位就自动进位。进位制的处理就由机械来执行。

(Lardner[1843], in Hyman 1989: 106)

除了帕斯卡的自动化加法，1673年，哲学家、科学家、数学家G·W·莱布尼茨向伦敦皇家学会展示了一个机械计算机的原型：微积分定量配给器。除了加减法，这计算器还能通过一些莱布尼茨称之为"分步计算者"的可以机械化的实现这些功能的不同长度的齿轮，自动进行乘除法(MacDonald Ross 1984: 12–13)。应当注意的是莱布尼茨从来没有公布关于他计算器原理的详细介绍(尽管他的一个计算器依旧保存在汉诺威州博物馆中)，拉德纳认为此设计不同于加法器，"这个发明物从未用于任何有用的用途"([1843], in Hyman 1989: 108)。不过，莱布尼茨的计算器不像帕斯卡的计算器那样，是专为节省时间和减少误差服务的功利性的设备；它的真正意义在于表明了推理也可以变得机械化。因此，这个计算器本身其实是这个大工程的副产品，一个让诺伯特维纳在其他人中把莱布尼茨尊为控制论的守护神的产品([1948]1962: 12)。

【图5.11】加法器，1642年，布莱士·帕斯卡发明的半自动计算器。科学博物馆/科学与社会影像图书馆。

莱布尼茨指出在任何种类的推理之间都有一种相似性——道德、法律、商业、科学和哲学还有算术，这之间都有相似性：跟算术相似，所有的推理都遵从于规则。但是不同于算数，更广泛形式的推理被不恰当地模糊化、普遍化。换句话说，如同1+1很容易地就被自动化时，包含概念的问题却不能，这是因为概念并不像数字那样简单，却包含着内容。莱布尼茨因此试图把这些内容分解成为最基本的部分，并且发现推理工作的形式逻辑——人工智能的研究人员现在将之称为"思想语言"，并确定采用数值或字母值来定义主要概念。例如，当代逻辑学家说"X是P"(如香蕉是黄色的，人是固有一死的等)，他们准确地运用普遍特征，包含所有描述我们思想的特征，这是莱布尼茨一生致力的研究。一旦完成，一种可以被写和说的新的语言的语法和字典将会被建立 (Leibniz[1677]1951: 16)。一旦我们的思想被给予了数值化的表示，并给出了计算的一般规则，莱布尼茨推测这个计算器就可以全面机械化地进行推理，而且会产生一种推理机器。因此，莱布尼茨在实验中构建了这种语言，他发明了二进制计数法，其中所有的数字都由“1,0”来表示，就像所有的数字电脑运转的那样。虽然莱布尼茨草拟了发明一个使用二进制的计算器的计划，但他从来没有把它实现。这不仅仅是他把机器创造出来，而是正式的普遍的语言的理念和以莱布尼茨的计算器为代表的推理机的构造的交集。就莱布尼茨而言，机械计算器成为机械化推理机、人工智能的先驱，就如维纳所说：

> 因此，毫不奇怪，这同样推动了数理逻辑的发展，也推动了想象的和现实中的机械化算术的过程。
>
> (Wiener［1948］1962: 12)

因此，莱布尼茨强调普遍特征只是“人类思想的延展”的工具，(［1677］1951: 16)，它提升了我们思想的清晰度、确定感和沟通性，也瞥见了更多的计算器机械化所有推理的前景，而且他考虑将“优于人类”这个神话刻入其中，与它相比，之前的计算器仅仅只是游戏(Leibniz［1678］1989: 236)。莱布尼茨不仅仅是为自己发明了一款计算器，更是计算机编辑领域、建设领域、逻辑领域以及人工智能的先驱。

阿达和巴贝奇：可编程引擎

莱布尼茨从来没有成立系统的机械推理体系，所有这一切都是他的想象草稿(MacDonald Ross 1984: 30)。某种程度上，这也成就了查尔斯和巴贝奇的可识别和分析的计算器。尽管他在工程师约瑟夫·克莱门特的帮助下完成了构建一个有1832年已完成的差分机的1/17大的示范模型，但在他的一生中没有什么被满意地完成。但是，巴贝奇面对的问题并不是理论上这样的机械推理者能否实现，而是19世纪中期机械理论的状态。巴贝奇未能找到能够帮他足够精确地切割机器中黄铜部分的工程师，因此他的机械很难实现算法。当然，也有其他因素——缺乏金钱、没有显著的应用、政治上存在阻力等，都导致了他只制作了一个并不完美的分析机，就像预见的那样(Woolley 1999: 273ff)。但是阿达对这次展示的意义深远的分析，它让我们想象到的正是这次新技术和现存技术之间的互相借鉴，才建立起了分析机的理论知识。如果它们可以被完全实现就好了，但是这些机器，特别是分析器，有把工业革命转换到电脑时代的潜力，就像在威廉吉普森和布鲁斯的小说《差分机》(1990)中假设的那样。

虽然这两款计算机器被誉为现代计算的前体，但他们的意义与莱布尼茨的计算方法不同。首先，区分这两款计算机功能性的指令系统是很重要的。差分机作为由巴贝奇从19世纪20年代起就开始研制的首个这样的计算机器，因为采用迭代有限差分法而被命名。换句话说，它使用一个基本固定的公式来计算，或者更准确地说，是使用“硬咬合(hardcogged)”(spufford,in spufford and Uglow 1996: 169)为其机械结构来计算。如果两种条件的不同可以准确地用一个公式来规定，就可以加上或减去从而得到符合相同关系式的一些数字，同样地，它也可以导出其他所有的符合这一关系的数字。这些数字或是与之有关的数字的导出包含着将这个系统作为一个整体来“重复”和“迭代”。机械的计算对于当时的计算器来说是相当大的一个进步，但正像巴贝奇所说，正如莱布尼茨的计算器是他的副产品，这分析器很可能对于巴贝奇“事实上仅仅只是个游戏”(leibniz[1678]1989: 236)。虽然它是通过一个手柄的手动操作，引擎的后续行动是完全自动的，所以没有进一步的人工干预。如果它可以由蒸汽机驱动，那么即使最小的干预也可能会轻易地被移除。

【图5.12】查尔斯·巴贝奇的差分机1号是由约瑟夫·克莱门特在1832年建造，差分机2号是1991年由伦敦科学博物馆组装。科学与社会影像图书馆提供。

但是除了成果的重大，差分机还有着意义重大的实用趋势：它被设计用来计算和打印数字表格，在那些表格上人类电脑需要依赖像计算航向、年金这样的技术，没有了表格结果中如计算和抄写这样的常犯错误。巴贝奇不仅自己写了这样的表格，而且收集了300卷的样品，通过这些他有规律地网罗了一些他希望通过毫无过失的机械排除的错误(Swade 1991: 2)。但是当他致信英国皇家学会主席汉弗莱·戴维先生汇报差分机之时，法国的普朗尼已经发明了分类建表的普朗尼算法(Hyman 1989: 47; Daston 1944: 182–202)。普朗尼算法是将数字以简单的公式呈现，随后很多非专家的工人立即运用于工作之中——恰如当时的“电脑”而闻名——去计算特别公式的运算结果。在见证了普朗尼的运营中的计算工厂后，巴贝奇提出蒸汽自动化已经被预见，马克思和其他人也认为工厂会成为这样子，“我希望神化这些已经被蒸汽完成的计算”(Woolley 1999: 151)。

虽然差分机可以实现这个长远的通过机械完成自动化的梦，但是伴随着莱布尼茨的机械理论，巴贝奇的发动机不仅仅是计算器，也是大规模工程的偶然附属品。这个工程不仅仅使计算自动化，更是分析的自动化。所以，差分机的继承者——分析机，不仅仅是用来计算，而且是用来“决定”用什么公式来作这些计算。它具有程序化的电脑功能，它的程序可以包括对于后续没有人为干涉的程序的使用介绍，因为这些使用方法很难掌握，甚至是对那些研究数学和机械的人。巴贝奇在意大利展示他的发动机作品时遇见了米纳布里(Luigi Menabrea)，一个军事工程师，他在1842年发表了《分析机的梗概》，巴贝奇因此鼓励了他。一年以后，阿达·奥古斯塔把这部著作翻译成英文并且带着远比无价值的文章本身重要得多的注释发表了他们。

尽管争议围绕着分析机可与电脑相比的程度以及阿达·奥古斯塔对于程序发展的真正贡献展开，阿达对于机械功能和可能性的分析使巴贝奇的第二台发动机创造的无生命原因的优越性更加明显。她把分析机描述成任意程度的普遍性和复杂性的无限功能的机械化表述。

> 用计算机辅助可靠性数据系统组成机械化的一部分（和应用于提花织机的原理），仿佛时刻准备着接受任何我们可能希望开发或汇总的特殊功能。
>
> (Lovelace 1843, in Hyman 1989: 267)

换句话说，分析机没有特别的设定程序，就像差分机一样（后者据阿达说基本上是一个增加机），但是可以被程序化去展示任意电脑的功能。在这点上它很像是阿兰·图灵在1936年描述的“通用机”，并且建立了真正的当代计算机的运营模式。它被程序化的方式是那些贾卡为规模化设计的……棉织物构造中最复杂的模式(1843, in Hyman 1898: 272)。“打孔卡，”阿达认为，“我们觉得，分析机以此来处理代数的方式仿佛就像贾卡提花机编织花与叶的方式一样(1843, in Hyman 1898: 273)。

在某种程度上，分析机和差分机的关系和莱布尼茨的计算机以及构成它的部分。阿达甚至模仿莱布尼茨的语言——分析机，她写道，

> 不仅仅和简单的计算机器占据普通的地位，而是拥有完全属于自己的地位。它使机械化有融合普遍标志的能力……一个链接在最抽象的数学科学的分支的抽象精神过程和操作之间被建立起来。一种崭新的、广阔的、有力量的语言在此得到发展，服务于未来的分析应用。
>
> (Lovelace 1843 in Hyman 1898: 273)

提及功能的不确定性，事实上它对于执行的几种操作一样适合。分析机是最接近于现代计算机的，就像我们已经明确的那样。所以，阿兰·图灵的第一台电脑就是一台通用机(Turing 1936; Hodges 1992,1997)，可以无条件地硬咬合进行很多程序的运转。“库房”和“磨坊”之间程序化的区别，这是阿达对存储器与处理器的爱称(1843, in Hyman 1989: 278-281)，都被预先设定好；这也使得分析机成为

现代计算机的先驱，就像莱布尼茨的机器那样，是一台昂贵却又节省劳动力的计算器。但是阿达看到了它更为无限的可能：分析机也许看起来很难实现，但它却是对一种可以思考能够推理的机器的实现(1843, in Hyman 1989: 273)。在莱布尼茨和阿达的身影中，我们必须承认历史的循环由巴贝奇开启但是从未终结，历史并未被1991年终于建造完工的差分机而停止(Swade 1991: 2000)。分析机从未完成——模型在1871年巴贝奇死亡的时候仍在建造之中，巴贝奇的设计和图灵设计中功能的相似性也是如此。例如，那些监督最早的计算机的建造的人(Colossus 1942, ENIAC 1946; Hodges 1997: 24–31)和那些把分析机称作是最早的普遍机器的人强调巴贝奇的第二台机器被后来的发展替代了。把1991年差分机视为它1832年副本的终结，把图灵机器或是现代计算机视为巴贝奇19世纪中期到晚期设计的终结，锁上这些机器以及帕斯卡的和莱布尼茨的，把它们放到史前的技术中，它们也会变为相同完美的设计。

吉普森、斯特林关于19世纪中期计算机时代的科幻描述被超前地解读为这种操作：一个机器在它的时代一直没有被实现，在蒸汽时代却被实现了，过去成为现在的历史。

> 一个事物正在成长，一棵自动化的树木，在大部分的生命中，被思想的以及肥沃的流动的想象力以及无数的闪现的灵光哺育，一点点长高，通向那隐藏的视野，
>
> 死亡为了重生，
> 光是强烈的，
> 光是清晰的，
> 眼睛必须至少看清自我，
> 我自己，
> 我看见
> 我看见
> 我看见
> 我
> ！
>
> (Gibson and Sterling 1990: 383)

当然，这是小说，但是它指向了虚拟历史探寻中一种极为重要的异议，例如斯布福特和尤格罗(1996)、沃里克(1998)和德兰达(1991)所坚持的那一种观点。现代计算机的技术发展没有一个确切的结束点，未来机器人历史中的技术革命也永不会终结。在某种程度上，这和莱布尼茨的计算器的真正价值以及巴贝奇的分析机的意

义是一样的。他们都拒绝对于他们机器功能弱化的解释,并且都强调那些机器拥有的其他优点。在这两种情况下,就像吉普森和斯特林的小说中描述的那样,这些优点必须与人工智能相联系,尽管这是一个对于所有的技术都适用的优点。①

案例研究 5.1:国际象棋和无生命之理性

巴朗·沃尔夫冈·冯·肯佩伦的国际象棋自动机在1769年人工化,作为匈牙利本土的一种娱乐方式。机械生理学家冯·肯佩伦也创造了一个自动讲话机,它有着具有特色的机械化的肺、音箱、口腔、舌头和嘴唇,去更好地了解它的有机副本的功能,并以机械的形式重新设计。没有象棋机(它后来的拥有者内波穆克[Johann Maelzel],节拍器的发明者,讽刺性地为它添加了一个音箱)那样享有盛誉,自动讲话机是一个真正的机械设备,可以不用隐藏人为干涉地重复演讲(Hankins and Silverman 1995: 178–220)。

然而,是围绕着国际象棋操作中的人为干涉的精确模式之谜激发了最强烈的好奇心,当冯·肯佩伦以及后来的内波穆克带着它走向更广泛的旅途,包括美国和欧洲的一些城市时,坡(Poe)写下:"这是确定的,自动机的运行是被意念控制的。"但是最紧迫的问题是"探寻其进化的奥秘",也就是人类行为带来的承担方式([1836]1966: 382–383)。

当人们都主要在探寻孩子的秘密藏匿之所或者是占据国际象棋者被安装的胸部的矮子时,坡数字化地论证了自动机不会成为一个纯粹的机器,因为没有机械可以预言对手的动作,或是允许一段不确定的时间在对手的动作间消逝。换句话说,并不像数字计算或是一段有节奏的音乐表演,既没有阻止续发事件(每一个动作都将依赖于机器的对手),也没有一段规定的时间(每一个对手的动作都会消耗不同长度的时间去考虑和执行)。换句话说,它不会被预先程序化去在特定的点执行特定的动作。巴朗·沃尔夫冈·冯·肯佩伦也承认他自己的国际象棋者就如同一个非常普通的机械,不可思议的结果源于大胆的猜想,而错觉的促进适用于幸运的方法选择(同上: 382)。

坡对于发明者智力的自我评估在一篇短篇故事《冯·肯佩伦及其发现》被给予了质疑的承认,该书中与之齐名的英雄是一名炼金术师,他实现了把基本金属变为金子的梦。就像是那个炼金术师,依据坡的说法,冯·肯佩伦对于错误有着一种天

① 斯普福德以这种方式看待差分机:将它看作是与时代的合作。当它被设计建造时,他写道:它成为计算机历史的内在部分(Spufford and Uglow 1996: 267–268),并且在1991年完成。

赋，这种天赋使他成为一名错误天才。

如果说第一代国际象棋机的命运是揭露被看为与智慧同意义的人为干涉在一场比赛中的必要性。这与后代机器继任者并不是相同的命运。第一代在19世纪20年代由当时西班牙与科技研究学院的院长托雷斯·维克韦多(Torrès y Quevedo)创造，是一个推动了早期自动化的机械发明的电力适应版本(Chapuis and Droz 1958: 387)。其工作原理是相应改变棋子和棋盘的电触点，并且就像查布斯和德罗所强调的那样，没有一件事比观看机器和人类的竞争更令人兴奋了，看谁会被无情地打败。就像是布斯的无声电影《1930年的象棋手》，其中记录了这样的比赛 (Chapuis and Droz 1958: 387)；并且由于这样的联系——机器从它对手的动作中接收信息，机器已经获得了查布斯和德罗所说的，紧随诺伯特·维纳建议的方向的——人造感官 (1958: 389)。

【图5.13】20世纪20年代，托雷斯·维克韦多的象棋机。

1836年，坡在另一篇文章中比较了人工智能和炼金术，令人感到奇怪的是，130年后，一篇文章又作了相同的比较，并且讨论了是人类自身对智能机器的控制。哲学家休伯特·德莱弗斯写的“炼金术和人工智能”在整个人工智能研究领域引起了轰动，特别是对于那些试图开发国际象棋人机对战程序的研究人员。在他发表的《计算机不能做什么》(1979) 中，德莱弗斯认为任何机器都不能在象棋上击败他，但他输了。大约1/4个世纪后，在1996年，一个被认为是世界上水平最高的棋手的人，加里·卡斯帕罗夫，接受来自IBM的超级计算机“深蓝”的挑战，他被击败了。自动下棋机创造了历史。每一次挑战都精彩绝伦，就像在测试我们是不是地球上唯一的智能物种。这些人工感官和人工智能的水平正在增长。尽管冯·肯佩伦对自动机有一个适当的描述，尽管后来维克韦多的机器有可取之处，但本雅明的观点是错误的。在他的毕业论文首先对“历史的哲学”(1940)进行研究，以自动机为代表的唯物主义哲学赢得了与神学家的战争(1973: 255)：在德莱弗斯和卡斯帕罗夫的研究之后，唯物主义被验证是正确的。

正如自动化提供了人工智能的开端，计算机提供了整个人工智能的历史。而研究计划贯穿了过去1/4个世纪，他们所代表的历史可以追溯，作为对过去历史的展示。下一节将考虑当下“科学和人工智能”的状态（Simon［1969］1996），并且描述人工生命和人工智能在自然与文化之间作用的发挥。

5.3.5 数字时代的生命与智能

5.3① 的引言中指出，数字时代展示出在一个广阔的范围中生物和技术之间的交叉。除了人工科学（Simon［1969］1996）——人工智能（AI）和人工生命（ALIFE），也有“分子控制技术”（Monod 1971）和遗传学，以及其他各种技术，其中的有机物在其自身领域变成了一种技术。在继续讨论遗传学和生物技术之前，我们将简要介绍人工智能和人工生命。

人工智能

机器能思考吗？科学家们认为能，人文主义者认为不能。人工智能研究人员自信地预测，真正的智能机器一定能被创建，这只是个时间问题。但是如果我们把问题转换成“机器能思考吗？”他们会怎样回答？我们肯定科学家和人文学者都回答“不”。然而，记得发生在休伯特·德莱弗斯身上的事吗：一个自动下棋机赢了他。想想计算机做了什么。对于对手每一种可能的下棋走法，程序设计好了应对方案。然后计算机为了赢得比赛，作出最合乎逻辑的举动，并提示其人类帮手来执行移动。是机器可以思考吗？“不是的，”我们可能会这样回答，“这只是计算，把国际象棋作为一种数学问题处理。”然而，一个国际象棋选手也是权衡对手可能的行动，选择最有效的办法赢得比赛。这个我们是承认的，但是我们可能会说，“计算机没有思想，只有输入和输出信号。但这不也正是大脑的工作吗？”

有两种主要的方法可以实现人工智能：

1. 经典的人工智能或老式的人工智能（GOFAI），这是有关人类智能模拟机。
2. 联结人工智能或“神经网络”，关注机器智能，不管它是否类似于人类的智能。

经典人工智能

经典人工智能试图把它所谓的“思想”在计算机程序上实现。原则上讲，任何推理都可以通过逻辑变成一个程序。逻辑分析使人工智能研究者建立“莱布尼茨的普遍特征”（**5.3.4**②）作为程序代码，从而使思想得以在机器上实现。因此，许多经典的人工智能都集中在发展“专家系统”来取代或扩充现有的人类专家。这

---

① 5.3 生物技术：自动机的历史。

② 5.3.4 无生命的理性建构。

样的系统会在其研究的领域收集尽可能多的信息（例如医疗诊断），然后把信息转化为逻辑形式。

专家系统

国际象棋机“深蓝”在1996年打败了加里·卡斯帕罗夫，就是该类研究的一个例子。另一个终端技术专家系统，一个软件超级专家顾问丹尼特(1998: 15)说，这样的人工智能已经产生，并且有令人吃惊的效果。

> 加利福尼亚的SIR宣布，公司在80年代中期，SRI开发的地质专家系统正确地预测了存在一个大的、重要的矿产地，而之前的地质学家没有发现。MYCIN也许是最著名的专家系统，他们研究的是血液感染的诊断。还有许多其他的专家系统。
>
> (Dennett 1998: 16)

专家系统是计算机程序在某一领域的知识总和。最极端的例子是道格拉斯·莱纳特(Douglas Lenat)的CYC[①]项目，试图建立一个“行走的百科全书”包含所有的知识，这个项目完成所需时间可不是小时，而可能是几个世纪，各种零碎的知识必须按周期单独编码为程序，数据库的庞大是不可想象的。

人工智能模拟

在**5.3.1**[②]中，经典的人工智能旨在模拟人的智能或“思想语言”。然而对于一些批评人士，如休伯特·德莱弗斯(Hubert Dreyfus 1979)，他们觉得这种思维是完全错误的。他坚持认为，任何真正的智能机（虽然他认为原则上是不可能出现的）不仅仅是人类思维的逻辑元件，更是能真正地谈话，应对谈话中的变幻、暗示、笑话和错误，这才是人类交流的特点。这将是智能化证据，而不单仅有一些特定的智能化功能（例如计算表中的原子数、矿床位点预测）。德莱弗斯含蓄地批评经典人工智能，因此真正的智能是高于逻辑的：它必须能够有非营利行为。换句话说，一个真正的智能机器也可能真的愚蠢。

然而，德莱弗斯和其他经典人工智能研究者都认为，人工智能必须能被复制，复制后下载到计算机程序。这是被联结人工智能研究者所否定的。

联结人工智能

神经网络或联结人工智能被另一条线索贯穿，刺激它产生的不是模拟条件

---

① CYC是一个致力于将各个领域的本体及常识知识综合地集成在一起，并在此基础上实现知识推理的人工智能项目。旨在使人工智能的应用能够以类似人类推理的方式工作，并把每个人类理解的常识知识教给计算机。这个项目在1984年设立，由Cycorp公司开发并维护，被誉为是“人工智能历史上最有争议的项目”之一。——译者注

② 5.3.1 自动机：原理。

（如智能），而是器官（心、肺、喉；**5.3.3**①）。它并不是类似建模的高级认知功能类似，联结人工智能研究者们会发问：生物的头脑是如何进行逻辑工作的？丹尼特(Dennet)回答了这个问题：

> 如果说经典人工智能研究者试图建立一种模型思想，联结人工智能程序试图模型大脑。
>
> (Dennet 1998: 225)

神经网络试图模拟大脑的物理工作程序。大脑有神经元（脑细胞），是电化学信号，这种信号相当于机枪的扳机。神经元本身不是智能的，但是大脑神经元活动是智力形成必不可少的。连结学派认为，所有的联接方式构成大脑结构的智能，但可能会出现更高层次、更复杂的相互作用。创造出一个更好的方式，因此，创造智能机器可以用计算机模拟人脑结构，而不是试图将程序智能设计成一个单一的计算，连结学派建立神经网进行研究，电脑被连接在一起，每台电脑连接着其他的电脑，在系统中都发挥着自已的作用。

用专业术语来说，经典人工智能是“自上而下”的，因为是机器的程序。联接人工智能是自下而上的，因为它希望机器通过自身的“成长”变得智能，像经典的人工智能，神经网络或联结人工智能有其成功之处：传统的人工智能会把下棋设计成一个程序，它不能识别人脸或者做其他任何事。人的面孔很微秒，是瞬息万变的。你可以停下来考虑一下，计算机如果想辨别人脸，必须执行多少程序，区分一个人从众多方面检查、分析，比如鼻长度分析、眼睛的颜色等。庞大的数据库必须具备所有模型来完成人脸识别行为，从程序员的角度看，这是一个非常庞大的任务。因为大脑不能同时执行一系列的指令，只能一个接一个，为了执行“人脸识别”。存储器（里根的脸）和感官上（里根的脸）同时工作。利用这个想法，联结人工智能的研究人员已经能够通过神经网络建立人脸识别系统。这需要信息支持程序，神经网络必须学会从一个基本的操作代码来识别脸，它会被训练以选择相关的要素，直到人脸被刻在记忆中。②

这种革命性的方法实现智能化，不同于经典人工智能输入程序输出智能的方法。联结主义者希望有足够的并行神经网络（拥有大量的神经连接与生物大脑），智能化可能最终会实现。

---

① 5.3.3 自我增强的引擎：蒸汽机对抗自然。

② 庞德斯通(Poundstone 1985)为如何将这个游戏编入IBM个人电脑提供了一些建议。同样地，道金斯(Dawkins 1991)也在《盲人钟表匠：书之程序》中提出了人工生命的进化型模拟。在对进化行为的计算机模型观测基础上，道金斯推导出了极为有影响力的“自私基因”(Dawkins 1976) 的理论(Dennett 1998: 233n)。在此后的工作中，道金斯提出了一个有影响力却具争议的文化现象的进化模型，如思想、音乐、行为和社会规范(1976: 206)

从联结主义把智能看成一个新兴的属性，这是基于大脑的复杂性和变化性。在这样的系统中，高度复杂的事情可以从简单的事务中总结出来，就像两种化学物质的混合体，或像神经元的相互作用。神经网络，因此不只是模拟生物大脑，而是实际的、技术性的大脑。

人工生命

人工生命计算机的历史可以追溯到阿兰·图灵和约翰·冯·诺伊曼，也就是巨像电脑(Colossus)与艾尼阿克(ENIAC)的设计师。图灵在1952年发表论文称，有机形式的发展必须经过科学计算。20世纪40年代开始，冯·诺依曼根据“细胞”能够自我复制的原理设计了“细胞自动机”，“就像生活或自然中的自动机一样”(Boden 1996: 5–6)。约翰·何顿·康威(John Horton Coway) 在20世纪60年代末开发出“游戏人生”，从20世纪50年代直到80年代，托马斯·雷和克里斯·兰顿一直在研究以人工智能为主的人工科学，后来两人又开始在这个领域实施其他方案和理论研究。瑞恩(Ray)在1989年提出，生长在Tierra程序[①]中的“虚拟器官”可以“自由地漫游，并且能复制任何它们在网上找到的一个机会”(Robertson *el at.* 1996：146)。然而，在计算机之外，“研究人工生命又是一个漫长的生涯，不论是基于现存的哪种技术”(Wienner 1948–1962: 40)。这种方法也是现存的机器人形式(Warwick 1998; Dennet 1998: 153–170)，因此被称为“硬生命”，基于计算机的工作被称为“软生命”。而第三种是基于繁殖技术和基因工程的发展，有时被称为“湿人工生命”。除了模拟生物大脑的技术，神经工程的研究者使用真正的神经元，建立“类似于大脑的系统”(Borden 1990: 2)。在这种情况下，生物学简单地变成了生物技术。

人造生命和生物

总而言之，人造生命和道金斯的模仿论——一个起源于生物学本身，另一个源于计算机科学——在基因行为的研究中都被视为有重大作用的方法，原因有二：一是生物学上，自从1966年克里克(Crick)和沃森(Watson)解密了DNA的结构和行为之后，演化生物学家们就大体承认了信息加工和DNA活动之间有很大程度的相似之处。DNA是一种编码，它被“信使RNA”翻译和携带以形成新的DNA链，而信息会被翻译成编码、传输，然后再解译为信息，这一点上和DNA十分相似。

1966年，克里克和沃森完成了基因编码的化学结构和行为表现的编写。几年

① Tierra是目前最著名的一个进化数字人工生命模型，“总之，差不多自然演化过程中的所有特征，以及与地球生命相近的各类功能行为组织，全都出现在 Tierra 中。”大部分资料可以从Tierra的官方网站获得：http://www.his.atr.jp/~ray/tierra/。——译者注

之内，生物学家们便准备好了向世人公开生命的信息化原理。诸如雅克·莫诺(Jacques Monod)的一些生物学家甚至将遗传学重命名为“微观控制论”。当然，这个控制论与香农(Shannon)和韦弗(Weaver)提出的在媒介研究领域十分著名的那个版本必须严格区分开。这种控制论旨在将“噪音”降至为零，因此也要保证最大的信息量。如果将所有“噪音”从生殖过程中排除，就不会有发展性的变化，所有后代的外表也都可以通过他们父母的遗传信息推断出来。另一方面，如果遗传过程中只有“噪音”，那么所示例的一个种族的所有成员就无法保持基本的基因结构。因此繁殖或分子层面上的控制论必须同时包含详尽的可复制信息（比如对人类来说，正确的四肢数量）和一定数量的“噪音”（以解释一个物种的变化和个体外貌差异）。①

莫诺用一个火星太空生物学家试图将地球上的生物体与机器区分开的科幻小说展示了有机体和科技产品共有的一些特点。他展示了为什么对于火星生物学家来说，从一些表面上的差异点未能将两者区分开。例如，如果我们认为科技产品的结构特点在一切情况下都完全相同，那么晶体、蜜蜂和人类在结构上的不变性和复杂性也能证明它们和科技产品是相似的。因此，一方面分子控制论是致力于维持秩序，在每个个体中不断重复这一物种的基本结构。所以，莫诺的控制论像一台温度调节装置一样小心翼翼地维持着反馈抑制和活化作用的共同进程。此外，诸如晶体一类的有机物是由一种“自我复制机器”，如冯·诺伊曼所界定的一般(**5.3.5**②)，然而莫诺认为那些人工制品——人造科技产品——却不尽然。这为自发形态变化物体形成了一个“自由”阶段，来自外部的自由。

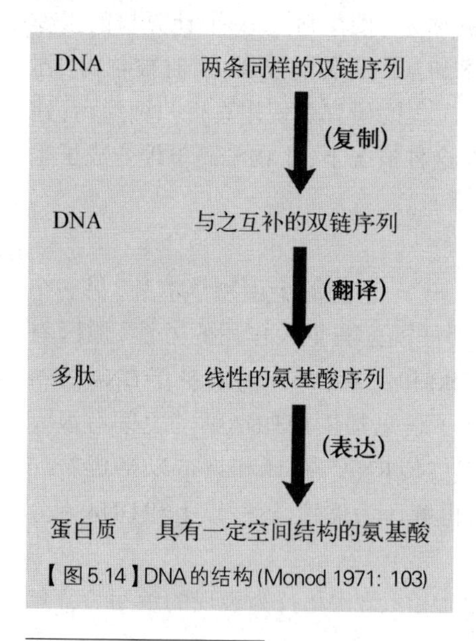

【图5.14】DNA的结构(Monod 1971: 103)

原因：每一个有机体在发展的过程中都有自我限制。最终，有机控制论通过“目的性”达到自主权，莫诺自然而然将此与“输入程序”相理解——比如，他说道，“人工制品(1971: 20)的制作是马克思的人类创造理论的重复”。然而，这两者自身都

① 德勒兹和迦塔利的生物技术理论深受他们在《反俄狄浦斯》中反复引用的莫诺的控制论的影响([1974]1984)。

② 5.3.5 数字时代的生命与智能。

不是人工制品。人造生命完完全全是由自我复制机产生的，同时识别一个被输入了某种东西的程序的来源这个问题也就更加清晰，就拿相机来举例。相机能够捕捉画面的程序是相机内在的还是由眼睛产生的？因为最终这两者的作用都是相同的，尽管两者的硬件设施不同，但这个问题仍无法马上得到解答。莫诺对这个问题的解答并非想一次性解决所有物体程序是否原本存在，而是想要提出存在于定量门槛中的技术性与生物性的不同。而他说定量门槛就是一个东西的“目的性水平”，即是被需要传播从而能够认识物体的信息的数量决定的。很显然，复杂的生物个体要比任何的科技产物高级得多（尽管考虑信息在一个充分工作的神经系统中传播的复杂性并不是很必要）。

莫诺对微观控制论的阐述为区别生物与机器提供了一种暂时的方法。但是他主张生物是由许多分子控制系统组成的基本原理有别于他把目的性和不变性这两个主要功能认定为真正的生物系统的起源。

> 目的性和不变性的区别远不仅仅是逻辑上的抽象概念。他是有化学基础理论作为保证的。生物高分子的两个基本阶段：一个是几乎所有有目的性的结构和性能的蛋白质阶段，另一个就是基因不变性的另一个阶段，唯一相关的，就是核酸。
>
> (Monod 1971: 27)

又一次，正如我们从马克思的外延主义中看到的，人类的“自然”建设和文物建设之间的区别——仅仅是一个定量门槛——变得更加清晰。正像是在某些情况下人类技术的扩展功能反过来又会改变那些功能本身。所以，同样地，在某些特定情况下，一些包含生产的东西信息传递的数量是莫诺唯一可以确定地告诉我们的能将生物系统与科技系统分开的东西。没有东西可以比人类基因组计划更清楚地说明这件事。

人类基因组计划是一个为了破解“典型的”人类基因序列而作出的一次尝试。十年前已经有两组人员竞相追击破解的方法，一组是惠康研究所，具有慈善性质并且想要充分且快速地通过网络传播他们的研究成果的英国研究所。另一组就是塞雷拉基因公司，一个不断地为他们所破解的基因片段申请专利的美国生物科技公司。这场在政府资助的研究院与私人资助牟利的公司之间的竞赛有一种史诗般的赛博朋克特质。我们几乎是一步步见证着基因化的资本主义的起源，即将生命变成一种专利。这完全是可以想象的，比如说，如果一个塞雷拉专利的基因产品被购买用于不孕不育治疗，那么产下的后代的所有者问题就会引来法律上的争论。所有的一切现在所需要的是一个有良知的基因黑客小组，心怀不满的生物科技顾问和一本也许可以取名为《基因组人》的小说，来鼓动或者是促成一个全新的文学分支。此外，正如凯文·沃里克(Kevin Warwick)从1998年就开始对移植物进行的实验一样,我们就可以想象申请了专利的基因组序列被载入到移植物中来通过安全屏障,只是为了进入被移植者体内一探究竟的场景了。

然而,从目前的观点看来,基因组之所以如此吸引人的原因是因为在莫诺出现以后,到了电脑能够达到如此之广的领域的现在,它使得产生我们称作足够高的具有很强目的性的水平成为可能。此外,基因组必须要被装入电脑的存储器中,因为人的记忆力难以记住这么多基因序列。这就恰好使得基因组成了一个杂交产物:它是一个关于人类生命的但却只能被科技媒介所记录的计划。到了这一步,“人类”已经与机器相互交融了。机器充当着重新规划造人的角色,去消除缺陷并提高现有能力。基因宣传组定期承诺人类基因组计划可以治愈癌症,延长寿命,消除先天缺陷等,但这些仍旧只存在于科幻小说里。目前市面上已经有大量的基因缺陷物,如杜邦肿瘤鼠,它已申请了专利,并且不再被看作是生物而只被看作是用于癌症实验的商品。当然,转基因食品是一个人尽皆知的政治恐怖故事,刺激着一种关于未来的恐怖预言的出现,仿佛弗朗肯斯坦的嫁接术将取代农业而催生“嫁接文化”。然而,不管是从官方和非官方的态度来看每一种进步都是有争议的,这也就导致了一些十分奇异的人口融合:生物伦理学委员会由牧师、政治家、科学家和律师们组成,他们决定物种重组的可行道路,并且试图缓和草根政治组织反对像“双螺旋线的傲慢”(Harpignies 1994)的示威活动。在任何有关生物科技的情况下,不管是基因组还是世界上第一种市场上可买到的转基因蔬菜(或者说是水果)西红柿,值得我们注意的是技术已经延伸到了自然范畴。不再是满足于每天傻呆呆地坐着眼睁睁地看着文化和自然在双重文化间竞争,科技尤其是生物科技公司,已经陷入了恐惧,这种恐惧控制了一切。

也许当莫诺写出新版的《偶然与必然》(已于2000年再版)之时,那些试着去区别生物与科技的看客们会先让自己科技化,不仅仅是从另一个物种的角度而是从另一个门类的角度来看问题。①

人造生命和电脑

电脑技术不需要为人造生命的诞生等待太久了。约翰·冯·诺伊曼,那个设计出ENIAC的技术与图灵的巨像电脑一起,设计出人类历史上第一台事实意义电脑的人,就像沃康松、肯佩伦(**5.3.2**②)、狄德罗和巴贝奇(**5.3.3**③)一样,都是对建造人工自动机感兴趣而不仅仅只是对各种各样的自然自动机进行简单复制。于是,他问道:

---

① 参见哈维对肿瘤鼠的分析(1997),以及迈尔森(2000)对哈维在实际存在之杂交问题的讨论。一般性的了解可参见哈伯尼斯1994年的批判性回顾。

② 5.3.2 发条:技术与自然的结合。

③ 5.3.3 自我增强的引擎:蒸汽机对抗自然。

什么样的逻辑组织对自动机的自我复制是充足的？在提出这个问题之前，冯·诺伊曼在脑海里已经有了类似自我复制的自然现象，但他还是仅仅模仿自然界中的自我复制用于遗传，他并没有试图模拟在遗传学和生物化学的水平的一个自然系统的自我繁殖。他希望从自然界自我繁殖现象中抽象出一个逻辑形式。

(A.W. Burks on von Neumann, 引自Langton in Boden 1996: 47)

换句话来说，如果道金斯想到了模仿各种各样自然界进化的策略，冯·诺伊曼关注的是构建自动机——被称为原细胞自动机——对他们环境的适当的生殖策略。这两者相同的差别也是人造生命的核心。克里斯·兰顿(Chris Langton)写出了被广泛认为是该领域"宣言"的人造生命的作品的作家。

试图用电脑去人工合成进化过程，并且对*在该过程中产生的任何东西都感兴趣，即使产生的结果与自然界中的任何东西都没有相似性*。

(Langton,in Boden 1996: 40)

如果生物学的理解是将生物分离(分析)而了解生活，则人工生命希望通过将它们放到一起(合成)像生命本身一样去理解它，无论以什么样的方式发生。人工生命因此与托马斯射线联系，例如"合成生物学"，无论是兰顿还是光线，因此支持所谓的"强人工生命"，而不是"弱"的品种，其中值得关注的是，道金斯极少去"模仿生命本来的样子"。

从"自动"之物 到"自我组织"

自动机的历史，从液动的到气动的，发条装置，电流的或热动的，不断地使其越来越接近推动或驱动这些尝试向构造人造生命的形式这条关于生命的线上去。人造生命越过了这条线，并且把生物的东西转变为科技的东西(如湿人造生命)，又把科技的东西变成了生物的(如强生命)。"合成生物学"这个术语已经说明了划分自动化与模拟化以及科技与自然的这条线已经被跨越了。科学也不再是只要考虑如何理解自然界的学科；它已经积极地要去建造人造生命了。是科技的进步使得这样的越线成为可能，更准确地说，正如兰顿对人造生命的定义所强调的那样，是计算技术。

在20世纪四五十年代的数字计算机发展初期，阿兰·图灵开始从事计算机与生物的工作，同时约翰·冯·诺伊曼开始着手细胞自动机(CA)的研究。细胞自动机是一些自动并且能够自我复制的代码。玛格丽特·博登(Margaret Boden)对细胞自动机的描述如下：

一个由许多细胞组成的可计算的"空间"。每个细胞都根据相同的规律变化，同时还要考虑到周围的细胞。这个系统根据事件而变(比如根据一个固定周期),所有的细胞都正常地变化……每发生一次全球性变化,这个规则又会被重新应用……

(Boden, in Boden 1996: 6)

然后整个进程又重新开始,永无止境。随着细胞自动机的发明,冯·诺伊曼于是成功地将计算机形式用到了生物复制中去。自动机不仅仅是随着每次全球性变化周期而改变,而且每次周期变化会导致不同改变。因此,从起始程序的单纯集中,细胞自动机产生了复杂且难以预测的形式。改变了细胞自动机的形式的是所有细胞进行转变的阶段,而不是细胞自动机是按照某种预先决定了的方式变化。这种现象被称作自我组织。是它们自己内部的现象,而不是一个支配一切的程序使它们成为一个不可预编程序的形式。

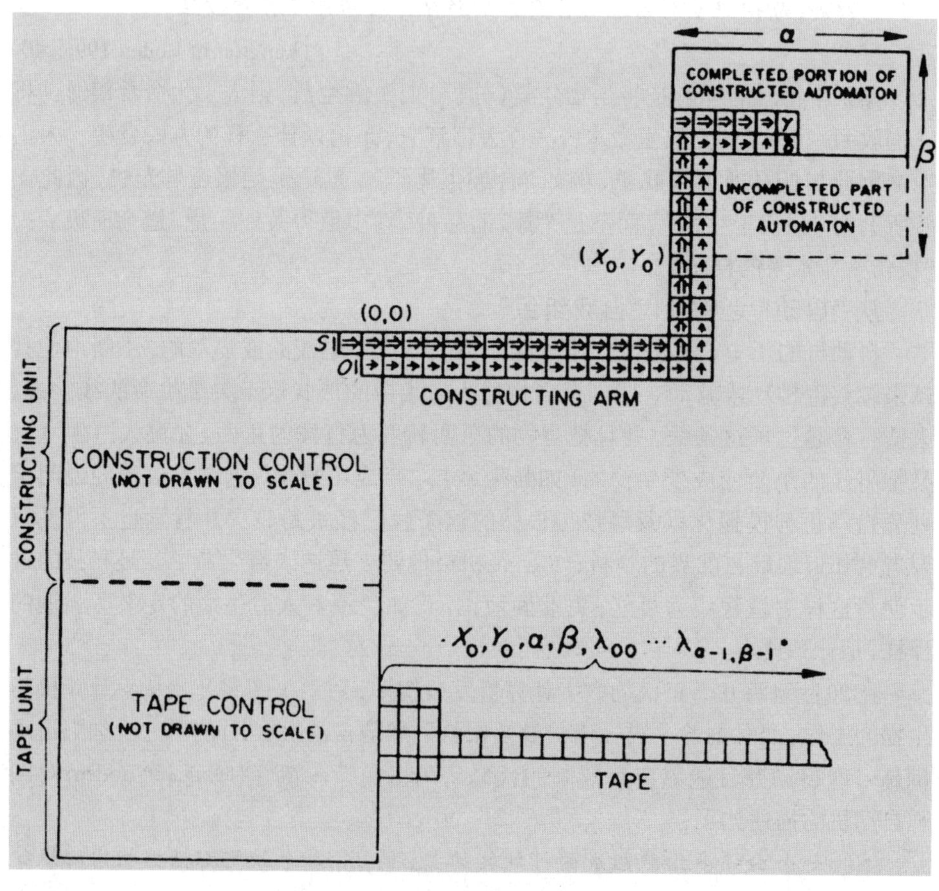

【图 5.15】虚拟有机体的细胞自动机

5.3.6 小结

科技并没有像它过去那样从物理中抽离出来纯粹地只为人类文化服务。相反，从强调工具和机器的不同，被使用与使用者、侍从与主人的区别中，我们可以看出，人类为主人、非人类的科技为仆人的关系中并不是亘古不变的。换句话说，有些机器就像人类一样地使用工具；而且，正如有些人类也成为另一些人的工具，那么他们也可以成为非人类机器的工具。并不是说永远不会（或从没有）有机器控制权转移给人使用这种事，而是说这样的时期在科技大规模爆发的时代或者是埃吕尔称作“科技的自我增强”时代会逐渐造成威胁。

科技转向了生物（或生命）的物理学研究，而不是文化的物理学研究。总是处于文化的技术想象力的边缘，机器在整个历史上无限接近生命，不管它是通过一种极像人类的方式（模仿）或者与人类有别的方式（自动机）形式。尽管生化人是这种趋势下最广为人知的当代文化显像，但正如我们所见，这并不是唯一的。甚至可以说，自动机从模拟人的传承意味着几乎总是被赋予人类形态的生化人，对“人造生命”的前景提出了错误的问题。通过放弃创造活着的模拟人（就像是那种奇幻文学中贯穿始终的“双面人”），人造生命科学正试图从头开始创造生命，不是模仿之前已存在的生物开始，而模仿他们的机制。而在这样的信息时代、基因数字化时代，以及网恋都能提供基因组的时代，人类之间亲密度的增加也使其变得可行。

通过将自动机置于科技历史中的中心位置，我们可以看见生命趋向固定不变的趋势。然而，这并不是一个连续的或者积累的趋势。技术的改变促使新技术的重新开始。

我们可以从自动机的发展历史学到下面几点：

● 当代文化中的生化人并不是新概念，但是在每一个科技发展的阶段都是有先驱者的；

● 贯穿整个历史，生命和科技的关系总是分分合合，并从中形成了科技历史中的恒定；

● 每次有人回答“什么是科技”这个问题的时候，历史都会被改写去适应这些答案。这个问题的答案往往都是假设一系列牢不可破的假想（即“正常的”科技）；

● 这些假想——以及对历史的看法——都被一个给定文化下（即“危机”科技）的科技基础中的每一个改变给复杂化和问题化；

● 最终，在科技正常化的时期，人类与机器、自然与人造、自然与文化、物理和人类之间的争议都难以被检验。

强调：正如维纳所说，这些现象都是有历史性循环周期的，在每一个科技时代都是如此。就目前来说，数字计算机代表了危机技术，旧的有关于在自然，文化与科技之间的稳定关系又一次被打破。这又为有关物理的文化分析增加了不确定性，当然，它同时也给我们提供了一次机会去重新检验从科技的文化环境影响论变得正常化了以后被我们认为理所当然的事情。也让我们重新思考为什么会变成这样的问题。早期的危机科技历史使我们可以瞥见那些问题的形成，也因此给我们提供我们在现在可能会产生的问题的一些指导。然而，从理论上来说，历史因素也并非完全没有责任而仅仅是充满了未知的假想，它对我们认识对一些由于历史而促进的理论也是很有必要的。因此，这就是我们接下来要转向的任务。

5.4 赛博文化理论

引言

控制论的科技是伴随着人造赛博文化的核心的，它被认为是动物和机器在生物与科技中的控制和传播。虽然赛博文化被普遍地与数字科技联系在一起，但是正如我们可以看到，它其实包含着自然与科技的关系。因为我们现在考虑到了生物与科技，我们也会开始对赛博文化有更深的了解。之后，我们会继续向前去看看一些有关赛博文化本身的理论，也就是那些试着将赛博文化安置在科技、自然与文化三个领域之间的尝试。①

5.4.1 控制论与人机理论

经典控制论简史

在第二次世界大战结束之际，控制论在一群数学家、工程师和物理学家调查通讯系统和防空目标系统问题之际逐渐崛起。后者也是在1940年写给计算机技术先锋万尼瓦尔·布什(Vannevar Bush)的诺伯特·维纳最关心的部分。维纳是一个从事研究并且从而掌握了预测学的数学家和物理学家：为了定位一个运动物体，那个物体的轨迹和速度都需要被立刻计算。这项技术不是去攻击敌人此刻在哪而是下一刻他将会在哪。万尼瓦尔和另一个控制论学家冯·诺伊曼都是研究计算机的先锋，致力于用电子代替机械计算程序的研究(**5.3.5**②)。冯·诺伊曼

① 5赛博文化：技术、自然与文化。
② 5.3.5数字时代的生命与智能。

和经济理论家奥斯卡·摩根斯特恩(Oscar Morgenstern)又一起发展了最早的被称作“博弈论”的经济行为模型来将控制论向社会传播。最终，与控制论一样，就职于贝尔电话实验室的克劳德·香农(Claude Shannon)对最大有效沟通系统的理论设计和实际安装很感兴趣。香农和韦弗的通信模型在媒介分析领域被认为是声名狼藉的，并且被认为只是一种宣传而不是传播的理论，因为它只关注成功并且单向的信息传播途径。往好里说，这种传播控制论强调了传播与控制之间的关系。明白并非所有的传播都是口头的或者是符号性的这一点是非常重要的。传播产生并且证明了控制论。这与当你的手碰到火苗会立刻缩回是一个道理。这不是一个只需要被理解的信息，而是一个引起作用和反作用的信息。正是这种理解把许多媒介研究学者的激情给扑灭，因为这减弱了传播概念转向单纯的回应或者反应。

然而，为了看看控制论对理解人际关系作出的贡献，我们必须要注意到在控制和传播进程中三个主要的原则。那就是：

1. 要有反馈，包括正面的和负面的。
2. 限制导致反应，而不是选择。
3. 信息和议论成正比。

反馈

反馈有两种表现形式：第一，负反馈。负反馈是使得一个系统按固定模式运行的原因。举个例子来说，当一个温控器切断了热电源时，那它就是为了防止自身过热。当它发出恢复热度的信号时，它就会抑制其冷却。因此，给定的温度就稳定在一定波动范围内了。我们也可以说这是在这方面的根本保障。负反馈之所以为负反馈是因为它抑制了继续加热的趋势，或者说是中断了整个加热过程。

第二种表现形式，正反馈与我们从电子音乐演唱会中所熟悉到的一样。信号与来源太过接近，反馈是进一步扩大系统产生的音量(与信息相反)。如果不去检查，正反馈会继续扩大音量直至扬声器损坏。相似的，如果蒸汽机没有管理者对其施压，那么它就会变成炸弹而不是动力机。正反馈将我们最终会将系统引向崩溃。但是当系统能够存活下来，正反馈也会一直给系统带来改变，而且有时候会给系统带来惊喜和意想不到的收获。总之，所有的改变都可以理解成一个产品的正反馈而导致的。

限制

当控制论探究到控制时，他们所关心的是如何防止正反馈和扩大负反馈。负反馈的最大效果在系统中是完全可以预测的：它不会做一些意料以外的事，而且会一直按照既定的目的运行下去。由于这个原因，一种现象的产生绝不会是因为某个负责人的选择而产生的后果,而是由于所有可能性的限制带来的。有趣的是,这不仅仅是高效运行机器而是因为这是基于机器的运行可能导向一些可能的结果;而且控制论的任务是选出这些结果中哪个是最可能结果。从这个意义上来说,控制论对于从一些有可能性的结果中产生 一个“真实”结果的作用是“现实的”。正如我们可以看到,当我们讨论什么是“虚拟”的意义时,这一点就变得很重要了。

就目前来说,这是目前最需要把握的东西。之前我们也说过,维纳对预测系统很感兴趣,而且通过这种层面上的控制论限制,我们可以了解到一些控制论如何看待事物的信息:任何现行事态——我们称之为“当下现实”——是消除可能的未来的结果。如果这些选择需要被消除或者抑制,那么这只能是因为它在某种程度上以还不能确定是否会发生的“潜在结果”而存在。换句话来说,它是作为内部趋势而存在的。这种观点很重要的一点是,它把可能性包含进了当下,并且通过脱离现实和抛弃现存的东西来产生现实。控制不是守旧,那么,它也是可以预言的,并且这种现下的未来的行为已经成为科幻小说的核心主题。

信息和噪音

经典控制论主要的关注点在于如何消除传播渠道中的噪音。一种很好的方法就是去理解何为噪音,也是去思考电话信号:当电话信号是清晰的时候,并且没有任何装置和周围环境的干扰(第一时间产生反馈,并且在这之后扭曲或者消除电话信号),最大数量的信息被生产出来了(通讯双方都能够清楚地听到对方)。简单地说,信号中越多干扰,信息被传递得就越少。最清晰的信号就是产生最大量的信息,而最不清晰的信号就会有最多的噪音。然而在任何的信号中都有一些噪音,并且当越多的信息被传输,就会有越多的噪音产生。对于传统的控制论来说,噪音是一个大问题,而且没有信息可以完全避免噪音。①

后经典控制论

控制论并不仅仅局限于供第二次世界大战时期军事指挥,或是传播和控制这样的极客们的兴趣所在(其他的像是C3; De Lenda 1991)。它的支持者理论化了串行和并行计算,并且研究出了早期的阀计算机系统。然而,这个理论主要发展中的问题是控制论关于学习问题的探讨。格雷戈里·贝特森(Gregory Bateson)在19世纪六七十年代提出了信息的完美应答概念(例如完美的信息检索)相当于零学习量,正映照了那句格言“模仿是对老师最差的回报”。学习总会存在着偏差,偏

① 个人电脑是一种串行计算机,他们有一个中央处理器(CPU),将所有任务依次处理。一部并行计算机系统则涉及多个处理器和多任务的一次性处理。当冯·诺伊曼区分两者时,他认为电脑是固有的串行,而大脑——自然的自动机——则是天生的并行。参见von Neumann([1958]1999)。

离原来的规范等。尽管这听起来可能并不是那么令人吃惊，但是它也会产生新的问题。

首先，就上面探讨过的限制问题而言，它不仅仅是为了达到最佳的回复而破坏了其他的选择，它也模仿着收取信息的方式并且建立于信息之上。尽管控制论认为控制是一种负反馈，消除了除最终结果以外所有的应答，学习本身是还包含能够产生新的应答方式的正反馈的。

第二，考虑到冯·诺伊曼的关于串行和并行计算的差异的理论解释，人工智能研究者对正反馈装置变得十分感兴趣(**5.3.4**[①])。并非用一种负反馈控制论的方式来问“我们如何能够确信那些战争机器——比如说士兵、坦克、飞机、通讯系统、战略等——会完完全全地听从我们的要求呢？”这种问题，人们开始用正反馈思考方式去问“我们怎么样才能使得机器学习呢？”(**5.3.5**[②])[③]

第三，其他领域开始探索正反馈的优点，尤其是在化学和基因学领域。在化学方面，举个例子来说，人们开始思考如何能够自发形成“从混沌到有序”这种情况(**5.2.2**[④])。许多现象似乎是存在的，但是却没有可利用的理论模型。因此就会产生如非线性或者“远离稳态”动力学。在基因领域，基因的完美信息传递将会使得一代代之间没有任何改变，那么基因进化的基础就会消失。而没有基因的变化，就不会有基因突变。不完全副本就成为研究重点，着重指出了正反馈以及改变而非控制的前提。

第四，选择是一种积极的而非消极的原则。在回答“为什么偏偏是这种结果”这类问题时，科学家的关注点从执行预期结果的过程转移到了寻找更为合理的结果。正如曼纽尔·德兰达(Manuel de Landa)解释的，每一个远离平衡的现象是如它是“引导头”或者“搜索设备”(de Landa 1993: 795)的结果，最终会“选择”出一个特定的顺序。与限制系统的消极方法相反的是，这种积极的方法不能保证一个确定的结果。因此暴风追赶者学会了判断即将发生的暴风雨，但是也不能保证暴风雨一定会发生，或者是否会发生在最有可能的地方。暴风还有自己的形成方式。

最后一点，尽管控制论从来没有排斥一个系统中的组成部分是生物性的还是

---

① 5.3.4 无生命的理性建构。

② 5.3.5 数字时代的生命与智能。

③ 如果“战争机器”的词汇听起来太过隐晦，只会激起士兵们、飞机、坦克对某一目标的有效行为，那么考虑美国海湾战争中飞行员在座舱中发出的对于“信息超载”的投诉。在后者的情况中，飞行员不再处理真实的场景，而是模拟场景，并从机上计算机设备接受了超出人类生理神经承受范围的过量信息。“战争机器”并不是隐喻。参见De Landa (1991)。

④ 5.2.2 因果性。

科技性的,反馈不再是像通常所说的只限制于传播学,而是开始在化学、生物、经济学、人工智能、人造生命、社会学(Eve *et al.* 1997)、政治和文学上获得应用。是从有争议的逃走的正反馈的普及,才使得一直不断改变的赛博文化得以效仿。①

最短的回路

吉尔·德勒兹(Gilles Deleuze)是一个经常与赛博文化联系在一起的哲学家(Levy 1998; Critical Art Ensemble 1995; Genosko 1998; Ansell-Pearson 1997),他接替了将电影从一项自然发生的艺术形式归纳到了"机械思想"的产物的柏格森([1991] 1920)的工作,并且像他在他两册关于电影的书(Deleuze 1986; 1989)中谈论的中心思想一样,寻找方法去推翻它的知识意义。在工作中他提出了他的关于"精神自动机"理论,这个理论基于电影特效与观众之间的结合。德勒兹十分重视这个结合,并认为此种精神自动机是由神经、肉体以及光组成的。它之所以是这么组成是因为电影是在机体与制造反馈回路和感官刺激(声音、图画)之间创造的设备,这个设备如此完备而足以组成一个新系统。电影之所以如此是因为电影符号创造的是最短的,最激烈的在神经信号与脉搏之间的回路。这个回路一旦形成,这些刺激就不再是从屏幕带给观众的了,而是依次组成其他回路的大脑,与机体混合了多种电影标志。对精神自动机来说最关键的是它是在该领域的一种新型的系统,而不仅仅是单独的机体和科技系统。

德勒兹的自动机演示的概念证明了自动机是对控制论的作用不是在机体而是在回路中进行的。此外,德勒兹还演示了在大脑和影像间的给定关联,而不是仅仅去解释它作为一个事件的起因。换句话来说,这个回路是自我组织的。进一步讲,"精神自动机"是物理意义上的,包含了神经元和光的新型回路。由此看来,其他所有的东西包括标志和神经、影像和物理作用都提高了其复杂性。最终,最短的回路比其他回路"循环"地更流畅一些,于是从一个需要经历其他所有回路的回路形成了一个主要的回路。德勒兹于是发展了一种既不能简化科技性也不能简化生物性的控制论的主体概念,也就是说自我组织。这不仅仅形成了重新

---

① 暴风追逐者的故事不仅仅在简·德·邦特《龙卷风》(1998)中出现,也在布鲁斯·斯特林的小说《恶劣天气》(1995)中出现。斯特林在他的作品中完美地阐释了上述理念。1999年,斯特林的《分神》又一次提供了这种逃亡过程的案例。故事讲述的是美国遭受了中国电磁脉冲的攻击后,网络经济被摧毁,一个政治精英调度混乱的资源并建立新的秩序、新的政治结构。这些结构他原来并不知道,直到他参与其中。作为对小说的反馈,戴维·泼拉什(David Porush 1985)认为控制论小说(例如小托马斯·品钦[Thomas Pynchon]的《重力彩虹》和《拍卖第四十九批》)有自己的动力,因此建构得更像反馈而非标准的线性叙事(起因、经过、结尾)。最近(Broadhurst-Dixon and Cassidy 1997),泼拉什通过让读者进入反馈的方式表达了同样观点:任何让读者大脑产生变化的文本,反过来都会影响读者正常的认知行为。在这个意义上,"那本书改变了我的生活"的说法是永远正确的。

思考媒介影响的争论和图像的驱使力的基础，也说明了对于代理商与机械决定论来说都没有空间了（比如德勒兹发现，柏格森关于影像的批判在一定程度上说明了这点）。

因此我们可以看出德勒兹发展了柏格森的“机械思维”：影像并不是事件按时间顺序单调地发展，而废除了我们自己“生活时间”的感受。它是一种形成了针对物理环境的控制论主题的正反馈回路：即“精神自动机”。

杂交

除了精神自动机以外，我们目前检验过的所有的控制设备——工厂和工人、蒸汽机和政府、电话和打电话的人、飞行员和飞机以及其他所有的机器——都含有一些我们可以消除的结合部分：如飞行员（控制者）离开他的飞行器，工人离开了工厂，观众离开了电影院，士兵一直逃离战争机器等。尽管普兰 (Plant 1997) 坚持说所有的控制论系统仅仅是通过使用科技和生物成分组成了生化人，而越来越受到赛博文化影像的生化人本身并没那么分离。

现在我们来看与人类相仿的自动机（模拟人）和那些与人类不相似的自动机之间的差别。工厂，战争机器，电影放映网等这些东西长得与人并不相像，但是严格说来，这些东西都是自动机。因为，它们一旦“接通”就变成自动的东西。几乎是同样的，虽然如此（尽管也有一些例外，比如说运行《黑客帝国》的控制系统），当代的生化人中的确有一些看起来也很像人类。阿诺德·施瓦辛格的终结者机器人有些类似人类，还有像机械战警、史帝拉①、蒸汽朋克中的库勒·布莱克史密斯。《星际迷航之星际移民》中的大副德泰 (Data) 不仅长得像人类，而且还渴望得到更多——星际迷航的特权证明了惊人的想要成功的决心，甚至通过航海号中的“九之七”② 这个形象来人性化他们无休止的非人性的复仇。除却关心史蒂芬·霍金的生理限制的阿拉科尔·罗赛恩·斯通 (Allucquere Rosanne Stone 1995) 提出的有关身体限制的问题，德泰这个形象显然可以被认为是人类。③

然而，反网络小说较少关心这些泛着金属光泽的机器人，像是终结者或者是极富肌肉感的马克思，而更多关注移植技术。从现代十分有名的人工心脏开始，

---

① 澳大利亚新媒体艺术家史帝拉(Stelarc)闻名于《强化的肉体》《雷射眼》《第三只手》《自动化手臂》《视像黑影》等作品，在他的艺术里，科技附着在人身上，甚至入侵了人的身体。——译者注

② 九之七是《星际迷航》中的一位女性生化人，全名为零一号联合矩阵第三小队九之七(Seven of Nine, Tertiary Adjunct of Unimatrix Zero-One)，简称为九之七或七。——译者注

③ 德勒兹每每被认为对赛博文化很重要的主要原因有二。一是他与伽塔利《反俄狄浦斯》([1974] 1984)中提出的“渴望机器”；另一个是德勒兹自己从1966年关于伯格森的著作(Deleuze 1988)开始，并贯穿于《区别与重复》([1968] 1994)，反复提到的“虚拟”概念。我们将在后边5.4.2中提到。

神经漫游者的世界包含着各种各样的人工器官，如可以记录和回放景象的人工眼球、安在指甲下的激光、易拉翻盖纳米纤维拇指等。科技应该是高大的，但是却变得具有攻击性。就像隐形眼镜，一旦我们戴上隐形眼镜我们就不再感受到它的存在了。

当然，我们也是虚幻和现实结合的产物。但是这个问题的关键不在于说一个虚构的机器人比真人更缺乏真实性，而在于应该考虑如何在当代文化环境下识别机器人的普遍类型，不管是从图形、表述、外科或是实验上都可显示。①

因此，英国雷丁大学控制论专家凯文·沃里克(Kevin Warwick)进行了一项关于攻击性控制技术的实验，并且明确表明他的目的是为了将自己"升级"成为一个真正的机器人而不仅仅是简单的、分离的机器人(如飞行员与飞行器、耳朵和助听器等)。他之前试着在他的皮肤下面移植一个发射芯片，并且在近期又移植入了一个接收芯片。他这些实验的目的是为了将身体和技术通过神经脉冲和电脑共享的电流直接连接。他想要发明一种人与人(或机与机)之间的直接交流联系，并且最终发明可以控制思想的机器。这种实验直接关系到神经连接技术和生物，改变着在生物以及技术系统中有价值的东西。这种最初在赛博朋克小说中被提出的技术轨迹并不十分重要。重要的是这种小说、这种实验，证明了生物和科技的不可分离性，而这就是控制论的核心洞察力。

当沃里克明确地称他自己即将变成的生物是生化人之时，其他科学家还是使用了另一种术语"杂交物种"。著有《生化人宣言》的唐娜·哈拉维(Donna Haraway)就是这样的一个理论家。通过强调杂交物种的重要性，哈拉维有效地再生物化了被军用化玷污了的控制论话语。杂交物种就是通过生物方法嫁接的生物体(如一种新品种的玫瑰，或者是新品种的狗)，就是物种之间的融合。当然了，我们已经熟悉了生物科技将生物的东西科技化的方式，比如创造出一种生物科技杂交产品。举个例子，莎弗番茄(Haraway 1997: 56)是第一种在美国市场上可以买到的转基因食品，这种西红柿是完全通过生物工程创造出来的，而不是"大自然自生"的(Myerson 1000: 24)。

其他支持杂交的科学家，比如拉图尔(Bruno Latour 1993)就是致力于从非生物中创造人类学——也就是说，通过一种不将非人类的事物，比如说机器、病毒、土石等，仅仅看作是人类的工具的文化设计一种非人类的社会代理。拉图尔坚持说杂交未必就是单独的组织，而能有更大的范围。他的观点是，人类和非人类物质

① 对永动机自己会动的状态的反对并不是他们需要一个能量源。正如马克思所说，机器消耗煤炭、汽油，就像工人消耗食物(1993: 693)。

都是通过一种共享的网络来形成杂交物体的。再也没有纯正的人类了，不是因为生理条件的改变而是因为人类生存环境的改变。我们生存在一个与其他事物紧密联系的生物科技的世界，因此每一个与我们有联系的社会行为，都有人类代理以及非人类代理（机器、天气系统、病毒、体系等）。于是拉图尔提出了一种我们的世界已经从纯人类的世界转向了日益增加的杂交世界的转变。

科学家沃里克与文化理论家哈维两人都同意的观点是，赛博朋克小说的世界在生物和科技之间的杂交关系已经变得越来越紧密了。生化人的部件属于有机体底下的成分，因此，机械化不再是人类通过方向盘、船舵或传送带之类的东西来与机器结合，而是这些机器"深入你的肌肤"。从这个观点来看，小说家、科学家和文化学者都达成共识，即人类从出现以来第一次面临着重建物种的情况。

所有我们曾经历过的在史前赛博文化中表现出来的元素，在现在也仍存在：长得像人类的机器人与不像人类的机器人；人造生命和自然科技；在什么东西是生存的，什么是造成的，什么是决定因素和什么是表现出来的这些问题存在的争议。便携式工具（即"人的延伸"）和环境中的"自我延伸"机器之间的区别宏观地和微观地在当代赛博文化中重现：生化人作为科技性强大的生物单元，与生化人作为生物性强大的科技单元。

机器的门类

上述问题完完全全源于生物与科技的结合，并且这形成了控制论的核心。然而，控制论并不仅仅是这种结合体的唯一理论前提。举个例子来说，德勒兹和伽塔利的机器门类概念将他们关于机器的想法置于一个更稳定的生物基础上。

人们经常会以为他们的"杂交物种"术语是有隐喻性的；然而，在有关微生物学、形态学和机器生态学的时候它才被完全理解。这三种领域标志着机器连接的范围，从最小（永久耦合的欲望机器）到最大（机械力球），这个门类在中间起着媒介作用。通过将机器门类建立在这种生物基础上的方式，机器在生物可能性方面起着重大作用。

他们从三个方面理解欲望机器的概念：从马克思身上得到了物质生产的想法；从弗洛伊德那里得到了关于欲望的理论；从莫诺那里得到了微观控制论概念。欲望机器不是被理解为单独灵魂的居住者，而是事物的分子组译器，就像莫诺说的蛋白质和核酸组成了生物体一样。同样地，他们不是比喻的，而是真实的，生产者并非虚幻的（就像弗洛伊德想让我们以为的那样）而是现实的东西。"潜意识并非电影院"，他们这样写道，"而是一个工厂"(Deleuze and Guattari [1974] 1984: 311)。与其将机器与各不相同的灵魂区分开来，好让我们人类个人仅仅是成为机器或者机器类似物,他们用微观、特别的合成其他所有化学和生物物体的方法来识别它。这就是以所有东西为基础的机加工。因此,在这个事情上的精神分析焦点就被颠覆了用于支持限于个人的现实事物的物质生产。同时,马克思的在社会上人类的行为与生产物质实体的基础就要给微观物质实体让路,这才是真正的机械化:自然不仅仅是制造机器的,它本身即机器。从字面上来说,莫诺最终被说服,并停止了他的试图维持通过分子操作来维持复合物的优越性的不合理尝试。

正如他们降低了个体的等级,他们也正在越过这些分子组译器直接到了下一个生物机器的种类——杂交物种。不管在哪里,我们听到或者读到了大量的关于被称为"新物种"的生物人,从这个角度看,它们仍然属于原物种(虽然比原物种更高级)。换句话来说,伴随着机械门类这个概念,他们也表明真正的问题并不存在于加工改造一个单一物种——人类,而是在杂交物种上,一种主要考虑的是有条理的异同而个性化更高级的门类。物种被定义为依靠遗传的个体:只有相同的物种才能产下后代。但是群不是由遗传性定义的,而是通过是否具有同一种形式或特征。我们不在这个机器门类的标题下还去问"什么是机器"这种问题,我们就是这个形式下的变异。从这个意义上来讲,控制论构成了一种无须考虑材料组成的典型的自动调节,自动生产聚集的形态学。同时控制学也是机器门类的一次尝试。正如维纳看到了控制论的事物从动物向机械延伸,德勒兹和伽塔利也看到了"一个单独的自然与人工因素相同的机器门类"。这个门类建立在几乎是所有非凡的事情都会被影响的基础上,可以说是直接切断了其流动。因为他们只考虑到一种物种(生命)和一种门类(机器门类),德勒兹和伽塔利实际上忽略了个体而去支持物质经常性的变种。从这种层面上来讲,所有的生物体从一开始就都是控制论的产物,因此,机器人和人造生命的形式并没有构成新的物种而仅仅是不断改变着物质和组织的形态。而且机器就是这种不断进行的拆卸与重组的范例:机器不是生命的某个种类,它们本身就是生命最纯净的形态。

如果所有东西都属于这个机器种类,那么这看起来就给机械圈留下了很少的空间。然而,德勒兹和伽塔利用后面的改变来反驳纯生物进化理论,"这个世界上没有生物圈……到处都是同样的机械圈"(1988: 69)。这个意思就是说世界上所有东西只要是有组织的物质——有机体或者是其他——都是机器,只不过是用不同方式实现的。一个机器是如何被组合以及用什么来组合,一直以来都是一个科技上的问题而与生物无关。他们认为科技与生物间的关系应该是用科技性来取代生物性在生命中的作用,并且认为真正的科技生命是在自然中的科技性。

这些很复杂的概念，也许最能概括德勒兹和伽塔利在生物和机器的关系的就是：生命就是机械化的。

所有这些理论，都是由于德勒兹和伽塔利被法国哲学家吉尔伯特·西蒙顿在20世纪50年代所著的《技术对象的存在形态》和《个体及其自然生物形态起源》所深深影响而产生的。西蒙顿同时从生物性和科技性的理论出发，重点关注了导致生产生物科技事物的具体过程。在这两种情况下，事物通过存在事物内部的反馈程序置于组成事物的物体上，因此，一个生物实体能够产生是因为生产它们的材料是由它们的配对者限制的（例：X分子只能和A分子配对而不能和Z分子配对），并且将这个限制变成可交替的。科技品的产生也是采用了相同的办法。这两者的核心是他们不代表着他们构建的系统的潜在内部因素的变形：机器的零部件（如内燃机）或者是有机体的功能（如心脏）都能被重新组装去生产一个炸弹或者被机械设备取代。用更科技性的表述，机器在功能上都被低估了。这些未开发的潜力在一个虚拟的状态存在的意义将是我们下一个部分讨论的核心。

5.4.2 控制论和虚拟

也许在赛博文化下没有任何其他术语能比虚拟这个词更流行了。自从杰伦·拉尼尔 (Jaron Lanier) 开始用虚拟这个术语来表示我们现在很熟悉的虚拟现实技术：耳机、数据手套和跑步机，不管是多么原始的虚拟现实机器，都已经成了控制论技术图景中的中心部分。因此，我们只能趋向于用基于计算机的技术来定义"虚拟"，不管这个技术是娱乐平台还是军事训练的集合。虚拟和现实结合而成的模拟物对我们来说已经成了一个难题，更难的是这两者形成一个显然的矛盾修饰法。虚拟现实机器和虚拟概念之间的差异使得这个问题被广泛讨论。①

在很大程度上，本体论声称的虚拟现实概念的内在本质使得我们希望去检验这个问题。解释一下：设想我们通常意义上的一项任务被虚拟地完成，或者这件事与另外一件事在虚拟层面上相差无几。如果我们将这个意思联想到术语"虚拟现实"上，我们就可以马上看到一个问题：虚拟现实是几乎真实而不是完全真实吗？从某种意义上来说，这看起来是对虚拟现实的完美定义，即一种看起来并

① 更多关于拉尼尔和虚拟现实属于的历史，参见Rheingold(1991)和Heim(1993: chs 8–9)。海姆进一步探讨了关于虚拟和现实的问题，我们稍后会进行讨论。

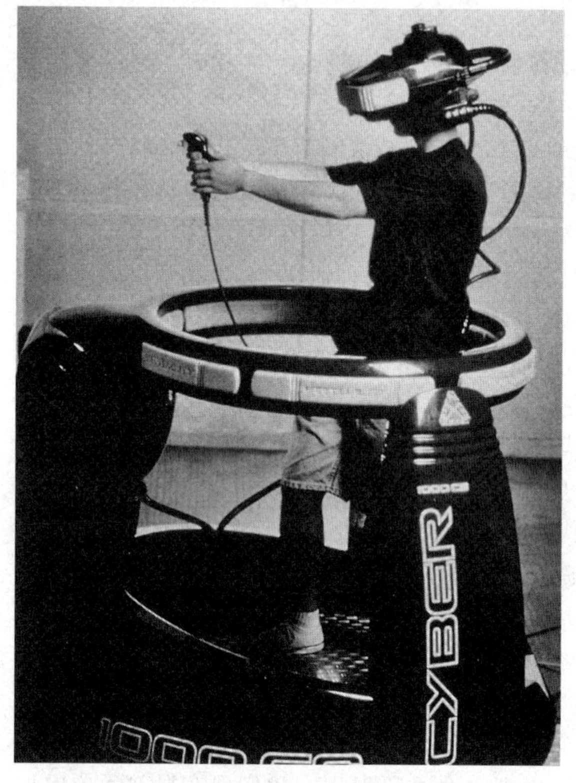

【图5.16】虚拟现实机器和体验者

且用起来都像真实的东西但实际上并不是真实的。从另一个角度来看，如果我们从虚拟现实中拿出“现实”，这也就意味着一些比通常意义上的“虚拟”更接近现实，但是也没有达到完全现实。这指出了虚拟现实也是一种现实，也许讲得更清楚些，是从“真实现实”中来的。“真实现实”就是那些帕特·卡蒂甘(Pat Cadigan)在她小说《合成人》中让主人公用来形容网络和现实世界的蹩脚的区别的蹩脚词语。那么现在，如何去让一个几乎是真实但又不完全真实的东西同时又成为一种真实呢？我们通常所说的虚拟被“现实”加倍了。

这个问题也许看起来仅仅是学术兴趣（而且是从坏的意义上看），但事实上很多事情取决于如何解决虚拟现实的问题。首先，也是最明显的，当我们进入了一个虚拟现实的环境后，是怎么与环境中的物体相互作用的？我们通过视觉和触觉提供的证据，来评估一个现实世界中物体的真实性：如果一个沙漠旅行者看到了绿洲却在即将到达的时候发现绿洲消失了，那么这个绿洲就是个幻象而非真实的。正如在现实生活中，如果我们可以触摸到一个虚拟物品，虽然是通过数据手套的方式，那么它是真的吗？如果这不是真的，那么我们是不是并没有与任何东西进行互动，而仅仅是被我们的感官欺骗，就像是做了一个场关于“现实”的梦一样呢？从这个层面上来说，虚拟现实技术就相当于一个疯狂引擎，用我们误以为是真的幻象来欺骗我们。但是很显然，虚拟现实并不仅仅是幻觉。

此外，暂时忘记我们身处的环境的情况，我们是用了什么状态的现实技术进入这样一个虚拟环境？很显然，与我们相互作用的幻觉是由很复杂又很真实的硬件（数据手套、踏步机和耳机）以及软件（我们运行的真实程序）还有我们的感觉

(我们如何感受这些作用)共同完成的。甚至是《黑客帝国》中的尼奥(Neo)与他的同胞们每天生活着的虚拟世界都是由机器、程序和神经系统真实地联系着的,而且不能被作为幻觉而忽视。没有这些机器,就不会有虚拟物。因此,虚拟物是真实地通过这些科技手段产生,并且影响到我们的。

德勒兹和虚拟

从虚拟现实机器中我们认识到我们不能再用"真实"作为虚拟或者幻觉的反义词了。通过将这些术语放在一起,我们得到了现实的变异;不同种类的现实,而不仅仅只是与之相反。这些现实的不同类型都是建立在什么基础之上呢?首先,是考虑到我们通常意义上的确实完成了其实是差不多完成。时间上的参照很清晰:这项任务的完成只是接近完成但是目前还没有完成。从这个意义上来说,虚拟的参照物包括了未来真实的成分;未来有一种虚拟的真实成分,但未来并非真实的。这就是德勒兹主张的"虚拟"的意义:虚拟是真实的,但又不完全是。也就是说,它的确真实存在但却不是以通常我们身边事物存在的方式而存在的。

习惯上,尽管实际与潜在是相反的两个东西。举个例子来说,当我们说"一颗橡子是潜在的橡树"时,我们是说这颗橡子在未来能够成为一棵橡树。橡树实现了橡子的潜能。另一种说法是一旦橡子成为橡树,那它作为橡子的潜能就不复存在了;也就是说它失去了这种潜能。因此德勒兹进一步区分了虚拟和潜在性:一个东西可能或可以存在,那它就是潜在存在;就像我们所说的,这是一个真实存在的可能性。如果我们将虚拟看成是潜在存在,我们其实就是认为这种潜在性会在它未来变成的东西中得到实现,因此虚拟就只存在于它无法成为真实的时候。但这是说虚拟不再存在于它自身,并且虚拟也无法成为真实。还有一点就是在虚拟物和真实物之间存在着一种联系,于是,举个例子来说,一辆车是由特定的虚拟部件组成的,并且除了能组成一辆车以外无法再形成其他东西。就好像虚拟车是真实车的未完成阶段。这就意味着有一大堆虚拟车在空中排着队,好像在等着进入地面。这种虚拟的形象仅仅是现实世界的复制品,并且还得等待去成为真实的而不是自己去成为真实。

然而,我们想要坚持说虚拟不仅仅是不现实的(例如,目前不真实,但是实际上是真实的),那么虚拟的现实性很明显存在于一些特定事物的潜在形式中。那么,如果不是真实事物的劣质复制品,虚拟物到底是什么呢?从根本上来说,这种虚拟现实源于控制论。然而,我们可以看到先驱们(Gilbert Simondon)对"技术物体的存在形态"的解释,正如这本书的书名所说的一样。

西蒙顿和虚拟现实

西蒙顿认为,在分析任何一个复杂的机器时一定要把它分解到各个部分去,这些部分中很多是独立于实际功能的（如电流），或者对整个机器的使用来说也是独立的(Dumouchel 1992)。从功能角度去定义一台机器实际上就是从许多功能中提取一个该机器最擅长的功能。换句话说，机器内部没有任何东西能够决定它的实际功能。现实的能力才是机器真实的性质。用这种方法，复杂的科技物体为区分真实和虚拟提供了物质基础，真实是虚拟的抽象，而并非虚拟抽象是机器的潜在存在。

也许，对这个观点最好的解释就是像阿兰·图灵在1963年对电脑作的定义那样，即“通用机”。它们之所以被这么称呼是因为它们不只有一种而是有多种功能。换句话说，因为是通用机器，一个电脑潜在的功能永远不会被某个特定的应用或者程序而用尽。然而，西蒙顿的观点则是将所有复杂科技品都看作通用机器。也就是说，如果我们仅凭用途来定义一个机器，那么我们就曲解了它子系统（例如，爆炸性化学药品混合剂、电火花、机车内燃机中的冷却系统）的复杂的相互作用，即一个系统取决于某种功能，然而这些子系统当然可以组成其他机器的部件（炸弹，电灯泡和冰箱）。每一个给定的机器的历史都是由一段道路或是改革形成的，从科技潜能到具体的各种机器开发的潜能或本质。据西蒙顿所说，技术的任何一个部分都有现实和虚拟机器间的复杂联系，然而所有这些都是真实的。

如果我们将这些简单机械看作是工具的同类，我们可以注意到他们达到了西蒙顿所说的“超目的”；也就是说，他们的目的已经超出了单个功能。这也就意味着他们除了在某个被限制的范围内使用以外就无法被用作其他的了（比如一个锤子与电脑比起来功能实在太少）。所有工具开发的实质——某些合金的电阻和密度，木头和金属的连接，锤子和钳子的结合等——都已经被具体化了，导致其子系统之间关系的僵化，因而变得不再分离（如果整个系统中有一部分被破坏，那么整个系统会崩溃）。一个复合机与简单机器的区别就在于它的虚拟性。这说明了科技物体的用途总是从机器实体中抓出虚拟性，然而正是这个虚拟性 定义了并且实质上构成了机器本身。

尽管这看上去不合时宜地太过抽象，西蒙顿从控制设备如何工作的立场看待复合机。这一点经常被认为是控制论不通过选择或意图来运行，即不是通过主动选择一个目的或物体，而是通过一些限制来运行：如果我们认为控制论具有某个特定的目标，那么我们对控制论则有了错误的看法。换句话说，一个系统无法通过单一结果的优势进行生产，而只能通过阻止或者“限制”其他可能的结果进行生产（这是对控制论最大限度降低噪音的工作的另一种说法——参见Bateson 1972: 399-400)。这就像是一个控制设备为了实现一种功能而取消了其他虚拟性

（例如，通过消减噪音放大信号）。如果情况就是这样，那么一个系统就是一个虚拟现实的现实化领域。

在西蒙顿和控制论两者的理论中，虚拟都被看作是同时具备真实性和非真实性的现实空间。真实的部分就像是通过取消选择一样从这个空间中被删除掉。西蒙顿和控制论都认为虚拟即为现实，但是还有很多人不这么认为，这些人都是怀疑虚拟世界的“真实性”的。

对虚拟的批判

有一种对虚拟的批判方式，就是说这些根本不是真实空间，因而也不是我们可以把握的空间。举个例子来说，“虚拟社区”的想法已经受到了相当大的抨击。批判的观点说一个虚拟社区只是一种逃离现实世界衰退的现实的方式，而不是一个真的社区。因此，虚拟社区也只有当一个社区被虚拟化之后，一个人的空缺需要另一个人来代替时才有存在的意义。这种批判认为“虚拟”仅仅指的是“虚幻的”、“虚构的”或者是“空想的”。他们认为这些词汇都能用在虚拟空间身上，并且虚拟空间看上去像真的，但其实不然。虚拟空间的倡导者因此刻意避开现实世界，不去与其发生相互作用。

当然，当信息在远距离传输，并且从匿名者那儿得到回复的过程中，还是有一些事情发生的。这些事情就是类似于电话线组成了另一种现实一样，或者说和一本书构成一个世界一样。实际上，书和电话只是通过幻想来做到这一点，因为现实世界中并没有真正的线下差异的产生。因此这些批判者并没有去否认虚拟的存在，而仅仅是说虚拟空间的这种存在方式只是将幻觉、幻想、做梦这些东西变得公众化，就像是吉普森定义赛博空间为“交感幻觉”一样。

然而，争论这一点，不管社区以什么样的形式出现，在虚拟世界中并没有形成真正的社区，就像是在争论火星上的社会秩序，因为这都是不真实的并且并不会对地球的社会秩序造成什么影响。类似地，这就像是在争论缅甸的社会秩序是不是真实的一样，因为它并不会对加拿大的社会秩序造成任何影响。这些批判者错就错在将虚拟—现实误解为仅仅是在此时此刻的“现实世界”中的一个组成部分。如果虚拟空间保留其虚拟性，那么从定义上来看它们就不是真实的。然而，虚拟空间不能仅仅被看作一个幻景或者是自身的幻觉；相反地，通过它的交感特征（引用吉普森的词汇），它必定是真实的（不真实的东西是不能分享的）。除了争论虚拟是不是真的这个问题，这个辩论的主题一定是虚拟空间的局限性和解决这种局限性的可能办法。

有关这个问题的激烈争论的理论依据从根本上来说是来自“虚拟仅仅只是一个称呼”的观点，因此虚拟空间除了是一些不真实的附加物以外什么也不是，它只是告诉我们使用者与现实事物的联系。这个理论被叫做“唯名论”，它坚持由某个术语表达的东西是可以从其对待现实的态度中简化出来的，并且还不需要任何生理上或现实的具体体现。我们可以看看这些唯名论主义者在考虑赛博文化和身体之间的关系时是如何解释这一切的(**5.4.4**①)。

什么是虚拟技术?

现在让我们回到计算机上来，阿兰·图灵将电脑定义为“通用机”。这也就意味着任何一种程序的功能都能在一部通用机上应用。莱布尼茨的通用微积分学也被安装在了媒介中(**5.3.5**②)。因此，伍利(Woolley)说计算机本身就是“虚拟机器”。

> 计算机是一个抽象的实体或者说是能够有物理表达的程序。它是一个模拟物，但却不是从其他任何真实的东西中来的模拟物。
>
> (Woolley 1992: 68-69)

这不是说从某种意义上来看计算机其实并不存在，而是正如西蒙顿的复合机理论说的，它是基于一个虚拟的平台上存在的。只是说计算机或者是复合机的某个部件没有被真实化，而不是说整个机器都是非真实的。当然，并不是说计算机本身不是真实的，只是说它永远不会达到像它自身所拥有的所有功能那样程度的真实性。从这个意义上来说，计算机自身就是虚拟技术的范例，代价是警示我们所有人，正如西蒙顿所说的，所有的复合机——由科技部件组成的科技物——从同一个角度看都是虚拟机器：科技部件可以被永不休止地拆开重组，而完全不会耗费他们在给定结合下的虚拟功能。然而，真实的机器并不像这些真实部件自身一样有这些虚拟功能；虚拟部件自身就是真实的，因为真实机器确实有一些特定的功能。西蒙顿的观点是，事实上这不是所有要做的。如德勒兹所说的，虚拟空间就像是一个框架，它不能被看作是真实的而只能被看作是机器中的一个真实部分，因为如果没有机器就没有框架。

和唯名论不同之处在于，这个观点不能将框架归为一件东西的抽象解释的有效名词。对于一个唯名论者来说，一个机器不像人类有骨骼那般有一个框架，而只是有一个能够被框架化分析的框架。因此，德勒兹-西蒙顿控制论观点称把虚拟物自身看作真实而又不考虑其现实意义的人都叫做现实主义者。在德勒兹的清晰的虚拟现实主义论看来，每个虚拟物都是真实的：“虚拟不是现实的反面，而是真实的反面。”

---

① 5.4.4 赛博文化与身体。

② 5.3.5 数字时代的生命与智能。

5.4.3 控制论和文化

危机技术

在**5.1**[1]中，我们讨论了在某种程度上赛博文化代表了技术史上一个革命性时刻的观点，自动化的机器也因此被称为"危机技术"。这些在**5.3.3**[2]中陈列的术语起源于托马斯·库恩(Thomas Kuhn)——科学领域的历史学家和哲学家——对于《科学革命的结构》(1962)一书的解释。库恩的理论将科学史划分为两个鲜明的时期：一是常规数学，这一时期一切照常工作；二是危机科学，这一时期提出的问题远比解决的多，被库恩称之为科学范例的科学所持有的基础理论和假设遭到审问。危机时期之后迎来了一场科学革命或者说是"范例转换"。至关重要的，库恩声明那些旧范例时期科学家提出的问题现在不会再成为问题：旧范例研究的目标根本不会在新范例中出现，也因此科学范例之间是不能比较的：它们确实是缺少共同标准。例如，一个同时代的化学家没有更好的方法来测量乙醚，对他们来说，乙醚并不存在，尽管20世纪早期前它是存在的。

这个乙醚的例子证实了在何种程度上科学审查的目标存在一个饱受争议的事实：这种目标被库恩派学者认为是从科学的角度上来讲没有独立事实，反而是依赖理论的。库恩派学者认为："这是没用的。争论理论外的事实比依赖理论的实体更有用(例如乙醚，或上千种亚原子粒子物理学家假设的物种)，因为它们作为事实的这种身份对于一个占统治地位的理论来说才是有用的。"也正是由于这个原因，库恩派学者认为，在关系到科学目标的方面，科学是反现实的。

尽管技术是绝对真实的，而科学的目标却不同，用技术与库恩的反现实主义者的故事作比较也很重要。只有在新技术发展的危机点到来时，他们才被迫受到调查研究。在常规技术时期，机器没有被选为理论性调查的目标，以促进强调它们在一个具体工程中对于更广阔的政治与社会环境中的用处，这正是威廉斯对技术的解释，这种解释认为技术本身是反实在论的，因为它们存在政治及社会依赖性，而他们认为的"实在"判断标准关系到它们如何被"实施"和"部署"，无关技术本身。只有在技术快速变革的时代，或者说"危机技术"时代，机器才得以崛起并以一种"陌生力量"(Marx 1993: 693)的姿态面对世人，反实在论者们会就此争论：以这种方式判断机器的实在性相当于把机器从所有社会环境中剥离出来，或者陷入"制造者们赋予机器的用途其实也是机器自身固有的"的思考之中。同

---

① 5.1 赛博文化与控制论。
② 5.3.3 自我增强的引擎：蒸汽机对抗自然。

时，实在论者，比如西蒙顿认为，为某种机器确定使用目的（如生产、军事），与确定机器本身的功能相比，永远是第二位的**(5.4.2)**①。

不管我们在这种争辩中持何种立场，都必须意识到这种争论只发生在危机技术环境中，而非常规技术。换句话说，是技术变革引起了这场争论。

形象化的技术

这一部分我们要讨论的是，技术有超越（或者说独立于）社会功能的意义，我们称之为实在论的争论。要找到相关的方面就要深入思考反现实主义或建构主义的观点，这些术语来源于库恩对科学历史的解释。

就此我们可以参考克劳迪娅·斯普林格(Claudia Springer)的著作中，在对于生化人的概念和大众形象的解释。斯普林格认为最具有文化代表性的生化人是阿诺德·施瓦辛格，不仅因为他在同名电影中扮演过终结者，而是因为他自身充满活力的、肌肉发达的身体暗示着生化人的形象，问题是这种身体是如何演变为生化人的代表的呢？出人意料地，斯普林格认为这是因为商业性电影院对于传统男性角色的维持，电影中的生化人是完美的男性形象，逻辑上可以概括为一个被盔甲武装起的身体，反抗入侵和软弱，坚强而不可阻挡。生化人不是真的机器，而是一种强有力的文化形象、一种阳性的模型，可以追溯到理想化的阳性——那种武装着盔甲的、军事化的身体(Theweleit 1986)。

斯普林格的这种说法并不因此成为对生化人作为一种新的技术可能性和实体的解释，而是讨论了导致生化人产生的更宽广的社会环境和两性关系。像斯普林格这样的建构主义和技术层面上的实在论者不仅限于分析虚构的生化人，而是强调“真正的”生化人的社会构造性。斯普林格也对有关人工智能的科学研究进行了电影形象分析。比如，有关人性意识的争论花了很长的时间将“智力”从“躯体”中分离出来，通过将“躯体”与雌性相联系，将“智力”与雄性相联系，两者依次形成性别的构建，并进一步提升了对性行为的认知。在这种情况下，反实在论者、建构主义者和文化分析学家的任务就是研究历史上的关于躯体和智力在性别上的体现是如何在赛博文化中被证实和延续的——证明交互式媒介更加积极有活力（雄性，智力上更警觉），而非沉闷消极（雌性，躯体化），或者在人工智能研究方面，科学家在软件（智力，雄性）中，而非在湿件（雌性，躯体）中寻找智慧。因此，这种分析涉入了一种险境——即人工智能是真实的，或者是一种工程、一个梦、一个幻想或虚构都无关紧要了。对建构主义者来说，他们共享并促进着在全

① 5.4.2 控制论和虚拟。

社会范围内男性至上的意识形态。①

意识形态化的技术

我们关于建构主义者对技术的解释的第三个例子是关于进取力、技术的必然性或自主性实际上是由资本主义催发形成的。关于技术的这种理念被视为经济和政治体系通过榨取人力劳动的方式来追求自身利益的一种解释。这种解释想证明我们对于事物必然性的认识是错误的，从而防止我们推翻机器对人类的暴政，因此决定论者的观点或者关于事物如何存在的图景是意识形态化的。这种技术对社会产生影响的解释有着悠久的传统，可以溯源至马克思的经济和社会理论。

这样的解释和"形象性"的类别共享了对于技术的政治批评论的议题；对于它们两者而言，技术除了形成它的社会关系之外没有独立的真实性。对于政治化的技术分析师来说，历史演示了新机器的骤然出现带来的恐怖和社会混沌正是部署它们的社会议题带来的病症。因此，如果我们看到启蒙运动时代工厂的兴起，我们就会知道技术既是工具，又是组织生产的典范。机械劳动和脑力劳动的区别不仅将人类从机器中区分出来，也将管理控制从生产活动中区分出来。机器的设计反映着工厂主的社会经济议题，而工人们成为这种机器的齿轮。对工厂主来说，这不过是建立一种适当的社会秩序——智力优于劳力。另一方面，对工人们来说，机器是一个全新而惨无人道的管理者，统治着他们的生活和劳力。然而，将技术视为意识形态的理念认为不管是资本家还是他们的劳工所持有的观点都是错误的。这是因为工厂主错误地认为技术展示着合理性和社会秩序，工人们则错误地认为机器带给他/她的是一种不可改变的力量而非一种潜在的可以重新组织人类劳动和生产活动的工具。②

这种理念的基本目的在于坚持技术只能在组织人类生产活动的前提下被理解。更进一步，他们会争论没有坚持这种前提的理念是意识形态化的，而不是真实的。然而，在前面我们提到过的"实在论者"的观点中，这种对技术意识形态化的批判并不足以建立技术本身的天性，而是揭露了技术的用处和改革潜力和新的组织形式。

这种观点从根本上溯源到马克思将机械装置认为是"无生命的劳动力"的观点和许多关于技术的文化分析。

---

① 有关更多的建构主义者、反现实主义者关于技术的阐述，参见Terranova (1996b)、Ross (1991)、Balsamo (1996)。此外可参见哈拉维关于半机器人神话的著名阐述(1991)。

② 两位法兰克福学派的成员马尔库塞 (1968) 和哈贝马斯 (1970)反对科学和技术必然是工具理性的征兆或结果的观点。因此马尔库塞呼唤新的科学与技术，哈贝马斯呼唤重新思考如何运用它们，以及理性限制它们运用的方式。哈贝马斯提出了一种关于传播的合理性的观点，而非方法—结果的工具理性，他倡导以推断论的方式来人性化科学和技术的应用，指向一个比霍克海默和阿多诺更广阔的理性。

根据这种解释,因为技术而产生的人类生活扭曲只能在理解传统人类生产活动的情况下去理解。因此,只有"改革生产模式"(Marx and Engels 1973: 104),全体人类作为劳工的利益才能放在技术拥有者和收益追求者的利益之前,才能使技术更广泛地造福人类。

法兰克福学派与技术理性

法兰克福学派的社会理论家、哲学家——主要为阿多诺和霍克海默(1996)、马克思(1968)和继任者哈贝马斯(1970),用他们对于技术理性或者工具理性的批判延伸了马克思关于技术阐释的人文基础。他们看到这种工具理性在军事和经济生产中得到印证。重要的是,他们也在"文化工业"中看到了这点——艺术、人文和批判性思想停止了对固有社会秩序的质疑和颠覆,取而代之的是为巨大市场生产的大量商品。①

他们认为工具理性除了达成目标别无其他目的,这导致思想、文化等社会生活可能性的穷尽。所有的事物都变成了机器,这不仅仅是比喻而是在根本的运作模式上如此。他们看到这种情况的根源始于18世纪的启蒙运动(Adorno and Horkheimer 1996),纯理性的繁荣代替了宗教、客观道德的约束。与此同时,由于没有其他目标,结果就是将理性作为一种达成主观目标的方式,不管它们是什么。就理性本身而言,他们认为现在的情况是拍摄一部电影、追求一个爱人和建构最终的解决方案之间没有差别。

简而言之,所有都是由计划转化为行动,而他们的合理性仅仅是由他们结束的方式的适当程度来衡量,阿多诺和霍克海默(1996)提出,在工具推理的专政之下,所有的文化都变得是机械的、技术化的,而科学发展仅仅是工具化的症状。

这些解释把技术作为更广泛社会问题的征兆,阿多诺和霍克海默把技术看作是一种高于一切的不断增加的机械文化的表现,在这种文化里,目标已经脱离了广大的人性和道德的价值观。他们主张,这种情况总的来说只能通过对工具化文化彻底的自我批评来阻碍它(阿多诺对于这种方法的预期效果表示十分怀疑),然而霍克海默把技术的运用看作是潜在地反映了一个没有工具的人类自己的推理运用(1970)。因此,这些对技术的解释的基础是一个理念:资本主义或技术化思想的非人性化导致人类生活被合理浪费。因此,关注于反对人类和机械的解释趋向于成为关于技术的反实在论,以强调人类用户的优先权。因此,我们必须问的

---

① 芬伯格(1991)提供了一个关于技术的更现代化的阐释。值得注意的是哈贝马斯自己的继任者尼克拉斯·卢曼(Niklas Luhmann 1995)反对法兰克福学派以及对哈贝马斯的普遍批判,并坚持控制论模式的"社会体系"。

一个问题是这些解释究竟是否构成了关于技术的理论，或者是否他们反而是关于人类本性（如马克思所见）或者人类文化（如斯普林格、阿多诺和霍克海默、马尔库塞和哈贝马斯等所见）的理论。

5.4.4　赛博文化和身体

去形体化

反现实主义者批评赛博文化，尤其是赛博朋克小说，因为它促进了一种去形体化形式，纯粹是一种精神上的存在。通过提出一个恼人的问题“生化人吃什么”，玛格丽特·莫尔斯(Margaret Morse 1994)强调在赛博文化现象中随处可以找到对身体的否定趋势，从《Mondo 2000》到威廉姆·吉普森的《神经漫游者》。其他评论家在他们的陈述中显得没有那么谨慎，导致一些人坚持危险的赛博朋克固有的“脱离身体的荒诞(ditziness)”(Sobchack 1993: 583)；或者听从斯普林格(1996: 306)蔑视它的“除去身体的意志”；或者单纯追求由网络空间促生的脱离生物身体的意志独立的可能性。

但是，这样一个“从凡人肉体的限制中解除出来(Bukatman 1993: 208)”的东西会是什么样的呢？

它应该不仅仅是一个脱离肉体的精神存在，布凯曼的网络空间中的“灵魂庆典”或者一个对控制论的轻易误解，它也是除非承认笛卡尔和流行基督教神话否则难以置信的非生理存在，思想、灵魂或者任何其他独立的东西。布凯曼认为网络空间中“尽管意识脱离了身体，它却变成了身体本身”，力图劝服笛卡尔主义(1993: 210)；但这仅仅是重复了笛卡尔的论证，思想虽然是非物质的但也是一样东西（思想之物），虽然是以比较不明确的形式。

同时，吉普森的小说里，批评家们反复把赛博朋克倡导的“非肉体的网络空间狂欢”作为目标(Gibson 1986: 12)，并花了大量经历将网络空间的可能性放在凯斯的视野里，这位“控制台牛仔”神经系统被惩罚性地受到了神经毒素攻击，现在沦落得像被从网络空间中驱逐出去的流放者一样，在“他自己肉体的囚牢里”生存。换句话说，这种境地是某个人因神经毒素导致身体缺失的哀号。

出现可替代的或者增强的化身的可能性在各种小说中被呈现为可怜的替代品，尽管对于纯粹的复杂性：人体“无限的错综复杂”的化学结构，他们拥有成熟的技术(Gibson 1986: 285)。

布凯曼对于复杂技术对器官生存模式影响的姿态，与对赛博朋克“去形体化”的批评一起，最终落在两个立场上：反思对已经接受的精神—身体二元论的批评和维持这些可能性的矛盾情感。吉普森的小说可能经常看起来是在分享这个复杂的文化批判混合体、令人兴奋的计算潜能和动物的两难境地。然而，凯斯对于身体重要性的实现并不是基于技术世界与生物的对抗，而是相对于生物平台的技术复杂程度。例如，狄克，一个人工智能，或一种上传的人格(ROM 结构)要求凯斯帮忙“抹去这个讨厌的东西”，因为被建造的记忆和它的实际情况相去甚远(1986: 130)。这指向了技术平台的内在不足，它与生物实体比起来相对缺乏信息。以这种方式对关于实体和科技之间关系的议题的构想并没有创造出两者间本质的分离，而是把两者都放在合适的关于信息复杂性控制论的落脚点。以这种方式接受身体和技术的关系问题，并不能创造实在论在两者之间的区分，而是将两者置于信息复杂性的合理化控制论的立场上。

在这些例子所创造的语境中，质问身体在赛博文化中的地位是有道理的。实际上也有大量此类的质疑(**5.3**[①])：关于生化人身体、虚拟现实中物理活动的角色、在线性行为，在过去几年引发了大量的讨论。然而，也许是得益于文化分析的核心部分的优势，很多评论仍然聚焦在人文主义的范围之内，即便他们倡导的是“后人文主义”。然后“后人文主义”更多是被文化研究中的新教会一派所采用(例如Extropians, Mondo 2000, Timothy Leary)，并且它受制于来自类似凯瑟琳·海尔斯(N. Katherine Hayles)的《我们如何变成了后人类》(1999)的监控。正如海尔斯书名所展示的，不管是关键的还是新教派的，后人文的关注点仍然环绕着人类这个核心，使得这个研究方法十分容易受到马克思和法兰克福学派的攻击。然而，如果我们调研吉普森科幻小说中生物和技术结合的方式，我们就会看到它并不是围绕着“作为一个人意味着(**5.4.2**[②])什么”，而是“由生物和技术物体编码的信息的相对复杂性是什么”。正如以上讨论的一样，20世纪40年代晚期以来，生物和信息技术就一直纠缠不清。一方面采用当代的染色体组形式，另一方面采用生物技术。这些问题都隐含在吉普森批判反对身体、支持科技、大男子主义二元论的文字之中，但没有受到同样的重视。除了这些事实之外，还有两个更深的原因去追寻这样一种方式：

1. 就这些技术挑战的批评模式而言，它规避了新技术的陷阱和枝节。

2. 它尝试将赛博文化整合为一个纯文化现象，以消除生物学和技术之间的界限。

最后，如果(1)是一个理论问题，(2)则给这个理论赋予了现实意义：那就是说，不论文化和媒介分析使用模型的理论充分性如何，商业的生物技术已经谴责

① 5.3 生物技术：自动机的历史。
② 5.4.2 控制论和虚拟。

人文主义的历史，并用物理建构主义对其发起话语的挑战。

控制论的身体 1：游戏、交互性和反馈

吉普森因评论网络空间的想法来自对视频游戏玩家如何使用机器的关注而被媒体报道。考虑到这是吉普森的生物科技小说开始在网络空间走红的情形，我们有必要检视温哥华游乐中心的自动化身体。

> 我可以通过它们身体姿态的强度看出在里面的这些孩子有多么全神贯注。这就像是一个品钦小说中的闭合系统：一个反馈循环的光子通过屏幕进入了孩子们的眼睛，神经细胞在他们的身体中穿过，电子在视频游戏中穿过。
>
> (Gibson, in McCaffery 1992: 272)

此外，就像上文刚刚提到的生物的和技术的物体，我们没有看到有两个完整的和封闭的实体：一方面是玩家，另一方面是游戏。相反，信息和能量相互交换，形成了一个新的回路。

虽然这仅仅是一个对印象的描述，它提出了一个关于电脑游戏互动的更高属性的问题——如果互用、程序和技术之间的关系离吉普森描述的控制论的回路更近，而不是唯意志论者支持的用户选择、决定，将会怎样？

在一个自动化的回路中，没有一个回路行为的起源点。换句话说，谈论启动回路的元件没有多大意义。按照定义，一个回路存在于稳定的行为和反应之中。比如，在游戏中，不只有吉普森提起的光子—神经元—电子回路，也有宏观的物理元件，比如手指、鼠标的移动或者点击。一根手指的移动是由屏幕现实的变化和玩家自由意志同时引发的，同时也唤起一系列的神经电子脉冲，造成手—手臂—肩膀—脖子的运动，甚至是个体全身的运动。通过机器的触觉和视觉界面，整个身体注定要作为游戏回路的一部分运动，可以说是存在于整个循环之中。

游戏整体上就如麦克卢汉所说，是“只有当玩家愿意暂时成为傀儡的时候可以起作用”(1967: 253)。这对于所有电脑游戏来说都是正确的，用吉普森的术语说，“由于对回路物理特性的依赖，游戏玩家变成了‘肉偏’”。

自动化控制通过消除可能行为而非特定行为工作(**5.4.1**①)，我们开始获取了一幅游戏正发生什么的图像：回路消减动作和移动的可能性，通过一种精确的反馈平衡机制放大剩余的动作——刚好足够多的正反馈来产生局部变化，足够多的负反馈来确保游戏端的整体稳定性。在自动化方面，互动是对程序化的消除可能行为过程的伪论述。

---

① 参见德勒兹关于最短回路的控制论的强调，5.4.1 控制论与人机理论。

对游戏最重要的论述,就是它将注意力从两个具体的实体间的互动转向了自动化的过程。这个过程协调双方,创造一个不可分离的信息与能量的交换回路。我们可以说游戏在此并不是一个行为,甚至不是一个互动,而是一种"正在行动"中的激情。考虑到文化和媒介研究将观众、用户、旁观者视为积极的、活跃的。即便互动性(就像我们在**5.4.3**①提到的)包含了一种使互动性更为主动而非被动的度量方式,这是因为,当一方是被动的,另一方就是正在行动的。被动型的概念来源于"pathe",如病理学(pathology)、同情(sympathy)、病人(patient)等。在古希腊的哲学中,如果一个人是"pathic",那么这个人就是被操纵和影响的。然而,passion还有另外一层意思,那就是让病人看不到其他事物的吸收的快乐。在两种意思中这个词汇都可以用:一个游戏玩家将自己交给游戏,它的设备、信号、操作提示等。这个词语因此保留了交互性(interactivity)中的"内化",并且给了她一种让游戏占有她的激情,而非将沉重的行动任务交给玩家。吉普森在温哥华游戏中心看到的正是这个。

当然,即便我们接受使游戏中发生的再次生成的是一个自动化回路,我们也要认识到这样的回路是临时的。只有几分钟或者几个小时,虽然我们与机器越来越亲密,但离我们说的生化人差得很远。然而,我们在所有技术互动中都有这样的机器热情,正如麦克卢汉所说,"动机研究的一个好处就是发现了男人与机动车的性关系"(1967: 56)。对游戏的激情行为解释了吉普森在温哥华游戏中心所看到的全神贯注的紧张身体。但是它也暗示了更广泛的人机关系,一方面,非独立的回路成为彼此的一部分,另一方面它认为自动化身体并不是加入了机械部件的整个生物身体,而是从身体中抽离出来进入激情回路的部分身体。

在很多方面,关于互动性的探讨重演了技术、人类、社会目的是否形成了主要的历史行动者的争论。不管我们争论哪个案例,我们最终只得到一个影响历史的人机关系元素,其他的只是辅助角色,受行动者支配。马克思在这方面的忧虑是明晰的,他写道:"人类迈进了生产过程的一边,而非它的主要行动者"(1993: 705),并认为机器是"自我激活的客观劳动力"(1993: 695)。事实如此,整个技术史相当于一系列制造自我行为机器的尝试。因此,在最广义上,互动性的典范是尝试解决人机对抗,转为协作化的历史观。同样地,游戏的控制论观点也是非对抗性的,但是它的建构性多于合作性——它关注新回路的形成。在德勒兹和伽塔利从莫诺借用来的术语中,控制论是一分子形态的(molecular)而非摩尔(molar)形态的。它关注光子的小回路、神经元和电子,而不关注现成的、整体的事物与不完整的或

① 5.4.3 控制论和文化。

者惰性的技术事物之间的关系。

控制论身体2：修复学和建构主义

现实中对于生化技术的解释，经常始于对嵌入身体的假肢的关注，或者是将我们的身体与大型技术设备进行合并。一个有效的理论是，机器是我们心理或感觉器官的延伸(**1.6.4，5.4.2**)，这种描述倾向于强调人类如何通过使用心脏起搏器、隐形眼镜、助听器和假肢，变成了生化人。这个问题的另一方面则是汽车、工厂和城市。这种阐述的总体观点是人类已经无法从生理和环境上都已经渗入我们生活的技术中分离出来了。相对于上面对于游戏的分子化的阐述，我们可以称其为一个生化人的摩尔阐述。因为它集中于变成我们一部分的机器(心脏起搏器)，或者我们已经成为其一部分的机器(汽车)。换句话说，生化人的身体是把整个身体整合进整个机器中形成的，反之亦然。确实如此，这是典型的技术延伸理论：一定得有些什么可以延伸，并且有些什么作为延伸。①

然而，如果我们用上面玩游戏的案例，自动化身体如何形成延伸主义或者是假肢理论的生化人呢？暂且不谈生物身体的心理或感觉功能如何被机械的假肢延伸的，我们集中注意力于机械和使用者之间形成的信息与能量交换的循环。一个案例可能会让问题变得清晰。正如游戏的案例是从科幻小说中获得的，这个案例是从艺术中获得的。

艺术家史帝拉的表演，需要将不同的机械和数字控制的设备绑在身上。表面上，这看起来像是一个典型的延伸主义的假肢案例。他有一项作品命名为Stimbod，即“触屏肌肉模拟系统”(Stelarc 2000: 568)，一个表演者的计算机地图，由电极和模拟器连接。触碰表演者身上的计算机地图，表演者的身体就会通过连接在身上的电极发出的电流而移动。这使表演者的身体变成了无意识的身体。一方面，表演者的身体有被Stimbod延展的反映区域和肌肉响应，如果没有机械的刺激就不会动。另一方面，Stimbod连接肌肉、感官、像素和手指成为一个电子信息回路，它对现存身体的改变不像重新建造一个那么大。还有更多的元件可以被加入：1995年史帝拉将Stimbod放到网络上，并把感应器和模拟器连接到无意识的身体上，允许远程接入那个身体的肌肉系统。相似地，通过记录由此产生的动作，一个肌肉记忆就有效地记录在电脑中，可以独立于触屏界面应用。史帝拉称之为“集体生理学”(2000: 569)。一个新的生理学实体就如此从器官和技术部件的网络中被建造出来，同时接入一个信息和能量交换的回路，而非简单地用一种技术延伸一个现存器官。

---

① 参见5.4.2，控制论在生物学理论中的总体角色，以及具体的生物技术。

就游戏回路来说，Stimbod的无意识的身体回路仍然是暂时的；它是来自执行者身体的某物，就像是玩家的，是可以被整体拆开和不变化的。技术的部件在这个意义上依然是假体的。然而，史帝拉的表演为用异体的身体器官建造生化人身体的想法赋予了意义。在这里建构不仅仅是由所有实体组成的摩尔，也是由表演者身体构成的分子。

通过身体的可分性，游戏现象和Stimbod看起来不支持生化人标志着“人性的终点”的论点。史帝拉自己认同凯文·沃里克等控制论学者的观点，技术潜移默化地改变了物种进化与成员的身体变化之间的关系。他写道：技术提供给了每个人单独进化的潜力。因为人类可以用技术改变自己的身体，并且由于这种转化的极限只是由技术门槛和外科手术的范围所决定的，所以技术对人类的转变将意味着“继续作为人类，或者作为一个物种进化不再是一种优势”(2000: 563)。

在某种程度上，这种自动化身体强调了与生物科技共享的议程。史帝拉遇到的人类身体的问题来自它所处技术环境的不足，正如它的名字所暗示的，对生物技术而言，生物和技术之间的区别已经消失了：生物构件承担具体的任务，因此受制于执行相同功能的技术部件（如心脏起搏器）的更换，或者它们自己可以在非自然应用的特定环境中应用。在这个语境中，我们可以考虑干细胞。干细胞不对特

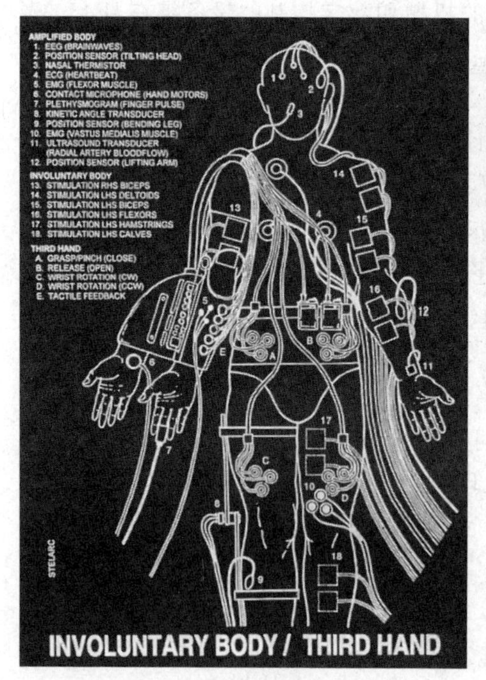

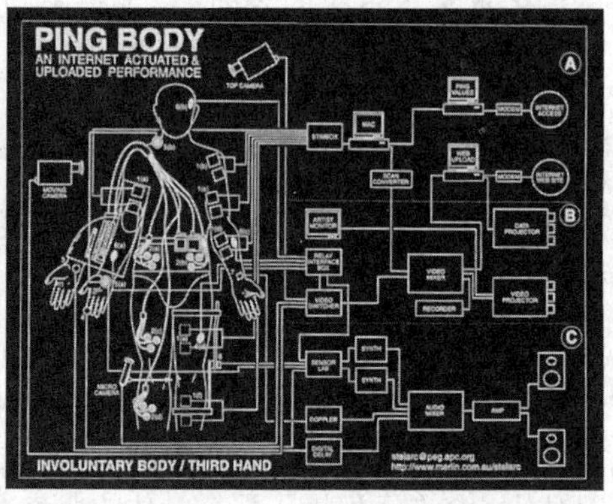

【图5.17】史帝拉STIMBOD——一个用于远程操纵身体的触屏界面。触屏的信息被发送到绑在肌肉上的接收器上，然后信号会引发肌肉收缩，迫使身体移动。

定功能进行区分，但是在随后有机身体的发育中，依据不同的组织和肌肉进行区分。生物科技学家因此认为未发育的干细胞可以用于重新生长身体的受损区域，不管这些区域属于身体的哪个部位。尽管这一尝试在近期用于治疗帕金森症时遭遇了灾难性的后果。(病人们报告，在治疗后的整整一年中他们的状况有了显著改善，但是由于干细胞继续生长，后来又出现了新的紊乱，生物技术学家和外科医生都不知道如何组织这个失控的过程。)目前这一观念的重要之处在于，在生物技术中，生理实体已经成为身体重建的技术部件。

克隆对身体的技术展现出了相似的态度：通过用新的细胞核物质填满空细胞的方式，移除了细胞核的细胞可以变为制造其他生物的引擎。例如转基因这个生物技术，通常是用混合基因物质填满去核细胞。我们可以用人类的DNA来“种植”猪，通过减少宿主对外来器官的排异反应的风险，使物种间器官移植变为可能。

我们可以看到所有生物技术现象都强调生物和技术功能的相近性，用于改变和完善人类生理的技术使用将注定被扩展。在这两种情况下，我们注意到不像散漫的或者思想上的变体，建构主义的使用具有非常深刻的身体相关性。非有机科技和生物科技都提供了建立或者重建身体的方法，使我们能够超越提供给我们生化人的案例的假肢的极限。这有助于厘清一些概念：我们觉得一个植入心脏起搏器的女人可能会被定义成生化人，这是对术语的松散扩展，而且并不是我们真正想表达的。一个全部由生理和技术零件建成的生物才是生化人的准确所指。

5.4.5　人性的暗示

在结束这一部分之前，有必要重温两个从案例中引发的问题：

1. 个人与社会生物技术建构主义之间的关系。

2. 赛博文化被经常批判的去形体化的问题。

个人与社会生物技术建构主义的关系

一旦我们吸收了制造生化人的不同方式，我们开始注意到有一些可能影响这一制造路径的议题。之前我们注意到史帝拉建议除了物种进化过程，技术向个体提供了进步的可能性。史帝拉因此提出一个关于构建主义和自由之间关系的基本问题。我们可以以整容手术为例着手处理这一问题。

大多数整容手术可分为以下两种：第一，重建外科，在烧伤或其他意外事故之后；第二，选择性外科手术，主要是去除不想要的特征或创造想要的特征。第一种是掩饰的，补偿已经对身体造成的损失；第二种是美学的，根据理想改造面部和整个身体的某部分。第二种是第二个千禧年坂本的逼真的肖像画，为制造一幅更好的肖像，受委托的艺术家将根据坐着的模特儿的意愿“烫平”或“提升”他的外貌，以得到一幅更好的肖像画。人们注意到，美容手术的确接近了艺术的条件。一位伦敦的重建外科医生最近雇了一个肖像摄影师，捕捉其完成工作的每一个过程，以便给病人提供一份所取得改观的非医疗视觉阐述。

与绘画中的肖像一样，选择性外科手术趋于联系某种“美丽”的标准：在我们看到具有鲁本斯绘画特征的选择性外科手术技术出现以前会有多久？我们可以进一步强调这个事实。法国表演艺术家奥兰(Orlan)经常对其面部进行整形手术，但并不符合这种理想；取而代之地，她在她的面部植入角、脊等奇异的物质。类似地，生存研究实验室的外科医生给艺术家马克·波林(Mark Pauline)移植了一个假肢大拇指，以替代他在一次表演中失去的手指。但不久后幻想破灭了，因为尽管假肢具有塑料的可塑性，并且成为艺术家的一部分，但它在创造力上的缺乏却是无药可医。

艺术和手术之间的相近性，提示了我们身体的可塑性和延展性，并因此向选择性外科手术提出了一个问题：为什么用一种在一个人的脸上强加一种理想的方式进行治疗，而不是先用身体作为一个实验地？就像奥兰和史帝拉所做的？当然，提出这样的一个问题，就像奥兰所做的，有强调性别的社会压力的效果，造成了女性需要依靠外科手术的方式维持完美的外形。正如她在她表演时在戏文中所说：“我不想看上去……”

> 很多被毁坏的面容被重建了，很多人进行了器官移植；有多少鼻子被重造或缩短，不是为身体问题而是心理问题？我们仍然坚信我们要屈服于自然的决定吗？这是一个任意发布的基因乐透彩……
>
> (Orlan 1995: 10)

和史帝拉所做的一样，奥兰认为自己的工作是对自然给予的可塑性挑战。与史帝拉不同的是，他的工作还涉及女性身体受到的社会压力，因此没有像前者一样在个体上给予更多的权重。然而，史帝拉的工作的确面对并命名了一个他和奥兰共处的建构主义时代的重要的社会话题。“在这个信息超载的时代”，他写道：

> 重要的不再是思想的自由，而是形态的自由……问题不是社会是否允许人们自由地表达，而是人类是否允许个人建造其他的基因编码。
>
> (Stelarc 2000: 561)

史帝拉有效地以生物科技的词汇重塑了人类自由问题。但是生物科技本身有其他的理念。近期在公共领域（如韦尔康研究所）和私人领域（如希莱拉基因组学有限公司）竞相开始解码人类基因，私人领域不出意料地获得了胜利。这一事件对于国家卫生保健供给和药品、治疗费用有重大意义，但同时它也展示了反对史帝拉所倡导的“生物技术的个人自由的压力”也可能来自能够资助此类研究的公司化环境。如果生物技术总体上制造了建构论气质的人类身体，那么建构论的重要组成元素之一就是财政。在建构主义的社会挣扎的一线，也许物种间的区别将会取代等级。

赛博文化对去形体化的探索

最后，我们可以回到在5.4.4的开始就提到的赛博文化对去形体化的探索上。用计算机接入网络空间可能使去形体化具有一定道理，吉普森提供的游戏案例和我们对它的探索说明这个问题不仅仅是脱离这么简单，而是一个自动回路的构成问题。的确，赛博文化总体上是一个高度物理主义派的环境，区分生物和技术的界限被生物技术所抹除。如果赛博文化有所偏向，那么它不是指向了脱离而是指向了物理性。就像布鲁斯・斯特林(Bruce Sterling)(Gibson 1988: xii)所说，关于赛博朋克小说，传统上开裂的鸿沟在……艺术和政治世界中的文学，工程和工业世界中的科学文化之间是破碎的，赛博文化将他们联系在了一起。

由赛博文化提出的挑战不仅仅在于提供能够表达文化需求的产品的理论，而且在于提供重新整合长期存在的智能、实践和科学世界、工程、技术与人性之间关系的理论。为此，本书的最后一部分对赛博文化给予了更宽广的视野，如斯特林主张的赛博朋克所做的，并且包含了技术和历史的历史与哲学，从人性和科学语境引发的关于控制论的理论问题：它不仅是流行文化的一部分，也是世界的构成部分。

5.4.6　现实主义的请愿：关于文化的起因

“什么是技术?”一些建议和结论

在质疑“什么是技术”这一问题时，我们在整个章节中跟踪了一连串论点(由于这些论点贯穿了整个章节，以下数字只是试图向读者提供它们的最初陈述)。

1. 文化不是一个可以与自然分离的领域，因为自然是任何文化的可能性的基础(5.1.7–5.1.8)。

2. 技术不能与文化(取决于物理法则)分离，更不可能与自然分离(可能性、文化表达和表达的可能化所指的是媒介)(5.1.6)。

3. 媒介不能完全代表文化的技术(5.1.9)。

4. 结果是，从文化主义论中获取的倾向于后威廉斯文化和媒介研究的技术方法是有缺陷的(5.1.10)。

这些观点通过追寻技术史而非媒介史的方式被放大。因此我们对人造生命(5.3)的细致考察不仅聚焦于它的当代数字化表达，而且同样聚焦于历史上以同样方法研究的水力学、钟表制造以及热力学方法。

我们希望读者首先能明白一个结论:事物本身比它们的名字要复杂得多。当我们把一种东西叫做一个"媒介"、一个"机器",一个"事物",一个"能动性"或一个"理由",我们虽然这么称谓它,但它并不一定是我们原来想象中的样子。

例如,案例5.1中,自动下棋机器和5.4.4中提到的游戏生化人的区别,前者是明显可以和人分割开的机器,而后者是由一系列有机的和非有机的元素如眼睛、大脑、手指、神经元和屏幕、像素、电子以及电路组成,它是一个整体,不能拆成零部件加以区分。当我们把每个物体都分割来看,而非整体来审视的时候,每个个体是如此的不同:电子游戏人程序不是由两个已经做好个体组成的,而是由一系列新兴的、不可见的个体重新排列组合而成的。这种重新排列的方法,正如在5.4.2中,法国的科技哲学家吉贝波特·西蒙顿所说的"多因素决定",这种决定是在一些管用的方法的影响下产生,我们减少了现实中技术使用时对他们的功能影响,这些部件是紧密地联系在一起,并且不具备其他特殊功能。设想在一本小说中,一艘跨大西洋的航班上,度假的外科医生拿出一个塑料水瓶、一些吸管和一小瓶微型的威士忌时,同行乘客突然遭遇呼吸障碍:吸管和瓶子成为人工呼吸的工具,威士忌给伤口消毒。因此,我们应该用最简单的形式来总结(结论1)结论:

结论1:任何时候,不要认为我们为事物起的名字是该事物本身的全部。

这一部分论述的内容,是技术存在于现有部分的重新排列组合,一部分来自自然,一部分来自文化,一部分来自现有科技。把他们联合起来的,是改变因果话语方向的能量流动,就像我们分析游戏时谈到的激情回路一样。

除了西蒙顿的复杂技术理论和对"激情回路"的讨论以外,我们注意到谢科厄(Jutta Schickore)近期(2007年)关于显微镜历史的研究,可以作为一个例子。这本书题为《显微镜和眼睛》,它的标题即存在很大信息量,显微镜的历史可以描绘自己的发明、发展、早期时的用途及其对科学知识进步的影响。显微镜在历史中仍然是一个独立的人工制品,自我完善,除了从它镜头中所显示的生物之外,与生物环境之间不发生关系。然而,如果没有用于发现的眼睛,显微镜是无法令人信服的。因此,谢科厄的书同样集中于使之工作的眼睛、神经和视网膜(2007: 1)和给眼睛呈现图像的显微镜。显微镜同时应用了玻璃、黄铜、神经、视网膜和大脑的属性,涉及化学和生物科学、透镜研磨和工业制造。它与科学的发展密不可分,与它连接起来的机构和实践密不可分。这几个元素的简单重组产生了技术效果。

第三个例子,是人类可视计划(参见Cartwright in Biagioli, ed., 1999)。一个人类躯体被切成纳米厚薄的切片,扫描进计算机,然后合成一个完整的3D可移动、搜索的完整人类身体图像。切割技术、成像技术和动画技术都被应用到这个项目中来，当然，还有被切割的身体、工作人员、使之可操作的相关法律和使这个重新组装的身体获得二次生命的医疗机构。人类可视极化重新组合了科学、法律系统和生物实体，使之成为一个多源实体，反过来，它又作为一个医疗科学技术进入社会。最关键的是我们接触这个现实并没有多久，我们只是考虑了相似性，而没有考虑它的复杂性、根植性以及产生它的原因和它所带来的影响。技术不仅仅生产了人类可视计划，它也是受自我影响的。

下面的例子应该可以支持后续所得到的结论。但是请读者注意的是，这里所说的结论是本书此章节阐述的结论，而产生结论的原因在书的一开始就有所展现。根据本书第五部分中的例子，我们将得出结论。

如果我们回到调查的起点，我们就回到了之前的一个问题：文化、科技与自然之间的关系。有批判性的读者会提出一个问题：为什么需要重新审视这三者的关系？原因有两个：第一个相对复杂，第二个相对简单。

首先，对于这个相对复杂的原因，我们应该提醒自己注意5.1.2章节提到的如何学习科技的问题：一个现实主义者会在谈到科技的时候发问：到底什么才是科技？这才是本结论部分所认可的现实主义理由：我们应该不仅仅简单地关注社会构建的科学现象，更应该关注他们造成的影响，它们采用的原因和对它们所影响的部分及过程的重组，以及他们对社会流程造成的影响。我们已经看到的社会建构主义的论点无法完成这一点，因为他们不希望从技术角度分析因果关系。因此我们认为有必要，至少是要从现实主义的技术角度上做补充。在阐述这些观点的时候，我们不是从电影艺术的角度去撰写文章，而是从科学哲学应用的角度来考虑。在这个语境中，一个实在论者，会把科学理论考虑成为一种有实际意义的理论，但反实在论者会认为我们必须放弃接触现实，因为我们的理论和实验工具的复杂性，会导致我们只能得到我们所能制造的东西带给我们的理论（对这些术语的讨论，参见 Hacking 1983，以及他反对反现实主义的观点，Hacking 1999）。因此，目前我们在阐述关于社会构建事实的时候，我们提出的实在论是非常容易理解的。所以，我们在此所阐述的解决问题的哲学方法不仅是一种很有帮助的方法，而且是分析社会文化中所存在的技术的必要补充。

我们为什么需要重新审视自然、文化和技术这三者的关系？这个问题更简单的，或者说更直接的答案，如下：

结论2：因为任何省略以上元素的对技术的阐述，会产生对技术偏颇的甚至是错误的阐述。

再考虑一下，谢科厄对显微镜历史的关于眼睛和神经补充：这种语境中的补充经常是社会化的——科学的实验环境与政治、经济甚至军事的议程相结合；或者更广阔的历史视角下，伴随着艺术的发展它也被考虑进来。然而，技术实体的生物因素却极少被考虑到。如果我们在分析显微镜的时候不考虑视网膜—神经—大脑，那么问题就不仅是没有展示它工作的全貌，更重要的是，存在于文化、自然技术中的生物技术的联系被丢失了。说得更严酷一些，提问什么是技术的分析方法，例如技术是如何被想象和使用的，最多能提供一个想象的或使用的技术画像，甚至差一点根本就不是技术的画像。

因此，我们可能会得出这样的结论，技术根本就不是文化预想中的样子。然而，这样的结论是不成熟的，因为文化决定技术，因此技术依靠文化是不言而喻的。技术不仅在自然本质上，而且在文化或社会系统中（例如：人类可视计划中法律和团队的作用）。考虑到这些，我们可以得出以下结论：当只考虑这些的时候，技术的画像是局部的。并宣称这是技术的全部是错误的。无论是在第5节和1.6节，这就是我们论述的原因，技术的文化科学理论，把技术仅仅当作一个由不同的社会目的组成的社会形态，当它声称这些目的就是技术的全部的时候，它是错误的。

我们再次审视“什么是技术”，这个非常重要的问题：如果这是一个带有倾向性的问题，那么提问者必须要非常警惕带有偏袒性的回答（见5.1.3列表中的回答）。这是因为，隐含在问题中的是被我们称之为“现实主义的假设”。要问“什么是X？”不是问对这样那样的特定社会和历史群体而言X可能是什么，而是问，X真的是什么，换句话说，提出一个针对现实本质的问题。因此，对技术对象的思考、社会和文化定位与使用以及生物和矿物执行器等问题，我们要达到哲学思想的高度，因为没有直接的答案足以解决它的性质问题。

然而，这些问题是有风险的。问某些东西是什么，容易给提问人贴上本质主义者的标签，其效果可能是把提问者从需要得到答案的领域中剔除出去。我们不能假设我们给事物的命名就必然地联系到事物本身（结论1），也不能认为实在主义就是它的使用者和滥用者假设的那样。严格来说，本质主义者认为事物之所以如此是因为它具有不变且不可分的本质。因此，人类之所以成为人类，是因为不管其他可变因素（性别、身高、重量、颜色等）如何，人类的实体性特征满足人类的本质问题的要求。根据亚里士多德的理论，人类是理性的、社会性的、能说话的、没有羽毛的两足动物。同样，如果问题是“什么是技术”？那么“技术的本质是……”是唯一回答这个问题的正确方式。

结论3：不是所有现实主义都是本质论。

那么，技术的现实主义涉及什么呢？如若这个问题可以分开回答，那么很明显答案包括所有与技术有关的部分（机器、使用者、环境、历史、自然因素和人工影响的关系）。这就是为什么我们认为没有可简化的文化主义者的答案是完整的，而且：

结论4：所有关于“什么是技术”的完整回答，都必须从文化和物理两个维度考虑。

简单来说，现实主义采取这种方式有两种原因：首先，因为它并不承认技术是纯文化或物理的。其次，因为技术实际上的确是同时是物理的和文化的。所以：

结论5：现实构成了文化、物理和技术现象。

我们下面的部分就要讨论这些现象如何在现实中组合起来。

到底什么是现实？

这个非常具有影响力的立场是拉图尔(1993,1999)提出的。尽管，如我们上面提到的，拉图尔在某些领域是一个建构主义者，拉图尔将他所做的称之为现实主义。因此，正如我们在1.6.6中所见，拉图尔认为一个“更现实的现实主义”(1999: 15)具有最大化地包含构成技术的文化、技术和物理元素的优势。相应地，拉图尔认为现实不是由单一的元素（物理或社会的）构成的，而是由很多不同种类的元素以及它们组成的网络所构成的。这个阐述的重要结论之一就是模糊不清的、具象的和符号化的实体与原子、力量和化学元素一样真实。现实变成了一个“扁平的场”，所以话语和表达存在于化学、矿物和原子之中，而不是用物理或物质的水平考察哪种文化创造了次要的、表现性的和模糊不清的水平。下面的这段话很好地表达了这种扁平化的现实：

> 我们的目标定位于事物的政治，而不是转瞬即逝的关于文字(word)描述世界(world)的争论。它们当然是能够描述的！你还不如问我是否相信妈妈和苹果派，或者问我是否相信现实！
>
> (1999: 22)

拉图尔说：“我当然是个现实主义者”，但具体是哪一种现实主义者呢？拉图尔的现实主义包含了世界中的事物、世界本身和描述世界的文字。这就是为什么哈维(1989: 7)认为拉图尔“激进地反对所有形式的认识论现实主义，并且将科学实践作为彻底的社会建构主义来研究”。哈维是错的，并不因为她将拉图尔称为建构主义者，而是因为她选择以现实主义作为代价。正如他“当然”是个现实主义者，所以他“当然”不会认为建构是不真实的：拉图尔的现实主义既包括认知论的现实主义（文字当然能够描述世界），也包括那些被建构的。而且，如果像哈维在上文所认为的那样，建构的唯一方式就是社会化的，那么它也同样是错误的。“事物的政治”的全部意义存在于事物所建造的同时包括物理元素和表现元素的网络。想想5.4.4中所分析的游戏生化人或者人类可视化项目：它们当然表现，它们当然指代，正如它们当然是事物。拉图尔的现实主义总结道：不是所有的建构都是社会的，正如不是所有的政治都是人类的。

> 当非人类事物开始有了自己的历史，现实主义变得更加丰富。并且这些非人类事物也被赋予人类特有的多义性、灵活性、复杂性。
>
> (1999: 16)

拉图尔的现实主义并没有因支持另外的观点而消除一系列的忧虑，分析复杂的技术组合与塑造了现实的文化明显是对现实主义者有益的。然而有些问题仍然存在。在社会的和物理的事物之间，现实主义看起来暗示着有些事物是物理的，有些不是。按照这种观点，现实是同时由物理维度(金属物、矿物)和非物理维度(指代物)组成的。尽管如此，当用词语指代别的东西时，它们也是物理性的(例如写或说；由墨水写在纸张上的图案，屏幕上的像素，或是在肺中、喉咙或耳朵里穿梭的空气，脑中的电波图形)；当图片指代事物的时候，它们也是物理化的(屏幕上的像素，塑料制品上的光，或是帆布、纸张上的画)。显然地，指代物就像非指代物一样，属于物理维度。如果拉图尔不这样认为，那么他关于实在论的解释就是二元的。如果他没有暗示指代物是非物理化的，那么文化维度和物理维度的界线在哪里呢？

拉图尔的现实主义是如何摆脱二元论分离性的威胁呢？我们可以认为，尽管所有属于文化维度的东西都属于物理维度，但是不是所有物理性的东西都属于文化范畴。只有一些事物，换言之，只有指代物是，其他则不是。这些事物显然是拉图尔的"事物的政治"排除的。事物有自己本身的政治，所以就算它们没有指代什么，也发挥着自己特有的功能。再参考一下显微镜和眼睛的例子，两者都没有指代什么，但是都有自己特有的功能。如果不是这样，那么显微镜和眼睛的例子就毫无意义。因为是事物的"功能行为"构成了自身的政治，所以我们应该意识到政治不能简化为陈述、图片或者文献。

如果现实主义者拒绝取消文化与自然和技术之间的界线，那么所有文化必须是物理维度的观点是否排除了长久以来被认为是人类和社会科学的领域，一个社会现实？除非它仅仅被当作一个另外的领域，比如物理、化学、生物领域研究。威廉斯以"文化中没有原因(cause)"为理由，将文化从自然和技术领域分离出来的例子，最能印证这种分离性的理论。我们现在可以清楚地看到结论2的力量，我们必须阐明这种对技术的解释是片面的或者说错误的。与这种声明同理，拉图尔的现实主义展示了自然和技术的行为像文化一样多。从事物的政治中为文化和传媒研究提取经验。这些政治事物给文化和媒介研究上了一堂课，我们可以说政治或文化的引申范畴远远超出了指代物的限制。因此，那里的确存在着什么，早在我们建造它们之前，它们就发挥功能并影响我们了。拉图尔的现实主义就存在于这些事物的政治之中，其范围远远大于文化政治的表现形态。

对文化主义的支持者来说，如果拒绝将文化从自然和技术中分离出来，那么他们需要担心，采纳这种现实主义带来的结果是社会现实可能会消失，被某种文化物理学所取代。

这种忧虑就影响了用生物学的方式研究社会现象的尝试。例如，生物社会学领域，得名于生物学家威尔森饱受争议的著作《生物社会学：新的综合体》(1975)，认为人类和动物行为之间没有区别，因为两者都受到进化需要的支配（丹尼特1995年赞同一种生物社会学观点）。在一个更具体的文化领域，所谓的"认知电影理论家"提议观众对电影的反应，应该用认知神经科学的哲学方法来研究(Grodal 1997,Smith 1995)。

这些方法是支持只有自然科学（进化生物学、认知心理学）能够给我们提供有效的理论的观点的案例，因此被称为科学主义。明显地，拉图尔的"更现实的现实主义"既不赞同将文化从自然世界中分离出去，也不赞同用科学主义替代对现象的社会解释。他对这个分离性问题的解决方法体现在理论的目标之中，通过把这些现象作为它们形成的网络的一个元素来看，而不是来自其他领域的实体的方式来容纳自然、技术和文化现象。

结论6：没有实体是仅具有纯文化或纯物理的。

换言之，这就是我们为什么称（见上述结论1和2）文化是不能与自然相分离的。现实主义要求不能将文化从物理维度分离出来。这包含了一个物理命题，难道不是所有的文化和技术现实都最终来源于文化吗？

拉图尔很不情愿接受这个。与物理主义派相对，他坚持认为网络构成现实。他的现实主义认为一个实体论——一个关于什么存在的理论——不是由某些东西组成的，而是由一种混合体或网络组成，包括"上帝、人们、星星、电子、核工厂和市场等因素组成"(1999: 16)。

文化中技术实在论的本体论

在我们回答最后一段结尾所提出的那个问题之前，我们应该回到我们的引导性问题——"什么是技术？"走了这么多分岔路以后，我们现在能够回答它吗？请记住我们现实主义的立场并特别关注5.2小节中所讨论的问题。我们注意到这一部分的核心主题——因果关系——在回答"什么是技术"时，从5.1.3所提供的可能答案列表中消失了。从威廉斯开始，对技术的文化研究被撤回。因果关系成为现实主义技术理论的核心，并将最终就它是什么提供一个答案。

为什么说“原因”是现实主义者的“技术的定义”的核心？主要有两个理由，第一是基于关注技术是什么，第二是给基于事物的实体论的替代品提供基础，后者引发了拉图尔现实主义的二元论问题。

5.1.3中所提供的技术定义的共性是假设技术是一个或者一系列事物：

1. 不管它是不是有目的地构建的东西；
2. 不管它是机械的、热力的或电子的；
3. 不管它是人工的或天然的；
4. 不管它是否有疏远人类劳动力的效果；
5. 不管它是否有人的自然能力。

在这些定义中，只有(4)不把技术作为一个事物，而是从它的效果的角度考虑：不管技术是什么，它都有这样那样的一系列效果。是马克思提供了这样的阐述，他这么做是因为马克思像拉图尔一样，认为将技术简单地当作一件东西是非常严重的错误。但与拉图尔不同的是，马克思认为“技术被看作是服务于特别的目的，在投入工作之前，技术什么都不是”这样的观点从根本上就是不合适的。威廉斯强烈同意马克思对这一问题的评价。但威廉斯进一步提议，事实上，这恰恰是“技术是什么”这个问题的答案，将取代定义(1)，将技术还原到一个事物的状态。那么什么是马克思发现而威廉斯没有发现的呢？

从预期效果定义技术时，马克思最终用一种力量或行为替换掉了一个事物的状态。也就是说，他将“什么是技术”这一问题替换成了“技术能做什么”。这当然是一个现实主义的技术理论，不管一个技术是什么或可能是什么，机器的共性就是他们都会产生效果。甚至是自我毁灭的反技术的画像——让-丁格列(Jean Tinguely)1960年的雕塑“向纽约致敬”引发了技术自毁的事件。

马克思主义不是一个现实主义理论，然而它整体上将这些效果归因于目的而不是原因。正如我们在5.2.2中所看到的，因果关系理论在定义目的时叫做目的论，而目的论只是原因的一种。所以，除了目的之外还有更多其他原因。就是这样，现实主义者被迫否定技术的目的性和阐述的有限性，但重要的是，并没有被迫把因果关系这个“婴儿”扔出目的论的“洗澡水”之外。现实主义者和机械论者也没有被迫否认存在着有目的的原因(cause)，只是重复它们不是唯一的原因。

将技术定义为“有效果的”会意味着什么呢？第一，它意味着技术可以做事。类似于重复性的动作。第二，它意味着，为了能产生效果，技术必须与某些可用的物理原因相结合：蒸汽机利用锅炉中可燃材料的物理特性产生的压力而工作。这些效果遵守热力学中的热能和能量规律。不存在不利用物理原因的技术。现在我们准备向一个现实主义的技术定义迈出第一步：

界定1：技术利用原因去生产重复性的效果，因此它是一整套力量(power)而不是一个简单的东西。

技术，换句话说，是对原因的操纵。技术从定义上说是改变现状的动力。假如不操纵原因，它就不是技术，因为它根本就不能工作。关于这个定义，我们注意到的第一件事是，技术在一定范围内与物理世界融合，这个定义建立起了物理维度对于所有技术思考的必要性，并且物理世界蕴含着开发利用特定原因(cause)所产生的效果。我们需要注意的第二件事是，它提供了一种方法来接近对现实主义者的技术阐释而言必要的实体论，它让我们绕过了拉图尔现实主义中"事物性"的问题，但并不由此牺牲技术的物理性。原因，就是力量，过程和行为是物理的而非事物的；力量总是经由事物展现出来。因此原因通过事物建立了与事物本身不同的物理路线。

为使这一理念更加清晰，考虑一下在5.4.4中讨论过的由游戏建立起来的"激情回路"：这个原因的回路并不是通过联合人类玩家和机器工作，而是通过循环光子、神经细胞和电子、光、眼睛、手指和电子设备，成为一个新的实体。定义这个实体的不是组成它的实体，而是它建造的回路。最终形成的实体同时是文化的和物理的，但是不同于任何现存领域的实体。在更大的范围上，考虑一下决定工业化在英国发生形态的技术。蒸汽技术要求不间断的部件之间的接触，包括添加燃料、维护、服务于这台大型机器的劳动力。由此，产生了全新社会与文化形态，包含了煤炭、钢铁和人类理智重构之间的循环。如利奥塔展现的："看那些英国无产阶级，一无所有，也就是说它们的身体就是劳动力……熟练的工人与他的工作和他的机器，奇怪的肉体组合。"(1993: 111)

我们现在必须回到拉图尔不愿意回答的问题上：网络的自然属性——这是他所提倡的实体论的基础。他的网络实体论遇到的问题恰是这些网络的属性：假如问题的答案是"网络是物理的"，那么它们就完全可以用物理术语的解释而废置文化元素。这就是为什么在读拉图尔的网络分析时，我们常会有一个印象，它们主要是描述性的。然而，我们对因果关系在定义技术时的角色分析，得到的结论并不是针对现有生物或物理学理论的文化现象解释，因为它不认可：

- 存在分离的物理、生物或文化种类或领域；
- 事物的实体论优势大于原因；
- 原因具有能量，可以产生新的东西。

关于技术，作为现实主义者的我们学到的，首先是技术就是技术所能做的。其次，因为技术通常利用物理可行的原因，所以从技术角度或现实主义角度考虑事情，意味着通过它的自然或人工变形来跟随这些原因。尽管任何可分离的社会或文化现实都是这种方式的牺牲品，但最终杂交物的普遍存在令人惊叹，就像人类可视计划和肿瘤鼠的干细胞工程。这些新现象中的每一个都是通过重新发现原因、用新的方式控制他们而创造出来的：人类可视计划结合了一部分司法公正系统、一个人类身体和一个新的成像技术；肿瘤鼠是基因控制技术与知识产权保护法的结合；干细胞重新编码能够生成躯体机器，以生成新的人体器官。

尽管我们以思考新鲜事物开始了本书（试比较 1.4.4），在结尾却证明了技术对于文化的永久影响力。为了检验这些事物，因果性必须要回归文化研究。因为这本书的读者和作者都生活在一个我们称之为“危机技术”（5.4.3）的时代，我们幸运地在这些技术变得稀松平常之前见证了它们的出现。技术的可视性给我们提供了一次机会回顾研究文化语境中的技术的方法。去寻找，而不是地毯式地排查，并覆盖更广泛的、卷入我们文化中的现实。当试图解释某一现象的时候，这样的现实主义会尽最大可能地收纳各种信息。现实主义者看到，在数十年将原因排除在文化之外的努力之后，它是如此清晰地就在最核心处运转。

参考文献

Adorno, Theodor and Horkheimer, Max *Dialectic of Enlightenment*, trans. John Cumming, London: Verso, 1996.
Ansell-Pearson, Keith *Viroid Life*, London: Routledge, 1997.
Aristotle *The Politics and The Constitution of Athens*, ed. Stephen Everson, Cambridge: Cambridge University Press, 1996.
Aristotle *The Physics*, ed. Robin Waterfield, Oxford: Oxford University Press, 1996.
Babbage, Charles *On the Economy of Machinery and Manufactures*, London: Charles Knight, 1832.
Balsamo, Anne *Technologies of the Gendered Body: reading cyborg women*, Durham N.C.: Duke University Press, 1996.
Barnes, Jonathan ed. 'Eudemian ethics', in *The Complete Works of Aristotle*, vol. 2, Princeton: Princeton University Press, 1984.
Basalla, George *The Evolution of Technology*, Cambridge: Cambridge University Press, 1989.
Bateson, Gregory *Steps to an Ecology of Mind*, New York: Ballantine, 1972.
Baudrillard, Jean *Symbolic Exchange and Death*, London: Sage, [1976] 1993.
Baudrillard, Jean *The System of Objects*, London: Verso, 1996.
Baudrillard, Jean *Simulacra and Simulation*, Ann Arbor: University of Michigan Press, 1997.
Bedini, Silvio 'The role of automata in the history of technology', *Technology and Culture* 5.1 (1964): 24–42.
Bell, David and Kennedy, Barbara M. *The Cybercultures Reader*, London: Routledge, 2000.
Benjamin, Walter *Illuminations*, London: Fontana, 1973.
Bergson, Henri *Creative Evolution*, London: Macmillan, [1911] 1920.

Bergson, Henri *The Two Sources of Morality and Religion* London: Macmillan, [1932] 1935.

Bertens, Hans *The Idea of the Postmodern: a history*, London: Routledge, 1995.

Biagioli, Mario ed. *The Science Studies Reader*, New York: Routledge, 1999.

Blackmore, Susan *The Meme Machine*, Oxford: Oxford University Press, 1999.

Boden, Margaret *The Philosophy of Artificial Intelligence*, Oxford: Oxford University Press, 1990.

Boden, Margaret *The Philosophy of Artificial Life*, Oxford: Oxford University Press, 1996.

Braudel, Fernand *Capitalism and Material Life 1400–1800*, New York: Harper and Row, 1973.

Broadhurst-Dixon, Joan and Cassidy, Eric, eds *Virtual Futures: cyberotics, technology and posthuman pragmatism*, London: Routledge, 1997.

Bukatman, Scott *Terminal Identity*, Durham, N.C.: Duke University Press, 1993.

Butler, Samuel *Erewhon*, New York: Signet, 1960.

Cadigan, Pat *Synners*, London: Grafton, 1991.

Carter, Natalie Interview with Kevin Warwick, Videotape, 2001.

Castells, M. *The Rise of the Network Society*, London: Blackwell, [1996] 2000.

Chapuis, Alfred and Droz, Edmond *Automata: a historical and technological Study*, Neuchâtel: Editions du Griffon, 1958.

Clark, William, Golinski, Jan and Schaffer, Simon *The Sciences in Enlightened Europe*, Chicago: University of Chicago Press, 1999.

Coleman, William *Biology in the Nineteenth Century. Problems of form, function and transformation*, Cambridge: Cambridge University Press, 1977.

Critical Art Ensemble *Electronic Civil Disobedience and Other Unpopular Essays*, New York: Semiotext(e), 1995.

D'Alembert, Jean and Diderot, Denis *Encyclopédie, ou Dictionnaire raisonné des arts, des sciences et des métiers*, Paris: Briasson, David, Le Breton et Durand, 1777.

Darwin, Charles *Origin of Species*, Harmondsworth: Penguin, 1993.

Daston, Lorraine 'Enlightenment calculations', *Critical Inquiry* 21.1 (1994): 182–202.

Dawkins, Richard *The Selfish Gene*, London: Granada, 1976.

Dawkins, Richard *Blind Watchmaker: the Program of the Book*, PO Box 59, Leamington Spa, 1991.

De Kerckhove, Derrick *The Skin of Culture*, Toronto: Somerville House, 1997.

De Landa, Manuel *War in the Age of Intelligent Machines*, New York: Zone, 1991.

De Landa, Manuel 'Virtual environments and the emergence of synthetic reason', in *Flame Wars*, Special edition of *South Atlantic Quarterly* 92.4, ed. Mark Dery, Durham, N.C.: Duke University Press, 1993, pp. 793–815.

De Landa, Manuel *A Thousand Years of Non-linear History*, New York: Zone, 1997.

Deleuze, Gilles *Cinema 1: the movement image*, trans. Hugh Tomlinson and Barbara Haberjam, London: Athlone, 1986.

Deleuze, Gilles *Bergsonism*, trans. Hugh Tomlinson, New York: Zone, 1988.

Deleuze, Gilles *Cinema 2: the time-image*, London: Athlone, 1989.

Deleuze, Gilles *Difference and Repetition* London: Athlone, [1968] 1994.

Deleuze, Gilles and Guattari, Félix *Anti-Oedipus*, London: Athlone, [1974] 1984.

Deleuze, Gilles and Guattari, Félix *A Thousand Plateaus*, London: Athlone, 1988.

Dennett, Daniel *Darwin's Dangerous Idea*, Harmondsworth: Penguin, 1995.

Dennett, Daniel *Brainchildren: essays on designing minds*, Cambridge, Mass.: MIT Press, 1998.

Dery, Mark ed. *Flame Wars*, Special edition of the *South Atlantic Quarterly* 92.4, Durham, N.C.: Duke University Press, 1993.

Descartes, René *Meditations* ed. John Cottingham, Cambridge: Cambridge University Press, [1641], 1986.

Descartes, René, 'Treatise on man', in *The World and Other Writings* ed. Stephen Gaukroger. Cambridge: Cambridge University Press, [1662], 1998.

Diderot, Denis *Rameau's Nephew and D'Alembert's Dream*, Harmondsworth: Penguin, 1985.

Dobres, Marcia-Anne *Technology and Social Agency*, Oxford: Blackwell, 2000.

Dreyfus, Hubert *What Computers Can't Do*, New York: Harper and Row, 1979.

Dumouchel, Paul 'Gilbert Simondon's plea for a philosophy of technology', *Inquiry* 35 (1992): 407–421.

Dyson, George *Darwin Among the Machines: the evolution of global intelligence*, Harmondsworth: Penguin, 1998.

Ellul, Jacques *The Technological Society*, New York: Vintage, [1954], 1964.
Engels, Friedrich *Dialectics of Nature*, trans. Clemens Dutt, London: Lawrence and Wishart, 1964.
Eve, Raymond E., Horsfall, Sara and Lee, Mary E. eds *Chaos, Complexity and Sociology: myths, models and theories*, London: Sage, 1997.
Feenberg, Andrew *Critical Theory of Technology*, London: Routledge, 1991.
Ferguson, Adam *An Essay on the History of Civil Society*, ed. Duncan Forbes, Edinburgh: Edinburgh University Press, [1767] 1966.
Ferré, Frederic *Philosophy of Technology*, Athens, Ga.: University of Georgia Press, 1995.
Fiske, John *Introduction to Communication Studies* (3rd edn), London: Routledge, 1990.
Foucault, Michel *The Order of Things*, London: Tavistock, 1970.
Foucault, Michel *Discipline and Punish*, trans. Anthony Sheridan, Harmondsworth: Penguin, 1979.
Foucault, Michel *Birth of the Clinic*, London: Routledge, 1986.
Foucault, Michel *Technologies of the Self*, ed. Luther H. Martin, Huck Gutman and Patrick H. Hutton, London: Tavistock, 1988.
Galison, Peter 'The ontology of the enemy: Norbert Wiener and the cybernetic vision', *Critical Inquiry* 5.1 (1994): 228–266.
Genosko, Gary *McLuhan and Baudrillard*, London: Routledge, 1998.
Gibson, William *Neuromancer*, London: Grafton, 1986.
Gibson, William *Burning Chrome*, London: Grafton, 1988.
Gibson, William 'An interview with William Gibson', in *Storming the Reality Studio: a casebook of cyberpunk and postmodern fiction*, ed. Larry McCaffery, Durham, N.C.: Duke University Press, 1991, pp. 263–385.
Gibson, William and Silverman, Robert *Instruments of the Imagination*, Cambridge, Mass.: Harvard University Press, 1995.
Gibson, William and Sterling, Bruce *The Difference Engine*, London: Gollancz, 1990.
Gillespie, Charles Coulston *Genesis and Geology*, Cambridge Mass.: Harvard University Press, 1992.
Gleick, James *Chaos*, London: Cardinal, 1987.
Gould, Stephen Jay *Time's Arrow, Time's Cycle*, Harmondsworth: Penguin, 1987.
Grodal, Torben *Moving Pictures. A New Theory of Film Genres, Feelings and Cognition*, Oxford: Oxford University Press, 1997.
Habermas, Jürgen *Towards a Rational Society*, London: Heinemann, 1970.
Hacking, Ian *Representing and Intervening*, Cambridge: Cambridge University Press, 1983.
Hacking, Ian *The Social Construction of What?* Cambridge, Mass.: Harvard University Press, 1999.
Hankins, Thomas L. *Science and the Enlightenment*, Cambridge, Cambridge University Press, 1985.
Hankins, Thomas L. and Silverman, Robert J. *Instruments and the Imagination*, Princeton, N.J.: Princeton University Press, 1995.
Haraway, Donna *Primate Visions: gender, race and nature in the world of modern science*, London: Verso, 1989.
Haraway, Donna *Simians, Cyborgs and Women: the reinvention of nature*, London: Free Association, 1991.
Haraway, Donna *Modest Witness @ Second Millennium: FemaleMan meets OncoMouse*, London: Routledge, 1997.
Harpignies, J.P. *Double Helix Hubris: against designer genes*, New York: Cool Grove Press, 1994.
Harvie, Christopher, Martin, Graham and Scharf, Aaron eds *Industrialization and Culture 1830–1914*, London: Macmillan, 1970.
Haugeland, John *Mind Design: philosophy, psychology and artificial intelligence*, Cambridge, Mass.: MIT, 1981.
Hayles, N. Katherine 'Narratives of artificial life', in *Futurenatural. Nature, Science, Culture*, ed. George Robertson *et al*. London: Routledge, 1996, pp. 146–164.
Hayles, N. Katherine *How We Became Posthuman: virtual bodies in cybernetics, literature, and informatics*, Chicago: University of Chicago Press, 1999.
Heim, Michael *The Metaphysics of Virtual Reality*, Oxford: Oxford University Press, 1993.
Hodges, Andrew *Turing: the Enigma*, London: Vintage, 1992.
Hodges, Andrew *Turing. A natural philosopher*, London: Phoenix, 1997.
Hoffman, E.T.A. 'Automata', in *The Best Tales of Hoffmann*, ed. E. F. Bleiler, New York: Dover, 1966.
Homer *The Iliad*, ed. Martin Hammond, Harmondsworth: Penguin, 1987.
Hughes, Thomas P. 'Technological momentum', in *Does Technology Drive History?* eds Merritt Roe Smith and Leo

Marx, Cambridge, Mass.: MIT Press, 1996, pp. 101–113.
Hyman, Anthony *Science and Reform: selected works of Charles Babbage*, Cambridge: Cambridge University Press, 1989.
Kadrey, Richard *Metrophage*, London: Gollancz, 1989.
Kant, Immanuel *Critique of Judgement*, trans. Werner S. Pluhar, Indianapolis: Hackett, [1790] 1986.
Kauffman, Stuart *At Home in the Universe*, Harmondsworth: Penguin, 1995.
Kay, Lily E. *Who Wrote the Book of Life?*, Stanford, Calif.: Stanford University Press, 2000.
Kellner, Douglas *Baudrillard: a critical reader*, Oxford: Blackwell, 1994.
Kellner, Douglas *Media Cultures*, London: Routledge, 1995.
Kelly, Kevin *Out of Control*, New York: Addison-Wesley, 1994.
Kleist, Heinrich von 'On the marionette theatre' in *Essays on Dolls*, ed. Idris Parry, Harmondsworth: Penguin, [1810] 1994.
Kuhn, Thomas *The Structure of Scientific Revolutions*, Chicago: University of Chicago Press, 1962.
La Mettrie, Julian de *Machine Man and Other Writings* ed. Ann Thompson, Cambridge: Cambridge University Press, [1747] 1996.
Langton, Christopher G. 'Artificial life', in *The Philosophy of Artificial Life*, ed. Margaret Boden, Oxford: Oxford University Press, 1996, pp. 39–94.
Lardner, Dionysius 'Babbage's Calculating Engine', *Edinburgh Review* CXX ed. Anthony Hyman, Cambridge: Cambridge University Press, [1843] 1989, pp. 51–109.
Latour, Bruno *We Have Never Been Modern*, trans. Catherine Porter, Hemel Hempstead: Harvester-Wheatsheaf, 1993.
Latour, Bruno 'Stengers's shibboleth', Introduction to Isabelle Stengers' *Power and Invention: situating science*, Minneapolis: University of Minnesota Press, 1997, pp. vii–xx.
Latour, Bruno 'One more turn after the social turn', in *The Science Studies Reader*, ed. Mario Biagioli, New York: Routledge, 1999, pp. 276–289.
Leibniz, G. W. 'Towards a universal characteristic' in *Leibniz: Selections*, ed. Philip P. Wiener, New York: Scribner's, [1677] 1951.
Leibniz, G. W. 'Letter to Countess Elizabeth' in *Leibniz: Philosophical Essays*, eds Robin Ariew and Daniel Garber, Indianapolis: Hackett, [1678] 1989.
Leibniz, G. W. *Monadology*, eds Robin Ariew and Daniel Garber, Indianapolis: Hackett, [1714] 1989.
Lenoir, Timothy 'Was the last turn the right turn? The semiotic turn and A.J. Greimas', in *The Science Studies Reader*, ed. Mario Biagioli, New York: Routledge, 1999, pp. 290–301.
Levinson, Paul *Digital McLuhan*, London: Routledge, 1997.
Lévi-Strauss, Claude *The Elementary Structures of Kinship* Boston: Beacon Press, [1949] 1969.
Lévy, Pierre *Becoming Virtual: reality and the digital age*, New York: Plenum, 1998.
Levy, Steven *Artificial Life*, London: Jonathan Cape, 1992.
Lovelace, Ada 'Sketch of the Analytical Engine invented by Charles Babbage, Esq. by L.F. Menabrea of Turin, with notes upon the memoir by the translator', Scientific Memoirs (1843), in *Science and Reform: selected works of Charles Babbage*, ed. Anthony Hyman, Cambridge: Cambridge University Press, 1989, pp. 243–311.
Luhmann, Niklas *Social Systems*, trans. William Whobrey, Stanford, Calif.: Stanford University Press, 1995.
Lyotard, Jean-François *The Postmodern Condition: a report on knowledge*, trans. Geoff Bennington and Brian Massumi, Manchester: Manchester University Press, 1984.
Lyotard, Jean-François *Libidinal Economy*, trans. I. H. Grant, London: Continuum, 1993.
MacDonald Ross, George *Leibniz*, Oxford: Oxford University Press, 1984.
MacKenzie, Donald A. and Wajcman, Judy *Social Shaping of Technology*, London: Open University Press, [1985] 1999.
Mandelbrot, Benoit *The Fractal Geometry of Nature*, New York: Freeman, 1977.
Marcuse, Herbert *One Dimensional Man*, London: Sphere, 1968.
Marx, Karl *Capital*, Volume 1, London: Lawrence and Wishart, 1974.
Marx, Karl *Grundrisse*, trans. and ed. Martin Nicolaus, Harmondsworth: Penguin, 1993.
Marx, Karl and Engels, Friedrich *The Communist Manifesto*, Harmondsworth: Penguin, 1973.
Mauss, Marcel *General Theory of Magic*, London: Routledge and Kegan Paul, 1974.

Mayr, Otto *Authority, Liberty and Automatic Machinery in Early Modern Europe*, Baltimore, Md.: Johns Hopkins University Press, 1986.
McCaffery, Larry ed. *Storming the Reality Studio: a casebook of cyberpunk and postmodern fiction*, Durham, N.C.: Duke University Press, 1992.
McLuhan, Marshall *The Gutenberg Galaxy*, London: Routledge and Kegan Paul, 1962.
McLuhan, Marshall *Understanding Media: the Extensions of Man*, London: Sphere, 1967.
McLuhan, Marshall *Counterblast*, London: Rapp and Whiting, 1969.
Mitcham, Carl *Thinking Through Technology*, Chicago: University of Chicago Press, 1994.
Monod, Jacques *Chance and Necessity*, London: Fontana, 1971.
Morse, Margaret 'What do cyborgs eat? Oral logic in an information society', *Discourse* 16.3 (1994): 87–121.
Myerson, George *Donna Haraway and GM Foods*, London: Icon, 2000.
O'Brien, Stephen 'Blade Runner: if only you could see what I have seen with your eyes!', *SFX* 71 (December 2000): 7–9.
Orlan '"I do not want to look like . . .": Orlan on becoming-Orlan', tr. Carolyn Ducker, *Women's Art* 64 (1995): 5–10.
Plant, Sadie *Zeros and Ones: digital women and the new technoculture*, London: Fourth Estate, 1997.
Poe, Edgar Allan 'Maelzel's chess-player' in *The Complete Tales and Poems of Edgar Allan Poe*, ed. Mladinska Knijga, New York: Vintage, [1836] 1966.
Porush, David *Soft Machine: Cybernetic Fictions*, New York: Methuen, 1985.
Poundstone, William *The Recursive Universe: cosmic complexity and the limits of scientific knowledge*, New York: William Morrow, 1985.
Price, Derek J. de Solla 'Automata and the origins of mechanism and mechanistic philosophy', *Technology and Culture* 5.1 (1964): 9–23.
Prigogine, Ilya and Stengers, Isabelle *Order out of Chaos*, London: Flamingo, 1985.
Ray, Thomas S. 'An approach to the synthesis of life', in *The Philosophy of Artificial Life*, ed. Margaret Boden, Oxford: Oxford University Press, 1996, pp. 111–145.
Rheingold, Howard *Virtual Reality*, London: Secker and Warburg, 1991.
Robertson, George, Mash, Melinda, Tickner, Lisa, Bird, Jon, Curtis, Barry and Putnam, Tim, eds *Futurenatural. Nature, science, culture*, London: Routledge, 1996.
Ross, Andrew *Strange Weather: culture, science and technology in the age of Limits*, London: Verso, 1991.
Schaffer, Simon 'Babbage's intelligence: calculating engines and the factory system', *Critical Inquiry* 5.1 (1994): 203–227.
Schaffer, Simon 'Babbage's dancer and the impressarios of mechanism', in *Cultural Babbage: time, technology and invention*, eds Francis Spufford and Jenny Uglow, London: Faber, 1996, pp. 53–80.
Schaffer, Simon 'Enlightened automata', in *The Sciences in Enlightened Europe*, eds William Clark, Jan Golinski and Simon Schaffer, Chicago: University of Chicago Press, 1999, pp. 126–165.
Schickore, Jutta *The Microscope and the Eye. A History of Reflections 1740–1870*, Chicago and London: University of Chicago Press, 2007.
Simon, Herbert *The Sciences of the Artificial*, Cambridge, Mass.: MIT, [1969] 1996.
Simondon, Gilbert 'Technical individualisation', in *Interact or Die*, eds Joke Brouwer and Arjen Mulder, Rotterdam V2 Publishing/Nai Publishers, 2007, pp. 206–215.
Simondon, Gilbert *Le Mode d'existence des objets techniques*, Paris: Aubier, 1958.
Smith, Adam *Essays on Philosophical Subjects*, Oxford: Clarendon Press, [1795] 1980.
Smith, Anthony *Goodbye Gutenberg: the newspaper revolution of the 1980s*, Oxford: Oxford University Press, 1981.
Smith, Merritt Roe and Marx, Leo eds *Does Technology Drive History*, Cambridge, Mass.: MIT, 1996.
Smith, Murray *Engaging Characters. Fiction, Emotion and the Cinema*, Oxford: Clarendon Press. 1995.
Sobchack, Vivian 'New age mutant ninja hackers: reading Mondo 2000', in , Special edition of the *South Atlantic Quarterly*, 92.4, ed. Mark Dery, Durham, N.C.: Duke University Press, 1993, pp. 569–584.
Springer, Claudia *Electronic Eros: bodies and desire in the postindustrial age*, London: Athlone, 1996.
Spufford, Francis and Uglow, Jenny eds *Cultural Babbage: time, technology and invention*, London: Faber, 1996.
Stelarc 'From psycho-body to cyber-systems: images as post-human entities', in *The Cybercultures Reader*, eds David Bell and Barbara M. Kennedy, London: Routledge, 2000.
Stengers, Isabelle *Power and Invention: situating science*, Minneapolis: University of Minnesota Press, 1997.

Sterling, Bruce *Schismatrix*, Harmondsworth: Penguin, 1985.
Sterling, Bruce ed. *Mirrorshades*, New York: Ace, 1986.
Sterling, Bruce *Heavy Weather*, London: Phoenix, 1995.
Sterling, Bruce *Distraction*, New York: Ace, 1999.
Stone, Allucquere Rosanne *The War of Desire and Technology at the Close of the Mechanical Age*, Cambridge, Mass.: MIT Press, 1995.
Swade, Doron *Charles Babbage and his Calculating Engines*, London: Science Museum, 1991.
Swade, Doron *The Cogwheel Brain*, New York: Little, Brown, 2000.
Tapscott, D. and Williams, A. *Wikinomics: How Mass Collaboration Changes Everything*, London: Penguin Books, 2006.
Terranova, Tiziana 'Digital Darwin: nature, evolution and control in the rhetoric of electronic communication', *Techoscience: New Formations 29*, eds Judy Berland and Sarah Kember (1996a): 69–83.
Terranova, Tiziana 'Posthuman unbounded: artificial evolution and high-tech subcultures', in *Futurenatural. Nature, science, culture*, eds George Robertson *et al*. London: Routledge, 1996b, pp. 165–180.
Theweleit, Klaus *Male Fantasies*, vol. 2, Minneapolis: Minnesota University Press, 1986.
Thom, René *Structural Stability and Morphogenesis*, New York: W.A. Benjamin, 1975.
Turing, Alan 'On computable numbers', *Proceedings of the London Mathematical Society*, series 2.42 (1936): 230–265.
Turing, Alan 'Computing machinery and intelligence', *Mind* 51 (1950): 433–460, in *The Philosophy of Artificial Intelligence*, ed. Margaret Boden, Oxford: Oxford University Press, 1990
Turing, Alan 'The chemical basis of morphogenesis', *Philosophical Transactions of the Royal Society of London* B 237 (1952): 37–72.
Ure, Andrew *The Philosophy of Manufactures*, London, 1835.
von Neumann, John *The Computer and the Brain*, New Haven and London: Yale University Press, [1958] 1999.
Ward, Mark *Virtual Organisms: the startling world of artificial life*, London: Macmillan, 2000.
Warwick, Kevin *In the Mind of the Machine*, London: Arrow, 1998.
White, Lynn *Medieval Technology and Social Change*, Oxford: Oxford University Press, 1964.
Wiener, Norbert *Cybernetics: control and communication in animal and machine*, Cambridge, Mass.: MIT Press, [1948] 1962.
Wiener, Norbert *The Human Use of Human Beings*, London: Free Association, [1958] 1987.
Wiener, Norbert *The Human Use of Human Beings*, London: Free Association, [1954] 1989.
Williams, Raymond *Television, Technology and Cultural Form*, London: Fontana, 1974.
Williams, Raymond *Marxism and Literature*, Oxford: Oxford University Press, 1977.
Wilson, Edward O. *Sociobiology: The New Synthesis*, Cambridge Mass.: Harvard University Press, 1975.
Woolley, Benjamin *Virtual Worlds: a Journey in hype and hyperreality*, Oxford: Blackwell, 1992.
Woolley, Benjamin *The Bride of Science: romance, reason and Byron's daughter*, London: Macmillan, 1999.
Wordsworth, William 'Prelude', in *The Poetical Works of William Wordsworth*, vol. V, eds E. de Selincourt and Helen Derbyshire, Oxford: Oxford University Press, 1949.
Ziman, John M. ed. *Technological Innovation as an Evolutionary Process*, Cambridge: Cambridge University Press, 2000.

图书在版编目(CIP)数据

新媒体批判导论(第二版)/[英]李斯特(Lister,M.)等著;吴炜华,付晓光译.
—上海:复旦大学出版社,2016.8(2020.5 重印)
(复旦新闻与传播学译库·新媒体系列)
书名原文:New Media:A Critical Introduction
ISBN 978-7-309-12112-4

Ⅰ.新… Ⅱ.①李…②吴…③付… Ⅲ.传播媒介-批判-研究 Ⅳ.G206.2

中国版本图书馆 CIP 数据核字(2016)第 024426 号

新媒体批判导论(第二版)
[英]李斯特(Lister,M.) 等著 吴炜华 付晓光 译
责任编辑/张 晗 朱安奇

复旦大学出版社有限公司出版发行
上海市国权路 579 号 邮编:200433
网址:fupnet@fudanpress.com http://www.fudanpress.com
门市零售:86-21-65642857 团体订购:86-21-65118853
外埠邮购:86-21-65109143
常熟市华顺印刷有限公司

开本 787×960 1/16 印张 30.5 字数 520 千
2020 年 5 月第 1 版第 2 次印刷

ISBN 978-7-309-12112-4/G·1567
定价:65.00 元